Axel Kotulla

Das Vieweg Buch zu Borland C++ 3.0

Objektorientierte DOS- und Windowsprogrammierung

Axel Kotulla

Das Vieweg Buch zu Borland C++ 3.0

Objektorientierte DOS- und Windowsprogrammierung

Das in diesem Buch enthaltene Programm-Material ist mit keiner Verpflichtung oder Garantie irgendeiner Art verbunden. Der Autor und der Verlag übernehmen infolgedessen keine Verantwortung und werden keine daraus folgende oder sonstige Haftung übernehmen, die auf irgendeine Art aus der Benutzung dieses Programm-Materials oder Teilen davon entsteht.

Additional material to this book can be downloaded from http://extras.springer.com

Umschlagsgestaltung: Schrimpf & Partner, Wiesbaden

Gedruckt auf säurefreiem Papier

ISBN 978-3-322-91963-2   ISBN 978-3-322-91962-5 (eBook)
DOI 10.1007/978-3-322-91962-5

Vorwort

Die Programmiersprache C++ und die Benutzeroberfläche *MS-Windows* entwickeln sich mehr und mehr zu den herausragenden Vertretern auf dem Gebiet der IBM- (kompatiblen) Computer. Leider sind die objektorientierte Programmierung in C++ und die Erstellung von *Windows*-Programmen mit dem Ruf behaftet, sie seien kompliziert und für den Anfänger kaum zu erlernen.

Diesen Vorurteilen soll mit diesem Buch begegnet werden. Wegen der klar gegliederten, leicht verständlich gehaltenen Darstellung kann es sehr gut als **Lehrbuch** (auch für ein Selbststudium) verwendet werden. Es setzt **keine Vorkenntnisse** in anderen Programmiersprachen voraus.

Erfahrene Programmierer können das Buch auch als **Nachschlagewerk** nutzen. Im umfangreichen **Stichwortverzeichnis** findet man rasch Hilfe.

Im Unterschied zu vielen anderen Werken mit dem Thema C bzw. C++ und *Windows* wird hier der Ansatz einer **objektorientierten Programmierung** konsequent verfolgt. Dies gilt auch für die Programmierung unter *Windows*. Dort wird gezeigt, wie man verschiedene *Windows*-Objekte in Klassen zusammenfaßt und sie somit leicht in späteren Programmen wiederverwenden kann.

Insgesamt ist der Text in vier große Abschnitte unterteilt. Lediglich der erste geht speziell auf *Borland C++* ein. Es wird gezeigt, wie man den Compiler **installiert** und möglichst effektiv mit der Entwicklungsumgebung arbeitet. Zahlreiche Abbildungen unterstützen die Darstellung.

Alle nachfolgenden Abschnitte können in großen Teilen auch mit anderen C++-Compilern nachvollzogen werden. Dabei geht es im zweiten um die Grundlagen von C++. Dort wird C++ nicht wie so oft als „Aufsatz" auf die Programmiersprache C sondern als eigene Sprache behandelt. Dadurch werden dem Leser einige C-Konstruktionen erspart, die in C++ durch mächtigere ersetzt wurden. Wer bereits in C programmiert hat, wird an diversen Stellen auf Parallelen hingewiesen.

Der dritte Abschnitt behandelt einige interessante **Algorithmen** in C++. Es wird gezeigt, wie man Daten sortiert und sucht. Ferner wird das Prinzip der **Rekursion** erläutert und eine effiziente Strategie zur Speicherung großer Datenmengen vorgestellt. Den Abschluß bildet eine Einführung in die *Turbo Vision*, die nach ihrem Erfolg unter *Turbo Pascal* nun auch in

Borland C++ integriert wurde. Mit ihr können **fensterorientierte Programme** unter *DOS* nicht mehr nur von C++-Spezialisten programmiert werden.

Der letzte Abschnitt widmet sich dann vollkommen der *Windows*-Programmierung. Ausgehend von einem sehr einfachen Beispiel wird spielerisch eine größere Anwendung entwickelt. Sie soll als Vorbild für eigene Programme dienen. Am Ende dieses Abschnittes wird auf ein Zusatzwerkzeug von Borland mit dem Namen *Object Windows* eingegangen. Mit diesem erspart man sich die Erstellung einer eigenen **Klassenbibliothek** und kann direkt auf zahlreiche, nützliche Routinen zurückgreifen.

Bereits kurz nach dem Erscheinen der Version 2.0 hat Borland die Nummer 3.0 auf den Markt gebracht. Der wesentliche Unterschied besteht darin, daß die neue Version eine Entwicklungsumgebung als *Windows*-Applikation enthält. Die Oberflächen unter *DOS* weisen kaum Unterschiede auf. Alle Programme können problemlos auch mit der älteren Version übersetzt werden. Die Kompilation von *Windows*-Programmen gestaltet sich ohne *Windows*-Entwicklungsumgebung ein wenig komplizierter. Desweiteren können die *Windows*-Programme auch mit *Turbo C++ für Windows* bearbeitet werden. Die einzelnen Pakete aus dem Hause Borland unterscheiden sich im wesentlichen in der Anzahl der mitgelieferten Hilfsmittel. So gehört zu *Borland C++ 3.0* in der professionellen Version das Paket *Object Windows*. Mit *Turbo C++ für Windows* können keine *DOS*-Programme entwickelt werden.

Das Paket *Borland C++* ist eine Kombination aus *Turbo C++* und *Turbo C++ für Windows*. Wer diese beiden separaten Programme besitzt, kann demnach alle in diesem Buch vorgestellten Beispiel nachvollziehen und alle Übungen bearbeiten.

Folgende Übersicht faßt die Anwendung der verschiedenen Compiler in den einzelnen Abschnitten zusammen:

Borland C++: Alle Abschnitte.

Turbo C++: Abschnitte 2 und 3 vollständig, im Abschnitt 1 können die meisten Angaben problemlos in die Entwicklungsumgebung von *Turbo C++* übernommen werden.

Turbo C++ für Windows: Abschnitt 4. Die Programme der Abschnitte 2 und 3 können durch eine spezielle Option als *Windows*-Anwendung erstellt werden.

Zortech C++: Abschnitte 2, 3 und 4.

Innerhalb des Textes findet man neben zahlreichen Abbildungen und tabellarischen Übersichten hervorgehobene Absätze. Zu letzteren gehören alle C++-Programmtexte. Sie sind zeilenweise numeriert, um sich bei der Erklärung leichter auf bestimmte Stellen beziehen zu können. Falls Sie die Texte übernehmen wollen, dürfen Sie die **Zeilennummern nicht eingeben**. Da sich jedoch alle vorgestellten Programme auf der beiliegenden Diskette befinden, ist ein Abschreiben sowieso nicht notwendig.

Eine weitere Hervorhebung betrifft **Hinweise**. Sie sind etwas kleiner gesetzt und sollen zusätzliche Informationen zum gerade behandelten Thema geben. An einigen Stellen findet man beispielsweise Hinweise für C-erfahrene Programmierer oder sonstige Anmerkungen, die von einem Neuling nicht unbedingt verstanden werden müssen. Für den Text hinter dem Hinweis ist ein Verständnis nicht unbedingt nötig. Hinweise sollen Ergänzungen liefern.

☞ Dies ist beispielsweise ein Hinweis.

Vor allem im ersten Abschnitt wird an zahlreichen Stellen dazu aufgefordert, bestimmte Tastenkombinationen zu drücken. Dabei ist die Notation folgendermaßen zu verstehen: Sind zwei Tasten durch ein Plus-Zeichen (+) voneinander getrennt, so sollen sie **gleichzeitig** gedrückt werden, also etwa `Alt` + `F1` . Sind Tasten dagegen durch Kommas (,) voneinander getrennt, ist eine nacheinander folgende Betätigung gemeint, also zum Beispiel `K` , `H` .

Bei der Beschriftung der Tasten wurde von der in Deutschland inzwischen allgemein verbreiteten deutschen Tastatur ausgegangen. Sollte Ihr Rechner über eine englische Tastatur verfügen, müssen Sie statt `Strg` `Ctrl` , statt `Einfg` `Ins` , statt `Entf` `Del` , statt `Pos1` `Home` , statt `Ende` `End` , statt `Bild↑` `Up` und statt `Bild↓` `Down` drücken. Die Tabulatortaste ist zwar auf einer deutschen Tastatur mit zwei gegenläufigen Pfeilen beschriftet, wird hier aber aus technischen Gründen mit `Tab` bezeichnet. Gleiches gilt für die Taste zum Umschalten auf Großbuchstaben. Diese heißt hier `Shift` .

Alle im folgenden vorgestellten Programme wurden eigenhändig unter *Borland C++* getestet. Eine Garantie für ihre Korrektheit kann allerdings nicht übernommen werden.

Der Text wurde nach zahllosen Versuchen mit diversen Standard-Textverarbeitungs- und DTP-Programmen schließlich in Leslie Lamport's LaTeX bzw. Donald E. Knuth's TeX gesetzt. In diesem Zusammenhang gilt mein Dank Herrn Eberhard Matthes dessen Public Domain *MS-DOS*-Version emTeX hervorragende Dienste leistete.

Weiterhin gilt mein Dank der Firma Borland, die mir mit Vorabversionen ihrer Programme und nützlichen Tips tatkräftig zur Seite stand, sowie Herrn Ralf Trimborn der geduldig das gesamte Manuskript Korrektur gelesen hat und dabei so manche „Stilblüte" entfernt hat.

Schließlich entschuldige ich mich bei allen, denen ich während der Erstellung mit Fragen nach Beispielen und ähnlichem auf die Nerven gegangen bin. Ich hoffe, das Ergebnis war die Mühe wert.

Aachen, im Januar 1992

Axel Kotulla

 Alls bisher und nachfolgend genannten Produkt- und Firmennamen sind in der Regel geschützte Markenzeichen der entsprechenden Firmen. Sie werden zur Kennzeichnung weiterhin *kursiv* geschrieben. Auch wenn nicht jedes Mal gesondert darauf hingewiesen wird, sei um Beachtung gebeten.

Inhaltsverzeichnis

1	**Die Entwicklungsumgebung**	**1**
	1.1 Installation	1
	1.2 Vom Quelltext zum Programm	8
	1.3 Ein Spaziergang durch die Menüs	17
	1.4 Die persönliche Konfiguration	31
	1.5 Die Hilfsfunktion	38
	1.6 Tips zum effizienten Arbeiten	42
2	**Der Einstieg in C++**	**51**
	2.1 Elementare Bausteine	51
	2.1.1 Aufbau eines C++-Programms	54
	2.1.2 Schlüsselworte	59
	2.1.3 Variablen und Konstanten	61
	2.1.4 Gültigkeitsbereiche für Variablen	70
	2.2 Arithmetische Operationen	71
	2.2.1 Zuweisungen	71
	2.2.2 Arithmetische Operatoren	73
	2.2.3 Implizite und explizite Typumwandlung	78
	2.2.4 Binäre Operatoren	81
	2.2.5 Rechnen mit Buchstaben und anderen Zeichen	86
	2.3 Kontrollstrukturen	87
	2.3.1 Einfache Bedingungen mit if-else	88

2.3.2 Vergleichende und logische Operatoren 90

2.3.3 Mehrfachauswahlen mit switch() 94

2.3.4 Die for()-Schleife 98

2.3.5 Die while()-Schleifen 102

2.3.6 Break und continue 107

2.3.7 Sprünge und Marken 111

2.4 Strukturierte Programmierung 111

2.4.1 Vordefinierte Funktionen 112

2.4.2 Eigene Funktionen 118

2.4.3 Speicherklassen 127

2.4.4 Externe Variablen und Funktionen 131

2.4.5 Felder und Strings 137

2.4.6 Makros 147

2.4.7 Weitere Präprozessor-Anweisungen 154

2.4.8 Eigene Datentypen 159

2.4.9 Aufzählungstypen 162

2.5 Die Welt der Objekte 167

2.5.1 Klassen 170

2.5.2 Vererbung 185

2.5.3 Friends 194

2.5.4 Overloading 195

2.5.5 Mehrfache Vererbung 200

2.5.6 Strukturen, Varianten, Bitfelder 203

2.5.7 Ein- und Ausgabe auch auf Dateien 206

2.5.8 Virtuelle Basisklassen 210

2.5.9 Statische Members 213

2.6 Dynamische Speicherverwaltung 214

2.6.1 Von Zeigern und Adressen 215

2.6.2 Argumente aus der Kommandozeile 225

2.6.3 Vom Zeiger zur Liste 230

2.6.4 Zeiger auf Funktionen 251

2.6.5 Zeiger auf Klassen 255

2.6.6 Virtuelle Funktionen 257

2.6.7 Der this-Zeiger 259

3 Algorithmen in C++   261

3.1 Rekursion 262

3.1.1 Das Prinzip 262

3.1.2 Die Türme von Hanoi 270

3.1.3 Backtracking 274

3.2 Sortieren 281

3.2.1 Bubble Sort 282

3.2.2 Insertion Sort 287

3.2.3 Quick Sort 290

3.2.4 Sortieren auf Dateien 295

3.3 Suchen 301

3.3.1 Sequentielle Suche 301

3.3.2 Binäre Suche in Feldern 303

3.3.3 Binäre Suche in Bäumen 307

3.3.4 Suche in Dateien 328

3.3.5 Suchen in Zeichenketten 329

3.3.6 Generizität 332

3.4 Die Turbo Vision 336

3.4.1 Vorbereitung 336

3.4.2 Ein erstes Beispiel 337

3.4.3 Die Klassenhierachie 341

3.4.4 Eine Oberfläche mit Fenstern 341

3.4.5 Fenster mit Text 352

4 Windows-Programmierung   **357**

4.1 Grundlegende Begriffe 358

     4.1.1 Einige Worte zur Geschichte 358

     4.1.2 Das Prinzip 359

     4.1.3 Die Ausstattung 361

     4.1.4 Die wichtigsten Begriffe 363

4.2 Übersetzen einer Windows-Anwendung 366

     4.2.1 Die verschiedenen Teile 367

     4.2.2 Die Übersetzung unter DOS 371

     4.2.3 Die Übersetzung unter Windows 378

     4.2.4 DOS-Programme als Windows-Anwendung 383

4.3 Eigene Windows-Programme 385

     4.3.1 Die Datei WINDOWS.H 386

     4.3.2 Das erste Windows-Programm 392

     4.3.3 Fenster als Objekte 394

     4.3.4 Der Ressourcen-Editor 416

4.4 Eine größere Anwendung 423

     4.4.1 Die einzelnen Programmteile 424

     4.4.2 Schnittstelle zu Windows 426

     4.4.3 Die Steuerung des Programms 446

     4.4.4 Ressourcen 456

4.5 ObjectWindows 464

     4.5.1 Installation 465

     4.5.2 Die Klassenhierarchie 468

     4.5.3 Popup-Fenster mit ObjectWindows 471

4.6 Ausblick 476

A Entwicklungsumgebung   **479**

A.1 Startoptionen 479

A.2 Editorkommandos 480

B ASCII Tabelle   **485**

C Reguläre Ausdrücke   **487**

D Schlüsselworte   **489**

E Windows-Übersichten   **491**

    E.1 Messages 491

    E.2 Cursorformen 498

    E.3 Darstellungsformen von Fenstern 499

    E.4 Typen von Meldungsboxen 500

    E.5 Pinsel, Stifte und Fonts 502

Literaturverzeichnis   **505**

Abbildungsverzeichnis   **507**

Stichwortverzeichnis   **511**

Abschnitt 1:
Die Entwicklungsumgebung

In diesem ersten Abschnitt wird gezeigt, wie man *Borland C++* installiert.
Der Umgang mit der neuen Entwicklungsumgebung wird erklärt, und
Sie erfahren an einem ersten Beispiel, wie ein lauffähiges Programm
erzeugt wird. Nach der Vorstellung der wichtigsten Menüpunkte und der
integrierten Hilfsfunktion, werden einige Tips und Tricks vorgestellt, die
die Arbeit effizienter machen. Außerdem erfahren Sie, wie *Borland C++*
optimal an Ihren Rechner angepaßt wird.

1.1   Installation

Das Paket *Borland C++* wird sowohl im Diskettenformat 5,25 Zoll als auch
3,5 Zoll ausgeliefert. An Systemvoraussetzungen benötigen Sie außer einem
IBM (kompatiblen) Computer mindestens 640 Kilobyte Hauptspeicher
(RAM), eine Version des Betriebssystems *MS-DOS* oder *PC-DOS* mit
der Nummer 3.0 oder größer, eine Festplatte und ein Diskettenlaufwerk
im Format Ihrer Disketten. Anstelle von *MS-* bzw. *PC-DOS* kann auch
DR. DOS von Digital Research verwendet werden. Allerdings ist dort erst
die Version 6.0 voll kompatibel zu *Windows*. *Windows* selbst wird nicht
benötigt, allerdings ist dann auch eine Erstellung von Programmen, die
unter *Windows* laufen nahezu unmöglich.

Die Installation verläuft in den Versionen 2.0 und 3.0 vollkommen analog.
Aus diesem Grund werden sie gemeinsam betrachtet. Innerhalb der
Version 3.0 hat man allerdings einige zusätzliche Auswahlmöglichkeiten,
die es erlauben, bestimmte Programmteile nicht zu installieren, um so
Festplattenkapazität einzusparen.

Welchen Prozessor der verwendete Computer enthält, ist im Prinzip gleichgültig. *Borland C++* läuft auch noch mit einem 8086 bzw. 8088 Prozessor.

Dies ist allerdings nur dann sinnvoll, wenn Sie nicht unter *Windows* arbeiten wollen. Dort wird sogar die Arbeit mit einem 16MHz 80286-Rechner beinahe ständig zur Nervensache und erfordert eiserne Geduld. Arbeiten Sie jedoch fast ausschließlich unter *DOS*, sind auch mit der Minimalkonfiguration ansprechende Ergebnisse zu erzielen.

☞ Konnte man den Vorgänger *Turbo C++ 1.0* noch mit nur zwei Diskettenlaufwerken betreiben, ist dies bei *Borland C++* nicht mehr möglich.

Sinnvoll für Arbeiten unter *Windows* ist ein Computer mit einem 80386 SX-Prozessor und einer schnellen Festplatte. Schnell heißt hier, daß ihre mittlere Zugriffszeit unter 30 (besser noch unter 20) Millisekunden liegt. Noch wichtiger ist allerdings zusätzlicher Hauptspeicher. Verfügen Sie über mehr als zwei Megabyte Speicher, kann ein sogenanntes **Cache-Programm** eingesetzt werden. Damit werden Zugriffe auf die Festplatte beschleunigt, indem häufig benötigte Daten im Speicher zwischengelagert werden. In der Regel wurde ein solches Cache-Programm bei der Installation von *Windows* automatisch installiert. Sie erkennen dies daran, daß die Datei `CONFIG.SYS` einen Eintrag der Form

```
DEVICE=C:\WINDOWS\SMARTDRV.SYS 512
```

enthält.

☞ Die Angabe `C:\WINDOWS` gilt nur, wenn das Programm *Windows* auf Ihrem Rechner in diesem Verzeichnis installiert ist.

Verfügen Sie über sehr viel Hauptspeicher (mehr als vier Megabyte), kann der angegebene Zahlenwert höher ausfallen. Im Unterschied zu anderen Cache-Programmen, hat Smartdrive die angenehme Eigenschaft, daß der reservierte Speicherplatz automatisch vermindert wird, wenn *Windows* ihn benötigt. Er gibt an, wieviele Kilobyte zum Puffern der Daten maximal verwendet werden.

Zusätzlich benötigt man für das Arbeiten unter *Windows* auf jeden Fall eine Maus. Auch in der Entwicklungsumgebung von *Borland C++* ist sie zuweilen hilfreich, beispielsweise dann, wenn Textabschnitte markiert und umgesetzt werden sollen.

Ansonsten müssen auf Ihrer Festplatte noch einige Megabyte Kapazität frei sein. Beabsichtigen Sie, *Borland C++* mit allem drum und dran zu installieren, benötigen Sie in der Version 2.0 15 und in der Version 3.0 sage

und schreibe 40 (in Worten vierzig) Megabyte Festplattenspeicher. Dieser
Wert läßt sich etwas vermindern, wenn man nicht alle Teile des Pakets
installiert. Neben dem eigentlichen Compiler enthält *Borland C++* einen
umfangreichen Debugger zur Fehlersuche, einen sogenannten Profiler zur
Analyse von Programmlaufzeiten und einen Assembler. Möchte man diese
Zusätze nicht unbedingt installieren, verringert sich der Platzbedarf um
einige Megabyte.

Damit wären wir auch schon beim Thema. Um den Compiler zu installieren, legen Sie die erste der Disketten in Ihr Laufwerk und geben

     A: bzw.   **B:**

ein. Dadurch machen Sie das Laufwerk *A* bzw. *B* zum aktuellen. Welche
der beiden Eingaben bei Ihnen zutrifft, hängt davon ab, von welchem Ihrer
Laufwerke Sie *Borland C++* installieren. Haben Sie nur ein Laufwerk, ist
die erste Angabe immer die richtige Wahl.

☞   Falls Sie kein *DOS*-Kenner sind, seien sie noch darauf hingewiesen, daß alle
    angegebenen Befehle auch klein oder gemischt klein und groß geschrieben
    werden können.

Nach der Eingabe von

    INSTALL

erscheint der in Abbildung 1.1 dargestellte Startbildschirm des Installationsprogramms. Hier werden Sie nochmals darauf hingewiesen, daß auf
Ihrer Festplatte ungefähr 15 Megabyte frei sein müssen. Sie werden dazu
aufgefordert die $\boxed{\text{Enter}}$ Taste zu drüken. Genau dieselbe Wirkung hat hier
und im folgenden die Taste $\boxed{\leftarrow}$.

Daraufhin erscheint die einzige Bildschirmseite, in der man während der Installation etwas verändern kann. Es wird angezeigt, in welchem Verzeichnis
Borland C++ installiert wird, welche Teile des Pakets, welche Beispiele und
welche Speichermodelle installiert werden. Außerdem wird angezeigt, ob die
Teile zur Erstellung von *Windows*-Programmen kopiert werden. Im Beispiel
in Abbildung 1.2 und Abbildung 1.3 wurde das vorgeschlagene Verzeichnis
von `C:\BORLANDC` in `D:\BORLANDC` umgeändert. Dies ist beispielsweise dann
sinnvoll, wenn eine Festplatte in mehrere Partitionen unterteilt ist, und
alle Compiler auf der zweiten Partition abgelegt sind. Um einen Eintrag
zu ändern, bewegt man den Leuchtbalken mit den Cursortasten auf die
gewünschte Stelle und drückt $\boxed{\leftarrow}$ bzw. $\boxed{\text{Enter}}$. Danach muß man

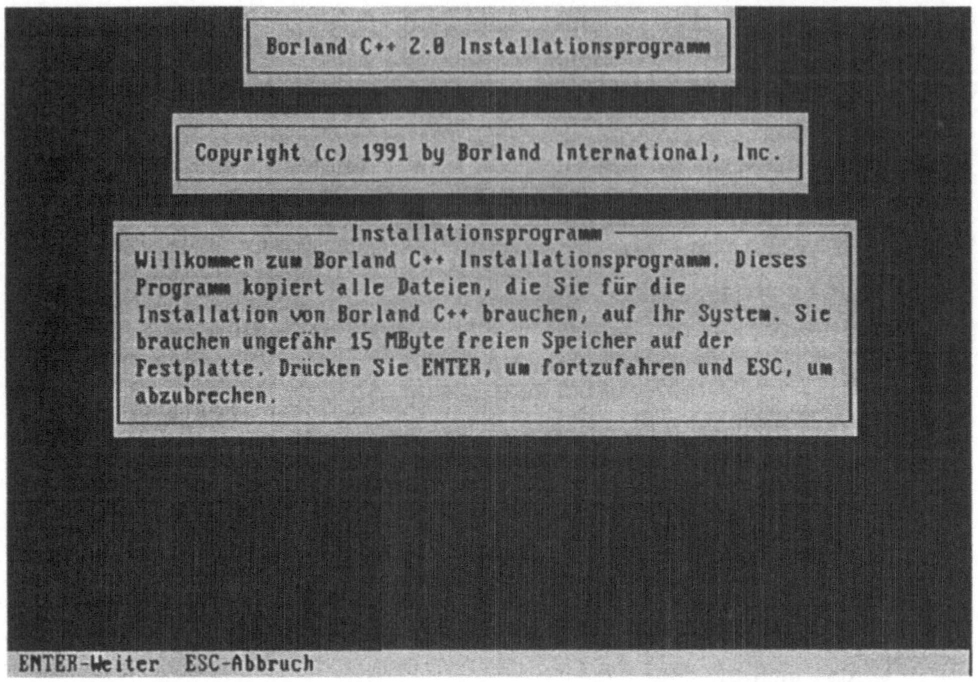

Abbildung 1.1: Startbildschirm des Installationsprogramms

entweder selbst einen neuen Namen eingeben oder kann mit der $\boxed{\leftarrow}$-Taste zwischen Ja/Nein-Alternativen wählen. Im Beispiel in Abbildung 1.2 wurde angegeben, daß die Beispiele für den *Turbo Profiler* und den *Turbo Debugger* nicht installiert werden sollen. In Abbildung 1.3 wurden die Quelltexte der Libraries weggelasen.

Wählen Sie zum Schluß den Punkt Installation starten. Wenn auf Ihrer Festplatte nicht genug Platz für die gewählten Teile ist, gibt das Programm jetzt eine entsprechende Warnung aus. Daraufhin sollten Sie die Installation abbrechen und auf der Festplatte Raum schaffen. Ist genug Platz, beginnt die Installation und sie brauchen nur noch nacheinander alle Disketten in Ihr Laufwerk einzulegen.

☞ Versuchen Sie nicht, die *Borland C++*-Disketten „von Hand" mit dem *DOS*-Befehl COPY zu kopieren. Die Daten auf den Disketten sind gepackt und werden erst durch das Installationsprogramm lauffähig gemacht.

Nach der letzten Diskette erscheint (hoffentlich) der gleiche Bildschirm wie in Abbildung 1.5. Das Programm teilt mit, daß die Datei CONFIG.SYS einen Eintrag der Form

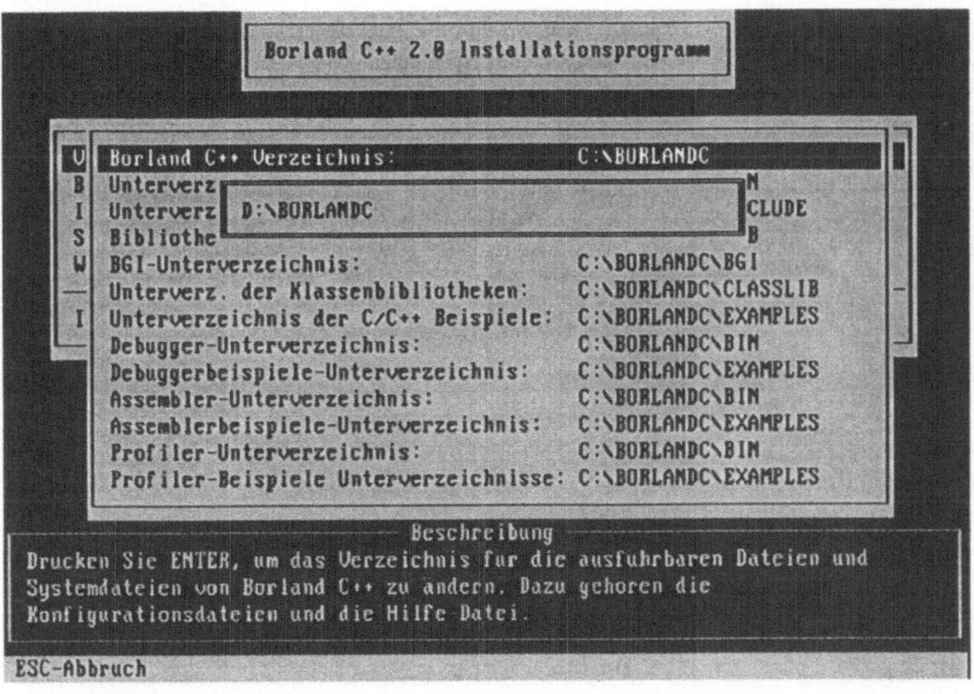

Abbildung 1.2: Verzeichnisauswahl innerhalb der Installation der Version 2.0

```
FILES=20
```

enthalten muß, damit *Borland C++* ordnungsgemäß arbeiten kann. Der Eintrag ist der bei der Installation des *DOS*-Betriebssystems vorgegebene Wert. Sollte er dennoch bei Ihnen auf einem geringeren Wert stehen, laden Sie die Datei `CONFIG.SYS` nach der Installation in einen beliebigen Editor und ändern ihn.

Außerdem soll die Datei `AUTOEXEC.BAT` eine sogenannte Pfadangabe enthalten, die dafür sorgt, daß *Borland C++* aus jedem Verzeichnis Ihrer Festplatte heraus gestartet werden kann. Um dies zu erreichen, fügt man an die Zeile, die mit `PATH=` beginnt, die Angabe `D:\BORLANDC\BIN` an, sofern der Compiler im Verzeichnis `D:\BORLANDC` installiert wurde.

Nachfolgend wird davon ausgegangen, daß *Borland C++* in `D:\BORLANDC` installiert wurde. Sollte dies bei Ihnen nicht der Fall sein, tragen Sie an dieser Stelle immer Ihr gewähltes Verzeichnis ein.

Nach dem Druck auf eine beliebige Taste wird die Textdatei `README` angezeigt. Sie enthält wichtige Informationen zum Compiler, die man

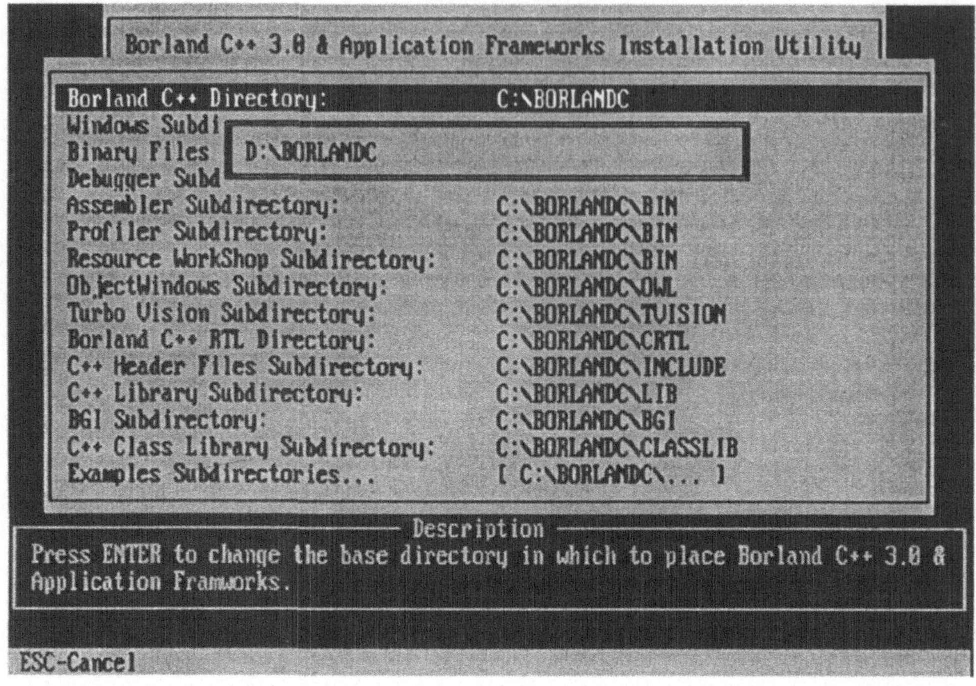

Abbildung 1.3: Verzeichnisauswahl innerhalb der Installation der Version 3.0

zumindest überfliegen sollte. In der letzten Zeile des Bildschirms steht,
wie man durch den Text blättert und ihn verläßt. Nach dem Verlassen
ist die Installation abgeschlossen und die Programmierung kann beginnen,
sofern die Festplatte nicht restlos voll ist und erst eine neue angeschafft
werden muß.

Bevor nun jedoch erstmalig die Entwicklungsumgebung gestartet wird,
sollten Sie ein Verzeichnis anlegen, in dem die übersetzten Programme
abgelegt werden können. Anderenfalls verliert man sehr schnell die Übersicht. Vorgeschlagen sei der Verzeichnisname EXE, weil ausführbare (engl.
executable) Dateien abgelegt werden sollen. Man erzeugt das Verzeichnis
mit

```
MKDIR D:\BORLANDC\EXE
```

Nun sollte der Rechner durch die Tastenkombination [Strg] + [Alt] + [Entf]
ganz neu gestartet werden, damit die Einträge in den Dateien CONFIG.SYS
und AUTOEXEC.BAT wirksam werden.

Auch wenn erst im vierten Abschnitt mit der *Windows*-Entwicklungsum-
gebung gearbeitet wird, sollte man sie dennoch schon jetzt installieren.

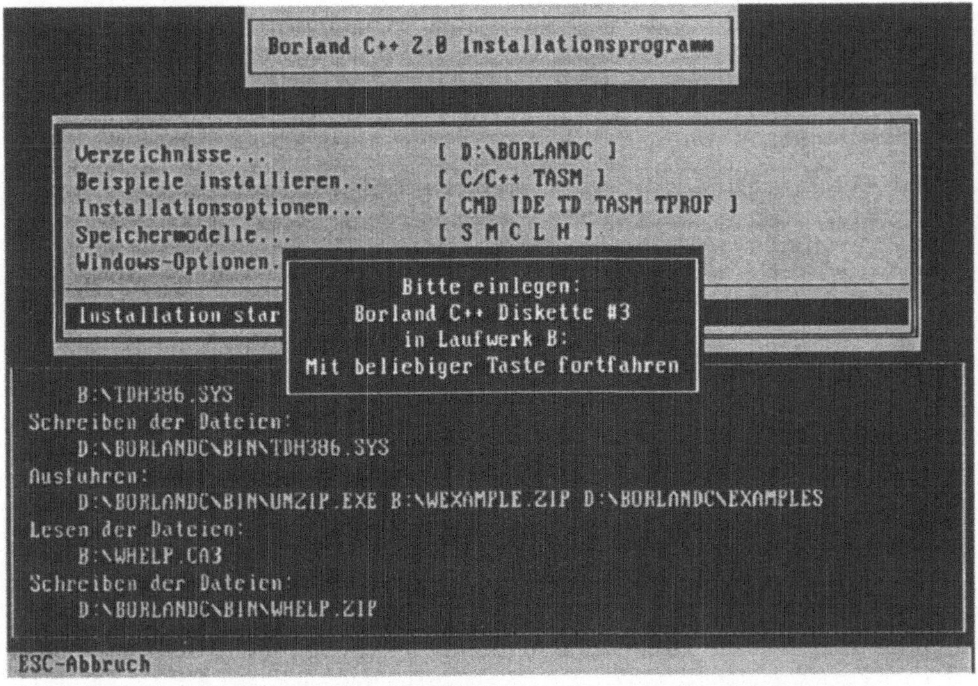

Abbildung 1.4: Diskettenwechsel während der Installation

Dazu muß *Windows* gestartet werden. Falls man bei der Installation des gesamten Pakets eine eigene Gruppe für *Borland C++* bzw. für *Turbo C++ für Windows* (unter diesem Namen wird die *Windows*-Entwicklungsumgebung angesprochen) angelegt hat, braucht man nichts weiter zu tun. Man kann durch Anklicken des entsprechenden Icons direkt die Entwicklungsumgebung starten.

Wurde keine eigene Gruppe gewählt, muß man sie separat installieren. Dazu wählt man im Programm Manager den Menüpunkt `Datei/Neu` bzw. `File/New...` in der englischen Version. Dabei sollte man darauf achten, sich in einem Fenster zu befinden, in dem das Icon für die Entwicklungsumgebung abgelegt werden soll. In der nächsten Dialogbox kann man direkt `Ok` wählen und so die Voreinstellung für ein neu zu installierendes Programm übernehmen. Danach trägt man unter `Beschreibung` (engl. `Description`) den Namen ein, der als Icon-Unterschrift erscheinen soll, also etwa `Turbo C++ für Windows`. Als `Kommandozeile` (engl. `Command line`) muß der Pfad zum Programm `TCW.EXE` angegeben werden. Im bisherigen Beispiel lautet der Eintrag also:

```
D:\BORLANDC\BIN\TCW.EXE
```

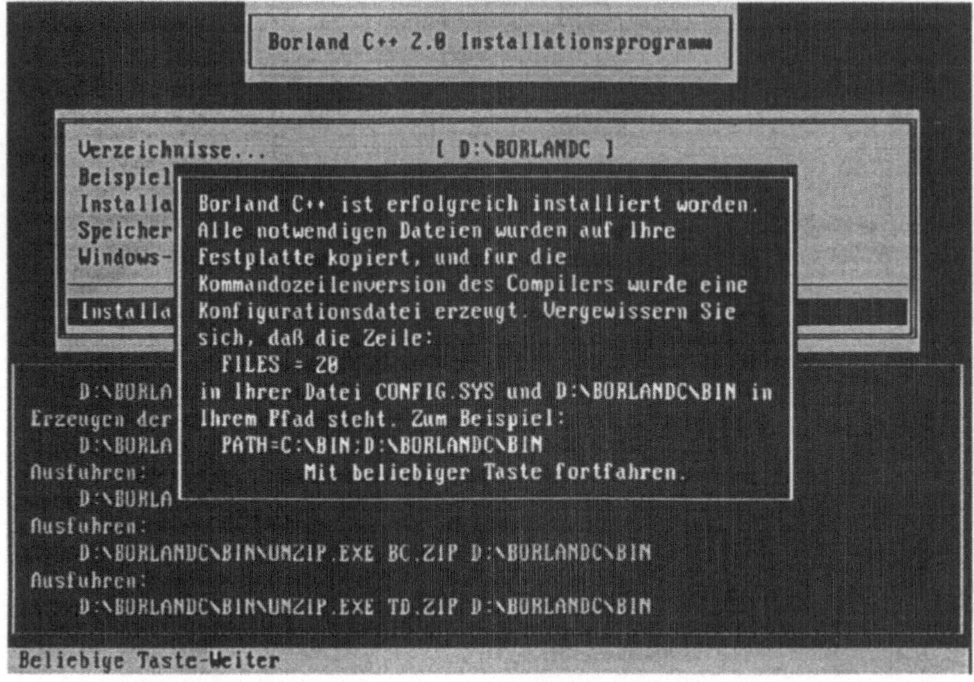

Abbildung 1.5: Abschlußmeldung des Installationsprogramms

Abschließend kann man noch ein spezielles Icon wählen, mit dem das Programm gestartet wird. Ein Klick auf Ok beendet die Prozedur, und man findet das gewählte Icon im aktuellen Fenster wieder. Klickt man es an, so wird die Entwicklungsumgebung gestartet und man könnte seinen ersten Programmtext eingeben.

☞ Die *Windows*-Entwicklungsumgebung wird in 4.2.3 ab Seite 382 genau beschrieben.

1.2   Vom Quelltext zum Programm

In diesem und den nächsten Kapiteln wird ausführlich auf die *DOS*-Entwicklungsumgebung von *Borland C++* eingegangen. In der Version 3.0 enthält das Paket eine zusätzliche Umgebung, die als *Windows*-Anwendung gestartet werden kann. Viele der dort verwendeten Menüpunkte arbeiten vollkommen analog zur *DOS*-Version. Welche speziellen Dinge man beachten muß und wie man ein Programm unter *Windows* kompiliert wird in 4.2.3 ab Seite 382 detailliert beschrieben.

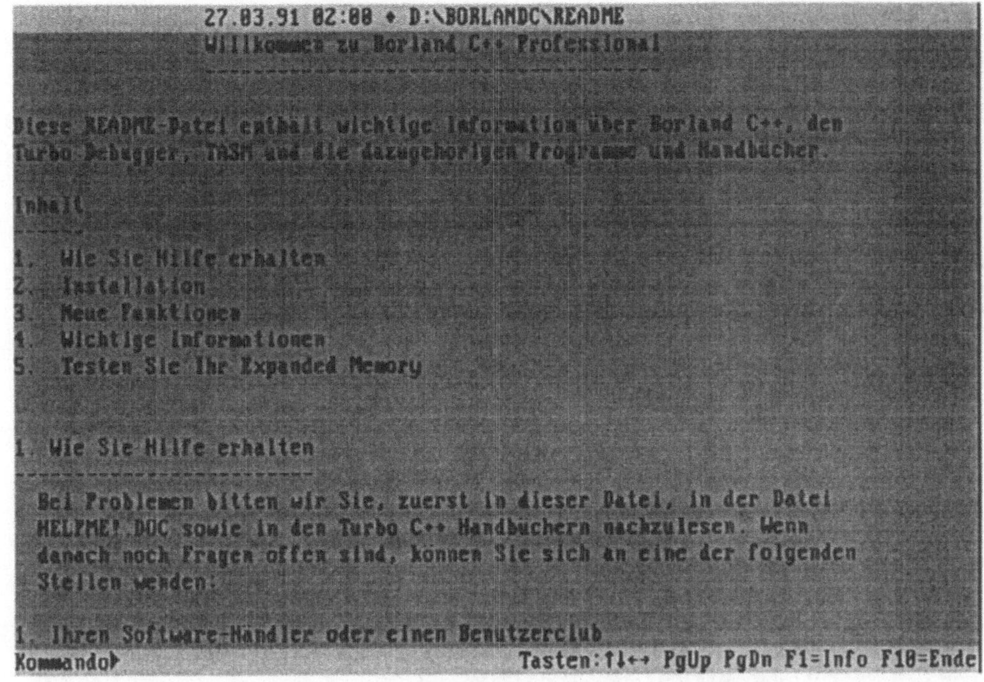

Abbildung 1.6: Anfang der Datei `README`

Je umfangreicher Softwarepakete werden, um so komplizierter wird im allgemeinen ihre Bedienung. Diese Binsenweisheit aller Anwender trifft nur bedingt auf *Borland C++* zu. Beim Start der Version 2.0 hat man allerdings schon die Wahl zwischen zwei Alternativen. Dazu muß man wissen, daß Computer, die einen Prozessor vom Typ 80386 oder 80486 besitzen, verschiedene Betriebsarten kennen. Da ist zum einen der **Standard-Modus**, wie er auch von den Prozessoren 8086 bzw. 8088 und 80286 verwendet wird und zum anderen der **Protected-Modus**. Die wesentlichen Unterschiede bestehen darin, daß im Protected-Modus, sehr viel mehr Hauptspeicher zur Verfügung steht, was sich natürlich bei der Übersetzung von Programmen günstig auswirkt. Der Rechner muß jedoch erst in diesen Modus umgeschaltet werden, da unter *DOS* normalerweise immer im Standard-Modus gearbeitet wird. Das Umschalten wird durch den Aufruf der Entwicklungsumgebung mit

```
BCX
```

erreicht. Es erscheint zunächst allerdings derselbe Startbildschirm aus Abbildung 1.7, als wenn man die Entwicklungsumgebung durch

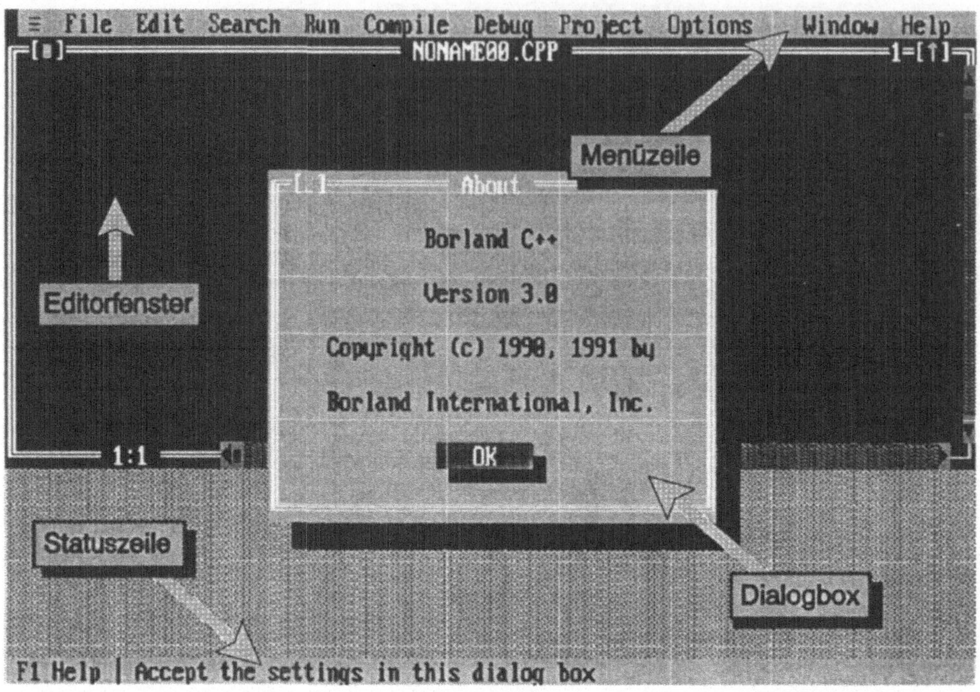

Abbildung 1.7: Der erste Start der integrierten Entwicklungsumgebung

        BC

im Standard-Modus startet.

In der Version 3.0 erkennt die Entwicklungsumgebung automatisch, ob in den Protected Modus „hochgefahren" werden kann. Dort wird die Entwicklungsumgebung immer durch BC gestartet.

Zusätzlich können sowohl im Standard- als auch im Protected-Modus zahlreiche weitere Angaben gemacht werden. Diese sogenannten **Optionen** werden alle mit einem Slash (/) eingeleitet. Eine genaue Übersicht hierzu befindet sich im Anhang.

Wundern Sie sich bitte nicht, daß einige Texte innerhalb der Entwicklungsumgebung in englischer Sprache erscheinen. Die gesamte Menüstruktur ist englisch. Lediglich die Hilfsfunktion wurde ins Deutsche übersetzt.

Nach einem Druck auf die $\boxed{\leftarrow}$-Taste, befindet man sich im **Editor-Fenster**. Hier werden die Programmtexte eingegeben.

☞ Falls Sie nicht mit dem Editor der integrierten Entwicklungsumgebung arbeiten möchten, können Sie die Kommandozeilenversion des Compilers mit dem Namen `BCC.EXE` benutzen. Welche Angaben dieser benötigt erfahren Sie, indem Sie auf der *DOS*-Ebene `BCC` eingeben.

In der Version 2.0 gibt es, genau wie von der Entwicklungsumgebung auch, von der Kommandozeilenversion zwei Fassungen. Die eine, `BCC.EXE` startet den Compiler im Standard-, die andere, `BCCX.EXE`, im Protected-Modus.

Bevor der Compiler nun ein erstes Mal ausprobiert wird, soll noch eine sinnvolle Voreinstellung vorgenommen werden. Auf Seite 6 wurden Sie aufgefordert, ein Verzeichnis `D:\BORLANDC\EXE` zu erzeugen, damit dort die lauffähigen Programme abgelegt werden können. Jetzt muß der Entwicklungsumgebung mitgeteilt werden, daß sie dieses Verzeichnis benutzen soll. Klicken Sie dazu entweder mit der Maus auf den Punkt `Options` in der obersten Zeile oder drücken die Tastenkombination `Alt` + `O` . Es klappt ein Menü herunter, in dem eine Reihe von weiteren Einstellungen vorgenommen werden können.

Wenn Sie noch nicht im Umgang mit einer (Computer-) Maus geübt sind, ist Ihnen vielleicht der Begriff „Klicken" fremd. Gemeint ist das Drücken der linken Maustaste auf einem angegebenen Punkt. „Klicken auf den Menüpunkt `Options`" heißt also, den Mauszeiger auf diesen Text bewegen und dort die linke Taste drücken.

Im Moment interessiert nur der Punkt `Directories...`, den Sie entweder wieder mit der Maus anklicken oder durch Drücken von `D` anwählen. Es erscheint eine sogenannte **Dialogbox**, in der Eintragungen vorgenommen werden können. Die beiden ersten Zeilen enthalten bereits die notwendigen Angaben. Lediglich in der dritten müssen Sie das Verzeichnis eintragen, in dem die fertigen Programme abgelegt werden sollen. Ihr Bildschirm sollte etwa aussehen wie in Abbildung 1.8. Dort wurde als Verzeichnis `D:\BOR-LANDC\EXE` gewählt.

Um sich innerhalb der Dialogbox zu bewegen, gibt es zwei Möglichkeiten. Benutzt man die Tastatur wechselt man mit der `Tab` -Taste zwischen den verschiedenen Punkten und wählt sie mit `Space` aus. Man erkennt einen ausgewählten Punkt daran, daß in dem Kästchen vor ihm ein `X` erscheint.

Bestätigen Sie die getroffene Wahl durch zweimaliges Drücken der `↵` -Taste. Damit diese Einstellung auch beim nächsten Start der Entwicklungsumgebung gilt, müssen Sie sie speichern. Wählen Sie dazu wieder den Menüpunkt `Options` und dort den Punkt `Save`. Es erscheint eine Dialogbox, in der festgelegt wird, ob die Einstellung der Entwicklungsumgebung (engl. *Environment*), der Aufbau des Bildschirm (engl. *Desktop*) und/oder ein eventuell gerade bearbeitetes Programmierprojekt (engl. *Project*)

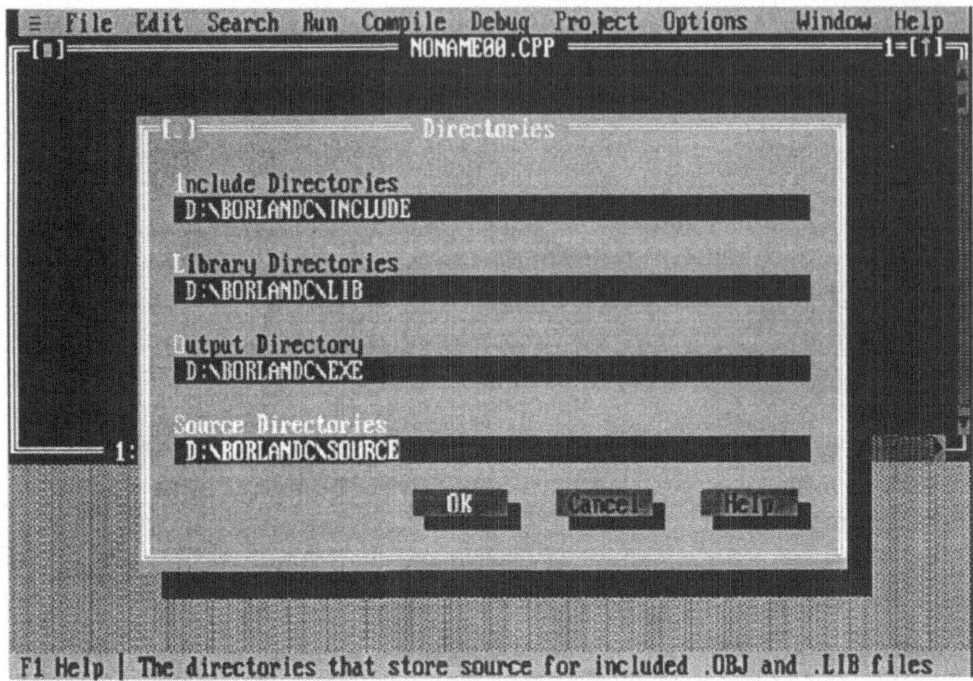

Abbildung 1.8: Verzeichnisauswahl innerhalb der Entwicklungsumgebung

gesichert werden soll. Es schadet in der Regel nicht, wie in Abbildung 1.9 alle drei Punkte zu markieren.

Damit sind die Vorarbeiten endgültig abgeschlossen. Das allererste Programm soll nur einen Eindruck des Compilers vermitteln. Außer einer winzigen Textausgabe passiert gar nichts. Geben Sie dennoch bitte den Text aus Programm 1.1 (ohne die Zeilennummern) ein.

Die einzelnen Elemente des ersten Programms werden erst im folgenden Abschnitt erläutert, wenn es um die Sprache *Borland C++* geht. Um die Entwicklungsumgebung kennenzulernen, genügt es zu wissen, wie man das eben geschriebene Programm übersetzt. Klicken Sie dazu in der obersten (Menü-) Zeile auf den Punkt Compile. Es „klappt" ein Menü herunter, in dem Sie den ersten Punkt Compile to OBJ anklicken. Über die Tastatur geht der Vorgang etwas schneller. Dort wird nur ⎡Alt⎤ + ⎡F9⎤ gedrückt.

Der Compiler beginnt blitzartig zu arbeiten und gibt nach Sekunden entweder die in Abbildung 1.10 dargestelle Erfolgsmeldung oder eine bzw. mehrere Fehlermeldungen aus. Im letzteren Fall sollten Sie den Programmtext noch einmal genau überprüfen. Leider kommt es in C++ auf jedes Semikolon und jede Klammer an. Falls Sie einen Fehler im Text

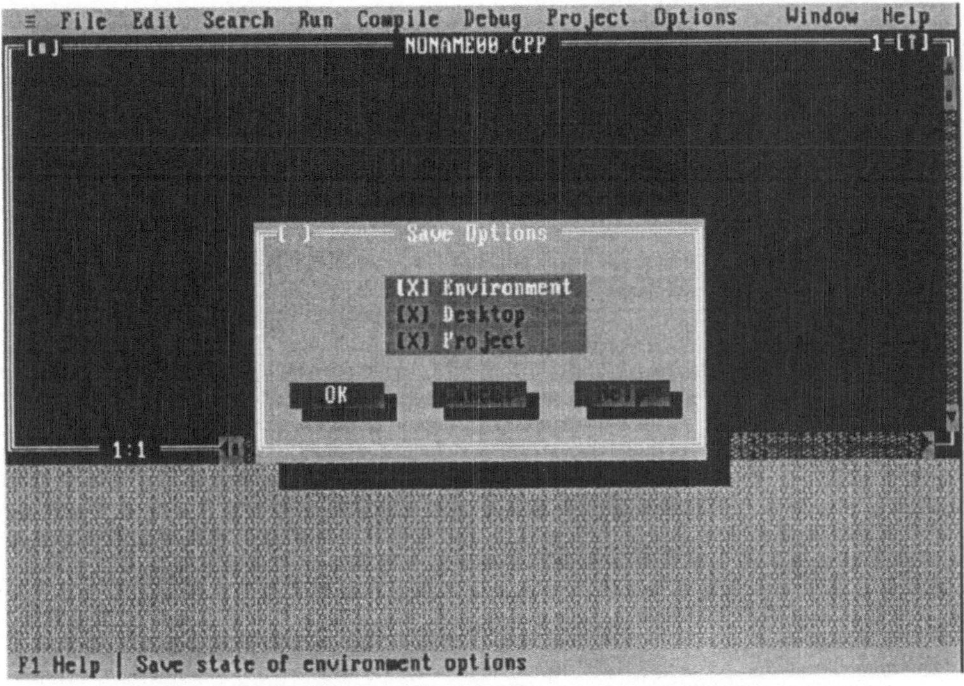

Abbildung 1.9: Speichern aller Optionen der Entwicklungsumgebung

```
1 #include <iostream.h>
2
3 main()
4 {
5       // Das allererste Borland C++-Programm
6
7       cout << "Hallo, wie geht's!\n";
8
9 }     // Ende von main()
```

Programm 1.1: Das allererste Programm

bemerken, können Sie die Stelle entweder mit der Maus anklicken und den Cursor so positionieren oder Sie verwenden die Cursortasten. Um ein Zeichen links vom Cursor zu löschen, benutzt man die $\boxed{\longleftarrow}$ -Taste. Soll das Zeichen genau unter dem Cursor entfernt werden, benutzt man die $\boxed{\text{Entf}}$ -Taste. Kenner des Textverarbeitungs-Klassikers *Wordstar* sind etwas im Vorteil, weil die meisten der dort verwendeten Tastenkürzel, wie zum Beispiel $\boxed{\text{Strg}} + \boxed{\text{Y}}$ zum Löschen einer ganzen Zeile, auch in der Entwicklungsumgebung verwendet werden können.

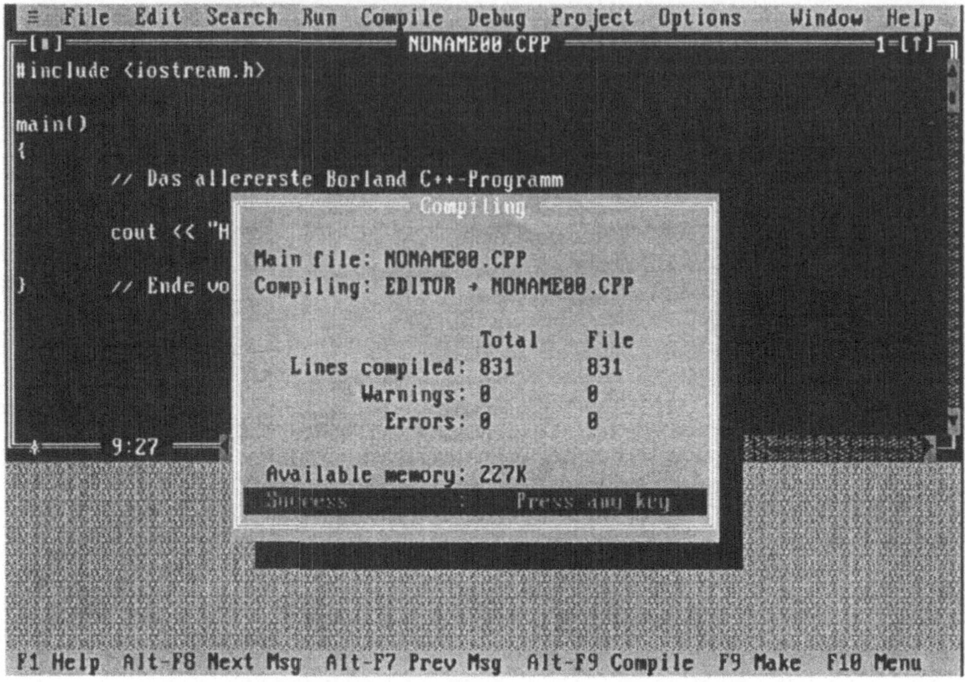

Abbildung 1.10: Erfolgreiche Übersetzung des ersten Programms

 Bei der Übersetzung eines Programms unterscheidet man zwei Arten von Meldungen. Das eine sind Warnungen (engl. *Warnings*), die den Programmierer darauf aufmerksam machen sollen, daß an einer Stelle eine Ungenauigkeit vorliegt. Wenn eine (oder mehrere) Warnung aufgetreten ist, kann dennoch ein lauffähiges Programm erzeugt werden. Dies ist bei echten Fehlern (engl. *Errors*) nicht so. Der Compiler versucht auch nach einem Fehler, mit der Übersetzung fortzufahren, kann jedoch kein lauffähiges Programm erzeugen.

Es ist leider häufig so, daß lediglich die erste Fehlermeldung an der korrekten Stelle ausgegeben wird. Vergißt man beispielsweise an nur einer Stelle im Programm abschließende Hochkommas (") findet der Compiler mit ziemlicher Sicherheit eine ganze Liste von weiteren „Fehlern".

Nachdem das erste Programm – eventuell im zweiten Anlauf – fehlerfrei übersetzt wurde, soll es natürlich in Aktion bewundert werden. Bevor es dazu kommt, sollte man sich grundsätzlich angewöhnen, den Quelltext abzuspeichern. Zwar ist es bei unserem ersten Programm kaum zu erwarten, daß es Probleme bei der Ausführung gibt, die einen Neustart des Rechners erfordern, bei größeren Programmen kann dies jedoch durchaus häufiger der Fall sein. Hat man dann seinen Quelltext nicht abgespeichert, sind alle

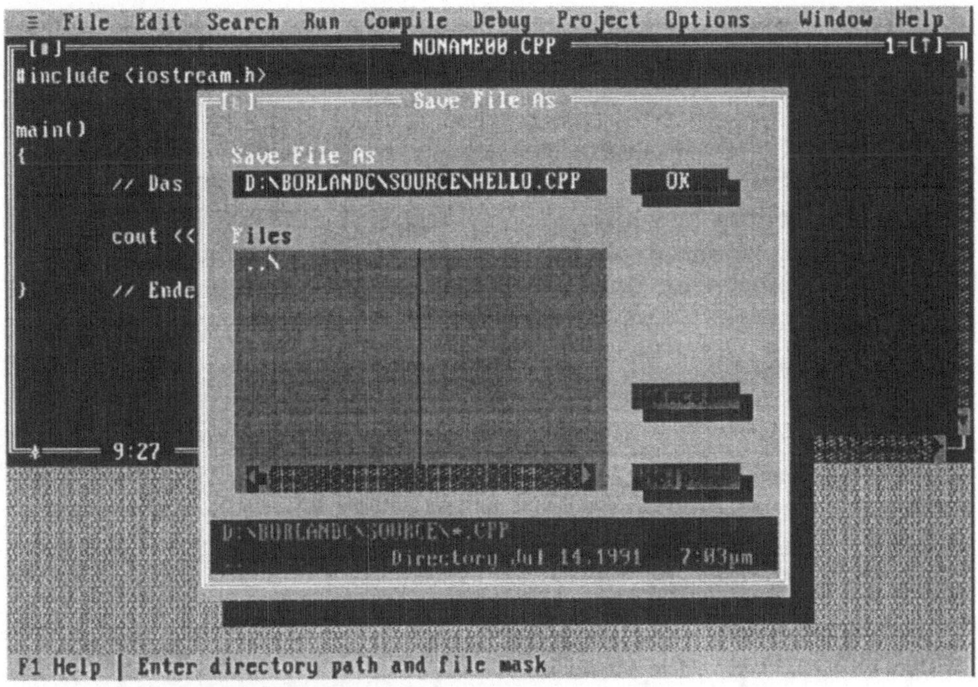

Abbildung 1.11: Speichern unter dem Namen `HELLO.CPP`

Änderungen verloren. Außerdem würde die Entwicklungsumgebung von sich aus vor dem ersten Programmstart an ein Speichern erinnern.

Zum Speichern wählt man entweder über die Tastenkombination `Alt` + `F` oder durch ein Klicken auf den Menüpunkt `File` das sogenannte `File`-Menü aus. Dort wird der Punkt `Save as...` ausgewählt, worauf sich eine Dialogbox öffnet, in der angegeben werden muß, wo der Quelltext abgespeichert werden soll.

☞ Wird ein Quelltext zum ersten Mal gespeichert, ist es gleichgültig, ob der Menüpunkt `Save` oder `Save as...` gewählt wird. Es wird in beiden Fällen nach einem Dateinamen gefragt.

In Abbildung 1.11 wurde als Dateiname `D:\BORLANDC\SOURCE\HELLO.CPP` gewählt. Möchten Sie genau diese Wahl übernehmen, muß zuvor das Verzeichnis `D:\BORLANDC\SOURCE` genau wie schon `D:\BORLANDC\EXE` mit dem Kommando `MKDIR` angelegt werden.

Es ist unter *DOS* eine allgemeine Übereinkunft, daß C++-Programme die Endung `.CPP` erhalten. „Normale" C-Programme enden meist auf `.C`. Man kann beim Abspeichern (und auch beim Laden) in der oberen Zeile der Dialogbox festlegen, welche Endung selektiert werden soll.

Um jetzt endlich das erste Programm zu starten, muß entweder mit der Maus oder der Tastenkombination $\boxed{\text{Alt}}$ + $\boxed{\text{R}}$ das Run-Menü angewählt werden. Wieder „klappt" ein Menü herunter. Der erste Punkt Run muß angewählt werden, um das Programm zum Laufen (engl. *Run*) zu bringen. Der Compiler erkennt automatisch, daß der Quelltext nicht noch einmal ganz von vorne übersetzt werden muß. Er fügt jetzt lediglich einige Routinen hinzu, die es zu einem ablauffähigen *DOS*-Programm machen. Man nennt diese Phase auch Bindephase und den Teil des Compilers der sie ausführt den **Binder** (engl. *Linker*). Er übersetzt eine sogenannte **Objektdatei** in ein ausführbares Programm. Genau die Objektdatei war das, was durch den ersten Aufruf des Compilers, also durch Compile to OBJ, erzeugt wurde. In Abbildung 1.12 ist der gesamte Vorgang schematisiert dargestellt.

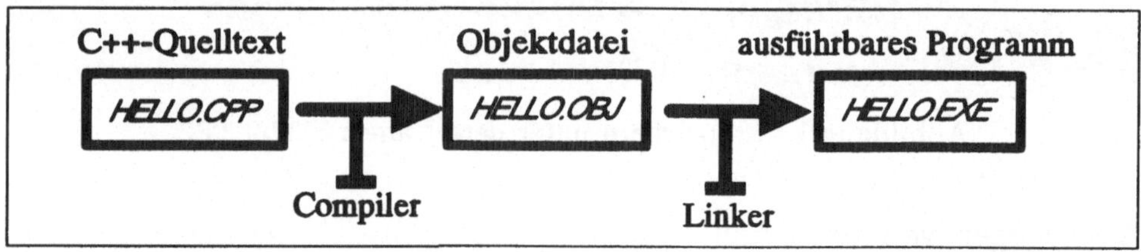

Abbildung 1.12: Vom Quelltext zum lauffähigen Programm

Auch dieses Bild läßt sich weiter verfeinern. Der Übergang vom Quelltext zum Objectcode vollzieht sich in mehreren Schritten. Zunächst wird der Text durch den sogenannten **Scanner** vom Compiler in syntaktische Einheiten zerlegt, das heißt zum Beispiel, daß alle Leerzeichen und Kommentare entfernt werden. Kurz kann man sagen, daß in diesem ersten Schritt, der Text in eine für die weitere Verarbeitung sinnvolle Form gebracht wird. Innerhalb der C-Programmierung erledigt der sogenannte **Präprozessor** unter anderem die Aufgaben des Scanners.

Als zweiter Teil im Compiler prüft der sogenannte **Parser**, ob das Programm syntaktisch korrekt ist, ob also beispielsweise kein Semikolon fehlt oder ähnliches. Erst nach dieser Prüfung werden die syntaktischen Einheiten in Objektcode übersetzt.

Das Programm wurde unmittelbar nach der Übersetzung vom Objektcode in ein lauffähiges Programm gestartet. „Bei mir nicht", werden Sie vielleicht denken, weil außer einem kurzen Aufblitzen des Bildschirms nichts zu sehen war. Das Problem besteht darin, daß sofort nach der Ausführung des Programms zurück in die Entwicklungsumgebung geschaltet wurde. Möchte man sich die Ausgabe in Ruhe ansehen, muß man durch Anwahl von `Window/User screen` auf den **Ausgabebildschirm** umschalten.

Verfügt man über zwei Monitore, kann man in einem den Quelltext und im anderen die Ausgabe betrachten. Vom Ausgabebildschirm zurück in die Entwicklungsumgebung gelangt man durch Drücken einer beliebigen Taste.

Übung 1.1: Schließen Sie mit `Strg` + `F4` (bzw. `Alt` + `F3` in der Version 2.0) oder einem Klick in die linke obere Fensterecke, das Editorfenster. Laden Sie über den Menüpunkt `Open` im `File`-Menü den Quelltext erneut. Nehmen Sie ein paar kleine Änderungen vor und sehen sich die Fehlermeldungen an.

Auch wenn die Programme im folgenden umfangreicher werden. Die wesentlichen Handgriffe zur Übersetzung haben Sie soeben kennengelernt. Dabei wurden bereits einige Menüpunkte der Entwicklungsumgebung ausprobiert. Aufbauend auf diesen ersten Versuchen wird im nächsten Kapitel, die komplette Menüstruktur erläutert.

1.3 Ein Spaziergang durch die Menüs

Im vorigen Kapitel wurde bereits erläutert, daß beispielsweise das `File`-Menü über die Tastenkombination `Alt` + `F` oder ein Klicken auf das Wort `File` in der obersten Bildschirmzeile geöffnet werden kann. Völlig analog wird bei den übrigen Menüpunkten vorgegangen.

Einige Menüpunkte enthalten auf ihrer rechten Seite die Angabe einer Tastenkombination. So steht neben dem Eintrag `Compile` im `Compile`-Menü ein `Alt+F9`. Um den gerade bearbeiteten Quelltext zu übersetzen, kann man als Abkürzung also auch einfach die Tastenkombination `Alt` + `F9` drücken. Solche abkürzenden Tasten(-kombinationen) werden im weiteren Verlauf **Shortcuts** genannt.

Eine zweite, kleinere Gruppe von Menüpunkten enthält auf ihrer rechten Seite ein kleines Dreieck (▷). Dieses deutet an, das nach der Wahl des Punktes, ein weiteres, sogenanntes **Untermenü** folgt. Erst in diesem zusätzlichen Menü erfolgt die eigentliche Auswahl. In Abbildung 1.13 wird als Beispiel das Untermenü `Environment` im `Options`-Menü angezeigt.

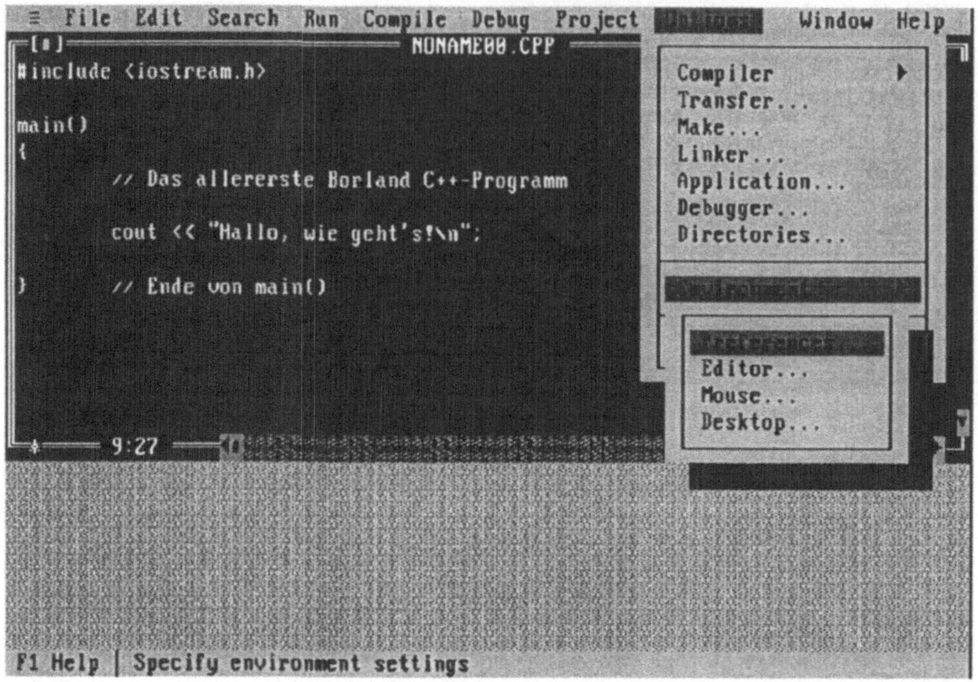

Abbildung 1.13: Ein Beispiel für ein Untermenü

Soll im weiteren Verlauf ein Untermenü angewählt werden, wird dieses durch einen Slash (/) vom Hauptmenü abgetrennt. Die Angabe `Options/Environment` meint also das oben angesprochene Menü.

Beim Wechsel von der Version 2.0 zu 3.0 wurden einige Menüpunkte in der Entwicklungsumgebung umgestellt und einige neu aufgenommen. Ferner wurden einige Tastenkombinationen so geändert, daß sie jetzt mit *Windows* konform sind. Dies bedeutet für alle erfahrenen Anwender von Borlandprodukten eine gewisse Umstellung. Man kann in der Version 3.0 nicht mehr mit ⟨Alt⟩ + ⟨X⟩, sondern muß mit ⟨Alt⟩ + ⟨F4⟩ die Entwicklungsumgebung verlassen. Auch werden die Tasten ⟨F2⟩ und ⟨F3⟩ nicht mehr zum Speichern bzw. Laden eines Textes benutzt. Eine der wichtigsten Neuerungen ist der Wegfall der Tastenkombination ⟨Alt⟩ + ⟨F5⟩ zum Umschalten auf den Ausgabebildschirm.

Allerdings hat man die Möglichkeit über eine in die Entwicklungsumgebung eingebettete Makrosprache, den gesamten Editor nach seinem persönlichen Geschmack zu konfigurieren und so gewohnte Tastenkombinationen beizubehalten. In den Abbildungen 1.14 und 1.15 wird die komplette Menüstruktur für die Entwicklungsumgebung der Version 3.0 dargestellt.

In Abbildung 1.16 und Abbildung 1.17 findet man die entsprechende Darstellung für die Version 2.0.

Wie bereits am Beispiel **Save as...** gezeigt wurde, deuten drei Punkte (...) neben einem Menüpunkt an, daß nach der Anwahl eine Dialogbox folgt.

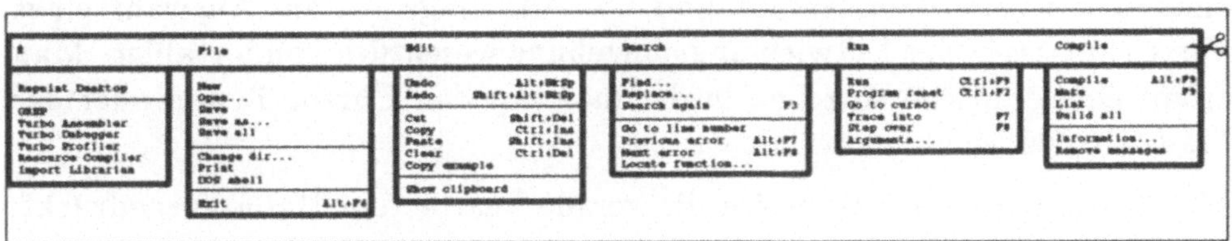

Abbildung 1.14: Teil 1 der kompletten Menueübersicht (Version 3.0)

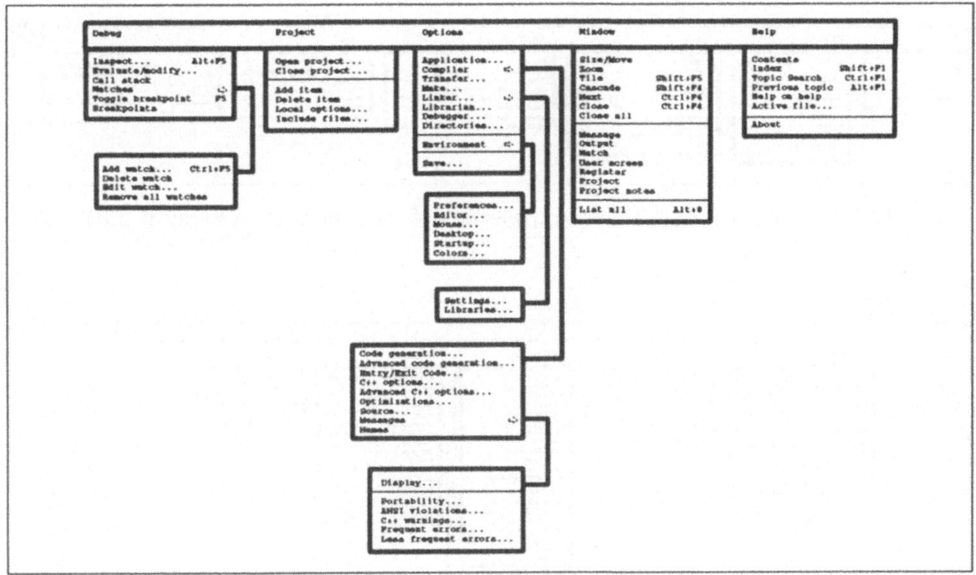

Abbildung 1.15: Teil 2 der kompletten Menueübersicht (Version 3.0)

Bleiben wir zunächst beim bereits bekannten Menü **File**. Wie der Name bereits andeutet, werden hier Dateien bearbeitet. Die Punkte **Open...**, **Save** bzw. **Save as...** wurden bereits erläutert. Mit **New** kann ein neues, leeres Fenster geöffnet werden. Dieser Punkt steht am Anfang der Programmerstellung. Mit **Save all** werden alle offenen Dateien gesichert. Daran sieht man, daß man nicht immer nur einen Quelltext laden kann, sondern es durchaus mehrere sein dürfen. Dies ist beispielsweise dann sinnvoll, wenn ein umfangreiches Programm aus mehreren Teilen besteht, die nach deren Fertigstellung zu einem einzigen Stück zusammengefaßt werden. Bei der Vorstellung des Menüpunktes `Window` wird auf diese Möglichkeit zurückgekommen.

Der untere Teil des Menüs führt *DOS*-Operationen durch. So entspricht `Change dir...` dem Kommando CD. Allerdings ist die Auswahl eines Verzeichnisses in der Entwicklungsumgebung wesentlich komfortabler. Man erhält eine grafische Anzeige, in der man mit den Cursor-Tasten oder der Maus ein Verzeichnis anwählen kann.

Mit `Print` wird normalerweise die gerade bearbeitete Datei ausgedruckt. Normalerweise deshalb, weil die Option eine andere Bedeutung hat, wenn zuvor ein Textbereich als sogenannter Block markiert wurde. Dann nämlich wird nur dieser Bereich ausgedruckt.

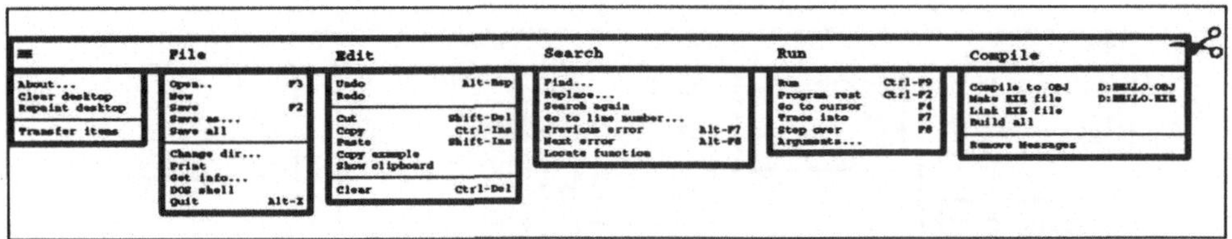

Abbildung 1.16: Teil 1 der kompletten Menueübersicht (Version 2.0)

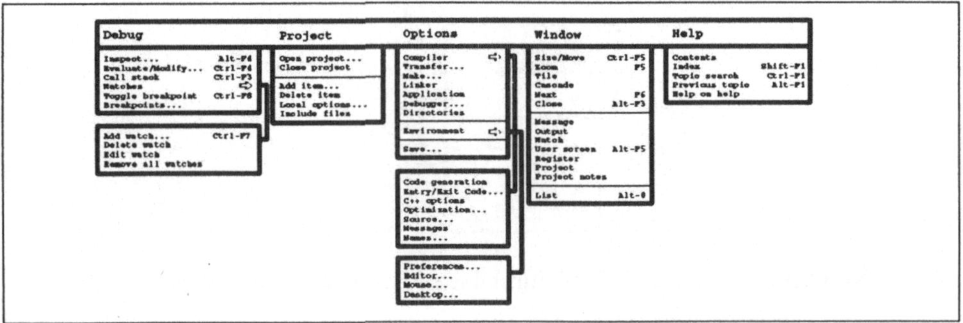

Abbildung 1.17: Teil 2 der kompletten Menueübersicht (Version 2.0)

Die drei letzten Punkte bedürfen kaum einer Erklärung. `Get info...` zeigt eine Dialogbox, die genaue Infomationen über den aktuellen Zustand des Systems (aktuelles Verzeichnis, gerade bearbeitete Datei, Speicher etc.)

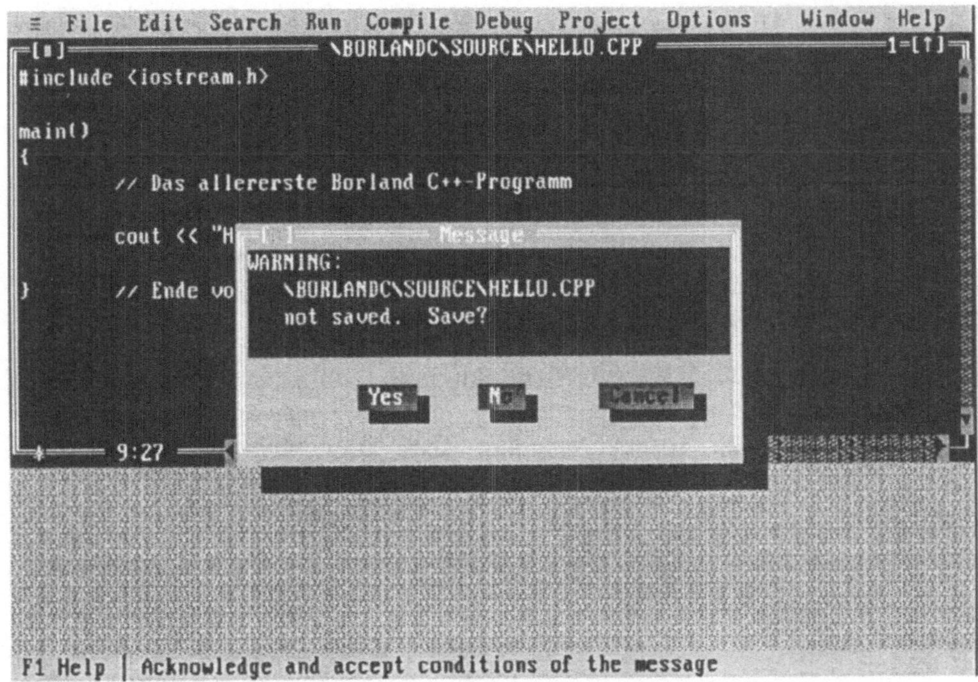

Abbildung 1.18: Sicherheitsabfrage, die an das Speichern erinnert

liefert. `DOS shell` schaltet auf die Betriebssystemebene. Dort können wie gewohnt, *DOS*-Kommandos eingegeben werden.

Man sollte davon absehen, in der *DOS*-Shell speicherresidente Programme wie zum Beispiel *Sidekick (plus)* zu laden, weil dies nach dem Zurückschalten zum Absturz des Rechners führen kann.

Man verläßt die Betriebssystemebene durch Eingabe von `EXIT`. Möchte man die Entwicklungsumgebung verlassen, wählt man den Punkt `Quit` oder drückt in der Version 2.0 `Alt` + `X` bzw. in der Version 3.0 `Alt` + `F4` . Diese Änderung wurde durchgeführt, da man auch in *Windows* diese Tastenkombination zum Verlassen einer Anwendung benutzt. Hat man zuvor Änderungen noch nicht gespeichert, erinnert die Entwicklungsumgebung von sich aus daran.

Über die Makrosprache der integrierten Entwicklungsumgebung ist es möglich, alle Tasten nach Belieben umzudefinieren. Dadurch kann man die Entwicklungsumgebung an seinen gewohnten Editor anpassen und muß nicht auf die Kommandozeilenversion des Compilers ausweichen.

Im nächsten Menü, `Edit`, kann mit dem ersten Punkt, `Undo`, die letzte Änderung an der gerade bearbeiteten Datei rückgängig gemacht werden. Als Abkürzung kann hierzu auch die Tastenkombination `Alt` + `←` verwendet werden. `Redo` ist das Gegenstück zu `Undo`. Hiermit wird eine rückgängig gemachte Änderung verworfen.

Das übrige Menü behandelt Blockoperationen. Unter einem solchen **Block** versteht man ganz allgemein einen markierten Textabschnitt. Man kann Blöcke nicht nur innerhalb des Editors bearbeiten, sondern in nahezu jedem Fenster der Entwicklungsumgebung.

Um einen Textabschnitt als Block zu markieren, gibt es drei Möglichkeiten. Man kann den Anfang des Abschnittes mit der Maus anklicken und die Maus bei weiterhin gedrückter linker Taste zum Ende des Abschnitts ziehen. Die zweite Möglichkeit benutzt `Shift` - und alle Cursor-Tasten, sowie die Tasten `Bild↑` und `Bild↓`. Schließlich stehen noch die eventuell aus *Wordstar* bekannten Kommandos `Strg` + `K` , `B` zum Markieren des Blockanfangs und `Strg` + `K` , `K` zum Markieren des Blockendes zur Verfügung.

Mit dem Menüpunkt `Cut` wird der markierte Block in die **Zwischenablage** (engl. *Clipboard*) kopiert. Falls Sie bereits mit *Windows*, oder beispielsweise dem Programm *Word 5.5* gearbeitet haben, wissen Sie diese Ablage sicher zu schätzen. Man kann sich eine temporäre Datei vorstellen, in die der Block kopiert wird. Dort kann er später eingelesen und an anderer Stelle über den Punkt `Paste` oder die Tastenkombination `Shift` + `Einfg` in den Programmtext eingefügt werden. Der einzige Unterschied zum nächsten Punkt, `Copy` besteht darin, daß bei `Cut` der markierte Abschnitt aus dem Quelltext ausgeschnitten wird und bei `Copy` nicht.

Der Menüpunkt `Copy example` erscheint auf den meisten Bildschirmen in etwas abgeschwächter Schrift. Dies soll signalisieren, daß er zum momentanen Zeitpunkt inaktiv ist, also nicht gewählt werden kann. Er dient dazu, Beispielprogramme aus der umfangreichen Hilfsfunktion der Entwicklungsumgebung ohne Markierung in die Zwischenablage zu kopieren. Wir kommen beim Thema Hilfsfunktion auf diesen Punkt zurück.

Um sich den aktuellen Inhalt der Zwischenablage anzusehen, wählt man `Show clipboard`. In Abbildung 1.19 wurde ein Teil des ersten Beispielprogramms `HELLO.CPP` mit `Cut` in die Zwischenablage kopiert und diese über `Show clipboard` sichtbar gemacht. Man erkennt, daß die Zwischenablage, wie ein normales Fenster behandelt wird und deshalb auch mit der Maus vergrößert oder verkleinert werden kann.

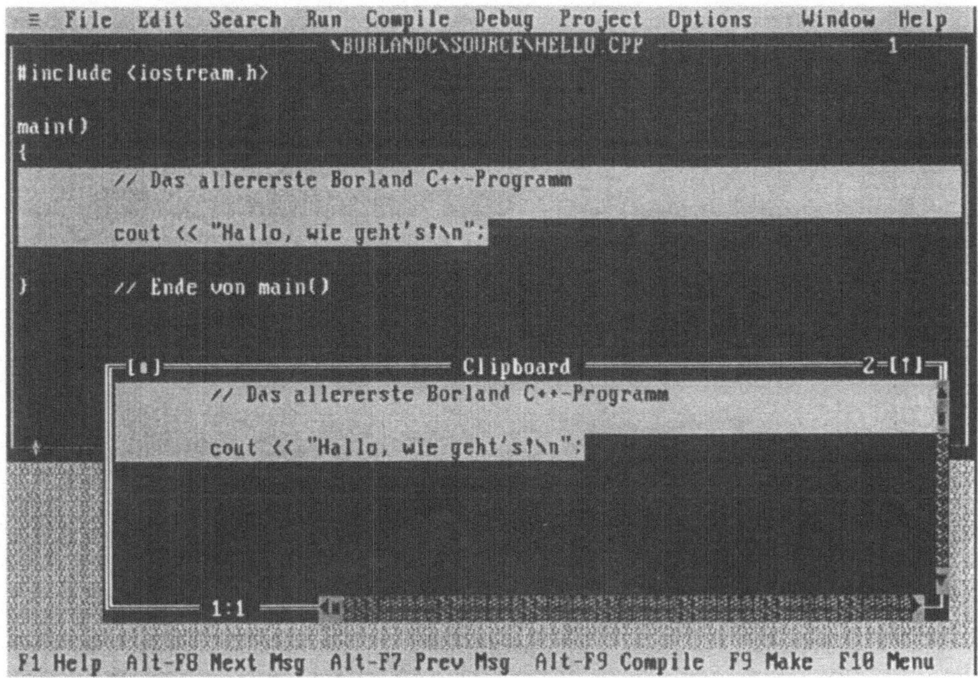

Abbildung 1.19: Ein Blick in die Zwischenablage

Der letzte Punkt `Clear` entfernt einen markierten Textabschnitt. Im Unterschied zu `Cut` wird jedoch nicht in die Zwischenablage gelöscht. Außer durch ein sich unmittelbar anschließendes `Undo` kann ein mit `Clear` gelöschter Text nicht zurückgeholt werden.

Bei umfangreichen Programmtexten kommt es häufiger vor, daß man nach bestimmten Textstellen **suchen** muß. Hierbei hilft das Menü `Search`. Nach einem Klick auf den ersten Punkt `Find...` öffnet sich eine Dialogbox, in die der zu suchende Text eingetragen wird. Zusätzlich kann hier noch angegeben werden, ob bei der Suche zwischen Groß- und Kleinschreibung unterscheiden werden soll (engl. *Case sensitive*). Außerdem kann man die Suche auf ganze Wörter beschränken (engl. *Whole words only*), unter `Scope` den Suchbereich und unter `Direction` die Suchrichtung, also ab- oder aufwärts im Text, festlegen. Mit `Origin` wird bestimmt, ob von der aktuellen Cursorposition an oder im gesamten unter `Scope` angegebenen Bereich gesucht werden soll.

Der interessanteste Punkt ist jedoch `Regular expression`. Hier hat man die Möglichkeit, nach sogenannten **regulären Ausdrücken** zu suchen. Die Zeichenkette `A*.c` findet beispielsweise alle Wörter, die mit einem `A`

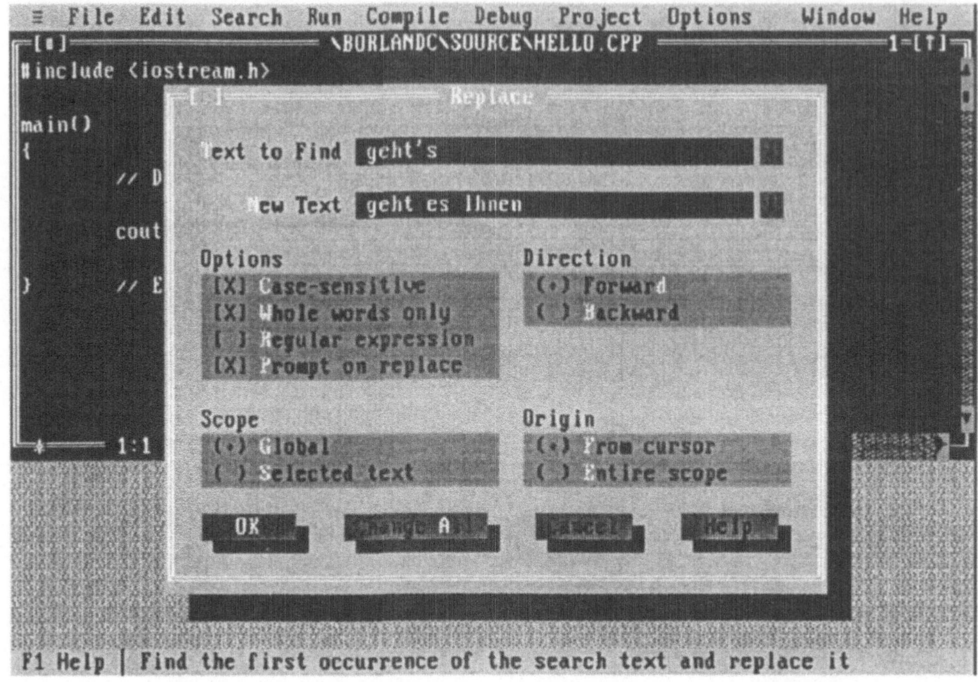

Abbildung 1.20: Dialogbox zum Menüpunkt `Search/Replace`

beginnen und einem c enden. Eine Übersicht über alle Sonderzeichen, die innerhalb regulärer Ausdrücke auftauchen dürfen befindet sich im Anhang.

Ganz ähnlich wird der Menüpunkt `Replace` benutzt. Hier kommt zum Suchen die Möglichkeit hinzu, eine gefundene Zeichenkette durch eine andere zu ersetzen. In Abbildung 1.20 wird beispielsweise die Zeichenkette `geht's` durch `geht es Ihnen` ersetzt. Innerhalb der Dialogbox wurde durch einen Klick auf `Prompt on replace` dafür gesorgt, daß die Entwicklungsumgebung das Ersetzen bestätigen läßt.

Der nächste Menüpunkt `Search again` wiederholt die letzte Suche. `Go to line number...` fordert den Benutzer auf, eine Zeilennummer einzugeben, zu der im Anschluß gesprungen wird.

Die drei letzten Punkte dienen der Beseitigung von Fehlern im Programmtext. Dabei kommt die Fähigkeit des Compilers ins Spiel, auch dann noch mit der Übersetzung eines Programms fortzufahren, wenn ein Fehler aufgetreten ist. Die Fehler werden gespeichert und man kann anschließend mit `Previous error` zum vorhergehenden und mit `Next error` zum nächsten Fehler springen, sofern noch einer vorhanden ist. Was es mit dem Begriff Funktion (engl. *Function*) auf sich hat, wird bei der Einführung in C++ erklärt.

Vom nächsten Menü Run wurde der Punkt mit dem gleichen Namen bereits zum Starten des allerersten Programms verwendet. Wann immer man den gearde bearbeiteten Quelltext in ein lauffähiges Programm übersetzen möchte und es nach der Übersetzung automatisch starten will, wählt man diesen Punkt. Der Compiler erkennt automatisch, ob der Quelltext seit der letztzen Übersetzung verändert wurde. Ist dies nicht der Fall, wird auch nicht neu übersetzt, sondern sofort das Programm gestartet.

Die restlichen Menüeinträge helfen bei der Fehlersuche in einem Programm, das zwar anstandslos übersetzt wurde, aber dennoch nicht das tut was es soll. So kann man beispielsweise mit Trace into ein Programm Zeile für Zeile ablaufen lassen.

In den meisten Fällen wird man den kontrollierten Ablauf mit dem Menü Debug verbinden. Dort hat man die Möglichkeit, über sogenannte **Breakpoints** bestimmte Marken zu setzen, an denen das Programm automatisch hält. Ferner können über Watches die Inhalte bestimmter Variablen in einem separaten Fenster verfolgt werden. Eine sinnvolle Anwendung aller dieser Punkte ergibt sich erst, wenn man einige Erfahrungen in der Programmierung unter *Borland C++* gesammelt hat.

Auch das Menü Compile hat mit der Übersetzung von Programmen zu tun. Der erste Punkt Compile to OBJ erzeugt eine Objektdatei, die noch nicht lauffähig ist. Das erreicht man erst, indem man Make (in der Version 2.0 Make EXE File) oder Link (Link EXE file) anwählt. Die beiden Punkte unterscheiden sich dadurch, daß Make nur die Dateien kompiliert, die seit der letzten Übersetzung verändert wurden. Die Möglichkeiten der beiden Menüpunkte beschränken sich nicht auf einen Quelltext. Es wurde bereits erwähnt, daß umfangreiche Programme sich in der Regel aus mehreren Quelltext-Stücken zusammensetzen. Die Einheit, die alle Teile zusammenfaßt und gleichzeitig „weiß'", wie sie untereinander abhängen wird Projekt genannt. Auch der Menüpunkt Build all übersetzt alle Teile eines Projektes. Er tut dies unabhängig davon, ob bestimmte Texte geändert wurden.

Man kann ein Build all über die Tastenkombination $\boxed{\text{Strg}}$ + $\boxed{\text{C}}$ unterbrechen. Möchte man mit der Übersetzung fortfahren, erledigt dies Make. Dies gilt auch dann, wenn die Übersetzung wegen Fehlern in einem Quelltext unterbrochen wurde.

Der Eintrag Information... zeigt Informationen zum gerade bearbeitet und übersetzten Quelltext sowie einige statistische Werte.

Der letzte Punkt **Remove messages** hat nur bedingt mit der Programmübersetzung zu tun. Er entfernt alle Fehlermeldungen, die während der Übersetzung im sogenannten Message-Fenster am unteren Rand des Bildschirms protokolliert wurden.

Was ein Projekt ist, wurde einige Zeilen weiter oben kurz angerissen. Das Menü **Project** hilft beim Erstellen eines Projektes. Mit **Open project...** und **Close project** wird ein Projekt geöffnet bzw. geschlossen. Um solche Projekte, die meistens auf **.PRJ** enden, kommt man bei der Programmierung von *Windows*-Applikationen nicht herum. Bei reinen *DOS*-Programmen werden sie erst sinnvoll, wenn ein Programm aus mehreren Teilen zusammengefügt wird.

Der untere Teil des Menüs dient zum Ergänzen oder Entfernen von Texten aus dem Projekt. Außerdem können über den Punkt **Local options...** Voreinstellungen festgelegt werden, die nicht global sondern nur für das aktuelle Projekt gelten.

Damit sind wir schon beim Thema Voreinstellungen oder neudeutsch **Optionen**. Das Menü **Options** beschäftigt sich mit ihnen. Viele der möglichen Einstellungen erfordern eingehendere Kenntnisse der Programmierung unter *Borland C++*. Als Beispiel soll der Punkt **Compiler** herausgegriffen werden. Nach der Wahl dieses Punktes erscheint ein weiteres Menü, in dem in Abbildung 1.21 **Source...** ausgewählt wurde.

In dieser Dialogbox kann man wählen, welche Art von C-Quelltext man bearbeiten möchte. *Borland C++* versteht den Ursprungsstandard von Kernighan und Ritchie (K & R-C), den ANSI-Standard (ANSI-C), C, wie es unter UNIX System V verwendet wird und einen von Borland eingeführten „Dialekt" für C++. Bei letzterem handelt es sich um eine Obermenge zum C++-Standard 2.0 der Firma AT&T. Nur wenn dieser Punkt angewählt ist, versteht der Compiler C++. Die übrigen Punkte wurden lediglich aufgenommen, um auch Programme schreiben zu können, die problemlos unter UNIX oder einem anderen ANSI-C-Compiler laufen.

☞ ANSI steht im übrigen für **American National Institute for Standardization**. Diese Organisation ist mit der DIN vergleichbar. Allerdings finden ANSI-Normen häufig weltweite Verbreitung.

Weitere wichtige Voreinstellungen lassen sich in der Dialogbox nach dem Menüpunkt **Options/Environment/Editor** vornehmen. In Abbildung 1.22 wurde beispielsweise festgelegt, daß beim Abspeichern eines Quelltextes automatisch eine Sicherheitskopie (engl. *Backup*) der vorherigen Version

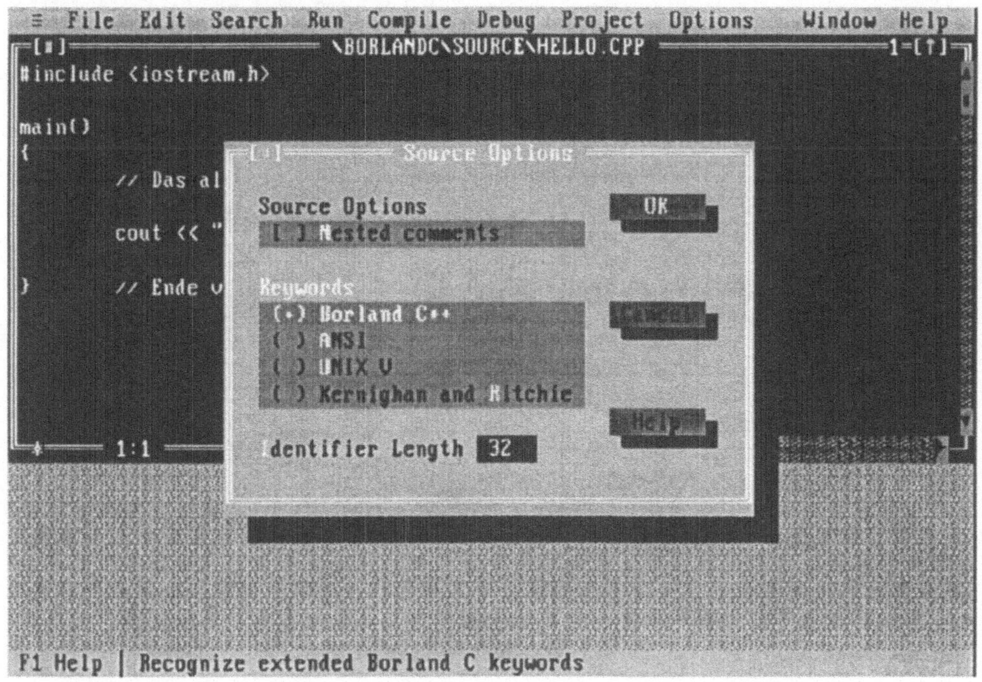

Abbildung 1.21: Dialogbox zur Auswahl des verwendeten C-„Dialekts"

erstellt wird. Außerdem wurde durch Ausschalten des Punktes `Cursor through tabs` dafür gesorgt, daß der Cursor beim Bewegen durch einen Text, Tabulatoren als solche betrachtet und nicht wie eine Folge von Leerzeichen.

Um die vorgenommenen Änderungen auch beim nächsten Start der Entwicklungsumgebung vorzufinden, müssen sie gesichert werden. Dies erledigt der Menüpunkt `Save`. Es schadet in der Regel nicht, alle drei Einträge der Dialogbox anzuwählen, damit auch wirklich alles in der Entwicklungsumgebung gespeichert wird.

Nähere Details zur Voreinstellung folgen in 1.4 ab Seite 31. Dort wird gezeigt, welche Optionen für welchen Rechnertyp sinnvoll sind.

Ein weiteres eigenes Kapitel ist der umfangreichen Hilfsfunktion der Entwicklungsumgebung gewidmet. Deshalb wird hier noch nicht auf das Menü `Help` eingegangen.

Stattdessen wird gezeigt, wie man mehrere Fenster auf dem Bildschirm über das Menü `Window` (oder mit der Maus) kontrolliert. Laden Sie hierzu ein zweites Mal das Programm `HELLO.CPP`. Um das zweite Fenster so zu plazieren, daß auch das erste gut zu sehen ist, gibt es wieder einmal mehrere

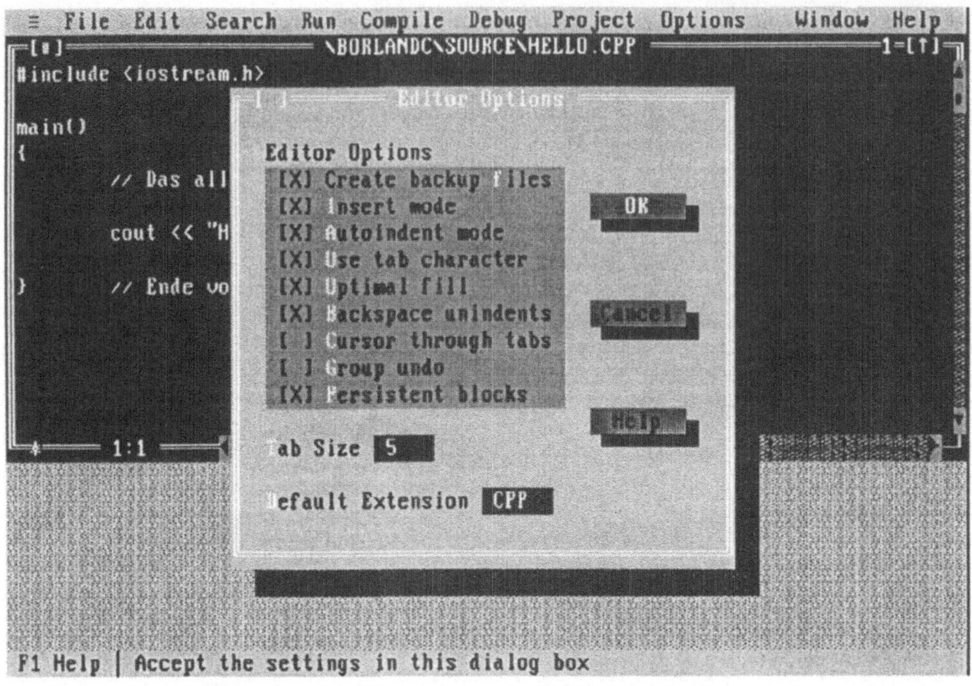

Abbildung 1.22: Verändern von Editor-Optionen

Möglichkeiten. Entweder man klickt unter dem Menü **Window** den Punkt
Size/Move an und verändert über die Cursor- und die $\boxed{\text{Shift}}$-Taste Größe
bzw. Position des oberen Fensters oder man drückt in der rechten unteren
Ecke des Fensters die linke Maustaste, um die Fenstergröße zu verändern.
Möchte man die Position des Fensters mit der Maus verändern, kann man
es bei wiederum gedrückter linker Taste am oberen Rand „anfassen" und
nach Belieben auf dem Bildschirm hin- und herschieben.

Vielleicht fragen Sie sich, woran die Entwicklungsumgebung erkennt, welches Fenster durch **Size/Move** verändert werden soll. Dazu muß man
wissen, daß es immer ein **aktuelles Fenster** gibt. Man erkennt es
daran, daß der Rahmen in einer hervorgehobenen, helleren Farbe dargestellt
wird. Mit dem Menüpunkt **Next** oder der Taste $\boxed{\text{F6}}$ schaltet man vom
aktuellen in ein eventuell vorhandenes weiteres Fenster. Welches Fenster
das nächste ist, steht in der rechten oberen Ecke. Die angegebene Zahl
ist die Fensternummer. Befindet man sich also beispielsweise im Fenster 3,
wird durch **Next** das mit der Nummer 4 zum aktuellen. Sind allerdings
nur drei Fenster vorhanden, folgt auf 3 die Nummer 1. Möchte man bei
vielen Fenstern schnell ein bestimmtes aktuell machen, nimmt man besser
die Maus und klickt irgendwo in das gewünschte Fenster.

```
 ≡  File  Edit  Search  Run  Compile  Debug  Project  Options      Window  Help
┌─────────────────────────────\BORLANDC\SOURCE\HELLO.CPP─────────────────1─┐
│#include <iostream.h>                                                      │
│                                                                           │
│main()                                                                     │
│{                                                                          │
│        // Das allererste Borland C++-Programm                             │
│                                                                           │
│        cout << "Hallo, wie geht's!\n";                                    │
│                                                                           │
│}       // Ende von main() ┌─[■]──────\BORLANDC\SOURCE\HELLO.CPP──────2=[1]┐│
│                           │#include <iostream.h>                         ▲│
│//      Hier wird geaendert │                                             ▒│
│                           │main()                                        ▒│
│                           │{                                             ▒│
│                           │        // Das allererste Borland C++-Programm ▒│
│ ◄───1:1──────────────────  │                                             ▒│
│                           │        cout << "Hallo, wie geht's!\n";       ▒│
│                           │                                              ▒│
│                           │}       // Ende von main()                    ▒│
│                           │                                              ▒│
│                           │//      Hier wird geaendert                   ▼│
│                            ◄───11:25───◄█───────────────────────────────►│
└───────────────────────────────────────────────────────────────────────────┘
 F1 Help  Alt-F8 Next Msg  Alt-F7 Prev Msg  Alt-F9 Compile  F9 Make  F10 Menu
```

Abbildung 1.23: Zwei Fenster mit derselben Datei `HELLO.CPP`

Mit dem Menüpunkt `Zoom` wird das aktuelle Fenster auf die Größe des gesamten Bildschirms ausgedehnt. Auf dieselbe Art kann ein "gezoomtes" Fenster auf die ursprüngliche Größe zurückgesetzt werden.

Um das aktuelle Fenster zu schließen klickt man entweder auf den Menüpunkt `Close`, drückt die Tasten [Strg] + [F4] in der Version 3.0 bzw. [Alt] + [F3] in der Version 2.0 oder klickt in das kleine Viereck in der linken oberen Fensterecke.

☞ Das Schließen eines Fensters über die den sogenannten Schließknopf in der linken oberen Ecke funktioniert natürlich nicht nur beim gerade aktuellen Fenster.

In Abbildung 1.23 sieht man nicht nur zwei übersichtlich angeordnete Fenster, sondern auch, daß Änderungen, in einem Fenster automatisch im anderen eingetragen werden, sofern beide Fenster denselben Quelltext enthalten.

Man mag sich fragen, wann es sinnvoll sein kann, mehrere Fenster mit ein und demselben Quelltext zu öffnen. Bearbeitet man beispielsweise einen Programmtext mit mehreren hundert Zeilen, ist es vielleicht nötig,

Änderungen an zwei Stellen durchzuführen, die im Text weit auseinander liegen aber inhaltlich miteinander zu tun haben.

Bei vielen Fenstern verliert man leicht den Überblick. Um sie ordentlich hintereinander anzuordnen, gibt es den Menüpunkt **Cascade**.

Der zweite Teil des **Window**-Menüs wird im wesentlichen benötigt, um interne Details eines kompilierten Programms zu untersuchen. Fürs erste ist nur der Punkt **User screen** interessant, der auch schon beim ersten Programm **HELLO.CPP** benutzt wurde, um auf den Ausgabebildschirm zu schalten. Mit ihm (oder in der Version 2.0 über $\boxed{\text{Alt}} + \boxed{\text{F5}}$) kann man sich die Ausgabe eines soeben erstellten und kompilierten Programms ansehen.

☞ Zu beachten ist, daß der Ausgabebildschirm nur bei *DOS*-Programmen arbeitet und nicht, wenn ein Programm für *Windows* erstellt wird.

Der letzte Punkt des Menüs, **List**, zeigt alle offenenen, aber auch einige bereits geschlossene Fenster an.   Möchte man eines der geschlossenen Fenster erneut öffnet, klickt man entweder den entsprechenden Eintrag an oder bewegt den Leuchtbalken mit den Cursortasten auf den gewünschten Eintrag und drückt dort $\boxed{\leftarrow}$.

Damit kommen wir zum letzten Menü in diesem Kapitel; dem **Help**-Menü ist ein eigenes, das übernächste, gewidmet. Es befindet sich ganz unscheinbar auf der linken Seite neben dem **File**-Menü und verbirgt sich hinter dem Zeichen ≡. Der erste Punkt, **Repaint display (Refresh display)**, baut den gesamten Bildschirm neu auf. Dies kann beispielsweise dann nötig werden, wenn ein Anwendungsprogramm fehlerhaft endete und in die Entwicklungsumgebung hineingeschrieben hat. **Clear desktop** schließt alle momentan offenen Fenster. Nach dieser Operation enthält der Bildschirm nur noch die Menüzeile am oberen und die sogenannte Informations- oder auch Statuszeile am unteren Rand des Bildschirms.

Der untere Teil enthält sogenannte Transfer items, die eine direkte Verbindung zu anderen Hilfsprogrammen von Borland herstellen. Hier kann zum Beispiel direkt der *Turbo Profiler* gestartet werden. Mit diesem ist es möglich, ganz exakt die Laufzeit einzelner Programmteile zu ermitteln. So können gezielt die Programmteile verbessert werden, in denen die längste Zeit verbraucht wird.

Falls der in die Entwicklungsumgebung integrierte Debugger zur Fehlersuche nicht ausreicht, kann hier der um einiges mächtigere *Turbo Debugger* gestartet werden. Mit ihm ist es beispielsweiese möglich, ein Programm

„rückwärts" ablaufen zu lassen, eine Fähigkeit, die bisher kaum ein Debugger besitzt.

Das Hilfsprogramm *GREP* sucht nach bestimmten Zeichenketten. Dabei werden sogenannte reguläre Ausdrücke unterstützt, wie sie auch in der UNIX-Welt gebräuchlich sind. Eine Einführung in diese Thematik wurde im Anhang angefügt.

Obwohl C eine sehr schnelle Sprache ist, gibt es vielleicht manchmal Programmteile, die jeden irgendwie möglichen Geschwindigkeitsgewinn brauchen. Dazu bietet sich die direkte Programmierung der Maschine über die Maschinensprache Assembler an. Dazu wird der *Turbo Assembler* benutzt. Er arbeitet in der Entwicklungsumgebung von *Borland C++* und besitzt keinen eigenen Editor.

☞ Es ist möglich, in *Borland C++* Teile eines Assembler-Programms direkt einzubinden.

Der *Resource Compiler* ist notwendig, wenn Programme für *Windows* erstellt werden. In der Regel wird er jedoch über eine Projektdatei aufgerufen.

Der letzte Punkt, `Import Librarian`, dient der Erstellung und Verwaltung einer sogenannten **Importbibliothek** für *Windows*-Anwendungen. In einer solchen Bibliothek werden Funktionen, die innerhalb von *Windows*-Anwendungen benutzt werden, verwaltet.

Möchte man die Einstellungen der Transfer-Programme verändern, kann man dies über `Option/Transfer` tun. Hier können insbesondere Suchpfade für die Hilfsprogramme festgelegt werden. Außerdem werden hier Startoptionen gesetzt.

1.4   Die persönliche Konfiguration

Im vorigen Kapitel wurde bereits kurz auf die Einstellung von Editor-Optionen eingegangen. Nun soll detailliert für unterschiedliche Rechner eine sinnvolle Konfiguration vorgestellt werden. Die erste Entscheidung trifft man in der Version 2.0 bereits beim Start. Es wurde schon darauf hingewiesen, daß man *Borland C++* auf 80386 bzw. 80486 Rechner im geschützten (engl. *protected*) Modus starten kann. Der zunächst auffälligste Vorteil besteht darin, daß der gesamte freie Hauptspeicher zum Übersetzen der Programme zur Verfügung steht und daß der Linker wesentlich schneller

arbeitet. Zusätzlich zum speziellen Prozessor muß das System über mindestens 576 Kilobyte Extended- oder Expanded-Memory verfügen. Dann
kann man zwar bereits die Entwicklungsumgebung mit BCX starten, die volle
Leistung erhält man in der Version 2.0 jedoch erst nach einigen zusätzlichen
Vorbereitungen.

Noch etwas steigern kann man die Geschwindikeit des Compilers nämlich,
wenn man **TKERNEL.EXE vor BCX.EXE** lädt. Man erreicht dies durch die
Eingabe von

```
TKERNEL hi = yes
```

Dadurch wird zusätzlich der größte Teil des Kommandos im erweitereten
Speicher abgelegt und nicht innerhalb der ersten 640 Kilobyte, was unter
DOS immer vorteilhaft ist.

Am einfachsten macht man es sich, wenn man zum Start der Entwicklungsumgebung eine kleine **Batch-Datei** anlegt und diese anstelle von **BCX.EXE**
aufruft. Die vom Autor verwendeten Batch-Dateien haben folgenden
Inhalt.

Zunächst für die Version 2.0:

```
@ECHO OFF
BREAK ON
CLS
ECHO Loading BORLAND C++ 2.0 (Protected Modus) . . .
MKDIR F:\INCLUDE
XCOPY D:\BORLANDC\INCLUDE F:\INCLUDE >NUL
CD D:\BORLANDC\BIN
D:\BORLANDC\BIN\TKERNEL hi=yes
D:\BORLANDC\BIN\BCX.exe
D:\BORLANDC\BIN\TKERNEL rem
DEL F:\INCLUDE\SYS
DEL F:\INCLUDE
CD \
BREAK OFF
```

In der Version 3.0 fällt der Aufruf von **TKERNEL** ganz weg und es wird
außerdem die Entwicklungsumgebung mit **BC.EXE** aufgerufen, weil die
Auswahl des Modus automatisch erfolgt.

```
@ECHO OFF
BREAK ON
CLS
ECHO Loading BORLAND C++ 3.0 . . .
MKDIR F:\INCLUDE
XCOPY D:\BORLANDC\INCLUDE F:\INCLUDE >NUL
CD D:\BORLANDC\BIN
D:\BORLANDC\BIN\BC.exe
DEL F:\INCLUDE\SYS
DEL F:\INCLUDE
CD \
BREAK OFF
```

Man benötigt einige *DOS*-Kenntnisse, um alle Kommandos exakt nachvollziehen zu können. Am wichtigsten ist die Tatsache, daß beim Start
des Rechners eine RAM-Disk eingerichtet wurde und diese sich auf dem
logischen Laufwerk `F:` befindet. Die RAM-Disk muß mindestens 512
Kilobyte umfassen. Sie wird in der Datei `CONFIG.SYS` zum Beispiel durch

```
DEVICE=C:\RAMDRIVE.SYS 512 /E
```

im erweiterten Speicher eingerichtet. Ob sie auch auf Ihrem System mit
dem logischen Laufwerk `F:` verbunden wird, hängt davon ab, wieviele
Laufwerke schon benutzt wurden. Im vorliegenden Fall wurden `C:`, `D:`
und `E:` als separate Festplattenpartitionen eingerichtet. Der nächste freie
Buchstabe ist also `F:`. Haben Sie nur eine Platte mit einer einzigen
Partition, legt das Betriebssystem die RAM-Disk auf das logische Laufwerk
`D:`.

Das Kommando `ECHO OFF` sorgt lediglich dafür, daß nicht alle Kommandos
beim Ausführen der Batch-Datei am Bildschirm protokolliert werden. Der
Klammeraffe (`@`) bewirkt, daß auch `ECHO OFF` nicht auf dem Bildschirm
erscheint.

Nachdem mit `CLS` der gesamte Bildschirm gelöscht wurde, wird auf dem
Laufwerk `F:`, also auf der RAM-Disk, ein Verzeichnis mit Namen `INCLUDE`
eingerichtet. Dorthin werden im nächsten Schritt alle sogenannten Include-
Dateien kopiert. Wie später noch ausführlich erklärt wird, benötigt fast
jedes C++-Programm eine oder mehrere dieser Dateien. Sie enthalten
nützliche Routinen, die man sonst bei jedem Programm neu schreiben
müßte. Da eine RAM-Disk wesentlich schneller arbeitet als eine Festplatte,
ist es sinnvoll, sehr oft benötigte Dateien dorthin zu kopieren.

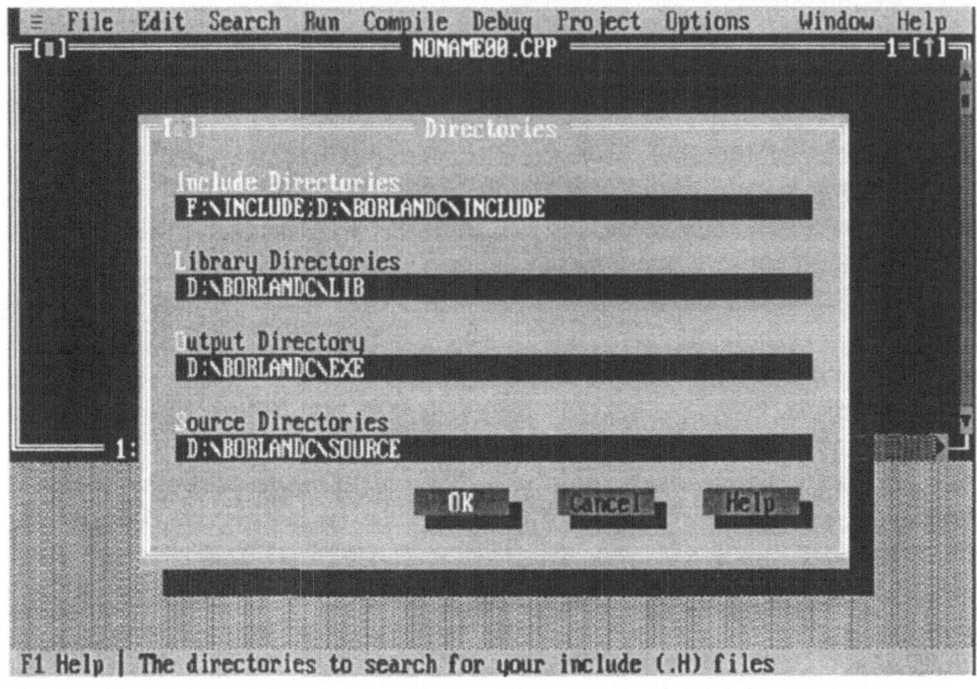

Abbildung 1.24: Include-Dateien werden auf der RAM-Disk gesucht

Können Sie sich eine RAM-Disk von mehr als drei Megabyte erlauben, steigert es die Geschwindigkeit noch etwas, wenn Sie ein Verzeichnis `F:\LIB` anlegen und den Inhalt des gleichnamigen *BORLAND C++*-Verzeichnisses dorthin kopieren.

Nach dem Kopieren, wird in der Batch-Datei der Version 2.0 `TKERNEL` endlich geladen und danach die Entwicklungsumgebung gestartet. Nach dem Verlassen wird `TKERNEL` aus dem Speicher entfernt und die RAM-Disk „bereinigt".

Beachten Sie bitte, daß das „neue'" Verzeichnis für die Include-Dateien in der Entwicklungsumgebung wie in Abbildung 1.24 unter `Option/Directories` eingetragen werden muß, damit bei der Übersetzung auch dort gesucht wird.

Weitere Voreinstellungsmöglichkeiten außerhalb der Entwicklungsumgebung bietet in der Version 2.0 das Programm `BCINST.EXE`. Dort können Farben eingestellt oder Tastenbelegungen des Editors modifiziert werden. Da sich über Geschmack trefflich streiten läßt, sollten Sie hier selbst durch Ausprobieren Ihre ideale Umgebung einstellen.

In der Version 3.0 wurden auch diese Einstellungen in die Entwicklungsumgebung verlagert. Man findet die meisten unter dem Menüpunkt `Options/Preferences`.

Wichtiger für die Übersetzung von C++-Programmen sind andere Teile des Menüs `Options` in der Entwicklungsumgebung.

Hier können unter `Compiler/Code generation` rechnerspezifische Einstellungen vorgenommen werden. Die zunächst erscheinende Dialogbox erlaubt die Einstellung des sogenannten **Speichermodells**. Dazu muß man wissen, daß innerhalb eines Programms zwei Dinge gespeichert werden, zum einen das Programm selbst und zum anderen die Daten, mit denen das Programm arbeitet. Man spricht von einer Unterteilung in **Code-** und **Datensegment**. Die verschiedenen Einträge `Tiny`, `Small` etc. legen fest, wieviele Kilobyte für die Segmente durch den Compiler bereitgestellt werden. Auch wenn man über sehr viel Speicher verfügt, sollte man hier nicht gedankenlos `Huge` wählen, um für alle Fälle gerüstet zu sein. Es handelt sich um starre Modelle, in denen der Zugriff auf Daten oder Programmteile mehr oder weniger Zeit in Anspruch nimmt. Je größer eines der Segmente ist, um so länger dauert im allgemeinen der Zugriff auf seinen Inhalt. Es verhält sich wie im Leben. Eine Person aus einer kleinen Menge ausfindig zu machen ist viel leichter als sie in einem vollen Fußballstation aufzuspüren. Wenn Sie detailliert wissen möchten, wieviel Platz durch die verschiedenen Modelle reserviert wird, bewegen Sie den Leuchtbalken auf die verschiedenen Punkte und drücken $\boxed{\text{F1}}$. In Abbildung 1.25 wurden beispielsweise Informationen zum *Small*-Modell angefordert.

Der Rest dieser Dialogbox wird so gut wie nie verändert. Hinter dem Eintrag `More` in der Version 2.0 bzw. dem separaten Menüpunkt `Options/Compiler/Advanced Code generation ...` verbirgt sich eine weitere Box. Hier kann eingestellt werden, ob die erstellten Programme einen mathematischen **Koprozessor** unterstützen sollen oder nicht. Außerdem kann festgelegt werden, daß spezieller Code für den Prozessor 80286 (bzw. den kaum verbreiteten 80186) erzeugt werden soll. Im einzelnen haben die Punkte unter der Überschrift `Floating Point` folgende Bedeutung:

`None` schaltet die Verarbeitung von Gleitkommazahlen völlig ab. Die Programme werden ein wenig schneller.

`Emulation` bewirkt, daß zur Laufzeit des Programms geprüft wird, ob ein mathematischer Koprozessor vorhanden ist. Ist dies der Fall, wird er benutzt, anderenfalls durchläuft das Programm sogenannte Emulationsteile, die den Koprozessor nachbilden. Mit dieser Einstellung sind

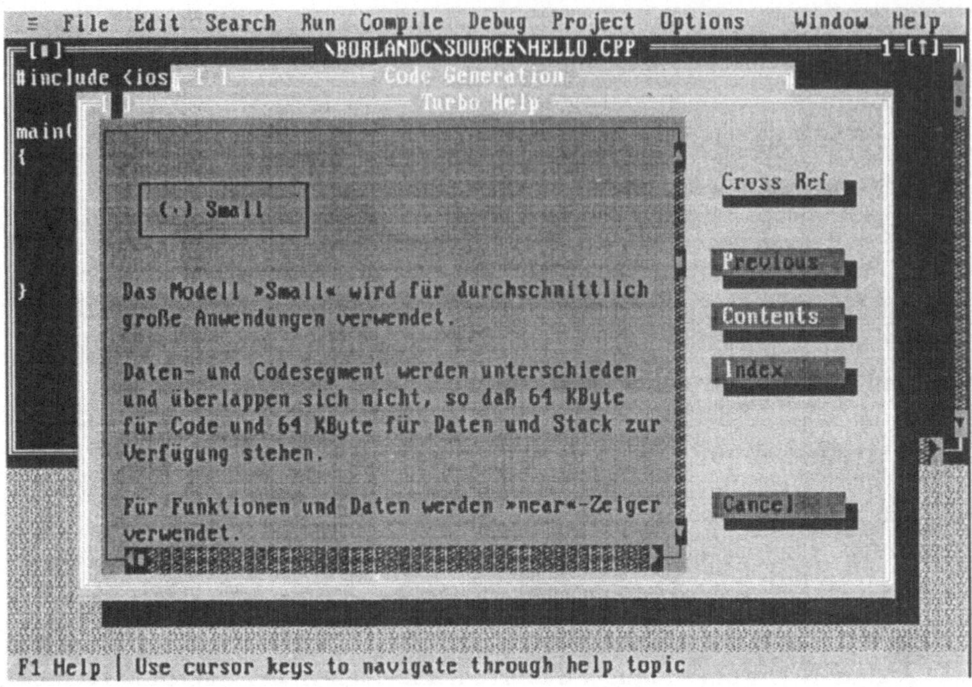

Abbildung 1.25: Informationen zum Speichermodell *Small*

Programme überall lauffähig. Allerdings verlieren sie ein wenig an
Geschwindigkeit und nehmen an Umfang zu.

8087 und 80287 sorgen dafür, daß Code erzeugt wird, der den Koprozessor direkt anspricht, ohne daß irgendwelche Prüfungen stattfinden.
Programme, die mit diesen Optionen erstellt werden, laufen nur, wenn
tatsächlich ein Koprozessor vorhanden ist. Ist dies nicht der Fall,
stürzt das Programm ab, das heißt, es kann nicht ausgeführt werden.
Man sollte diese beiden Punkte nur dann wählen, wenn feststeht, daß
sich die Umgebung, auf der die Programme laufen nicht ändern wird.
Bei umfangreichen Rechnungen mit Gleitkommazahlen gewinnt man
einiges an Geschwindigkeit.

Etwas einfacher ist die Auswahl des übrigen Programmcodes. Will man
zu jedem *DOS*-System kompatibel sein, wählt man 8086/8088. So laufen
Ihre Programme auch auf jedem XT-Rechner. Bei den übrigen Punkten
ist diese 100 prozentige Kompatiblität nicht gegeben. Allerdings sind die
erstellten Programme aufwärts-kompatibel. Alle Programme, die auf einem
80286 AT-Computer laufen, arbeiten deshalb auch auf einem 80386 oder
gar 80486 Rechner.

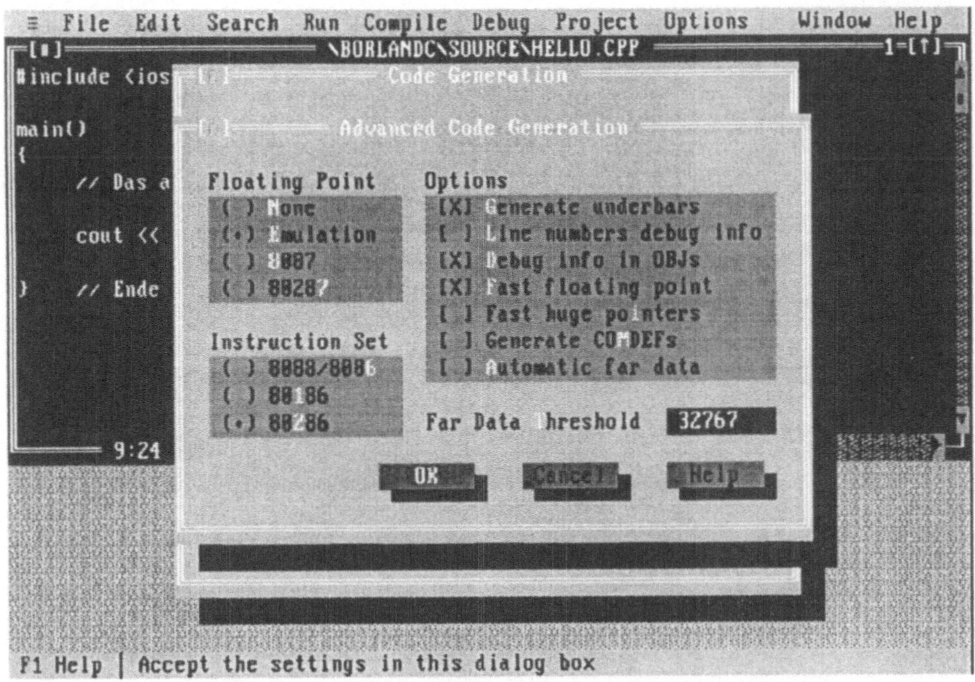

Abbildung 1.26: Einstellung von Koprozessor-Optionen

Der rechte Teil der Dialogbox ist zum jetzigen Zeitpunkt (und wahrscheinlich während Ihrer gesamten Arbeit mit *Borland C++*) uninteressant. Vergessen Sie nach dem Einstellen aller Optionen nicht das Abspeichern mit `Option/Save`.

Eine letzte geschwindigkeitssteigernde Option sollte nach Möglichkeit gesetzt werden. *Borland C++* kann sogenannte vorübersetzte Header-Dateien (zu erkennen an der Endung `.H`) bei der Übersetzung benutzen. Dazu muß man wissen, daß Header-Dateien sogenannte Bibliotheksfunktionen enthalten. Wie im späteren Verlauf näher erklärt wird, nehmen diese dem Programmierer eine ganze Reihe lästiger Aufgaben ab. Normalerweise werden diese Dateien bei jeder Übersetzung eines Programms mit übersetzt, was natürlich Zeit kostet und im Prinzip unnötig ist, da immer wieder dasselbe kompiliert wird. Unter `Options/Compiler.../Code Generation` findet man eine Dialogbox, die auf iherer linken Seite einen wiederum mit `Options` überschriebenen Kasten zeigt, der unter anderem ein Feld `Pre-compiled headers` enthält. Dieses ist standardmäßig nicht markiert, sollte aber aus den eben angegebenen Gründen angeklickt werden.

Allerdings erkauft man sich durch den Geschwindigkeitsgewinn einen Ver-

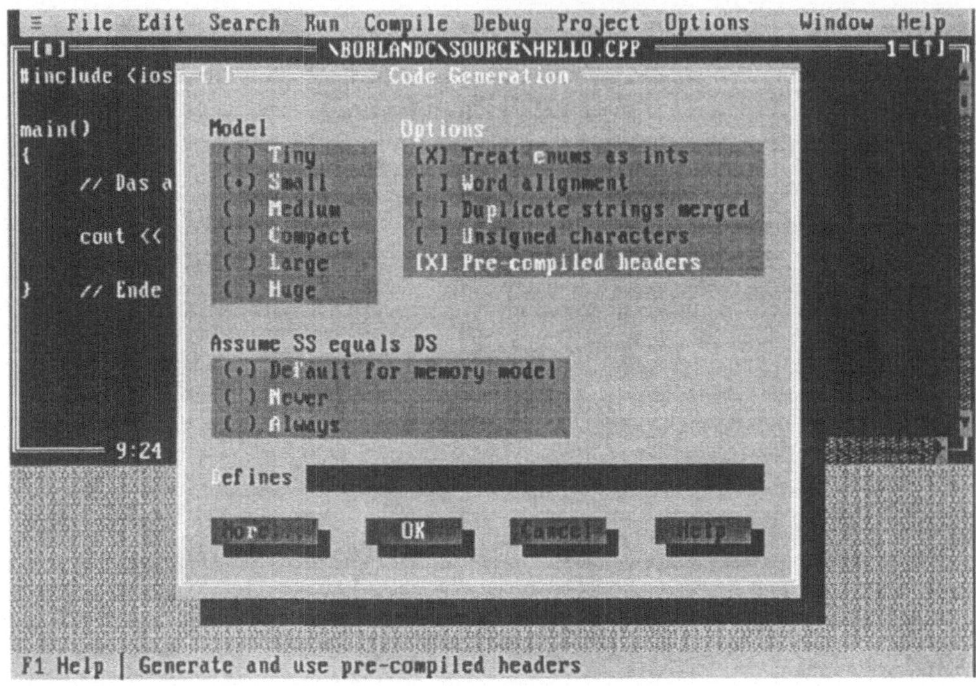

Abbildung 1.27: Vorübersetzte Header-Dateien benutzen

lust an Speicherplatz, weil die vorübersetzten Dateien bei der ersten
Kompilation erzeugt werden. Dieses Dilemma wird uns auch später bei der
Programmierung begegnen. Falls es Ihre Festplatte noch zuläßt, sollten Sie
den Zeitvorteil nutzen.

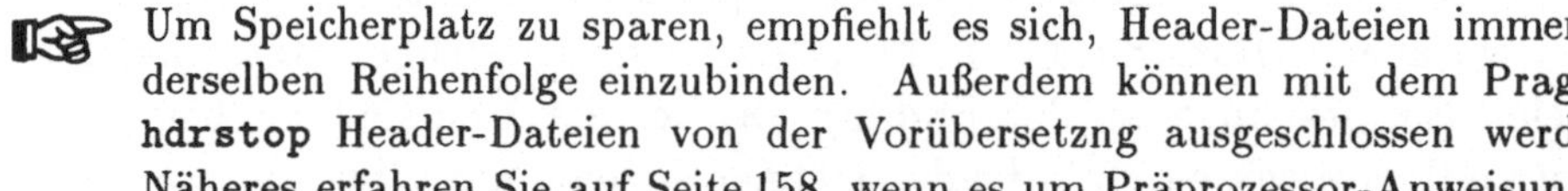

Um Speicherplatz zu sparen, empfiehlt es sich, Header-Dateien immer in
derselben Reihenfolge einzubinden. Außerdem können mit dem `Pragma`
`hdrstop` Header-Dateien von der Vorübersetzng ausgeschlossen werden.
Näheres erfahren Sie auf Seite 158, wenn es um Präprozessor-Anweisungen
geht.

1.5   Die Hilfsfunktion

Ohne zu übertreiben, gehören die integrierten Hilfsfunktionen von Borland
zu den besten, die momentan auf dem Markt erhältlich sind.   Man
unterscheidet zwei Arten: Die allgemeine und die auf *Borland C++*
bezogene Hilfe. Die allgemeine Hilfe behandelt im wesentlichen die Entwicklungsumgebung. Sie wird mit F1 gestartet. Falls man also zum

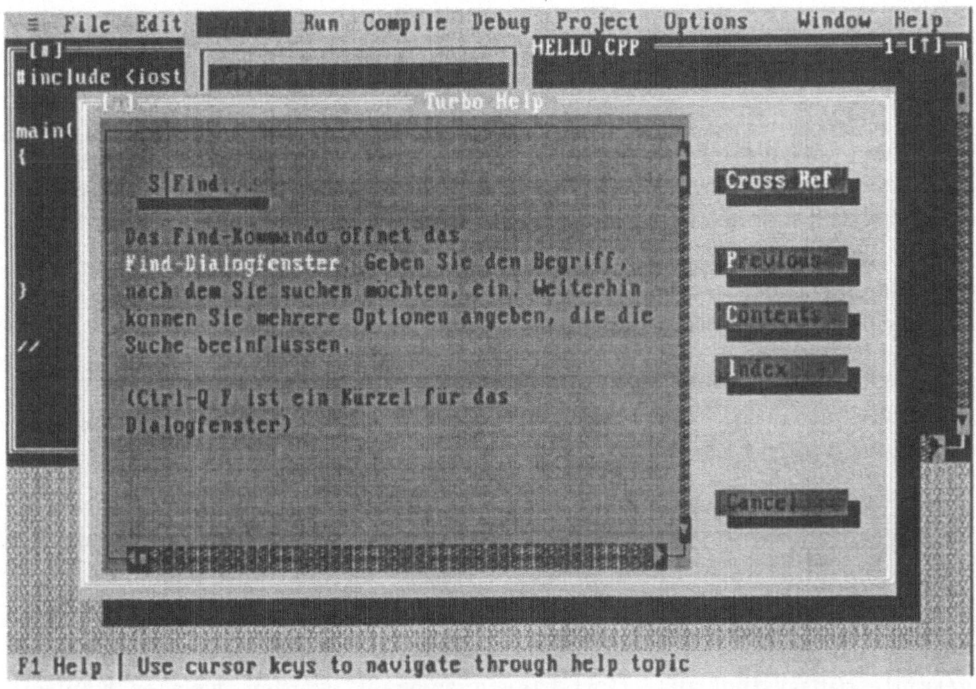

Abbildung 1.28: Hilfe zum Menüpunkt **Find/Search**

Beispiel bei der Eingabe eines Quelltextes ist und drückt **F1** , erhält man Informationen zum Editor. Der Hilfstext wird in einer separaten Textbox dargestellt. Diese kann wie nahezu jede andere auch verschoben und vergrößert bzw. verkleinert werden. Innerhalb der Dialogbox befindet sich ein Fenster mit dem eigentlichen Hilfstext. Dieser kann wie jeder Quelltext behandelt werden. Das heißt, es sind auch Blockoperationen möglich. Man kann einen Textabschnitt markieren, um ihn beispielsweise über **File/Print** auszudrucken oder ihn als Kommentar in den aktuellen Quelltext zu kopieren.

Wenn Sie genau aufgepaßt haben, erinnerrn Sie sich an das vorige Kapitel, als Informationen zum *Small*-Speichermodell abgerufen wurden. Bereits dort wurde die Hilfsfunktion benutzt. Zu jedem Menüpunkt und jeder Dialogbox kann auf dieselbe Art Hilfe angefordert werden. In Abbildung 1.28 ist dem Benutzer zum Beispiel der Gebrauch des Menüpunktes Find im **Search**-Menü nicht ganz klar.

Rechts neben dem eigentlichen Hilfstext befinden sich vier Punkte, mit denen die Hilfe vertieft werden kann. So erhält man nach einem Klick auf **Index** eine Liste aller *Borland C++*-Begriffe, zu denen man Hilfe anfordern kann.

 Falls bei Ihnen innerhalb des „Spaziergangs" durch die Menüs Fragen offen geblieben sind, sollten Sie jetzt zur Übung die fraglichen Punkte anwählen und mit Hilfe ⎡F1⎤ anfordern.

Interessant ist vielleicht auch der Menüpunkt `Help on help`, mit dem man unter Anleitung die Entwicklungsumgebung kennenlernen kann. Leider enthält *Borland C++* kein eigenständiges Lernprogramm wie etwa *Turbo Pascal 6.0* aus dem gleichen Haus.

Mit dem letzten Menüeintrag, `About` bekommt man eine kurze Copyright-Information von Borland angezeigt. Dieser Punkt befindet sich in der Version 2.0 unterhalb des ≡-Menüs.

Soviel zum ersten Teil der Hilfe; noch interessanter ist die sogenannte **kontextbezogene Hilfe**. Mit ihr kann zu jedem *Borland C++*-Sprachkonstrukt Hilfe angefordert werden. Wie schon bei zahlreichen anderen Funktionen gibt es auch jetzt mehrere Möglichkeiten. Die erste verwendet das `Help`-Menü. Der Punkt, `Contents`, gibt eine Übersicht über das gesamte Hilfssystem aus. Dort kann ausgewählt werden, welches Kapitel angezeigt werden soll.

Interessiert man sich beispielsweise für die Programmiersprache C++, kann man `Borland C++ Sprache` anwählen. Nachteilig bei dieser Vorgehensweise ist das relativ lange Suchen nach einem bestimmten Punkt. Möchte man Hilfe zu einem bestimmten Sprachkonstrukt, ist es einfacher, nicht über `Contents` sondern über `Index` den fraglichen Begriff auszuwählen. Innerhalb dieses Index kann man sich nicht nur mit der Maus oder den Cursortasten, sondern auch durch Drücken des Anfangs- und eventueller Folgebuchstaben zum gesuchten Punkt vortasten. Meistens ist die Suche nach drei oder vier Buchstaben beendet. In Abbildung 1.30 wurde beispielsweise der Indexeintrag zum Stichwort `iostream.h` gesucht.

Hat man einen Eintrag gefunden, muß man nur noch ⎡←⎤ drücken und erhält umfangreiche Hilfe. Zu allen Eintägen, die im Hilfsfenster in hervorgehobener Schrift erscheinen (auf einem farbigen VGA-Schirm gewöhnlich in gelb) kann man weitere Hilfe bekommen, indem man die Punkte anklickt.

Es geht allerdings noch einfacher. Bisher ist nämlich noch nichts von kontextbezogener Hilfe zu sehen. Wirklich komfortabel wird die Sache, wenn man sich bei der Eingabe eines C++-Textes befindet und ganz schnell Hilfe zu einer bestimmten Konstruktion bekommen möchte. Angenommen man

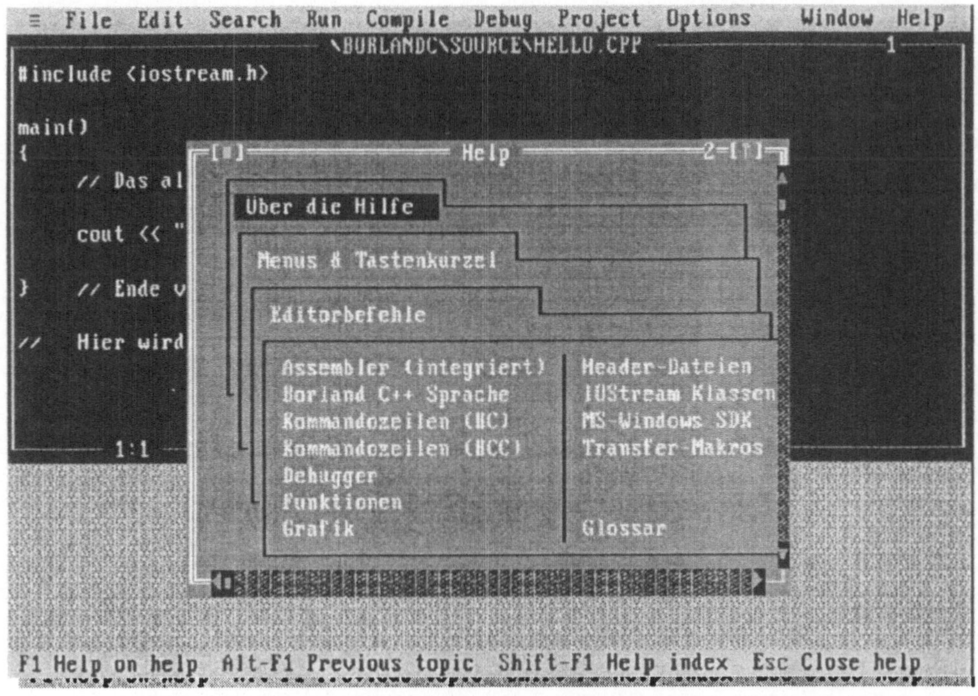

Abbildung 1.29: Inhaltsübersicht der umfangreichen Hilfsfunktion

möchte wissen, was es in unserem allerersten Programm mit cout auf sich hat. Dazu muß man lediglich den Cursor irgendwo innerhalb des Wortes cout plazieren und die Tastenkombination $\boxed{\text{Strg}}$ + $\boxed{\text{F1}}$ drücken.

Dieselbe Funktion erreicht man im übrigen auch durch Anwahl des Menüpunktes Topic search im Help-Menü. Dort befindet sich auch der Punkt Previous topic , mit dem ein vorangegangenes Hilfsfenster noch einmal auf den Bildschirm geholt werden kann. Auch hierzu wird man in den meisten Fällen wohl besser die kurze Tastenkombination $\boxed{\text{Alt}}$ + $\boxed{\text{F1}}$ benutzten.

Wann immer im folgenden Text Fragen auftauchen, sollten Sie zunächst die Hilfsfunktion befragen. Oft hilft es schon, wenn man einen Sachverhalt von zwei Seiten betrachtet.

 **Übung 1.2:** Laden Sie das Beispielprogramm zum Stichwort setcolor in ein neues Editorfenster, kompilieren und starten Sie es. Das Programm tut zugegebenermaßen auch nicht sehr viel, hilft aber den Umgang mit Entwicklungsumgebung, Hilfsfunktion und Zwischenablage einzuüben.

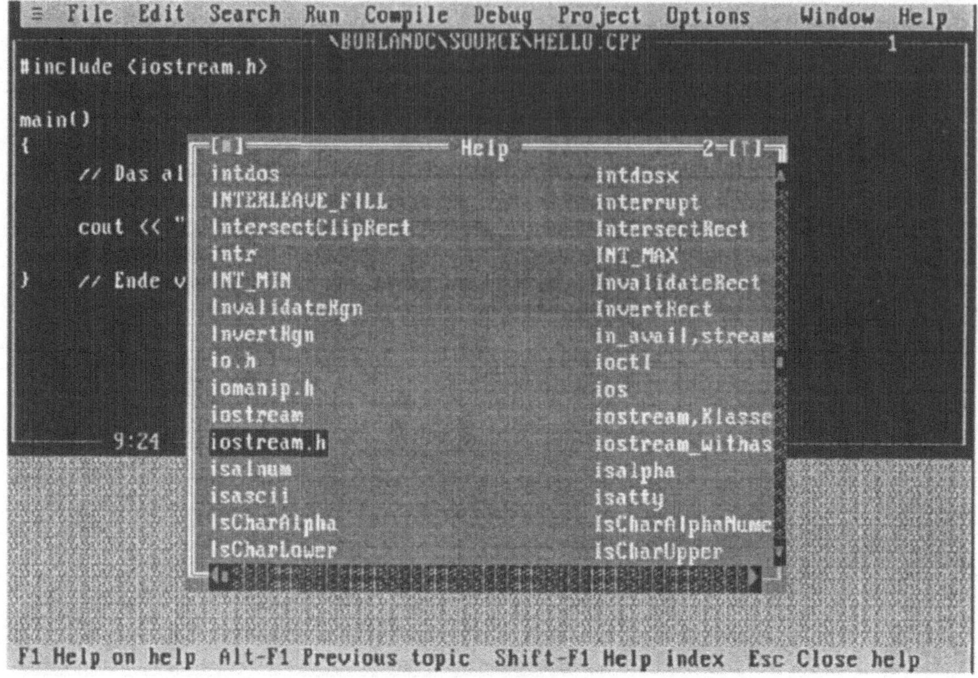

Abbildung 1.30: Indexeintrag zum Stichwort `iostream.h`

1.6   Tips zum effizienten Arbeiten

In diesem letzten Kapitel des ersten Abschnitts erhalten Sie einige Tips, die helfen sollen, die Entwicklungsumgebung möglichst effektiv zu nutzen. Oft steht an vorderer Stelle die Frage: „Soll ich mehr mit der Maus oder mehr mit der Tastatur arbeiten?" Eine allgemeingültige Antwort gibt es nicht, wohl aber einige Hinweise.

Die am häufigsten vorkommenden Tätigkeiten sollte man über die Tastatur erledigen. Hierzu gehören der Aufruf der Hilfsfunktion, das Wechseln zwischen verschiedenen Fenstern und das Kompilieren und Starten eines Programms. Die zugehörigen Shortcuts zeigt Tabelle 1.1.

Wer ständig in der Entwicklungsumgebung arbeitet oder es bereits mit anderen Produkten aus dem Hause Borland zu tun hatte, dem wird das Einprägen der Shortcuts leichter fallen.

Es gibt allerdings auch Arbeiten, wie zum Beispiel das Markieren von Blöcken, die mit der Maus einfacher durchzuführen sind. Auch das Umstellen und Vergrößern bzw. Verkleinern von Fenstern ist mit der Maus leichter als über die Tastatur. Man sollte sich allerdings angewöhnen, mit

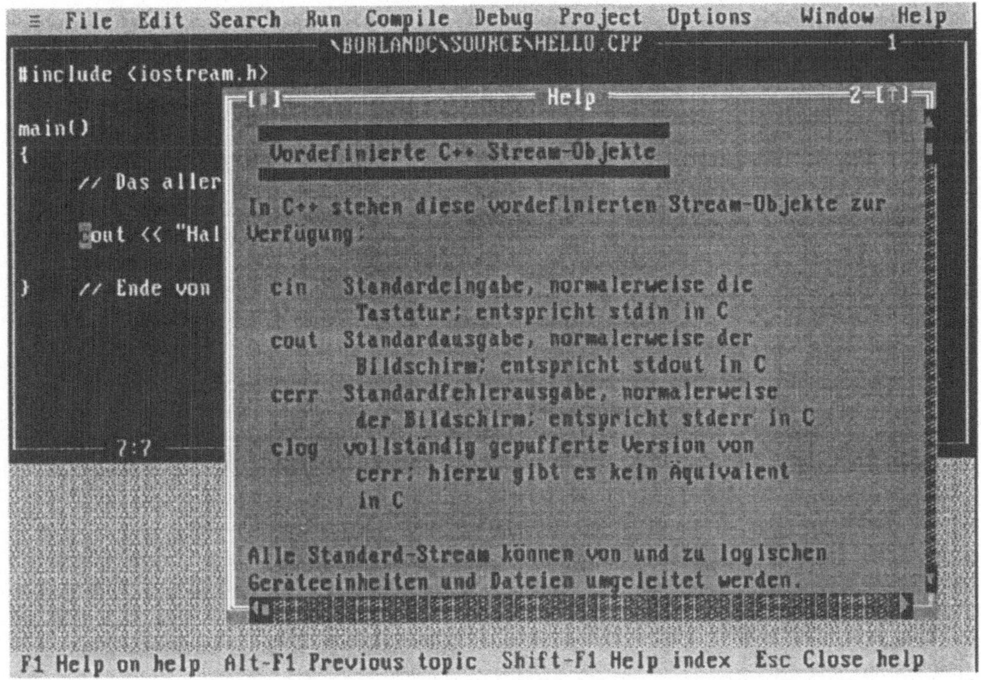

Abbildung 1.31: Hilfe zur Textausgabe mit `cout`

nicht mehr als vier offenen Fenstern gleichzeitig zu arbeiten. Anderenfalls verliert man auch bei einem hochauflösenden Bildschirm sehr leicht die Übersicht. Abbildung 1.32 zeigt ein solches Beispiel.

Beim Thema Fenster kommt man fast zwangsläufig auf *Windows* zu sprechen. Die Entwicklungsumgebung von *Borland C++* läuft in der Version 2.0 noch nicht als spezielle *Windows*-Applikation, wie das beispielsweise bei *Turbo Pascal für Windows* und ab der Version 3.0 der Fall ist.

Dennoch kann man die *DOS*-Entwicklungsumgebung unter *Windows* starten. Besitzt man die entsprechende Grafikausrüstung (EGA oder VGA-Karte), läßt sich sogar ein eigenes Fenster öffnen.

Die folgenden Absätze können von Besitzern der Version 3.0 von *Borland C++* übergangen werden. Zu diesem Paket gehört eine Entwicklungsumgebung, die als eigene *Windows*-Applikation gestartet wird. Diese wird in 4.2.3 vorgestellt.

Um dies zu erreichen, muß *Borland C++* allerdings zunächst unter *Windows* eingerichtet werden. Dazu wählt man zunächst innerhalb des Programm-Managers den **PIF-Editor**. Mit diesem Werkzeug werden sogenannte **PIF-Dateien** (*PIF* für **P**rogramm **I**nformation) erstellt. Dort teilt

F1	liefert allgemeine Hilfe zur Entwicklungsumgebung.
Alt + **F1**	wiederholt das letzte Hilfsfenster.
Strg + **F1**	zeigt eine kontextbezogene Hilfe zum *Borland C++*-Schlüsselwort unter der aktuellen Cursorposition.
Strg + **F4**	schließt das aktuelle Editorfenster.
Alt + **0**	listet alle Fenster auf.
Strg + **F6**	schaltet weiter in das nächste Fenster (sofern mehr als eins geöffnet wurde).
Alt + **F9**	kompiliert den Quelltext im aktuellen Editorfenster.
Strg + **F9**	kompiliert ebenfalls den Quelltext im aktuellen Editorfenster und startet außerdem bei fehlerfreier Übersetzung das Programm.
F9	kompiliert alle Dateien, die seit der letzten Übersetzung verändert wurden.
Alt + **F4**	beendet die integrierte Entwicklungsumgebung, wobei vorher gefragt wird, ob veränderte Dateien noch gesichert werden sollen.

Tabelle 1.1: Wichtige Shortcuts in der Entwicklungsumgebung

man *Windows* mit, wieviel Speicher ein *DOS*-Programm benötigt, ob es in einem Fenster oder als Vollbild, also auf dem gesamten Bildschirm, arbeiten soll, in welchem Grafikmodus das Programm läuft usw.

,. Nachdem der `PIF-Editor` gestartet wurde, öffnet sich ein Fenster. Ob es vom Grundaufbau aussieht wie in Abbildung 1.34 oder im oberen Teil von Abbildung 1.35 hängt davon ab, in welchem Modus *Windows* gestartet wurde. Genau wie die Entwicklungsumgebung von *Borland C++* kann auch *Windows* im Protected Mode arbeiten. Im *Windows*-Sprachgebrauch heißt es auch *erweiterter 386-Modus*. Wie der Name bereits sagt, ist dazu mindestens ein Rechner mit 80386 Prozessor nötig. Außerdem braucht man zwei Megabyte freien Speicher (oder mehr), wobei es *Windows* egal ist, ob es sich um Extended- oder Expanded-Memory handelt.

Gleichgültig welche Art von PIF-Datei Sie erstellen, sollten *Borland C++* ungefähr 400 Kilobyte Speicher zur Verfügung gestellt werden. Den erwei-

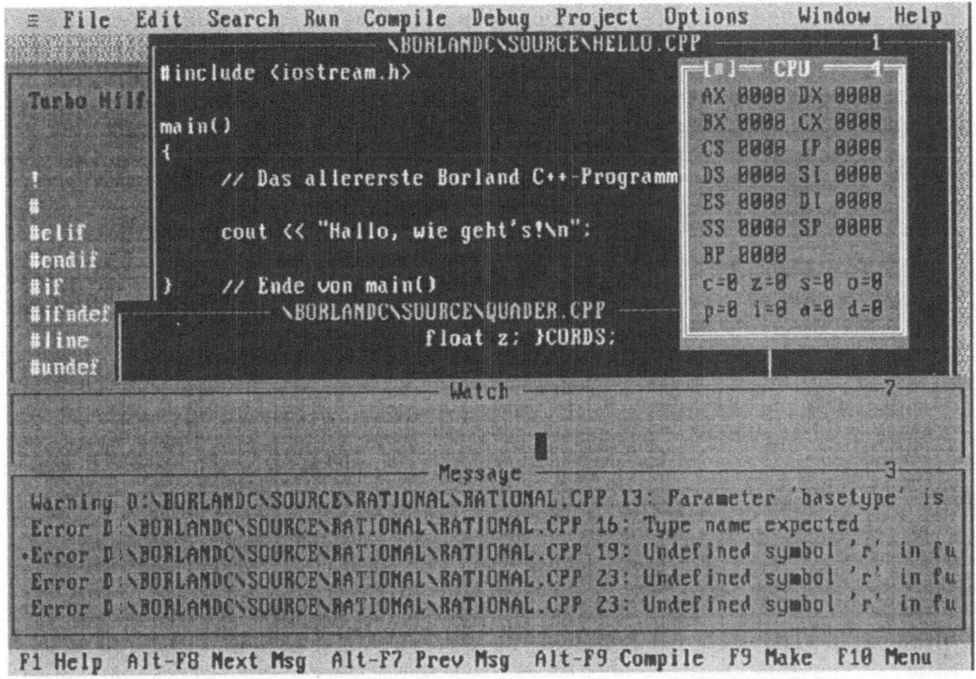

Abbildung 1.32: Zuviele offene Fenster, um noch sinnvoll arbeiten zu können

terten Speicher kann man wie im Beispiel begrenzen, um zu verhindern, daß *Borland C++* alles belegt. Dies ist vor allem im erweiterten Modus sinnvoll, weil dort mehrere Anwendung gleichzeitig aktiv sein können (Multi-Tasking). Dort kann im übrigen auch eine Tastenkombination frei gewählt werden, mit der die Anwendung sofort in den Vordergrund geholt werden kann. Im Beispiel sind es die Tasten $\boxed{\text{Alt}}$ + $\boxed{\text{C}}$.

Bei den Optionen zur Bildschirmausgabe wurde davon ausgegangen, daß eventuell auch grafische Anwendungen erstellt werden und deshalb auch von der Entwicklungsumgebung in den Grafikmodus umgeschaltet werden kann.

Falls Ihnen spezielle Punkte in der PIF-Datei unklar sind, können Sie ähnlich wie in der Entwicklungsumgebung mit der Taste $\boxed{\text{F1}}$ Hilfe zu jedem Eintrag anfordern. Wenn auch die deutsche Übersetzung manchmal schwer zu verstehen ist, helfen die Informationen ein ganzes Stück weiter. Wenn Sie weitere Informationen zum Umgang mit *Windows* benötigen, muß an dieser Stelle auf die reichhaltig vorhandene Literatur, zum Beispiel [Bur90] (siehe Literaturverzeichnis) zu diesem Thema verwiesen werden.

Im vorliegenden Fall wurde beispielsweise die Option Hintergrund für

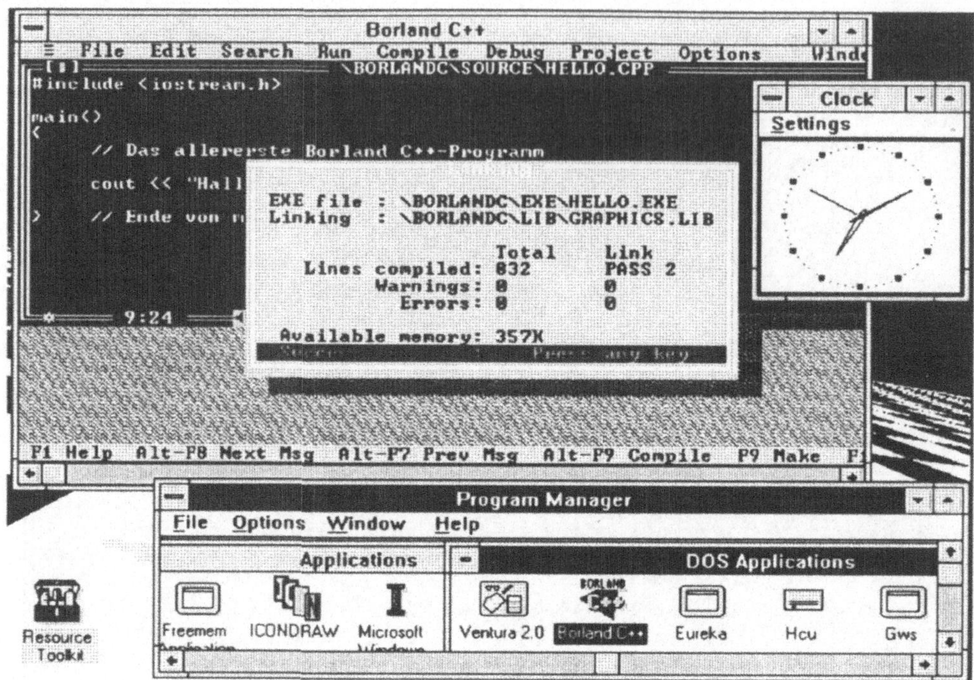

Abbildung 1.33: *Borland C++* unter *Windows 3.0* bzw. *3.1*

den erweiterten 386-Modus abgeschaltet, weil ein Compiler in der Regel keine langwierigen Aufgaben abwickelt. Die Fähigkeit des Multitaskings, also mehrere Programme quasi gleichzeitig ausführen zu können, sollte sparsam verwendet werden, weil sonst die Geschwindigkeit des Systems rapide abnimmt. Ebenfalls nicht aktiviert wurde die Option **Exklusiv**. So ist es möglich, daß andere Programme, während *Borland C++* arbeitet, im Hintergrund ihren Dienst verrichten, daß beispielsweise also ein Textverarbeitungsprogramm einen umfangreichen Ausdruck ablaufen läßt.

Ganz wichtig ist es, daß als Programmdateiname nur die Standardversion der Entwicklungsumgebung eingetragen wird, also `BC.EXE`. Dies gilt auch dann, wenn Sie normalerweise im Protected-Modus starten. *Windows* kann nur alleine in diesem Modus arbeiten. Es übernimmt die komplette Verwaltung und Zuteilung des Speichers.

Als Anfangsverzeichnis muß nicht wie im Beispiel das Hauptverzechnis von *Borland C++* eingetragen werden. Möchte man sofort im Verzeichnis mit allen Quelltexten starten, kann hier auch

`D:\BORLANDC\SOURCE`

```
┌─────────────────────────────────────────────────────────────┐
│ ─              PIF-Editor - BC.PIF                    ▼  ▲    │
│ Datei   Modus   Hilfe                                         │
│ Programmdateiname:    D:\BORLANDC\BIN\BC.EXE                  │
│ Programmtitel:        Borland C++                            │
│ Programmparameter:                                           │
│ Anfangsverzeichnis:   D:\BORLANDC                           │
│ Bildschirmmodus:      ○ Text    ◉ Grafik/Mehrfachtext       │
│ Speicherbedarf:       KB benötigt  400                      │
│ XMS-Speicher:         KB benötigt  0    KB maximal  1 024   │
│ Modifiziert direkt:   □ COM1    □ COM3     □ Tastatur       │
│                       □ COM2    □ COM4                      │
│ □ Kein Bildschirmdatenaustausch    ⊠ Fenster schließen bei Ende │
│ □ Programmumschaltung verhindern                            │
│ Abkürzungstaste reservieren:  □ ALT+TAB       □ DRUCKTASTE  │
│                     □ ALT+ESC  □ ALT+DRUCKTASTE  □ STRG+ESC │
└─────────────────────────────────────────────────────────────┘
```

Abbildung 1.34: PIF-Datei im Standard-Modus für *Borland C++*

eingetragen werden. In das im Beispiel freigelassene Feld `Programmpara-meter` können bei Bedarf eine oder mehrere der im Anhang aufgeführten Startoptionen eingesetzt werden. In den meisten Fällen wird dieses Feld allerdings leer bleiben.

Nachdem alle Eintragungen vorgenommen wurden, klickt man auf den Menüpunkt `Datei` am oberen Rand. Auch hier ist alles ganz ähnlich wie in der Entwicklungsumgebung. Zum Sichern der eben erstellten PIF-Datei wählt man `Speichern unter....` In der daraufhin erscheinenden Dialogbox kann man in der Regel direkt `OK` anklicken, weil *Windows* automatisch die PIF-Datei im selben Verzeichnis ablegt, wie das als Dateiname angegebene Programm. Im Beispiel lautet der Eintrag:

```
D:\BORLANDC\BIN\BC.PIF
```

Damit sind alle Vorbereitungen getroffen, um *Borland C++* starten zu können. Dies geht momentan allerdings nur über den Datei-Manager. Es gibt noch kein sogenanntes **Icon** in einem der Fenster des Programm-Managers, das nur angeklickt werden muß, damit das Programm startet. Auch dies ist jedoch möglich. Hierzu wählt man zunächst das Fenster aus, in dem das Icon für *Borland C++* abgelegt werden soll. Da alle *DOS*-Applikationen normalerweise unter dem Titel **Andere Anwendungen**

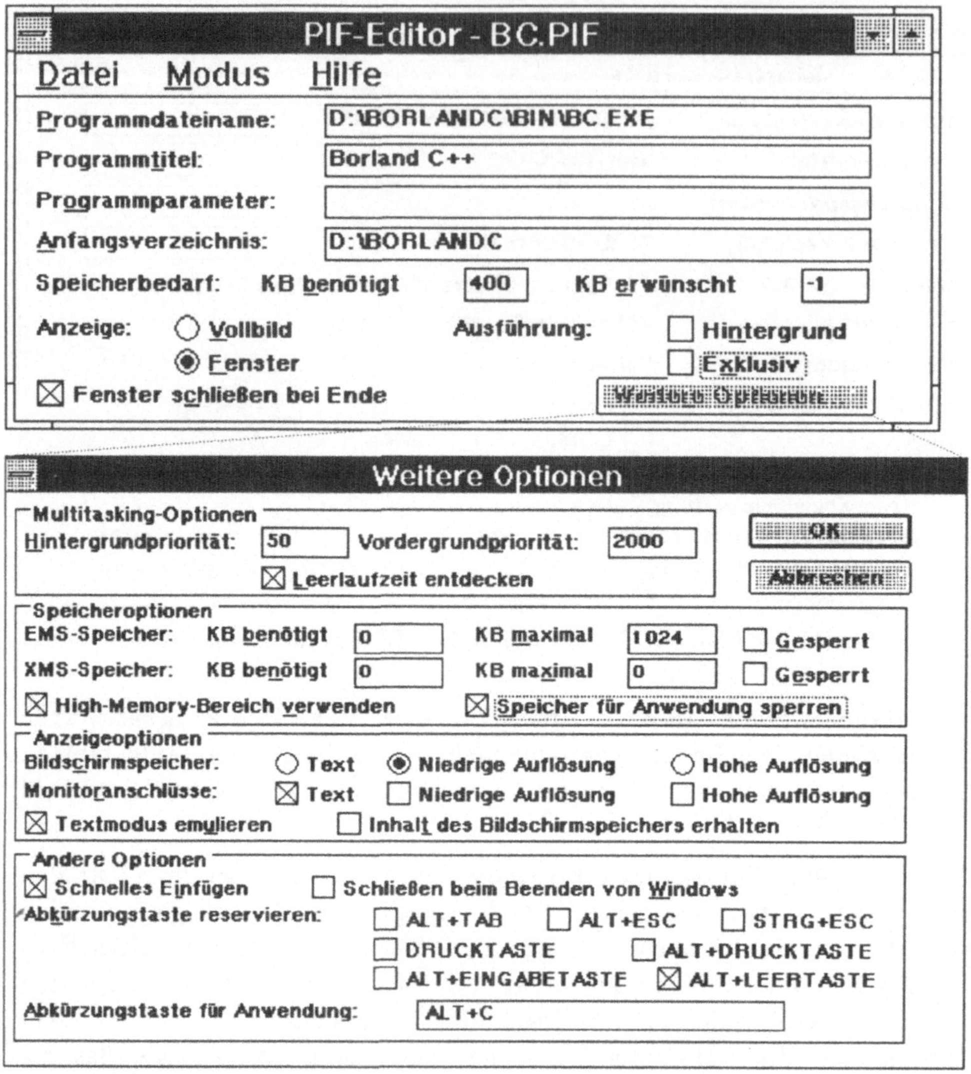

Abbildung 1.35: PIF-Datei im erweiterten 386-Modus für *Borland C++*

zusammengefaßt sind, sollte dort der Eintrag vorgenommen werden. Nachdem dieses Fenster angeklickt wurde, wählt man den Menüpunkt `Neu...`. Daraufhin erscheint eine Dialogbox, die fragt, ob ein neues Programm oder eine neue Programmgruppe eingerichtet werden soll. Die voreingestellte Auswahl `Programm` trifft im vorliegenden Fall zu, so daß direkt `OK` angeklickt werden kann.

In der nächsten Dialogbox sind zwei Eintäge vorzunehmen. Der Punkt `Beschreibung` erhält den Titel, der unter dem Icon erscheinen soll, also zum

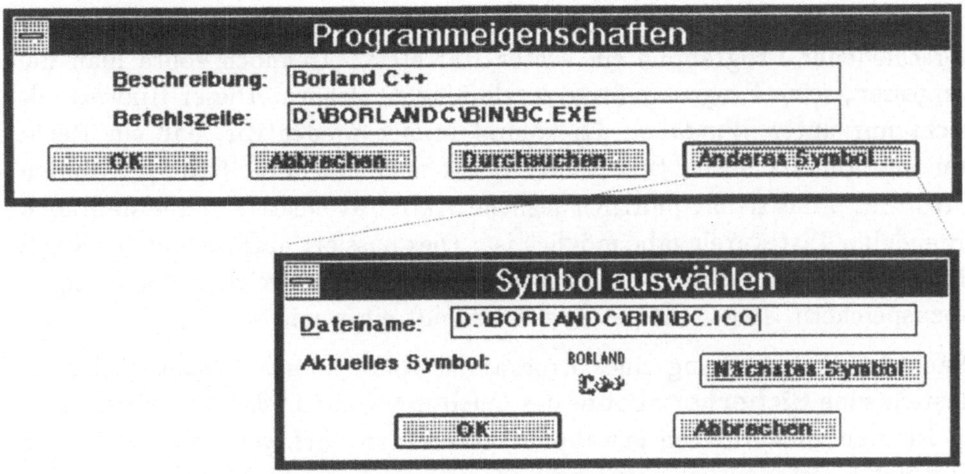

Abbildung 1.36: Einträge zum Erzeugen eines Icons

Beispiel `Borland C++`. Unter Befehlszeile wird die genaue Pfadangabe der zuvor erstellten PIF-Datei eingetragen, also wieder:

```
D:\BORLANDC\BIN\BC.PIF
```

Normalerweise ist man an dieser Stelle fertig und kann `OK` wählen. Allerdings bekommt das Programm dann nur das uniforme *DOS*-Icon. Zu *Borland C++* gibt es jedoch ein eigenes Icon. Dazu wählt man in der aktuellen Dialoxbox `Anderes Symbol....` Erneut erscheint eine Dialogbox. In dieser, für's erste letzten, wird wie in Abbildung 1.36 unten der Name, unter dem das Icon abgespeichert wurde, notiert. Danach kann dreimal hintereinander auf `OK` geklickt werden. Wenn alles geklappt hat, können Sie *Borland C++* nun durch einen doppelten Mausklick auf das neue Icon starten.

An dieser Stelle darf nicht unerwähnt bleiben, daß *DOS*-Anwendungen unter *Windows* zuweilen eine unsichere Sache sind. Bevor Sie dran gehen, größere Programme in der *Windows*-Umgebung zu schreiben, sollten Sie die Entwicklungsumgebung auf Herz und Nieren testen. Speziell im erweiterten 386-Modus kann es Probleme geben. Hier hat man allerdings die Möglichkeit, *Borland C++* mehrfach zu starten. Dazu klickt man lediglich das Icon mehrmals doppelt an. Wie gewohnt wechselt man unter *Windows* zwischen den verschiedenen Anwendungen entweder mit der Maus oder (vor allem wenn sie im Vollbildmodus laufen) über die Tastenkombination `Alt` + `Tab` .

Bei mehrfach gestartetem *Borland C++* ist das Kompilieren mehrerer verschiedener Programme ein echter Härtetest. Dennoch sollte man nie vergessen, seine Programmtexte regelmäßig zu sichern. Dieser Hinweis gilt nicht nur unter *Windows*. Es kommt immer wieder vor, daß ein Rechner aus unerklärlichen (und leider meist nicht wiederholbaren) Gründen „abstürzt", das heißt, plötzlich jegliche Aktivität einstellt, ohne daß noch irgendeine Tastatureingabe möglich ist. Dies passiert natürlich in der Regel dann, wenn man gerade beabsichtigte, seine umfangreichen Änderungen abzuspeichern. Regelmäßiges Speichern hilft ein wenig weiter.

Nach der Fertigstellung eines Programms sollte man auf jeden Fall mindestens eine **Sicherheitskopie** des Quelltextes auf Diskette anlegen. Nur so ist man einigermaßen gewappnet, wenn man doch wieder einmal seine Festplatte versehentlich formatiert oder diese beschließt, einen fehlerhaften Sektor genau dort anzulegen, wo Sie Ihr Programm abgespeichert haben.

Abschnitt 2:
Der Einstieg in C++

Viele Lehrbücher fassen C++ als einen „Aufsatz", also eine Erweiterung, der Programmiersprache C auf. Dort wird zunächst die komplette Syntax von C beschrieben und erst in hinteren Teilen auf C++, mit seinen objektorientierten Möglichkeiten eingegangen. Hier wird ein anderer Ansatz verfolgt. Es wird kein Unterschied zwischen C und C++ gemacht. Das hat zur Folge, daß auf einige C-Konstrukte verzichtet werden kann, weil sie in C++ durch sinnvollere ersetzt werden. Beispiele hierfür werden das sogenannte „call by reference" oder auch die Ein-/Ausgaberoutinen `scanf()` und `printf()` sein. Außerdem wird der Begriff der *Klasse* relativ früh als Sprachmerkmal eingeführt. Erst dadurch wird C++ zu einer objektorientierten Sprache.

2.1   Elementare Bausteine

Bevor das erste Programm im Detail erläutert wird, soll der Begriff *Programm* ganz kurz vertieft werden. Unter einem solchen Programm versteht man im allgemeinen eine Folge von Anweisungen. Auch ein Kochrezept oder eine Terminliste sind in diesem Sinne eine Art Programm. Während letztere im allgemeinen von Menschen ausgeführt werden, wird ein Computer-Programm vom Rechner abgearbeitet. Bestimmte Teile werden einmal, andere mehrfach ausgeführt. Es gibt Teile, die unter bestimmten Bedingungen durchlaufen werden und in schlechten Programmen auch solche, die niemals erreicht werden (sogenannter „toter Code").

Es gibt eine Reihe von Punkten, die sehr grob die Qualität eines Programms charakterisieren.

Laufzeiteffizienz meint, den möglichst schnellen Ablauf eines Programms. Auch bei noch so leistungsfähigen Rechnern kommt es sehr häufig auf die Art, den sogenannten **Algorithmus** an, nach der ein Problem gelöst wird.

Speicherplatzeffizienz verlangt von einem Programm, möglichst „sparsam" abzulaufen. Das heißt, es soll möglichst wenig Speicherplatz, Rechenzeit und andere sogenannte **Betriebsmittel** benötigen.

Programmiereffizienz bedeutet, daß das Programm mit angemessenem Aufwand erstellt wird. Falls eine Aufgabe nur einmal zu lösen ist, lohnt es nicht, sich dafür sehr lange Zeit einen besonders trickreichen Algorithmus auszudenken, wenn ein einfacher zwar etwas länger läuft und auch mehr Betriebsmittel benötigt, dafür aber in kürzester Zeit formuliert werden kann.

Wiederverwendbarkeit spielt vor allem bei mittleren und großen Programmen eine sehr wichtige Rolle. Es ist Unsinn, bei sehr ähnlichen Problemstellungen, jedes Mal völlig neue Programme zu entwickeln. Man sollte darauf achten, möglichst große Teile eines Programms so allgemein zu halten, daß sie an anderer Stelle wiederverwendet werden können.

Portabilität meint die Übertragbarkeit eines Programms auf andere Rechnersysteme bzw. andere Betriebssysteme. Wenn auch *Borland C++* zunächst nur die Erstellung von *DOS*-Programmen erlaubt, hilft es, solange wie möglich den allgemeinen C++-Standard einzuhalten. Dadurch ist es relativ einfach, ein Programm auch zum Beispiel unter dem Betriebssystem UNIX zu kompilieren. Bei professionellen Programmen werden so die Entwicklungskosten enorm gesenkt.

Lesbarkeit verlangt, daß ein Programm nicht nur vom Verfasser sondern auch von anderen Personen nachvollzogen werden kann. Häufig ist es sogar so, daß der Verfasser schlecht lesbarer Programme nach kurzer Zeit sein eigenes Programm kaum noch versteht. Ein gutes Hilfsmittel zum Erhöhen der Lesbarkeit sind Kommentare innerhalb des Programmtextes.

Benutzerfreundlichkeit unterstützt den Benutzer bei der Arbeit mit dem Programm. Man sollte an jeder Stelle im Programm eine Hilfe erhalten können. Ferner sollte die Bedienung intuitiv sein, das heißt auch von Laien nachvollziehbar.

Robustheit hilft ebenfalls beim Gebrauch des fertigen Programms. So soll ein Programm zum Beispiel den Benutzer bei falschen Eingaben auf den Fehler hinweisen und nicht einfach seine Arbeit beenden.

Leider stehen einige der oben aufgeführten Punkte im Gegensatz zueinander. So benötigt ein schnelleres Programm oft mehr Speicherplatz als ein vergleichbares, das etwas langsamer arbeitet. Oft geht auch die Geschwindigkeit zu Gunsten der Lesbarkeit verloren oder umgekehrt.

Speziell zu den letzten beiden Punkten muß darauf hingewiesen werden, daß die nachfolgend vorgestellten Beispielprogramme nicht sonderlich robust und benutzerfreundlich sind. Zusätzliche Hilfstexte und Sicherheitsabfragen tragen zum Verständnis einer Programmiersprache nicht bei. Sie vergrößern nur den Programmtext und lenken den Anfänger so oft vom wesentlichen Teil ab. Dennoch sollte man die beiden Punkte bei professionellen, kommerziellen Programmen nicht unterbewerten. Oft genug fällt eine Kaufentscheidung nur deshalb zu Gunsten des einen Programms aus, weil es komfortabler zu bedienen ist als ein anderes.

Ein häufig gemachter Fehler beim Erstellen eines Programms ist das planlose „Loshacken". Mag am Anfang noch alles äußerst einfach aussehen, ändert sich dies, sobald das Programm länger als hundert Zeilen wird. Schon zu Beginn kann eine zumindest grobe Planung nur dringendst empfohlen werden. Dies erleichtert nicht nur die Programmierung selbst, sondern macht vor allem die Beseitigung von Fehlern einfacher. Es gibt kaum etwas unangenehmeres als ein Programm ohne Dokumentation. Wenn man dann noch bedenkt, daß die Beseitigung von Fehlern mit dem zugehörigen Testen ungefähr 60 Prozent des Gesamtaufwandes ausmacht, wird dieser eindringliche Hinweis hoffentlich verständlich.

Dennoch sollte man sich von vornherein darüber im klaren sein, daß es praktisch keine fehlerfreien Programme gibt, die eine bestimmte Größe übersteigen. Bedenkt man nämlich, daß ein Programm von praktischem Nutzen in der Regel aus mehreren Teilen, sogenannten Moduln, besteht so muß jedes einzelne Modul korrekt sein, damit das gesamte Programm korrekt ist. Nimmt man nun an, daß jedes Modul mit 99 prozentiger Wahrscheinlichkeit (W') korrekt ist (das heißt, eines von 100 ist nicht korrekt), so ist ein Programm, aus 100 solcher Moduln nur noch zu knapp 37 Prozent korrekt, da vereinfachend angenommen werden kann:

$$W'_{\text{Hauptprogramm}} = W'^{\text{Anzahl Moduln}}_{\text{einzelnes Modul}}$$

Daraus ergibt sich:

$$W'_{\text{Hauptprogramm}} = 0,99^{100} \approx 0,37 = 37\%$$

Der Wert von 37 Prozent nimmt rapide ab, wenn man etwa davon ausgeht, daß die Wahrscheinlichkeit eines Moduls nicht 99 Prozent sondern nur 90 Prozent beträgt. Ein Gesamtprogramm aus 100 Moduln ist dann nur noch mit einer Wahrscheinlichkeit von 0,0027 Prozent korrekt. Die Annahme, daß jedes zehnte Modul einen Fehler enthält, ist im übrigen durchaus realistisch.

Mehr zu diesen und anderen Problemen der Softwaretechnik findet man beispielsweise in [Nag90], woraus auch obiges Beispiel entnommen wurde. Kommen wir nun aber zur Programmierung und damit zur Sprache C++.

> *Darin sollte sich ein guter Informatiker unter anderem von einem guten Feierabendprogrammierer unterscheiden: daß er nicht nur Programme schreibt, die einigermaßen laufen, sondern daß er hin und wieder auch noch darüber nachdenkt, was sie eigentlich tun.*
>
> [Her89, Seite 39]

2.1.1 Aufbau eines C++-Programms

Betrachten wir zunächst noch einmal das allererste Programm von Seite 13. Wenn auch nur eine Zeile Text ausgegeben wird, enthält das Programm dennoch die markantesten Teile eines jeden C++-Programms. Ein solches Programm besteht immer aus einem Vorspann und einer oder in der Regel mehreren **Funktionen**. Der Vorspann besteht in unserem Fall aus der Zeile:

```
#include <iostream.h>
```

Dies ist eine Anweisung an den **Vorübersetzer**, den **Präprozessor**. Die Datei `iostream.h` ist eine sogenannte **Bibliothek** . In ihr sind zahlreiche unterstützende Routinen, die mit der Ein- und Ausgabe von Daten zu tun haben, gespeichert. Im weiteren Verlauf werden einige Teile detailliert vorgestellt.

Die Notation ist folgendermaßen zu verstehen. Wird eine Bibliotheksdatei in eckige Klammern `<...>` eingeschlossen, sucht sie der Compiler im unter `Include directories` angegebenen Verzeichnis. Steht ihr Name dagegen in doppelten Hochkommas `"..."`, wird sie im aktuellen Verzeichnis gesucht.

Schon jetzt kann man sich allgemein merken, daß der Gatterzaun (#) ein
Signal für den Präprozessor ist, bestimmte Ersetzungen vorzunehmen.

Nach der `#include`-Anweisung beginnt die wichtigste Funktion eines jeden C++-Programms, `main()`. Allgemein stellt man sich unter einer
Funktion eine Zusammenfassung von Anweisungen vor. Auch hier paßt
der Vergleich mit einer Terminliste. Steht dort „16.00 Uhr: Einkaufen
gehen", kann dieser Vorgang sicherlich weiter verfeinert werden, zum
Beispiel in „16.10 Uhr: Metzger", „16.20 Uhr: Supermarkt" usw. Der
allgemeine Vorgang des Einkaufens beschreibt also eine Zusammenfassung
mehrerer einzelner Tätigkeiten. Auf C++ übertragen werden die einzelnen
Anweisungen durch eine Funktion zusammmengefaßt. Wann immer man
die Funktion ausführt, werden in Wahrheit die einzelnen Anweisungen
durchlaufen. Der Vorteil liegt auf der Hand: Zahlreiche Dinge, wie zum
Beispiel Ein- und Ausgaben oder auch Rechnungen müssen im Verlauf
eines Programms immer wieder erledigt werden. Es wäre unnütze Arbeit,
jedesmal alle Anweisungen neu einzugeben. Stattdessen ruft man einfach
eine Funktion auf, die das gewünschte erledigt.

Die Funktion `main()` ist insofern etwas besonderes, als sie in jedem C++-
Programm enthalten sein muß. An dieser Stelle startet jedes C++-Pro-
gramm. Der Name muß komplett klein geschrieben werden.

Allgemein erkennt man Funktionen an den runden Klammern `(...)`, die
auf ihren Namen folgen. Sie werden zur Unterscheidung von anderen
Sprachelementen verwendet. In vielen Fällen werden durch die Klammern
sogenannte Argumente eingeschlossen, die die Funktion mit Werten versorgen. Dies gilt auch für `main()`, ist aber in unserem ersten Programm nicht
vonnöten.

Der Funktionsname und die folgenden runden Klammern werden auch als
Funktionskopf bezeichnet. Dem Kopf folgt der **Rumpf**. Dieser wird
durch geschweifte Klammern `{...}` begrenzt. Man spricht auch von einem
Block, der durch diese Klammerart zusammengefaßt wird. In den meisten
Fällen besteht der Rumpf einer Funktion aus mehreren Blöcken.

Beim ersten Programm ist dies noch nicht der Fall. Hier enthält der Rumpf
sogar nur eine einzige Anweisung.

```
cout << "Hallo wie geht's!\n";
```

☞ Wenn Sie bereits mit C zu tun hatten, taucht an dieser Stelle unweigerlich
die Frage auf, weshalb zur Ausgabe nicht die Standard-C-Funktion

printf() verwendet wird. Der Grund ist einfach: Die Ausgabe über <<
und cout ist unkomplizierter und mächtiger. Beispielsweise muß man sich
keine Gedanken um Ausgabeformate machen, ob also Zahlen, Buchstaben
oder ganze Wörter ausgegeben werden.

Als Nachteil ist die Konstruktion für den Anfänger schwerer zu verstehen. Es handelt sich bei cout nämlich **nicht** um eine Funktion. Die
eigentliche Ausgabe erledigt der **Operator** <<. C++ kennt nicht nur
die Standardoperatoren zum Rechnen, also +, -, * und /, sondern eben
auch << zum „Verschieben" seiner Argumente. Wohin die auszugebenden
Argumente „geschoben" werden, teilt cout mit. Es stellt einen sogenannten
Stream dar. Die deutsche Übersetzung *Strom* erklärt leider gar nichts.
Ein Stream ist eine abstrakte Ausgabeeinheit. Abstrakt insofern, als sie
nicht direkt mit einer physikalischen Ausgabeeinheit verbunden ist. Eine
physikalische Ausgabeeinheit ist entweder der Bildschirm, eine Datei oder
auch ein Drucker. Standardmäßig ist der Stream cout mit dem Bildschirm
verbunden, das heißt, alles was zu cout geschickt wird, erscheint auch
auf dem Bildschirm. Dies ist jedoch keine unauflösliche Verbindung. Der
Programmierer kann dies bei Bedarf abändern und so beispielsweise dafür
sorgen, daß jede Ausgabe sofort auf einem Drucker erscheint. Speziell
in der UNIX-Welt hat sich für den Ausgabestream cout der Begriff
Standardausgabe eingebürgert. Abgekürzt wird dies durch *stdout* (engl.
st*and***ard** **out***put*). Wie die Ausgabe ganz genau funktioniert würde zum
jetzigen Zeitpunkt nur Verwirrung stiften. Merken sollte man sich nur
soviel:

- cout ist standardmäßig mit dem Bildschirm verbunden.

- Der Operator << nimmt das Argument auf der rechten Seite und
  „schiebt" es nach cout, sorgt also dafür, daß das Argument in der
  Regel auf dem Bildschirm erscheint.

- Es sind mehrere Folgen von << und Argumenten möglich.

Im ersten Programm ist das Argument eine **Zeichenkette** , also eine Folge
aus einzelnen Zeichen. Diese werden in C++ durch doppelte Hochkommas
"..." eingeschlossen. Die meisten Zeichen erscheinen so wie sie im
Programm stehen auch auf dem Bildschirm. Es gibt jedoch auch eine
Reihe von **Steuerzeichen**. So erscheint die Zeichenfolge \n nicht auf dem
Bildschirm. Was im Programmtext so aussieht wie zwei ist für den Compiler
lediglich ein einziges Zeichen. Es sorgt dafür, daß auf dem Bildschirm ein
Zeilenvorschub stattfindet, der Cursor also eine Zeile nach unten in die

erste Spalte springt. Welche anderen Steuerzeichen es sonst noch gibt, zeigt Tabelle 2.1.

\a	Alarm, kurzer Piepton.
\b	Backspace, löscht das vorhergende Zeichen.
\n	Newline, führt einen einfachen Zeilenumbruch durch.
\t	Tabulator, springt zur nächsten Tabulatorposition.
\\	Backslash, druckt das Zeichen \.
\'	Druckt ein einfaches Hochkomma '.
\"	Druckt ein doppeltes Hochkomma ".

Tabelle 2.1: Steuerzeichen zur Ausgabe in `cout`

Möchte man keine ganze Zeichenkette sondern nur ein einzelnes Zeichen ausgeben, wird dieses durch einfache Hochkommas eingefaßt.

Ein

```
cout << '\n'
```

gibt also einen Zeilenvorschub aus.

Am Ende der Ausgabe und im übrigen auch am Ende jeder Anweisung muß in C++ ein Semikolon (;) stehen. Erst an dieser Stelle wird die Anweisung tatsächlich ausgeführt. Man kann das Semikolon mit dem Drücken der ⏎ -Taste nach der Eingabe eines *DOS*-Befehls vergleichen. Erst durch dieses Drücken wird der Befehl ausgeführt.

Die letzten noch nicht angesprochenen Teile des ersten Programms sind die beiden Kommentare in den Zeilen 5 und 9. Genau wie eine Planung des Programms sollte man sich das Kommentieren seines Quelltextes frühzeitig angewöhnen. Auch wenn es zuweilen mühselig ist, seine Geistesblitze zu formulieren, hilft es sowohl dem Programmierer selbst als auch einem anderen, der in die Verlegenheit kommt, das Programm verstehen zu müssen. Ohne Kommentare ist sogar ein Programm mittlerer Größe nach mehr als vierzehn Tagen für den Programmierer selbst nur unter großem Aufwand nachvollziehbar.

Die vorliegenden Kommentare werden durch die Zeichen **//** eingeleitet. Alles, was hinter diesen Zeichen bis zum Zeilenende steht, wird vom Compiler ignoriert. Eine weitere Möglichkeit, Kommentare zu erstellen, ist das Einfassen in **/*** und ***/**. Anstelle von

```
// Das allererste Borland C++-Programm
```

hätte man demnach genausogut

```
/* Das allererste Borland C++-Programm */
```

schreiben können.

Die zweite Form des Kommentars bietet sich vor allem dann an, wenn ein Text mehrere Zeilen lang ist. Man spart sich so die Mühe, vor jede Zeile ein **//** setzen zu müssen.

Es ist so auch möglich, einen Kommentar in eine Anweisung einzufügen. Die Zeile

```
cout << /* Textausgabe */ "Hallo wie geht's!\n";
```

wäre zwar nicht sinnvoll, aber immerhin möglich gewesen. Allerdings dürfen Kommentare standardmäßig **nicht verschachtelt** werden.

☞ Diese Beschränkung kann man abschalten, indem unter `Options/ Compiler/Source` der Punkt `Nested comments` eingeschaltet wird. Der AT&T 2.0-Standard sieht allerdings ebenfalls keine verschachtelten Kommentare vor.

Ebenso wie Kommentare werden auch Leerzeichen vom Compiler einfach überlesen. Es macht das ausführbare Programm um kein einziges Bit kleiner, wenn man den gesamten Quelltext in eine Zeile preßt. Es gibt in C++ auch keine Konstruktion, in der ein Leerzeichen zwingend vorgesehen ist. Sie dienen nur der Optik. Dasselbe gilt auch für Zeilenumbrüche und Tabulatoren. Dabei gibt es jedoch eine Ausnahme. Zeichenketten dürfen nicht durch Zeilenumbrüche getrennt werden. Ein

```
cout << "Hallo,
        wie geht's!\n";
```

würde den Compiler demnach zu einer Fehlermeldung veranlassen. Möchte
man trotzdem längere Zeichenketten auf einmal ausgeben, muß am Zeilenende ein Backslash (\) angefügt werden. Die Anweisung

```
cout << "Hallo,\
        wie geht's!\n";
```

ist in Ordnung.

2.1.2 Schlüsselworte

Ein weiteres Merkmal jeder Programmiersprache sind ihre Schlüsselworte.
Erst durch sie werden die meisten Konstruktionen möglich. C++ zeichnet
sich durch einen geringen Umfang an Schlüsselworten aus. Man sagt
auch, der Sprachkern ist sehr klein. Es gibt sogar Programme, die ohne
ein einziges Schlüsselwort auskommen. Dazu gehört beispielsweise unser
HELLO.CPP.

Um die ersten Schlüsselwörter vorzuführen, benötigen wir ein etwas größeres Programm.

Das Programm 2.1 stellt einen kleinen Tischrechner dar, der in der Lage
ist, ganze Zahlen zu addieren, multiplizieren usw. Wie die einzelnen Teile
zusammenarbeiten, ist Thema der folgenden Unterkapitel.

Einige Teile sind bereits bekannt; so der Vorspann mit der #include-
Anweisung und die Ausgabe über << und cout. Die Vermutung liegt nahe,
daß >> zusammen mit cin das Gegenteil tut, also nicht Daten ausgibt
sondern Daten einliest. Genau so ist es auch; cin ist wiederum ein Stream.
Er ist normalerweise mit der Tastatur verbunden. Häufig wird er als
Standardeingabe bezeichnet. Abkürzend schreibt man oft auch nur *stdin*
(engl. **st***and***ard** **in***put*).

☞ Auch hier wieder der Hinweis an bisherige C-Programmierer, daß cin
die Aufgabe von scanf() übernimmt. Man erspart sich so die
fehleranfällige Verwendung des Adressoperators & und benötigt wiederum
keine Formatsteuerzeichen.

```
 1 #include <iostream.h>
 2
 3 main()
 4 {
 5       int iA, iB, iErg = 0;
 6       char cOp;
 7
 8       cout << "\n\tErste Zahl: ";
 9       cin >> iA;
10       cout << "\tZweite Zahl: ";
11       cin >> iB;
12       cout << "\tDrücken Sie bitte:\n";
13       cout << "\t\t\t+, um die Zahlen zu addieren\n";
14       cout << "\t\t\t-, um die Zahlen zu subtrahieren\n";
15       cout << "\t\t\t*, um die Zahlen zu multiplizieren\n";
16       cout << "\t\t\t/, um die Zahlen zu dividieren\n";
17       cout << "\t\t\t%, um den Rest der Division zu berechnen\n\n";
18       cout << "\tIhre Wahl: ";
19       cin >> cOp;
20
21       if(cOp == '+')
22             iErg = iA + iB;
23       if(cOp == '-')
24             iErg = iA - iB;
25       if(cOp == '*')
26             iErg = iA * iB;
27       if(cOp == '/')
28             iErg = iA / iB;
29       if(cOp == '%')
30             iErg = iA % iB;
31
32       cout << "\n\tErgebnis: " << iErg;
33 }     //    Ende von main()
```

Programm 2.1: Ein einfacher Tischrechner

Es stellt sich allerdings die Frage, wohin die Daten „geschoben" werden. Hier taucht zum ersten Mal der Begriff **Variable** auf. Unter einer solchen Variablen kann man sich vereinfachend eine Speicherstelle des Computers vorstellen. An dieser Stelle können Werte abgelegt werden. Sie werden als **Variableninhalt** bezeichnet.

Im Beispielprogramm werden insgesamt vier Variablen benutzt. Sie heißen **iA**, **iB**, **iErg** und **cOp**. Wie Variablen genau benutzt werden, ist das Thema des nächsten Unterkapitels.

Die Namen der Variablen sind sogenannte **Bezeichner**. Außer für Variablen benötigt man sie an verschiedenen anderen Stellen eines C++-Programms. Es gibt drei Einschränkungen bezüglich der Bildung eines Bezeichners.

- Er muß mit einem Buchstaben (egal ob groß oder klein) oder einem Unterstrich (_) beginnen.

- Der Rest des Bezeichners kann aus Buchstaben Zeichen und dem Unterstrich gebildet werden. Nicht zugelassen sind Leerzeichen (Blanks) und in C++ reservierte Zeichen wie ,, ., * usw.

- Standardmäßig benutzt *Borland C++* die ersten 32 Zeichen zur Unterscheidung von Bezeichnern. Dies kann über das Feld `Identifier Length` im Menü `Options/Compiler/Source` abgeändert werden. Bezeichner, die länger sind als 32 Zeichen, treten in der Praxis allerdings so gut wie nie auf.

Weiterhin ist zu beachten, daß C++ bei Bezeichnern Groß- und Kleinschreibung unterscheidet. Ein `cTeST` ist also ein anderer Bezeichner als `cTest`. Andere Beispiele für gültige Bezeichner sind: `a`, `berta_7` oder auch `_temp`. Ungültig sind dagegen: `1x` (Ziffer am Anfang), `&_u` (reserviertes Zeichen am Anfang), `a b` (Blank innerhalb) oder auch `u,t` (reserviertes Zeichen im Inneren).

Neben den Bezeichnern bzw. Variablen kommen im Programm 2.1 erstmalig auch **Schlüsselwörter** vor und zwar `int` und `char` . Mit ihnen wird Speicherplatz für die Variablen **reserviert**. Dies gilt in C++ grundsätzlich. Bevor eine Variable benutzt werden darf, muß ihr Speicherplatz feststehen. Man spricht auch von der **Variablendefinition**. Welche verschiedenen Arten von Variablen es gibt, wird im nächsten Unterkapitel erläutert.

Bleiben wir zunächst allgemein bei Schlüsselwörtern. Ihnen allen ist in C++ gemeinsam, daß sie **klein geschrieben** werden. Außerdem darf kein Bezeichner den Namen eines Schlüsselwortes tragen.

Weitere Schlüsselwörter werden nach und nach eingeführt. In den meisten Fällen steuern sie in irgendeiner Form den Programmablauf.

Damit haben wir die vier grundlegenden Bestandteile jedes C++-Programms zusammen: Bezeichner, Schlüsselwörter, Kommentare und Trennzeichen.

2.1.3 Variablen und Konstanten

Es wurde bereits angedeutet, Variablen sind Namen für Speicherstellen eines Computers. Der Speicherplatz wird durch die Variablendefinition reserviert. Diese Definition kann zu Beginn eines jeden Blocks erfolgen.

Bezeichner	Namen für Variablen, Konstanten, Funktionen etc., die aus Buchstaben, Ziffern und dem Unterstrich (_) bestehen.
Schlüsselwörter	Reservierte Worte, die immer klein geschrieben werden.
Kommentare	Erklärende Texte, die vom Compiler überlesen werden. Sie beginnen mit **//** und reichen bis zum Zeilenende oder werden zwischen **/*** und ***/** eingeschlossen.
Trennzeichen	Anweisungen werden durch ein Semikolon (**;**) (zuweilen auch Komma (**,**)) voneinander getrennt. Bezeichner und Schlüsselwörter werden durch Blanks, Tabulatoren oder Zeilenumbrüche voneinander getrennt.

Tabelle 2.2: Die elementaren Bestandteile eines C++-Programms

Sobald man also eine neue geschweifte Klammer ({) aufmacht, können neue Variablen definiert werden.

Wieviel Speicherplatz durch eine Definition reserviert wird, hängt vom **Typ der Variablen** ab. Da C++ relativ maschinennah arbeitet, ist es an dieser Stelle nötig, ein wenig in die internen Details Einblick zu nehmen.

Ganz grob gesagt, besteht ein Computer aus zwei Hauptbestandteilen: der zentralen Recheneinheit, kurz **CPU** (für engl. *Central Processing Unit*) und dem **Hauptspeicher**. In der CPU laufen alle Rechenvorgänge ab. Sie steuert Ein- und Ausgabe, regelt Speicherzugriffe etc. Im Hauptspeicher liegen die **Daten** des Programms. Dies sind zum einen das abzuarbeitende Programm (Codesegment) und zum anderen die vom Programm benötigten Daten (Datensegment). Die Verwaltung des Codesegments übernimmt das **Betriebssystem**. Wenn ein Programm gestartet wird, wird es vom Betriebssystem in den Hauptspeicher geladen und dort Schritt für Schritt abgearbeitet. Darum hat sich der Programmierer zum Glück nicht zu kümmern. Uns interessiert allenfalls das Datensegment. Auf der untersten Ebene handelt es sich hierbei um Tausende (heutzutage meist sogar Millionen) von Speicherzellen, den **Bits** (Bit für engl. *Binary Digit*). Jeweils acht Bits werden zu einem **Byte** zusammengefaßt. 1024 Byte ergeben ein Kilobyte usw. Je nachdem, wieviele Bytes durch eine

Variable belegt werden sollen, wird ein bestimmter Typ benutzt. Der Datentyp `char` beispielsweise, der für die Variable `cOp` verwendet wurde, reserviert ein Byte. Ein weiterer Datentyp, `short`, reserviert zwei Byte. Eine gewisse Ausnahme stellt der Datentyp `int` dar. Seine Größe ist maschinenabhängig. Dazu muß man wissen, daß auf einem Rechner eine weitere wichtige Einheit das Speicherwort ist. Auf einem 16-Bit Rechner ist ein solches Wort 16 Bit lang, auf einem 32-Bit Rechner dementsprechend 32. Jedes Speicherwort hat seine eigene Adresse im Hauptspeicher, vergleichbar mit einer Hausnummer, unter der das Wort aufgefunden werden kann. Auf einem IBM (kompatiblen-) Computer ist eine Variable vom Typ `int` grundsätzlich 16 Bit, also zwei Byte lang.

☞ Dies gilt auch für Rechner mit 80386- oder 80486-Prozessor. Diese sind zwar echte 32-Bit Prozessoren, aus Gründen der Kompatibilität, setzt *Borland C++* für `int`-Variablen dennoch zwei Byte ein.

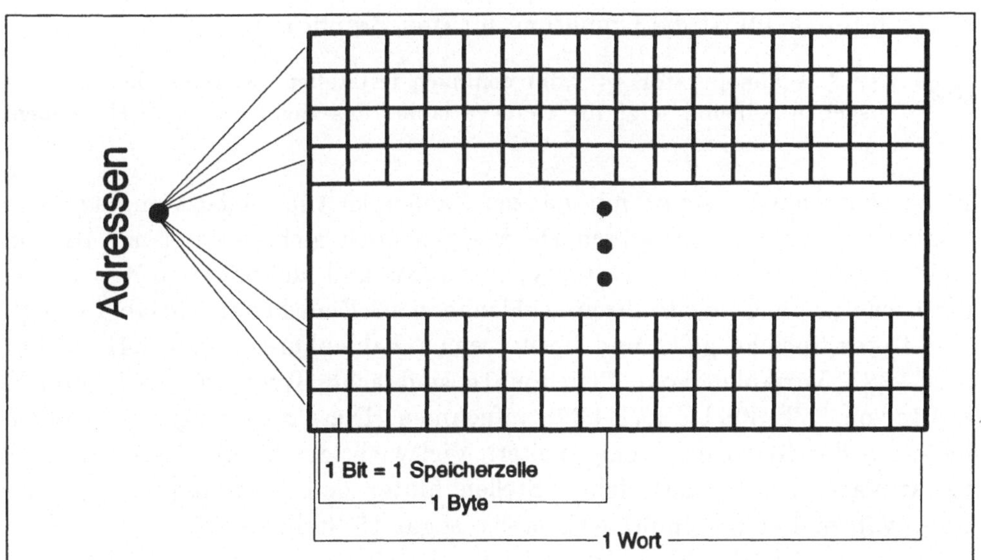

Abbildung 2.1: Schematische Darstellung eines Hauptspeicherausschnittes

Die verschiedenen Datentypen werden vor allem deshalb benötigt, weil sie unterschiedliche Zahlenbereiche aufnehmen können. Mit acht Bit lassen sich $2^8 = 256$ verschiedene Werte abspeichern, von 000000000 bis 111111111. Demzufolge hat der Datentyp `char` einen Zahlenbereich von 0 bis 255 bzw. von -128 bis 127. Negative Zahlen werden intern im übrigen über das am weitesten links stehende Bit gesteuert. Man spricht auch vom **Vorzeichenbit**. Standardmäßig enthalten Variablen vom Typ `char` ein Vorzeichen. Dies kann jedoch über das Menü `Options/Compiler/Code Generation` abgeändert werden. Alle anderen – auch die noch folgenden – sind grundsätzlich vorzeichenbehaftet. Man kann allerdings über das Schlüsselwort `unsigned` dafür sorgen, daß das Vorzeichenbit „ausgeschaltet" wird und es so als zusätzliche Stelle zur Verfügung steht. Der Datentyp `unsigned short` verfügt zum Beispiel über einen Zahlenbereich von 0 bis 65536 $(= 2^{16} - 1)$.

In den meisten anderen Prorammiersprachen wird ein Unterschied zwischen der Speicherung von Zahlen und Zeichen gemacht. Dem ist in C++ nicht so. Auch der Datentyp `char` speichert (ganze) Zahlen. Diese werden allerdings meistens als Zeichen interpretiert. Wie dies geschieht, sagt der sogenannte **ASCII-Code** aus (ASCII für engl. *American Standard Code for Information Interchange*). Diese Tabelle codiert alle darstellbaren Zeichen des Rechner durch die Zahlen von 0 bis 127 und im erweiterten ASCII-Code sogar bis 255. Der dezimalen Zahl 65 entspricht das Zeichen `A`, die dezimale 49 ist die Codierung für **das Zeichen 1**.

☞ Der Ausgabeoperator `<<` kann demnach feststellen, welchen Datentyp er ausgeben soll und setzt für `char`-Variablen das zugehörige ASCII-Zeichen ein.

Bisher hatten wir es nur mit ganzen Zahlen zu tun. Gleitkommazahlen lassen sich mit den bisherigen Datentypen noch nicht darstellen. Hierzu stellt *Borland C++* die Datentypen `float` und `double` bereit. Beide unterscheiden sich nur in ihrem Zahlenbereich. Eine `float`-Variable belegt vier Bytes Speicherplatz und besitzt einen Zahlenbereich von 3.4E-38 bis 3.4E+38. Variablen vom Typ `double` sind acht Byte breit und können Werte von 1.7E-308 bis 1.7E+308 aufnehmen. Diese immens großen Zahlen helfen in der Regel nur wenig weiter. Viel wichtiger ist die Tatsache, daß `float`-Variablen bis auf sieben Stellen hinter dem Dezimalpunkt genau sind, während es bei `double`-Variablen sogar 15 Stellen sind.

☞ Falls ihnen die Exponentialschreibweise für große Zahlen noch nicht vertraut ist, sei erwähnt, daß 3.4E-38 der Zahl $3.4 * 10^{-38}$ und 3.4E+38 der Zahl $3.4 * 10^{38}$ entspricht.

☞ Beachten Sie bei umfangreichen Operationen mit Gleitkommazahlen immer die Verluste, die durch Rundungen auftreten können. Eine Zahl mit sechs Nachkommastellen ist nach einer Multiplikation mit 1000 nur noch auf drei Nachkommastellen genau. Rundungsfehler treten vor allem bei den Operationen Multiplikation und Division auf.

Datentyp	zulässiger Zahlenbereich
`char`	Ganze Zahlen von -128 bis 127 bzw. 0 bis 255.
`short`	Ganze Zahlen von -32768 bis +32767.
`int`	Ganze Zahlen auf Wortlänge, was unter *Borland C++* zwei Byte entspricht, also von -32768 bis +32767.
`long`	Ganze Zahlen von -2147783648 bis +2147783647.
`float`	Gleitkommazahlen von 3.4E-38 bis 3.4E+38 (7 Stellen Genauigkeit).
`double`	Gleitkommazahlen von 1.7E-308 bis 1.7E+308 (15 Stellen Genauigkeit).

Tabelle 2.3: Standarddatentypen in C++

Für Zeigervariablen stellt *Borland C++* zusätzlich die Typen `near pointer` und `far pointer` bereit.

Allen in Tabelle 2.3 aufgeführten Datentypen kann das Schlüsselwort **unsigned** voran"estellt werden. Dadurch fällt der negative Zahlenbereich weg, der positive verdoppelt sich.

Der Wert, den eine Variable nach ihrer Definition enthält, ist undefiniert. Nach einer Definition der Form

```
float fT;
```

wird die Ausgabe über

```
cout << fT enthält" << fT;
```

zwar vom Compiler nur mit einer Warnung versehen. Sie kann jedoch bei jedem Start des Programms eine andere Ausgabe nach sich ziehen. Es wird irgendein freier Speicherplatz reserviert. Frei heißt allerdings noch lange nicht, daß in diesem Bereich nicht noch irgendwelche Bits gesetzt sind.

Man kann jedoch eine Variable direkt bei ihrer Definition mit einem Wert versorgen. Man spricht vom **Initialisieren** einer Variablen. Häufig sollen Variablen mit 0 initialisiert werden. Im obigen Beispiel leistet

```
float fT = 0.0;
```

das gewünschte.

☞   Man hätte hier auch ... = 0; schreiben können. Durch die Angabe einer Nachkommastelle wird ganz deutlich, daß es sich nicht um eine ganze Zahl handelt.

Beim Tischrechnerprogramm ist eine Initialisierung nicht nötig, weil alle definierten Variablen über **>>** und **cin** einen Wert zugewiesen bekommen.

☞   Beachten Sie bitte, daß in C++ zur Notation von Gleitkommzahlen die englische Notation mit einem Dezimal**punkt** anstelle eines Dezimalkommas verwendet wird.

 **Übung 2.1:** Verändern Sie das Programm 2.1 so, daß größere ganze Zahlen vom Typ **long** verarbeitet werden können.

☞   Es ist auch möglich, Gleitkommazahlen zu verarbeiten, indem anstelle von **int** ein **float** oder **double** eingesetzt wird. Allerdings müssen dann die Zeilen 17, 29 und 30 entfernt werden. Die dort benutzte sogenannte Modulo-Operation ist nur mit ganzen Zahlen zugelassen.

Falls Sie bereits mit Programmiersprachen zu tun hatten, wundern Sie sich bestimmt schon eine Weile über die Namen der Variablen in unserem Programm. Eine Grundregel übersichtlicher Programmierung lautet, Variablen sinnvolle Namen zu geben. Dies ist bei **iA**, **iB**, **iErg** und **cOp** zunächst kaum abzulesen. Dennoch steckt hinter den Bezeichnungen eine Struktur. Speziell bei der Erstellung von *Windows*-Programmen hat es sich eingebürgert und als nützlich erwiesen, in einen Variablennamen zusätzliche Informationen über seinen Typ zu stecken. Die Idee stammt von dem bekannten *Microsoft*-Programmierer Charles Simonyi und wurde vor allem durch [Pet91] populär gemacht.

Steht vor einer Variable ein **i** handelt es sich um eine Integer-Variable, also um den Datentyp **int**. Analog kennzeichnet ein **c** eine Variable vom Typ **char**.

Auch wenn es bei normalen *DOS*-Programmen noch nicht allgemein üblich ist, wird diese Notation im folgenden beibehalten. Es ist am Anfang zwar etwas mühselig, erleichtert bei großen Programmen jedoch häufig die Fehlersuche. Tabelle 2.4 zeigt eine Übersicht über alle Präfixe und die zugehörigen Datentypen. Einige sind bisher noch nicht eingeführt worden, der Vollständigkeit halber wurden sie dennoch in die Tabelle aufgenommen.

Einige Beispiele für Variablendefinitionen:

Präfix	zugehöriger Datentyp
c	`char`
by	`BYTE` (`unsigned char`)
x	`short` (bei Verwendung als x-Koordinate oder 1.Dimension)
y	`short` (bei Verwendung als y-Koordinate oder 2.Dimension)
z	`short` (bei Verwendung als z-Koordinate oder 3.Dimension)
i	`int`
b	`BOOL` (`int`)
w	`WORD` (`unsigned int`)
h	`HANDLE` (`unsigned int`)
l	`long`
d	`double`
dw	`DWORD` (`unsigned long`)
f	`float`
s	`String` (`char[80]`)
sz	durch `NULL` beendeter String

Tabelle 2.4: Präfixe für Variablennamen zum Erkennen des Typs

```
short  xControl = 0;
double dFaktor  = 1.0;
short xDummy    = xControl;
char  cAntwort, cEingabe;
```

An obigem Beispiel sieht man wie schon an `iA`, `iB`, und `iErg` in Zeile 5 im Programm 2.1, daß mehrere Variablen eines Datentyps in einer Anweisung definiert werden können. In diesem Fall werden sie durch ein Komma getrennt. Außerdem ist es möglich, den Wert einer bereits initialisierten Variablen an eine weiter unten stehende weiterzureichen.

☞ Es ist nicht möglich, mehrere Variablen auf diese Art zu initialisieren.

Eine spezielle Form von Variablen stellen **Konstanten** dar. Wie es
der Name bereits andeutet, ist ihr Wert während des Programmablaufs
konstant, darf also nicht verändert werden. Sie erhalten ihren Wert direkt
bei der Definition und nur dort. Jede Konstante muß initialsiert werden.
Als Kennzeichen wird vor den Datentyp das Schlüsselwort const gesetzt.
Im übrigen bestehen keine Unterschiede zwischen normalen Variablen und
Konstanten. Zur deutlichen Unterscheidung werden sie bis auf das Präfix
zur Kennzeichnung des Datentyps vollständig groß geschrieben.

Einige Beispiele für Konstantendefinitionen:

```
const long lMAX            = 1000;
const double dOBERGRENZE = 9999.9;
const long lMIN            = -lMAX;
const char cEOL            = '\n'; // EOL für End Of Line
                                   // (Zeilenende)
```

Konstanten sind nützlich, wenn an verschiedenen Stellen im Programm feste Grenzen nötig sind, beispielsweise wenn ein Eingabewert eine bestimmte
Anzahl nicht überschreiten darf. Man könnte den Wert jedesmal explizit
angeben, bekommt aber Schwierigkeiten, falls er sich doch irgendwann
ändern sollte. Mit einer Konstanten ist nur eine Änderung an einer einzigen
Stelle nötig.

Mit einer weiteren Form von Konstanten hatten wir es bereits mehrfach zu
tun, ohne sie jedoch als solche zu erkennen. Bei Zahlenwerten wie 1000,
9999.9, 'A' usw. handelt es sich um **literale Konstanten**. Neben der
Schreibweise als Dezimalzahlen und als Zeichen gibt es noch zwei andere
Notationen. Die Zuweisung

```
iVar = 38;
```

kann in **hexadezimalen Notation** als

```
iVar = 0X26;
```

geschrieben werden. Die Zeichenkombination 0X oder auch 0x ist ein
Signal, daß die nachfolgende Zahl hexadezimal zu interpretieren ist. Im
Hexadezimalsystem stehen neben den Ziffern 0 bis 9 die Buchstaben A
(=10) bis F (=15) zur Verfügung. Die hexeadezimale Zahl 0x3F entspricht
demnach der Dezimalzahl 63 (3 * 16 + 15).

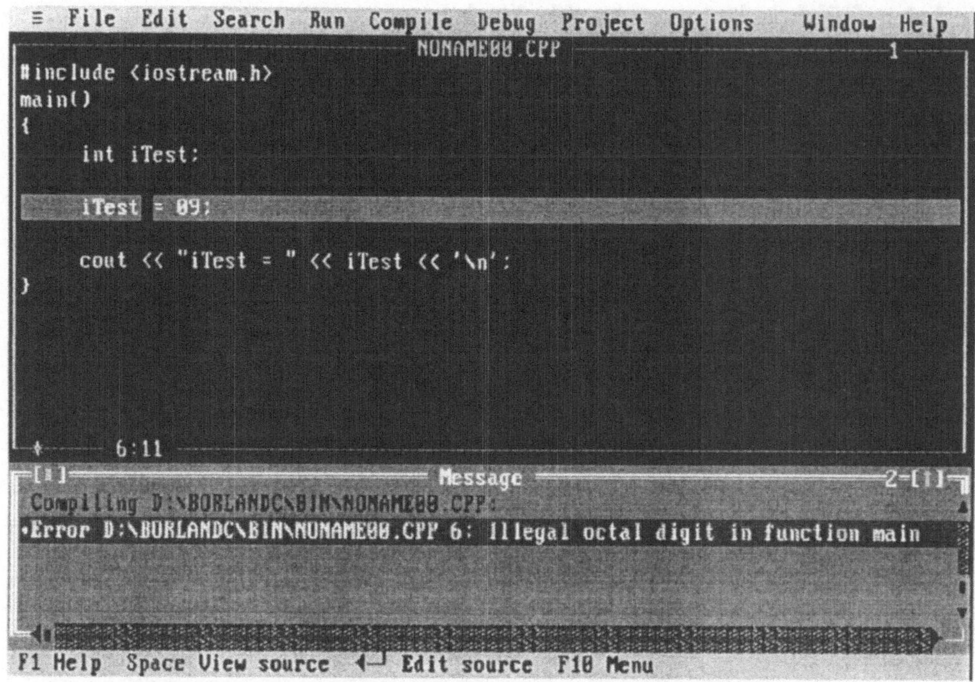

Abbildung 2.2: Fehlerhafte Ziffer bei einer oktalen Schreibweise

Die letzte mögliche Notation sorgt dafür, daß die nachfolgende Zahl **oktal** interpretiert wird. Sie wird über eine führende Null realisiert. Die dezimale 38 kann also auch als

```
iVar = 046;
```

an `iVar` zugewiesen werden. Im Oktalsystem stehen nur die Ziffern 0 bis 7 zur Verfügung. Eine Zuweisung der Form

```
iVar = 09;
```

wird vom Compiler deshalb als Fehler zurückgewiesen.

☞ Auch wenn es in kaufmännischen Anwendungen zuweilen üblich ist, sollten Sie in C++ mit führenden Nullen vorsichtig sein. Allzuleicht werden Zahlen oktal interpretiert.

☞ In C werden Konstanten über die **#define**-Anweisung realisiert. Auch C++ kennt diese Konstruktion. Sie wird jedoch erst beim Thema Makros eingeführt.

2.1.4 Gültigkeitsbereiche für Variablen

Es wurde im vorigen Kapitel bereits kurz angedeutet, daß man in jedem
Block neue Variablen definieren kann.   Unsere bisherigen Programme
bestanden immer nur aus einem einzigen Block, dem Hauptprogramm.
Im nächsten Kapitel, wenn es um Kontrollstrukturen, also Bedingungen,
Schleifen etc., geht, werden verschiedene Blöcke ineinander geschachtelt.
Dabei gilt es jedoch zu beachten, daß nicht alle Variablen überall bekannt
sind. Man spricht auch von **lokaler Gültigkeit**. Angenommen, folgendes
Programmgerüst liegt vor:

```
main()
{       // äußerer Block
        int iX, iErg;

            ( ... )

        {       // innnerer Block
            float fErg;
            int iX;

                ( ... )

        }       // Ende des inneren Blocks

            ( ... )

}       // Ende des äußeren Blocks
```

Sowohl im innneren als auch im äußeren Block wird eine `int`-Variable
mit Namen `iX` definiert. Spricht man im inneren Block `iX` an, so ist die
Speicherstelle gemeint, die durch die innere Definition reserviert wurde.
Man sagt, die innere Definition überdeckt die äußere.   Wird `iErg` im
inneren Block angesprochen ist klar, daß die im äußeren Block definierte
Variable gemeint ist.   Alles was außerhalb eines Blocks definiert ist, ist
auch im Inneren gültig.   Umgekehrt gilt diese Regel nicht.   Versucht
man beispielsweise im äußeren Block (gleichgültig ob vor oder hinter dem
inneren Block) die Variable `fErg` anzusprechen, meldet der Compiler bei
der Übersetzung einen Fehler.   Er „kennt" die Variable `fErg` im äußeren
Block nicht.   Sie ist in ihrer Gültigkeit lokal beschränkt auf den inneren
Block.

Das Thema wird selbstverständlich wieder aufgenommen, wenn sinnvolle
ineinander geschachtelte Blöcke aufgebaut werden können.   Schon jetzt

sollte man sich allerdings merken, daß man Variablen so lokal wie möglich halten soll. Sie sollen also nur in einem solchen Block definiert werden, in dem sie tatsächlich benötigt werden. Auf diese Art umgeht man sogenannte **Seiteneffekte**. Damit sind Änderungen an Variablen gemeint, die eventuell in einem inneren Block noch gar nicht geändert werden durften.

2.2   Arithmetische Operationen

... oder auch: „Wie rechnet man in C++?". Thema dieses Kapitels ist der Umgang mit den vier Grundrechenarten und einer weiteren, mit der man den Rest einer Division ermittelt. Zunächst soll jedoch geklärt werden, wie ein bestimmter Wert innerhalb des Programms in die Speicherstelle einer Variablen hineinkommt.

2.2.1   Zuweisungen

Eine Form der Zuweisung wurde bereits im Tischrechner-Programm auf Seite 60 benutzt. Das Einlesen über `>>` und `cout`. Häufig kommt es jedoch vor, daß man einen bestimmten Wert in eine Variable schreiben möchte. Die Zuweisung erfolgt über das Gleichheitszeichen (`=`). Hat man etwa zu Beginn eines Blocks eine `float`-Variable mit Namen `fTest` definiert, dann erhält diese durch

```
fTest = .1;
```

den Wert 0.1. Auch Zuweisungen von einer Variablen an eine andere sind möglich, wenn zum Beispiel eine weitere `float`-Variable mit Namen `fT1` definiert wurde, dann erhält diese durch

```
fT1 = fTest;
```

den gleichen Wert wie `fTest`. Man kann in C++ auch beide Zeilen zusammenfassen:

```
fT1 = fTest = .1;
```

Die Zuweisung erfolgt **von recht nach links**. Zunächst erhält also `fTest`
den Wert 0.1 und danach `fT1` den Wert von `fTest`. Genau wie Zahlenwerte
kann man auch Konstante an Variablen zuweisen. Angenommen, man hat
durch

```
const fMAX = 10.0;
```

eine Konstante `fMAX` erzeugt, dann kann ihr Wert durch

```
fT1 = fMAX;
```

an die Variable `fT1` zugewiesen werden. Ein sich anschließendes

```
cout << fMAX = " << fMAX << ", fT1 = " << fT1 << "\n";
```

würde also ausgeben:

```
fMAX = 10, fT1 = 10
```

☞ Die Ausgabe mit `<<` nach `cout` unterdrückt Nachkommastellen per
Voreinstellung. Dies kann über einen sogenannten Manipulator `precision`
geändert werden.

Man kann selbstverständlich nicht nur positive sondern auch negative
Zahlen zuweisen, etwa in der Form:

```
fTest = -10.0;
```

Zwischen dem Minuszeichen (-) und der Zahl können wie immer beliebig
viele Leerzeichen stehen. Zu beachten ist allerdings, daß es in C++
keine Zuweisung einer positiven Zahl gibt, die durch ein vorangestelltes
Pluszeichen (+) gekennzeichnet ist.

Grundsätzlich darf auf der linken Seite einer Zuweisung nur eine Speicherzelle stehen. Oft werden diese Werte auf der linken Seite als L-Wert
(engl. *l-value* für *location* **value** = deutsch Ort des Wertes) bezeichnet.
Ausgenommen sind natürlich Konstante, da ihr Wert nicht verändert
werden darf. Die Werte auf der rechten Seite werden analog R-Wert (engl.
r-value für **read value** = deutsch Lade oder Lies' den Wert) bezeichnet.

2.2.2 Arithmetische Operatoren

In unserem Tischrechner-Programm von Seite 60 werden zwei Zahlen auf verschiedene Arten miteinander verknüpft. Es wird eine Rechnung mit ihnen durchgeführt. In C++ steht neben den vier Grundrechenarten Addition (+), Subtraktion (-),Multiplikation (*) und Division (/) eine fünfte die sogenannte **Modulo-Operation** zur Verfügung. Sie berechnet den Rest einer Division zweier ganzer Zahlen. Gibt man in den Tischrechner beispielsweise als erste Zahl eine 16 sowie als zweite eine 5 ein und wählt mit % die Modulo-Operation, erhält man als Ergebnis 1. Bei einer Division von 16 durch 5 bleibt ein Rest von 1. Da solche Reste nur bei der Division ganzer Zahlen verbleiben, ist die Modulo-Operation auch nur bei diesen zugelassen.

Kommen in einer Anweisung mehrere Rechenoperationen vor wird die Reihenfolge der Auswertung wie in der Schule durch „Punktrechnung vor Strichrechnung" festgelegt. Dabei zählt die Modulo-Operation zu den Punktrechnungen.

☞ Auch wenn das Operatorzeichen / ein Strich ist, gehört die zugehörige Operation Division weiterhin zu den Punktrechnungen.

Läßt sich mit dieser Regel keine eindeutige Auswertungsreihenfolge festlegen, wird von links nach rechts gerechnet. Nach der Zuweisung

```
iA = 10 * 2 * 3 + 5 * 2;
```

enthält die Variable `iA` also den Wert 70. Es schadet nicht, wenn größere Ausdrücke durch Klammern vereinfacht werden. Obige Zeile wäre in der Form

```
iA = (10 * 2 * 3) + (5 * 2);
```

bestimmt leichter zu überschauen gewesen. Klammern helfen natürlich auch, wenn die vorgegebene Auswertungsreihenfolge abgeändert werden soll. Hätte es oben

```
iA = 10 * 2 * (3 + 5) * 2;
```

geheißen, hätte **iA** anstelle der 70 den Wert 320 erhalten.

 **Übung 2.2:**   Überlegen Sie einmal, welche Werte an die Variablen auf der linken Seite zugewiesen werden:

```
iX = 10 % 4 + 8 / 3;

fT = 2.1 * (-3.5 * -2.0) + (8.0 - 0.5*2.2);

xS = 10 % 4 + 8 / 3;
```

Genau wie bei der Zuweisung einzelner Variablen, können natürlich auch bei Rechenoperationen auf der rechten Seite Variablen und Konstante stehen. Nach

```
iH   = 10;
iN   = -iH;
iErg = iN * 3;
```

enthält die Variable **iErg** am Ende den Wert -30, da $-10 * 3 = -30$.

Hier ist der Punkt gekommen, an dem erkärt wird, warum man besser davon spricht, einer Variablen wird ein Wert zugewiesen oder eine Variable erhält einen Wert. Nehmen wir dazu folgendes Programmstück an:

```
iA = 10;

   ( ... )

iA = iA - 1;
```

Sagt man hier, „iA ist gleich **iA** minus 1", so hört sich dies sehr stark nach mathematischem Unsinn an. Die Formulierung, „iA erhält **iA** minus 1" trifft die Sache viel besser.

Auf der rechten Seite des Gleichheitszeichens steht die Variable **iA** als R-Wert, sie wird also geladen. Nach dem Laden wird sie um 1 vermindert. Dieser (neue) Wert wird an die Position geschrieben, die die Variable auf der linken Seite angibt. Die Variable auf der linken Seite ist hier halt zufällig dieselbe wie die auf der rechten Seite. Links ist sie jedoch ein L-Wert.

Diese Form läßt sich in C++ mit jedem Operator durchführen, wie zum Beispiel:

```
fT   = fT * 10.0;
xLen = xLen + 1;
dErg = dErg / 100.0;
```

Unschön an obigen Konstruktionen ist die Tatsache, daß der Wert der Variablen zweimal angesprochen wird. In den meisten anderen Programmiersprachen muß man diesen Nachteil in Kauf nehmen. Nicht jedoch in C++. Wie bereits erwähnt, arbeitet es sehr maschinennah. Deshalb erlaubt es eine Formulierung, die der Assembler-Sprache sehr ähnlich sieht. Anstelle von

```
iA = iA - 1;
```

kann man schreiben:

```
iA -= 1;
```

Beide Schreibweisen haben dieselbe Wirkung auf den Inhalt der Variablen `iA`. Die zweite läuft allerdings um Bruchteile von Sekunden schneller ab. Bei einer einzelnen Operation merkt man praktisch keinen Unterschied. Wenn es aber darum geht, in einer Schleife von 100000 bis 0 herunterzuzählen, summieren sich die Sekundenbruchteile merklich auf. Auch aus einem anderen Grund sollten Sie sich an die abkürzende Schreibweise gewöhnen. Falls Sie nämlich einmal in die Verlegenheit kommen sollten, ein C- oder C++-Programm eines fremden Programmierers lesen zu müssen, werden Sie mit allerhöchster Wahrscheinlichkeit, wann immer es möglich ist, auf diese Schreibweise treffen.

Auch die abkürzende Schreibweise ist für alle Operatoren zugelassen. Die obigen Beispiele sehen dann folgendermaßen aus:

```
fT   *= 10.0;
xLen += 1;
dErg /= 100.0;
```

☞ Beachten Sie bitte, daß das Operationszeichen (+, –, * usw.) immer **vor** dem Gleichheitszeichen steht. Die Anweisung

```
lTest -= 10;
```

ist genauso möglich wie:

```
lTest =- 10;        // ist dasselbe wie  lTest = -10;
```

Beide meinen jedoch etwas völlig verschiedenes. Im ersten Fall wird **lTest** um 10 vermindert, während **lTest** im zweiten Fall den Wert −10 erhält. Hier ist es von Nachteil, daß in C++ Blanks einfach überlesen werden.

In gewissen Fällen läßt sich das Erhöhen bzw. Vermindern eines Variablenwerts noch weiter abkürzen, dann nämlich, wenn um genau eins erhöht oder vermindert wird. Aus

```
iA -= 1;
```

wird dann:

```
iA--;     bzw.      --iA;
```

Stehen die Operatoren **--** bzw. **++ vor** der Variablen spricht man vom **Prädekrement** bzw. **Präinkrement** („vor" lat. *prae*).   Stehen sie dahinter heißt es **Postdekrement** bzw. **Postinkrement** („nach" lat. *post*). Enthält eine Anweisung nur eine einzelne dieser Operationen, macht es keinen Unterschied, wo der Operator steht. Interessant wird es, wenn sie in Kombination mit anderen Ausdrücken auftreten. Angenommen die Variable **iA** enthalte momentan den Wert 10, dann hat nach der Zuweisung

```
iB = iA--;
```

die Variable **iB** den Wert 10 und **iA** den Wert 9. Es wurde zuerst der Wert von **iA** (10) an **iB** zugewiesen. Erst danach wurde **iA** um 1 vermindert. Zu Anfang hilft es, wenn Anweisungen wie oben aufgespalten werden. Man hätte hier genausogut

```
iB = iA;
iA = iA - 1;
```

schreiben können, nimmt dabei aber eine etwas längere Laufzeit in Kauf.

Das Resultat ist ein anderes, wenn es

```
iB = --iA;
```

heißt. Hier wird erst `iA` vermindert, bevor der verminderte Wert (9) an `iB` zugewiesen wird. Will man hier aufspalten, muß dies folgendermaßen geschehen:

```
iA = iA - 1;
iB = iA;
```

Da C++-Neulinge häufig Schwierigkeiten mit diesen abkürzenden Schreibweisen haben, folgt noch ein Beispiel:

```
( ... )

iA = 10;
iB = 20;
iC = 30;

iC += --iB + iA++ - 5;

( ... )
```

Hier wurde eindeutig zuviel des Guten abgekürzt. Ein Fehler ist bei Konstruktionen dieser Art sehr wahrscheinlich. Dennoch soll das ganze aufgespalten werden.

```
( ... )

iA = 10;
iB = 20;
iC = 30;

iB = iB - 1;         // iB wird zuerst (vorher)
vermindert.
iC += iB + iA - 5;   // iC = 30 + 19 + 10 - 5 = 54
iA = iA + 1;         // Erst jetzt (nachher) wird iA
erhöht.

( ... )
```

Übung 2.3: Notieren Sie bitte die Ausgabe des folgenden Programms. Sie sollten die Aufgabe möglichst **nicht** dadurch lösen, daß sie das Programm abschreiben und ablaufen lassen.

```
 1 #include <iostream.h>
 2
 3 main()
 4 {
 5       int iA, iB, iC = 10;
 6
 7       iA = 8;
 8       iB = iA++;
 9
10       cout<<"iA = "<<iA<<"\tiB = "<<iB<<'\n';
11
12       iA += iB--;
13
14       cout<<"iA = "<<iA<<"\tiB = "<<iB<<'\n';
15
16       iA = iB = 10;
17       iA += iC + iB;
18
19       cout<<"iA = "<<iA<<"\tiB = "<<iB<<"\tiC = "<<iC--<<'\n';
20
21       iC = ((iA--) - (--iB));
22       /*  Die Klammern dienen nur der Hervorhebung.
23           Sie sind nicht notwendig.                    */
24
25       cout<<"iA = "<<iA<<"\tiB = "<<iB<<"\tiC = "<<iC<<'\n';
26 }    //  Ende von main()
```

Programm 2.2: Übungsprogramm zu Zuweisungen und Operatoren

In den bisherigen Beispielen wurden immer nur Variablen gleichen Typs
miteinader verknüpft, also zwei Integer-Variablen addiert, oder zwei vom
Typ **float** multipliziert usw. An dieser Grundregel sollte man nach
Möglichkeit immer festhalten. Wenn nämlich beispielswiese eine **long**-
und eine **short**-Variable addiert werden und das Ergebnis wieder in eine
short-Variable geschrieben wird, kann das Ergebnis falsch sein, weil die
long-Variable zu groß war, um in eine vom Typ **short** zu passen. Ebenso
problematisch ist die Zuweisung einer Gleitkommazahl an eine ganze Zahl.
Manchmal kommt man jedoch nicht um solche Zuweisungen herum. C++
bietet einen „automatischen" und einen „manuellen" Mechanismus an, der
in solchen Fällen Abhilfe schafft.

2.2.3 Implizite und explizite Typumwandlung

Treffen in einer Operation eine **short**- und eine **long**-Variable aufeinander,
ist das Ergebnis vom Typ **long**. Es gilt grundsätzlich, daß das Ergebnis
der Verknüfung eines „kleineren" Typs mit einem „größeren" vom Typ
des „größeren" ist. Mit „Größe" ist der Umfang an Bytes eines Typs
gemeint. In Tabelle 2.3 auf Seite 65 befindet sich eine Übersicht. Folgendes
Programmstück bereitet also keine Probleme:

```
long lErg, lA = 100000;
short xQ = 250;
float fL = 0.5;
const double dPI = 3.14159265;
double dErg;

    ( ... )

lErg = lA + xQ;
dErg = dPI * fL;

    ( ... )
```

Problematisch kann es unter zwei Umständen werden. Wenn nämlich anstelle von `lErg` und `dErg` auf der linken Seite `xQ` stehen würde, also:

```
    ( ... )

xQ = lA + xQ;
xQ = dPI * fL;

    ( ... )
```

Im ersten Fall ist das Ergebnis (100250) zu groß für eine `short`-Variable, im zweiten Fall werden die Nachkommastellen nicht berücksichtigt, weil nur ganze Zahlen abgelegt werden können. Im ersten Fall ist nichts zu retten. Das Ergebnis ist undefiniert. Das Ergebnis ist intern vier Byte breit. Von diesen 4 Byte = 32 Bit werden die vorderen 16 genommen und nach `xQ` geschrieben. Alle Bits nach dem 16. „fallen unter den Tisch".

Im zweiten Fall werden nur die Bits vor dem Komma berücksichtigt. Es wird also der ganzzahlige Anteil des Ergebnisses nach `xQ` geschrieben. Dabei findet **keinerlei Rundung** statt. Das Ergebnis in `xQ` lautet 1, da $3.14159265 * 0.5 = 1.570796325$.

In vielen Fällen wird sich ein Programm mit Ungenauigkeiten der obigen Form ohne Warnung übersetzen lassen. Man sollte sich ihrer jedoch immer bewußt bleiben, weil sie beim Ablauf des Programms zuweilen zu merkwürdigen Ergebnissen führen. Eine gute Hilfe sind die Präfixe vor den eigentlichen Variablen. Im Normalfall werden nur gleiche Präfixe verknüpft. Wo dies nicht der Fall ist, liegt eine Besonderheit vor, die beachtet werden sollte.

Noch sicherer ist es, in Fällen der obigen Art die betroffenen Typen explizit umzuwandeln. Eine solche explizite Typumwandlung wird **Casting** genannt (Besetzung heißt auf englisch *cast*). Anstelle der impliziten Umwandlung in

```
xQ = dPi * fL;
```

sollte man besser

```
xQ = (short)dPI * (short)fL;
```

schreiben. Vor der Rechnung werden die beiden Variablen dPI und fL für einen Zugriff in short-Variablen umgewandelt. Sie selbst werden durch das Casting nicht verändert. Wenn man beachtet, daß dPI eine Konstante ist, ist dies klar, da diese an keiner Stelle irgendwie verändert werden darf.

Allgemein wird eine Variable explizit umgewandelt, indem der Typ, in den umgewandelt werden soll, in runden Klammern vor die Variable gesetzt wird. Beachten Sie bitte, daß die Position, an die der Cast-Operator gesetzt wird, wichtig ist. Angenommen, es liegt folgendes Programmstück vor:

```
float fVar1, fVar2;
short xCast1, xCast2;

    ( ... )

fVar1 = fVar2 = 3.6;
xCast1 = (short)(fVar1 * fVar2);
xCast2 = (short)fVar1 * (short)fVar2;

    ( ... )
```

In der Variablen xCast1 steht nach dem Programmstück die Zahl 12 und in xCast2 die 9. Im ersten Fall wird das Ergebnis der Multiplikation $3.6 * 3.6$ (= 12.96) in eine ganze Zahl verwandelt. Im zweiten dagegen werden zunächst die beiden Operanden zu ganzen Zahlen gemacht, also jeweils zu 3 und dann wird multipliziert: $3 * 3$ (= 9).

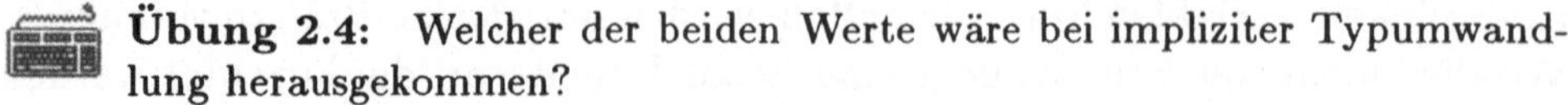 **Übung 2.4:** Welcher der beiden Werte wäre bei impliziter Typumwandlung herausgekommen?

2.2.4   Binäre Operatoren

Im Unterschied zu den meisten anderen Programmiersprachen ist es in C und C++ möglich, einzelne Bytes einer Variablen zu manipulieren. Man begibt sich dabei sehr nahe an die Maschinensprache Assembler heran. Im einzelnen gibt es die in Tabelle 2.5 aufgeführten binären Operatoren.

&	*Und*-Verknüpfung von Bits
|	*Oder*-Verknüpfung von Bits
^	Exklusive *Oder*-Verknüpfung von Bits
<<	Bit-Verschiebung nach links
>>	Bitverschiebung nach rechts
~	Bit-Komplement (Vorzeichenoperator)

Tabelle 2.5: Binäre Operatoren in C++

Vor allem die ersten drei Operatoren ähneln sehr den logischen Operatoren, die in 2.3.2 eingeführt werden. Man muß sie dennoch sehr sorgfältig unterscheiden, da sie in der Anwendung zu völlig unterschiedlichen Ergebnsissen führen.

Angenommen es wurden durch

```
short xA = 5;
short xB = 11;
```

zwei Variablen definiert und initialisiert. Die Anweisung

```
cout << "xA & xB = " << xA & xB;
```

liefert die Ausgabe:

```
xA & xB = 1
```

Um dieses auf den ersten Blick merkwürdige Ergebnis zu verstehen, muß man sich die binäre Darstellung der Variablen xA und xB vor Augen halten:

$$\mathbf{xA} \quad = 0000000000000101 \quad = \quad 1 * 2^2 + 1 * 2^0 = 5$$
$$\mathbf{xB} \quad = 0000000000001011 \quad = \quad 1 * 2^3 + 1 * 2^1 + 1 * 2^0 = 11$$

Diese beiden Werte werden bitweise *Und*-verknüpft. Genau wie später bei logischen Operatoren ergibt eine solche Verknüpfung nur dann 1, wenn beide Operanden 1 sind. In allen anderen Fällen erhält man 0. Für obige Verknüpfung bedeutet dies, daß nur an der letzten (rechtesten) Position eine 1 notiert wird. Alle anderen Positionen sind 0, also:

$$\mathbf{xA} = \quad 0000000000000101$$
$$\& \quad \mathbf{xB} = \quad 0000000000001011$$
$$\overline{}$$
$$0000000000000001 \quad = \quad 1$$

Bei der *Oder*-Verknüpfung erhält man nur dann eine 0, wenn zwei Nullen aufeinander treffen. Für unsere Variablen **xA** und **xB** heißt dies:

$$\mathbf{xA} = \quad 0000000000000101$$
$$| \quad \mathbf{xB} = \quad 0000000000001011$$
$$\overline{}$$
$$0000000000001111 \quad = \quad 15$$

Beim exklusiven *Oder* erhält man eine 1, wenn beide Operanden verschieden sind.

$$\mathbf{xA} = \quad 0000000000000101$$
$$\char`\^ \quad \mathbf{xB} = \quad 0000000000001011$$
$$\overline{}$$
$$0000000000001110 \quad = \quad 14$$

Der Bit-Komplement-Operator „kippt" alle Bits seines Argumentes. Er benötigt nur einen Operanden. Enthalte **xA** wieder den Wert 5, so liefert:

```
cout << "~|xA = " << ~xA;
```

die Ausgabe:

```
~xA = -6
```

Hierbei wird die Darstellung im sogenannten Zweier-Komplement vorausgesetzt. Sie stellt negative Zahlen so dar, daß das vorderste (am weitesten links stehende) Bit, das Vorzeichen bestimmt. Eine 1 bedeutet negative Zahl, eine 0 positive Zahl. Die Zahl, die nur Einsen enthält steht im Zweier-Komplement für den Wert -1. Addiert man hierzu eine 1, erhält man die 0. Zieht man 1 ab, wird die hinterste Stelle zu 0; alle übrigen bleiben 1. So fährt man fort und erhält bei

```
~xA = ~0000000000000101 = 1111111111111010
```

den Wert -6.

Die Operatoren `<<` und `>>` verschieben ihren linken Operanden um soviele Bitpositionen nach links bzw. rechts, wie dies der rechte Operand angibt. Beim Schieben (engl. *to shift*) nach links werden an die freiwerdenden Stellen grundsätzlich Nullen nachgeschoben. Beim Shift nach rechts unterscheidet *Borland C++* (und auch die meisten anderen Compiler), ob eine vorzeichenlose oder eine vorzeichenbehaftete Zahl verarbeitet wird. Im ersten Fall werden immer Nullen (sogenannter **logical shift**), im zweiten Fall wird das Vorzeichenbit, also das Bit an der weitesten links stehenden Position, nachgeschoben (sogenannter **arithmetic shift**).

Für das Beispiel, in dem `xA` den Wert 5 enthält, bedeutet dies:

```
xA << 2  =  0000000000010100 =  20
xA >> 2  =  0000000000000001 =   1
```

☞ Genau diese Operatoren werden auch bei der Ausgabe auf die Standardaus- bzw. beim Einlesen von der Standardeingabe benutzt. Allerdings sind dort die beiden Operatoren überladen, das heißt, man hat die in 2.5.4 erklärte Technik des Overloadings ausgenutzt.

Versuchen Sie nicht, Bitmanipulationen auf Variablen vom Typ `float` oder `double` auszuführen. Sie sind nur auf ganzzahligen Datentypen zugelassen.

☞ Ein Shift um eine Position nach links entspricht einer Multiplikation mit zwei und ein Shift nach rechts verhält sich wie eine ganzzahlige Division durch zwei.

Man kann sogar allgemein einen Shift um n Positionen nach links bzw. nach rechts mit einer Multiplikation bzw. einer ganzzahligen Division mit 2^n gleichsetzen.

Da bei Bitoperationen innerhalb der CPU keine Rechenoperationen durchgeführt werden müssen, laufen sie schneller ab und sollten deshalb in zeitkritischen Anwendungen vorgezogen werden.

In den meisten Fällen werden Bitverknüpfungen dazu benutzt, mehrere Informationen in einer Variablen abzulegen. Angenommen, man möchte den Zustand eines angeschlossenen Druckers abfragen, dann sind vielleicht folgende Informationen wichtig.

- Ist der Drucker angeschlossen?

- Ist der Drucker empfangsbereit?

- Befindet sich Papier im Drucker?

- Ist die Verbindung störungsfrei?

- Ist der Puffer im Drucker leer?

Es wäre unsinnig, für diese fünf Ja/Nein-Entscheidungen fünf einzelne Variablen einzuführen. Man benötigt nur eine einzige.

```
char cDruckerstatus = 0;
```

Möchte man zum Beispiel festhalten, daß sich Papier im Drucker befindet, kann man durch

```
cDruckerstatus = cDruckerstatus | 4;
    // (4 = 0000000000000100)
```

das entsprechende Bit setzen.

Wurde die Variable zuvor mit 0 initialisiert, hätte man natürlich auch

```
    cDruckerstatus = 4;
```

schreiben können. Allerdings geht dies eben nur, wenn noch keine Informationen enthalten sind. Möchte man jetzt jedoch angeben, daß der Drucker empfangsbereit ist, ginge durch

```
    cDruckerstatus = 2;
```

die vorhergehende Information verloren. Stattdessen sollte man

```
    cDruckerstatus = cDruckerstatus | 2;
        // (2 = 0000000000000010)
```

notieren. cDruckerstatus enthält also den Wert 6, was soviel bedeutet, daß das zweite und dritte Bit gesetzt sind, also eine 1 enthalten ($6 = 2^2 + 2^1$).

Sehr einfach kann man auch mehrere Informationen auf einmal ablegen. Die Information, daß der Drucker angeschlossen **und** der Puffer leer ist, wird durch die Zahl 17 dargestellt. Entsprechend werden durch

```
    cDruckerstatus = cDruckerstatus | 17;
        // (17 = 00000000000010001)
```

die Bits Nummer 1 und 5 gesetzt.

Löschen kann man gesetzte Bits durch die *Und*-Verknüpfung mit dem entsprechenden Komplement. Enthält der Drucker plötzlich kein Papier mehr und ist der Puffer auch nicht mehr leer, werden durch

```
    cDruckerstatus = cDruckerstatus & ~20;
        // (~20 = -21 = 1111111111101011)
```

die Bits 3 und 5 gelöscht. Alle übrigen bleiben unverändert.

Wie bei allen anderen Operatoren, kann man natürlich auch hier abkürzen. Statt

```
    cDruckerstatus = cDruckerstatus & ~20;
```

notiert der eingefleischte C++-Programmierer:

```
    cDruckerstatus &= ~20;
```

2.2.5   Rechnen mit Buchstaben und anderen Zeichen

Bei der Vorstellung der verschiedenen Datentypen wurde erklärt, daß es
in C++ keine Unterscheidung zwischen Datentypen, die nur Zahlen und
Datentypen, die beliebige Zeichen aufnehmen, gibt. Die Definition

```
char cZeichen = 65;
```

bereitet dem Compiler keinerlei Probleme. Genausogut hätte man hier

```
char cZeichen = 'A';
```

notieren können. Der Buchstabe A hat im ASCII-Code den Wert 65.
Warum soll es dann nicht möglich sein, mit `char`-Variablen so zu rechnen,
wie mit allen anderen Datentypen auch.

```
char cAlpha, cBeta;
    ( ... )
cAlpha = 'D';
cBeta = cAlpha + 32;
cout << "Alpha = " << cAlpha << "\tcBeta = " << cBeta;
    ( ... )
```

Das Programm gibt aus:

```
cAlpha = D       cBeta = d
```

Die Differenz zwischen dem großen und dem kleinen d beträgt demnach 32.
Sucht man das kleine d in der ASCII-Tabelle findet man es dort tatsächlich
unter der Nummer 100. Man kann auch direkt zwei Zeichen miteinander
verknüpfen.

```
cAlpha = '(' + '0';
```

Hier erhält `cAlpha` den Wert 88, weil die öffnende Klammer im ASCII-
Code die Nummer 40 und das Zeichen 0 die Nummer 48 besitzt. Beachten
Sie bitte auch hier den Unterschied zwischen dem Zeichen für eine Ziffer
und der zugehörigen Zahl. So ist

```
    cAlpha = 4 + 5;
```

völlig verschieden von:

```
    cAlpha = '4' + '5';
```

Im ersten Fall werden die Zahlenwerte 4 und 5 addiert, so daß `cAlpha` den Wert 9 erhält. Im zweiten Fall werden die ASCII-Werte der Zeichen 4 und 5, also die 52 und 53 addiert. Als Ausgabe erhielte man im ersten Fall einen Tabulatorsprung (`\t`) und im zweiten Fall ein kleines k.

Hilfreich ist es, zu wissen, daß die Differenz zwischen einem Klein- und einem Großbuchstaben immer konstant 32 beträgt. Auf Rechnern, denen der ASCII-Code zugrunde liegt, kann diese Tatsache, durch eine Konstantendefinition der Form

```
    const char cDIFF_GROSS_KLEIN = 32;
```

berücksichtigt werden. Falls ein Programm jedoch auch auf Rechnern laufen soll, die keinen ASCII-Code benutzen, sollte man besser

```
    const char cDIFF_GROSS_KLEIN = ('a'-'A');
```

definieren. So ist es gleichgültig, wie weit große und kleine Buchstaben auseinander liegen. Sie müssen lediglich alle aufeinander folgen. Das aber ist bei allen heutzutage verwendeten Zeichencodes der Fall.

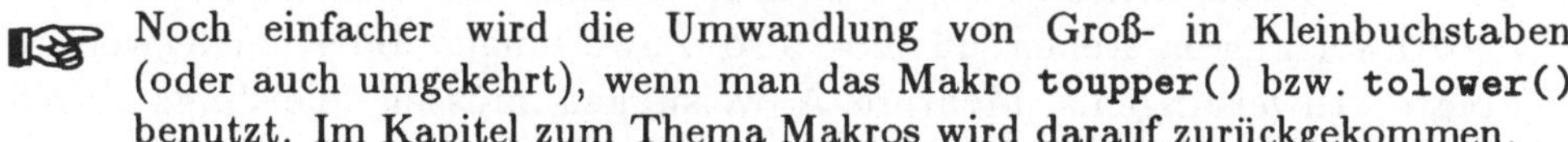 Noch einfacher wird die Umwandlung von Groß- in Kleinbuchstaben (oder auch umgekehrt), wenn man das Makro `toupper()` bzw. `tolower()` benutzt. Im Kapitel zum Thema Makros wird darauf zurückgekommen.

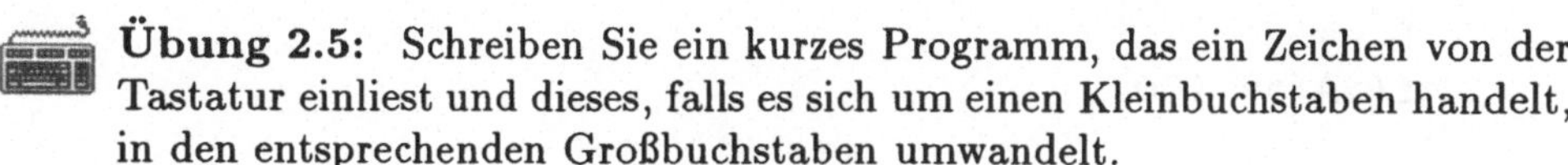 **Übung 2.5:** Schreiben Sie ein kurzes Programm, das ein Zeichen von der Tastatur einliest und dieses, falls es sich um einen Kleinbuchstaben handelt, in den entsprechenden Großbuchstaben umwandelt.

2.3 Kontrollstrukturen

In diesem Kapitel wird zum letzten Mal das Tischrechner-Programm von Seite 60 bemüht. Es wird erklärt, wie man in C++ eine oder mehere Anweisungen unter bestimmten Bedingungen ausführt und wie man es anstellt, daß ein Block mehrfach durchlaufen wird.

2.3.1 Einfache Bedingungen mit if-else

In den Zeilen 21 und 22 des Tischrechner-Programms heißt es:

```
if(cOp == '+')
    iErg = iA + iB;
```

Es handelt sich um die erste **bedingte Anweisung**. Die Zuweisung

```
iErg = iA + iB;
```

wird nur dann ausgeführt, wenn die vorstehende Bedingung erfüllt ist. Eine
solche Bedingung wird eingeleitet durch das Schlüsselwort `if` gefolgt von
einem Ausdruck, der in runde Klammern eingefaßt ist. Welche Arten von
Ausdrücken im Inneren der Klammern möglich sind, ist das Thema des
nächsten Unterkapitels. Zunächst muß man nur wissen, daß (`cOp == '+'`)
prüft, ob in der Variablen `cOp` das Zeichen `+` enthalten ist. Das ist genau
dann der Fall, wenn es der Benutzer über `>>` und `cin` eingegeben hat.

Formal wird die `if`-Konstruktion folgendermaßen beschrieben.

```
if(<Ausdruck>)
    <Anweisung>*
```

Die Schreibweise *<Anweisung>** bedeutet, daß hier eine oder mehrere
C++-Anweisungen stehen dürfen, also Zuweisungen oder auch weitere
bedingte Anweisungen. Mehrere Anweisungen müssen allerdings durch
geschweifte Klammern (`{...}`) zu einem **Block** zusammengefaßt werden.
Die Bedingung

```
if(iA == 100)
{
    cout << "Die Variable iA ";
    cout << "enthält den Wert 100.\n";
}
```

gibt den Text

```
Die Variable iA enthält den Wert 100.
```

nur dann aus, wenn `iA` tatsächlich 100 beträgt. Anders verhält es sich bei:

```
if(iA == 100)
        cout << "Die Variable iA ";
        cout << "enthält den Wert 100.\n";
```

Die Einrückung macht zwar deutlich, was passieren soll. Es wird aber in jedem Fall

```
enthält den Wert 100.
```

ausgegeben, völlig unabhängig vom Inhalt von `iA`.

☞ Wie immer dient die Einrückung nur der Optik. Sie hat keine Bedeutung für den Programmtext. Man kann obige Konstruktionen durchaus in eine einzige Zeile schreiben.

☞ Hinter der schließenden, runden Klammer einer `if`-Konstruktion steht in der Regel **kein Semikolon**. Allerdings wird eine Konstruktion wie

```
if(iZ == 0);
        cout << "Untergrenze erreicht\n";
```

keine Warnung oder Fehlermeldung des Compiler hervorrufen. Das einzelne Semikolon wird als sogenannte **leere Anweisung** betrachtet. Man kann sich eine Anweisung vorstellen, die nichts tut. Falls also `iZ` den Wert 0 enthält wird nichts getan. In jedem Fall wird die nachfolgende Zeile ausgeführt, also **Untergrenze erreicht** ausgegeben.

Die bisher gezeigt Form der Bedingung ist noch recht einseitig. Es wird nur etwas getan, wenn die Bedingung erfüllt ist. Man kann nun natürlich eine weitere Bedingung aufstellen, die das genaue Gegenteil beschreibt. Einfacher und vor allem übersichtlicher ist es mit einer Erweiterung der `if`-Konstruktion zu einer `if-else`-Konstruktion. Sie hat folgende, formale Gestalt:

```
if(<Ausdruck>)
        <Anweisung>*
else
        <Anweisung>*
```

Trifft die Bedingung zu, wird die Anweisung(-sfolge) vor dem neuen Schlüsselwort `else` ausgeführt. Ist sie nicht erfüllt, durchläuft das Programm die Anweisungs(-folge) nach `else`. Ein Beispiel:

```
if(iA == 100)
        cout << "Die Variable iA enthält den Wert 100.\n";
else
        cout << "iA ist nicht gleich 100.\n";
```

☞ Da hier nur jeweils eine Anweisung von der Bedingung abhängt, muß diese nicht durch geschweifte Klammern eingefaßt werden. Es schadet jedoch nicht (und manchem Programmierer ist es sogar lieber), wenn man dennoch klammert. Man benötigt im übrigen für die Klammern nicht jeweils eine neue Zeile.

```
if(iA == 100){
        cout << "Die Variable iA enthält den Wert 100.\n";
}
else{
        cout << "iA ist nicht gleich 100.\n";
}
```

2.3.2 Vergleichende und logische Operatoren

Im gerade beendeten Unterkapitel wurde der bedingte Ausdruck innerhalb der runden Klammern einer `if`- bzw. `if-else`-Konstruktion nicht weiter behandelt. An dieser Position kann im Prinzip jeder C++-Ausdruck stehen, der einen Wert liefert. Dazu muß man wissen, daß eine Zuweisung der Form

```
iA = 5;
```

als Ganzes einen Wert besitzt und zwar 5. Nur deshalb ist eine zusammengesetzte Zuweisung wie

```
iB = iA = 5;
```

überhaupt möglich. Die Variable `iB` erhält also nicht den Wert von `iA` sondern den Wert des gesamten Ausdrucks `iA = 5`. Wann ist ein solcher Ausdruck wahr? Die Antwort ist leicht. In C++ ist jeder Ausdruck wahr der nicht 0 ist. Eine bedingte Anweisung wie zum Beispiel

```
if(iA = 5)
    cout << "Sinnlose Bedingung\n";
```

ist für C++ immer wahr, weil sich am Wert der Zuweisung niemals etwas ändern wird.

In der Regel wird im Inneren der runden Klammern eine echte Bedingung stehen. Leider besteht hier beim Test auf Gleichheit eine gewisse Verwechslungsgefahr. In Zeile 21 des Tischrechner-Programms heißt es:

```
if(cOp == '+')
```

Hier findet keine doppelte Zuweisung statt. Das doppelte Gleichheitszeichen (==) ist ein neuer sogenannter **Vergleichsoperator**. Auch er bildet zusammen mit den Operanden auf seiner linken und rechten Seite einen Ausdruck mit einem Wert. Der Wert ist eins, wenn die Bedingung erfüllt ist und 0 sonst. C++ kennt alle Vergleichsoperatoren, die auch in anderen Programmiersprachen verwendet werden. Tabelle 2.6 zeigt eine Übesicht. Zu beachten ist der Test auf Ungleichheit, der in C++ durch das Zeichen != vorgenommen wird.

==	gleich
<	kleiner
>	kleiner oder gleich
<=	kleiner oder gleich
>=	größer oder gleich
!=	nicht gleich (ungleich)

Tabelle 2.6: Vergleichsoperatoren in C++

Möchte man beispielsweise prüfen, ob eine Variable größer ist als eine andere, schreibt man:

```
if(iA > iB)
    cout << "iA ist größer als iB\n";
else
    cout << "iA ist kleiner oder gleich iB\n";
```

Bei bestimmten Vergleichen ist eine gewisse Vorsicht geboten. Im folgenden
Programm ist die Zeile 13

```
    else;
```

unbedingt nötig. Würde sie fehlen, bezöge der Compiler die Zeilen 14 und
15 auf das zweite, innere `if` in Zeile 11. Negative Zahlen als Eingabe
würden keine Ausgabe nach sich ziehen. Die positive 3, würde die Ausgabe

```
    3 ist nicht positiv.
```

folgen lassen.

```
 1 #include <iostream.h>
 2
 3 main()
 4 {
 5     short iN;
 6
 7     cout << "\t Bitte geben Sie eine ganze Zahl ein: ";
 8     cin >> iN;
 9
10     if(iN > 0)
11         if(iN % 2 == 0)
12             cout << '\t' << "iN" << " ist positiv und gerade.\n";
13         else ;    // Auf diese Zeile kommt es an!
14     else
15         cout << '\t' << iN << " ist negativ.\n";
16
17 }    // Ende von main()
```

Programm 2.3: Sinnvolle leere Anweisung in einer `if-else`-Konstruktion

 **Übung 2.6:**   Versuchen Sie, auf die leere Anweisung hinter dem inneren
`else` in Programm 2.3 zu verzichten, indem Sie an bestimmten Stellen
geschweifte Klammern setzen.

Auch im `else`-Teil sind weitere bedingte Anweisungen möglich. Hierbei hat
es sich eingebürgert anstelle von

```
        ( ... )
else
    if( ...
```

den folgenden Ausdruck

```
        ( ... )
else if( ...
```

zu schreiben. Wo man Blanks oder Zeilenumbrüche setzt, ist wie immer gleichgültig.

Neben der Problematik, zu einem `if` ein zugehöriges `else` zu finden, zeigt das Programm 2.3 eine ziemlich umständliche Möglichkeit, mehrere Bedingungen zusammenzufassen. Die Ausgabe in Zeile 12 findet statt, wenn die Variable `iN` größer als 0 ist **und** sich ohne Rest durch zwei teilen läßt. Diese Kombination von Bedingungen läßt sich mit Hilfe von **logischen Operatoren** kürzer und vor allem verständlicher schreiben. Anstelle der zwei Bedingungen schreibt man nur noch die eine.

```
if((iN > 0) && (iN % 2 == 0))
```

Der Operator `&&` verknüpft den Ausdruck auf der linken Seite mit dem auf der rechten. Er ist wahr, liefert also einen von 0 verschiedenen Wert (in der Regel 1), wenn beide Ausdrücke wahr sind. In allen anderen Fällen ist das Ergebnis 0.

☞ Die inneren runden Klammern sind nicht unbedingt notwendig, werden hier und auch im folgenden der Deutlichkeit halber angegeben.

Man nennt die logischen Operatoren auch **Boolesche Operatoren**, nach dem Engländer George Boole, der im vorigen Jahrhundert die Boolesche Algebra erfand. Neben dem logischen *Und* kennt C++ zwei weitere Operatoren, das logische *Oder* (||) und die Verneinung einer Bedingung(!). Letzterer benötigt nur einen Operanden. Das Ergebnis einer Verneinung ist wahr, wenn der ursprüngliche Ausdruck falsch wahr, und umgekehrt.

Sehr anschaulich lassen sich die Ergebnisse der logischen Operatoren durch sogenannte Wahrheitstafeln darstellen. Dort steht eine 0 für falsch und eine 1 für wahr. In Abbildung 2.3 liefert die Verknüfung einer 0 und einer 1 durch den Operator || das Ergebnis 1.

☞ Man beachte den Unterscheid zwischen den logischen Operatoren `&&` bzw. || und den binären Operatoren `&` und | aus 2.2.4. Der Ausdruck

&&	logisches *Und*
||	logisches *Oder*
!	logisches *Nicht* (Verneinung)

Tabelle 2.7: Logische (Boolesche) Operatoren in C++

Abbildung 2.3: „Wahrheitstafeln" zur Beschreibung logischer Operatoren

```
iA = iA & 4;
```

ist genauso gültig wie:

```
iA = iA && 4;
```

Beide weisen jedoch völlig unterschiedliche Werte zu.

Übung 2.7:   Versuchen Sie zum Einüben der bedingten Anweisung und der logischen Operatoren ein kurzes Programm zu schreiben, das testet, ob ein eingegebenes Zeichen ein Klein- oder ein Großbuchstabe ist.

2.3.3   Mehrfachauswahlen mit switch()

... oder auch Tischrechner, die letzte. Dort nämlich werden fünf bedingte Anweisungen benötigt, um eine Operation durchzuführen. Jede Bedingung fragt die Variable cOp ab. Es gibt in C++ zum Gluck eine Konstruktion, die einem solche, sich ständig wiederholenden Abfragen erspart. Mit Hilfe der **switch()**-Konstruktion (schalten engl. *to switch*) wird das Programm zwar kaum kürzer aber doch um einiges übersichtlicher. Die formale Beschreibung lautet:

```
switch(<ganzzahliger Ausdruck>)
{
    case <Konstante>: <Anweisung>*
    case <Konstante>: <Anweisung>*

        ( ... )

    case <Konstante>: <Anweisung>*
    [ default: <Anweisung>* ]
}
```

☞ Die switch()-Konstruktion ist die einzige, in der mehrere Anweisungen **nicht** durch geschweifte Klammern zu einem Block zusammengefaßt werden müssen.

☞ Die eckigen Klammern um die default-Marke sollen andeuten, daß dieser Teil optional ist, also weggelassen werden kann.

Der Ausdruck innerhalb der runden Klammern nach dem neuen Schlüsselwort switch muß ganzzahlig sein, also vom Typ char, short, int oder long. Stimmt der Wert des Ausdrucks mit einer der sogenannten **case-Marken** im Inneren der geschweiften Klammern überein, springt das Programm zu dieser Stelle.

Falls der Benutzer im Beispiel ein *-Zeichen eingegeben hat, wird zur Zeile 27 gesprungen, und es werden **alle nachfolgenden** Anweisungen ausgeführt. Stimmt keine der case-Marken mit dem Ausdruck überein, wird (falls vorhanden) zur sogenannten **default-Marke** gesprungen. Falls keines der fünf Operator-Zeichen eingeben wurde, wird der Benutzer an dieser Stelle auf seine falsche Eingabe aufmerksam gemacht.

Neu ist hierbei der Ausgabestrom cerr. Bekannt sind bereits cin als Bezeichnung für die Standardein- und cout für die Standardausgabe. Wenn Sie sich in *DOS* ein wenig auskennen, haben Sie vielleicht schon einmal von der Möglichkeit Gebrauch gemacht, die Ausgabe eines Kommandos in eine Datei umzuleiten. In den meisten Fällen wird es nicht erwünscht sein, daß auch Fehlermeldungen in einer solchen Datei erscheinen. Deshalb gibt es eine zusätzliche logische Ausgabeeinheit, die **Standardfehlerausgabe**, die mit *stderr* abgekürzt wird. Auch sie ist normalerweise genau wie *stdout* mit dem Bildschirm verbunden.

Da professionelle Programme Fehlermeldungen immer nach stderr schreiben, soll dies auch bei unseren kleinen Beispielprogrammen so gehandhabt werden.

```
 1 #include <iostream.h>
 2
 3 main()
 4 {
 5      int iA, iB, iErg = 0;
 6      char cOp;
 7
 8      cout << "\n\tErste Zahl: ";
 9      cin >> iA;
10      cout << "\tZweite Zahl: ";
11      cin >> iB;
12      cout << "\tDrücken Sie bitte:\n";
13      cout << "\t\t\t+, um die Zahlen zu addieren\n";
14      cout << "\t\t\t-, um die Zahlen zu subtrahieren\n";
15      cout << "\t\t\t*, um die Zahlen zu multiplizieren\n";
16      cout << "\t\t\t/, um die Zahlen zu dividieren\n";
17      cout << "\t\t\t%, um den Rest der Division zu berechnen\n\n";
18      cout << "\tIhre Wahl: ";
19      cin >> cOp;
20
21      switch(cOp)
22      {
23          case '+': iErg = iA + iB;
24                    break;
25          case '-': iErg = iA - iB;
26                    break;
27          case '*': iErg = iA * iB;
28                    break;
29          case '/': iErg = iA / iB;
30                    break;
31          case '%': iErg = iA % iB;
32                    break;
33          default:  cerr << "\tFehlerhafte Eingabe!\n";
34      }    // Ende von switch()
35
36      cout << "\n\tErgebnis: " << iErg;
37 }    // Ende von main()
```

Programm 2.4: Zweite Version des Tischrechner-Programms

Kommen wir zurück zur `switch()`-Konstruktion. Sie unterscheidet sich von ähnlichen Anweisungen in anderen Programmiersprachen. Gewünscht ist in der Regel, daß nur die Anweisungen hinter einer Marke ausgeführt werden und nicht alle Anweisungen, die hinter weiter unten stehenden `case`-Marken folgen. In unserem Beispiel wird dies dadurch erreicht, daß am Ende jeder Anweisung einer `case`-Marke ein `break;` steht. Dieses weitere neue Schlüsselwort sorgt dafür, daß die gesamte `switch()`-Konstruktion sofort verlassen wird und das Programm hinter der schließenden geschweiften Klammer in Zeile 33 fortgesetzt wird. Würden die `break`-Anweisungen fehlen, würde immer **Fehlerhafte Eingabe** ausgegeben, weil eben immer

alle Anweisungen nach einer **case**-Marke ausgeführt werden. Nehmen wir zur Verdeutlichung des Sachverhalts das Beispiel aus Programm 2.5.

```
 1 #include <iostream.h>
 2
 3 main()
 4 {
 5       int iK;
 6
 7       cout << "\t Eine ganze Zahl bitte: ";
 8       cin >> iK;
 9
10       cout << "\t " << iK << " ist ...\n";
11       switch(iK)
12       {
13             case 9: cout << "\t größer als 8\n";
14             case 8: cout << "\t größer als 7\n";
15             case 7: cout << "\t größer als 6\n";
16             case 6: cout << "\t größer als 5\n";
17             case 5: cout << "\t größer als 4\n";
18             case 4: cout << "\t größer als 3\n";
19             case 3: cout << "\t größer als 2\n";
20             case 2: cout << "\t größer als 1\n";
21             case 1: cout << "\t größer als 0\n";
22             default: cout << "\t Das war's!\n";
23       }    // Ende von switch()
24 }    // Ende von main()
```

Programm 2.5: Eine **switch()**-Konstruktion ohne **break**

Gibt man 5 ein, schreibt das Programm auf den Bildschirm:

```
    5 ist ...
  größer als 4
  größer als 3
  größer als 2
  größer als 1
  größer als 0
  Das war's!
```

Nachdem die Marke **case 5:** angesprungen wurde, wird alles ausgeführt, was folgt. Dazu gehört auch die **default**-Marke.

☞ Beachten Sie bitte, daß immer zur nächsten „passenden" **case**-Marke verzweigt wird. Aus diesem Grund macht es keinen Sinn, die **default**-Marke nicht als allerletzte zu setzen. Dann nämlich, sind alle **case**-Marken hinter dem **default** überflüssig, weil sie entweder nie erreicht werden (falls am Ende des **default** ein **break** steht) oder weil sie in jedem Fall durchlaufen werden.

2.3.4   Die for()-Schleife

Neben dem bedingten Abarbeiten von Anweisungen, sind Schleifen aus höheren Programmiersprachen nicht wegzudenken. Es gibt in C++ drei verschieden Schleifenarten, die zwar alle untereinander austauschbar sind, dennoch jede für sich gewisse Vorteile hat. Welche der drei Schleifen bevorzugt verwendet wird, hängt allerdings auch sehr stark vom persönlichen Geschmack ab. Die erste in der Reihe ist die **for()**-Schleife. Hierbei wird solange eine Anweisung oder ein Block mit mehreren Anweisungen durchlaufen, bis ein bestimmter Ausdruck falsch ist. Die formale Sytax lautet:

> **for(***<Ausdruck1>***; ***<Ausdruck2>***; ***<Ausdruck3>***)**
>   *<Anweisung>******

Die drei Ausdrücke haben folgende Bedeutung:

- *Ausdruck1* initialisiert die Schleifenvariable, das heißt hier wird ein Startwert festgelegt, mit dem die Schleife begonnen wird.

- *Ausdruck2* besteht meistens aus einem vergleichenden Ausdruck. Er bestimmt, wann die Schleife abgebrochen wird. Sie wird solange durchlaufen, wie *Ausdruck2* wahr ist.

- *Ausdruck3* verändert in der Regel die Schleifenvariable.

Jeder der drei Ausdrücke kann weggelassen werden. Dann entstehen sogenannte „entartete" **for()**-Schleifen. Als *Ausdruck* ist wieder jede C++-Konstruktion zugelassen. Einzige Forderung an *Ausdruck2* ist es, daß er einen Wert liefern muß. Ist dieser 0 wird die Schleife verlassen, anderenfalls erfolgt ein weiterer Durchgang.

Bevor auf Sonderfälle eingegangen wird, folgt zunächst ein „normales" Beispiel:

Das Programm 2.6 ermittelt alle Primzahlen, die sich zwischen 1 und einschließlich der Konstanten **1OBERGRENZE** befinden.

☞ Primzahlen, sind alle die Zahlen, die sich ohne Rest ganzzahlig nur durch 1 und sich selbst teilen lassen, also zum Beispiel 3, 5 oder auch 37. Die kleinste Primzahl ist die 1.

```
 1 #include <iostream.h>
 2 #include <math.h>
 3
 4 main()
 5 {     // Programm zur Primzahlenberechnung
 6       // Es werden alle Primzahlen zwischen 1 und lOBERGRENZE ermittelt.
 7
 8       const long lOBERGRENZE = 100;
 9
10       for(long lKandidat = 1; lKandidat <= lOBERGRENZE; lKandidat++)
11       {
12             char cPrim = 1;
13             for(int lJ = 2; lJ <= (long)sqrt((double)lKandidat)+1; lJ++)
14             {                     // sqrt berechnet die Quadratwurzel.
15                   if(lKandidat % lJ == 0)
16                         cPrim = 0;
17             }
18             if(cPrim)             // Abkürzung für if(cPrim == 1)
19                   cout << '\t' << lKandidat << " ist eine Primzahl.\n";
20       }     // Ende von for()
21 }     // Ende von main()
```

Programm 2.6: Ermitteln aller Primzahlen zwischen 1 und lOBERGRENZE

Falls Sie die Leistungsfähigkeit Ihres Rechners testen wollen, sollten Sie
lOBERGRENZE vergrößern. Bei Werten über 100000 muß man schon eine
ganze Weile warten.

Sehen wir uns die for()-Schleife ab Zeile 10 näher an. Es sind alle drei
Ausdrücke vorhanden.

- *Ausdruck1*: long iKandidat = 1 definiert und initialisiert eine neue
  Variable vom Typ long. Dies ist die sogenannte Schleifenvariable, die
  den Ablauf der Schleife steuert.

- *Ausdruck2*: lKandidat <= lOBERGRENZE prüft, wann die Schleife beendet ist. Solange lKandidat kleiner oder gleich der Konstanten
  lOBERGRENZE ist, wird das Innere, der sogenannte **Schleifenrumpf**
  durchlaufen.

- *Ausdruck3*: lKandidat++ erhöht, nachdem der Schleifenrumpf durchlaufen wurde, die Schleifenvariable.

Beim Verändern der Schleifenvariablen im *Ausdruck3* einer for()-Schleife
spielt es keine Rolle ob der Operator ++ bzw. -- vor oder hinter der
Schleifenvariablen steht. Die Anweisung wird immer **nach** dem Durchlaufen
des Schleifenrumpfes ausgeführt.

Im Inneren der `for()`-Schleife wird eine weitere Variable namens `cPrim`
definiert. Hier wird erstmals von der Möglichkeit Gebrauch gemacht, in
einem Block zusätzliche lokale Variablen zu definieren. Die Variable `cPrim`
ist außerhalb dieses Blocks nicht bekannt. Danach beginnt eine weitere
`for()`-Schleife. Die Schleifenvariable heißt hier `1J`. Sie wird beendet,
wenn `1J` die Quadratwurzel von `1Kandidat` erreicht hat ($\lfloor\sqrt{\texttt{1Kandidat}}\rfloor$ +
1). Beim Test, ob eine Zahl eine Primzahl ist, kann an dieser Stelle
aufgehört werden, weil nach der Quadratwurzel einer Zahl kein ganzzahliger
Teiler mehr folgen kann. Die explizite Typumwandlung findet nur zur
Verdeutlichung statt. Die **Funktion** `sqrt()` gehört zum Lieferumfang eines
jeden C++-Compilers. Sie benötigt ein Argument vom Typ `double` und
liefert auch einen `double`-Wert zurück. Definiert wird sie in der **Bibliothek**
`math.h`, so daß man sich zum Glück keine weiteren Gedanken um ihre
Realisierung machen muß.

Die innere `for()`-Schleife testet alle Werte zwischen 2 und der Quadratwurzel, dahingehend, ob sie bei einer Division von `1Kandidat` durch sie,
einen Rest ergeben. Falls bei einer der Divisionen kein Rest bleibt, gibt es
einen ganzzahligen Teiler und `1Kandidat` kann keine Primzahl sein.

☞ Der hier benutzte Alghoritmus ist eine vereinfachte Form des *Sieb des
Eratosthenes*. Dort werden die Primzahlen in einem Feld abgelegt.

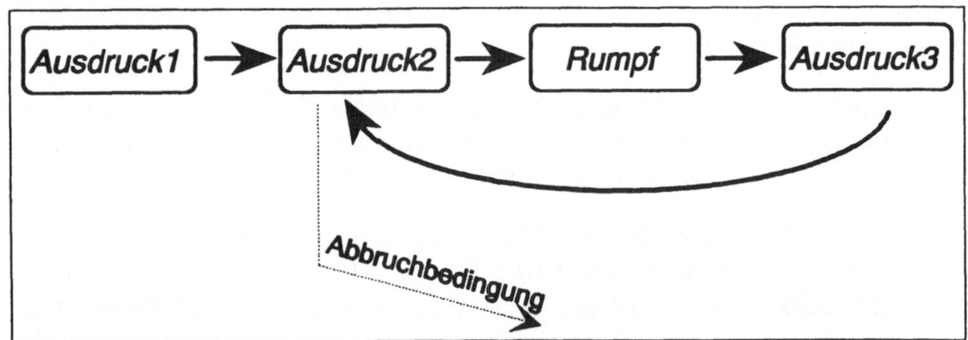

Abbildung 2.4: Schematischer Programmablauf in einer `for()`-Schleife

Wie bereits erwähnt wurde, kann jeder der drei Ausdrücke weggelassen
werden. Oft enthält eine Schleifenvariable bereits ihren Startwert. Angenommen, im Programm 2.6 wäre `1Kandidat` im obersten Block (`main()`)
bereits mit 1 initialisiert worden. Der Schleifenkopf in Zeile 10 reduzierte
sich dann auf:

```
for(; lKandidat <= lOBERGRENZE; lKandidat++)
```

Weitere Beispiele werden bei einer eingehenden Vorstellung der **break**-Anweisung vorgestellt. Merken sollte man sich bereits jetzt, daß die Semikolons im Inneren des `for()`-Schleifenkopfes auf keinen Fall fehlen dürfen.

Es gibt allerdings auch den umgekehrten Fall, daß mehr als drei Anweisungen im Schleifenkopf stattfinden sollen. Bei der Sortierung ganzer Felder von Variablen ist es unter Umständen nötig, zwei Laufvariablen zu kontrollieren. Eine zählt von 1 aufwärts und die andere von einer Obergrenze abwärts. „Treffen" sich beide Variablen, soll die Schleife abbrechen. Man könnte das Problem sicherlich auch anders lösen, eleganter und übersichtlicher ist jedoch folgendes:

```
for(int iI = 0,int iJ = iOBERGRENZE; iI <= iJ; iI++,iJ--)
     ( ... )
```

Auch hier gibt es drei Ausdrücke. Davon sind allerdings zwei zusammengesetzt und durch ein Komma zusammengefaßt. Sie werden syntaktisch wie eine Anweisung behandelt.

- *Ausdruck1*: `int iI = 0,int iJ = iOBERGRENZE` (Initialisierung)

- *Ausdruck2*: `iI <= iJ` (Abbruchbedingung)

- *Ausdruck3*: `iI++,iJ--` (Verändern der Schleifenvariablen)

Beim Verändern der Schleifenvariable muß diese nicht immer um 1 erhöht oder vermindert werden. Möchte man beispielsweise in hunderter Schritten von 0 bis 1 Millionen zählen notiert man:

```
for(int lN = 0; lN < 1000000; lN += 100)
     ( ... )
```

 **Übung 2.8:** Auch wenn heutzutage bereits jeder Taschenrechner multiplizieren kann, tun wir einmal so, als könne unser Rechner nur addieren. Die Aufgabe besteht darin, ein Programm zu entwickeln, das zwei positive ganze Zahlen multipliziert, indem mehrfach addiert wird. Bekanntlich ist $3 * 4 = 4 + 4 + 4 = 12$.

In einem zweiten Schritt soll das Programm dahingehend erweitert werden, daß auch negative Zahlen verarbeitet werden können. Aber Achtung, eine Multiplikation mit -1 ist nicht erlaubt!

 **Übung 2.9:** Mit einer `for()`-Schleife läßt sich sehr gut ein Programm schreiben, das den ASCII-Code tabellarisch ausgibt. Versuchen Sie, Zeichen und zugehörigen Code so nebeneinander zu setzten, daß fünf solcher Paare in eine Zeile passen.

2.3.5 Die while()-Schleifen

Die `for()`-Schleife ist von ihrem Charakter eher eine **Zählschleife**, weil in der Regel von einem Startwert bis zu einem Endwert gezählt wird. Anders ist es bei `while()`-Schleifen. Hier ist die Abbruchbedingung meistens ein Ereignis, das Lesen eines Dateiendes beispielsweise. Die Schleife läuft **solange wie** die Abbruchbedingung erfüllt ist. Die formale Syntax der ersten Form lautet:

```
while(<Ausdruck>)
    <Anweisung>*
```

Als Beispiel folgt Programm 2.7, das den Mittelwert beliebig vieler, vom Benutzer einzugebender Zahlen berechnet.

Die Abbruchbedingung ist ein Ausdruck wie er auch oft bei `if-else`-Konstruktionen anzutreffen ist. Es wird in der Regel eine Vergleichs-operation eventuell in Verbindung mit einem (oder mehreren) logischen Operatoren sein. So ist es auch in obigem Beispiel. Die `while()`-Schleife läuft solange wie die Variable `fEingabe` von 0 verschieden ist. Allerdings ist die Schleife im Programm wohl einfacher zu begreifen, als die merkwürdige Konstruktion aus Einlesen, Aufsummieren und Ausgeben.

Zunächst muß dafür gesorgt werden, daß die Schleife überhaupt begonnen wird. Aus diesem Grund wird die Variable `fEingabe` mit 1 initialisiert. Hier hätte man auch jeden anderen, von 0 verschiedenen Wert nehmen können. Er wird in der `while()`-Schleife sowieso direkt überschrieben durch das Einlesen von der Tastatur in Zeile 12. Die eingelesene Zahl wird in der darauffolgenden Zeile aufsummiert. Die explizite Typumwandlung wurde wieder einmal nur der Deutlichkeit halber vorgenommen. Man mag sich fragen, warum `dSum` überhaupt als `double`-Variable gewählt wurde.

Beim Aufsummieren von `float`-Variablen kann es passieren, daß der gültige Zahlenbereich überschritten wird. Außerdem sollen so wenig wie möglich

```
 1 #include <iostream.h>
 2
 3 main()
 4 {
 5     float fEingabe = 1.0;     // damit die Schleife begonnen wird
 6     double dSum = 0.0;
 7     unsigned short xI = 0;
 8
 9     while(fEingabe != 0.0)
10     {
11         cout << '\t' << ++xI << ". Zahl: ";
12         cin >> fEingabe;
13         dSum += (double)fEingabe;
14     }
15
16     cout << "\n\tMittelwert: ";
17
18     if(xI > 1)
19         cout << dSum/(double)(xI-1);
20             // xI muss um 1 vermindert werden, da sonst der
21             // Mittelwert von einer Zahl zuviel berechnet wird.
22     else cout << 0;
23 }    // Ende vom main()
```

Programm 2.7: Mittelwertberechnung mit einer `while()`-Schleife

Verluste durch Rundungen der Nachkommastellen auftreten. Die Schleife wird, wie schon erwähnt, verlassen, wenn man eine 0 eingegeben hat.

☞ Die Schreibweise 0.0 in Zeile 9 soll nur noch einmal deutlich machen, daß `fEingabe` eine Gleitkommazahl ist.

Nach der Textausgabe `Mittelwert` in Zeile 16 gilt es aufzupassen. Innerhalb der Schleife wurde nämlich eine Variable `xI` hochgezählt. Sie diente zunächst nur dazu, dem Benutzer mitzuteilen, die wievielte Zahl er gerade eingibt. Jetzt wird sie dazu benutzt, um die aufsummierten Zahlen durch ihre Anzahl zu dividieren. Als letzte Zahl hat der Benutzer jedoch auf jeden Fall eine 0 eingegeben. Diese gehört nicht zur Mittelwertberechnung, sondern dient nur als Abbruchkriterium. Sie wurde aber in `xI` noch mitgezählt. Wenn der Benutzer beispielsweise die Folge

    3   4   6   2   0

eingegeben hat, soll der Mittelwert von vier und nicht von fünf Zahlen berechnet werden. In `xI` steht jedoch eine 5. Daher wird die Summe `dSum` in Zeile 19 durch `xI-1` dividiert. Man beachte, daß die Rechnung innerhalb der Ausgabe stattfindet.

Die Rechnung bereitet Probleme, wenn direkt bei der ersten Eingabeaufforderung eine 0 eingegeben wurde, weil dann in `xI` eine 1 und in `xI-1` folglich eine 0 steht. Eine Division durch 0 ist aber auch in C++ verboten und führt zum vorzeitigen Programmabbruch. Die Division wird deshalb nur dann ausgeführt, wenn `xI` echt größer als 1 ist. Der andere Fall meint implizit, daß als allererste Zahl eine 0 eingegeben wurde. Dann ist auch der Mittelwert 0.

Die `while()`-Schleife in obiger Form wird oft als **kopfgesteuerte** Schleife bezeichnet, weil die Abbruchbedingung zu Beginn, also im Kopf der Schleife steht. Das Gegenstück, die **fußgesteuerte** Schleife besitzt die Abbruchbedingung an ihrem Ende. Sie wird `do-while()`-Schleife genannt. Das neue Schlüsselwort `do` kennzeichnet lediglich den Anfang der Schleife. Formal sieht sie folgendermaßen aus:

```
do
     <Anweisung>*
while(<Ausdruck>);
```

Ganz besonders hervorzuheben ist das Semikolon (`;`) am Ende der Schleife. Dies ist die einzige Ausnahme von der Faustregel, daß Kontrollstrukturen kein Semikolon erhalten. Es ist am einfachsten, sich die Faustregel einzuprägen und die eine Ausnahme zu merken.

Die `do-while()`-Schleife wird vor allem dann angewendet, wenn eine Schleife mindestens einmal durchlaufen werden soll. Im Programm 2.7 erspart man sich dadurch die relativ nutzlose Initialisierung der Variablen `fEingabe`. Der Rest ist nahezu unverändert.

An diesem Beispiel sieht man auch, wie leicht Schleifenkonstruktionen ausgetauscht werden können. Um die Sache vollständig zu machen, folgt in Programm 2.9 die gleiche Konstruktion mit einer `for()`-Schleife.

Der Startwert für `xI` wird hier in der `for()`-Schleife festgelegt. Die Variable darf nicht lokal in der Schleife definiert werden, weil sie nach der Schleife noch zur Berechnung des Mittelwertes benötigt wird. Die Abbruchbedingung hat hier nichts mit der Schleifenvariablen zu tun. Dies ist der Grund, warum die `for()`-Schleife für einen erfahrenen C-Programmierer etwas „unschön" aussieht. Das Verändern der Schleifenvariablen wurde aus dem Kopf herausgelassen. Es findet jetzt an derselben Stelle wie in Programm 2.7 und Programm 2.8 statt.

```
 1 #include <iostream.h>
 2
 3 main()
 4 {
 5     float fEingabe;      // KEINE Initialisierung nötig!
 6     double dSum = 0.0;
 7     unsigned short xI = 0;
 8
 9     do{
10         cout << '\t' << ++xI << ". Zahl: ";
11         cin >> fEingabe;
12         dSum += (double)fEingabe;
13     }while(fEingabe != 0.0);        // SEMIKOLON nicht vergessen!
14
15     cout << "\n\tMittelwert: ";
16
17     if(xI > 1)
18         cout << dSum/(double)(xI-1);
19             // xI muss um 1 vermindert werden, da sonst der
20             // Mittelwert von einer Zahl zuviel berechnet wird.
21     else cout << 0;
22 }     // Ende vom main()
```

Programm 2.8: Mittelwertberechnung mit einer `do-while()`-Schleife

Auch wenn es nur Anhaltspunkte gibt, wann welche Schleifenart zu benutzen ist, soll in Tabelle 2.8 der Versuch einer Übersicht gegeben werden.

Bis hierher scheint die Benutzung aller drei Schleifentypen relativ unproblematisch zu sein. Leider tauchen zuweilen Probleme unter dem Stichwort **Endlosschleife** auf. Nehmen wir als Beispiel folgendes Programmstück an:

```
            ( ... )

cin >> iEin;
while(iEin != 0)
{
             ( ... )

    iEin--;
}      // Ende von while()
```

Was passiert, wenn der Benutzer beim Einlesen über `>>` und `cin` in `iEin` eine negative Zahl eingibt, etwa -3 ? Die Zahl ist sicher ungleich 0, also wird die Schleife begonnen. Was im Inneren passiert soll nicht interessieren,

```
 1 #include <iostream.h>
 2
 3 main()
 4 {
 5     float fEingabe;       // Ebenfalls KEINE Initialisierung nötig!
 6     double dSum = 0.0;
 7     unsigned short xI;
 8
 9     for(xI = 0; fEingabe != 0.0;)
10     {
11         cout << '\t' << ++xI << ". Zahl: ";
12         cin >> fEingabe;
13         dSum += (double)fEingabe;
14     }
15
16     cout << "\n\tMittelwert: ";
17
18     if(xI > 1)
19         cout << dSum/(double)(xI-1);
20             // xI mu"s um 1 vermindert werden, da sonst der
21             // Mittelwert von einer Zahl zuviel berechnet wird.
22     else cout << 0;
23 }       // Ende vom main()
```

Programm 2.9: Mittelwertberechnung mit einer `for()`-Schleife

bis auf eine Anweisung, die `iEin` um 1 vermindert. Nach dem ersten Durchgang hat `iEin` demnach den Wert -4, immer noch ungleich 0. So geht es weiter, bis irgendwann der zulässige Zahlenbereich von `iEin` verlassen wird. Gedacht war das Ganze sicher so, daß eine positive Zahl eingegeben und diese bis auf 0 heruntergezählt werden sollte.

Dies war nur ein Beispiel für eine Endlosschleife. Leider treten sie in der Praxis auch in viel komplizierteren Zusammenhängen auf. Oft hilft in solchen Fällen nur ein Neustart des Rechners über die Tastenkombination `Strg` + `Alt` + `Entf`. Dies ist besonders unangenehm, wenn der Quelltext vor dem Start des Programms nicht gesichert wurde. Dieses Problem betrifft Sie jedoch nur, wenn Sie nicht mit dem Editor der Entwicklungsumgebung arbeiten. Dort kann nämlich über das Menü `Options/Environment/Preferences` ein Schalter `Auto save` für den Editor gesetzt werden. So ist sichergestellt, daß vor jedem Aufruf von `Run` alle Quelltexte gesichert werden. Es wird ebenfalls gesichert, wenn man über `File/DOS shell` die Entwicklungsumgebung kurzzeitig verläßt.

☞ Man sollte grundsätzlich in Schleifen auf Abbruchbedingungen verzichten, die auf Gleichheit (`==`) oder Ungleichheit (`!=`) testen. Im obigen Beispiel

Schleifenname	bevorzugte Verwendung
`for()`-Schleife	Zählen von einem Startwert bis zu einem Endwert, Steuerung durch eine (evtl. auch mehrere) Schleifenvariablen
`while()`-Schleife	Kopfgesteuerte Schleife, ohne spezielle Schleifenvariable, die auch keinmal durchlaufen werden kann, beliebige Abbruchbedingung
`do-while()`-Schleife	Fußgesteuerte Schleife, ohne spezielle Schleifenvariable, die mindestens einmal durchlaufen wird; beliebige Abbruchbedingung

Tabelle 2.8: Die drei möglichen Schleifen in C++

hätte es keine Probleme gegeben, wenn anstelle von `iEin != 0` ein `iEin > 0` benutzt worden wäre.

Im nächsten Unterkapitel wird zusätzlich eine Möglichkeit aufgezeigt, wie eine Schleife an einer beliebigen Stelle verlassen werden kann.

 **Übung 2.10:** Ändern Sie das Programm 2.6 zur Primzahlenberechnung auf Seite 99 so ab, daß anstelle der beiden `for()`-Schleifen `while()`-Schleifen verwendet werden. Versuchen Sie auch hier, die Variablen so lokal wie möglich zu definieren.

2.3.6 Break und continue

Die Problematik von Endlosschleifen wurde im vorigen Unterkapitel kurz angesprochen. Nicht selten treiben Sie den Programmierer schier zur Verzweiflung. Wenn Sie nun erfahren, daß eine Konstruktion wie

```
for(;;)
    ( ... )
```

in C++ und auch in C sehr häufig vorkommt, müssen Sie entweder beginnen, am Verstand der C++- und C-Programmierer zu zweifeln oder auf die Idee kommen, daß es eine zusätzliche Möglichkeit geben muß, wie man eine Schleife verlassen kann.

Letzteres ist natürlich der Fall. Die zugehörige Anweisung **break** wurde bereits im Rahmen der **switch()**-Konstruktion vorgestellt. Dort verließ man mit **break** den von **switch()** abhängenden Block. Bei Schleifen wird nach einem

```
break;
```

sofort hinter ihr Ende gesprungen. In einigen Fällen ist eine Schleife so leichter zu verstehen. Beispielsweise beim Programm zur Mittelwertberechnung. Steht innerhalb der Schleife

```
if(fEingabe == 0.0)
     break;
```

ist sofort ersichtlich, unter welcher Bedingung die Schleife verlassen wird. Dies ist allerdings nicht der Normalfall. Meistens machen zusätzliche **break**-Anweisungen eine Schleife unübersichtlicher. Man sollte sie möglichst sparsam verwenden und am besten folgenden Hinweis beachten:

☞ „Gute" Schleifenkonstruktionen zeichen sich unter anderem dadurch aus, daß sie nur an einer einzigen Stelle verlassen werden können. Ein Block sollte grundsätzlich so wenig Ausgänge wie möglich besitzen.

In der Praxis wird die **break**-Anweisung meistens dazu verwendet, um bei unsinnigen Eingaben oder einem anderen außergewöhnlichen Ereignis sofort aus einer Schleife herausspringen zu können.

☞ Anstelle von **for(;;)** kann man eine „Endlosschleife" genausogut durch **while(1)** oder **do ... while(1)** realisieren. Bei den **while()**-Schleifen muß lediglich der innere Ausdruck konstant wahr sein. Das ist dann der Fall, wenn er niemals zu 0 werden kann.

Zu beachten ist im Programm 2.10 die Definition der Variablen **fEingabe**. Sie kann im Inneren der **for()**-Schleife stattfinden, da die Variable außerhalb nirgends benötigt wird. Bei den bisherigen Versionen des Programms ging dies nicht, da der Kopf einer Schleife nicht zum inneren Block gehört. Wenn also eine Variable im Schleifenkopf vorkommt, muß sie außerhalb des Schleifenrumpfes definiert werden.

```
 1 #include <iostream.h>
 2
 3 main()
 4 {
 5       double dSum = 0.0;
 6       unsigned short xI = 0;
 7
 8       for(;;)
 9       {   float fEingabe;
10           cout << '\t' << ++xI << ". Zahl: ";
11           cin >> fEingabe;
12           if(fEingabe == 0.0)
13               break;
14           dSum += (double)fEingabe;
15       }
16
17       cout << "\n\tMittelwert: ";
18
19       if(xI > 1)
20           cout << dSum/(double)(xI-1);
21                // xI muß um 1 vermindert werden, da sonst der
22                // Mittelwert von einer Zahl zuviel berechnet wird.
23       else cout << 0;
24 }      // Ende vom main()
```

Programm 2.10: Die Mittelwertberechnung mit einer „Endlosschleife"

Eine weitere Anweisung, die nur im Inneren von Schleifen vorkommt ist die `continue`-Anweisung. Sie wird relativ selten benutzt. Genau wie ein `break;` kann sie an jeder beliebigen Stelle eines Schleifenrumpfes stehen. Sie bewirkt, daß der Rumpf nicht bis zum Ende ausgeführt wird sondern sofort ein neuer Schleifendurchgang startet.

Meistens wird sie angewendet, wenn nach der Eingabe eines unsinnigen Wertes nicht direkt aus der Schleife herausgesprungen, sondern ein neuer Wert eingelesen werden soll. Im Programm zur Mittelwertberechnung sei es nun verboten, daß negative Zahlen eingegeben werden. Das Programm soll sie einfach ignorieren.

 **Übung 2.11:** Vielleicht sind Ihnen aus der Schulzeit die Begriffe **ggT** und **kgV** noch geläufig. Der ggT, also der größte gemeinsame Teiler zweier Zahlen, ist die größte aller Zahlen, durch die sich beide **ohne Rest** ganzzahlig teilen lassen, also beispielsweise:

$$\mathrm{ggT}(48, 28) = 4 \quad , \quad \mathrm{da} \quad \frac{48}{12} = 4 \quad \mathrm{und} \quad \frac{28}{7} = 4$$

```
 1 #include <iostream.h>
 2
 3 main()
 4 {
 5     double dSum = 0.0;
 6     unsigned short xI = 0;
 7
 8     for(;;)
 9     {   float fEingabe;
10         cout << '\t' << xI+1 << ". Zahl: ";
11         cin >> fEingabe;
12         if(fEingabe == 0.0)
13             break;
14         if(fEingabe < 0)
15             continue;
16         xI++;
17         dSum += (double)fEingabe;
18     }
19
20     cout << "\n\tMittelwert: ";
21
22     if(xI > 1)
23         cout << dSum/(double)(xI-1);
24             // xI muß um 1 vermindert werden, da sonst der
25             // Mittelwert von einer Zahl zuviel berechnet wird.
26     else cout << 0;
27 }       // Ende vom main()
```

Programm 2.11: Ignorieren negativer Werte bei der Mittelwertberechnung

Der kleinste aller möglichen ggT's ist die 1. Sie ergibt sich beispielsweise immer dann, wenn beide Zahlen verschiedene Primzahlen sind.

Das kgV, also das kleinste geimeisame Vielfache zweier Zahlen, ist die kleinste Zahl, die sich ergibt, wenn man die beiden Werte mit zwei beliebigen ganzen Zahlen multipliziert, also etwa:

$$kgV(36, 24) = 72 \quad , \quad da \quad 36 \cdot 2 = 72 \quad und \quad 24 \cdot 3 = 72$$

Ihre Aufgabe besteht darin, ein Programm zu entwickeln, das zwei Zahlen von der Tastatur einliest und sowohl deren ggT als auch das kgV berechnet.

 Es gibt einen Zusammenhang zwischen ggT und kgV der zumindest einen Teil der Aufgabe enorm vereinfacht.

2.3.7 Sprünge und Marken

Die goto-Anweisung wird nur der Vollständigkeit halber erwähnt. Sie wird an keiner weiteren Stelle auftauchen, weil sie im völligen Gegensatz zu einer strukturierten Programmierung steht. Als einzige sinnvolle Anwendung ist ein Sprung aus einer mehrfach verschachtelten Schleifenkonstruktion vorstellbar, wenn dort ein schwerer Fehler auftritt. Auch hier sind allerdings, wenn irgendwie möglich, andere Hilfskonstruktionen vorzuziehen. Auch wenn es ehemaligen BASIC- oder COBOL-Programmierern schwerfallen wird, sollte in **C++ kein goto** verwendet werden. Die Syntax lautet:

```
goto <Bezeichner>

       ( ... )

<Bezeichner>:
```

Die Stelle **<Bezeichner>** nennt man **Marke** oder auch **Label**. Sie muß im selben Block wie die zugehörige goto-Anweisung liegen.

☞ Sprünge von einer Funktion in eine andere sind nicht zugelassen.

2.4 Strukturierte Programmierung

Die Überschrift soll nicht bedeuten, daß alle bisherigen Programme unstrukturiert waren. Allerdings waren sie so kurz, daß man kaum Probleme mit der Struktur bekam. Man konnte ein Programm im Ganzen im Auge behalten. Dies ändert sich, sobald ein Programm länger als ein bis zwei DIN-A4 Seiten wird. Man ist geradezu gezwungen, ein Problem in mehrere Teilstücke zu zerlegen, die Teilprobleme zu lösen und diese am Ende zu einer Gesamtlösung zusammenzufügen. Dies ist vor allem dann gar nicht zu umgehen, wenn mehr als eine Person an einem Projekt arbeitet. Dabei muß jede Person darauf achten, daß sein Teil zu den anderen paßt. Hier wird ein Begriff aus der Hardware verwendet, die **Schnittstelle**. Über diese Schnittstelle arbeiten die verschiedenen Teile eines großen Programms zusammen. Die Teile eines großen Programms werden im folgenden, wie allgemein üblich, als **Moduln** bezeichnet. Jedes Modul hat eine klar eingegrenzte Aufgabe. Es wird vor der Realisierung festgelegt, welche Daten das Modul verarbeiten soll, welche es verändert und was es eventuell für ein Ergebnis liefert. Es ist von entscheidender Bedeutung, daß ein Modul nicht aus Versehen andere Daten verändert (sogenannter Seiteneffekt). Außerdem muß ein Modul von anderen Programmteilen benutzt werden können, ohne daß die benutzende Seite weiß, wie das Modul intern aufgebaut ist. Nur so ist gewährleistet, daß ein einzelnes Modul unabhängig von anderen geändert werden kann. Es ist sehr unangenehm, wenn eine Änderung (häufig eine Fehlerkorrektur oder eine Verbesserung) an einem Modul, Änderungen an anderer Stelle nach sich zieht. Man spricht auch von **lokaler Begrenztheit** eines Moduls.

Ein erster Schritt zur Modularisierung von Programmen ist die Verwendung von **Unterprogrammen**, die in C++ **Funktionen** genannt werden.

2.4.1   Vordefinierte Funktionen

Bereits im Zusammenhang mit Bezeichnern wurde im vorigen Kapitel angedeutet, daß es in C++ zahlreiche Funktionen gibt, die dem Programmierer eine Menge Arbeit abnehmen. Nur so ist es überhaupt möglich, daß C++ trotz seines geringen Sprachumfanges so mächtig ist.

Alle vordefinierten Funktionen sind in sogenannten **Bibliotheken** zusammengefaßt. Eine Bibliothek, die eine bestimmte Funktion enthält, muß im Vorspann eines Programms eingebunden werden. Die Anweisung `#include` ist eine Aufforderung an den Vorübersetzer, in der angegebenen Bibliothek nach Funktionen zu suchen, die im Laufe des Programms verwendet werden. Ist der Name der Bibliothek in spitze Klammern (`<...>`) eingefaßt, wird in dem unter `Options/Directories...` angegebenen Verzeichnis für `Include Directories` gesucht. Steht der Name dagegen zwischen doppelten Hochkommas (`"..."`), wird im aktuellen Verzeichnis gesucht.

Ein erstes Beispiel wurde bereits in Programm 2.6 auf Seite 99 vorgestellt. Dort wurde die Funktion `sqrt()` aus der Bibliothek `math.h` verwendet, um Quadratwurzeln zu ziehen. An dieser Stelle interessierte es uns überhaupt nicht, wie die Berechnung intern abläuft. Man mußte nur wissen, was die Funktion macht, welchen Typ ihr Ergebnis hat, wieviele und welche Typen von Argumenten sie benötigt. Argumente sind beliebige Werte, die innerhalb der Funktion verarbeitet werden. Bei `sqrt()` wird als Argument die Zahl übergeben, deren Quadratwurzel berechnet werden soll. Ohne diese Information, „wüßte" die Funktion gar nicht, aus welcher Zahl sie eine Wurzel ziehen soll. Es gibt allerdings auch Funktionen, die kein Argument benötigen oder gar keinen Wert zurückliefern. Wenn der Bildschirm gelöscht werden soll, braucht man kein Ergebnis und auch kein Argument. Die Funktion erledigt ihre Aufgabe und sonst nichts.

☞ Zur besseren Unterscheidung von Variablen- und Funktionsbezeichnern folgen auf letztere in diesem Buch immer eine öffnende und eine schließende runde Klammer, wie zum Beispiel in `sqrt()`.

Formal werden Funktionen folgendermaßen durch ihren **Prototyp** beschrieben.

$$< Typ\ des\ R\ddot{u}ckgabewertes> \ <Funktionsname>(<Argumenttyp>*)$$

Der Prototyp ist eine Art Muster. Mit dieser Information weiß man zwar, wie eine Funktion aufgerufen wird, es fehlt jedoch noch ein Hinweis auf die Bibliothek, aus der sie importiert werden muß. Außerdem sollte zu jeder Funktion eine kurze Beschreibung ihrer Arbeitsweise gehören. Am Beispiel von `sqrt()` soll gezeigt werden, wie im folgenden in diesem Buch Funktionen beschrieben werden.

`double sqrt(double dX)`	
Bibliothek:	`math.h`
Aufgabe:	Es wird die Quadratwurzel von `dX` berechnet und zurückgeliefert.

Die Beschreibung der Aufgabe soll lediglich als erste Orientierung bei der Suche nach einer geeigneten Funktion helfen. Möchte man detaillierte Informationen haben, wählt man den Indexstichpunkt in der integrierten Hilfsfunktion.

Der Name des Arguments, im Beispiel `dX` hat keinen Einfluß auf die tatsächlichen Namen beim Aufruf der Funktion. Sie werden lediglich angegeben, um sich bei der Beschreibung der Aufgabe leichter auf ein bestimmtes Argument beziehen zu können. Dies ist vor allem dann hilfreich, wenn eine Funktion mehr als ein Argument besitzt.

Als Beispiel wird ein Würfel simuliert. Um möglichst viele Bibliotheksfunktionen vorstellen zu können, wird die Ausgabe eines Wurfes von zwei Tönen begleitet.

Es müssen eine ganze Reihe von Bibliotheken eingebunden werden, weil das Programm fast nur aus Funktionsaufrufen besteht. Der erste Aufruf

```
 1 #include <iostream.h>
 2 #include <conio.h>
 3 #include <stdlib.h>
 4 #include <time.h>
 5 #include <dos.h>
 6
 7 main()
 8 {
 9      clrscr();       // Löschen des Bildschirms
10      randomize();    // Initialisieren des Zufallsgenerators
11
12      for(;;)
13      {
14          int iCh;
15          cout << "\n\t Bitte eine Taste drücken (<RETURN> = Ende) ";
16          if((iCh = getch()) == 13)
17              break;
18          sound(900);
19          delay(200);
20          sound(300);
21          delay(400);
22          nosound();
23          cout << "\n\t gewürfelt: " << random(6)+1;
24      }
25 }
```

Programm 2.12: Würfelsimulation mit zahlreichen Bibliotheksfunktionen

`void clrscr(void)`
Bibliothek: `conio.h`
Aufgabe: Löscht den Bildschirm, nicht die Standardausgabe.

in Zeile 8 benutzt die Funktion `clrscr()`. Sie wird folgendermaßen beschrieben:

Neu an dieser Beschreibung ist das Schlüsselwort **void**. Es taucht innerhalb des Aufrufs der Funktion überhaupt nicht auf. Seine Aufgabe besteht darin, den Compiler darauf hinzuweisen, daß eine Funktion an der angegebenen Stelle **keinen Wert** liefert oder erwartet. Es muß also an `clrscr()` kein Argument übergeben werden und die Funktion liefert auch keinen Wert zurück. Sie löscht einfach nur den Bildschirm.

☞ `clrscr()` schreibt direkt auf den Bildschirm (auch Konsole genannt). Daher kann die Ausgabe nicht umgeleitet werden, was beim Löschen auch nicht viel Sinn machen würde.

Auch die nächste Funktion `randomize()` erwartet keinen Wert und gibt keinen zurück. Sie initialisiert den Zufallsgenerator des Rechners.

<table>
<tr><td colspan="2"><code>void randomize(void)</code></td></tr>
<tr><td>Bibliothek:</td><td><code>stdlib.h</code></td></tr>
<tr><td>Aufgabe:</td><td>Initialisiert den Zufallsgenerator mit Hilfe der aktuellen Uhrzeit.</td></tr>
</table>

Da das Programm einen Würfel simulieren soll, muß es sich irgendwie zufällig verhalten. Da jedoch in keinen Rechner ein kleines grünes Männchen eingebaut ist, welches das Würfeln übernehmen könnte, muß der Zufall selbst simuliert werden. Dazu werden sogenannte Zufallsverteilungen verwendet. Dies sind mathematische Modelle, die eine Zahlenfolge abbilden, wie sie beim echten Erzeugen zufälliger Werte auftreten **könnten**.

Im Inneren der `for()`-Schleife an Zeile 11 wird durch die Funktion `random()` ein Wert der Zufallsverteilung ermittelt. Vereinfacht kann man sich das Ganze so vorstellen. Beim Start eines Programms liegt immer ein bestimmter Anfangswert der Zufallsverteilung vor. Ausgehend von diesem wird bei jedem Aufruf von `random()` der nächste Wert der Zahlenfolge ermittelt. Das Argument von `random()` gibt an, aus welchem Zahlenbereich die zufällige Zahl stammen soll. Sei `iN` das Argument, dann liegt das Ergebnis zwischen 0 und $iN - 1$. Der Aufruf in Zeile 22 `random(6)` sorgt also dafür, daß das Ergebnis zwischen 0 und 5 liegt. Durch die Addition einer 1 wird genau der Wertebereich eines Würfels, 1 bis 6, erreicht.

<table>
<tr><td colspan="2"><code>int random(int iN)</code></td></tr>
<tr><td>Bibliothek:</td><td><code>stdlib.h</code></td></tr>
<tr><td>Aufgabe:</td><td>Liefert einen Wert der durch den Zufallsgenerator erzeugten Folge, der zwischen 0 und $iN - 1$ liegt.</td></tr>
</table>

Lassen Sie den Aufruf in Zeile 9 einfach weg, werden Sie feststellen, daß das Programm immer dieselben Zahlen liefert. Zwar entsprechen diese einer zufälligen Verteilung, helfen so aber nicht besonders, wenn man mit dem Computerwürfel etwas anfangen will. Es muß dafür gesorgt werden, daß die Zufallsfolge nicht immer beim selben Wert beginnt. Genau das tut `randomize()`. Es legt einen Startwert für den Zufallsgenerator fest. Dies kann nicht zufällig geschehen, weil man sich dann im Kreis drehte. Daher wird die aktuelle Uhrzeit zum Initialisieren verwendet. Genauer gesagt sind es die Sekunden seit dem ersten Januar 1970. Diese sehr große Zahl stellt sicher, daß die Startwerte des Zufallsgenerators praktisch nicht nachzuvollziehen sind und genau das ist es, was den Zufall ausmacht. Man kann Ergebnisse nicht vorhersagen.

☞ Weil eine Zeit benötigt wird, sollte man immer die Bibliothek `time.h` einbinden, wenn man `randomize()` benutzt.

Damit ist das Zustandekommen der zufälligen Zahlen erläutert. Die übrigen Funktionen sind im Prinzip nur Kosmetik am Programm. So sorgt `getch()` dafür, daß vor einem „Wurf" mit dem elektronischen Würfel eine Taste gedrückt werden muß. Hätte man hier `>>` und `cin` verwendet, müßte man immer die ⏎ - oder die Enter -Taste drücken. `getch()` wartet nur auf einen beliebigen Tastenanschlag und liefert den zugehörigen ASCII-Wert zurück.

`int getch(void)`	
Bibliothek:	`conio.h`
Aufgabe:	Liefert den ASCII-Code des zuletzt gedrückten Zeichens.

☞ Die gedrückte Taste erscheint nicht auf dem Bildschirm. Dazu muß die ansonsten genau gleiche Funktion `getche()` verwendet werden.

Das **e** steht für *echo*.

Die restlichen Funktionen in den Zeilen 17 bis 21 sorgen für die ersten Töne innerhalb eines C++-Programms. `sound()` erzeugt einen Ton in der durch das Argument angegebenen Höhe. Der Wert wird in Hertz angegeben. Eine 880 entspricht dem Kammerton a.

Von alleine hört der Lautsprecher nach einem Aufruf von `sound()` nicht mehr auf zu tönen. Er muß durch `nosound()` abgeschaltet werden. Dies geschieht nach einem kurzen Moment der Verzögerung durch die Funktion

<table>
<tr><td colspan="2"><code>void sound(unsigned int iFrequency)</code></td></tr>
<tr><td>Bibliothek:</td><td><code>dos.h</code></td></tr>
<tr><td>Aufgabe:</td><td>Schaltet den Lautsprcher mit einem Ton der Höhe <code>iFrequency</code> ein.</td></tr>
</table>

<table>
<tr><td colspan="2"><code>void delay(unsigned int iMillisec)</code></td></tr>
<tr><td>Bibliothek:</td><td><code>dos.h</code></td></tr>
<tr><td>Aufgabe:</td><td>Wartet <code>iMillisec</code> Millisekunden bevor das Programm fortgesetzt wird.</td></tr>
</table>

`delay()`. Sie wartet einfach die durch das Argument angegebene Anzahl von Millisekunden bevor das Programm fortgesetzt wird.

☞ Sobald in ein Programm die Bibliothek `dos.h` eingebunden wird, ist es nur noch unter dem Betriebssystem *MS-* bzw. *PC-DOS* lauffähig. Die meisten der übrigen Bibliotheken sind auch bei anderen C++-Compilern unter anderen Betriebssystemen zu finden.

Alle zusätzlichen Funktionen, werden in den nächsten Kapiteln durch ihre Kurzbeschreibung erklärt.

Übung 2.12: Bleiben wir noch ein wenig beim „zufälligen" Erzeugen von Zahlen. Es sollen die Lottozahlen 6 aus 49 simuliert werden. Zu beachten ist, daß eine Zahl nicht zweimal „gezogen" werden darf.

<table>
<tr><td colspan="2"><code>void nosound(void)</code></td></tr>
<tr><td>Bibliothek:</td><td><code>dos.h</code></td></tr>
<tr><td>Aufgabe:</td><td>Schaltet den eingebauten Lautsprecher ab.</td></tr>
</table>

2.4.2 Eigene Funktionen

Obwohl es für fast alle Situationen Bibliotheksfunktionen gibt, müssen bestimmte Dinge vom Programmierer selbst erledigt werden. Der erste Schritt zur Modularisierung ist das Aufspalten in verschiedene Funktionen, die in anderen Programmiersprachen häufig auch **Unterprogramme** genannt werden.

Bei umfangreicheren Programmen sollte man darauf achten, daß ein Programmteil, also eine Funktion nicht länger als eine bis zwei DIN-A4 Seiten wird. Nur so ist ein Überblick einigermaßen gewährleistet. Zu einer jeden Funktion gehört zu Beginn eine kurze Beschreibung ihrer Funktionsweise.

Nehmen wir einmal an, es wird innerhalb eines Programms eine Funktion zum Potenzieren zweier Zahlen benötigt. Um es einfach zu halten, sind als Exponent nur positive ganze Zahlen zugelassen.

```
 1 #include <iostream.h>
 2
 3 void main()
 4 {
 5      double dBasis;
 6      short xExponent;
 7      double Power(double, short);  // Prototyp!
 8
 9      cout << "\n\tBasis: ";
10      cin >> dBasis;
11
12      do{
13          cout << "\tExponent (> 0): ";
14          cin >> xExponent;
15      }while(xExponent < 0);
16
17      cout << "\n\tErgebnis: " << dBasis << " hoch ";
18      cout << xExponent << " = " << Power(dBasis,xExponent) << '\n';
19 }    // Ende von main()
20
21 double Power(double dX, short xN)
22 {
23      // Power() potenziert dX und xN.
24      double dPow = 1.0;
25
26      for(short xI = 1; xI <= xN; ++xI)
27          dPow *= dX;
28
29      return(dPow);  // Rückgabewert!
30 }    // Ende von Power()
```

Programm 2.13: Potenzieren zweier Zahlen

Neben der Funktion `main()` enthält das Programm die Funktion `Power()`.
Beim Namen für die Funktion wird nicht die Regel angewendet, nach
der Variablennamen gebildet werden. Der Grund besteht darin, daß es
erstens nicht allgemein üblich ist, auch nicht bei der Programmierung von
Windows-Anwendungen, und zweitens die Möglichkeit besteht, mehrere
Funktionen mit gleichem Namen aber verschiedenen Rückgabetypen zu
erzeugen.

Im Unterschied zu `main()` erhält `Power()` zwei Argumente. Die Variablen
`dBasis` und `xExponent` aus dem Hauptprogramm werden übergeben. Innerhalb von `Power()` heißen sie `dX` und `xN`. Die hier verwendete Form der
Argumentübergabe wird **„call by value"** (Wertübergabe) genannt. Beim
Aufruf von `Power()` in Zeile 18 werden im Speicher Kopien der Variablen
`dBasis` und `xExponent` angelegt. Diese Kopien sind nur innerhalb von
`Power()` bekannt. Dort heißen sie `dX` und `xN`. Man hätte genausogut die
gleichen Namen `dBasis` und `dExponent` wählen können. Auch dann wären
es zwei neue Variablen, die mit ihren „Namensvettern" im Hauptprogramm
in keiner Verbindung stehen.

Da im Speicher echte Kopien der Variablen angelegt werden, können sie
in der Funktion verändert werden, ohne daß die Aufrufargumente, die
Variablen im Hauptprogramm, davon betroffen sind.

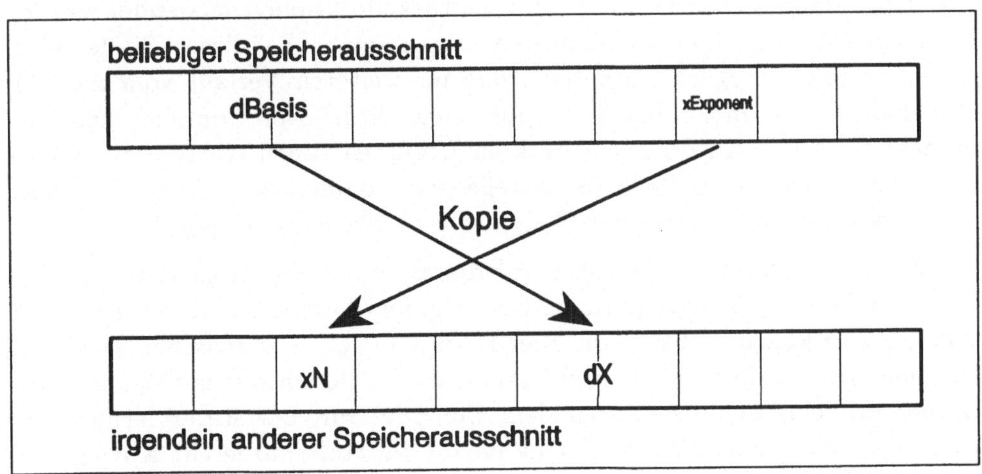

Abbildung 2.5: Mögliche Speicherbelegung beim Aufruf von `Power()`

Zwei weitere Dinge sind neu im Programm 2.13. Zunächst heißt es in
Zeile 3 nicht mehr nur `main()`, sondern `void main()`. Auch hier zeigt
`void` an, daß die zugehörige Funktion keinen Wert liefert. Das war auch

bei den bisherigen Programmen der Fall. Der Compiler bemängelte diese kleine Ungenauigkeit nicht. Will man jedoch ganz besonders sorgfältig sein, sollte man explizit angeben, daß `main()` nichts zurückliefert. Ein Ergebnis innerhalb des Hauptprogramms ist im übrigen nur dann sinnvoll, wenn das Programm im Rahmen einer Batch-Datei aufgerufen wird. Falls Sie sich mit *DOS* auskennen, wissen Sie vielleicht, daß dort ein Kommando **ERRORLEVEL** existiert, mit dem abgefragt werden kann, ob ein Kommando ohne Fehler endete. Der Wert hinter **ERRORLEVEL** ist der Rückgabewert des unmittelbar vorangegangenen Kommandos. Nahezu jeder *DOS*-Befehl liefert einen solchen Wert zurück. Gewöhnlich ist es eine 0, wenn alles geklappt hat und ein von 0 verschiedener Wert, falls ein Fehler bei der Befehlsausführung auftrat.

Um einen Wert aus einer Funktion zurückzugeben, wird die `return()`-Anweisung verwendet. Ein `return();` innerhalb von `main()` sorgt dafür, daß das gesamte Programm sofort verlassen wird.

> ☞ Die `return()`-Anweisung kann innerhalb von **void**-Funktionen auch ohne Argument benutzt werden. Dann wird die Funktion ohne Rückgabewert verlassen.

Die Funktion `main()` liefert also kein Ergebnis. Anders dagegen die Funktion `Power()`. Ihr Ergebnis ist vom Typ **double**. In Zeile 7 findet man eine Beschreibung, wie sie auch bei Bibliotheksfunktionen verwendet wurde. Man spricht von einer **Funktionsdeklaration**. An dieser Stelle wird dem Compiler lediglich mitgeteilt, daß im weiteren Verlauf vom `main()` eine Funktion namens `Power()` aufgerufen wird. Der Compiler kann so erkennen, ob der Aufruf mit korrekten Argumenttypen stattfindet. Hätte man beispielsweise in Zeile 18 anstelle einer **double**-Variablen eine vom Typ **int** übergeben, hätte der Compiler eine Warnung ausgegeben.

Ab Zeile 21 beginnt der eigentliche Programmtext der Funktion. Erst an dieser Stelle wird Speicherplatz im Codesegment bereitgestellt. Man spricht von der **Funktionsdefinition**. Hier kann man sehr gut zwischen Deklaration und Definition trennen. Bei Variablendefinitionen war die Deklaration immer mit eingeschlossen, weil dem Compiler mit der Reservierung von Speicherplatz gleichzeitig der Name für die Variable mitgeteilt wurde.

> ☞ Man kann auf die Funktionsdeklaration verzichten, wenn der Programmtext (die Definition) **vor** dem ersten Aufruf der Funktion steht. Es ist jedoch übersichtlicher, in allen Funktionen, die dort benutzten Funktionen zu deklarieren. Nur so kann man auf einen Blick erkennen, welche Funktion wo benutzt wird.

Das Innere von `Power()` sieht genau so aus, wie das Innere von `main()`. Es wird in Zeile 24 eine neue Variable `dPow` definiert und initialisiert. Danach beginnt die eigentliche Rechnung. Sie ermittelt die Potenz durch fortgesetzte Multiplikation. Am Ende wird das Ergebnis durch die `return()`-Anweisung an die aufrufende Stelle zurückgegeben. Die aufrufende Stelle befindet sich innerhalb einer Textausgabe. Man spart sich so eine zusätzliche Variable, in die das Ergebnis hineingeschrieben wird.

Bisher muß die Funktion `Power()` immer mit zwei Argumenten aufgerufen werden. In vielen Fällen wird sie wahrscheinlich dazu benutzt, um eine Zahl zu quadrieren. Falls man Schreibarbeit sparen möchte, kann man jedem Argument einen **Standard-** oder auch **Default-Wert** zuordnen. Will man also standardmäßig mit zwei Potenzieren, wird die Deklaration in Zeile 7 durch

```
double Power(double dBasis, short xExponent = 2);
```

ersetzt. Danach kann man die Funktion mit nur einem Argument aufrufen, also:

```
Power(5.0);
```

Das Ergebnis wäre der Wert 25 ($= 5^2$). Auch für `dBasis` wäre ein Standardwert möglich. Allerdings macht das wohl keinen Sinn, weshalb darauf verzichtet wird.

Man sieht an obigem Aufruf auch, daß nicht nur Variablen sondern auch literale Konstante als Argument verwendet werden dürfen.

☞ Man kann immer nur für die hinteren Argumente Standardwerte festlegen. Nur so kann sie der Compiler richtig zuordnen. Nach einem Argument mit Standardwert kann also kein weiteres ohne Standardwert folgen.

Fassen wir kurz die wichtigsten Punkte bei selbstdefinierten Funktionen zusammmen:

- In der aufrufenden Funktion sollte eine Deklaration der benutzten Funktionen stattfinden. Sie erleichtert die Fehlersuche.

- Der Aufruf einer Funktion muß mit zur Deklaration übereinstimmenden Typen erfolgen. Stimmen die Typen nicht überein, warnt der Compiler und versucht sie implizit umzuwandeln.

- Erst im Kopf der Funktionsdefinition wird tatsächlich Speicherplatz für die Argumente bereitgestellt. Es handelt sich um Kopien, die von den Variablen, mit denen die Funktion aufgerufen wurde, völlig unabhängig sind.

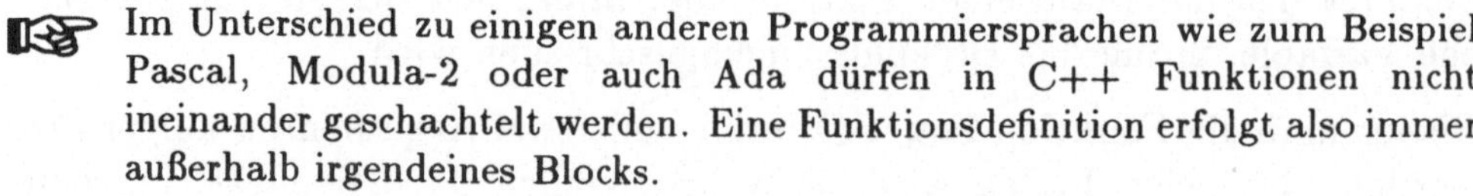 Im Unterschied zu einigen anderen Programmiersprachen wie zum Beispiel Pascal, Modula-2 oder auch Ada dürfen in C++ Funktionen nicht ineinander geschachtelt werden. Eine Funktionsdefinition erfolgt also immer außerhalb irgendeines Blocks.

Zur besseren Unterscheidung, werden die Variablen, die beim Aufruf an eine Funktion übergeben werden, im folgenden **Argumente** genannt. Die Variablen, die im Funktionskopf stehen, an die also die Argumente übergeben werden, heißen **Parameter**. Diese Unterscheidung ist so nicht allgemein üblich. Meist heißen die Argumente Aktual- und die Parameter Formalparameter, was jedoch fast zwangsläufig verwechselt werden muß.

Ein Grundsatz der strukturierten Programmierung wird im Programm 2.13 noch nicht berücksichtigt. Man soll, wenn irgend möglich, Ein- bzw. Ausgaben von Rechnungen und anderen Operationen trennen. Außerdem soll das Hauptprogramm lediglich eine steuernde Funktion haben. Das heißt, dort sollen nur die einzelnen Programmteile gestartet werden. Es sollen keine eigenen Aktionen stattfinden, auch keine Ein- und Ausgaben. Ein erster (aber noch falscher) Ansatz zur Lösung sähe folgendermaßen aus:

```cpp
 1 #include <iostream.h>
 2
 3 void main()
 4 {
 5       short xExponent;
 6       double dBasis, dPow, Power(double, short = 2);
 7       void Eingabe(double, short), Ausgabe(double, short, double);
 8
 9       Eingabe(dBasis, xExponent);   // FALSCHER AUFRUF!
10           // call by value führt nicht zum Ziel.
11       dPow = Power(dBasis,xExponent);
12
13       Ausgabe(dBasis, xExponent, dPow);
14 }     // Ende von main()
15
16 void Eingabe(double dB, short xE)
17 {
18       // Hier werden Basis und Exponent eingelesen.
19       cout << "\n\tBasis: ";
20       cin >> dB;
21
22       do{
23             cout << "\tExponent (> 0): ";
```

```
24              cin >> xE;
25          }while(xE < 0);
26 }        // Ende von Eingabe()
27
28 void Ausgabe(double dB, short xE, double dErg)
29 {
30          // Und hier findet die Ausgabe statt.
31          cout << "\n\tErgebnis: " << dB << " hoch ";
32          cout << xE << " = " << dErg << '\n';
33 }
34
35 double Power(double dX, short xN)
36 {
37          // Power() potenziert dX und xN.
38          double dPow = 1.0;
39
40          for(short xI = 1; xI <= xN; ++xI)
41              dPow *= dX;
42
43          return(dPow);  // Rückgabewert!
44 }        // Ende von Power()
```

Programm 2.14: Falscher Aufruf von `Eingabe()`

Der Compiler erzeugt zwar ein lauffähiges Programm, gibt dabei jedoch
zwei Warnungen aus, die besagen, daß die Werte von `dBasis`, `xExponent`
und `xPow` undefiniert sein können. Dies ist bei genauerem Hinsehen auch
kein Wunder. Beim Aufruf von `Eingabe()` in Zeile 9 werden Kopien
erzeugt. Sie heißen `dB` und `xE`. In diese Kopien wird in den Zeilen 19
und 23 etwas eingelesen, nicht jedoch in `dBasis` und `xExponent`. Die
Inhalte der letzteren sind weiterhin undefiniert. Eine Lösungsmöglich-
keit wäre das Aufspalten in zwei Eingabefunktionen. Jede würde dann
über `return()` den eingelesenen Wert zurückgeben. Allerdings ist diese
Möglichkeit äußerst umständlich. In C hatte man in dieser Situation nur
die Möglichkeit Zeigervariablen zu benutzen. In C++ gibt es sogenannte
Referenzparameter. Sie bewirken, daß beim Funktionsaufruf keine
Kopien der Argumentwerte angelegt werden, sondern daß die Funktion auf
denselben Speicherstellen arbeitet.

☞ Allen bisherigen C-Programmieren sei der Hinweis gegeben, daß ein
Referenzparameter intern natürlich über Zeiger realisiert wird. Tatsächlich
übergeben wird die Adresse des Arguments.

Um ein Argument als Referenzparameter zu übergeben, müssen die Parameter im Funktionskopf als solche gekennzeichnet werden. Dazu wird der
Referenzoperator, ein sogenanntes Kaufmanns-Und (`&`) verwendet.

Statt

```
    void Eingabe(double, short);
```

heißt der Prototyp dann:

```
    void Eingabe(double &, short &);
```

Die gleiche Änderung ist im Kopf der Funktion vorzunehmen.

Das endgültige Programm zum Potenzieren zweier Zahlen bekommt damit die in Programm 2.15 angegebene Gestalt.

Durch einen Referenzparameter bekommt eine Speicherstelle nur einen neuen Namen. Es wird kein zusätzlicher Speicher reserviert. Alle Änderungen an den Parametern innerhalb der aufgerufenen Funktion verändern automatisch die Argumente, mit denen die Funktion aufgerufen ist. Dies ist im obigen Fall natürlich erwünscht. Häufig treten allerdings sogenannte **Seiteneffekte** auf, weil sich der Programmierer nicht darüber im Klaren war, daß er einen Referenzparameter geändert hat, an der aufrufenden Stelle jedoch der Originalwert noch benötigt wurde. Man sollte Referenzparameter so sparsam wie möglich verwenden.

 Im Unterschied zum Aufruf mit Wertparameter als „call by value" spricht man bei Refernzparametern vom „call by reference".

Beachten Sie bitte auch den Anfang von `main()`. Dort werden in Zeile 6 sowohl zwei Variablen definiert als auch eine Funktion deklariert. Der Compiler macht keinen Unterschied. Er reserviert jeweils acht Byte für die `double`-Variablen `dBasis` und `dPow` sowie für den Rückgabewert von `Power()`.

Übung 2.13: Entwickeln Sie ein Programm, das den Zinsertrag eines vom Benutzer einzugebenden Kapitals berechnet. Neben dem Anfangskapital sollen Laufzeit und Zinssatz vom Benutzer eingegeben werden. Das Hauptprogramm soll nur den Ablauf steuern. Das Einlesen soll in einer Funktion `Eingabe()`, die Berechnung in `Zins()` und die Ausgabe in `Ausgabe()` erfolgen.

Übung 2.14: Schreiben Sie ein kurzes Programm, das zwei ganze Zahlen über die Tastatur einliest und danach eine Funktion `Swap()` aufruft, welche die Inhalte der beiden Variablen vertauscht. Warum muß man hier Referenzparameter benutzen?

```
 1 #include <iostream.h>
 2
 3 void main()
 4 {
 5      short xExponent;
 6      double dBasis, dPow, Power(double, short = 2);
 7      void Eingabe(double &, short &), Ausgabe(double, short, double);
 8
 9      Eingabe(dBasis, xExponent);
10
11      dPow = Power(dBasis,xExponent);
12
13      Ausgabe(dBasis, xExponent, dPow);
14 }      // Ende von main()
15
16 void Eingabe(double &dB, short &xE)
17 {
18      // Hier werden Basis und Exponent eingelesen.
19      cout << "\n\tBasis: ";
20      cin >> dB;
21
22      do{
23          cout << "\tExponent (> 0): ";
24          cin >> xE;
25      }while(xE < 0);
26 }      // Ende von Eingabe()
27
28 void Ausgabe(double dB, short xE, double dErg)
29 {
30      // Und hier findet die Ausgabe statt.
31      cout << "\n\tErgebnis: " << dB << " hoch ";
32      cout << xE << " = " << dErg << '\n';
33 }
34
35 double Power(double dX, short xN)
36 {
37      // Power() potenziert dX und xN.
38      double dPow = 1.0;
39
40      for(short xI = 1; xI <= xN; ++xI)
41          dPow *= dX;
42
43      return(dPow);  // Rückgabewert!
44 }      // Ende von Power()
```

Programm 2.15: Korrekte Steuerung und Argumentübergabe zum Potenzieren

 *Borland C++* kennt wie alle C-Compiler aus dem Haus Borland zwei Möglichkeiten, Funktionsargumente zu übergeben. Dazu muß man wissen, daß die Argumente auf dem sogenannten **Stack** abgelegt werden, zur Funktion gesprungen wird und sie dort wieder vom Stack heruntergeholt werden. Normalerweise werden die Argumente von rechts nach links auf den Stack gelegt. Dadurch liegt das im Quelltext an vorderer Stelle stehende Argument immer an der Stackspitze.

Es ist jedoch auch möglich, die Argumente in umgekehrter Reihenfolge auf dem Stack abzulegen. Diese Form wird häufig in Assemblerprogrammen verwendet. Will man eine solche Funktion aus einem C- bzw. C++-Programm heraus aufrufen, muß durch Voranstellen des Schlüsselwortes `pascal` dafür gesorgt werden, daß die Argumente von links nach rechts auf den Stack gelangen. Man kann auch in der Dialogbox nach dem Menü `Options/Compiler/Entry/Exit Code` als Aufrufkonvention dauerhaft `Pascal` einstellen. Der Code für einen Funktionsaufruf und damit der Speicherbedarf des ausführbaren Programms wird dadurch etwas kürzer.

Als Nachteil muß bei durch `pascal` aufgerufenen Funktionen die Anzahl der Argumente feststehen, während normale C-Funktionen beliebig viele Argumente enthalten dürfen, zum Beispiel `printf()`.

Alle „*Windows*-Funktionen" verlangen ihre Parameter nach der `pascal`-Konvention.

Ein Nachteil der Funktionen `Power()`, `Eingabe()` und `Ausgabe()` sind die fest vorgegebenen Datentypen der Funktionsargumente und des Rückgabewertes. Man kann jedoch in C++ eine Funktion mit identischem Namen, aber unterschiedlichen Datentypen definieren. Angenommen, die Funktion `Ausgabe()` soll nicht nur eine Variable vom Typ `double` und eine vom Typ `short` einlesen, sondern beispielsweise zwei `int`-Variablen, dann deklariert man zu Beginn von `main()`:

```
void Ausgabe(int, int);
```

Für den Compiler handelt es sich um eine völlig neue Funktion, die natürlich an späterer Stelle definiert werden muß. Der einzige Unterschied zur bisher schon in Programm 2.15 vorhandenen Funktion `Ausgabe()` besteht in den Datentypen der Funktionsparameter, die in beiden Fällen durch `int` zu ersetzen sind.

☞ Zum Potenzieren wird im weiteren Verlauf die Bibliotheksfunktion `pow()` benutzt. Sie kann etwas mehr, als die bisher verwendete, eigene Funktion `Power()`. Als Argument sind sowohl für die Basis als auch für den Exponenten `double`-Variablen zugelassen. Das Ergebnis ist ebenfalls vom Typ `double`. Es gibt zusätzlich eine weitere Funktion mit gleichem Namen, die jedoch komplexe Zahlen potenziert. Für Details sei auf die Hilfsfunktion unter dem Stichwort `pow` verwiesen.

☞ Das Ein- und Ausgeben über `>>` und `cin` bzw. `<<` und `cout` funktioniert nach dem gleichen Prinzip. Nur so ist es möglich, daß völlig verschiedene Datentypen auf die gleiche Art und Weise ein- und ausgegeben werden können.

 **Übung 2.15:** Ergänzen Sie das Programm aus der vorigen Übung um eine weitere Funktion `Swap()`, die Gleitkommazahlen vertauschen kann.

 **Übung 2.16:** Schreiben Sie eine Funktion `GetBits()`, die als Argument drei ganze Zahlen vom Typ `int` erhält. Aus der ersten sollen soviele Bits extrahiert werden, wie es die beiden übrigen Zahlen angeben. Zurückgeliefert werden soll der dezimale Wert der extrahierten Bits.

Der Kopf soll folgende Gestalt haben:

```
int GetBits(int iN, int iPos, int iAnz)
```

Dabei ist `iN` die zu bearbeitende Zahl. `iPos` gibt an, ab welcher Position die Bits herausgezogen und `iAnz` legt fest, wieviele Bits genommen werden sollen.

Falls `GetBits()` durch

```
iB = GetBits(20, 5, 2);
```

aufgerufen wird, sollen zwei Bits ab Position 5 ermittelt werden.

Die binäre Darstellung der 20 lautet 0...010100. Berechnet wird demnach die 10, was der dezimalen zwei entspricht.

 Bei der Numerierung der Bits von rechts nach links wird zuweilen auch mit 0 begonnen. Dann steht das rechts außen befindliche Bit also an Position 0.

2.4.3 Speicherklassen

Alle bisher verwendeten Variablen waren auf den Block beschränkt, in dem sie definiert wurden. Wollte man eine Variable in einer anderen Funktion benutzen, mußte sie entweder als Wert- oder als Referenzparameter übergeben werden. In manchen Fällen ist es jedoch reichlich umständlich, immer eine bestimmte Variable übergeben zu müssen. Dies gilt vor allem für Konstante. Angenommen man möchte anstelle von '\n' als Markierung für einen Zeilenvorschub lieber `cEOL` schreiben, soll das sicher im gesamten Programm geschehen. In diesem Fall bietet es sich an, eine **globale** Konstante zu definieren. Es ändert sich fast nichts gegenüber einer lokalen Definition, mit der einzigen Ausnahme, daß die Definition **außerhalb**

irgendeines Blocks passiert. In der Regel erfolgt die Definition globaler Konstanten und Variablen im Programmvorspann unmittelbar hinter den `#include`-Anweisungen.

Auch inhaltlich gibt es einen kleinen Unterschied. Kann man nämlich bei lokalen Variablen keine Aussage über ihren Inhalt nach einer Definition machen, werden globale Variablen immer mit 0 initialisiert.

```
#include <iostream.h>

const char cEOL = '\n';
const unsigned long lOBERGRENZE = 100000;
int iDummy;  // mit 0 initialisiert!

        ( ... )
```

Auch Funktionsdeklarationen können global erfolgen. Eine global bekannt gemachte Funktion kann an jeder Stelle des Programms aufgerufen werden.

☞ Prinzipiell kann an jeder Stelle außerhalb einer Funktion eine globale Variable/Konstante oder Funktion definiert bzw. deklariert werden. Sie sind dann allerdings erst ab dieser Stelle bekannt und können in vorhergehenden Teilen nicht benutzt werden.

Für globale Variablen gilt dieselbe Warnung wie für Referenzparameter bei Funktionen. Sie sollten sparsam verwendet werden, um Seiteneffekte möglichst zu vermeiden. Gerade Anfänger machen oft den Fehler, alle Variablen global zu definieren weil es halt so bequem ist. Nach spätestens 100 Zeilen weiß man jedoch nicht mehr, ob man den Wert einer Variablen in einer Funktion verändern darf oder nicht. Tut man es trotzdem, wurde der alte Wert natürlich an anderer Stelle noch benötigt. Tut man es nicht, hat man sehr schnell eine Vielzahl von unnötigen Variablen.

Bei größeren Pojekten, die von mehr als einer Person erstellt werden, sollten so gut wie keine, und wenn dann nur klar dokumentierte, globale Variablen vorkommen.

Eine weitere Gemeinsamkeit besaßen alle bisherigen Variablen, ohne daß sie besonders erwähnt wurde. Es waren sogenannte **auto-Variablen**. Eine **auto**-Variable ist der Standardfall für alle lokal definierten Variablen. Man kann ihnen das Schlüsselwort `auto` voranstellen. Eine auto-Variable ist dadurch gekennzeichnet, daß die zugehörige Speicherstelle beim Verlassen des definiernden Blocks freigegeben wird. Mit einem **definierenden Block** soll fortan der Block gemeint sein, in dem eine Variable definiert wurde. Völlig analog wird der Begriff **deklarierender Block** verwendet.

Nach dem Verlassen eines definierenden Blocks, verliert eine `auto`-Variable also grundsätzlich ihren Inhalt. In der Regel macht dies keine Probleme, weil eine Funktion an ihrem Ende normalerweise ihre Aufgabe abgeschlossen hat. Es gibt zuweilen jedoch Fälle, in denen ein Variableninhalt „überleben" soll. Hierzu werden **static-Variablen** benutzt. Ihnen wird bei ihrer Definition das Schlüsselwort `static` vorangestellt. Initialisiert man eine `static`-Variable bei der Definition, so erfolgt die Wertzuweisung nur beim allerersten Einstieg in den Block, das heißt in der Regel beim ersten Aufruf einer Funktion. Als Beispiel enthält nachfolgendes Programm zwei Funktionen `Funkt1()` und `Funkt2()`. Beide unterscheiden sich nur dadurch, daß `Funkt1()` eine `auto`-Variable `iTest` enthält und `Funkt2()` eine `static`-Variable `iTest`. Ansonsten sind beide Funktionen vollkommen identisch. Beide Variablen `iTest` werden mit 0 initialisiert und geben ihren aktuellen Inhalt an die aufrufende Stelle. Nach der Rückgabe über `return()` wird der aktuelle Wert jeweils um 1 erhöht.

```
 1 #include <iostream.h>
 2
 3 void main()
 4 {
 5       int Funkt1(void), Funkt2(void);
 6
 7       for(unsigned int i = 0; i < 10; i++)
 8       {
 9           cout << "\n\tFunkt1() = " << Funkt1();
10           cout << "\tFunkt2() = " << Funkt2();
11       }
12 }     // Ende von main()
13
14 int Funkt1(void)
15 {     // Es wird eine auto-Variable verwendet.
16       auto int iTest = 0;
17       return(iTest++);
18 }     // Ende von Funkt1()
19
20 int Funkt2(void)
21 {     // Es wird eine static-Variable verwendet.
22       static iTest = 0;
23       return(iTest++);
24 }     // Ende von Funkt2()
```

Programm 2.16: Unterschied zwischen `auto`- und `static`-Variablen

Die Ausgabe von Programm 2.16 lautet:

```
Funkt1() = 0     Funkt2() = 0
Funkt1() = 0     Funkt2() = 1

          ( ... )

Funkt2() = 0     Funkt2() = 9
```

Das Postinkrement in der `return()`-Anweisung von `Funkt1()` hat überhaupt keine Wirkung. Es ist schlicht überflüssig. Anders in `Funkt2()`. Hier wird `iTest` nur beim ersten Aufruf mit 0 initialisiert. Bei allen nachfolgenden Aufrufen enthält die Variable, den Wert, den sie beim letzten Verlassen besaß.

> `static`-Variablen können auch global definiert werden, was auf den ersten Blick überhaupt keinen Sinn gibt, da globale Variabeln ihren Wert sowieso während des gesamten Programmablaufs behalten. Sinnvoll werden sie erst dann, wenn ein Programm aus mehreren separat übersetzten Teilen besteht. Das nächste Unterkapitel geht auf dieses Thema ein.

Um die nächste Klasse von Variablen verstehen zu können, muß man sich verdeutlichen, wie ein Programm eine Rechenoperation durchführt. Angenommen, man hatte eine Schleife der Form

```
for(int iI = 0; iI < 10000; iI++)

          ( ... )
```

vor sich. Wie wird die Schleifenvariable `iI` berechnet? Nun, irgendwo im Speicher befinden sich einige Zellen (genau genommen 16 Bit), die für `iI` reserviert wurden und in die die Werte der Variablen eingetragen werden. Wenn nun überprüft werden soll, ob die Grenze von 10000 erreicht worden ist oder wenn `iI` um 1 erhöht werden muß, wird die Variable in ein sogenanntes **Register** geladen. Nur in diesen speziellen „Speicherzellen" kann ein Computer Rechenoperationen durchführen. Vor jedem Vergleich und jeder Addition wird `iI` also von der „normalen" Speicherzelle in ein Register geladen. Dort findet die Operation statt und danach wird `iI` wieder in seine Speicherzelle kopiert. Bei 10000 Schleifendurchläufen sind eine ganze Reihe von Kopiervorgängen nötig. Ein Computer hat nun mehr als ein Register (in der Regel 16 oder 32). Einige werden ständig vom Betriebssystem benötigt, andere stehen dem

Programm zur Verfügung. Bei lokalen Variablen, auf die sehr häufig zugegriffen wird, ist es möglich, sie ständig in einem Register zu halten, so daß die zeitaufwendigen Kopiervorgänge entfallen können. Um dies zu erreichen, wird bei der Variablendefinition das Schlüsselwort `register` vorangestellt. Obigen Schleifenkopf kann man demnach in

```
for(register int iI = 0; iI < 10000; iI++)

    ( ... )
```

umändern. Der Compiler „bemüht" sich, `iI` in einem Register zu halten. Da die Anzahl der Register begrenzt ist, sollte man mit dem neuen Schlüsselwort sparsam umgehen. Ist kein Register mehr frei, legt der Compiler die Variable ohne Warnung in einer „normalen" Speicherzelle ab.

Hinzu kommt, daß *Borland C++* von sich aus versucht, möglichst viele Variablen in Registern zu halten. Diese Art der Optimierung führt in den meisten Fällen dazu, daß ein Programm mit oder ohne spezielle Register-Variablen keine Laufzeitunterschiede aufweist. Eine Optimierung „von Hand" ist also nur in sehr speziellen Situationen sinnvoll, wenn etwa ein Programm sehr viele ineinander verschachtelte Schleifenkonstruktionen aufweist. Dann nämlich sollten vor allem die inneren Schleifenvariablen in Registern gehalten werden.

Der letzten Speicherklasse ist das nächste Unterkapitel gewidmet. Es ist etwas mehr Aufwand nötig, als nur ein neues Schlüsselwort voranzustellen.

2.4.4 Externe Variablen und Funktionen

Ein wesentlicher Vorteil von Funktionen besteht darin, daß sie in vielen verschiedenen Programmen benutzt werden können. Es wäre sehr umständlich, jedesmal den Quelltext einer Funktion in ein neu erstelltes Programm hineinzukopieren. Deshalb kennt *Borland C++* den Mechanismus der **separaten Übersetzung**. Es bietet sich beispielsweise an, die Funktion `Power()` aus Programm 2.15 in einer separaten Datei abzulegen und sie, wann immer man wieder zwei Zahlen potenzieren möchte, hinzuzubinden.

Als Beispiel werden zwei separate Dateien `POWER4.CPP` und `EXTPOWER.CPP` erstellt. Erstere hat folgendes Aussehen:

Das neue Schlüsselwort `extern` in Zeile 6 ist ein Hinweis an den Compiler, daß die Funktion `Power()` außerhalb der aktuellen Datei definiert wird.

```
 1 #include <iostream.h>
 2 void main()
 3 {
 4     short xExponent;
 5     double dBasis, dPow;
 6     extern double Power(double, short = 2); // Extern Deklaration
 7     void Eingabe(double &, short &), Ausgabe(double, short, double);
 8
 9     Eingabe(dBasis, xExponent);
10
11     dPow = Power(dBasis,xExponent);     // Aufruf der externen Funktion!
12
13     Ausgabe(dBasis, xExponent, dPow);
14 }   // Ende von main()
15
16 void Eingabe(double &dB, short &xE)
17 {
18     // Hier werden Basis und Exponent eingelesen.
19     cout << "\n\tBasis: ";
20     cin >> dB;
21
22     do{
23         cout << "\tExponent (> 0): ";
24         cin >> xE;
25     }while(xE < 0);
26 }   // Ende von Eingabe()
27
28 void Ausgabe(double dB, short xE, double dErg)
29 {
30     // Und hier findet die Ausgabe statt.
31     cout << "\n\tErgebnis: " << dB << " hoch ";
32     cout << xE << " = " << dErg << '\n';
33 }   // Ende von Ausgabe()
```

Programm 2.17: Potenzieren zweier Zahlen mit der externen Funktion `Power()`

Beim Aufruf der Funktion in Zeile 11 hat sich überhaupt nichts geändert.
Auch die Definition ist die alte geblieben. Sie findet jetzt in einer separaten
Datei statt.

☞ Eine separate Datei kann durchaus mehrere Funktionen enthalten.

☞ Es ist ganz wichtig, bei der **extern**-Deklaration den Datentyp des Rückgabewertes anzugeben. Der Compiler muß wissen, wieviel Speicherplatz er
für den Rückgabewert reservieren soll. Ohne Angabe des Datentyps gibt es
bei der Übersetzung keinerlei Warnung oder gar Fehlermeldung. Nur die
Ausgabe des übersetzten Programms ist nicht die gewünschte.

```
 1 double Power(double dX, short xN)
 2 {
 3       // Power() potenziert dX und xN.
 4       double dPow = 1.0;
 5
 6       for(short xI = 1; xI <= xN; ++xI)
 7            dPow = dPow * dX;
 8
 9       return(dPow);  // Rückgabewert!
10 }      // Ende von Power()
```

Programm 2.18: Eine separate Datei mit der Definition von `Power()`

Nachdem man die beiden separaten Dateien erstellt hat, stellt sich die Frage, wie man sie zu **einem** ausführbaren Programm kompiliert. Benutzt man nicht die integrierte Entwicklungsumgebung hat man es hier ausnahmsweise einmal einfacher. Die Kommandozeilenversion des Compilers wird einfach mit den beiden Quelltextdateien als Argument aufgerufen, also

        BCC POWER4.CPP EXTPOWER.CPP

bzw.

        BCCX POWER4.CPP EXTPOWER.CPP

für die Protected-Modus-Version. Es wird ein ausführbares Programm `POWER4.EXE` im aktuellen Verzeichnis erzeugt.

Möchte man in der Entwicklungsumgebung bleiben, muß ein sogenanntes **Projekt** (engl. *project*) erzeugt werden. Dazu wählt man unter dem Menü `Project` den ersten Punkt `Open project`. Es öffnet sich eine Dialogbox wie in Abbildung 2.6. In die obere Zeile wird als Projektname `POWER.PRJ` eingetragen. Nach einem Klick auf `Ok` öffnet sich am unteren Bildschirmrand ein Projekt-Fenster. Dort wird protokolliert, welche Moduln zum Projekt gehören. Bisher ist es noch leer. Um ein Modul einzufügen, wird wiederum das `Project`-Menü angewählt. Jetzt ist der Punkt `Add item` (*item* englisch für „Punkt") nicht mehr inaktiv und kann deshalb angewählt werden.

Die zugehörige Dialogbox zeigt eine Übersicht aller C++-Programme im aktuellen Verzeichnis. Man klickt einfach eine Quelltextdatei an und schon gehört sie zum Projekt. Zum Schließen der Dialogbox wird der Punkt `Done` angeklickt.

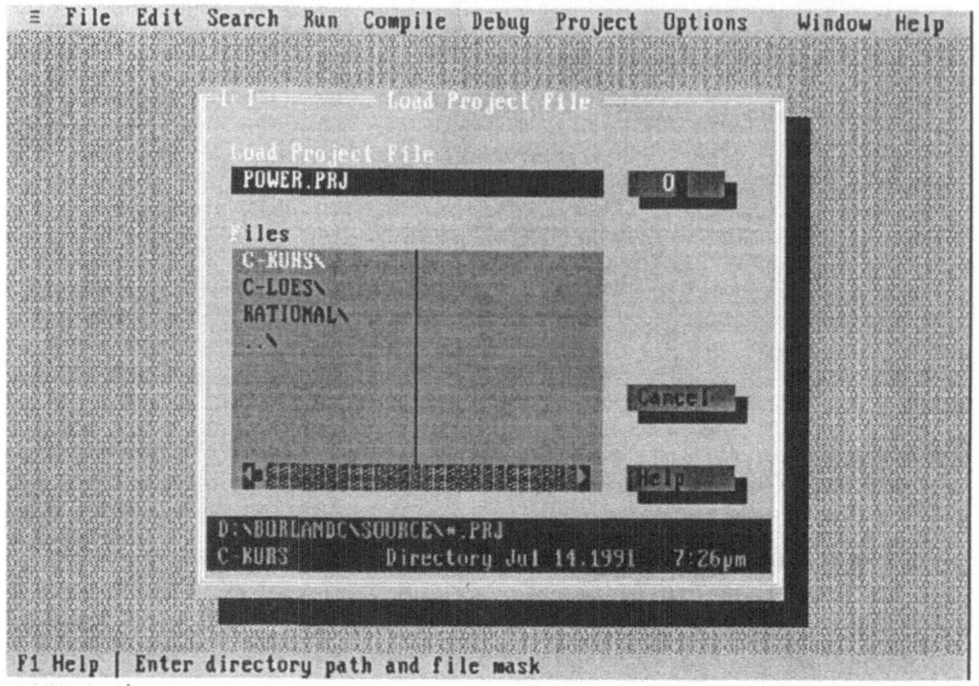

Abbildung 2.6: Öffnen bzw. Erzeugen der Projekt-Datei `POWER.PRJ`

Die Quelltexte eines Projektes werden nicht automatisch in ein Editorfenster geladen.   Dies geschah in Abbildung 2.8 wie gewöhnlich über das Menü `File/Open`.

Um ein lauffähiges Programm zu erzeugen, wählt man genau wie bei der Übersetzung einer einzigen Datei den Menüeintrag `Run/Run` oder drückt `Strg` + `F9` . Möchte man das Projekt nur Kompilieren, hat man im `Compile`-Menü mehrere Auswahlmöglichkeiten. Interessant sind hier vor allem die Punkte `Make EXE file`, `Link EXE File` und `Build all`. Alle drei Punkte erzeugen ein ausführbares Programm, sofern in keinem der Quelltexte Fehler enthalten sind. Der erste übersetzt nur die Teile, die seit der letzten Übersetzung verändert wurden. Der zweite bildet aus allen Objektdateien ein ausführbares Programm. Der dritte arbeitet wie `Make EXE file`, ohne allerdings darauf zu achten, ob eine Datei seit der letzten Übersetzung verändert wurde.

In den meisten Fällen werden Funktionen extern definiert. Manchmal enthält eine Quelltextdatei eine dort globale Variable, auf die an einer anderen Stelle zugegriffen werden soll. In einem solchen Fall enthält die Datei, in der auf die Variable zugegriffen werden soll eine **extern**-**Deklaration** der Variablen. An dieser Stelle wird kein Speicherplatz

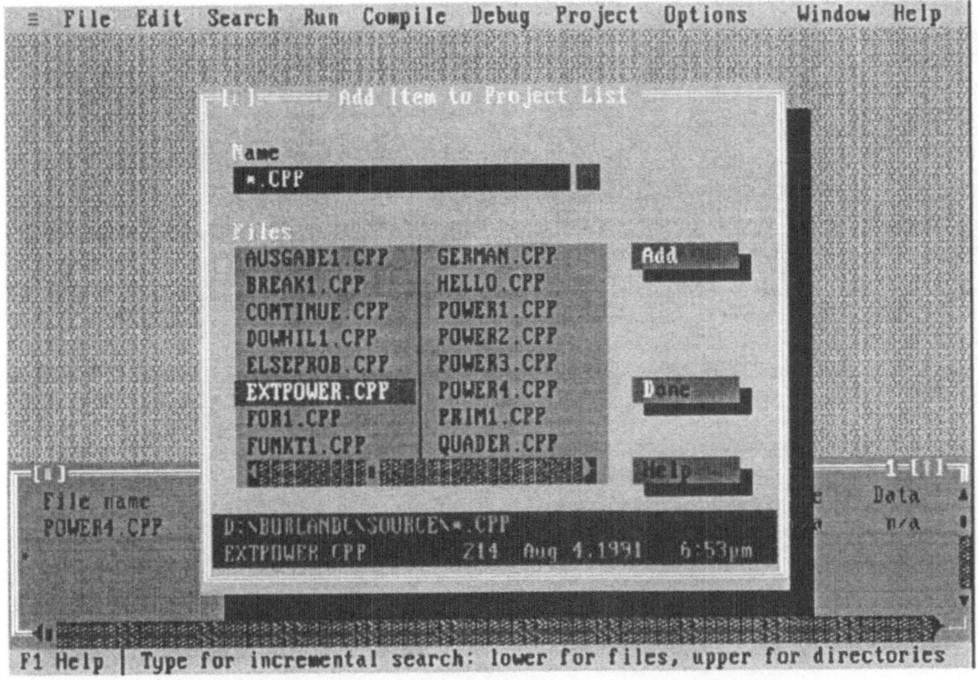

Abbildung 2.7: Ergänzen eines Moduls in die Projektliste

reserviert, sondern nur dem Compiler mitgeteilt, daß er keine Warnung oder Fehlermeldung ausgeben soll, wenn die Variable benutzt wird. Eine Deklaration der Form

```
extern unsigned short xBuffer
```

teilt dem Compiler also nur mit, daß in einem anderen Modul eine Variable `xBuffer` definiert wird.

☞ Häufiger kommt es vor, daß in einem separaten Modul mehrere Funktionen enthalten sind, die über eine oder mehrere Variablen „kommunizieren“, das heißt Informationen austauschen. In diesem Fall müssen die Variablen als **static** definiert sein, um auszuschließen, daß sie in anderen Quelltextdateien Konflikte auslösen, wenn dort gleichnamige Variablen definiert werden.

Die Bibliotheksfunktionen **getch()** und **ungetch()** „kommunizieren“ über eine Variable **bufp** (und andere) miteinander. Die zugehörige Datei hat folgendes Aussehen:

```
≡  File  Edit  Search  Run  Compile  Debug  Project  Options      Window  Help
                          POWER4.CPP                                  2
#include <iostream.h>
void main()                      ┌[■]────── EXTPOWER.CPP ──────3=[↑]┐
{                                │double dPower(double dX, short xN)
    short xExponent;             │{
    double dBasis, dPow;         │    // dPower() potenziert dX und xN.
    extern double dPower(double, short│    double dPow = 1.0;
    void Eingabe(double &, short &), A│
                                 │    for(short xI = 1; xI <= xN; ++xI)
    Eingabe(dBasis, xExponent);  │        dPow = dPow * dX;
                                 │
    dPow = dPower(dBasis,xExponent);   │    return(dPow);   // Ruckgabewert!
                                 │}   // Ende von dPower()
    Ausgabe(dBasis, xExponent, dPow);  └── 10:26 ──◄█▒▒▒▒▒▒▒▒▒▒▒▒►
}   // Ende von main()
      1:1
                        ── Project: POWER ──────────────────1
  File name     Location                    Lines    Code    Data
  POWER4.CPP                                   33     257      52
  EXTPOWER.CPP                                 11      68       8


F1 Help  Alt-F8 Next Msg  Alt-F7 Prev Msg  Alt-F9 Compile  F9 Make  F10 Menu
```

Abbildung 2.8: Das Projektfenster zu `POWER.PRJ` und die zugehörigen Quelltexte

```
static int bufp = 0;

        ( ... )

int getch()    ( ... )

int ungetch()    ( ... )
```

Selbst, wenn ein anderer Quelltext, der `getch()` oder `ungetch()` benutzt
eine Variable namens `bufp` benutzt, bleibt die `static`-Variable aus obigem
Ausschnitt unberührt.

Eine globale `static`-Variable ist demnach nur in der Datei gültig, in der sie
definiert wird.

Fassen wir alle Speicherklassen zusammen:

auto-Variablen sind die bisher benutzten „normalen" Variablen. Sie sind
nur innerhalb des Blocks gültig, in dem sie definiert wurden. Nach
dem Verlassen des Blocks verlieren sie ihren Wert.

Globale Variablen werden außerhalb irgendeines Blockes definiert. Sie
sind ab der Position ihrer Definition bis zum Ende der Datei gültig.

`static`-**Variablen** verhalten sich, wenn sie lokal definiert werden, wie `auto`-Variablen mit dem einzigen Unterschied, daß sie ihren Wert bei Verlassen des definierenden Blocks nicht verlieren. Sie werden nur beim ersten Einstieg in einen Block initialisiert.

Werden statische Variablen global definiert, sind sie außerhalb der definierenden Datei „unsichtbar", das heißt, einen Zugriff auf sie, wird der Compiler mit einer Fehlermeldung „belohnen".

`register`-**Variablen** werden vom Compiler so angelegt, daß sie nach Möglichkeit während des gesamten Programmablaufs in einem Register gehalten werden. Auf die Variable kann so schneller zugegriffen werden. Allerdings optimiert der Compiler in der Regel so gut, daß man sich eine spezielle Definition ersparen kann.

`extern`-**Variablen** sind in einem anderen Quelltext definiert. Sie werden durch eine `extern`-Deklaration zugänglich gemacht. Eine solche Deklaration reserviert keinen Speicherplatz.

2.4.5 Felder und Strings

Wenn bisher eine Variable definiert wurde, so war es imer nur eine einzelne. Es gibt jedoch diverse Probleme, die eine Fülle von Variablen benötigen, so zum Beispiel jede Form von Tabellenkalkulation. Es wäre reichlich umständlich, jede Variable separat zu definieren. Man stelle sich nur ein Arbeitsblatt mit 1000 × 1000 Zellen vor.

Wie jede andere höhere Programmiersprache erlaubt deshalb auch C++ die Definition ganzer Felder von Variablen. In der Mathematik sind solche Felder als **Vektoren** bekannt. Man spricht auch von **indizierten Variablen**. Gegenüber einer Variablendefinition in der bishrigen Form ändert sich nur eine Kleinigkeit. Man gibt hinter dem Variablennamen in eckigen Klammern (`[...]`) an, wieviele Variablen man benötigt. Durch eine Definition

```
int iFeld[100];
```

erzeugt man 100 Variablen vom Typ `int`. Angesprochen werden die einzelnen **Feldelemente** über ihren **Index**. Um beispielsweise dem Element mit dem Index 1 den Wert 1000 zuzuweisen, schreibt man:

```
iFeld[1] = 10;
```

Man sollte allerdings nicht den Fehler begehen, vom „ersten" Element zu sprechen, denn in C++ beginnen Felder immer mit dem Index 0. Das Variablenfeld `iFeld` enthält demnach 100 Elemente mit den Indizes 0 bis 99. Versucht man dennoch direkt einen Wert an ein Element `iFeld[100]` zuzuweisen, wird der Compiler bei der Übersetzung eine Warnung ausgeben.

Problematischer ist eine Konstruktion der folgenden Form:

```
for(unsigned short xI = 0; i <= 100; i++)
    iFeld[xI] = xI*10;
```

Die Schleife läuft von 0 bis **einschließlich** 100. Ein Element `iFeld[100]` gibt es jedoch nicht. Das kann der Compiler während der Übersetzung nicht bemerken. Folge, das Programm stürzt bei der Ausführung ab und der Rechner muß über `Strg` + `Alt` + `Entf` neu gestartet werden; also Vorsicht mit den Indexgrenzen von Variablenfeldern!

Bei Feldern steht der Typ vor **und** hinter dem Feldbezeichner. Im obigen Beispiel wird genaugenommen eine Variable mit Namen `iFeld` definiert, deren Typ `int [100]` ist.

Die Obergrenze eines Feldes wird oft über eine Konstante festgelegt:

```
const unsigned short xOBERGRENZE = 1000;

        ( ... )

float fArray[xOBERGRENZE];
```

Man kann so relativ unproblematisch die Anzahl der Elemente verändern. Wenn nämlich innerhalb des Programms, zum Beispiel in einer Schleife, alle Elemente verändert werden, kann wieder die Konstante benutzt werden.

```
for(unsigned short xI = 0; xI < xOBERGRENZE; xI++)
            ( ... )
```

Soll das Feld mehr als 1000 Elemente enthalten, muß nur die Konstante geändert werden. Die Schleife läuft automatisch auch bis zum veränderten Wert.

Ähnlich wie bei einzelnen Variablen können auch Felder initialisiert werden. Die einzelnen Werte werden innerhalb eines eigenen Blocks durch Kommas getrennt.

```
int iFeld[5] = {0, 10, 20, 30, 40};
```

Danach enthält `iFeld[0]` den Wert 0, `iFeld[1]` die 10 usw.

Man kann sich bei der Initialisierung die Angabe der Feldgrenze schenken. Der Compiler setzt sie automatisch ein. Um obiges Feld aus fünf Elementen zu erzeugen kann man also genausogut

```
int iFeld[] = {0, 10, 20, 30, 40};
```

schreiben. Dann allerdings kann das Feld nicht größer als fünf Elemente sein, während bei einer Definition wie

```
int iFeld[10] = {0, 10, 20, 30, 40};
```

die ersten fünf Elemente wie oben initialisiert werden und die anderen fünf undefiniert sind.

Die Initialisierung von Feldern über einen Block mit Werten, ist nur bei der Definition erlaubt. Innerhalb des Anweisungsteils können Werte nur an die einzelnen Elemente zugewiesen werden.

Weiterhin sind keine Zuweisungen ganzer Felder erlaubt. Falls also durch

```
int iFeld1[3], iFeld2[3] = {1, 2, 3};
```

zwei Integer-Felder erzeugt wurden, muß man die einzelnen Elemente durch

```
for(short xI = 0; xI < 3; xI++)
    iFeld1[xI] = iFeld2[xI];
```

kopieren und nicht durch

```
iFeld1 = iFeld2      // FALSCH!
```

☞ Die soeben als falsch markierte Zuweisung würde vom Compiler allerdings ohne Murren übersetzt. Es handelte sich dann jedoch um das Kopieren einer Zeigervariablen, was nach obiger Definition keinen Sinn macht, da der reservierte Speicher verloren wäre.

Felder mit einer Indexgrenze werden **eindimensional** genannt. Bei einer Tabellenkalkulation sind die einzelnen Zellen quadratisch angeordnet. Man spricht sie über einen Zeilen- und einen Spaltenindex an. Es bietet sich also an, die einzelnen Zellen nicht als ein- sondern als **zweidimensionales** Feld zu realisieren. Es wird lediglich ein weiterer Index in eckigen Klammern ergänzt. Ein

```
double dZweiDimFeld[8][8];
```

erzeugt ein Feld aus insgesamt 64 (= 8 × 8) `double`-Elementen. Angesprochen werden die einzelnen Elemente völlig analog zum eindimensionalen Fall.

```
dZweiDimFeld[1][3] = 3.5;
```

Auch die Initialisierung sieht nahezu völlig gleich aus:

```
double dZweiDimFeld[][3] =  { 1.0, 2.0, 3.0,
                             10.0, 20.0, 30.0.
                             100.0, 200.0, 300,0}
```

Man sieht, daß auch hier Indexgrenzen weggelassen werden können. Dies gilt allerdings nur für die erste. Anderenfalls könnte der Compiler nicht unterscheiden, ob oben ein Feld der Form

```
double dZweiDimFeld[3][3];
```

oder

```
double dZweiDimFeld[9][1];
```

oder etwa

```
double dZweiDimFeld[1][9];
```

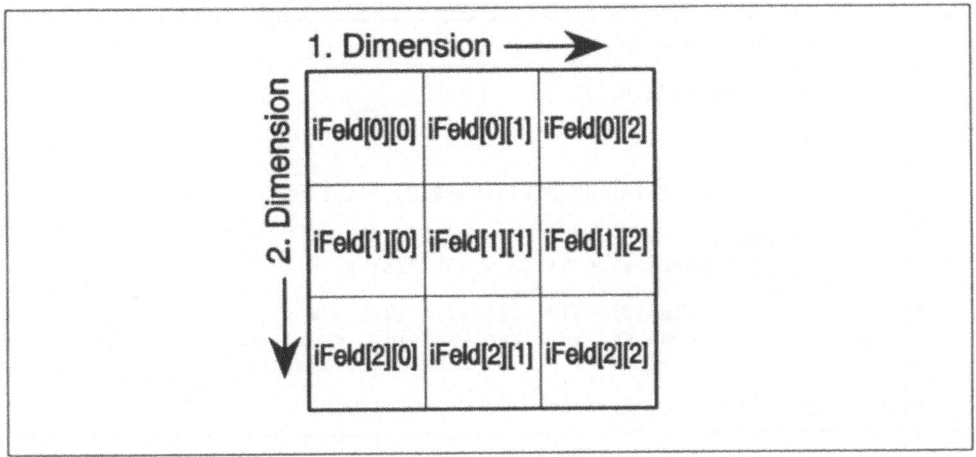

Abbildung 2.9: Ein zweidimensionales Feld

gemeint ist.

Im Zusammenhang mit zweidimensionalen Feldern klären sich auch die unterschiedlichen Präfixe aus Tabelle 2.4 von Seite 67. In der Regel werden Felder mit mehr als einer Dimension über **short**-Variablen indiziert. Um zu unterscheiden, für welche Dimension eine Variable „zuständig" ist, werden die Präfixe **x** für die erste, **y** für die zweite und **z** für die dritte Dimension verwendet. Mehr als drei Dimensionen kommen in der Praxis so gut wie nie vor. Dies liegt zum einen an der kaum verbreiteten Erforschung der vierten Dimension und zum anderen daran, daß der Speicherbedarf eines mehrdimensionalen Feldes mit jeder zusätzlichen Dimension um eine Zehnerpotenz steigt. Ein Feld der Form

```
float fFeld2[10][10];
```

benötigt für seine 100 Elemente 10 * 10 * 4 Bytes = 4000 Bytes Speicherplatz, während für ein Feld

```
float fFeld3[10][10][10];
```

10 * 10 * 10 * 4 = 40000 Bytes nötig sind.

Übung 2.17:   Was gibt wohl folgendes, zugegebenermaßen nicht sehr leistungsfähiges, Programm aus. Bitte nicht abtippen, sondern mit Papier und Bleistift lösen.

```
 1 #include <iostream.h>
 2
 3 const short xGRENZE = 3;
 4
 5 void main()
 6 {
 7       int iZweiDimFeld[xGRENZE][xGRENZE], iVal = 1;
 8
 9       for(short xI = 0; xI < xGRENZE; xI++)
10          for(short yJ = 0; yJ < xGRENZE; yJ++)
11          {
12                iZweiDimFeld[xI][yJ] = iVal++ * xI;
13                cout << "\n\tiZweiDimFeld[" << xI << "][" << yJ \
14                     << "] = " << iZweiDimFeld[xI][yJ];
15          }
16 }     // Ende von main()
```

Programm 2.19: Übungsprogramm zu (zweidimensionalen) Feldern.

 **Übung 2.18:**   Schreiben Sie ein Programm, das maximal 1000 **float**-Variablen von der Tastatur einliest. Beendet werden soll das Einlesen, falls man die Zahl 0.0 eingibt. Danach(!) sollen Minimum und Maximum sowie der Mittelwert der eingegebenen Zahlen berechnet werden.

Eine spezielle Form stellen Felder aus **char**-Variablen dar. Das fängt schon mit der Initialisierung an. Statt

```
char sString[] = {'H','a','l','l','o'};
```

kann man kürzer

```
char sString[] = "Hallo";
```

notieren. Ein solches Feld aus Character-Variablen wird als **Zeichenkette** oder neudeutsch **String** bezeichnet. Solche Zeichenketten sind die einzige Form von Feldern, die auf einmal ausgegeben werden können. Das Feld **sString** kann durch

```
cout << sString;
```

auf den Bildschirm geschrieben werden. Dies ist mit Feldern, deren Elemente einen anderen Datentyp besitzen, nicht möglich.

Es sei denn, man benutzt den Mechanismus des Overloading und schreibt eine eigene Ausgaberoutine. Dies wird in 2.12 vorgeführt.

Ebenso ist es möglich, eine Zeichenkette über **>>** und `cin` auf einmal zu füllen. Nach

```
cin >> sString;
```

wartet das Programm auf die Eingabe einer Zeichenkette. Beendet wird die Eingabe wie gewohnt durch die $\boxed{\leftarrow}$ - bzw. die $\boxed{\text{Enter}}$ -Taste.

Ein Unterschied besteht allerdings doch zwischen der Initialisierung mit einzelnen Zeichen und der Zuweisung einer ganzen Zeichenkette. Im letzteren Fall wird nämlich zusätzlich nach dem letzten Zeichen eine sogenannte Stringende-Markierung in Form eines '\0' angehangen. Das Feld `sString` enthält demnach nicht fünf sondern sechs Elemente `sString[0] = 'H'`, `sString[1] = 'a'` usw. bis zu `sString[5] = '\0'`. Es handelt sich um einen durch `NULL` beendeten String, wie er in Tabelle 2.4 auf Seite 67 beschrieben wird. Der Name sollte also besser `szString` lauten.

☞ Die Bezeichnung `NULL` ist eine spezielle Konstante, die als allgemeine Bezeichnung für den Wert 0 in verschiedenen Zusammenhängen verwendet wird. Speziell beim Thema Zeiger wird sie näher besprochen.

Als Beispiel wird Programm 2.20 vorgestellt, das in einer eingegebenen Zeichenkette alle Klein- in Großbuchstaben verwandelt.

```
 1 #include <iostream.h>
 2 #include <ctype.h>
 3
 4 const cDIFF_KLEIN_GROSS = ('a' - 'A');
 5
 6 void main()
 7 {
 8         char szString[256];
 9
10         cout << "\n\tZeichenkette: ";
11         cin >> szString;
12
13         for(short xI = 0; szString[xI] != '\0'; xI++)
14             if(islower(szString[xI]))       // Kleinbuchstabe ?
15                 szString[xI] -= cDIFF_KLEIN_GROSS;
16
17         cout << "\n\t-> " << szString << "\n";
18 }     // Ende von main();
```

Programm 2.20: Umwandlung von Klein- in Großbuchstaben

Erklärt werden muß lediglich die Abfrage:

```
if(islower(szString(iX))
```

Die „Funktion" `islower()` ist in Wahrheit gar keine. Es handelt sich
um ein in der Bibliothek `ctype.h` definiertes Makro, wie sie im nächsten
Unterkapitel beschrieben werden. Im vorliegenden Fall hat es jedoch keine
besondere Auswirkung. Es verhält sich genau wie eine Funktion, die eine
1 zurückliefert, wenn das übergebene Zeichen ein Kleinbuchstabe ist und
eine 0 ansonst. Als Argument ist zwar eine `int`-Variable angegeben. In der
Regel werden jedoch nur Zeichen des ASCII-Codes bearbeitet.

`int islower(int iCh)`
Bibliothek: `ctype.h` **Aufgabe:**   Das Makro prüft, ob `iCh` ein Kleinbuchstabe ist oder nicht. Ist es der Fall wird 1 zurückgegeben, anderenfalls eine 0.

☞ In `ctype.h` und in `string.h` sind eine ganze Reihe weiterer Funktionen
und Makros zur Verarbeitung von Zeichenketten definiert. Einige werden
im weiteren Verlauf exemplarisch vorgestellt.

Übung 2.19:   Schreiben Sie in Anlehnung an Programm 2.20 ein Programm, das eine Zeichenkette einliest und diese umgekehrt ausgibt. Aus
„REGEN" soll also „NEGER" und aus „LAGER" ein „REGAL" werden.

Vielleicht fragen Sie sich, wo die Aufspaltung in separate Funktionen geblieben ist, die ihnen einige Seiten zuvor noch gepredigt wurde. Leider gilt es
bei der Argumentübergabe von Feldern an Funktionen eine Besonderheit,
die zunächst nur schwer einzusehen ist, zu beachten. Wurden nämlich
Argumente an eine Funktion durch „call by value" übergeben, so legte der
Compiler in der aufgerufenen Funktion Kopien der Variablen an. Eine
Änderung an den Kopien ließ die Originale unverändert. Wollte man
dies abändern, mußte man die Parameter einer Funktion mit Hilfe des `&`-
Symbols als Referenzparameter kennzeichnen.

Ein Feld als Funktionsargument verhält sich grundsätzlich wie ein Referenzparameter. Es werden **keine Kopien** der einzelnen Elemente angelegt.

 Im Zusammenhang mit Zeigern wird näher darauf eingegangen, daß ein Feldbezeichner intern eine Speicheradresse meint und diese Adresse an die Funktion übergeben wird.

Aus diesem Grund benötigt man keinen Referenzoperator (&), wenn in einer Funktion und gleichzeitig an der aufrufenden Stelle ein Feld verändert werden soll. Es geht sogar noch weiter. Der Referenzoperator ist in diesem Zusammenhang verboten. Man kann also ein ganzes Feld **nicht** als Wertparameter übergeben. Werden einzelne Elemente in einer Funtion verändert, wirkt sich dies automatisch auf das Feld an der aufrufenden Stelle aus.

Im Beispiel zur Umwandlung in Großbuchstaben ist genau dieser Effekt erwünscht.

```
 1 #include <iostream.h>
 2 #include <ctype.h>
 3
 4 const cDIFF_KLEIN_GROSS = ('a' - 'A');
 5
 6 void main()
 7 {
 8      char szString[256];
 9      void MakeUpper(char []); // Prototyp!
10
11      cout << "\n\tZeichenkette: ";
12      cin >> szString;
13
14      MakeUpper(szString);
15
16      cout << "\n\t-> " << szString << "\n";
17 }    // Ende von main();
18
19 void MakeUpper(char szSt[])
20 {    // Wandelt alle Klein- in Grossbuchstaben um.
21      for(short xI = 0; szSt[xI] != '\0'; xI++)
22          if(islower(szSt[xI]))    // Kleinbuchstabe ?
23              szSt[xI] -= cDIFF_KLEIN_GROSS;
24 }
```

Programm 2.21: `MakeUpper()` wandelt Klein- in Großbuchstaben um

Da es keine Zuweisungen eines ganzen Feldes an ein anderes gibt, kann auch nicht über die `return()`-Anweisung ein ganzes Feld als Funktionsrückgabewert erscheinen.

Glücklicherweise haben sich die meisten der soeben beschriebenen Einschränkungen in der Praxis eher als Vereinfachung denn als Hindernis erwiesen.

 **Übung 2.20:** Verändern Sie Ihr Programm aus der vorhergehenden Übung so, daß das Umdrehen der Zeichenkette in einer separaten Funktion erfolgt. Der eingelesene String wird also als Funktionsargument übergeben.

 **Übung 2.21:** Ein inzwischen sehr bekanntes „Spiel" mit dem Namen *Leben* oder Englisch *Live* simuliert Fortentwicklungszyklen auf einem acht mal acht Kästchen großen Feld. Die Größe spielt keine Rolle und sollte als Konstante zu Programmbeginn definert werden.

Auf dem Spielfeld stehen Steine, die Lebewesen darstellen. Im „Spiel" geht es nun darum, Folgegenerationen zu berechnen. Dabei liegt folgendes Schema zugrunde:

- Ein Stein bleibt stehen („überlebt seine Generation"), wenn auf den maximal acht Nachbarfeldern insgesamt genau zwei oder drei Steine stehen.

- Ein Stein wird entfernt („stirbt"), wenn auf den maximal acht Nachbarfeldern weniger als zwei oder mehr als drei Steine stehen („sterben an Isolierung oder an Überbevölkerung").

- Ein neuer Stein wird auf ein bisher leeres Feld gesetzt („geboren"), wenn auf den maximal acht Nachbarfeldern insgesamt genau drei Steine stehen.

Entwickeln Sie ein C++-Programm, das von der Tastatur eine Anfangssituation einliest und danach solange Folgegenerationen simuliert, bis alle Lebewesen ausgestorben sind oder der Benutzer das Programm durch `Strg` + `C` abbricht.

 Man kommt nicht ohne ein Hilfsfeld aus, weil sich die Situation für alle Felder gleichzeitig ändern soll.

Ein Feld mit einem um jeweils zwei Reihen bzw. Spalten größeren Rand in horizontaler und in vertikaler Richtung vereinfacht die Sache enorm, weil keine Sonderfälle (Randfelder) betrachtet werden müssen.

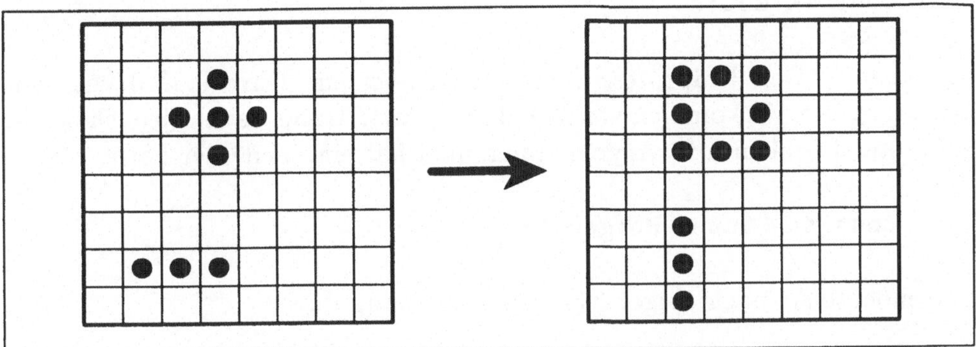

Abbildung 2.10: Generationswechsel im Spiel *Leben*

2.4.6 Makros

Auf Seite 68 wurde das Schlüsselwort `const` zur Definition einer Konstanten
eingeführt. Eine so definierte Konstante ist eine Spezialform einer Variablen, deren Inhalt nicht verändert werden darf. C++ kennt einen weiteren,
bereits in C verwendeten Mechanismus zur Erzeugung von Konstanten, die
`#define`-Anweisung.

Der Gatterzaun (`#`) deutet es an: Es handelt sich hierbei um eine Anweisung
an den Präprozessor. Durch ein `#define` wird keinerlei Speicherplatz
reserviert. Die Anweisung dient lediglich zur textuellen Ersetzung. Man
kann einer über `#define` erzeugten Konstanten auch keinerlei Typ ansehen.

Ihr Vorteil besteht darin, daß keinerlei Adressberechnung erforderlich ist,
um sie auszuwerten. Nachdem der Präprozessor sie bearbeitet hat, das
heißt, alle Ersetzungen vorgenommen hat, sind die Konstanten aus dem
Quelltext verschwunden. Als Folge sind Zugriffe auf `#define`-Konstanten
etwas schneller als auf `const`-Konstanten. Sie werden deshalb vor allem
bei Feldobergrenzen verwendet, weil diese häufig – vor allem in Schleifen –
in Vergleichen benutzt werden.

Als Bespiel sei durch

```
#define EOL '\n'
```

die Konstante `EOL` für das Zeichen `'\n'` eingeführt. Anstelle von

```
cout << '\n';
```

kann man nun

```
cout << EOL;
```

schreiben. Der Präprozessor ersetzt bei seinem Durchlauf durch den Quelltext alle Vorkommen von `EOL` durch `'\n'`. Dabei taucht jedoch schon ein erstes Problem auf. Angenommen man hat eine Zeile der Form

```
cout << "Guten Morgen!\n";
```

und möchte sie nach obiger `#define`-Anweisung durch

```
cout << "Guten Morgen!EOL";
```

ersetzen. Der Effekt ist nicht der gewünschte, weil in der unteren Zeile

```
Guten Morgen!EOL
```

ausgegeben wird und kein Zeilenvorschub stattfindet.

Man muß sich immer klar machen, daß eine sture textuelle Ersetzung stattfindet. Bei Verwendung einer `const`-Konstanten wäre man kaum auf obige Form der Ersetzung gekommen, weil man sich dort eher darüber im Klaren ist, daß man es mit einer Variablen, also einer Speicherstelle, zu tun hat.

☞ Speziell Pascal-Programmierer werden die Möglichkeit schätzen, daß man mit

```
#define BEGIN {
```

und

```
#define END }
```

anstelle der geschweiften Klammern das gewohnte `BEGIN` und `END` zu Anfang und zum Ende eine Blocks schreiben kann.

Auch läßt sich mit

```
#define then      // leere Ersetzung!
```

ein Dummy-Schlüsselwort `then` einführen, welches es in einer Bedingung ermöglicht,

```
if(<Bedingung>) then
        ( ... )
```

zu programmieren.

Man sollte die Ersetzung nicht zu weit treiben. Es ist jedoch schon vorgekommen, daß durch

```
#define .LT. <
#define .LE. <=

        ( ... )
```

ein ehemaliger Fortran-Programmierer seine gewohnten Vergleichsoperatoren weiterbenutzen konnte.

Eine spezielle Form von **#define**-Anweisungen stellen **Makros** dar. Hierbei nutzt man die textuelle Ersetzung, um Anweisungen, die Funktionen sehr ähnlich sehen, zu konstruieren. Ein wesentlicher Vorteil gegenüber Funktionen besteht darin, daß Makros typunabhängig sind. Das heißt, man muß sich keine Gedanken um die Datentypen der Argumente und des Rückgabewertes machen. Es hat sich eingebürgert, Makronamen genau wie Konstanten komplett in Großbuchstaben zu notieren.

Ein beliebtes, erstes Beispiel ist das Makro **MAX()**, das aus zwei Zahlen die größere der beiden ermittelt.

```
#define MAX(A,B) (A > B ? A : B)
```

Hier sieht man wieder einmal, daß in C++ sehr viel, und sehr gerne abgekürzt wird. Der erste Teil

```
(A) > (B) ?
```

ist gleichzusetzen mit der bedingten Bewertung:

```
if(A > B)
```

Allerdings könnte man diese nicht so elegant im Makro verwenden. So kann der Präprozessor nämlich folgendermaßen ersetzen. Ist **A** größer als **B** wird der unmittelbar hinter dem Fragezeichen stehende Ausdruck textuell ersetzt. Ist **A** kleiner oder gleich **B**, wird der Ausdruck hinter dem Doppelpunkt genommen. Enthält das zugehörige Programm eine Zeile der Form

```
cout << MAX(3,5) << '\n';
```

ersetzt der Präprozessor den Ausdruck `MAX(3,5)` textuell durch:

```
cout << 3 > 5 ? 3 : 5 << '\n';
```

Nebenbei lernt man hierbei also, daß man eine Bedingung in eine Anweisung stecken kann. Ohne Makros führt dies jedoch sehr leicht zu unübersichtlichen Ausdrücken.

Anders als bei einem Funktionsaufruf findet im Programm keine Verzweigung statt. Es muß keine Rücksprungadresse gesichert werden und auch keine Variablenbelegung. Ein Makroaufruf ist deshalb schneller als der einer Funktion. Außerdem kann man dasselbe Makro verwenden, wenn es anstelle von ganzen mit Gleitkommazahlen aufgerufen werden soll, also etwa:

```
cout << MAX(3.5,5.2) << '\n';
```

Selbstverständlich können die Argumente eines Makros auch Variablen oder gar Funktionsergebnisse sein.

```
cout << MAX(dX,Power(3.0,2) << '\n';
```

Zur Laufzeit des Programms wird der Ausdruck

```
cout << dX > Power(3.0,2) ? dX : Power(3.0,2)<<'\n';
```

bewertet.

Am letzten Beispiel erkennt man vielleicht schon einen wesentlichen Nachteil von Makros. Da textuell ersetzt wird, kann dies zu sehr umfangreichen Quelltexten führen. Auch das übersetzte Programm nimmt dadurch an Umfang zu. Der Gewinn an Geschwindigkeit ist wie auch an anderen Stellen mit einer Zunahme an Speicherplatzbedarf verbunden. Man sollte Makros nach Möglichkeit nicht verwenden, wenn sie an sehr vielen verschiedenen Stellen eines Programms aufgerufen werden.

Ein weiteres Beispiel für das Dilemma zwischen Laufzeit-Vorteilen und Speicherplatz-Nachteilen ist das Einführen zusätzlicher Variablen zum Speichern von Zwischenergebnissen. Hätte man oben das Ergebnis von `Power()` in eine eigene Variable geschrieben, wäre die Funktion nur einmal aufgerufen worden. Der Zugriff auf eine Variable erfolgt schneller als ein Funktionsaufruf.

Bleiben wir noch etwas bei Makros. Ihre Verwendung ist zuweilen äußert undurchsichtig. Nehmen wir als Beispiel folgendes Programm, das auf den ersten Blick völlig unproblematisch aussieht.

```
1 #include <iostream.h>
2 #define QUADRAT(x) x * x                    // FALSCH!!!
3
4 void main()
5 {
6       int iY = 5;
7
8       cout << "\n\t" << QUADRAT(iY+1);    // ACHTUNG!
9 }     // Ende von main()
```

Programm 2.22: Probleme bei der Makrobenutzung

Das Programm gibt eine 11 aus, was offensichtlich nicht gewollt war, da man doch annehmen möchte, daß ein Makro mit dem Namen `QUADRAT()` sein Argument quadriert.

Wieder muß man sich vor Augen halten, wie der Präprozessor ersetzt. Der Makroaufruf in Zeile 8 wird zu:

```
cout << "\n\t" << iX+1 * iX+1;
```

Es kümmert den Compiler leider gar nicht, daß das `+`-Zeichen näher an seinen Operanden steht als das `*`-Zeichen. Es wird dennoch Punktrechnung vor Strichrechnung berechnet, also `iX + (1*iX) + 1`. Setzt man für `iX` den aktuellen Wert 5 ein, erhält man:

$$5 + (1 * 5) + 1 = 5 + 5 + 1 = 11$$

Das Programm arbeitet also richtig, nur die Ersetzung liefert nicht das gewünschte Ergebnis. Abhilfe schaffen ein paar Klammern innerhalb des Makros.

```
#define QUADRAT(x) (x) * (x)
```

Dann nämlich wird in Zeile 8

```
cout << "\n\t" << (iX+1) * (iX+1);
```

ersetzt und die Ausgabe lautet 36.

Aus diesem Beispiel läßt sich eine Faustregel ableiten, die besagt, daß
die Argumente eines Makros immer separat geklammert werden sollten.
Allerdings befreit auch diese Regel nicht von allen Problemen. Speziell
Prä- und Postinkrement bzw. -dekrement innerhalb eines Makros sollten
vermieden werden, wie folgende Übungsaufgabe hoffentlich eindringlich
klarmacht.

Die Abfrage

```
if(KLEIN(--cZ))
```

ist eine Abkürzung für:

```
if(KLEIN(--cZ) == TRUE)
```

Das Ergebnis des Makros kann nur `TRUE` oder `FALSE` sein, also 1 oder 0.
Genau mit diesen Werten arbeitet die bedingte Anweisung.

Übung 2.22:   Spielen Sie zum vorerst letzten Mal „Bildschirm" und
vollziehen im Kopf nach, was folgendes Programm ausgibt.

```
 1 #include <iostream.h>
 2 #include <stdio.h>
 3 #include <math.h>    // Für double pow(double,double)
 4
 5 #define TRUE 1
 6 #define FALSE 0
 7
 8 #define GERADE(a)   (a) % 2 == 0 ? TRUE : FALSE
 9 #define MIN(a,b)    (a) < (b) ? (a) : (b)
10 #define GROSSB(ch)  (((ch) >= 'A') && ((ch) <= 'Z')) ? TRUE : FALSE
11 #define KLEINB(ch)  (((ch) >= 'a') && ((ch) <= 'z')) ? TRUE : FALSE
12
13 void main()
14 {
15     char cZ;
16     short xX, xY, xA = 5;
17     double dX, dY, dErg;
18
19     if(GERADE(++xA))
20         cout << "\n\t" << xA << " ist gerade\n";
21     else
22         cout << "\n\t" << xA << " ist ungerade\n";
```

```
23
24        dX = 5.0; dY = 2.0;
25        dErg = MIN(pow(dX,dY), pow(dY,dX));
26        cout << "\tdErg = " << dErg << '\n';
27
28        cZ = 'X';
29        if(KLEINB(--cZ))
30             cout << "\t" << cZ << " ist ein Kleinbuchstabe.";
31        else if(GROSSB(--cZ))
32             cout << "\t" << cZ << " ist ein Großbuchstabe.";
33        else
34             cout << "\t" << cZ << " ist KEIN Buchstabe.";
35
36 }      // Ende von main()
```

Programm 2.23: Übungsprogramm zu Makros

☞ Man kann in Programm 2.23 auf die Zuweisungen der Form

$$\ldots \quad ? \ \texttt{TRUE} \ : \ \texttt{FALSE}$$

verzichten, weile alle verwendeten logischen Operationen im Erfolgsfalls 0 und sonst 1 zurückliefern. Eine Zuweisung wie

```
iC = (10 > 5);
```

schreibt also immer eine 1 in die Variable `iC`, weil 10 immer größer als 5 ist.

Übung 2.23: Formulieren Sie unter Benutzung des Makros `MAX()` ein weiteres Makro `MAX3()`, das aus drei als Argumenten übergebenen Werten den größten liefert.

☞ Makros in C++ sind in der Regel nicht so umfangreich wie in C. Bestimmte Operationen mit literalen Konstanten sind in C++ innerhalb eines Makros nicht zugelassen bzw. führen zu unvorhersehbaren Ergebnissen. Als Beispiel möge man sich die Datei `ctype.h` ansehen. Dort werden die Makros `toupper()` und `tolower()` für C und C++ unterschiedlich definiert.

2.4.7   Weitere Präprozessor-Anweisungen

Neben `#include`- und `#define`-Anweisungen gibt es einige weitere Anweisungen an den Präprozessor, der einmal durch den gesamten Quelltext läuft und seine Ersetzungen vornimmt. Unter *Borland C++* ist er wie auch bei den meisten anderen C- bzw. C++-Compilern als separates Programm realisiert, das von der Entwicklungsumgebung oder der Kommandozeilenversion gestartet wird. Sein Name ist `CPP.EXE`. Es befindet sich wie alle anderen ausführbaren Programme im `BIN`-Unterverzeichnis des *Borland C++*-Verzeichnisses. Bei der hier gewählten Konfiguration also in `D:\BORLANDC\BIN`.

Man kann sich den Quelltext nach der Vorüberstzung ansehen, indem man das Programm `CPP.EXE` in der *DOS*-Ebene mit dem Namen eines C++-Programms als Argument aufruft. Allzuviel sollte man sich davon allerdings nicht erwarten. Versuchen Sie es dennoch, beispielsweise durch die Eingabe von:

```
CPP MACRO1.CPP
```

Nach dem eingebundenen Text der Header-Datei `IOSTREAM.H` sehen Sie, wie das Makro `QUADRAT()` nicht wie gewünscht ersetzt wurde.

Falls Sie noch nie mit einer Programmierspache zu tun hatten, können Sie den Rest dieses Unterkapitels zunächst überspringen und kommen darauf zurück, wenn Ihre Programme umfangreicher werden.

Mit der `#ifdef`-`#endif`-Anweisung kann man überprüfen, ob eine Konstante an anderer Stelle bereits definiert wurde. Die Anweisung `#ifndef`-`#endif` leistet das Gegenteil, prüft also, ob eine Konstante nicht definiert ist. Dies ist dann sinnvoll, wenn eine Header-Datei nicht mehrfach eingebunden werden soll. Falls man beispielsweise zwei Konstanten `TRUE` und `FALSE` erzeugen möchte, aber nicht weiß, ob dies nicht bereits an anderer Stelle geschehen ist, fragt man es einfach durch

```
#ifndef TRUE
    #define TRUE 1
    #define FALSE 0
#endif
```

ab. Jetzt werden die beiden `#define`-Anweisungen nur dann ausgeführt, wenn `TRUE` unbekannt ist.

☞ Es ist unwahrscheinlich, daß `FALSE` einzeln erzeugt wurde, weshalb auf eine zusätzliche Abfrage verzichtet wurde.

Genau wie bei bedingten Anweisungen im Programmteil, kann auch im Vorspann ein `#else` eingefügt werden. Anstelle von `#ifdef` kann auch ein einfaches `#if` verwendet werden. Hinter diesem muß ein konstanter Ausdruck stehen. Man kann diese Konstruktion dazu verwenden, um Variablen abzufragen, die in vorher bereits eingebundenen Header-Dateien definiert wurden. Steht zu Beginn einer Header-Datei etwa

```
#define _WINDOWS_H        ,
```

kann durch

```
#ifndef _WINDOWS_H
```

abgefragt werden, ob `WINDOWS.H` bereits an anderer Stelle eingebunden wurde und so alle dort deklarierten Bezeichner schon bekannt sind.

Möchte man mehr als zwei Alternativen unterscheiden, kann ein `#elif` zwischen `#if` und `#else` eingefügt werden. Auch hinter diesem Ausdruck muß ein konstanter Ausdruck folgen.

☞ Bei allen Präprozessoranweisungen muß am Ende ein Zeilenvorschub erfolgen. Ein `#if` und ein `#else` dürfen beispielsweise nicht in ein und derselben Zeile stehen. Problematisch sind auch Kommentare hinter Präprozessor-Anweisungen.

Es existieren eine ganze Reihe von Makros, die abgefragt werden können. So kann man mit

```
#ifdef __cplusplus
```

prüfen, ob ein Programm den Regeln von C oder denen von C++ gehorcht. In professionellen Programmen wird so ein Quelltext kompiliert, der teilweise in C und teilweise in C++ geschrieben ist. Ebenso ist es möglich, Programme zu erstellen, die unter verschiedenen Betriebssystemen ohne Anpassungen übersetzt werden können. Dann stehen die Präprozessor-Anweisungen mitten im Quelltext, allerdings außerhalb jeglicher Funktion und steuern so die Übersetzung.

Makroname	Funktion
`__BCPLUSPLUS__`	Prüft, ob die spezielle Borland C++-Kompilierung gewählt wurde.
`__BORLANDC__`	Prüft, ob das Programm allgemein unter *Borland C* kompiliert wird.
`__CDECL__`	Ergibt 1, wenn nach der C-Aufrufkonvention für die Argumentübergabe gearbeitet wird.
`__cplusplus`	Prüft, ob ein Programm von einem C++-Compiler übersetzt wird.
`__DATE__`	Liefert das Datum, zu dem der Präprozessor seine Arbeit begonnen hat, als String.
`__DLL__`	Ergibt 1, wenn ein Programm mit der Kommandozeilenversion des Compilers und der Option `-WD` übersetzen. Die Option gibt an, daß Code für *Windows* erzeugt werden soll.
`__FILE__`	Liefert den Namen der aktuellen Quelltextdatei als String
`__LINE__`	Liefert die Nummer der aktuellen Quelltextzeile. Diese kann mit der Anweisung `#line` beeinflußt werden.
`__MS\k{DOS}__`	Liefert 1, wenn das Programm unter MS-*DOS* kompiliert wird.
`__OVERLAY__`	Ergibt 1, wenn die Kommandozeilenversion mit der Option `-Y`, zur Unterstützung von Overlays, gestartet wurde.
`__PASCAL__`	Ergibt 1, wenn nach der Pascal-Aufrufkonvention für die Argumentübergabe gearbeitet wird.
`__STDC__`	Prüft, ob ein Programmm mit einer Option, die nur ANSI-C-Schlüsselwörter zuläßt, kompiliert wird.

Fortsetzung auf der nächsten Seite ...

... *Fortsetzung von der vorhergehenden Seite*	
Makroname	Funktion
`__TIME__`	Liefert die Uhrzeit, zu dem der Präprozessor seine Arbeit begonnen hat, als String.
`__TCPLUSPLUS__`	Prüft, ob das Programm mit *Turbo C++* übersetzt wird.
`__TURBOC__`	Prüft, ob das Programm mit *Turbo C* übersetzt wird.
`__WINDOWS`	Liefert 1, wenn Code für *Windows* erzeugt wird.
`__TINY__,` `__SMALL__` usw.	Liefert 1, wenn Code für das angegebene Speichermodell erzeugt wird.

Tabelle 2.9: Vordefinierte Makros in *Borland C++*

☞ Anstelle von `#ifdef` ... kann man auch `#if defined(`...`)` schreiben. Diese Notation hat den Vorteil, daß auch umfangreichere Bedingungen abgefragt werden können, zum Beispiel:

```
#if defined(__cplusplus && __MSDOS__)
        ( ... )
```

Eine weitere Präprozessor-Anweisung steuert Direktiven, die verhindern, daß ein Programm, falls es unter einem anderen Compiler übersetzt werden soll, nicht lauter Fehlermeldungen hervorruft. Diese `#pragma`-Anweisung gehört zu jedem C- und C++-Compiler. Kennt ein Compiler eine bestimmte Anweisung nicht, wird sie ignoriert und liefert keine Fehlermeldung. Welche Pragmas *Borland C++* kennt, zeigt die Tabelle 2.10. Einige erwarten zusätzliche Argumente. Nähere Details sind wie so vieles andere auch der integrierten Hilfsfunktion zu entnehmen.

Das Pragma

```
#pragma startup StartFunc 70
```

sorgt dafür, daß noch **vor** dem Ausführen von `main()` eine Funktion namens `StartFunc()` aufgerufen wird. Die Definition von `StartFunc()` muß im Quelltext **vor** der `#pragma`-Anweisung erfolgen. Das optionale Argument

70 ist eine Prioritätsangabe. So wird es möglich mehrere Funktionen vor `main()` aufzurufen. 0 ist die höchste und 255 die niedrigste Priorität. Die Nummern 0 bis 63 werden intern von *Borland C++* verwendet und sollten dehalb nicht vergeben werden.

Pragmaname	Funktion
`#pragma argsused`	Unterbindet die Warnung `Parameter` *Name* `ist never used in function` *Funktionsname*. Es ist nur zwischen Funktionsdefinitionen erlaubt.
`#pragma startup,` `#pragma exit`	Das `startup`-Pragma erlaubt das Ausführen von Funktionen **vor main()** und das `exit`-Pragma nennt Funktionen, die **nach main()** ausgeführt werden.
`#pragma hdrfile`	Gibt den Namen der Datei an, unter dem vorübersetzte Header-Dateien abgelegt werden. Standard ist `TCDEF.SYM`.
`#pragma hdrstop`	Beendet die Liste der Header-Dateien. Alle nach diesem Pragma folgenden Header-Dateien werden nicht mehr vorübersetzt.
`#pragma inline`	Teilt dem Compiler mit, daß der nachfolgende Quelltext Programmteile in Assembler enthält.
`#pragma option`	Erlaubt das setzten von Optionen für die Kommandozeilenversion des Compilers innerhalb des Quelltextes. Die Optionen müssen so nicht bei jeder Übersetzung neu eingegeben werden.
`#pragma saveregs`	Garantiert, daß im Speichermodel *huge* die Segmentregister des Prozessors unverändert bleiben. Dies kann bei der Einbindung von Assemblerprogrammen nötig sein.

Fortsetzung auf der nächsten Seite ...

... *Fortsetzung von der vorhergehenden Seite*	
Pragmaname	Funktion
`#pragma warn`	Setzt Warnungen unabhängig von der Option `-w` der Kommandozeilenversion des Compilers.

Tabelle 2.10: Pragmas in *Borland C++*

Als letzte Präprozessor-Anweisung wird die Direktive `#error` vorgestellt. Sie gibt eine als Argument anzugebende Fehlermeldung auf der Standardfehlerausgabe bzw. dem Message-Fenster in der Entwicklungsumgebung aus. Außerdem wird die Übersetzung abgebrochen. Meist wird sie in `#if`-Bedingungen benutzt, zum Beispiel:

```
#ifndef __cplusplus
    #error Kein C++-Compiler!
#endif
```

Angenommen die `#error`-Anweisung steht in Zeile 27 der Quelltextdatei `DEMO.CPP`, und das Programm wird nicht als C++-Programm übersetzt, dann wird während der Übersetzung

```
Error:DEMO.CPP 27: Error directive: Kein C++-Compiler!
```

ausgegeben.

2.4.8 Eigene Datentypen

Bei der Definition von Variablenfeldern wurden in gewisser Weise bereits neue Datentypen erzeugt. Jetzt wird noch einen Schritt weiter gegangen. Es werden neue Namen für Standarddatentypen festgelegt.

Man fragt sich, was zusätzliche Namen sollen. Zunächst wird nur etwas Schreibarbeit gespart und man kann aussagekräftigere Typbezeichnungen erfinden. Da kein Speicherplatz für eine Variable oder Funktion reserviert, sondern nur ein Name bekannt gemacht wird, spricht man auch hier von Deklaration.

Im weiteren Verlauf wird gezeigt, wie man sich neue Typen, sogenannte Klassen und Strukturen, „zusammenbaut". Diesen können dann markante Namen gegeben werden.

`#include`	Fügt eine Header-Datei (Endung .H) in den Quelltext ein.
`#define`	Definiert ein Makro oder eine Konstante zur Textersetzung durch den Präcompiler.
`#if`, `#elif`, `#else` und `#endif`	Steuern die bedingte Übersetzung eines Programms.
`#ifdef` und `#ifndef`	Prüfen, ob ein Bezeichner zuvor mit `#define` erklärt bzw. noch nicht definiert wurde.
`#undef`	Macht eine vorhergehende `#define`-Anweisung rückgängig.
`#pragma`	Compiler-abhängige Direktiven, mit denen spezielle Eigenschaften ausgenutzt werden können.
`#error`	Gibt eine Fehlermeldung mit zugehöriger Zeilennummer aus.
`#line`	Erzeugt im Quelltext Zeilennummern für Kreuzreferenzen. Diese sind dann nützlich, wenn sich ein Programm aus mehreren Dateien zusammensetzt und sich Warnungen und Fehlermeldungen auf die Zeilen der einzelnen Dateien beziehen sollen. Oft wird die Anweisung auch von Zusatzprogrammen, die C- oder C++-Code erzeugen, benutzt.

Tabelle 2.11: Präprozessor-Anweisungen in *Borland C++*

☞ Für den Anfänger besteht die Gefahr, daß er die Wichtigkeit unterschäzt, weil nichts wirklich Neues passiert. Ein praxisnahes C++-Programm enthält jedoch in der Regel eine Fülle von zusätzlichen Typdeklarationen.

Die Syntax wird durch das neue Schlüsselwort `typedef` eingeleitet:

```
typedef <bestehender Typ> <neuer Typ>;
```

Eine häufig anzutreffende Ersetzung ist zum Beispiel:

```
typedef signed char BYTE;
```

Dadurch wird ein neuer Datentyp **BYTE** erzeugt, der denselben Zahlenbereich wie **signed char** umfaßt. So wird allerdings deutlicher, daß eine **BYTE**-Variable nichts mit Zeichen zu tun hat. Bei der Variablendefinition kann **BYTE** fortan genau wie ein vordefinierter Typ benutzt werden.

```
BYTE byX, byI = 0;
```

☞ Jetzt wird hoffentlich klar, wie die bisher unbekannten Typen aus Tabelle 2.4 auf Seite 67 zustande kommen. Es handelt sich um **typedef**-Deklarationen, die vor allem bei der Programmierung mit „*Windows*-Funktionen" oft benutzt werden.

Bei Typen, für die kein Präfix vorgesehen ist, wird dieses in der Regel weggelassen. Man kann natürlich auch an der Stelle der **typedef**-Anweisung einen Kommentar einfügen, und selbst ein Präfix für den neu erzeugten Typen festlegen.

Eine weitere häufig verwendete Abkürzung lautet:

```
typedef char string[256];
```

Danach kann beispielsweise durch

```
string szSt = "Hallo";
```

eine Variable **szSt** vom Typ **string** definiert werden.

Beachten Sie bitte, daß die Deklaration von **BYTE** auch mit

```
#define BYTE signed char
```

zu erreichen gewesen wäre. Die Deklaration von **string** funktioniert allerdings nur mit **typedef**. Diese Anweisung hat nichts mit dem Präprozessor zu tun. Die Angabe der Feldgrenzen hinter dem neuen Typbezeichner mag auf den ersten Blick ungewöhnlich scheinen. Merken Sie sich als Faustregel, daß der neu zu deklarierende Typ immer an derselben Position steht, als wenn er ohne voranstehendes **typedef** als Variable definiert würde.

☞ Im Unterschied zur **#define**-Anweisung steht hinter **typedef** sehr wohl ein Semikolon (;).

Die `typedef`-Anweisung kann sowohl global, also außerhalb jeden Blocks, als auch lokal innerhalb eines Blocks stehen. Der Gültigkeitsbereich verhält sich genau wie bei Variablen und Funktionen. Eine Typdeklaration ist demnach auch nur innerhalb des Blocks gültig, in dem sie erfolgt.

Wer viel mit eigenen Datentypen arbeitet, sollte sich eine Header-Datei anlegen, die die entsprechenden Deklarationen enthält. So erspart man sich, das sich ständig wiederholende Eingeben der Deklarationen. Die Header-Datei wird einfach über `#include` zu Programmbeginn eingebunden. Dadurch verhält sich das Programm genauso, als wenn der Text der Headerdatei an den Anfang des Programms kopiert würde.

2.4.9 Aufzählungstypen

Ähnlich wie eigene Typdeklarationen bringen auch Aufzählungstypen keine neuen Fähigkeiten für ein C++-Programm. Auch ihr wesentlichstes Anliegen ist es, ein Programm lesbarer zu machen. Auf Seite 154 wurden bereits die Konstanten `TRUE` und `FALSE` als sogenannte **Wahrheitswerte** erzeugt. Man könnte nun durch

```
typedef char BOOL;
```

einen neuen Datentyp erzeugen, dessen Variablen entweder `TRUE` oder `FALSE` sind. Allerdings besteht keinerlei Zusammenhang zwischen dem Datentyp und den Konstanten. Der Compiler kann nicht wissen, daß Variablen vom Typ `BOOL` nur die beiden Werte annehmen dürfen. Eine möglichst exakte Typüberprüfung hilft jedoch, Fehler zu vermeiden. Ein Aufzählungstyp, leistet Abhilfe. Seine Syntax lautet:

```
enum <Bezeichner> {<Bez.1>, <Bez.2>, ..., <Bez.N>};
```

Intern werden die Bezeichner innerhalb der gescheiften Klammern durch die ganzen Zahlen 0, 1 usw. repräsentiert. Im Programm verwendet man jedoch die symbolischen Namen.

```
enum BOOL {FALSE, TRUE};
```

löst das anfänglich geschilderte Problem. Nach einer Variablendefinition der Form

```
enum BOOL bJaNein;
```

kann an die Variable `bJaNein` nur der Wert `TRUE` oder `FALSE` zugewiesen werden. Selbst die Zuweisung

```
bJaNein = 1;
```

erzeugt eine Warnung des Compilers, obwohl `FALSE` intern durch 0 und `TRUE` durch 1 dargestellt wird. Es wird allerdings dennoch ein lauffähiges Programm erzeugt.

☞ Um Abfragen der Form

```
if(bJaNein)
     ( ... )
```

zu ermöglichen, steht `FALSE` in der Aufzählung vor `TRUE`. Nur so „paßt" die allgemeine Konvention, daß 0 dem logischen Wert falsch und 1 einem wahr entspricht.

☞ Genau wie `typedef`-Anweisungen können Aufzählungstypen global oder lokal deklariert werden.

Als Beispiel wird ein Programm vorgestellt, das zufällig Spielkarten aus einem Skatblatt „zieht". Es werden wiederum die Funktionen `randomize()` zum Initialisieren des Zufallsgenerators und `rand()` zum Berechnen eines Werts der Zufallsfolge benutzt. Ferner wird mit `clrscr()` in Zeile 14 der gesamte Bildschirm gelöscht.

Man erkennt wieder sehr gut die Absicht, die Programmsteuerung von anderen Programmteilen zu trennen. In `ZiehKarte()` wird jeweils eine Karte „gezogen". Die Funktion könnte in einem beliebigen anderen Programm verwendet werden. Sie muß zwei Referenzparameter enthalten, weil der Wert der gezogenen Karte an die aufrufende Stelle gelangen muß. Interessant ist vielleicht noch die explizite Typumwandlung in den Zeilen 38 und 39. Die Funktion `rand()` liefert einen Wert vom Typ `int`. Diese Zahl wird durch 4 bzw. 8 dividiert und der dabei entstehende Rest wird an `f` bzw. `k` zugewiesen.

Oben wurde erwähnt, daß Aufzählungstypen intern durch die Werte 0, 1, usw. repräsentiert werden. Dennoch sollte man nicht die Zahlenwerte zuweisen, auch wenn Programme in der Regel trotzdem laufen. Man erhält

```
 1 #include <iostream.h>
 2 #include <ctype.h>
 3 #include <conio.h>
 4 #include <stdlib.h>
 5
 6 enum Farbe{kreuz, pik, herz, karo};
 7 enum Karte{sieben, acht, neun, zehn, bube, dame, koenig, ass};
 8
 9 void main()
10 {
11         void ZiehKarte(enum Farbe &, enum Karte &);
12         void DruckKarte(enum Farbe, enum Karte);
13         randomize();    // Initialisieren des Zufallsgenerators
14         clrscr();       // Löschen des gesamten Bildschirms
15         for(;;)
16         {
17             int iCh;
18             enum Farbe farbe;
19             enum Karte karte;
20             do{
21                 cout << "\n\t Karte ziehen (J/N) ?";
22                 iCh = toupper(getch());
23             }while((iCh != 'J') && (iCh != 'N'));
24             if(iCh == 'N')
25                 break;
26
27             ZiehKarte(farbe, karte);
28             DruckKarte(farbe, karte);
29         }   // Ende von for(;;)
30 }   // Ende von main()
```

Programm 2.24: Hauptprogramm zum „Kartenspielen" mit dem Computer

schon bei der Übersetzung eine Warnung, die besagt, daß inkompatible Typen einander zugewiesen werden. Ein Merkmal von strukturierter Programmierung ist der „ordentliche" Umgang mit Typen. Auch wenn in C++ fast alles möglich ist, sollte man, schon aus Gründen der Übersicht, wenn irgend möglich ohne zweifelhafte Anweisungen auskommen.

Aus diesem Grund wird das Ergebnis der Operationen in den Zeilen 38 und 39, also die Zahlen zwischen 0 und 3 bzw. 0 und 7, explizit in den zugehörigen Aufzählungstyp verwandelt. Zu beachten ist auch hier, daß der Typ aus zwei Teilen besteht, dem Schlüsselwort **enum** und den Bezeichnern **Farbe** bzw. **Karte**.

Zur Ausgabe durch die Funktion **DruckKarte** muß kaum etwas erklärt werden. Die zwei **switch()**-Konstruktionen ab den Zeilen 46 und 57 prüfen alle möglichen Werte der Aufzählungstypen ab und geben den zugehörigen Text aus.

```
32 void ZiehKarte(enum Farbe &f, enum Karte &k)
33 {
34      // Zieht "zufällig" eine Karte aus einem Skatblatt.
35      /*   Das casting vom Ergenis von rand() erfolgt nur der
36           Ordnung halber. Wenn man zwei Warnungen in Kauf
37           nimmt, kann es Weggelassen werden. */
38      f = (enum Farbe)(rand() % 4);
39      k = (enum Karte)(rand() % 8);
40 }    // Ende von ZiehKarte()
41
42 void DruckKarte(enum Farbe f, enum Karte k)
43 {
44      // Gibt die gezogene Karte auf stdout aus.
45      cout << "\n\t Gezogen: ";
46      switch(f)
47      {
48          case kreuz:     cout << "Kreuz ";
49                          break;
50          case pik:       cout << "Pik ";
51                          break;
52          case herz:      cout << "Herz ";
53                          break;
54          case karo:      cout << "Karo ";
55                          break;
56      }    // Ende von switch(f)
57      switch(k)
58      {
59          case(sieben):   cout << "Sieben";
60                          break;
61          case(acht):     cout << "Acht";
62                          break;
63          case(neun):     cout << "Neun";
64                          break;
65          case(zehn):     cout << "Zehn";
66                          break;
67          case(bube):     cout << "Bube";
68                          break;
69          case(dame):     cout << "Dame";
70                          break;
71          case(koenig):   cout << "König";
72                          break;
73          case(ass):      cout << "Ass";
74                          break;
75      }    // Ende von switch(k)
76      cout << '\n';
77 }    // Ende von DruckKarte()
```

Programm 2.25: Hilfsfunktionen zum „Kartenspielen" mit dem Computer

☞ Kürzer wäre es wahrscheinlich gewesen, ein Feld aus Zeichenketten zu definieren und dies mit den Bezeichnungen für Karten und Farben zu versehen. Eine Indexberechnung über die Werte eines Aufzählungstypen ist zulässig, aber im Sinne von strukturierter Programmierung unsauber.

Man kann sogar über << und **cout** die Werte von **f** und **k** auf
die Standardausgabe schreiben. Es erscheinen dann natürlich nicht
die symbolischen Bezeichner **kreuz**, **pik** usw. sondern die zugehörige
ganze Zahl. Auch dies geht wieder von der internen Darstellung eines
Aufzählungstypen aus, die dem Programmierer jedoch verborgen sein
soll. Er soll sein Programm so schreiben, als wüßte er nichts von der
internen Darstellung. Was bei Aufzählungstypen noch reichlich überflüssig
klingt, wird sich ab dem nächsten Kapitel als wesentliche Eigenschaften
sogenannter abstrakter Datentypen erweisen. Nur wenn ein Programm
unabhängig von der internen Darstellung eines Datentyps arbeitet, kann
es an einer Stelle geändert werden, ohne daß weitere Modifikationen an
anderer Stelle notwendig sind.

 **Übung 2.24:** Bevor Sie im nächstn Kapitel indie Welt der Objekte geführt
werden, sollten Sie Ihre bisherigen Kenntnisse vertiefen. Ein gutes Beispiel
dazu ist das Spiel **Tic-Tac Toe**.

Der Computer soll gegen einen menschlichen Spieler antreten. Gespielt wird
auf einem 3 × 3 Kästchen großen Feld. Beide Spieler zeichnen abwechselnd
Kreuze und Punkte in die Kästchen. Ziel des Spiels ist es, drei Kreuze bzw.
Punkte in eine horizontale, vertikale oder diagonale Reihe zu bekommen.

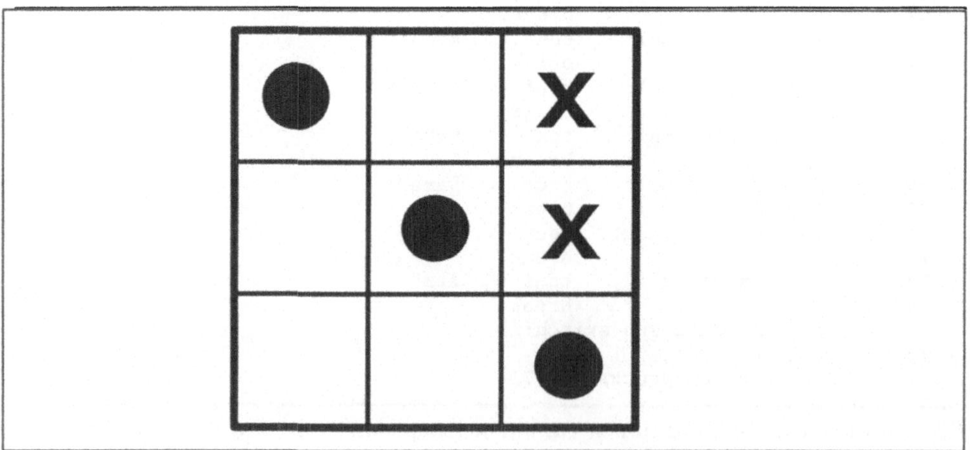

Abbildung 2.11: Sieg für den Spieler mit den Punkten

Das Spielfeld wird am besten als zweidimensionales Feld realisiert. Als Typ
für das Feld sei ein Aufzählungstyp empfohlen. Teilen Sie den Ablauf des
Spiels in verschiedene Funktionen zum Eingeben eines Zuges, zum Ausgeben
des Spielfeldes, zum Berechnen des Computerzuges usw.

Es ist möglich, den Rechner so „gut" spielen zu lassen, daß gegen ihn maximal ein unentschieden möglich ist. Noch interessanter ist es natürlich, wenn er aus den vorhergehenden Partien „lernt" und so immer besser wird.

Spielen Sie am besten einige Runden mit einem menschlichen Gegner, um ein Gefühl für die Sache zu bekommen.

2.5   Die Welt der Objekte

Die bisherige Form der strukturierten Programmierung war geprägt, von einer Aufteilung eines Programms in verschiedene Moduln und damit in verschiedene Funktionen. Diese „klassische" Aufteilung eines Programms wird durch die **objektorientierte Programmierung (OOP)** etwas verändert. Dort stehen nicht mehr die Funktionen eines Programms im Vordergrund sondern seine Datentypen. Funktionen gehören oftmals zu einem Datentyp hinzu. Sie unterstützen die Arbeit mit ihm.

Ein zentraler Begriff ist der des **abstrakten Datentyps**. Ähnlich wie im vorherigen Kapitel, als neue Typen erzeugt wurden, ist es auch hier. Allerdings werden die Datentypen wesentlich umfangreicher. Sie enthalten mehrere Komponenten, unter denen auch Funktionen sein können. Wer bisher in einer „klassischen" Programmiersprache wie zum Beispiel C oder Pascal gearbeitet hat, wird mit diesem Punkt wahrscheinlich zu Beginn die meisten Schwierigkeiten haben. Hier sind vollkommene Neulinge etwas besser dran. Falls man noch nie mit strukturierten Datentypen zu tun hatte, ist eine Funktion als Komponente nichts absonderliches.

Bevor in die C++-Programmierung eingestiegen werden kann, müssen einige Begriffe aus der objektorientierten Welt erläutert werden, ohne die man einfach nicht auskommt.

Was ist zunächst einmal ein Objekt? Ein **Objekt** ist ein Datentyp, der eine Reihe von Komponenten enthalten kann.

☞ Alle C-Programmierer seien darauf hingewiesen, daß eine durch **struct** eingeleitete Struktur ein spezielles Objekt darstellt.

Als Komponenten eines Objektes kommen im wesentlichen drei Dinge in Frage.

- Vordefinierte oder eigene über **typedef** bzw. **enum** erzeugte Datentypen. Zur Unterscheidung von Funktionen werden sie im folgenden auch als **Daten** bezeichnet.

- Eigene Funktionen, die das Objekt in irgendeiner Form bearbeiten. Sie werden **Methoden** genannt.

- Weitere Objekte, die bereits deklariert wurden.

Alle werden in der Sprache der OOP als **Member** (engl. für „Mitglied") oder als **Feature** (engl. für „Eigenschaft") bezeichnet. Das Objekt selbst wird in C++ **Klasse** genannt. Eingeleitet wird es durch das Schlüsselwort `class`.

Betrachten wir als erstes Beispiel ein Feld aus Integer-Zahlen. Normalerweise würde man

```
int iFeld[1000];
```

definieren und wäre fertig. Nicht jedoch, wenn das Feld als Objekt betrachtet wird. Für den Anfänger stellt sich dabei natürlich sofort die Frage, warum eine neue, auf den ersten Blick sehr viel kompliziertere Lösung gewählt wird.

Ganz kurz kann man sagen, daß mit einem Objekt der direkte Zugriff auf die Interna einer Datenstruktur unterbunden wird. Es soll also verhindert werden, daß man direkt auf die einzelnen Feldelemente zugreifen kann. Was heißt direkter Zugriff? Damit ist eine Anweisung der Form

```
iFeld[500] = 10;
```

gemeint. Die einzelnen Feldelemente sollen nicht mehr direkt angesprochen werden können. Der Grund hierfür besteht darin, daß es sehr oft zu Problemen führt, wenn in einem Team, das an einem großen Programm arbeitet, jeder auf die Interna des Feldes Zugriff hat. Das Klassenkonzept bringt hauptsächlich dann Vorteile, wenn mehrere Programmierer an einem Projekt arbeiten. Wenn man nämlich verhindert, daß jeder auf alles Zugriff hat, unterbindet man gleichzeitig zahlreiche Fehlerquellen. Was ist etwa, wenn ein Programmteil für eine kurze Zeit, bestimmte Feldelemente entfernt, die in einer Folgeprozedur wieder ergänzt werden. Es kann sein, daß ein zwischengeschaltetes Programmstück genau die entfernten Werte benötigt, sie aber nicht findet.

Hoffentlich reicht dieser kurze Versuch einer Motivation aus, den nachfolgenden Aufwand zu rechtfertigen. Versuchen Sie jedoch, auch wenn Sie die möglichen Probleme noch nicht absehen können, das Prinzip des kontrollierten Zugriffs zu verstehen. Das zugehörige Schlagwort heißt im übrigen **Information hiding** (auf deutsch „Informationen verstecken").

OOP-Begriff	Erklärung
Objekt	Datentyp, der sich aus verschiedenen Komponenten zusammensetzt
Member	Komponente eines Objektes, entweder eine Variable, eine Funktion oder ein weiteres Objekt
Feature	Andere Bezeichnung für Member
Methode	Bezeichnung der Funktionen, die Komponenten eines Objektes sind
Instanz	Konkrete Realisierung einer Variablen bestimmten Typs. Auch bei Variablen mit vordefiniertem Typ spricht man von Instanz. Die Definition einer Variablen wird auch Instanziierung genannt.
Inkarnation	Andere Bezeichnung für Instanz
Information hiding	Eigenschaft eines Objektes, bestimmte Daten oder Methoden vor der Außenwelt (dem Rest des Programms) zu verbergen. Dadurch wird sichergestellt, daß nur über ganz spezielle Funktionen auf die Interna eines Objekts zugegriffen werden kann.
Vererbung	Fähigkeit eines Objektes, seine Features an andere Objekte übertragen zu können.
Klasse	Spezieller Begriff für ein Objekt in C++

Tabelle 2.12: Die wichtigsten Begriffe der OOP

In Tabelle 2.12 taucht bereits der Begriff **Vererbung** auf. Dies ist neben dem Information hiding die zweite wichtige Fähigkeit eines Objektes. Sie macht es möglich, daß bei Objekten, die einander ähneln, nicht für jedes einzelne Objekt, aller Programmcode neu geschrieben werden muß. Ab 2.5.2 wird detailliert auf dieses Thema eingegangen.

2.5.1 Klassen

Ein angenehmer Nebeneffekt der Realisierung des Feldes als Klasse ist die Tatsache, daß man sich nicht mehr um irgendwelche Indizes kümmern muß. Man kann sich das Feld als einen großen Topf vorstellen, in den solange ganze Zahlen hineingeworfen werden können, bis er voll ist. Auch die Überprüfung, ob noch Platz da' ist, wird dem Programmierer bei der Benutzung der Klasse abgenommen. Bei jedem Eintrag wird automatisch getestet, ob die Obergrenze bereits erreicht ist.

Ein ganz allgemeiner Ansatz für eine Klasse, die ganze Zahlen speichert, könnte wie in Programm 2.26 aussehen.

Sie sehen, nur die Klassendeklaration ist schon umfangreicher als unser gesamtes erstes Programm `HELLO.CPP`. Die Klasse liefert allerdings bereits alle Informationen, um sie an anderer Stelle benutzen zu können. Es bleibt einem jedoch nicht erspart, die Member-Funktionen noch zu programmieren. Vom Himmel fällt auch in der OOP nichts. Vor dem Programmieren der einzelnen Funktionen, soll jedoch die Deklaration eingehender betrachtet werden.

Erzeugt wurde der neue Datentyp `IntArray`. Das Schlüsselwort `class` kennzeichnet ihn als Klassen- oder Objekttyp. Im Inneren der geschweiften Klammern des Objekttyps befinden sich seine Features. An erster Stelle steht das Feld, in dem die Elemente abgelegt werden. Die Deklaration

```
ELEMTYPE Feld[MAXELEM];
```

sollte keine Probleme bereiten. Anstelle von `ELEMTYPE` hätte hier genausogur `int` stehen können. Allerdings würde dies eine eventuelle Anpassung an einen anderen Standarddatentyp, wie zum Beispiel `float` schwieriger machen. Im obigen Fall genügt es, die `typedef`-Anweisung in Zeile 3 abzuändern, um die Klasse Gleitkommazahlen abspeichern zu lassen.

Die Konstante `MAXELEM` gibt an, wieviele Elemente das Feld maximal aufnehmen kann. Im Beispiel wurde ein Wert von 10000 gewählt. Der Datentp `BOOL` wurde genau wie im vorigen Kapitel als Aufzählungstyp mit den beiden Werten `TRUE` und `FALSE` deklariert.

Vor der Deklaration des Feldes steht in Zeile 9 das neue Schlüsselwort `private`. Es zeigt dem Compiler und auch einem Benutzer von `IntArray` an, daß alle nachfolgenden Features nach außen verborgen bleiben. Um diesen Mechanismus verstehen zu können, muß zunächst eine Instanz des Typs `IntArray` erzeugt werden. Im Hauptprogramm stehe:

```
 1 #include <iostream.h>
 2 #include <conio.h>
 3 #include <dos.h>
 4 #define MAXELEM 10000      // Maximale Anzahl an Elementen
 5 enum BOOL{FALSE, TRUE};
 6 typedef int ELEMTYPE;
 7
 8 class IntArray{
 9              private:  // Nach außen verborgenener Teil
10                   ELEMTYPE Feld[MAXELEM];
11                   unsigned short xAnzahl;
12                        // aktuelle Anzahl von Elementen
13                   unsigned short xAkt;
14                        // aktuelle Position im Feld
15                   BOOL IsLast(void);
16                        // Prüft, ob das aktuelle auch das
17                        // letzte Element ist.
18
19              public:   // Von außen zugreifbarer Teil
20                   IntArray(void);       // Konstruktor
21                   ~IntArray(void);      // Destruktor
22                   void PreInsertElement(ELEMTYPE);
23                        // Fügt ein neues Element vor dem aktuellen
24                        // in das Feld ein.
25                   BOOL DeleteElement(void);
26                        // Löscht das aktuelle Element.
27                   BOOL IsFull(void);
28                        // Prüft, ob das Feld komplett belegt ist.
29                   BOOL IsEmpty(void);
30                        // Prüft, ob das Feld leer ist.
31                   ELEMTYPE GetFirstElement(void);
32                        // Liefert das erste Feldelement.
33                   ELEMTYPE GetNextElement(void);
34                        // Liefert das nächste Element, falls
35                        // noch eins vorhanden ist, sonst NULL
36                   void PrintArray(void);
37                        // Gibt das gesamte Feld aus.
38              };
```

Programm 2.26: Der Deklarationsteil des Integer-Klassen-Programms

```
    IntArray a;
```

Durch diese Definition wird Speicherplatz für ein Objekt des Klassentyps `IntArray` reserviert. Nach dieser Definition kann auf die einzelnen Komponenten der Klasse durch den **Punktoperator** zugegriffen werden. Man stellt lediglich zwischen den Namen der Klassenvariablen `a` und die gewünschte Komponente einen Punkt (`.`). Um also etwa auf die Member-Funktion `IsFull()` zugreifen zu können, was soviel heißt wie diese Funktion zu starten, würde man

```
a.IsFull()
```

notieren. Genauso würde es auch bei `Feld` funktionieren, wenn da nicht das Schlüsselwort `private` wäre. Weil auf `Feld` nicht von außen zugegriffen werden darf, würde eine Zuweisung der Form

```
a.Feld[5] = 10;    // FALSCH!!!
```

bereits während der Kompilation als Fehler erkannt.

Halten wir also als ganz wichtigen Punkt fest: Auf Features im privaten Teil einer Klasse darf von außen nicht zugegriffen werden.

Man stellt sich natürlich die Frage, wie denn dann überhaupt Zahlen in das Feld hineinkommen oder aus ihm ausgelesen werden können. Dafür sind die „öffentlichen" Features der Klasse zuständig. Der private Teil endet sobald das neue Schlüsselwort `public` innerhalb einer Klassendeklaration auftaucht. Alle Features ab Zeile 19 sind von außen zugreifbar. Um eine Zahl in das Feld hineinzuschreiben, würde man

```
a.PreInsertElement(10);
```

programmieren. Die Zahl 10 soll dadurch im Feld abgelegt werden. Hier taucht die Besonderheit von Member-Funktionen auf. Sie haben Zugriff auf **alle** Komponenten einer Klasse, also auch auf `Feld`. Die Funktion `PreInsertElement()` darf den Wert 10 in das Feld eintragen. Es hat für die Funtkion den Charakter einer globalen Variablen.

☞ Die Schlüsselworte `private` und `public` (und auch das später vorgestellte `protected`) können innerhalb einer Klassendeklaration beliebig gemischt und auch mehrfach wiederholt werden.

Der Vorteil des begrenzten Zugriffs ist der, daß es nur eine Stelle gibt, an der Elemente in das Feld gelangen können. An dieser einen Stelle müssen ausreichende Sicherheitsabfragen stattfinden, die verhindern, daß das Programm sich fehlerhaft verhält, also zum Beispiel auf eine Indexnummer zugreift, die es gar nicht gibt. Die übrigen Funktionen sind im Listing bis auf zwei Ausnahmen hinreichend beschrieben.

Jedes Objekt kann zwei spezielle Arten von Funktionen enthalten, **Konstruktoren** und **Destruktoren**. Die Namen deuten bereits grob ihre Funktion an. Der Konstruktor ist daran zu erkennen, daß er denselben

Namen wie die gesamte Klasse trägt, im Beispiel `IntArray()`. Seine
Aufgabe ist in der Regel die Initialisierung des durch die Klasse verkapselten
Datenobjekts. Man kann ihn genau wie jede andere Member-Funktion
durch den Punktoperator starten. In den meisten Fällen wird er jedoch
nur einmal aufgerufen und zwar beim Erzeugen einer neuen Instanz des
Klassentyps. Wann immer im Programm also eine neue Instanz, wie durch

```
    IntArray b;
```

erzeugt wird, wird automatisch der zugehörige Konstruktor aufgerufen. Im
Beispiel hat er folgendes Aussehen:

```
    IntArray :: IntArray(void)
    {    // Der Konstruktor initialisiert
         // das Feld leere Feld.
         xAnzahl = 0;      // Keine Deklaration
                           // da Member!
    }
```

Zu Erkennen ist die Definition einer Member-Funktion am vorangestellten
Klassennamen und den beiden Doppelpunkten (::) vor dem eigentlichen
Funktionsnamen. Letztere werden auch als **Scope**-Operator bezeichnet
(*scope* engl. für „Bereich").

Der Begriff **Datenobjekt** stammt aus dem Gebiet der Softwaretechnik
und wird dort wesentlich formaler gefaßt als dies hier geschehen soll.
Unter einem Datenobjekt soll im folgenden ein Objekt verstanden werden,
welches das Prinzip des Information hiding realisiert. Eine detaillierte
Begriffsbeschreibung findet man beispielsweise in [Nag90].

Viel passiert nicht innerhalb des Konstruktors. Es wird lediglich die
Komponente `xAnzahl` mit 0 initialisiert. So kann die Funktion `IsEmpty()`
durch Test dieser Variablen überprüfen, ob das Feld leer ist. Man könnte
innerhalb des Konstruktors auch alle Feldelemente mit 0 initialisieren.
Da jeder Zugriff jedoch nach Kontrolle von `xAnzahl` stattfindet, können
keine undefinierten Elemente ausgegeben werden, weshalb man auf die
Vorbesetzung der einzelnen Elemente verzichten kann.

Das Gegenteil vom Konstruktor ist der Destruktor. Ihn erkennt man daran,
daß vor dem Namen der Klasse eine Tilde (˜) steht, im Beispiel in Zeile 21:

```
    ˜IntArray(void);
```

Er wird in der Regel ebenfalls nur automatisch aufgerufen und zwar dann,
wenn eine Instanz ihren Gültigkeitsbereich verläßt. Hat man also im Rumpf
einer Funktion eine Instanz der Form

```
IntArray IntFeld;
```

definiert, wird zunächst der Konstruktor und beim Verlassen der Funktion,
bildlich also beim Erreichen der umschließenden geschweiften Klammer,
der Destruktor aufgerufen. Im vorliegenden Beispiel ist kein Destruktor
nötig. Es gibt jedoch häufig den Fall, daß gewisse „Aufräumarbeiten"
nötig sind, zum Beispiel das Schließen von Dateien oder das Freigeben von
Speicherplatz.

 Im Unterschied zu „normalen" Funktionen geben Kon- und Destruktoren
niemals Werte zurück. Daher wird ihnen keinerlei Typ, nicht einmal **void**
zugeordnet.

Betrachten wir nun die restlichen Member-Funtktionen:

```
39
40 //      --------------- member-functions  -----------------------
41
42 IntArray :: IntArray(void)
43 {    // Der Konstruktor legt fest, daß das Feld leer ist.
44      xAnzahl = 0;    // keine Deklaration da member!
45 }
46
47 IntArray :: ~IntArray(void)
48 {    // Der Destruktor tut noch gar nichts. Er hätte auch
49      // fehlen können.
50      ;
51 }
52
53 BOOL IntArray :: IsLast(void)
54 {
55      return((xAkt == xAnzahl-1) ? TRUE : FALSE);
56 }    // Ende von IsLast()
57
58 void IntArray :: PreInsertElement(ELEMTYPE In)
59 {
60      if(IsFull())
61          cerr << "\n\tFEHLER: Das Feld ist bereits voll!\n";
62      else if(IsEmpty())
63      {
64          Feld[xAkt=0] = In;
65          xAnzahl = 1;
66      }
67      else
68      {
69          for(unsigned short xK = xAnzahl; xK > xAkt; xK--)
70          {    // Verschieben der übrigen Elemente
```

```
 71                         Feld[xK] = Feld[xK-1];
 72                     }
 73                 xAnzahl++;           // Erhöhen des Elementzählers
 74                 Feld[xAkt] = In;     // Einfügen des neuen Elements
 75             }
 76  }     // Ende von PreInsertElement()
 77
 78  BOOL IntArray :: DeleteElement(void)
 79  {
 80         if(IsEmpty())
 81                 return(FALSE);
 82         for(unsigned short xK = xAkt; xK < xAnzahl; xK++)
 83         {     // Verschieben der Feldelemente
 84                 Feld[xK] = Feld[xK+1];
 85         }
 86         xAnzahl--;        // Vermindern des Elementzählers
 87         return(TRUE);
 88  }     // Ende von DeleteElement()
 89
 90  BOOL IntArray :: IsFull(void)
 91  {
 92         return((xAnzahl == MAXELEM) ? TRUE : FALSE);
 93  }     // Ende von IsFull()
 94
 95  BOOL IntArray :: IsEmpty(void)
 96  {
 97         return((xAnzahl == 0) ? TRUE : FALSE);
 98  }     // Ende von IsEmpty()
 99
100  ELEMTYPE IntArray :: GetFirstElement(void)
101  {
102         if(IsEmpty())
103                 return(NULL);
104         else
105                 return(Feld[xAkt=0]);
106  }     // Ende von GetFirstElement()
107
108  ELEMTYPE IntArray :: GetNextElement(void)
109  {
110         if(IsLast())
111                 return(NULL);
112         else
113                 return(Feld[++xAkt]);
114  }     // Ende von GetNextElement()
115
116  void IntArray :: PrintArray(void)
117  {
118         cout << '\n';
119         if(IsEmpty())
120                 cerr << "\n\tFEHLER: Das Feld ist noch leer!\n";
121         for(unsigned short xI = 0; xI < xAnzahl; xI++)
122         {     // Es werden jeweils 5 Zahlen pro Zeile
123               // ausgegeben.
124               if(xI % 5 == 4)
125                       cout << '\n';
126               cout << '\t' << Feld[xI];
127         }
128         cout << "\n\tBitte irgendeine Taste drücken";
129         while(! kbhit())     ;
130  }     // Ende von PrintArray()
```

```
131
132 //      --------------- NON-MEMBER-FUNCTIONS  ---------------------
133
134 unsigned short Menu(void)
135 {
136        int ch;
137        clrscr(); // Löschen des Bildschirms
138        cout << "\n\n\n\t1, um Elemente einzufügen";
139        cout << "\n\t2, um die Liste auszugeben";
140        cout << "\n\t3, um das vorderste Element zu löschen";
141        cout << "\n\t4, um das Programm zu beenden";
142        cout << "\n\n\tIhre Wahl: ";
143        do
144        {
145             sound(880);
146             delay(10);
147             nosound();
148             ch = getche();
149        }while((ch < '1') || (ch > '4'));
150        return((unsigned short)(ch-'0'));
151 }      // Ende von Menu()
152
153 void Insert(IntArray &t)
154 {
155        ELEMTYPE In;
156        cout << "\n\tElement: ";
157        cin >> In;
158        t.PreInsertElement(In);
159 }
160
161 //      ---------------------- MAIN-FUNCTION  -------------------------
162
163 void main()
164 {
165        IntArray a;
166        unsigned short xChoice, Menu(void);
167        void Insert(IntArray &);
168        do
169        {
170             switch(xChoice=Menu())
171             {
172                  case 1:   Insert(a);
173                            break;
174                  case 2:   a.PrintArray();
175                            break;
176                  case 3:   a.DeleteElement();
177                            break;
178                  case 4:   break;
179             }    // Ende von switch()
180        }while(xChoice != 4);
181 }      // Ende von main()
```

Programm 2.27: Funktionsdefinitionen des Integer-Klassen-Programnms

Die meisten der Funtionen sind relativ kurz. `IsLast()` besteht im Rumpf
nur aus einer einzigen Zeile:

```
    return((xAkt == xAnzahl-1) ? TRUE : FALSE);
```

Die Formulierung sollte Sie an das Thema Makros erinnern, wo auch mit dem Fragezeichen bedingte Bewertungen abgekürzt wurden. Überprüft werden die Inhalte von **xAkt** und **xAnzahl**. Der erste Wert dient als Marke für das aktuelle Feldelement. Man kann sich vorstellen, daß es über die Funktionen **GetFirstElement()** und **GetNextElement()** jeweils von vorne nach hinten durchlaufen werden kann. Die aktuelle Position steht in **xAkt**. Könnte man auf dieses Datum von außen zugreifen, wäre ein Chaos wahrscheinlich unausweichlich, weil es die einzige Möglichkeit ist, mit der überprüft werden kann, wo man sich im Feld befindet. Ebenso wichtig ist natürlich das zweite private Datum **xAnzahl**. Durch seine Abfrage kann in **PreInsertElement** getestet werden, ob im Feld noch Platz ist. Der Programmierer braucht keine eigene Sicherheitsabfrage einzubauen.

Es stellt sich vielleicht noch die Frage, warum oben **xAkt** mit **xAnzahl-1** verglichen wird. Dazu muß man berücksichtigen, daß in C++ Felder immer mit dem Index 0 beginnen. Dieser Index steht in **xAkt**. Die Variable **xAnzahl** enthält dagegen die tatsächliche Anzahl von Feldelementen. Das letzte von fünf Elementen ist also dann erreicht, wenn **xAkt** auf vier steht.

Am interessantesten sind die Funktionen **PreInsertElement()** und **DeleteElement()** ab den Zeilen 58 und 78. Beide sind relativ aufwendig realisiert. In **PreInsertElement()** wird das neue Element **In** an der aktuellen Position im Feld eingefügt. Diese steht bekanntlich in **xAkt**. An diese Stelle kommt **In** in Zeile 74. Zuvor müssen zunächst zwei Spezialfälle berücksichtigt werden. Zum einen kann es sein, daß das Feld bereits voll ist. Dann kann kein weiteres Element eingefügt werden. In Zeile 61 wird eine entsprechende Fehlermeldung ausgegeben. Man beachte, daß innerhalb der Member-Funktion **PreInsertElement()** eine weitere, nämlich **IsFull()** aufgerufen wird. Genau wie bei Member-Daten muß keine Deklaration erfolgen.

Der zweite Sonderfall ist ein leeres Feld. In diesem Fall muß die Variable **xAkt** mit 0 initialisiert und **xAnzahl** von 0 auf 1 erhöht werden.

Der Normalfall ist ein noch nicht ganz gefülltes Feld. Da die Reihenfolge der Elemente im Feld nicht verändert werden soll, müssen alle Elemente, die hinter der aktuellen Position stehen, „verschoben" werden. Man kann sich vorstellen, daß dies bei einem Feld mit 100000 Elementen einige Zeit in Anspruch nehmen kann.

 Schneller könnte man vorgehen, wenn die Reihenfolge der Feldelemente verändert werden dürfte. Dann würde einfach das bisherige aktuelle

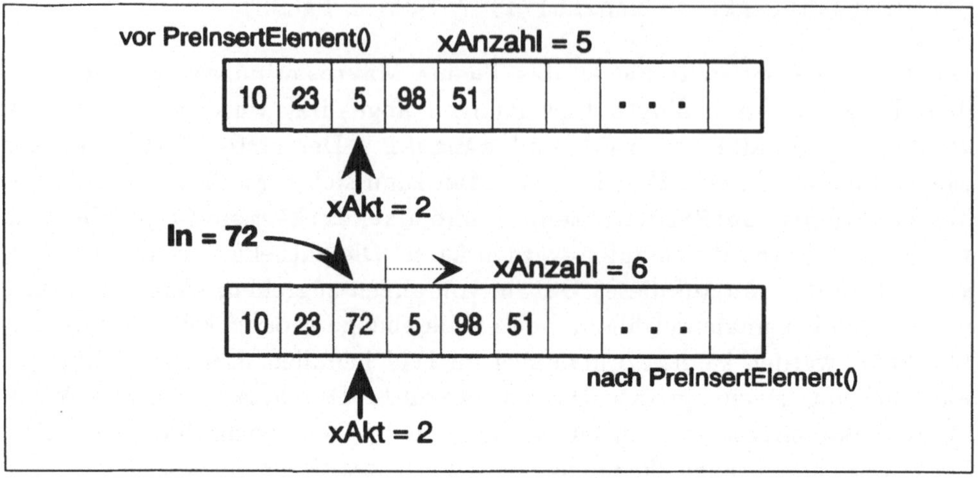

Abbildung 2.12: Vor und nach `PreInsertElement()`

Element an die hinterste Position kopiert und `In` an der aktuellen Position
eingefügt. Dies bringt jedoch Nachteile, wenn später mit `IntArray` die
Datenstruktur eines sogenannten Kellers (engl. *stack*) programmiert werden
soll.

Noch effizienter wird die Sache im nächsten Kapitel, wenn Listen nicht über
Felder sondern über Zeiger realisiert werden. Dadurch gewinnt man die
Möglichkeit, neue Einträge an beliebiger Stelle einfügen zu können.

Um auszuprobieren, ob das Objekt tatsächlich wie verlangt arbeitet, wurde
ein kurzes Hauptprogramm ergänzt. Dort wird eine Funktion `Menu()`
aufgerufen, die eine kurze Auswahl auf den Bildschirm bringt. Man kann
entweder Elemente in das Feld einfügen, es ausgeben, das jeweils vorderste
löschen oder das Programm beenden. Man beachte, daß die Member-
Funktion `DeleteElement()` aufgerufen wird, ohne daß der Wert den sie
zurückliefert verarbeitet wird. Wollte man ganz exakt sein, hätte man in
Zeile 176 eventuell eine Bedingung der Form

```
if(a.DeleteElement())
        ( ... )
```

eingebaut.

Besonders zu beachten ist der Aufruf von `Insert()` in Zeile 172. Als
Argument wird die Klasse a übergeben. Am Kopf von `Insert()` in
Zeile 153 oder dem Prototypen in Zeile 167 erkennt man, daß es sich um

einen Referenzparameter handelt. Im Unterschied zu Variablenfeldern gibt es bei Klassen sehr wohl einen „call by value"-Aufruf. Hätte man keine Referenz auf die Klasse übergeben, sondern deren Wert, wäre eine Kopie angelegt worden. Beim Erzeugen eines Objekts wird jedoch automatisch der Konstruktor aufgerufen. Das wiederum hat zur Folge, daß die `xAnzahl`-Komponente immer auf 0 steht. Versuchen Sie als Übung ruhig einmal, den Referenzoperator (`&`) zu entfernen. Sie werden merkwürdige Ergebnisse erhalten.

In obigem Beispiel fällt auf, daß der Rumpf des Konstruktor sehr kurz ist. Er besteht nur aus einer einzigen Anweisung. Gleiches gilt für die Methode `IsLast()`. In solchen Fällen, wenn also der Funktionskopf gleichlang oder sogar länger als der Funktionsrumpf ist, kann der Rumpf direkt in die Klassendeklaration eingebaut werden. Anstelle von

```
    IntArray(void);
```

mit einer anschließenden Programmierung des Rumpfes, hätte man auch direkt in der Klassendeklaration

```
    IntArray(void)
    {
        xAnzahl = 0;
    }
```

schreiben können. Man erzeugt so eine **Inline**-Funktion. Sie unterscheiden sich von Funktionsdefinitionen der bisherigen Form dadurch, daß durch den Compiler bei der Übersetzung wie bei Makros eine Textersetzung vorgenommen wird. In den meisten Fällen werden Inline-Funktionen für Kon- und Destruktoren verwendet, weil diese in der Regel nur einmal aufgerufen werden und sich so das Programm nicht unnötig aufbläht.

Man muß beachten, daß in Inline-Funktionen keine Kontrollstrukturen, also bedingte Anweisungen oder Schleifen erlaubt sind. Auch das ist ein Grund, warum sie relativ selten verwendet werden.

In einem weiteren Beispiel soll es besonders um Kon- und Destruktoren gehen. Im Programm 2.26 bzw. Programm 2.27 enthielt der Konstruktor keine Parameter. Dies ist nicht immer erwünscht. Oft sollen bereits bei der Inkarnation eine oder mehrere Informationen eingetragen werden. Ferner kann eine Klasse mehr als einen Konstruktor enthalten. Dadurch wird es möglich eine Instanz auf verschiedene Arten zu erzeugen.

Es soll eine Klasse konstruiert werden, die Zeitmessungen durchführt. Dazu
soll sie zwei öffentliche Funktionen `Start()` und `Stop()` zur Verfügung stellen, die die Messung übernehmen. Das Ganze ist gedacht, um es in andere
Programme einzubinden, die an bestimmten Stellen das Laufzeitverhalten
eines Programms testen. Im Beispiel wird lediglich zu Testzwecken ein
kleines Hauptprogramm hinzugefügt.

 Eine wahrscheinlich wesentlich komfortablere Methode wäre die Verwen-
dung des *Turbo Profilers*, der zum Lieferumfang von *Borland C++* gehört.
Allerdings kann man an ihm nicht so schön den Umgang mit Konstruktoren
vorführen.

Betrachten wir zunächst wieder die Klassendeklaration ab Zeile 8. Es
werden zwei Member-Daten `startzeit` und `stopzeit` erzeugt. Beide sind
von außen nicht zugänglich. Sie enthalten die Zeiten vor und nach der
Messung. Aus diesen Werten wird durch die Member-Funktion `Stop()`
berechnet, wieviel Zeit vergangen ist. Da `stopzeit` außer in `Stop()` an
keiner anderen Stelle benutzt wird, hätte man auch dort eine lokale Variable
definieren können, in die die Zeit am Ende der Messung eingetragen wird.
Häufig dienen Klassen jedoch als Ausgangsbasis für sogenannte Ableitungen
oder Vererbungen wie sie im nächsten Unterkapitel vorgestellt werden.
Dann bringen zwei Member-Daten eventuell Vorteile.

```
                    ( ... )

 8 class Stopuhr{
 9         private:
10              time_t startzeit, stopzeit;
11
12         public:
13              Stopuhr(void);              // 1. Konstruktor
14              Stopuhr(string);            // 2. Konstruktor mit
15                                          // default-Wert
16              ~Stopuhr(void);
17              void Start(void);
18                  // Beginnt die Zeitmessung.
19              void Stop(double = 0);
20                  // Beendet die Zeitmessung und gibt
21                  // das Argument als Parameter der ver-
22                  // gangenen Zeit (in sec.) aus.
23                  // Default-Wert ist 0.
24         };
25
26 // ---------------- member-functions ----------------------
27
28 Stopuhr :: Stopuhr(void)
29 {
30      time_t t;
```

```
31          time(&t);
32          cout << "\n\tMessung vom: " << ctime(&t) << '\n';
33 }
34
35 Stopuhr :: Stopuhr(string szSt)
36 {
37          time_t t;
38          time(&t);
39          cout << "\n\tMessung vom: " << ctime(&t);
40          cout << "\t-> " << szSt;
41 }
42
43 Stopuhr :: ~Stopuhr(void)
44 {
45          // Hier passiert gar nichts!
46 }
47
48 void Stopuhr :: Start(void)
49 {
50          // Zu Beginn der Messung wird die Zeit genommen.
51          time(&startzeit);
52 }        // Ende von Start()
53
54 void Stopuhr :: Stop(double dX)
55 {
56          // Und hier wird die Zeit nach der Messung genommen.
57          time(&stopzeit);
58          /* Das zweite member-Datum ist im Prinzip überflüssig,
59             weil direkt die Zeitdifferenz gebildet werden könnte.
60             So ist die Klasse jedoch besser zu berwenden, falls
61             sie eventuell abgeleitet wird. */
62
63          cout << "\n\t" << dX << '\t' << difftime(stopzeit, startzeit);
64 }        // Ende von Stop()
65
66 // --------------------- main-function ------------------------
67
68 void main()
69 {    /* Das Hauptprogramm dient lediglich zum Testen der Klasse.
70          Sie ist dazu gedacht, um sie in andere Programme ein-
71          zubinden. */
72      Stopuhr messung1, messung2("2. Messung");
73          // Zwei Arten der Inkarnation
74
75      messung1.Start();
76      messung2.Start();
77      delay(1000);
78      messung1.Stop();
79      delay(2000);
80      messung2.Stop(9.81);
81 }        // Ende von main()
```

Programm 2.28: Ein Modul zur Laufzeitenmessung

Neu ist der Datentyp **t_time**. In der integrierten Hilfsfunktion heißt es dazu recht knapp, der Variablenwert definiere den Wert für Zeitfunktionen. Dazu muß man wissen, daß nahezu alle in der Bibliothek **time.h** deklarierten

Funktionen einen Zeitwert diesen Typs als Argument erwarten oder als
Ergebnis zurückliefern. Gemessen wird die Zeit in Sekunden seit dem ersten
Januar 1970. Diese Zahl liegt mitten im Bereich einer `long`-Variablen.
`t_time` ist auch nichts anderes als ein Synonym für `long`. Man sieht einer
Variablen diesen Typs jedoch sofort an, daß sie etwas mit Zeitmessung oder
Zeitsetzung zu tun hat.

Im „öffentlichen" Teil der Deklaration werden zunächst zwei (!) Kon- und
ein Destruktor erzeugt. Der Destruktor hätte weggelassen werden können,
da er, wie man ab Zeile 43 sieht, überhaupt nichts tut.

Zu beachten sind jedoch die Konstruktoren. Erstmals wird von der
Möglichkeit Gebrauch gemacht, eine Instanz auf verschiedene Arten zu
definieren. Der erste Konstruktor verhält sich völlig Analog zu `IntArray()`
aus Programm 2.26. Er wird bei einer Inkarnation der Form

```
Stopuhr messung1;
```

aufgerufen. Der zweite Konstruktor ermöglicht es, bei der Inkarnation ein
Argument zu übergeben. Er wird beispielsweise nach

```
Stopuhr messung2("2. Messung");
```

aufgerufen. Das Argument ist eine Zeichenkette, auf die der Typ `string`
paßt. Der Compiler erkennt daran, welchen Konstruktor er aufzurufen hat.
Wollte man weitere Argumente bei der Definition übergeben, müßte man
entsprechende weitere Konstruktoren ergänzen.

Die beiden verbleibenden Member-Funktionen sind `Start()` und `Stop()`.
Die letztere benutzt einen Mechanismus, der bereits auf Seite 121 vorgestellt
wurde. Es wird ein Standard- oder auch Default-Wert für ein Argument
vorgegeben. Dieses wird benötigt, weil in der Regel eine Zeitmesung von
einem Parameter abhängt. Man mißt zum Beispiel die Laufzeit für das
10, 20, 30 usw. -malige Durchlaufen einer Schleife. Diese Werte werden
übergeben und zusammen mit der vergangenen Zeit auf *stdout* ausgegeben.

 Man mag sich fragen, warum nicht auch beim Konstruktor der Weg über
ein Default-Argument gegangen wurde. Dies hängt damit zusammen, daß
nach einer Inkarnation der Form

```
Stopuhr messung1;
```

nicht der Konstruktor mit seinem Standardargument aufgerufen wird. Es
wird dann lediglich Speicherplatz für die Instanz reserviert.

Innerhalb der Funktionsdefinitionen passiert nicht viel Neues. Die beiden Konstruktoren ab den Zeilen 28 bzw. 35 unterscheiden sich nur dadurch, daß im zweiten Konstruktor in Zeile 40 die als Argument übergebene Zeichenkette ausgegeben wird. Der Rest ist identisch. Es wird eine Funktion `time()` aufgerufen. Diese trägt in ihr Argument `t` vom Typ `time_t` die seit dem ersten Januar 1970 vergangenen Sekunden ein. Leider können die meisten Menschen mit dieser Zahl relativ wenig anfangen. Deshalb wird innerhalb der Ausgabe auf stdout in Zeile 32 bzw. 39 die Funktion `ctime()` bemüht. Sie wandelt die Sekunden in eine Zeichenkette aus Datum und Uhrzeit um.

`time_t time(time_t *timer)`

Bibliothek:	`time.h`
Aufgabe:	Liefert Datum und Uhrzeit des Systems in Sekunden seit dem 1.1.1970.

☞ In Programm 2.28 wird der Rückgabewert von `time()` nicht benutzt. Dieser enthält denselben Wert wie der Referenzparameter nach der Rückkehr an die aufrufende Stelle. Die Syntax wurde vor allem deshalb so gewählt, um zu ANSI-C und UNIX kompatibel zu bleiben.

☞ Die Schreibweise `*timer` deutet an, daß `timer` eine sogenannte Zeiger-Variable ist, die im nächsten Kapitel besprochen werden.

`char *ctime(const time_t *time)`

Bibliothek:	`time.h`
Aufgabe:	Konvertiert eine Angabe in Sekunden seit dem 1.1.1970 in eine (englische) Zeichenkette, die Datum und Uhrzeit angibt.

☞ Das Schlüsselwort `const` im Kopf einer Funktion sorgt dafür, daß innerhalb der Funktion keinerlei Veränderung am Parameter vorgenommen werden darf. Es wird oft benutzt um anzudeuten, daß man es mit einem Wertparameter zu tun hat.

Leider ist in C++ die Unterscheidung zwischen Wert- und Referenzparametern nicht so strikt wie in anderen Programmiersprachen. Dies gilt insbesondere dann, wenn Zeiger ins Spiel kommen.

Auch die beiden Member-Funktionen `Start()` und `Stop()` verwenden `time()`. Sie tragen das Ergebnis in `startzeit` bzw. `stopzeit` ein. In `Stop()` wird zusätzlich noch der übergebene Parameter und die gemessene Zeitdifferenz ausgegeben. Dazu könnte man `startzeit` von `stopzeit` abziehen. Dies geht jedoch nur mit dem Hintergrundwissen, daß `time_t` dem Typ `long` entspricht. Besser ist es, wenn die Funktion `difftime()` verwendet wird. Sie erwartet zwei Argumente vom Typ `t_time` und gibt die Differenz in Sekunden als `double`-Wert zurück.

<table>
<tr><td colspan="2"><code>double difftime(time_t zeit1, time_t zeit2)</code></td></tr>
<tr><td>Bibliothek:</td><td><code>time.h</code></td></tr>
<tr><td>Aufgabe:</td><td>Liefert die Zeitdifferenz zwischen <code>zeit1</code> und <code>zeit2</code> zurück. <code>zeit2</code> sollte also immer die spätere Zeit sein.</td></tr>
</table>

Das Hauptprogramm `main()` wurde wie bereits erwähnt nur zu Testzwecken hinzugefügt. Hier werden zwei Instanzen von `Stopuhr` erzeugt. Beide beginnen hintereinander mit der Messung. Gestoppt wird die durch `delay()` erzeugte Verzögerung. Man erkennt, daß man `Start()`- und `Stop()`-Aufrufe beliebig mischen kann.

Sollten auf Ihrem Rechner nicht die Werte 1 und 3 ausgegeben werden, stimmt wahrscheinlich mit Ihrer Echtzeit-Uhr etwas nicht. Die erste Verzögerung beträgt 1000 Millisekunden = 1 Sekunde und die zweite 2000 Millisekunden = 2 Sekunden. Die zweite Messung umfaßt beide Verzögerungen.

Damit wurde hoffentlich der erste Schwerpunkt der OOP, das Information hiding deutlich. Man sollte nur über `public`-Member-Funktionen auf `private`-Member-Daten zugreifen, um ungewollte Seiteneffekte zu verhindern.

Während dieser Schutzmechanismus oft zu mehr Programmcode führt, hilft der zweite Schwerpunkt dabei, das wiederholte Schreiben von gleichem Programmtext überflüssig zu machen.

2.5.2 Vererbung

Wenn man im richtigen Leben etwas erbt, erhält man meistens ein bestimmtes Gut (zuweilen allerdings auch Schulden). In der Regel sind es Geld, Grundbesitz oder ähnliches. Oft genug kommt es allerdings auch vor, daß Kinder bestimmte Eigenschaften (Haarfarbe, Größe etc.) oder auch Fähigkeiten (Ausdauer, Intelligenz, Nervosität usw.) ihrer Eltern erben. Innerhalb der OOP werden ausschließlich Eigenschaften und Fähigkeiten vererbt.

Ein inzwischen fast klassisches Beispiel ist ein ganz allgemeines „Fahrzeug". Es hat Fähigkeiten wie „Beschleunigen", „Bremsen" etc. und Eigenschaften wie „Gewicht", „Länge" usw. Eine spezielle Art des allgemeinen Fahrzeugs stellt ein „Landfahrzeug" dar. Man kann sagen, ein „Landfahrzeug" ist ein Kind des allgemeinen Fahrzeugs (ob Sohn oder Tochter sei dahingestellt). Es erbt alle Eigenschaften des Elternteils, ohne daß diese noch einmal angegeben werden müssen. Ein „Landfahrzeug" besitzt also automatisch die Fähigkeit zu beschleunigen und zu bremsen. Es hat ein Gewicht und eine Länge. Zusätzlich kommen weitere Fähigkeiten und/oder Eigenschaften hinzu. So kann man einem „Landfahrzeug" einen Bodenreibungskoeffizienten oder eine Räderanzahl zuordnen.

Das „Landfahrzeug" kann nun seinerseits Nachfahren haben, also spezielle Landfahrzeuge wie „Pkw" oder „Bus". Auch diese haben zusätzliche Fähigkeiten und/oder Eigenschaften. Mit jedem Nachfahren wächst die Anzahl der Fähigkeiten und Eigenschaften. Gleichzeitg steigt der Grad der Spezialisierung.

Ein Problem taucht allerdings auf. Was passiert, wenn zwei Objekte, von denen das eine ein Nachfahr des anderen ist, eine gleiche Fähigkeit oder Eigenschaft haben, diese jedoch anders realisieren? Im Beispiel in Abbildung 2.13 haben sicherlich sowohl „Land-" als auch „Wasserfahrzeug" die Fähigkeit des Beschleunigens. Beide tun dies jedoch auf völlig unterschiedliche Art und Weise. Eine Möglichkeit, das Problem zu umgehen wäre es, die Fähigkeit „Beschleunigen" aus dem allgemeinen „Fahrzeug" herauszunehmen und in „Landfahrzeug" ein „Erde_Beschleunigen" sowie in „Wasserfahrzeug" ein „Wasser_Beschleunigen" einzufügen. Einfacher ist es allerdings, wenn ein untergeordnetes Objekt die Definition einer geerbten Funktion verändern darf.

Noch problematischer wird es, wenn eine Klasse „Amphibienfahrzeug" eingefügt werden soll. Diese erbt sowohl von „Land-" als auch von „Wasserfahrzeug". In C++ werden solche Probleme durch mehrfache

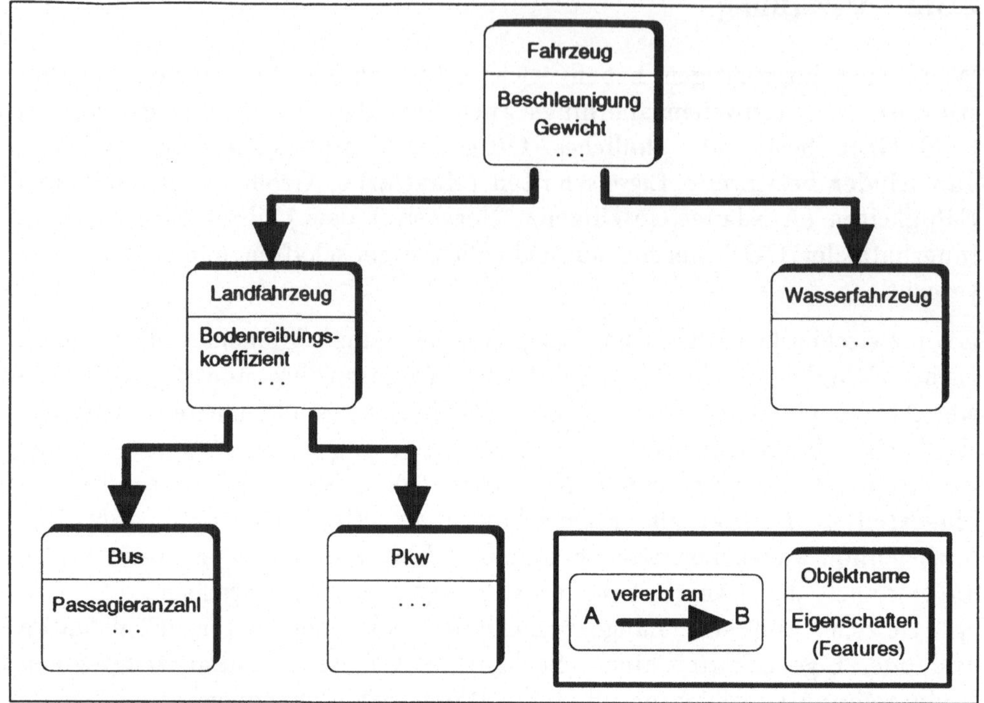

Abbildung 2.13: Vererbungshierarchie am Beispiel von Fahrzeugen

Vererbung gelöst. Ein abgeleitetes Objekt hat dann mehr als einen
Vorfahren.

Bevor man daran geht, eine Klasse aus einer anderen abzuleiten, sollte man
gründlich überlegen, ob die Stelle richtig gewählt wurde. Stellt man später
fest, daß es sinnvoller gewesen wäre, das neue Objekt eine Stufe höher oder
tiefer einzuhängen, hat man viel überflüssige Arbeit investiert. Durch das
gründliche Überlegen spart man bei der Realisierung sehr viel Arbeit, weil
nur das allernötigste neu programmiert zu werden braucht. Sehr große Teile
werden einfach übernommen.

So wird es beispielsweise bei der Programmierung unter *Windows* möglich,
ein allgemeines Objekt „Fenster" zu deklarieren. Davon wird „Dialogbox"
als eine spezielle Art von „Fenster" abgeleitet. Viele Eigenschaften stimmen
überein, so etwa die Koordinaten zur Positionsangabe oder die Beweglich-
keit auf dem Bildschirm. Auch wird auf Mauseingaben mehr oder weniger
ähnlich reagiert.

Nach diesen einführenden allgemeinen Überlegungen soll als erstes Beispiel
für eine abgeleitete Klasse aus dem Objekt zur Verkapselung eines Feldes

aus ganzen Zahlen ein Objekt zur Realisierung eines Stacks abgeleitet werden. Ein solcher Stack ist eine Datenstruktur wie sie in fast allen Bereichen der Computerprogrammierung, beispielsweise im Compilerbau, auftaucht. Häufig wird sie auch als Keller bezeichnet. Man kann sich einen Behälter vorstellen, in den Elemente – in unserem Beispiel ganze Zahlen – von oben hineingelegt und von dort auch hinausgelesen werden. Das Element, welches als erstes auf den Stack gelegt wurde, kann demnach als letztes ausgelesen werden. Eine solche Form der Speicherung wird als LIFO-Architektur (LIFO = **L**ast **I**n **F**irst **O**ut zu deutsch „Als letztes hinein, als erstes heraus") bezeichnet .

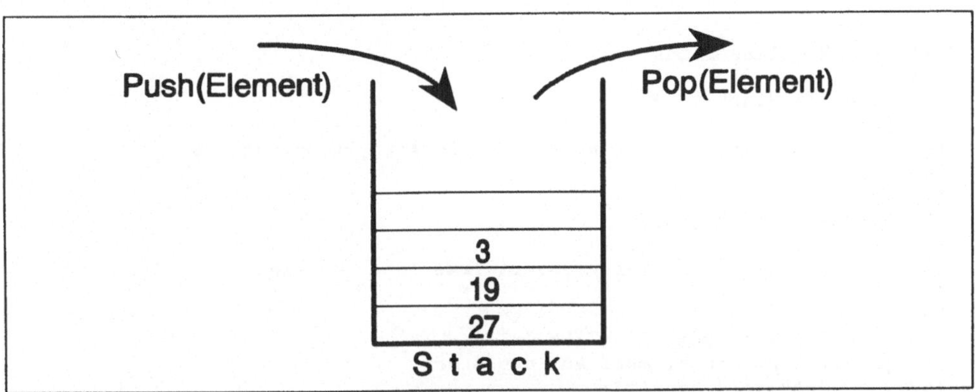

Abbildung 2.14: Schematische Darstellung eines Stacks

Die Ähnlichkeit zum Feld aus ganzen Zahlen liegt auf der Hand. Während man dort jedoch an jeder Stelle im Feld auslesen und auch überall einfügen konnte, ist dies im Stack nur an seiner Spitze erlaubt. Außerdem wird ein Element beim Auslesen aus dem Stack entfernt.

```
 1 #include <iostream.h>
 2 #include <conio.h>
 3 #include <dos.h>
 4 #define MAXELEM 10000      // Maximale Anzahl an Elementen
 5 enum BOOL{FALSE, TRUE};
 6 typedef int ELEMTYPE;
 7
 8 class IntArray{
 9             private:  // Nach außen verborgener Teil
10                 ELEMTYPE Feld[MAXELEM];

                    ( ... )

38                 };
39
```

```
40 class Stack : private IntArray{
41                 public:
42                             Stack(void);    // Konstruktoren werden
43                                             // nicht vererbt.
44                         ~Stack(void);
45                         void Push(ELEMTYPE);
46                         void Pop(ELEMTYPE &);
47                         void PrintStack(void);
48                 };
49
50 //    ------------------- member-functions -------------------------
51
52 //    1. class IntArray
53
54 IntArray :: IntArray(void)
55 {    // Der Konstruktor legt fest, daß das Feld leer ist.

                        ( ... )

144 //    2. class Stack
145
146 Stack :: Stack(void)
147 {
148     IntArray();     // Aufruf des IntArray-Konstruktors
149 }
150
151 Stack :: ~Stack(void)
152 {
153     ;               // Hier passiert immer noch nichts.
154 }
155
156 void Stack :: Push(ELEMTYPE In)
157 {   // Legt ein Element auf den Stack.
158     GetFirstElement();
159     PreInsertElement(In);
160 }   // Ende von Push()
161
162 void Stack :: Pop(ELEMTYPE &Out)
163 {   // Liest ein Element vom Stack herunter.
164     Out = GetFirstElement();
165 }   // Ende von Pop()
166
167 void Stack :: PrintStack(void)
168 {
169     PrintArray();   // Ist nach außen private!
170 }   // Ende von PrintStack()

                        ( ... )

203 //    -------------------- main-function --------------------------
204
205 void main()
206 {
207     Stack st;
208     ELEMTYPE Element;

                        ( ... )

224 }   // Ende von main()
```

Programm 2.29: Die aus `IntArray` abgeleitete Klasse `Stack`

Viel hat sich im Vergleich zu Programm 2.26 bzw. Programm 2.27 nicht verändert. Deshalb wurden auch nur die wichtigsten Neuerungen abgedruckt. Zusätzlich sind noch minimale Änderungen an der Funktion `Insert()`, sowie der Steuerung im Hauptprogramm nötig. Auf der beiliegenden Diskette befindet sich das vollständige Programm.

Am interessantesten ist wohl die Deklaration der abgeleiteten Klasse `stack`. Der Kopf

```
class Stack : private IntArray
```

kennzeichnet `Stack` als `private` abgeleitete Klasse von `IntArray`. `Stack` erbt also alle Funktionen und Daten von `IntArray`. Was heißt aber das Schlüsselwort `private` innerhalb des Deklarationskopfes? Es sorgt dafür, daß alle in `IntArray` als `public` gekennzeichneten Features in `Stack` private also von außen nicht zugänglich sind. Der Versuch nach einer Inkarnation der Form

```
Stack st;
```

durch

```
st.PreInsertElement(10);
```

auf die Member-Funktion zuzugreifen, würde während der Übersetzung zu einer Fehlermeldung des Compilers führen, da `PreInsertElement()` für Instanzen vom Typ `stack` `private` ist.

Anders hätte es sich verhalten, wenn `IntArray` mit dem Schlüsselwort `public` abgeleitet worden wäre. Dann nämlich wäre obiger Zugriff auf `PreInsertElement()` zulässig.

☞ Das Schlüsselwort `private` kann bei der Ableitung einer Klasse entfallen, weil es die Voreinstellung ist. Um zu kennzeichnen, daß dies gewollt ist, wird es im folgenden dennoch immer gesetzt.

Der Grund für diese Form der Ableitung besteht darin, daß auf einen Stack nur über die Operationen `Push()` zum Anfügen und `Pop()` zum Auslesen eines Elementes zugegriffen werden darf. Man schließt so mögliche Fehlerquellen von vornherein aus. Ein `PreInsertElement()` mitten im Stack würde seine gesamte Struktur auseinander bringen.

☞ Die vererbende Klasse wird im folgenden auch **Basisklasse** genannt.

Eine weitere Folge der `private`-Ableitung ist die Tatsache, daß auf die Komponenten `Feld`, `xAnzahl` und `Akt` aus `IntArray` aus `Stack` heraus nicht zugegriffen werden kann. Sie sind dort genauso unbekannt wie im Rest des Programms. Das ist auch der Grund dafür, weshalb in den Zeilen 158 und 164 beim Eintragen bzw. Auslesen eines Elementes die Funktion `GetFirstElement()` benutzt wird und nicht einfach `xAkt` auf 0 gesetzt wird. Sowohl in `Push()` als auch in `Pop()` ist `xAkt` unbekannt.

Zuweilen kann ein fehlender Zugriff nicht auf so einfache Weise umgangen werden. Man benötigt dann Features, auf die innerhalb einer abgeleiteten Klasse zugegriffen werden darf, die aber nach außen verborgen sind. Genau dies leistet das Schlüsselwort `protected`.

Ein `protected`-Feature verhält sich innerhalb einer abgeleiteten Klasse wie ein `public`-Member. Außerhalb ist es jedoch `private`. Hätte man in Programm 2.26 in Zeile 9 anstelle von `private` `protected` gesetzt, hätte man in `Stack` direkt auf `xAkt`, `xAnzahl` und `Feld` zugreifen können. Man sollte allerdings soviel wie möglich als `private` deklarieren, weil durch jede zusätzliche Zugriffsmöglichkeit auch die Fehleranfälligkeit steigt.

In der jetzigen Fassung kann man beim Ermitteln des vordersten Stackelementes praktisch keinen Fehler machen. Benutzt man dagegen direkt `xAkt` kann man den „beliebten" Fehler machen, anstelle von 0 eine 1 als vorderstes Feldelement anzunehmen.

Fassen wir die drei Zugriffsklassen zusammen:

- Auf `private`-Features darf nur innerhalb der deklarierenden Klasse zugegriffen werden. Nach außen sind sie verborgen.

- `protected`-Features sind in abgeleiteten Klassen überall zugänglich. Nach außen verhalten sie sich wie `private`.

- `public`-Features sind überall im Programm zugänglich, das heißt überall dort, wo auf eine Instanz einer Klasse oder einen ihrer Erben zugegriffen werden darf.

☞ Der Begriff **deklarierende Klasse** wird analog zum definierenden Block, der auf Seite 128 eingeführt wurde, verwendet. Gemeint ist also die Klasse, in der ein Feature deklariert wurde.

☞ Es gibt keine `protected`-Ableitungen einer Klasse!

Bei keiner Form der Ableitung werden Konstruktoren mitvererbt. Dies hängt damit zusammen, daß bei jeder Definition einer Instanz der abgeleiteten Klasse implizit eine Instanz der übergeordneten Klasse(n) erzeugt wird und daher deren Konstruktor(en) aufgerufen werden. Völlig analog verhält es sich bei Destruktoren. Auch hier wird für jede Ableitung einzeln ein Destruktor aufgerufen.

Im Programm 2.29 bereitet dies noch keine Probleme. Schwierig wird es jedoch, wenn ein Konstruktor einer Basisklasse Argumente verlangt. Nehmen wir dazu an, eine Klasse `Derive` wäre von `Base` in der Form

```
class Derive : private Base{
        ( ... )
```

abgeleitet worden, wobei ein Konstruktor von `Base` eine ganze Zahl als Argument erwartet. Der Konstruktor von `Derive` wird dann wie folgt definiert:

```
Derive :: Derive(char cX) : (20)
{
        ( ... )
```

So erhält der Konstruktor von `Base` das ganzzahlige Argument 20. Gibt es nun eine weitere Klasse `SubDerive`, die ihrerseits von `Derive` abgeleitet wurde, hat deren Konstruktor die Form:

```
SubDerive :: SubDerive(float fY) : ('A'),(20) {
        ( ... )
```

Die Default-Argumente werden also in der Reihenfolge, in der sie in der Ableitungsfolge „über" der Konstruktor-Klasse stehen, von links nach rechts, durch Kommas abgetrennt, angefügt. `'A'` ist demnach das Argument für `Derive :: Derive()` und die 20 für `Base :: Base()`.

Es ist auch möglich, keine festen Werte, sondern Variablen aus einem untergeordneten Konstruktor zu übergeben. Ein

```
Derive :: Derive(char cX) : ((int)cX)
{
        ( ... )
```

übergibt den in eine Integer-Zahl umgewandelten Parameter `cX` aus `Derive`
`:: Derive()` an `Base :: Base()`.

☞ Die Argumente für übergeordnete Konstruktoren werden nur bei bei der
Definition eines Konstruktors angegeben, keinesfalls bei der Deklaration im
Klassenrumpf.

In diesen Zusammenhang gehört ein ähnliches Thema, das allerdings
nichts mit Vererbung im eigentlichen Sinn zu tun hat. Bisher waren alle
Features der Klassen entweder Daten aus Standarddatentypen, wie zum
Beispiel `xAnzahl` aus `IntArray`, Daten aus selbstdeklarierten Typen, wie
etwa `startzeit` in `Stopuhr` oder gewöhnliche Funktionen. C++ hindert
den Programmierer jedoch nicht daran eine Komponente in eine Klasse
einzufügen, die ihrerseits den Typ einer Klasse besitzt.

☞ Die Komponente mit dem Klassentyp wird im folgenden **Member-Klasse**
und die Klasse, welche die Member-Klasse enthält, **umschließende Klasse**
genannt.

Nehmen wir als Beispiel zwei Klassen `Location` und `Point`. Die erste verkapselt eine ganz allgemeine zweidimensionale Koordinate. Die zweite soll
Punkte auf dem Bildschirm darstellen. Beide Bezeichnungen wurden aus
der Datei `POINT.H` übernommen. Diese wird als Beispiel mit *Borland C++*
mitgeliefert. Dort wird `Point` von `Location` abgeleitet. In unserem Beispiel
wird `Location` dazu benutzt eine Komponente diesen Typs in `Point` zu
deklarieren.

☞ Der Weg, `Point` als Ableitung von `Location` zu deklarieren kommt dem
Anliegen der OOP näher. Das gewählte Beispiel wird deshalb auch nicht
weiter vertieft, sondern dient nur dazu Member-Klassen einzuführen. Wann
immer man die Wahl zwischen einer Member-Klasse und einer Ableitung
hat, sollte man sich immer für die Ableitung entscheiden.

Bei einer Inkarnation einer Variablen vom Typ `Point` wird zunächst der
Konstruktor von `Point` aufgerufen. Die Erzeugung einer Instanz von `Point`
erzeugt gleichzeitig eine Instanz von `Location`. Es verhält sich also genau
wie bei einer Ableitung.

Hat man beispielsweise durch

```
Point P(4,7);
```

```
 1 // Beispielprogramm in Anlehnung an das Beispeilprogramm POINT.H
 2
 3 enum BOOL{FALSE, TRUE};
 4
 5 class Location{
 6             protected:
 7                 int iX;
 8                 int iY;
 9             public:
10                 Location(int iInitX, int iInitY);
11                 int GetX();     // Liefert die X-Koordinate.
12                 int GetY();     // Liefert die Y-Koordinate.
13             };
14
15 class Point{
16             protected:
17                 BOOL bVisible; // Zeigt, ob Punkt sichtbar ist.
18                 Location L;     // Member-Klasse
19             public:
20                 Point(int iInitX, int iInitY);
21                 void Show();    // Stellt den Punkt dar.
22                 void Hide();    // Löscht den Punkt.
23                 BOOL IsVisible();
24                     // Testet, ob Punkt sichtbar ist.
25                 void MoveTo(int NewX, int NewY);
26                     // Verändert die Position eines Punktes.
27             };
```

Programm 2.30: Klassendeklaration mit einer Member-Klasse

eine Instanz vom Typ `Point` erzeugt, wird zunächst `Point :: Point()`
und dann `Location :: Location()` gestartet. Die Übergabe der Argumente
an den übergeordneten Konstruktor verläuft völlig analog zur Ableitung
von Klassen. Hier muß zusätzlich der Name der Komponenten angegeben
werden. Der Kopf des `Point`-Konstruktors hat demnach die Form:

```
Point :: Point(int iInitX, int iInitY)
     : L(iInitX, iInitX) {

        ( ... )
```

Falls eine Klasse mehrere Member-Klassen enthält, werden auch diese durch
mehrere Kommas abgetrennt.

Enthält eine abgeleitete Klasse eine Member-Klasse, wobei die übergeordnete und die Member-Klasse Argumente für ihren Konstruktor erwarten,
ist die Reihenfolge der Initialisierungen gleichgültig. Der Compiler erkennt
Member-Klassen am voranstehenden Namen.

Innerhalb eines Programms werden die öffentlichen Features einer Member-Klasse über den Punktoperator angesprochen. Um also in einer Instanz `P` vom Typ `Point` auf die Methode `GetX()` aus `Location` zuzugreifen, schreibt man:

```
iPos = P.L.GetX();
```

☞ Auf die `private`-Member einer Member-Klasse kann man selbstverständlich auch in der umschließenden Klasse **nicht** zugreifen.

2.5.3 Friends

Die Überschrift deutet bereits an, daß Klassen Beziehungen freundschaftlicher Art eingehen können. In den bisherigen Erklärungen wurde sehr viel Wert darauf gelegt, daß auf die Daten-Komponenten eines Objekts nur durch Member-Funktionen zugegriffen werden darf. Es gibt jedoch Fälle, wo man nur unter großen Umständen auf diese Art sein Ziel erreicht. Zum Glück bietet C++ die Möglichkeit, eine Methode einer Klasse zum *friend* (engl. für „Freund") einer anderen zu erklären.

Als Beispiel soll angenommen werden, daß das Feld aus ganzen Zahlen aus Programm 2.26 durch eine Nicht-Member-Funktion sortiert werden soll. Ihr Prototyp habe folgende Gestalt:

```
void Sort(IntArray &);
```

Um nun das Feld in der Komponenten `Feld` innerhalb der Klasse sortieren zu können, braucht `Sort()` direkten Zugriff auf die Komponente. Diese ist jedoch **private** und soll es auch bleiben. Die Lösung des Problems besteht darin, `Sort()` als `friend` von `IntArray()` zu deklarieren. An beliebiger Stelle innerhalb der Deklaration von `IntArray()` wird die Zeile

```
friend void Sort(IntArray &);
```

ergänzt. Es macht keinen Unterscheid, ob die Deklaration im **private-**, **protected-** oder **public**-Teil der Klasse erfolgt. Die Funktion `Sort()` ist **kein Member** der Klasse. In ihrem Rumpf kann allerdings auf alle Komponenten der Klasse zugegriffen werden.

☞ Auf eine konkrete Implementierung von `Sort()` wird an dieser Stelle verzichtet, weil das Thema Sortierung ausführlich im nächsten Abschnitt erörtert wird. Dort werden verschiedene Sortierfunktionen vorgestellt, die alle für `Sort()` eingesetzt werden können.

In der Praxis spielen `friend`-Funktionen so wie sie bisher vorgestellt wurden eine untergeordnete Rolle. Sie weichen das Prinzip des Information hiding auf und sollten deshalb sparsam verwendet werden. Am häufigsten werden sie zusammen mit dem im nächsten Unterkapitel vorgestellten Mechanismus des Overloading (engl. für „überladen") benutzt.

Man sollte beachten, daß sich `friend`-Funktionen oft nicht wie „Freunde" im alltäglichen Leben verhalten. Während dort meistens die Freundschaft auf Gegenseitigkeit beruht, ist sie in C++ häufig einseitig. Das heißt, eine Klasse ist `friend` einer anderen und kann damit auf ihre Interna zugreifen. Die andere Klasse ist jedoch nicht „befreundet" und kennt so die erste gar nicht.

2.5.4 Overloading

Angenommen wir haben drei Instanzen vom Typ `IntArray`, also etwa:

```
IntArray a1, a2, sum;
```

Die beiden ersten werden innerhalb des Programms mit Werten gefüllt. Es müssen nicht in beiden Klassen gleichviele Werte sein. Taucht dann im weiteren Verlauf eine Zeile der Form

```
sum = a1 + a2;
```

auf, sollten Sie stutzig werden. Auch der Compiler wird diese Konstruktion so nicht durchgehen lassen. Die Addition zweier Klassen macht zunächst überhaupt keinen Sinn. Was soll addiert werden? Woher soll der Compiler wissen, das nur die Komponenten `Feld` elementweise addiert werden sollen. Abhilfe schafft der Mechanismus des **Overloading**. Am einfachsten ist es, wenn man sich zunächst eine Funktion darstellt, die den Namen eines vordefinierten Operators trägt.

Um oben angedeutete Addition ausführen zu können, muß `IntArray` eine Komponente der Form

```
IntArray operator+(IntArray &);
```

enthalten. Das neue Schlüsselwort `operator` dient als Zeichen für den Compiler, daß das nächste Zeichen ein überladener Operator ist. Die „Funktion" + erwartet also zwei Argumente vom Typ `IntArray` und gibt einen Wert diesen Typs zurück. Sie ist als `friend` deklariert, weil nur so auf die `private`-Komponenten der beiden Argument-Klassen zugegriffen werden kann.

Die endgültige Form der Klassendeklaration bekommt damit folgendes Aussehen. Die Teile, die sich gegenüber Programm 2.26 und Programm 2.27 nicht verändert haben, wurden weggelassen. Außerdem wurde das Hauptprogramm stark verkürzt, so daß jetzt nur noch die „überladenen" Funktionen getestet werden.

```
 1 /*    Klassendeklaration, zur Verkapselung eines Feldes aus ganzen
 2       Zahlen.   */
 3
 4 #include <iostream.h>
 5 #define MAXELEM 10000
 6       // Maximale Anzahl an Elementen
 7 enum BOOL{FALSE, TRUE};
 8 typedef int ELEMTYPE;
 9
10 class IntArray{
11            private:   // Nach außen verborgener Teil
12               ELEMTYPE Feld[MAXELEM];
13               unsigned short xAnzahl;
14                  // aktuelle Anzahl von Elementen
15               unsigned short xAkt;
16                  // aktuelle Position im Feld
17               BOOL IsLast(void);
18                  // Prüft, ob das aktuelle auch das
19                  // letzte Element ist.
20
21            public:   // Von außen zugreifbarer Teil
22               IntArray(void);      // Konstruktor
23               ~IntArray(void);     // Destruktor
24               void PreInsertElement(ELEMTYPE);
25                  // Fügt ein neues Element vor dem aktuellen
26                  // in das Feld ein.
27               BOOL DeleteElement(void);
28                  // Löscht das aktuelle Element.
29               BOOL IsFull(void);
30                  // Prüft, ob das Feld komplett belegt ist.
31               BOOL IsEmpty(void);
32                  // Prüft, ob das Feld leer ist.
33               ELEMTYPE GetFirstElement(void);
34                  // Liefert das erste Feldelement.
35               ELEMTYPE GetNextElement(void);
36                  // Liefert das nächste Element, falls
37                  // noch eins vorhanden ist, sonst NULL.
38
39               IntArray operator+(IntArray &);
40                  // OVERLOADING des Additionsoperators +.
41
```

```
42                         friend ostream& operator<<(ostream &, IntArray &);
43                             // OVERLOADING des Ausgabeoperators <<.
44                 };
45
46 //      ------------------- member-functions  -----------------------

                   ( ... )

122 IntArray IntArray :: operator+(IntArray &op2)
123 {
124     IntArray sum;
125     for(short xI = 0; ((xI < xAnzahl) && (xI < op2.xAnzahl)); xI++)
126         sum.Feld[xI] = Feld[xI] + op2.Feld[xI];
127
128     /* Falls ein Feld mehr Elemente als das andere hat, werden die
129        überzähligen einfach in das Ergebnisfeld sum.Feld kopiert. */
130
131     if(xAnzahl < op2.xAnzahl)
132     {
133         for(xI = xAnzahl; xI < op2.xAnzahl; xI++)
134             sum.Feld[xI] = op2.Feld[xI];
135         sum.xAnzahl = op2.xAnzahl;
136     }
137     else
138     {
139         for(xI = op2.xAnzahl; xI < xAnzahl; xI++)
140             sum.Feld[xI] = Feld[xI];
141         sum.xAnzahl = xAnzahl;
142     }
143     sum.xAkt = 0;   // Vorderstes Element sei das aktuelle.
144     return sum;
145 }   // Ende von operator+()
146
147 //      ------------------- non-member-functions  ----------------------
148
149 ostream& operator<<(ostream &s, IntArray &a)
150 {
151     for(unsigned short xI = 0; xI < a.xAnzahl; xI++)
152     {   // Es werden jeweils 5 Zahlen pro Zeile
153         // ausgegeben.
154         if(xI % 5 == 4)
155             s << '\n';
156         s << a.Feld[xI] << '\t';
157     }
158     return s;       // Rückgabe des Streams s.
159 }   // Ende von operator<<()
160
161 //      ----------------- main-function  ----------------------
162
163 void main()
164 {   // Sehr rudimentäres Testmodul
165     IntArray a, b, sum;
166     a.PreInsertElement(10);
167     a.PreInsertElement(20);
168     a.PreInsertElement(30);
169     cout << a;
170     b.PreInsertElement(50);
171     b.PreInsertElement(70);
172     cout << b;
```

```
173        sum = a + b;
174        cout << sum;
175 }      // Ende von main()
```

Programm 2.31: Ausschnitt aus **INTAOVER.CPP** mit überladenen Operatoren

Neben dem Additionsoperator wird auch der Ausgabeoperator << überladen. Auch wenn der Zugriff auf beide ähnlich aussieht, so sind die
Realisierungen doch in weiten Teilen verschieden. Der überladene Additionsoperator + ist eine Member- und der überladene Ausgabeoperator
<< eine Friend-Funktion. Beim ersteren fällt zunächst auf, daß sie nur
ein Argument vom Typ **IntArray** erhält. Betrachten wir dazu, wie die
Funktion in Zeile 173 aufgerufen wird:

```
sum = a + b;
```

Hier hätte man genausogut

```
sum = a.operator+(b);
```

formulieren können. So wird klar, warum nur ein Argument benötigt wird.
Auf die Interna der ersten Instanz, also von a, kann die Funktion **operator+**
direkt zugreifen. Man hätte das Überladen genauso über eine **friend**-
Deklaration realisieren können. In Zeile 39 hätte es dann

```
friend IntArray operator+(IntArray &, IntArray &);
```

heißen müssen. Der Aufruf in Zeile 173 wäre unverändert geblieben.2   .

Allerdings ist es unüblich **friend**-Funktionen einzuführen, wenn Member-
Funktionen möglich sind. Beim Überladen des **<<**-Operators gibt es jedoch
keine Alternative. Hier muß auf die Interna einer Klasse **ostream** zugegriffen werden. Diese Klasse ist in der Bibliothek **iostream.h** deklariert. Als
Argument erhält die Funktion einen Ausgabestream, also eine Instanz vom
Typ **ostream** und eine Instanz vom Typ **IntArray**. Das erste Argument
ist nötig, um Ausgaben der Form

```
cout << a << b;
```

durchführen zu können. Diese Anweisung entspricht einem:

```
( cout.operator<<(a) ).operator<<(b);
```

Man erkennt zweierlei. Zum einen ist das was bisher immer als Stream bezeichnet wurde nichts anderes als eine Instanz einer Klasse, genau wie **a** eine Instanz von **IntArray** ist. Zum anderen ist

```
( cout.operator<<(a) )
```

seinerseits wieder ein Stream, also eine Klasseninstanz mit Komponenten.

☞ Diese Form des Aufrufs einer Methode wird im nächsten Abschnitt ausführlich unter dem Stichwort **Rekursion** behandelt.

In den Rümpfen der überladenen Funktionen passiert nichts Neues. Bei der Addition werden die Elemente der Komponente **Feld** beider Instanzen elementweise addiert. Die Fallunterscheidungen ab Zeile 131 sind notwendig, falls ein Feld mehr Elemente als das andere besitzt. Dann nämlich werden die „überzähligen" Elemente einfach in das Zielfeld **sum.Feld** kopiert.

Zur Ausgabe muß lediglich erwähnt werden, daß durch die Bedingung in Zeile 154 dafür gesorgt wird, daß jeweils fünf Feldelemente pro Zeile ausgegeben werden. So wird die Ausgabe relativ ordentlich formatiert.

Im nächsten Abschnitt, bei der Vorstellung einiger höchst interessanter Algorithmen, folgen weitere Beispiele für überladene Operatoren. Hier sollte nur der prinzipielle Mechanismus erläutert werden.

Übung 2.25: Verändern Sie die Klasse **Stack** aus Programm 2.29 so, daß die Ausgabe nicht mehr über die Methode **PrintStack()**, sondern den Operator **<<** und den Stream **cout** abläuft.

Übung 2.26: Falls Sie sich in der Mathematik ein wenig auskennen, sind Ihnen die komplexen Zahlen ein Begriff. Sie bestehen aus zwei Teilen, einem Real- und einem Imaginär-Anteil. In der Regel werden Sie in der Form

$$z = a + b * i, \qquad \text{mit } i = \sqrt{-1}$$

dargestellt, wobei a und b beliebige Gleitkommazahlen sind.

Eine Klasse zur Verkapselung komplexer Zahlen **complex** enthält also in ihrem **private**-Teil zwei Komponenten vom Typ **float** oder **double**. Programmiert werden sollen die überladenen Operatoren + und −. Das heißt, es soll möglich werden, zwei Objekte vom Typ `complex` zu addieren und zu subtrahieren. Ferner sollen Ein- und Ausgabe über >> bzw. << ablaufen.

Das Hauptprogramm zum Testen des Ganzen, soll lediglich zwei komplexe Zahlen einlesen und sowohl ihre Summe als auch ihre Differenz ausgeben.

Bevor man anfangen kann, muß man natürlich noch wissen, nach welchem Schema komplexe Zahlen addiert und subtrahiert werden; z_1 und z_2 seien komplexe Zahlen.

$$z_1 + z_2 = (a_1 + a_2) + (b_1 + b_2) * i$$
$$z_1 - z_2 = (a_1 - a_2) + (b_1 - b_2) * i$$

2.5.5   Mehrfache Vererbung

Es soll noch einmal Abbildung 2.13 von Seite 186 betrachtet werden. Dort „erbte" beispielsweise ein „Bus" die Eigenschaften eines „Landfahrzeuges". Problematisch wird es, wenn eine Klasse „Amphibienfahrzeug" eingefügt werden soll. Diese ist ein „Nachfahr" von „Landfahrzeug" **und** von „Wasserfahrzeug". In Abbildung 2.15 sind weitere Beispiele aufgeführt.

Um eine solche mehrfache Vererbung in C++ durchzuführen, werden genau wie bei der einfachen Vererbung aus 2.5.2 weitere Oberklassen, durch Kommata abgetrennt, angefügt. Falls also beispielsweise die Klasse `Stack` nicht nur von `IntArray`, sondern auch von `Stopuhr` „erben" soll, würde man:

```
class Stack : IntArray, Stopuhr
{
        ( ... )
```

notieren.   Voreingestellt ist wiederum die `private`-Vererbung. Das heißt, die `public`- und die `protected`-Komponenten der Oberklassen sind in der Unterklasse (und allen weiteren Ableitungen) `private`. Der Übersicht wegen sollte man jedoch immer die Art der Ableitung angeben, also:

```
class Stack : private IntArray,
              private Stopuhr
{
        ( ... )
```

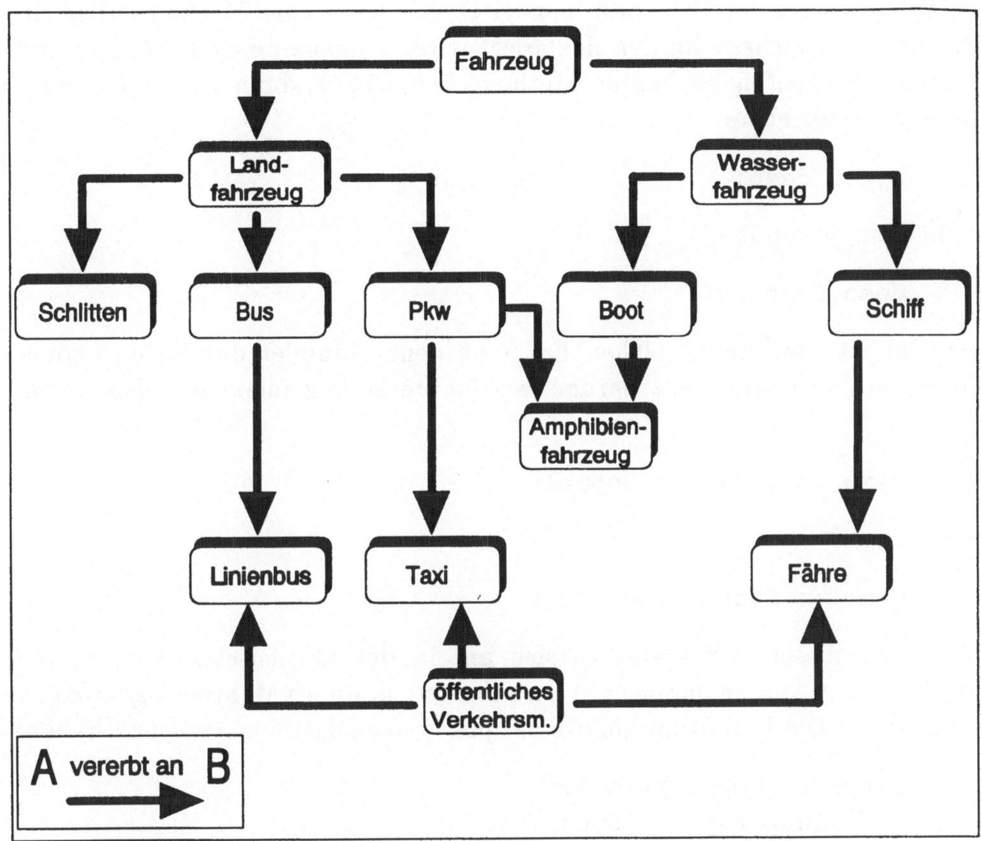

Abbildung 2.15: Mehrfache Vererbung am Beispiel von Fahrzeugen

☞ Ein vorangestelltes Schlüsselwort **private** gilt immer nur für eine Oberklasse. Die Deklaration

```
class Stack : public IntArray, Stopuhr
{

        ( ... )
```

unterscheidet sich also von:

```
class Stack : public IntArray,
              public Stopuhr
{

        ( ... )
```

Im ersten Fall wird **Stopuhr private** abgeleitet.

Zu beachten ist der Fall, daß in zwei Oberklassen eine Methode oder ein Datum mit gleichem Namen deklariert wird. Angenommen `IntArray` und `Stopuhr` enthielten beide eine Methode `Doppelt()`, dann wäre nach einer Definition der Form

```
Stack demo;
```

nicht klar, was mit

```
demo.Doppelt();
```

gemeint ist. In einem solchen Fall muß dem Compiler durch den Scope-Operator (::) mitgeteilt werden, welche Methode gemeint ist, also entweder

```
demo :: IntArray.Doppelt();
```

oder

```
demo :: Stopuhr.Doppelt();
```

In Fällen dieser Art bietet es sich an, in der abgeleiteten Klasse eine Methode mit Namen `Doppelt()` bereitzustellen, um so Mehrdeutigkeiten zu vermeiden. Die Definition könnte beispielsweise folgendes Aussehen haben:

```
Stack :: Doppelt(void){
    IntArray :: Doppelt();
    Stopuhr :: Doppelt();
}
```

☞ Bei Methoden muß beachtet werden, daß es nur dann Mehrdeutigkeiten geben kann, wenn sie nicht nur gleiche Namen, sondern auch einen identischen Rückgabetyp und gleiche Argumente besitzen.

Existiert jedoch in einer Basisklasse eine Methode

```
int Compare(int, int);
```

in einer anderen jedoch

```
float Compare(float, float);
```

kann der Compiler während der Übersetzung entscheiden, welche Methode eingesetzt werden muss.

Dieser Vorgang wird als **frühe Bindung** bezeichnet. Das Gegenstück, die **späte Bindung** (engl. *late linking*), ist ein Highlight von C++. In 2.5.8 wird näher darauf eingegangen.

2.5.6 Strukturen, Varianten, Bitfelder

Allen, die bereits mit der Programmiersprache C zu tun hatten, sind in den vorigen Unterkapiteln zum Thema Klassen gewisse Paralellen zu **Strukturen** und **Varianten**, wie sie C kennt, aufgefallen. In C++ ist eine Struktur (engl. *structure*) nichts anderes als eine Klasse, in der alle Member `public` sind. Es ist gleichgültig, ob man die bereits bekannte Form

```
class a{
     public:

                ( ... )
```

oder die C-Schreibweise

```
struct a{
                ( ... )
```

wählt.

Eine Variante wiederum ist ein Spezialfall einer Struktur. Sie wird verwendet, um Speicherplatz einzusparen. An die Stelle des Schlüsselwortes `struct` tritt ein `union`. Möchte man beispielsweise in seinem Programm alternativ entweder eine Gleitkomma-, eine ganzzahlige, oder eine Zeichen-Variable verwenden, programmiert man:

```
union universe{
     char cZ;
     int iZ;
     float fZ;
     };
```

Dadurch wird Speicherplatz reserviert, der so bemessen ist, daß die größte der Komponenten „hineinpaßt". Im vorliegenden Fall ist dies die `float`-Komponente.

Nach einer Definition der Form

```
univers uniondemo;
```

sind Zuweisungen wie

```
uniondemo.cZ = 'A';
uniondemo.iZ = 12;
uniondemo.fZ = 3.14;
```

zulässig (auch wenn sie direkt hintereinader keinen Sinn geben).

Es ist Sache des Programmierers, darauf zu achten, daß keine undefinierte Komponente angesprochen wird. Enthält ein Programm nach obigen drei Zeilen eine Zuweisung wie

```
anzahl = uniondemo.iZ;
```

wird das Programm wahrscheinlich sonderbare Ausgaben produzieren. Die Komponente `iZ` enthält nämlich nicht mehr den Wert 12, weil der Speicherplatz durch die Zuweisung an `fZ` überschrieben wurde. Stattdessen findet eine implizite Typumwandlung statt und `anzahl` erhält den Wert 3.

Ein letzter Spezialfall einer Struktur sind sogenannte **Bitfelder**. Auch mit ihnen soll Speicherplatz eingespart werden. Häufig kommt es vor, daß eine Komponente einer Struktur nur die logischen Werte `TRUE` oder `FALSE` (also 1 oder 0) aufnehmen muß. Durch Einfügen einer Komponente des Aufzählungstyp `BOOL` werden zwei Byte, also genau wie für eine Integer-Variable, reserviert. Selbst eine `char`-Komponente ist mit einem Byte = acht Bit noch viel zu groß. Für die beiden Werte 0 und 1 benötigt man lediglich ein einziges Bit. Innerhalb einer Struktur kann man die Anzahl der von einer **ganzzahligen und positiven** Komponenten benötigten Bits genau angeben. Im obigen Beispiel müßte es also

```
struct demo{
        ( ... )
    unsigned check : 1;
        ( ... )
};
```

heißen. Dadurch wird für die Komponente `check` genau ein Bit reserviert.

☞ Das vorangestellte Schlüsselwort **unsigned** ist optional, kann also weggelassen werden.

Bei einem einzigen Bitfeld gewinnt man allerdings noch nichts, weil am Ende einer Strukturdeklaration immer auf Wortlänge aufgefüllt wird. Falls also die gesamte Struktur **demo** 17 Bits benötigt, würde auf 32 Bits (= 4 Byte) „aufgefüllt". Vorteile gewinnt man also nur bei überlegter Planung. Möchte man eine Struktur konstruieren, die Personendaten speichern kann, so läßt sich bei Geburtsdaten Speicherplatz einsparen.

```
struct person{
    int iNummer;
    char cName[16];
    unsigned geschlecht : 1;
    unsigned gebmonat : 4;
    unsigned gebjahr : 11;
    };
```

Hier benötigt eine Instanz vom Typ **person** 160 Bits (= 20 Byte). Hätte man dagegen die Komponente **geschlecht** als **char**- und **gebmonat** sowie **gebjahr** als **short**-Komponenten deklariert, wäre der Speicherbedarf auf 184 Bits (= 23 Byte) und damit nach dem „Auffüllen" auf Wortgrenze 24 Byte angestiegen.

Bei einer einzigen Instanz ist der Unterschied sicher zu vernachlässigen. Sollen jedoch 100.000 Instanzen erzeugt werden, macht es sich schon bemerkbar, ob 2 oder 2,3 Megabyte benötigt werden.

 Auf Bitfeldern sind keine Adressoperationen, wie sie vor allem im nächsten Kapitel vorgestellt werden, zugelassen. Sie dürfen deshalb auch nicht als Referenzparameter an eine Funktion übergeben werden.

 **Übung 2.27:** Erzeugen Sie ein Feld aus 100 Elementen vom Typ **struct kunde**, der folgende Informationen enthält:

- Die Kundennummer (max. 65.535)
- Eine codierte Information, ob der Kunde in Nord- (0), Mittel- (1), West- (2), Süd- (3), Ostdeutschland (4), einem anderen EG-Land (5), oder einem nicht EG-Land(5) wohnt.
- Die Anzahl seiner Bestellungen im vergangenen Jahr (max. 63)
- Sein Geburtsdatum
- Eine Variante, die entweder eine Variable vom Typ **char[12]** für den Vornamen seiner Ehefrau, oder vom Typ **int** für die Anzahl seiner Kinder enthält.

Versuchen Sie, mit sowenig Speicherplatz wie möglich auszukommen.

2.5.7　Ein- und Ausgabe auch auf Dateien

Alle Ein- und Ausgaben erfolgten bisher von der Standardeingabe und gingen auf die Standardausgabe, also in der Regel von der Tastatur und auf den Bildschirm. In den meisten Programmen wird es jedoch erforderlich sein, Ergebnisse längerfristig abzuspeichern und diese abgespeicherten Ergebnisse auch wieder einzulesen. Ein Programm muß deshalb Daten in eine Datei schreiben und sie auch aus einer Datei herauslesen können.

Glücklicherweise ändert sich in C++ zu diesem Zweck nicht sehr viel. Der wesentlichste Unterschied besteht darin, daß nun nicht mehr nach cout ausgegeben bzw. von cin eingelesen wird, sondern der Programmierer selbst den Aus- bzw. Eingabestrom über einen frei wählbaren Dateinamen festlegen kann.

 In C werden Dateioperationen mit sogenannten **Dateitypen** unter der Bezeichnung FILE durchgeführt. Zum Öffnen einer Datei werden bespielsweise die Funktionen open() bzw. fopen() verwendet.

In C++ wird das Ganze über Klassen realisiert. Dadurch wird dem Programmierer einige Arbeit, wie beispielsweise das Schließen von Dateien, abgenommen. Außerdem enthalten die Klassen so manche nützliche Operation, die in C „von Hand" programmiert werden muß.

Betrachten wir als Beispiel eine leicht veränderte Version der Klasse Stopuhr aus Programm 2.28. Auf Seite 181 wurden alle Ausgaben auf die Standardausgabe geschrieben. Nun soll bei der Inkarnation einer Instanz ein Dateiname als Zeichenkette übergeben werden. In diese Datei erfolgen alle weiteren Ausgaben.

```
                   ( ... )
10 class Stopuhr
11     {
12         private:
13             time_t startzeit, stopzeit;
14             ofstream datei;            // Dateityp!
15         public:
16             Stopuhr(string);          // 1. Konstruktor mit Datei-
17                                        // namen als Argument
18             Stopuhr(string, string); // 2. Konstruktor mit Datein.
19                                        // UND Überschrift als Arg.
20             ~Stopuhr(void);
21             void Start(void);
22                 // Beginnt die Zeitmessung.
23             void Stop(double = 0);
24                 // Beendet die Zeitmessung und gibt
```

```
25                              // das Argument als Parameter der ver-
26                              // gangenen Zeit (in sec.) aus.
27                              // Default-Wert ist 0.
28          };
29
30  //      ---------------- member-functions ----------------------
31
32  Stopuhr :: Stopuhr(string szDateiname)
33  {
34          time_t t;
35          time(&t);
36
37          datei.open(szDateiname, ios::out);
38          if(datei.fail())    // oder auch   if (!datei) ...
39          {
40              cerr << szDateiname << " konnte nicht geöffnet werden\n";
41              exit(-1);
42          }
43          datei << "\n\tMessung vom: " << ctime(&t) << '\n';
44  }
45
46  Stopuhr :: Stopuhr(string szDateiname, string szTitel)
47  {
48          time_t t;
49          time(&t);
50
51          datei.open(szDateiname, ios::out);
52          if(datei.fail())    // oder auch   if (!datei) ...
53          {
54              cerr << szDateiname << "konnte nicht geöffnet werden\n";
55              exit(-1);
56          }
57          datei << "\n\tMessung vom: " << ctime(&t);
58          datei << "\n\t-> " << szTitel << '\n';
59  }
60
61  Stopuhr :: ~Stopuhr(void)
62  {
63          /* Am Ende eines Programms sollten offene Dateien
64             geschlossen werden. Dies muß jedoch nicht eigen-
65             händig programmiert werden, weil implizit der
66             Destruktor von ofstream aufgerufen wird. */
67  }
68
69  void Stopuhr :: Start(void)
70  {
71          // Zu Beginn der Messung wird die Zeit genommen.
72          time(&startzeit);
73  }       // Ende von Start()
74
75  void Stopuhr :: Stop(double dX)
76  {
77          // Und hier wird die Zeit nach der Messung genommen.
78          time(&stopzeit);
79          /* Das zweite member-Datum ist im Prinzip überflüssig,
80             weil direkt die Zeitdifferenz gebildet werden könnte.
81             So ist die Klasse jedoch besser zu verwenden, falls
82             sie eventuell abgeleitet wird. */
83
84          datei << "\n\t" << dX << '\t' << difftime(stopzeit, startzeit);
```

```
 85 }      // Ende von Stop()
 86
 87 //      ------------------- main-function -------------------------
 88
 89 void main()
 90 {      /* Das Hauptprogramm dient lediglich zum Testen der Klasse.
 91           Sie ist dazu gedacht, um sie in andere Programme ein-
 92           zubinden. */
 93        Stopuhr messung1("Messung1.dat");
 94        Stopuhr messung2("Messung2.dat", "2. Messung");
 95           // Zwei Arten der Inkarnation
 96
 97        messung1.Start();
 98        messung2.Start();
 99        delay(1000);
100        messung1.Stop();
101        delay(2000);
102        messung2.Stop(9.81);
103 }      // Ende von main()
```

Programm 2.32: Zweite Version der Klasse `Stopuhr` mit Dateiausgabe

Viel hat sich nicht geändert. Zunächst muß darauf hingewiesen wer-
den, daß das Programm im Speichermodell **huge** übersetzt werden muß.
Die Funktionen der neuen Bibliothek **fstream.h** sind in diesem Modell
übersetzt worden. Da eine Instanz von **ofstream** aus **fstream.h** als
Member in **Stopuhr** verwendet wird, verlangt *Borland C++*, daß die
Übersetzung im gleichen Speichermodell erfolgt. Setzen Sie also zunächst
im Menü **Options/Compiler/Code generation** auf der linken Seite der
Dialogbox den Schalter **huge**.

Innerhalb der Klassendeklararation kommt lediglich ein neues Member-
Datum hinzu. In Zeile 14 heißt es:

```
    ofstream datei;
```

Wie bereits angedeutet, ist **ofstream** ein Klasse aus **fstream.h**. Sie enthält
alle notwendigen Operationen, um Daten in eine Datei ausgeben zu können.
Die analoge Klasse zum Einlesen von Daten heißt **ifstream**. Es existiert
auch eine Kombination beider, die angewendet wird, wenn in eine Datei
sowohl hineingeschrieben als auch aus ihr herausgelesen werden soll. Diese
trägt den Namen **fstream**. Man kann sich vorstellen, daß sie durch einfache
Vererbung aus **ifstream** und **ofstream** entstanden ist.

Ansonsten ändern sich in der Klassendeklaration nur die Prototypen der
beiden Konstruktoren geringfügig. Beide erhalten ein zusätzliches Zeichen-
ketten-Argument, in das bei einer Inkarnation ein Dateiname eingetragen

werden muß. Man erkennt dies in den Zeilen 92 und 93. Dort wird als Dateiname für die erste Messung `Messung1.dat` und für die zweite `Messung2.dat` übergeben.

☞ Natürlich muß man sich auch hier an die Konventionen zu Dateinamen unter *DOS* halten. Sie dürfen also insgesamt nicht länger als elf Zeichen sein, wovon die letzten drei Zeichen durch einen Punkt abzutrennen sind.

Am interessantesten sind wohl die Implementierungen der beiden Konstruktoren. Dort werden die Ausgabedateien **geöffnet**. Bevor man nämlich in C++ mit einer Datei arbeiten kann, muß über einen Dateinamen die Verbindung zu einem **Dateideskriptor** (zuweilen auch **Handle** genannt) hergestellt werden. In C muß man sich selbst um die Verwaltung des Handles kümmern. In C++ muß nur die Member-Funktion `open()` einer `ofstream`-Instanz aufgerufen werden. Genau dies passiert in den Zeilen 37 bzw. 51.

Die Member-Funktion `open()` erhält als Argument den Dateinamen als Zeichenkette, also das Konstruktor-Argument. An zweiter Stelle wird durch `ios::out` festgelegt, daß die Datei zum Schreiben eröffnet werden soll. Bei einem lesenden Zugriff mußte es analog `ios::in` heißen.

Im Normalfall sollte das Öffnen ohne Probleme vor sich gehen. Auch unter *DOS* gibt es jedoch schreibgeschützte Dateien. Falls eine solche existiert und man versucht, sie zu beschreiben, wird *DOS* dies nicht zulassen. Das Öffnen scheitert. In diesem Fall liefert die Member-Funktion `fail()` von `ofstream` einen von 0 verschiedenen Wert. Der hat zur Folge, daß die bedingte Anweisung in den Zeilen 38 bzw. 52 durchlaufen wird. Dort wird ein kurzer Text auf die Standardfehlerausgabe geschrieben und das Programm über die Funktion `exit()` abgebrochen.

Wird eine bereits existierende, aber nicht schreibgeschützte Datei zum Schreiben geöffnet, geht der vorherige Inhalt beim Öffnen verloren. In diesem Fall ist es besser, die Datei zum **Anhängen von Daten** zu öffnen. Anstelle von `ios::out` wird `ios::app` (für engl. *to append* auf deutsch „anhängen") als zweites Argument an `open()` übergeben.

Alle übrigen Anweisungen verändern sich nur an einer Stelle. Dort, wo in Programm 2.28 `cout` stand, heißt es nun `datei`. Der Ausgabestrom ist also nicht mehr die Standardausgabe, sondern die vom Programmierer festgelegte Datei.

☞ Falls man sich eingehender mit Dateioperationen beschäftigen möchte, sollte man wissen, daß die hier vorgestellten Operationen alle **gepuffert** stattfinden. Eine Ausgabeanweisung wird also nicht direkt physikalisch nachvollzogen. Es werden erste weitere Ausgaben „gesammelt" und diese, wenn der Puffer voll ist, physikalisch auf eine Festplatte oder Diskette geschrieben.

Zuweilen ist diese Pufferung unerwünscht. Dann kann über einen sogenannten **Manipulator flush** eine sofortige Leerung des Puffers auf den externen Speicher erzwungen werden. Die Anweisung

```
datei << flush;
```

schreibt alle Daten im Puffer, die für `datei` bestimmt sind, in die zugehörige Datei. Häufig soll die Leerung des Puffers mit einem Zeilenvorschub verbunden werden. Man kann dann anstelle von

```
datei << '\n' << flush;
```

die Kurzform

```
datei << endl;
```

verwenden.

Beide Manipulatoren sind auch auf der Standardausgabe zugelassen.

Im weiteren Verlauf werden nach und nach weitere Manipulatoren und Member-Funktionen zur Ein- und Ausgabe eingeführt.

 **Übung 2.28:** Auf Seite 199 sollten Sie die Klasse **Stack** so abändern, daß die Ausgabe über `<<` auf **cout** stattfindet. Dies soll nun so weiter verändert werden, daß der Stack nicht mehr auf dem Bildschirm, sondern in eine vom Benutzer zur Programmlaufzeit festzulegende Datei erfolgt.

Das Programm soll also zunächst nach einem Dateinamen fragen und in diese einige exemplarische Stackoperationen schreiben.

2.5.8　Virtuelle Basisklassen

In 2.5.5 wurde der Fall erwähnt, daß zwei übergeordnete Klassen, also Basisklassen, ein Datum oder eine Methode mit identischem Namen (und im Fall von Methoden auch gleichen Argumenten und Rückgabewerten) besitzen können. Noch etwas komplizierter wird es, wenn man sich die generierte Ableitung von „Amphibienfahrzeug" aus Abbildung 2.15 ansieht. Zunächst

hat „Amphibienfahrzeug" die beiden Basisklassen „Pkw " und „Boot".
Diese beiden Oberklassen leiten sich aus den Basisklassen „Landfahrzeug"
bzw. „Wasserfahrzeug" ab. Bis zu diesem Punkt taucht keine Besonderheit
auf. Erst in der nächsten Stufe wird es schwierig. Sowohl „Land-" als auch
„Wasserfahrzeug" besitzen die Oberklasse „Fahrzeug".

Erzeugt man nun eine Instanz von „Amphibienfahrzeug", wird zunächst
der eigene Konstruktor, dann der von „Pkw" und „Boot", dann der
von „Land-" bzw. „Wasserfahrzeug" und schließlich **zweimal** der von
„Fahrzeug" aufgerufen. Es geschieht tatsächlich zweimal, weil die implizite
Erzeugung eines Objektes vom Typ „Land-" und „Wasserfahrzeug" in
beiden Fällen eine Instanz vom Typ „Fahrzeug" erzeugt.

In Abbildung 2.16 ist die Ableitungsfolge dargestellt.

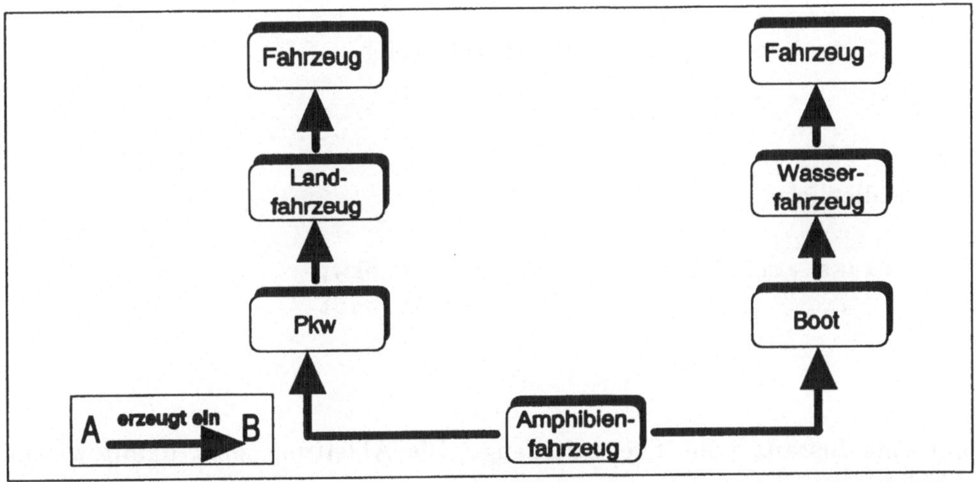

Abbildung 2.16: Aufrufreihenfolge beim Erzeugen eines „Amphibienfahrzeuges"

Ähnlich wie bei mehrfacher Vererbung gibt es auch hier Mehrdeutigkeiten.
Sobald nämlich ein Member von „Fahrzeug" aufgerufen (man sagt auch
referenziert) wird, ist nicht klar, welche Instanz gemeint ist.

Abhilfe schafft das neue Schlüsselwort `virtual`. Angenommen, im Beispiel
heißt die oberste Klasse `class fahrzeug`, dann wird durch

```
class landfahrzeug : public virtual fahrzeug
{
            ( ... )
```

und

```
    class wasserfahrzeug : virtual public fahrzeug
    {
                    ( ... )
```

die Klasse **fahrzeug** für **landfahrzeug** und **wasserfahrzeug** zur **virtuellen Basisklasse** . Der Compiler erzeugt nach weiteren Ableitungen zu

```
    class pkw : public landfahrzeug
    {
                    ( ... )
```

sowie

```
    class boot : public wasserfahrzeug
    {
                    ( ... )
```

und schließlich

```
    class amphibienfahrzeug : public pkw,
                              public boot
    {
                    ( ... )
```

nur eine Instanz vom Typ **fahrzeug**. Die Ableitung sieht damit wie in Abbildung 2.17 aus.

☞ Die Ableitungen alle als **public** zu deklarieren ist kein Zwang, sondern geschah hier völlig willkürlich.

☞ Wie man an **class landfahrzeug** und **class wasserfahrzeug** erkennen kann, ist die Stellung der Schlüsselwörter **virtual** und **public** (bzw. auch **private**) beliebig.

☞ Ein Konstruktor einer als **virtual** deklarierten Basisklasse muß, sofern überhaupt einer vorhanden ist, entweder ganz ohne Argumente oder nur mit Default-Argumenten auskommen. Es muß also möglich sein, eine Instanz ohne Argumentübergabe zu erzeugen.

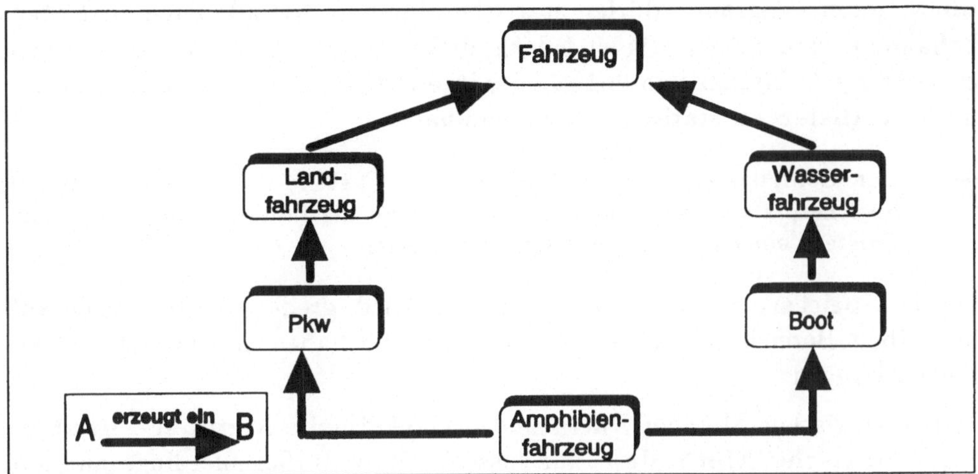

Abbildung 2.17: Aufrufreihenfolge mit einer virtuellen Basisklasse „Fahrzeug"

2.5.9 Statische Members

Kommen wir noch einmal zurück auf die Deklaration der abgeleiteten Klassen aus 2.30. Dort wurden Bildschirmkoordinaten behandelt. Ein solcher Bildschirm hat in der Regel feste Ausmaße. Speziell unter *DOS* gibt es viele verschiedene Varianten. Man sollte die Ausdehnung des Ausgabebildschirms zu Programmbeginn feststellen und in zwei Konstanten ablegen. Man könnte zwei globale Konstanten anlegen und die Werte dort abspeichern. Im Sinne einer objektorientierten Programmierung sollten jedoch nur die Programmteile Zugriff auf diese Daten haben, die sich mit Bildschirmein- bzw. ausgaben beschäftigen. Genau dazu sind **statische Member** gedacht. Sie werden einmal in einer Klasse deklariert, erhalten einen Wert und werden mitsamt Wert weitervererbt. So sollte die Klasse Location aus 2.30 beispielsweise zwei private Members

```
static unsigned short xBreite;
static unsigned short yHoehe;
```

enthalten. Diesen Daten kann, noch bevor irgendeine Instanz erzeugt wurde, ein Wert zugewiesen werden. In der Regel sollte man ihn sofort nach oder direkt in der Deklaration zuweisen.

```
Location :: xBreite = 640;
Location :: yHoehe = 480;
```

Im weiteren Programm dürfen statische Members wie alle anderen Daten behandelt werden. Wichtig ist jedoch, daß bei einer Vererbung von `Locate` zu `Point` jede Instanz von `Point` über ihre Member-Funktionen Zugriff auf die **initialisierten** statischen Members hat.

☞ Der Compiler erkennt am Schlüsselwort `static`, daß er genau einmal Speicherplatz reservieren muß. Daher kann die Initialisierung auch ohne Existenz einer Instanz von `Location` erfolgen.

Da der Speicherplatz nur einmal reserviert wird, greifen alle Instanzen auf denselben Bereich zu. Änderungen des Inhalts haben also immer globale Auswirkungen.

Neben statischen Member-Daten sind auch **statische Member-Funktionen (statische Methoden)** zugelassen. Diese dürfen allerdings nur auf statische Member-Daten zugreifen.

☞ Spezialisten sollten wissen, daß statische Methoden **keinen** `this`-Zeiger enthalten. Jeder Zugriff auf nicht-statische Daten benutzt implizit diese Zeigervariable.

Damit wurden die grundlegendsten Dinge der objektorientierten Programmierung in C++ erläutert. Es fehlen noch einige Dinge, beipielsweise virtuelle Funktionen, die erst im Zuammenhang mit Zeigern verstanden werden können.

Falls Sie noch nie mit einer objektorientierten Sprache zu tun hatten, muß ihnen am Ende dieses Kapitels noch nicht alles vollkommen klar sein. Das gesamte Gebiet wird im nächsten Abschnitt vertieft. Dort werden einige interessante Algorithmen, wie etwa das Suchen in einem Feld, das Sortieren von Elementen usw. an zahlreichen Beispielen vorgeführt. Dabei wird vor allem darauf geachtet, Objekte zu verwenden, um so speziell den Mechanismus der Vererbung ausnutzen zu können.

2.6   Dynamische Speicherverwaltung

Was in C noch unabdingbar ist, wird in C++ nicht unbedingt benötigt: Der **Zeiger** (engl. *pointer*). In C laufen so elementare Dinge, wie die Übergabe eines Referenzparameters oder das Einlesen eines Wertes über Zeigervariablen.

In C++ sind die Dinge ganz ähnlich implementiert, allerdings bemerkt der Programmierer zunächst nichts von der komplizierten Materie, die hinter einer Operation steckt. So werden Referenzparameter in C++ einfach durch Voranstellen des Zeichens **&** erzeugt. Das Einlesen erfolgt über den Operator `>>` und den Stream `cin`. Hinter beiden Konstruktionen stehen Zeigervariablen.

☞ Es werden neben „normalen" Zeigern auch sogenannte **far** und **near pointer** (zu deutsch „ferne" und „nahe Zeiger") unterschieden. Dies hängt mit der einmalig sonderbaren Speicheraufteilung von *MS-* bzw. *PC-DOS* zusammen. Da dieses Buch zunächst den allgemeinen C++-Standard behandelt, wird erst beim Thema *Windows*-Programmierung näher auf diese Unterscheidung eingegangen.

Bei größeren Programmen kommt man auch in C++ nicht um den Zeiger herum. Ein häufiges Problem besteht darin, Elemente irgendeinen Typs abspeichern zu müssen. Man kann dazu ein Feld benutzen, muß dann jedoch ungefähr wissen, wieviele Elemente bearbeitet werden müssen. Hinzu kommt, daß bestimmte Operationen auf Feldern sehr ineffizient sein können.

Mit Zeigervariablen wird es dagegen möglich, Speicherplatz erst zur Laufzeit eines Programms anzufordern. Außerdem können neue Elemente an beliebiger Stelle zwischen zwei Zeigervariablen „gehängt" werden.

Der größte Nachteil von Zeigern besteht leider darin, daß sie speziell Anfängern Verständnisschwierigkeiten bereiten. Sie sollten also beim Studium dieses Kapitels ein gewisses Stehvermögen mitbringen. Nicht umsonst werden Zeiger zuweilen als „das `goto` der strukturierten Programmierung" bezeichnet. Ferner gibt es zahlreiche Operationen, die mit Zeigern komplizierter sind als mit Feldern. Dazu gehört zum Beispiel das Sortieren.

Es gilt auch hier die Bemerkung am Ende des vorigen Kapitels, daß nämlich vieles im nachfolgenden Abschnitt vertieft wird. Doch genug der Vorrede, steigen wir in die Welt der Zeiger und Adressen ein. Zum Trost taucht einiges bereits Bekannte wieder auf.

2.6.1 Von Zeigern und Adressen

Schon bei der Einführung von Variablen in 2.1.3 und später im Zusammenhang mit der Argumentübergabe an Funktionen in 2.4.5 tauchte der Begriff **Adresse** auf. Mit Ausnahme von Bitfeldern wird jede Variable an einer bestimmten Adresse im Speicher abgelegt. Durch eine Definition der Form

```
    int iA;
```

werden für die Variable `iA` zwei Byte reserviert. An dieser Stelle können durch Zuweisungen der Form

```
    iA = 10;
```

Werte abgelegt werden. Das Programm muß allerdings irgendwoher wissen, worauf es bei Nennung von `iA` zugreifen soll. Es muß die Stelle im Speicher, also die Adresse, kennen. Aus diesem Grund „merkt" sich das Programm nicht den aktuellen Wert einer Variablen, sondern lediglich die Stelle, an welcher der Wert abgelegt ist. Diese Stelle kann man sich auch in einem eigenen Programm ausgeben lassen. Man verwendet dazu den allen C-Programmierern bekannten **Adressoperator &**, das sogenannte „Kaufmanns-Und".

Das folgende Programm 2.33 reserviert zunächst wie oben zwei Byte und weist einen Wert zu. Anschließend wird zunächst die Adresse und dann der Wert ausgegben.

```
 1 #include <iostream.h>
 2
 3 void main()
 4 {
 5      int iA;
 6      iA = 10;
 7
 8      cout << "\n\tAdresse von iA = " << &iA;
 9      cout << "\n\tInhalt von iA = " << iA;
10
11 }    // Ende von main()
```

Programm 2.33: Die Ausgabe der Adresse und des Inhalts einer Variablen

Ein mögliche Ausgabe könnte

```
    Adresse von iA = 0x22340ffe
    Inhalt von iA = 10
```

lauten. Falls bei Ihnen in der ersten Zeile etwas anderes ausgegeben wird, hängt dies damit zusammen, daß man im allgemeinen nicht vorhersagen kann, an welcher Stelle im Speicher eine Variable abgelegt wird.

☞ Die Ausgabe von Adressen ist unter *Borland C++* nur dann vordefiniert, wenn die Übersetzung im Speichermodell **huge** erfolgt.

Es handelt sich wie erwähnt um eine Adresse. Adressen werden standardmäßig hexadezimal ausgegeben, was durch das vorangestellte `0x` angezeigt wird.

Eine **Zeigervariable** ist nun nichts anderes als eine Variable, die dazu angelegt wird, eine Adresse zu speichern. Man kennzeichnet eine solche Variable durch Voranstellen eines * vor den Variablennamen innerhalb der Variablendefinition.

☞ Anstelle von Zeigervariable wird oft auch nur der Begriff **Zeiger** verwendet.

Durch

```
int *piA;
```

wird eine Zeigervariable definiert, die die Adresse einer Integer-Variablen aufnehmen kann. Der Buchstabe `p` ist ein neues Präfix, das nicht in Tabelle 2.4 aufgeführt wurde. Es kennzeichnet eine Variable zusätzlich als Zeigervariable. Die Abkürzung `pi` meint also immer einen Zeiger auf eine Integer-Variable.

Für eine solche Zeigervariable werden grundsätzlich so viele Bytes reserviert, wie zur Aufnahme einer Adresse nötig sind, also unter *DOS* vier Byte. Dabei spielt es keine Rolle, worauf der Zeiger deutet. Durch

```
char *pcY;
```

werden ebenfalls vier Byte reserviert, weil auch zur Speicherung der Adresse einer `char`-Variablen vier Byte nötig sind. Merken Sie sich also auf jeden Fall: Durch die Definition einer Zeigervariablen wird immer Speicherplatz zur Aufnahme einer Adresse (vier Byte) reserviert. Dies ist unabhängig vom Typ, auf den der Zeiger verweist.

☞ Der Stern (Asterik) (*) vor dem Namen einer Zeigervariablen gehört **nicht** zum Namen sondern zum Typ. Die Variable `piB` aus obigem Beispiel ist demnach vom Typ `int *`. Um dies deutlicher zu machen, schreiben einige Programmierer auch lieber:

```
int* piB;
```

```
 1 #include <iostream.h>
 2
 3 void main()
 4 {
 5       int iA, *piB;
 6
 7       piB = &iA;        // piB erhält die Adresse von iA.
 8       iA = 10;          // Zuweisung an iA und damit auch an *piB.
 9
10       cout << "\n\tInhalt von iA =\t\t" << iA;
11       cout << "\n\tInhalt von *piB =\t" << *piB;
12
13 }     // Ende von main()
```

Programm 2.34: Eine allererste Zeigervariable

Als Beispiel wird Programm 2.33 um die Zeigervariable `piB` erweitert. Sie erhält als Inhalt durch

```
    piB = &iA;
```

die Adresse von `iA`. Beachten Sie bitte, daß zu diesem Zeitpunkt in Zeile 7 der Inhalt von `iA` noch undefiniert ist. Trotzdem liegt natürlich die reservierte Adresse fest. Erst durch die Zuweisung

```
    iA = 10;
```

in Zeile 8 wird ein Inhalt festgelegt. Dieser Inhalt wird in den Zeilen 10 und 11 auf zwei Arten ausgegeben. Erstens wie bisher immer, indem `iA` nach `cout` geschrieben wird. Zweitens, indem der Zeiger benutzt wird. Ausgegeben wird `*piB`. An dieser Stelle signalisiert der vorangestellte Stern (Asterik), daß nicht der eigentliche Inhalt von `piB`, also die Adresse, an der `iA` abgelegt wurde, sondern der **Inhalt der Speicherstelle, auf die** `piB` **zeigt**, gemeint ist.

Das Zeichen * hat im Zusammenhang mit Zeigern also zwei Bedeutungen:

1. Bei der Definition kennzeichnet es eine Variable als Zeigervariable.

2. Innerhalb des Programmablaufs zeigt es an, daß der Inhalt der Speicherstelle gemeint ist, auf die der Zeiger verweist.

Im vorliegenden Fall ist der Inhalt der Speicherstelle, auf die `piB` zeigt, der Inhalt von `iA`, also die 10. In Abbildung 2.18 wurde versucht, den Sachverhalt grafisch anzudeuten. Dort wurde angenommen, daß `iA` an der Adresse 0x22340ffe abgelegt wurde. Dies ist nach der Zuweisung aus Zeile 7 der Inhalt von `piB`.

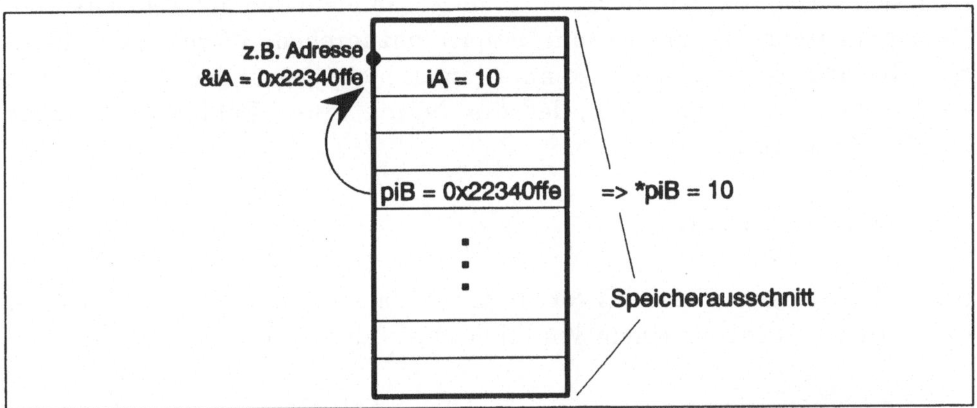

Abbildung 2.18: Schematische Speicherbelegung durch eine Zeigervariable

Bisher haben wir damit nur die Möglichkeit gewonnen, auf einen Speicherplatz auf verschiedene Art und Weise zugreifen zu können. Neue Möglichkeiten gewinnt man dadurch alleine noch nicht.

Es stellt sich die Frage, weshalb bei einer Zeigervariablen überhaupt angegeben werden muß, auf welchen Typ sie zeigt. Wenn grundsätzlich Platz für eine Adresse reserviert wird, sollte der Typ keine Rolle spielen.

Ein erstes Argument für die Typangabe liefert die Ausgabe über `<<` und `cout`. Woher soll der Compiler ohne Typangabe bei einer Zeigervariablen wissen, wie er den Inhalt einer durch einen Zeiger angegebenen Speicherstelle behandeln soll? Er muß wissen, wieviele Bytes er ab der angegebenen Adresse ausgeben soll. Ohne die Typangabe wüßte er nur, daß irgendetwas ab einer bestimmten Speicherstelle ausgegeben werden soll. Ob dies zwei, drei oder noch mehr Bytes sind, wäre nirgendwo erkennbar. Ist ihm jedoch bekannt, daß an der Speicherstelle beispielsweise eine `int`-Variable abgelegt wurde, ist klar, daß er genau zwei Bytes ab der angegebenen Adresse ausgeben muß.

Ein weiteres Argument ergibt sich, wenn man den Zusammenhang zwischen Zeigern und Feldern betrachtet. In 2.4.5 wurde durch

```
int iFeld[100];
```

Speicherplatz für 100 Integer-Variablen reserviert. Beim Aufruf einer
Funktion mit einem solchen Feld als Argument wurde darauf hingewiesen,
daß ein solcher Aufruf immer als Referenz erfolgt, daß also eine Änderung
des Feldes innerhalb der Funktion eine Änderung an der aufrufenden Stelle
nach sich zieht. Dies wurde vor allem im Zusammenhang mit Zeichenketten
(Strings) ausgenutzt, um sie zum Beispiel umzudrehen. Warum bei Feldern
diese Besonderheit auftaucht, konnte damals nicht begründet werden. Jetzt
wird es klar, wenn man weiß, daß **der Name eines Feldes ein Zeiger**
ist. Die Anweisung

```
cout << iFeld;
```

liefert die Adresse, an der das vorderste Feldelement abgelegt wurde. Genau
diese Adresse wird bei einem Funktionsaufruf der Form

```
Funkt(test);
```

an die Funktion `Funkt()` übergeben.

Anstelle von `iFeld` hätte man genausogut `&ifeld[0]` schreiben können.

Wenn nun `iFeld` eine Adresse meint, sollte es doch möglich sein, sie
in Verbindung mit einer Zeigervariablen zu bringen. Nehmen wir dazu
folgende Variablendefinition an:

```
int iFeld[100];
int *piB;
```

Die Elemente von `iFeld` werden mit beliebigen Werten gefüllt, zum Beispiel
durch:

```
for(short xI = 0; xI < 100; xI++)
    iFeld[xI] = 100 - xI;
```

Gleichgültig, ob vor oder nach dieser Schleife, wird durch

```
piB = iFeld;     bzw.     piB = &Feld[0];
```

eine „Verbindung" zwischen der Zeigervariablen und dem Feld hergestellt. In `pIB` steht danach die Adresse des vordersten Feldelementes. Möchte man es ausgeben, hat man die Möglichkeit, es entweder auf die altbekannte Art durch

```
cout << "iFeld[0] = " << iFeld[0];
```

oder mit der Zeigervariablen durch

```
cout << "iFeld[0] = " << *piB;
```

zu tun.

Spätestens hier wird noch einmal deutlich, weshalb bei einer Zeigervariablen angegeben werden muß, auf was für einen Datentyp sie zeigt. Hätte man eine zusätzliche Zeigervariable durch

```
char *pcZ;
```

definiert und genau wie zuvor an `piB` durch

```
pcZ = iFeld;      bzw.      pcZ = &Feld[0];
```

die Adresse des vordersten Feldelementes zugewiesen, ließe der Compiler dies nicht durchgehen. Durch eine explizite Typumwandlung kann man ihn jedoch überlisten:

```
pcZ = (char *)iFeld;
```

☞ In C wäre die explizite Typumwandlung nicht nötig gewesen. Dort hätte man bei der Übersetzung allenfalls eine Warnung erhalten.

Spätestens bei einer Ausgabe der Form

```
cout << "iFeld[0] = " << *pcZ;
```

```
 1 #include <iostream.h>
 2
 3 void main()
 4 {
 5       int iFeld[100];
 6       int *piB;          // Zeiger auf int!
 7       char *pcZ;         // Zeiger auf char!
 8
 9       for(int xI = 0; xI < 100; xI++)
10            iFeld[xI] = 100-xI;
11
12       piB = iFeld;               // bzw. piB = &Feld[0];  ist o.k.
13       pcZ = (char *)iFeld;       // Kritisch, da Zeiger auf char!
14
15       cout << "\n\tiFeld[0] = " << iFeld[0] << " = " << \
16            *piB << " = " << *pcZ;
17
18 }     // Ende von main()
```

Programm 2.35: Zusammenhang zwischen Zeigern und Feldern

hätte man bemerkt, daß man wohl Unsinn programmiert hat. Es wird auf
keinen Fall der Wert des vordersten Feldelementes (hier 100) ausgegeben.
Der Compiler berücksichtigt nur das erste Byte, da er mit `pcZ` einen Zeiger
auf eine `char`-Variable vor sich hat. Der Datentyp `char` umfaßt jedoch nur
ein Byte, also wird auch nur das eine Byte ausgegeben.

In nachfolgendem Programm wurde alles noch einmal zusammengefaßt.

☞ Es soll jedoch nicht verschwiegen werden, daß erfahrene C- und C++-
Programmierer gerade den oben angedeuteten Trick einer expliziten
Typumwandlung auf Zeigern dazu benutzen, beispielsweise eine Funktion
mit Argumenten beliebigen Typs aufrufen zu können. Häufig wird dazu
auch der spezielle Typ `void *` benutzt. Er stellt einen Zeiger dar, der auf
eine Variable beliebigen Typs verweist. Salopp wird er oft auch als „Zeiger
auf irgendwas" bezeichnet.

Durch `*piB` läßt sich also genau wie durch `iFeld[0]` auf den Inhalt
des vordersten Feldelementes zugreifen. Wie erreicht man aber mit der
Zeigervariablen andere Elemente als das vorderste?

Dazu muß man wissen, daß in C++ mit Adressen genauso gerechnet werden
kann wie mit gewöhnlichen Variablen. Allerdings hängt der tatsächliche
Wert immer vom Datentyp der zugehörigen Zeigervariablen ab. Wenn etwa,
wie in Abbildung 2.18 angenommen, das Feld an der Adresse 0x22340ffe
beginnt, liegt das Element `iFeld[1]` an der Position 0x22340ffe + 2

= 22341000. Die einzelnen Feldelemente sind im Speicher hintereinander abgelegt. (Zumindest scheint es für den Programmierer so.) In `piB` steht genau die Adresse des vordersten Elementes. Die Adresse des nächsten steht in `piB+1`. Dessen Inhalt kann man sich durch `*(piB+1)` ausgeben lassen.

☞ Die Klammern um `piB` sind notwendig, weil auch hier `*` stärker bindet als `+`. Würden sie fehlen, wäre zum Inhalt von `feld[0]` 1 addiert worden.

Die 1 in `piB+1` besagt, daß zur nächsten Adresse, die eine `int`-Variable aufnehmen kann, gesprungen werden soll. Es wird also nicht das nächste, sondern das übernächste Byte adressiert, weil eine Integer-Variable zwei Byte benötigt.

Hätte man dagegen über `pcZ` adressiert, wäre bei einer Addition von eins nur um ein Byte weiter gesprungen worden.

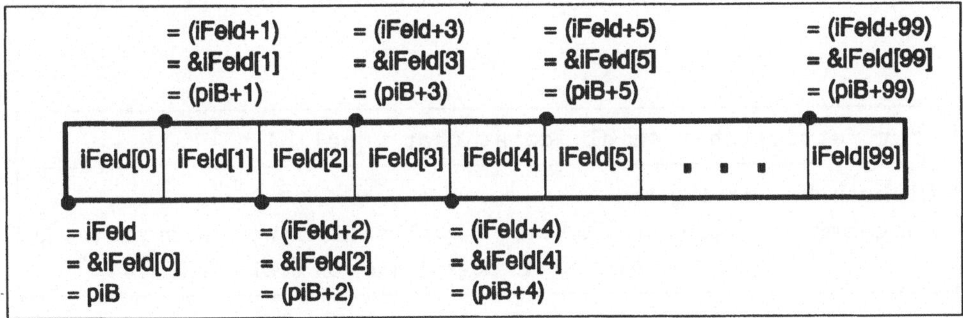

Abbildung 2.19: Adressierung von Feldelementen durch Zeiger

☞ Die Werte, die zu einer Anfangsadresse hinzuaddiert werden, heißen auch **Offset**.

Analog wird bei einem Zeiger auf eine `float`-Variable in einem Schritt um vier Bytes und bei einem Zeiger auf eine `double`-Variable sogar um acht Bytes gesprungen.

Auch wenn es in der Regel wenig Sinn macht, kann man einer Zeigervariablen durchaus ein anderes als das vorderste Element zuweisen. So enthält nach

```
piB = &iFeld[10];
```

die Zeigervariable `piB` die Adresse des Elementes mit dem Index 10. Möchte
man den Inhalt des Vorgängers ausgeben, kann man anstelle von

```
cout << "iFeld[9] = " << iFeld[9];
```

auch

```
cout << "iFeld[9] = " << *(piB-1);
```

schreiben.   Durch die Subtraktion wird die Adresse vor der aktuellen
genommen, an der wieder eine Integer-Variable abgespeichert ist, also wird
um zwei Byte nach „vorne" gesprungen.

 **Übung 2.29:** Notieren Sie bitte einmal wieder die Ausgabe des folgenden
C++-Programms. Die Funktion `strcpy()` ist in der Bibliothek `string.h`
deklariert. Sie kopiert elementweise eine Zeichenkette.

`char *strcpy(char *ziel, const char *quelle)`	
Bibliothek:	`string.h`
Aufgabe:	Kopiert die Zeichenkette `quelle` elementweise nach `ziel`. Als Ergebnis wird die Anfangsadresse von `ziel` geliefert.

An der Beschreibung zu `strcpy()` erkennt man bereits, daß es mit Zeigern
möglich wird, Felder als Funktionsergebnis zu erhalten.   Es wird nicht
das gesamte Feld zurückgegeben, sondern nur ein Zeiger auf das vorderste
Feldelement, was in der Regel jedoch denselben Effekt hat.

 Die Angabe `const` innerhalb der Argumentliste von `strcpy()` soll nur
andeuten, daß die Ausgangszeichenkette nicht verändert wird. Dies ist vor
allem bei Zeichenketten sinnvoll, weil es dort keinen „call by value" gibt,
sondern immer Adressen, also Referenzen, übergeben werden.

```
 1 #include <iostream.h>
 2 #include <string.h>        // für strcpy()
 3 #include <ctype.h>         // für tolower()
 4
 5 #define MAXZAHL 5
 6 #define MAXBUCHST 20
 7
 8 void main()
 9 {
10     short xI = 0;
11     int iA[MAXZAHL], *piA;
12     char szSt[MAXBUCHST], *pszSt;
13
14     while(xI < MAXZAHL)
15         iA[xI] = 10 * xI++;
16
17     piA = &iA[MAXZAHL-1];
18
19     for(xI = 0; xI < MAXZAHL; xI++)
20         cout << "\n\t" << *(piA-xI);
21
22     pszSt = szSt;
23     strcpy(pszSt, "dUrchEiNANdER");
24
25     for (xI = 0; szSt[xI] != '\0'; xI++)
26         *(pszSt+xI) = tolower(szSt[xI]);
27
28     cout << "\n\tszSt = " << szSt << "\t pszSt = " << pszSt << endl;
29
30 }   // Ende von main()
```

Programm 2.36: Übungsprogramm zu Zeigern und Feldern

2.6.2 Argumente aus der Kommandozeile

Bisher ist nicht viel von den Vorteilen eines Zeigers zu erkennen. Ein
erster ergibt sich im Zusammenhang mit der Funktion `main()`. Bisher
wurden Argumente an alle Funktionen außer eben an `main()` übergeben.
Es muß jedoch auch möglich sein, an ein Programm beim Start Argumente
zu übergeben. Diese Möglichkeit bietet fast jedes *DOS*-Kommando, zum
Beispiel:

```
TYPE C:\AUTOEXEC.BAT
```

Hier ist `C:\AUTOEXEC.BAT` das übergebene Argument.

Im Unterschied zu anderen Funktionen liegen bei `main()` die Typen der
Parameter fest. Man übergibt eine Zahl, die angibt, wieviele Argumente
übergeben wurden, und ein Feld mit Zeigern auf Zeichenketten. Die Zahl

wird häufig dazu benutzt, zu prüfen, ob ein Programm mit korrekten Argumenten gestartet wurde.

Die Namen der Funktionsparameter sind im Prinzip frei wählbar. Es hat sich jedoch in C und auch in C++ eingebürgert, für das erste Argument die Bezeichnung **argc** (für engl. **arg***ument* *counter* zu deutsch „Argumentzähler") und für das zweite **argv** (für engl. **arg***ument* *value* zu deutsch „Argumentwert") einzuführen.

Der Kopf von **main()** nimmt damit folgende Gestalt an:

```
void main(int argc, char *argv[])
{

            ( ... )

```

☞ Bei **argc** und **argv** fehlen die Präfixe zur Typangabe. Hier wird die allgemeine Übereinkunft höher bewertet. Man kann jedoch auch **iArgc** bzw. **szArgv** notieren.

Während es sich bei **argc** um eine „gewöhnliche" Integer-Variable handelt, verdient das Feld aus Zeigern, **argv**, besondere Beachtung.

Im vorigen Unterkapitel wurde erläutert, daß ein Feld und ein Zeiger eng miteinander zu tun haben. Der Name eines Feldes ist eine Zeigervariable. Der Begriff „Feld aus Zeigervariablen" verzahnt beide Begriffe. Man könnte auch vom „Zeiger auf einen Zeiger" sprechen, würde damit die Materie aber keinesfalls vereinfachen.

Betrachten wir ein Feldelement, zum Beispiel **argv[0]**. Hierbei handelt es sich um eine Zeigervariable. Deren Inhalt kann man sich ausgeben lassen durch ***argv[0]**. Dadurch erhält man ein einzelnes Zeichen und zwar den Anfangsbuchstaben des Programmnamens. Der Parameter **argv[0]** enthält immer den Namen des Programms. Hat man beispielsweise sein Programm **test.exe** genannt, so führt die Anweisung

```
cout << "Das Programm heißt: " << argv[0];
```

zur Ausgabe von:

```
Das Programm heißt test.exe
```

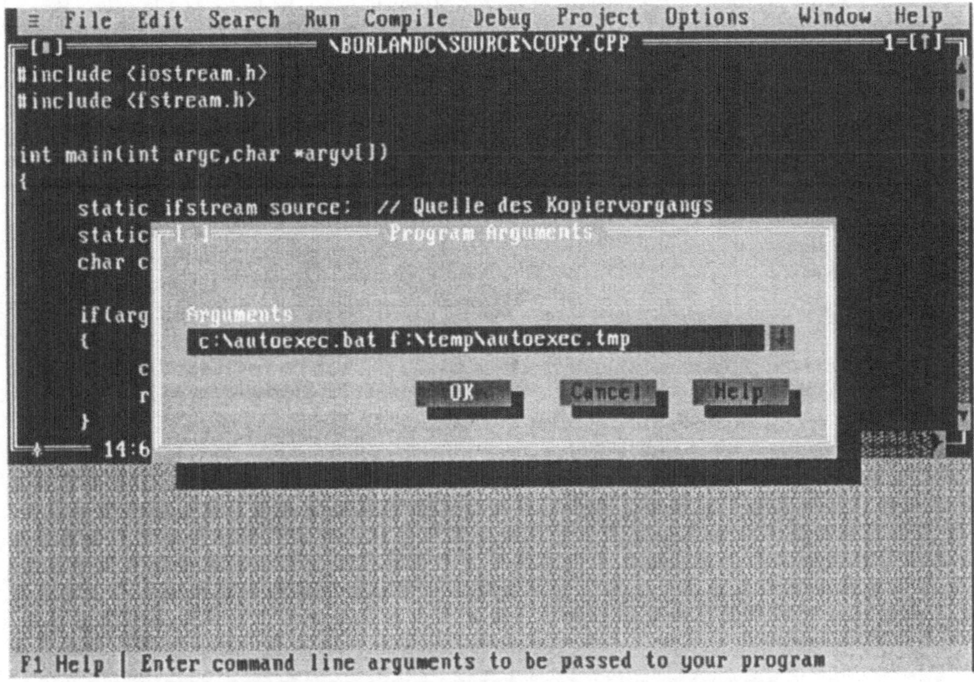

Abbildung 2.20: Dialogbox zu **Run/Arguments**

Übergibt man beim Start ein Argument, steht das erste in **argv[1]**, das zweite in **argv[2]** usw. Folgende Schleifenkonstruktion gibt alle Aufrufargumente eines Programms aus:

```
for(int iI = 1; iI < argc; iI++)
  cout << iI << ". Argument: " << argv[iI] << '\n';
```

Die Schleife beginnt bei 1, weil nur die Argumente und nicht der Programmname ausgegeben werden sollen.

Innerhalb der *DOS*-Ebene stellt die Übergabe eines oder mehrerer Argumente keine Schwierigkeit dar. Falls Sie jedoch Ihre Programme bisher immer in der Entwicklungsumgebung durch [Strg] + [F9] kompiliert und gestartet haben, können Sie so ohne weiteres keine Argumente übergeben. Diese müssen vorher in eine Dialogbox nach dem Menüpunkt **Run/Arguments** eingetragen werden.

In Abbildung 2.20 werden die Argumente für ein Programm, das eine Datei kopiert, eingetragen. Das Programm erhält im Beispiel den Namen **COPY.CPP** und wird zu **COPY.EXE** kompiliert. Der Eintrag von Argumenten

bleibt auch nach dem Schließen des Quelltextes und dem Verlassen der
Entwicklungsumgebung erhalten. Man muß die Argumente also nicht
jedesmal neu eintragen. Der zugehörige Quelltext ist in Programm 2.37
angegeben.

```
 1 #include <iostream.h>
 2 #include <fstream.h>
 3
 4 main(int argc,char *argv[])
 5 {
 6     static ifstream source;  // Quelle des Kopiervorgangs
 7     static ofstream dest;     // Ziel des Kopiervorgangs
 8     char cZeichen;
 9
10     if(argc < 2)
11     {
12         cerr << "Aufruf: " << argv[0] << " <Quelle> <Ziel>\n";
13         return(-1);
14     }
15
16     source.open(argv[1], ios::in);     // Öffnen der Quelldatei
17     if(source.fail())
18     {
19         cerr << argv[1] << " konnte nicht geöffnet werden\n";
20         return(-2);
21     }
22     dest.open(argv[2], ios::out);      // Öffnen der Zieldatei
23     if(dest.fail())
24     {
25         cerr << argv[2] << " konnte nicht geöffnet werden\n";
26         return(-2);
27     }
28
29     while(source.get(cZeichen))
30         dest.put(cZeichen);
31
32     cout << "fertig!\n";
33     return(0);
34 }   // Ende von main()
```

Programm 2.37: Ein einfaches Kopierprogramm zum Testen von `argc` und `argv`

Zunächst stellt sie die Frage, warum die zu kopierenden Dateien **source** und
dest als **static** definiert werden. Wie es die Namen andeuten, behandelt
die Instanz **source** die Quell- (*source* auf deutsch „Quelle") und **dest**
(*destination* auf deutsch „Ziel") die Zieldatei. Während des Kopiervorgangs
werden externe Funktionen aufgerufen, deren Gültigkeitsbereich außerhalb
von **main()** liegen. Damit die Verbindung zu den beiden durch die Methode
open() in den Zeilen 16 und 22 geöffneten Dateien bestehen bleibt, müssen

sie als statisch erklärt sein. Eine andere Möglichkeit besteht darin, beide
Instanzen global zu definieren.

Bevor die Dateien allerdings geöffnet werden, wird in Zeile 10 anhand von
`argc` überprüft, ob die Anzahl der Argumente ausreichend ist. Es müssen
mindestens zwei vorhanden sein. Der Programmname wird in `argc` nicht
mitgezählt.

Sollten beim Programmaufruf mehr als zwei Argumente übergeben werden,
ignoriert sie das Programm. Eine Fehlermeldung gibt es also nur bei weniger als zwei Argumenten. In diesem Fall wird `main()` über die `return()`-
Anweisung in Zeile 13 verlassen. Bisher wurde meistens `exit()` verwendet,
um endgültig aus einem Programm auszusteigen. Da `main()` eine Funktion
wie jede andere auch ist, kann auch sie mit der Rückgabe eines Wertes
verlassen werden. Der negative Wert -1 zeigt dem Betriebssystem einen
Fehler während der Programmausführung an.

Falls die Zahl der Argumente stimmte, wird in Zeile 16 zunächst die
Quelldatei geöffnet. Außer in der Angabe des Modus gibt es keinen
Unterschied. In Programm 2.32 heiß er `ios::out`, weil in eine Datei
geschrieben werden sollte. Hier lautet er `ios:in`.

Wenn zum angegebenen Namen, der in `argv[1]` steht, keine Datei geöffnet
werden kann, liefert die Methode `fail()` einen von 0 verschiedenen Wert.
Es wird wiederum eine Fehlermeldung ausgegeben und das Programm
verlassen.

Völlig analog verhält es sich beim Öffnen der Zieldatei, also der Datei, in
die kopiert werden soll. Hier lautet der Modus genau wie in Programm 2.32
`ios::out`. Das Programm warnt nicht, falls die Datei schon existiert. Der
alte Inhalt geht in einem solchen Fall verloren.

Der eigentliche Kopiervorgang läuft dann in nur zwei Zeilen ab. Die `while`-
Schleife ab Zeile 29 liest solange Zeichen aus der Quelldatei ein, bis das
Dateiende erreicht ist. Jedes eingelesene Zeichen wird unmittelbar in die
Zieldatei geschrieben.

Zum Lesen wird nicht der Operator `>>` und zum Schreiben nicht `<<`
verwendet, weil dann alle Zeilenendezeichen speziell behandelt werden
müßten und außerdem die Konstruktion um einiges länger würde. Die
Methoden `get()` und `put()` stammen beide aus `istream` bzw. `ostream`,
woraus `ifstream` bzw. `ofstream` abgeleitet sind. Erstere liest jeweils genau
ein Zeichen aus der zugehörigen Datei und die zweite schreibt ein Zeichen
in „ihre" Datei.

Das Schließen der beiden Dateien und das Leeren aller Puffer geschieht automatisch, weil beim Verlassen von `main()` automatisch die zugehörigen Destruktoren aufgerufen werden, die diese „Aufräumarbeiten" übernehmen.

 In *Borland C++* gibt es einen zusätzlichen, dritten Parameter innerhalb von `main()`. Es handelt sich genau wie bei `argv` um ein Feld aus Zeichenketten. Es enthält die Einträge aller **Umgebungsvariablen** des Betriebssystems, also Einträge der Form:

```
COMSPEC=C:\COMMAND.COM
```

Der letzte Eintrag des Feldes zeigt immer auf **NULL**. Als Name für den Parameter hat sich **env** eingebürgert. In anderen Betriebssystemen ist er in der Regel nicht vorhanden.

Um innerhalb eines C++-Programms alle Umgebungsvariablen auszugeben, schreibt man:

```
for(int iI = 0; env[iI] != NULL; i++)
        cout << "\t env[" << iI << "]: " << env[iI] << '\n';
```

 **Übung 2.30:**   Erweitern Sie Programm 2.37 so, daß am Ende nicht nur ein **fertig!**, sondern zusätzlich noch die Anzahl der kopierten Zeichen ausgegeben wird.

 **Übung 2.31:**   Schreiben Sie in Anlehnung an Programm 2.37 ein Programm, das beliebig viele Dateien aneinander hängt und sie in eine Zieldatei kopiert. Die Dateinamen sollen beim Programmaufruf natürlich wieder als Argumente übergeben werden. Das letzte Argument ist der Name der Zieldatei. Alle vorherigen nennen Quelldateien, die zusammengefaßt werden sollen. Als Programmname sei **append** vorgeschlagen.

2.6.3   Vom Zeiger zur Liste

Neben Zeigern auf vordefinierte Datentypen wurden bisher nur Zeiger auf Variablenfelder verwendet. Die interessanteste Verwendung findet man jedoch im Zusammenhang mit Klassen. Zunächst sollen der Einfachheit halber nur Strukturen als Untergruppe von Klassen betrachtet werden.

Angenommen, es liegt folgende Deklaration vor:

```
struct eintrag1{
        char szName[20];
        char szVorname[12];
        char szStrasse[20];
        unsigned short xHausnr;
        char szPlz[6];
        char szOrt[20];
        };
```

☞ Die Komponente `szPlz` wurde als sechs Zeichen lange Zeichenkette und nicht als Zahl deklariert, um auch Angaben wie „W-1000" codieren zu können.

Erzeugt wird eine Struktur mit sechs Komponenten. Nach einer Definition der Form

```
eintrag1 mueller;
```

reserviert man 80 Byte innerhalb des Speichers. Mit Hilfe des Adressoperators (`&`) kann man wieder auf die Anfangsadresse der Instanz zugreifen. Dazu wird zusätzlich eine entsprechende Zeigervariable definiert.

```
eintrag1 *pEintr;
```

Genauso wie es bisher Zeiger auf `int`-Variablen gab, wurde hier ein Zeiger auf eine Instanz vom typ `eintrag1` erzeugt. Durch

```
pEintr = &mueller;
```

erhält der Zeiger die Anfangsadresse. Hier hätte man genausogut

```
pEintr = &(mueller.szName);
```

programmieren können. Beides meint denselben Speicherplatz. Die Klammern müssen stehen, weil der Adressoperator stärker bindet als der Punkt.

Möchte man wieder über die Zeigervariable den Inhalt der Komponenten `name` ausgeben, notiert man:

```
cout << (*pEintr).szName;
```

Auch hier müssen wegen der dunklen Pfade des Operatorvorrangs Klammern stehen. Allerdings ist diese Schreibweise in C und C++ äußerst unüblich. Normalerweise würde man

```
cout << pEintr->szName;
```

schreiben. So wird besonders deutlich, daß `pEintr` eine Zeigervariable ist.

Völlig analog greift man auf die anderen Komponenten zu, also etwa:

```
cout << pEintr->szVorname << '\n';
cout << pEintr->xHausnr;
```

Auch auf die `public`-Komponenten einer Klasse wird auf diese Art zugegriffen.

Man hat jedoch immer noch keinen Vorteil. Weshalb soll man mit einem Zeiger auf die Komponenten einer Struktur oder einer Klasse zugreifen, wenn man sie direkt ansprechen kann? Es ist auch noch nichts zu sehen von Speicherzuteilung, die erst während der Programmlaufzeit stattfindet. Bis dahin ist es jedoch nur noch ein winziger Schritt. Man muß „nur" eine weitere Komponente zur Struktur hinzufügen.

```
struct eintrag{
        char szName[20];
        char szVorname[12];
        char szStrasse[20];
        unsigned short xHausnr;
        char szPlz[6];
        char szOrt[20];

        eintrag *pNext;    // Zeiger auf Nachfolger!
        };
```

Die zusätzliche Komponente `pNext` ist eine Zeigervariable, die auf eine Instanz vom Typ `eintrag` verweist. Halt, die Deklaration von `eintrag` ist doch noch gar nicht abgeschlossen. Woher weiß der Compiler, was mit

```
eintrag *pNext;
```

gemeint ist? Hierzu muß man sich daran erinnern, daß eine Zeigervariable grundsätzlich Speicherplatz für eine Adresse benötigt. Der Compiler muß also gar nicht wissen, wie groß `eintrag` ist. Er reserviert Speicherplatz für eine Adresse. An einer solchen Adresse wird später eine Instanz abgelegt sein.

Nach obiger Deklaration wird durch

```
eintrag *pElem;
```

wieder eine Zeigervariable definiert. Jetzt soll jedoch keine separate Instanz erzeugt werden. Es wird nur noch mit Zeigern gearbeitet. Fatal wäre es jetzt, wollte man etwa durch

```
strcpy(pElem->szName, "Müller");
```

eine Zeichenkette an die Komponente `szName` zuweisen. Durch die Definition einer Zeigervariablen wurde nur Speicherplatz zur Aufnahme einer Adresse reserviert. Für eine Instanz vom Typ `eintrag` steht noch überhaupt kein Speicherplatz zur Verfügung.

Dieser wird erst zur Programmlaufzeit erzeugt. Dazu wird das neue Schlüsselwort `new` verwendet. Seine Syntax lautet folgendermaßen:

<Zeigervariable> = `new` *<Typbezeichnung>*

Im vorliegenden Beispiel wird durch

```
pElem = new eintrag;
```

während des Programmablaufes Speicherplatz für eine Instanz vom Typ `eintrag` reserviert. Die Variable `pElem` zeigt auf den reservierten Speicherbereich, so daß sich die Situation wie in Abbildung 2.21 darstellt.

Der Inhalt des reservierten Speicherbereiches ist vollkommen undefiniert. Man kann ihn jedoch zum Beispiel durch ein Einlesen über die Tastatur füllen.

```
cin >> pElem->name;
cin >> pElem->vorname;
        ( ... )
```

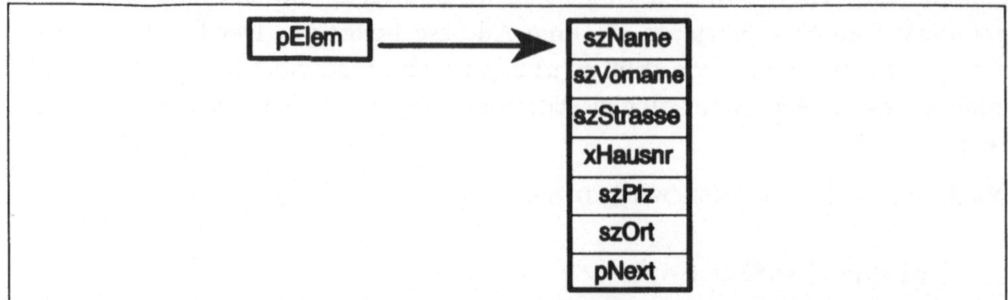

Abbildung 2.21: Das erste, dynamisch erzeugte Element

Auf diese Art können alle Komponenten bis auf die letzte gefüllt werden. Und genau diese letzte Komponente ermöglicht die sogenannte **dynamische Speicherverwaltung** . Zunächst sollte man immer dafür sorgen, daß der Zeiger nicht „irgendwohin", sondern auf eine bestimmte Speicherstelle zeigt. Durch

```
pElem->pNext = NULL;
```

zeigt die **next** Komponente auf die symbolische Adresse **NULL**. Diese Adresse wird später benötigt, um abzufragen, ob ein Element noch einen Nachfolger hat.

NULL wird auch von **new** als Ergebnis zurückgeliefert, wenn kein freier Speicherbereich aufgefunden wurde. Dies kann in einer Fehlerbehandlung abgefragt werden. Greift man nämlich auf eine Zeigervariable zu, bei der die Speicherreservierung fehlschlug, so endet das zugehörige Programm höchstwahrscheinlich mit einem Absturz.

Möchte man jetzt ein weiteres Element erzeugen, benötigt man zunächst eine weitere Zeigervariable. Dies wird allerdings die letzte sein. Für alle weiteren Elemente genügen zwei Zeiger.

```
eintrag *pTop;
```

Dieser neuen Zeiger erhält den Inhalt von **pElem** durch:

```
pTop = pElem;
```

Die Situation stellt sich damit wie in Abbildung 2.22 dar. Auf den zuvor durch **new** reservierten Speicherbereich zeigen im Moment zwei Variablen. Dies ändert sich allerdings sofort, denn durch

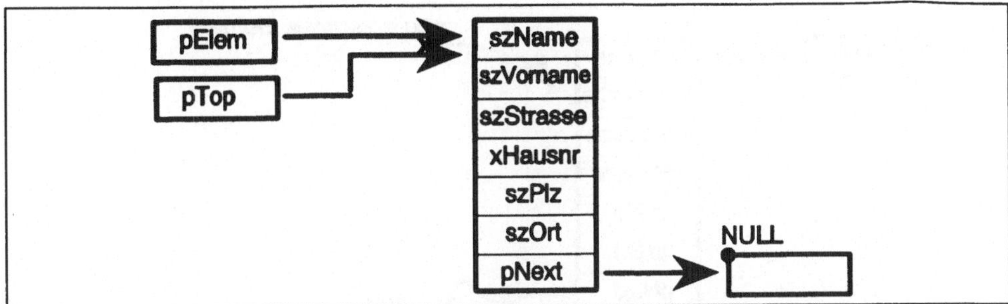

Abbildung 2.22: `pTop` und `pElem` zeigen auf den reservierten Speicherbereich

```
pElem = new eintrag;
```

wird ein weiterer Speicherbereich reserviert. Der Inhalt von `pElem` hat sich dadurch verändert. Er enthält jetzt eine neue Adresse. Der Zeiger `pTop` verweist jedoch weiterhin auf den zuerst reservierten Speicherbereich.

Wieder können die einzelnen Komponenten durch Einlesen über die Tastatur oder ähnliches mit Werten gefüllt werden. Die letzte Komponente `pNext` erhält dieses Mal jedoch nicht `NULL`, sondern die Adresse in `pTop`.

```
pElem->pNext = pTop;
```

Dadurch wird das erste Element zum Nachfolger des soeben neu erzeugten. Abbildung 2.23 zeigt die neu entstandene Situation.

In einem abschließenden Schritt wird `pTop` auf das neu erzeugte Element gesetzt.

```
pTop = pElem;
```

Die so erzeugte Konstruktion wird als **lineare Liste** bezeichnet. Sie enthält bisher zwei Elemente.

Das, was bisher in einzelnen Anweisungen durchgeführt wurde, läßt sich problemlos in eine Schleife einbauen.

```
do{
    if((pElem = new eintrag) == NULL)
    {   // Fehlerbehandlung!
        cerr << "\n\tNicht genügend Speicher!\n";
        break;
    }
```

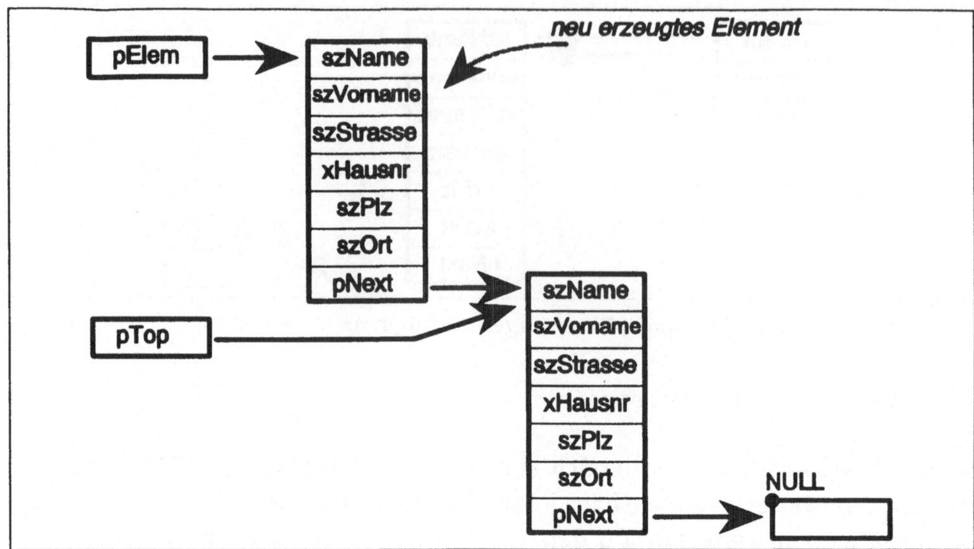

Abbildung 2.23: Nach der Erzeugung des zweiten Elementes

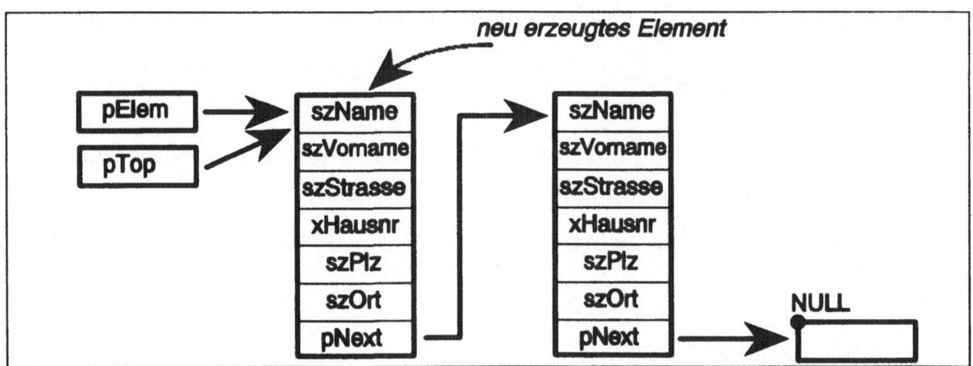

Abbildung 2.24: Eine lineare Liste mit zwei Elementen

```
cin >> pElem->Nachname
cin >> pElem->vorname;

        ( ... )

pElem->pNext = pTop;    // Einketten!
pTop = pElem
```

```
do{
        cout << "\n\tWeiteres Element einfügen?";
        cin >> cAnt;
        cAnt = tolower(cAnt);
    }while((cAnt) != 'j') && (cAnt != 'n'));
}while(cAnt == 'j');
```

Nach einigen Schleifendurchläufen stellt sich die Situation wie in Abbildung 2.25 dar. Es handelt sich wie in 2.5.2 um eine **LIFO**-Struktur. Auch hier wird das zuletzt eingefügte Element als erstes ausgelesen. Wäre nicht der auf in 2.5.2 implementierte Stack durch ein Feld realisiert worden, hätte man die dortige Klassendeklaration sicher benutzen können. Man hätte nur den „Eintragstyp" verändern müssen. Der Rest wäre vererbt worden. Da sich jedoch die gesamte Datenstruktur verändert, müssen auch alle Zugriffsoperationen verändert werden.

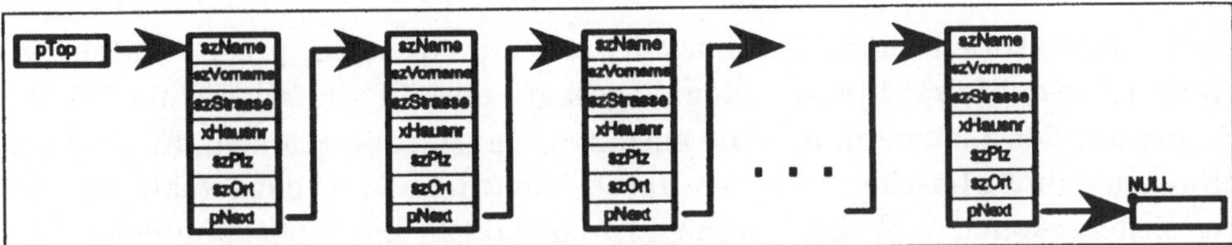

Abbildung 2.25: Eine lineare Liste mit einigen Elementen

Als Beispiel soll ein kleines Adressenverwaltungsprogramm vorgeführt werden. Neben dem Einfügen von Elementen besteht die Möglichkeit, nach Einträgen zu suchen und Einträge zu entfernen. Vor allen das Entfernen verdient besondere Aufmerksamkeit. Dort wird das Schlüsselwort `delete` angewendet. Seine Syntax lautet:

`delete` *<Zeigervariable>*

Dadurch wird ein reservierter Speicherbereich zur Programmlaufzeit geräumt und steht somit neuen Reservierungen durch `new` zur Verfügung. Man sollte darauf achten, alle nicht mehr benötigten Objekte so bald wie möglich durch `delete` freizugeben, um so den Verbrauch an Speicherplatz so gering wie möglich zu halten. Unter *DOS* schadet man nur sich selbst, wenn man nicht mehr benötigte Objekte im Speicher hält. Arbeitet man jedoch zuweilen auch auf Mehrbenutzer-Anlagen zum Beispiel unter UNIX, hilft man seinen Kollegen, weil dann Speicher allgemein verwaltet wird.

 **new** und **delete** übernehmen vollständig die Aufgaben von **malloc()** und **free()** , die in C verwendet wurden. Vor allem **new** bringt zwei Vorteile:

1. Der Umfang des zu reservierenden Speicherplatzes muß nicht als Argument übergeben werden. Er wird automatisch berechnet.

2. **new** ist im Unterschied zu **malloc()** keine Bibliotheksfunktion, sondern ein Schlüsselwort. Es findet immer eine implizite Typumwandlung statt, so daß kein Casting (also eine explizite Umwandlung) erforderlich ist. Ferner wird so kein Prototyp benötigt.

Wem jedoch **malloc()** und **free()** ans Herz gewachsen sind, kann sie selbstverständlich weiter benutzen.

Das Beispiel bietet gleichzeitig eine gute Möglichkeit, objektorientierten Programmierstil vorzuführen. In [Kot91a] findet man eine eher prozedurale Lösung. Der zugehörige Quellcode wurde unter dem Namen **ADRPROC.C** auch auf die beiliegende Diskette kopiert.

In der objektorientierten Version wird **struct eintrag** privates Member einer Klasse **class liste**. Genau gesagt, enthält die Klasse nur einen Zeiger auf den Listenanfang. Die einzelnen Zugriffsoperationen „Einfügen", „Suchen" und „Löschen" werden durch öffentliche Methoden realisiert. So ist sichergestellt, daß die interne Listenstruktur nur über wohldefinierte Operationen und nicht über irgendwelche (in der Regel fehleranfälligen) „Tricks" des Programmierers verändert werden.

Lassen Sie sich bitte nicht vom relativ großen Umfang, verglichen mit den bisherigen Programmen, abschrecken. Der gesamte Quelltext wird „häppchenweise" vorgestellt. Um vorab einen Eindruck des Programms zu erhalten, können sie es auf der beiliegenden Diskette unter dem Namen **ADROOP** starten.

Zu Beginn des Programms wurden einige **#include**-Anweisungen weggelassen. Ferner wird im weiteren Verlauf der bereits bekannte Aufzählungstyp **BOOL** verwendet.

Als nächstes folgt die Definition des Konstruktors und des Destruktors zu **liste**. In ersterem wird zunächst versucht, eine Datei mit bereits abgespeicherten Einträgen zu öffnen. Falls dies nicht möglich ist, wird das Programm zum ersten Mal gestartet. In diesem Fall müssen keine Einträge eingelesen werden.

```
 1 /*
 2                    "Kleines" Adressverwaltungsprogramm
 3                    (aus "Borland C++ für Programmierer")

                   ( ... )

26 struct eintrag{
27                   char szName[20];
28                   char szVorname[12];
29                   char szStrasse[20];
30                   unsigned short xHausnr;
31                   char szPlz[6];
32                   char szOrt[20];
33                   eintrag *pNext;
34                   };
35
36 /* Es wird lediglich eine Instanz der Klasse erzeugt. Diese enthält
37    im wesentlichen einen Zeiger auf das erste Listenelement sowie
38    einige Methoden zum Zugriff auf die Liste.                     */
39 class liste{
40         private:
41              eintrag entry;
42              // Auch der Zeiger auf den Listenanfang
43              // sollte private sein.
44              eintrag *pTop;
45              // Der Dateiname, in der die Daten abgelegt sind:
46              char *szDateiName;
47         public:
48              liste(char *);
49              ~liste(void);
50              BOOL InsertEntry(eintrag *);
51              eintrag *GetEntry(char *);
52              BOOL DeleteEntry(char *);
53              };
```

Programm 2.38: Die Deklarationen des Adressenverwaltungsprogramms

```
57 liste :: liste(char *szName)
58 {    // Im Konstruktor werden die Daten aus einer externen Datei
59      // eingelesen.
60      eintrag *entry;
61      fstream datei;
62
63      pTop = NULL;
64      szDateiName = szName;
65
66      datei.open(szName, ios:: in);
67      // Keine Fehlerbehandlung, wenn Datei nicht existiert,
68      // da dies beim erstmaligen Start des Programms normal ist.
69      if(datei)
70      {
71           // Falls geöffnet werden konnte, müssen die Daten eingelesen
72           // werden:
73
```

```
74                while(!datei.eof())
75                {
76                    if((entry = new eintrag) == NULL)
77                    {
78                        cerr << "\n\tNicht genug Speicher für alle";
79                        cerr << "\n\t   Einträge vorhanden!\n";
80                        break;
81                    }
82                    datei >> entry->szName;
83                    datei >> entry->szVorname;
84                    datei >> entry->szStrasse;
85                    datei >> entry->xHausnr;
86                    datei >> entry->szPlz;
87                    datei >> entry->szOrt;
88                    if(datei.eof())
89                        break;
90                    // Das Einketten verläuft genau wie bereits bekannt.
91                    entry->pNext = pTop;
92                    pTop = entry;
93                }
94                datei. close();
95            }
96  }     // Ende von liste :: liste()
97
98
99  liste :: ~liste(void)
100 {     /* Im Destruktor wird die gesamte Liste wieder in die externe
101          Datei geschrieben. Außerdem wird der reservierte Speicher
102          wieder freigegeben.                                        */
103       eintrag *pDel;
104       fstream datei;
105
106       datei.open(szDateiName, ios :: out);
107       if(!datei)
108       {
109           cerr << "\n\tDie Datei " << szDateiName << " konnte nicht";
110           cerr << "\t\tzur Ausgabe geöffnet werden!\n";
111           exit(-1);
112       }
113       while(pTop != NULL)
114       {
115           // Bei der Ausgabe wird gleichzeitig der Speicher geräumt.
116           datei << pTop->szName << '\n';
117           datei << pTop->szVorname << '\n';
118           datei << pTop->szStrasse << '\n';
119           datei << pTop->xHausnr << '\n';
120           datei << pTop->szPlz << '\n';
121           datei << pTop->szOrt << '\n';
122
123           pDel = pTop;
124           pTop = pTop->pNext;
125           delete pDel;     // Rückgabe des Speicherplatzes
126       }
127       datei.close();
128 }     // Ende von liste :: ~liste()
```

Programm 2.39: Der Kon- und Destruktor der Adressenverwaltung

Der Name der Datei mit Adresseinträgen wird bei der Inkarnation einer Instanz vom Typ `liste` als Argument übergeben. Im Hauptprogramm wird durch

```
static liste adressen("adrlist.dat");
```

als Dateiname „adrlist.dat" als Name angegeben. Wenn man möchte, kann an dieser Stelle auch ein vollständiger Pfad eingesetzt werden, also etwa `d:\temp\adrlist.dat`.

Falls eingelesen werden muß, weil das Programm bei einem vorigen Durchlauf Einträge in einer Datei abgespeichert hat, wird zunächst mittels `new` Speicherplatz beim Betriebssystem angefordert. Sollte, was relativ unwahrscheinlich ist, dies nicht möglich sein, wird die Einleseschleife mit einer Fehlermeldung verlassen.

Zum eigentlichen Einlesen wird wieder einmal der Operator `<<` verwendet. Es verläuft völlig analog zur Ausgabe in Programm 2.32. Hier werden allerdings im Normalfall mehrere Einträge behandelt. Es wird in Zeile 74 eine `while()`-Schleife begonnen, die solange läuft, bis das Dateiende erreicht ist. Dies wird durch die Member-Funktion von `fstream` mit Namen `eof()` überprüft. Dieselbe Funktion wird in Zeile 88 ein weiteres Mal aufgerufen. Beim Test trat zuweilen der Fall auf, daß die Dateiende-Markierung nicht exakt nach einem Eintrag stand. In diesem Fall wurde einmal zuviel versucht, eine Adresse einzulesen. Damit dieser unsinnige Eintrag nicht auch noch in die Liste eingefügt wird, erfolgt die zweite Abfrage auf das Dateiende.

Erst danach wird ein neues Element in die Liste eingefügt. Genau wie zuvor erhält die `pNext`-Komponente zunächst den alten Kopf der Liste. Als neuer Kopf wird der soeben neu erzeugte Eintrag genommen.

Nachdem alle Einträge eingelesen wurden (oder kein Speicherplatz zur Verfügung stand), wird die Datei durch die Member-Funktion `close()` geschlossen. Man hätte wie in Programm 2.32 darauf verzichten können, weil alle Instanzen vom Typ `fstream` automatisch geschlossen werden. Hier sollte jedoch `close()` einmal explizit vorgestellt werden.

Der Destruktor ab Zeile 99 ist das exakte Gegenstück zum Konstruktor. Dort wird Speicherplatz an das Betriebssystem zurückgegeben, und die gesamte Adressenliste wird in die zu Beginn geöffnete Datei zurückgeschrieben.

Nach dem Öffnen der Datei, gefolgt von der üblichen Fehlerabfrage, werden die Adressen Eintrag für Eintrag ausgegeben. Dies geschieht solange, bis die Zeigervariable `pTop` – das Memberdatum – auf `NULL` zeigt. Die Einträge, Name, Vorname usw., werden jeweils durch Zeilenvorschübe (`\n`) getrennt, weil sie sonst beim Einlesen nicht voneinander unterschieden werden können.

Nachdem jeweils eine Adresse ausgegeben wurde, wird der zugehörige Speicherplatz sofort durch `delete` gelöscht. Dazu wird eine Hilfszeigervariable `pDel` eingeführt. Sie erhält in Zeile 123 den aktuellen Listenanfang `pTop`. Durch

```
pTop = pTop->pNext;
```

wird die Spitze um eine Position nach „vorne" versetzt. `pDel` zeigt danach alleine auf den alten Listenanfang und kann gelöscht werden, da das Element bereits ausgegeben wurde.

Nachdem auf diese Art mit allen Adressen verfahren wurde, kann die Datei wiederum mit `close()` geschlossen werden.

☞ Es spielt beim Schließen mit `close()` keine Rolle, ob die Datei zum Lesen oder zum Schreiben geöffnet wurde.

Die drei verbleibenden Methoden verhalten sich recht ähnlich. Auch dort wird in `InsertEntry()` eingefügt bzw. in `DeleteEntry()` gelöscht. Zusätzlich wird in `SearchEntry()` nach einem Eintrag gesucht (engl. *entry* zu deutsch „Eintrag").

```
131 BOOL liste :: InsertEntry(eintrag *pEntry)
132 {    /* Hier wird lediglich ein neuer Eintrag in die Liste eingefügt.
133         Das Füllen mit Inhalt geschieht an anderer Stelle.        */
134     if(pEntry != NULL)
135     {
136         pEntry->pNext = pTop;
137         pTop = pEntry;
138         return(TRUE);
139     }
140     return(FALSE);
141 }    // Ende von liste :: InsertEntry()
142
143
144 eintrag *liste :: GetEntry(char *szInfo)
145 {    // Hier wird nach einem Eintrag mit dem Namen szInfo gesucht.
146     eintrag *pElem = pTop;
147
148     while(pElem != NULL)
149     {
150         if(strcmp(szInfo, pElem->szName) == 0)
151         {    // Eintrag gefunden!
152             return(pElem);
```

```
153                 }
154                 // Ansonsten, noch keinen Eintrag gefunden, also
155                 // weitersuchen:
156                 pElem = pElem->pNext;
157         }
158         return(NULL);
159 }       // Ende von liste :: GetEntry()
160
161
162 BOOL liste :: DeleteEntry(char *szInfo)
163 {       /* Der Eintrag mit dem Namen szInfo wird aus der Liste entfernt.
164            Hierzu kann leider nicht GetEntry() verwendet werden, weil
165            zu Löschen immer der Vorgänger des zu entfernenden Elementes
166            benötigt wird.                                              */
167         eintrag *pElem, *pDel;
168
169         if(pTop == NULL)
170         {       // In einer leeren Liste gibt es nichts zu löschen!
171             return(FALSE);
172         }
173         pElem = pTop;
174         // Ein weitere Spezialfall besteht darin, daß das zu löschende
175         // Element das erste in der Liste ist:
176         if(strcmp(pElem->szName, szInfo) == 0)
177         {
178             pTop = pElem->pNext;
179             delete pElem;
180             return(TRUE);
181         }
182         // Jetzt wird immer das dem aktuellen nachfolgende Element
183         // betrachet:
184         while(pElem->pNext != NULL)
185         {
186             if(strcmp(pElem->pNext->szName, szInfo) == 0)
187             {
188                 pDel = pElem->pNext;
189                 pElem->pNext = pElem->pNext->pNext;         // !!!
190                 delete pDel;
191                 return(TRUE);
192             }
193             pElem = pElem->pNext;
194         }   // Wenn die Schleife verlassen wird, wurde kein Eintrag
195             // zum Löschen gefunden.
196         return(FALSE);
197 }       // Ende von liste :: DeleteEntry()
```

Programm 2.40: Die drei verbleibenden Methoden der Adressverwaltung

Am einfachsten ist `InsertEntry()`. Es wird davon ausgegangen, daß an anderer Stelle eine Instanz vom Typ **eintrag** mit Werten versorgt wurde. Die Methode erwartet nur einen Zeiger auf eine solche Instanz und kettet sie genau wie zuvor im Konstruktor in die Liste ein. Es wird also wieder die **pNext**-Komponente auf die alte Spitze der Liste in **pTop** gesetzt und dann als neuer Listenanfang der neue Eintrag hergenommen.

Die Sicherheitsabfrage ab Zeile 134 ist im Prinzip überflüssig, weil man von einem sinnvollen Programm erwarten sollte, daß kein NULL-Zeiger als Argument übergeben wird. Eine alte Faustregel besagt jedoch, daß man nie mit der Klugheit eines Programmierers rechnen soll.

Etwas schwieriger wird es beim Suchen nach einem Eintrag in Search-Entry(). Hier wird eine Zeichenkette, genauer ausgedrückt ein Zeiger auf eine Zeichenkette als Argument erwartet. Diese Zeichenkette wird dann solange mit allen szName-Komponenten der Liste verglichen, bis entweder ein übereinstimmender Eintrag gefunden oder die Liste einmal komplett durchlaufen wurde.

Zum Vergleich von Zeichenketten wird die Bibliotheksfunktion strcmp() (engl. *string compare* zu deutsch „Zeichenkettenvergleich") benutzt. Sie liefert als Ergebnis eine 0, wenn beide übergebenen Zeichenketten identisch sind, eine -1, wenn die erste kleiner als die zweite ist, und eine $+1$, wenn die zweite größer als die erste ist.

☞ Die Begriffe „kleiner" und „größer" sind bei Zeichenketten wie folgt zu interpretieren: „Kleiner" ist eine Zeichenkette dann, wenn das erste Element, an dem sich eine Zeichenkette von einer zweiten unterscheidet, im ASCII-Code weiter vorne liegt. *Maier* ist also kleiner als *Mayer*, aber auch *Mueller* kleiner als *Müller*.

int strcmp(const char *s1, const char *s2)
Bibliothek: string.h **Aufgabe:** Vergleicht die beiden Zeichenketten s1 und s2 miteinander. Das Ergebnis lautet bei Gleichheit 0, -1, wenn s1 kleiner und +1, wenn s2 kleiner ist.

☞ Die Funktion strcmp() unterscheidet beim Vergleich zwischen Groß- und Kleinschreibung. Ein *Stau* würde also vor *sehen* eingeordnet. Ist dies unerwünscht, sollte die Funktion strcmpi(), die ebenfalls in string.h zu finden ist, verwendet werden.

Wie bereits erwähnt, wird die Schleife ab Zeile 148 abgebrochen, wenn ein Eintrag mit übereinstimmendem Namen gefunden wurde. Dies macht deutlich, daß beispielsweise bei einer Suche nach „Müller" nur der erste Eintrag mit diesem Namen gefunden würde. Möchte man dies verändern, müßte die Ausgabe der gefundenen Einträge nach `SearchElement()` verlagert werden. Man würde dann immer die gesamte Liste durchlaufen und jeden gefundenen Eintrag ausgeben.

In der vorliegenden Version gibt `SearchEntry()` einen gefundenen Eintrag an die aufrufende Stelle zurück. Dort kann er, wie auch in unserem Beispiel, ausgegeben werden.

Die bei weitem schwierigste der drei Methoden ist `DeleteEntry()`. Dies hängt mit der gewählten Datenstruktur als einfach verkettete Liste zusammen. Zunächst muß der Spezialfall betrachtet werden, daß die Liste leer ist. Dann passiert in den Zeilen 169 bis 172 nichts weiter, als daß der aufrufenden Stelle durch

```
    return(FALSE);
```

mitgeteilt wird, daß nichts gelöscht werden konnte.

Nach dieser noch recht einfachen Abfrage wird als weiterer Sonderfall betrachtet, daß der zu löschende Eintrag der erste in der Liste ist. Diese Fallunterscheidung ist nötig, weil in der sich anschließenden Schleife nicht nach dem zu löschenden Eintrag selbst, sondern nach dessen Vorgänger in der Liste gesucht wird. Das vorderste Listenelement hat jedoch keinen Vorgänger und ist deshalb ein zusätzlicher Spezialfall.

Das Suchen nach dem Vorgänger ist auch der Grund dafür, weshalb nicht die Methode `SearchEntry()` beim Löschen verwendet werden kann.

Es wird wieder solange gesucht, bis eine `pNext`-Komponente auf `NULL` zeigt oder ein zu löschender Eintrag gefunden wurde. Auch hier wird also nur ein Eintrag gelöscht und nicht alle, die den als Argument übergebenen Namen enthalten.

Betrachtet man ab Zeile 186 genauer, was passiert, wenn eine Adresse zum Löschen gefunden wurde, wird hoffentlich klar, warum man immer den Vorgänger benötigt. Das zu löschende Element `pElem->pNext` wird aus der Liste entfernt. Also muß `pElem` einen neuen Nachfolger erhalten. Dieser ist der alte Nachfolger von `pElem->pNext`. Man erreicht ihn über `pElem->pNext->pNext`. Durch die Zuweisung

```
        pElem->pNext = pElem->pNext->pNext;
```

wird das zu löschende Element unzugänglich gemacht. Man sagt auch, es
wird **ausgekettet**. Zuvor wurde seine Adresse jedoch in `pDel` zwischenge-
speichert, damit in Zeile 190 der Speicherplatz durch `delete` freigegeben
werden kann.

Konnte ein Element gelöscht werden, wird `TRUE`, ansonsten `FALSE` zurückgegeben.

Innerhalb des sich anschließenden Hauptprogramms passiert kaum etwas.
Es wird eine Funktion `Menu()`, die ein Bildschirmmenü ausgibt, aufgerufen.
Dort entscheidet der Benutzer, was er machen möchte. Diese Auswahl
liefert `Menu()` als Ergebnis. Sie wird ab Zeile 213 abgefragt, worauf die
entsprechende Funktion aufgerufen wird.

```
201 void main()
202 {
203     short Menu(void), xWahl;
204     void InsertElement(liste &);
205     void SearchElement(const liste &);
206     void DeleteElement(liste &);
207     static liste adressen("adrlist.dat");
208
209     cout << "\n\n\n\t\t\tA D R E S S E N V E R W A L T U N G";
210     cout << "\n\t\t\t-------------------------------------\n\n";
211     do{
212         xWahl = Menu();
213         switch(xWahl)
214         {
215             case 1:    InsertElement(adressen);
216                        break;
217             case 2:    SearchElement(adressen);
218                        break;
219             case 3:    DeleteElement(adressen);
220                        break;
221             case 4:    break;
222         }
223     }while(xWahl != 4);
224
225     cout << "\n\t\t\t\tCopyrights by Axel Kotulla/09.1991\n";
226 }    // Ende von main()
```

Programm 2.41: Das Hauptprogramm zur Adressenverwaltung

Im Anschluß an das Hauptprogramm werden zunächst zwei kleine Hilfs-
routinen definiert. Die erste, `Beep()`, gibt lediglich einen ganz kurzen Ton
aus. Die Tonhöhe wird als Argument übergeben.

```
230 void Beep(int iFreq)
231 {
232     sound(iFreq);
233     delay(100);
234     nosound();
235 }   // Ende von Beep()
236
237
238 short Menu(void)
239 {
240     int iCh;
241     cout << "\n\tBitte drücken Sie:";
242     cout << "\n\t\t1, um ein Element einzufügen,";
243     cout << "\n\t\t2, um ein Element zu suchen,";
244     cout << "\n\t\t3, um ein Element zu löschen,";
245     cout << "\n\t\t4, um das Programm zu beenden.";
246     cout << "\n\tIhre Wahl: ";
247     do{
248         Beep(1000);
249         iCh = getch() - '0';
250     }while((iCh < 1) || (iCh > 4));
251     return(iCh);
252 }   // Ende von Menu()
```

Programm 2.42: Die beiden kurzen Hilfsfunktionen `Beep()` und `Menu()`

In der zweiten, kurzen Funktion, `Menu()`, wird das Bildschirmmenü für das Hauptprogramm aufgebaut. Hier ist nur die Funktion `getche()` interessant. Während man nämlich bei `>>` und `cin` nach einer Eingabe immer $\boxed{\leftarrow}$ - bzw. die $\boxed{\text{Enter}}$ -Taste drücken muß, wartet `getche()` auf genau einen Tastendruck. Der zugehörige Wert im ASCII-Code wird als Ergebnis geliefert.

`int getche(void)`	
Bibliothek:	`conio.h`
Aufgabe:	Liest ein Zeichen von der Tastatur und schreibt es direkt auf den Bildschirm.

☞ `getche()` steht für **get** *character with* **echo**, was bedeutet, daß der Tastendruck auch auf dem Bildschirm angezeigt wird. Die Funktion `getch()` verhält sich bis auf eben diese Bildschirmausgabe völlig gleich.

Beide Funktionen gehören nicht zum ANSI-Standard. Sie sind *DOS*-spezifisch. Da sie direkt mit der Tastatur zusammenarbeiten, können ihre Eingaben nicht „umgeleitet" werden.

Als Tastendrücke werden nur Zahlen zwischen eins und vier angenommen. Alle anderen werden in der **do-while**-Schleife ab Zeile 247 abgefangen.

Am Ende des Programms findet man die drei Funktionen, die aus dem Hauptprogramm heraus aufgerufen werden. Sie erhalten alle als Argument die Klasseninstanz mit der Adressenliste in der Komponenten **pTop**.

In **InsertElement()** wird zunächst Speicherplatz für einen neuen Eintrag angelegt und dieser dann mit Werten versehen, die über die Standardeingabe eingegeben werden. Der Zeiger auf den initialisierten Eintrag wird als Argument an **InsertEntry()** übergeben und dort eingefügt.

Man könnte zunächst auf den Gedanken kommen, in Zeile 258 keine Zeigervariable, sondern eine gewöhnliche Instanz vom Typ **eintrag** zu definieren. Auch dadurch würde Speicherplatz reserviert und könnte durch **InsertEntry()** eingefügt werden. Aber Vorsicht: Der Speicherplatz einer lokalen Variablen geht am Ende des umschließenden Blocks verloren. Dies hätte zur Folge, daß in der Adressenliste Zeiger auf undefinierte Speicherbereiche auftauchen würden. Man muß also den Speicher explizit durch **new** reservieren. Nur so bleibt er auch nach einem Blockende erhalten.

In **SearchElement()** fällt das Schlüsselwort **const** auf. Es soll hier anzeigen, daß die Funktion nichts an der übergebenen Instanz verändert. Es wird lediglich nach einem Namen gefragt und dieser durch **GetEntry()** in der Liste gesucht. Wird er gefunden, liefert **GetEntry()** einen Zeiger auf den zugehörigen Eintrag. Dieser wird ab Zeile 309 ausgegeben.

Die letzte Funktion, **DeleteElement()**, arbeitet fast genauso wie die vorige. Auch hier wird nach einem Namen gefragt. Dieser wird jedoch nicht zum Suchen, sondern zum Löschen an **DeleteEntry()** übergeben. Konnte die zugehörige Adresse ausfindig gemacht und gelöscht werden, erhält man eine Erfolgs- anderenfalls eine Fehlermeldung.

```
255 void InsertElement(liste &adressen)
256 {
257         eintrag *neu;   // Muß eine Zeigervariable sein, da
258                         // der Speicherplatz am Funktionsende
259                         // sonst verloren geht.
260
261         if((neu = new eintrag) == NULL)
262         {
263                 cerr << "\n\n\tNicht genug Speicher für weiteren \
```

```
264                        Eintrag vorhanden!\n";
265        }
266     else
267     {
268         cout << "\n\n\n\tBitte Nachnamen eingeben: ";
269         Beep(1000);
270         cin >> neu->szName;
271         cout << "\tBitte Vornamen eingeben: ";
272         Beep(1000);
273         cin >> neu->szVorname;
274         cout << "\tBitte Straße eingeben: ";
275         Beep(1000);
276         cin >> neu->szStrasse;
277         cout << "\tBitte Hausnummer eingeben: ";
278         Beep(1000);
279         cin >> neu->xHausnr;
280         cout << "\tBitte Postleitzahl eingeben (6 Stellen): ";
281         Beep(1000);
282         cin >> neu->szPlz;
283         cout << "\tBitte Ort eingeben: ";
284         Beep(1000);
285         cin >> neu->szOrt;
286
287         if(adressen.InsertEntry(neu))
288         {
289             cout << "\n\tDer Eintrag wurde eingefügt!" << endl;
290             Beep(880);
291         }
292         else
293             Beep(440);
294     }
295 }     // Ende von InsertElement();
296
297
298 void SearchElement(const liste &adressen)
299 {
300     char szName[80];
301     eintrag *pEntry;
302     cout << "\n\n\n\tBitte Nachnamen eingeben: ";
303     Beep(1000);
304     cin >> szName;
305     if((pEntry = adressen.GetEntry(szName)) != NULL)
306     {
307         Beep(880);
308         cout << "\n\tGefunden:";
309         cout << "\n\t" << pEntry->szVorname<<' '<<pEntry->szName;
310         cout << "\n\t" << pEntry->szStrasse<<' '<<pEntry->xHausnr;
311         cout << "\n\t" << pEntry->szPlz << ' ' << pEntry->szOrt;
312         cout << "\n\n";
313     }
314     else
315     {
316         Beep(440);
317         cout << "\n\tNicht gefunden!\n\n";
318     }
319 }     // Ende von SearchElement()
320
321
322 void DeleteElement(liste &adressen)
323 {
```

```
324        char szName[80];
325        cout << "\n\n\n\tBitte Nachnamen eingeben: ";
326        Beep(1000);
327        cin >> szName;
328        if(adressen.DeleteEntry(szName))
329        {
330             Beep(880);
331             cout << "\n\t" << szName << " wurde gelöscht!\n";
332        }
333        else
334        {
335             Beep(440);
336             cout << "\n\t" << szName << " konnte nicht gelöscht \
337                        werden!\n";
338        }
339 }      // Ende von DeleteElement();
```

Programm 2.43: Die drei abschließenden Steuerfunktionen

Damit sind die wichtigsten Dinge erklärt. Falls Sie das Programm starten, wird Ihnen auffallen, daß es noch relativ unkomfortabel ist. So lassen sich keine durch Blanks getrennten Eingaben realisieren. Eine „Aachener Str." ist demnach nicht möglich. Auch die ganze Ausgabe ist relativ schmucklos. Es ging in diesem Beispiel jedoch nicht um Ein- und Ausgaberoutinen, sondern um das Verständnis von Zeigern. Viele Anfänger begehen den Fehler, zuviel Wert auf die äußere Erscheinung eines Programms zu legen. Viel wichtiger ist in der Regel jedoch der Algorithmus hinter einem Programm. Hinter ihm steckt die eigentliche Programmierkunst. Das Gestalten von Ein- und Ausgaberoutinen ist dagegen allzuoft langweiliges „Handwerk", verbunden mit vielen Probeläufen. Achten Sie also bitte bei der Programmentwicklung nicht so sehr auf Äußerlichkeiten.

Die hier gewählte Datenstruktur ist die wohl einfachste im Zusammenhang mit Zeigern. Im nächsten Abschnitt folgen weitere. Dort werden Daten beispielsweise baumartig abgespeichert, was den Vorteil hat, daß man sehr viel schneller auf sie zugreifen kann. Bei der einfachen Liste muß man immer von vorne mit der Suche beginnen und benötigt bei N Elementen (N ist eine beliebige ganze (natürliche) Zahl) im schlimmsten Fall $N - 1$ Vergleiche, um einen Eintrag aufzufinden. Geht man davon aus, daß die Elemente in zufälliger Reihenfolge eingetragen werden, dauert es im Durchschnitt $N/2$ Vergleiche, bis man eine Adresse gefunden hat. Man kann sich vorstellen, daß dies bei 100.000 Einträgen zu unzumutbaren Wartezeiten führt. Ein Abspeichern in Baumform braucht dagegen im Durchschnitt nur $\log N$ Vergleiche. Demnach stehen 50.000 Vergleichen in der Liste nur 11,5, also knapp 12 Vergleiche in einem Baum gegenüber.

 **Übung 2.32:** Fügen Sie zum Adressverwaltungsprogramm eine Ausgaberoutine hinzu, die die gesamte Liste ausgibt.

 **Übung 2.33:** Verändern Sie die Einfügeroutine `InsertEntry()` so, daß neue Adressen nicht am Beginn, sondern an der alphabetisch richtigen Stelle innerhalb der Liste eingefügt werden.

 **Übung 2.34:** (Für Spezialisten)

Verändern Sie die Datenstruktur **struct eintrag** so, daß eine **zweifach verkettete Liste** entsteht. Jeder Eintrag soll also nicht nur einen Zeiger auf seinen Nachfolger, sondern auch auf seinen Vorgänger besitzen. Ändern Sie die Member-Funktionen entsprechend ab. Sie werden feststellen, daß sich vor allem die Löschroutine vereinfacht, weil nicht mehr nach einem Vorgänger gesucht werden muß.

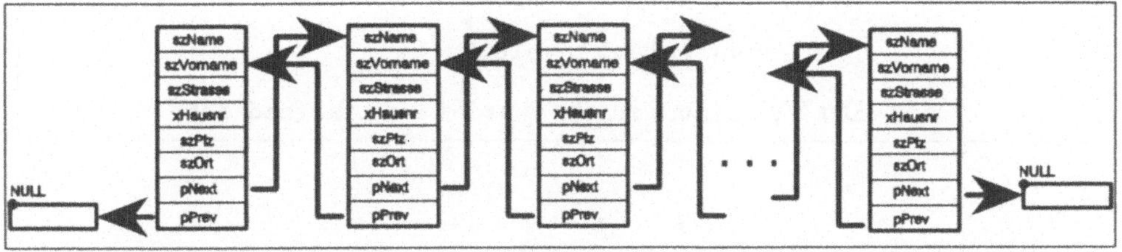

Abbildung 2.26: Eine zweifach verkettete Liste mit einigen Elementen

2.6.4 Zeiger auf Funktionen

In 2.5.3 wurde eine Funktion `Sort()` benutzt. Auf eine konkrete Implementierung wurde verzichtet. Auch hier soll noch nicht gezeigt werden, wie man ein Feld oder auch eine Liste aus Elementen sortiert. In vielen Fällen braucht man sich gar nicht darum zu kümmern, weil zum Lieferumfang von *Borland C++* (und auch vieler anderer Compiler) eine Bibliotheksfunktion `qsort()` gehört, die das Sortieren von Feldern übernimmt.

 `qsort()` soll anzeigen, daß die Funktion den „Quicksort"- Algorithmus verwendet. Er ist einer der besten, das heißt schnellsten heutzutage bekannten Sortieralgorithmen. Er wird ausführlich in 3.2.3 vorgestellt.

Die Funktion `qsort()` kann nicht nur ganze Zahlen sortieren, sondern jede Form von Elementen. Dazu benötigt sie einige Informationen. Zum einen muß ein Zeiger auf das vorderste Listenelement, die Anzahl der zu sortierenden Elemente, die Größe der einzelnen Elemente in Bytes, und ein Zeiger auf eine Funktion, die zwei Feldelemente vergleicht, übergeben werden. Genau mit dem letzten Punkt befaßt sich dieses Unterkapitel.

```
void qsort(void *pFront, size_t anz, size_t bytes,
int (*fcompare)(const void *elem1, const void *elem2)
```

Bibliothek:	`stdlib.h`
Aufgabe:	Das Feld `pFront`, welches aus `anz` Elementen der Größe `bytes` besteht, wird sortiert. Wie sortiert wird, bestimmt die Funktion `cmp`, auf die ein Zeiger übergeben wird. Sie erwartet zwei Zeiger auf ein beliebiges Element als Argument und muß folgende Werte zurückliefern:

0 , wenn `*elem1` $==$ `*elem2`;

< 0 , wenn `*elem1` $<$ `*elem2`;

> 0 , wenn `*elem1` $>$ `*elem2`.

Der Typ `size_t` ist ein `typedef` für `unsigned int`.

Als Beispiel soll ein Feld aus Zeichenketten sortiert werden. Der Einfachheit halber werden die Zeichenketten beim Programmstart als Argumente übergeben. Ruft man es also mit

```
ARGSORT Hallo Silke, wie geht es Dir?
```

auf, so wird ausgegeben:

```
Dir? Hallo Silke, es geht wie
```

Das Programm 2.44 ist relativ kurz, hat es jedoch in sich.

Im Hauptprogramm wird der Sortiervorgang gestartet und das Ergebnis ausgegeben. Die Sortierfunktion heißt `Sort()` und wird in Zeile 14 durch

```
Sort(argv+1, argc);
```

```
 1 //    Es werden alle Aufrufargumente in argv sortiert.
 2
 3 #include <iostream.h>
 4 #include <stdlib.h>
 5 #include <string.h>
 6
 7 #define elsif else if
 8
 9 void main(int argc, char *argv[80])
10 {
11       int iX;
12       void Sort(char *[], int);
13
14       Sort(argv+1, argc);
15
16       for(iX = 1; iX <= argc; iX++)
17           cout << argv[iX] << ' ';
18       cout << endl;
19 }     // Ende von main()
20
21 void Sort(char *szArgs[], int iAnz)
22 {
23       int Compare(const char *[], const char *[]);
24       qsort((void *)szArgs, (size_t)iAnz, (size_t)sizeof(szArgs[0]),
25           (int(*)(const void *, const void *))Compare);
26             /* Die vorige Zeile besteht hauptsächlich aus einer
27                 expliziten Typumwandlung. Diese ist nötig, weil
28                 die Vergleichsfunktion mit Zeigern auf Integer-
29                 Werte arbeiten muß. In qsort() sind jedoch Zeiger
30                 auf void verlangt.                               */
31 }     // Ende von Sort()
32
33 int Compare(const char *pElem1[], const char *pElem2[])
34 {
35       return(strcmp(*pElem1, *pElem2));
36 }     // Ende von Compare()
```

Programm 2.44: Alphabetisches Sortieren aller Aufrufargumente

gestartet. Vor allem das erste Argument ist von Interesse. Der Parameter **argv** enthält ein Feld aus Zeigern auf Zeichenketten. Er wird im Kopf von **main()** als

```
char *argv[80]
```

definiert. Normalerweise müssen bei **argv** keine Obergrenzen angegeben werden. Hier ist es jedoch erforderlich, weil beim Sortieren durch **qsort()** genau angegeben werden muß, wie groß die einzelnen Elemente sind.

Die Angabe **argv** meint die Speicherstelle, an der die erste Zeigervariable abgelegt ist. Addiert man zu diesem Wert eins, gelangt man zur Speicher-

stelle mit dem nächsten Zeiger. Genau dieser soll adressiert werden, da in
`argv` die Adresse der Zeichenkette mit dem Programmnamen steht. Dieser
soll nicht mitsortiert werden. Das erste interessante Feldelement steht also
an der Position `argv+1`.

Als zweites Argument wird an `Sort()` die Anzahl der zu sortierenden
Elemente übergeben.

Im Rumpf von `Sort()` steht nur die Deklaration der für `qsort()` nötigen Vergleichsfunktion und der Aufruf von `qsort()`. Die Deklaration
beschreibt eine Funktion `Compare()`, die als Argumente zwei Zeiger auf
Felder vom Typ `char`, also kurz zwei Zeichenketten, verlangt. Dies steht
im Widerspruch zur Deklaration von `qsort()`. Dort hieß es, die Parameter
der Vergleichsfunktion müssen `void *`, also Zeiger auf einen beliebigen Typ,
sein. Dies ist leider in der Praxis selten hilfreich. Mit Zeigern auf einen
beliebigen Typ lassen sich kaum Vergleichsoperationen durchführen, es sei
denn, man begibt sich auf die Ebene der einzelnen Bits und Bytes.

Um dennoch die Funktion `Compare()` mit Zeichenkettenargumenten benutzen zu können, muß beim Aufruf von `qsort()` eine explizite Typumwandlung des letzen Arguments vorgenommen werden. Durch

```
(int(*)(const void *, const void *))Compare)
```

wird `Compare()` „passend gemacht".

☞ Diese Form der Typumwandlung ist ein Grund dafür, daß C und C++
den Ruf haben, zu eng an der Maschinensprache zu arbeiten. Es handelt
sich um einen „Trick", der fehleranfällig ist, weil er die Typüberprüfung
des Compilers unterdrückt. Andere Programmiersprachen lassen solche
Konstruktionen nicht zu. Sie sind dadurch nicht so fehleranfällig, erfordern
aber mehr Programmierarbeit.

Alles, was vor `Compare` steht, gehört zur Typumwandlung. Das eigentliche
Argument ist nur der Name der Funktion. Genau wie der Name eines
Feldes die Adresse des ersten Elements meint, so verbirgt sich hinter
dem **Namen einer Funktion**, die Adresse, an der die Funktion im
Codesegment abgespeichert ist. `qsort()` benutzt diese Adresse, um die
Funktion `Compare()` während des Sortiervorgangs anspringen zu können.

Der Rumpf von `Compare()` gibt lediglich das Ergebnis der Bibliotheksfunktion `strcmp()` zurück. Wie auf Seite 244 angegeben, beträgt es bei
Gleichheit 0, -1, wenn die erste und $+1$, wenn die zweite Zeichenkette
„größer" ist.

 **Übung 2.35:** Schreiben Sie in Anlehnung an Programm 2.44 ein Programm, das als Aufrufargumente ganze Zahlen erwartet. Diese sollen **absteigend** sortiert und ausgegeben werden.

2.6.5 Zeiger auf Klassen

Im vorigen Unterkapitel enthielt eine Instanz bereits eine Zeigervariable. Jetzt wird noch einen Schritt weiter gegangen. Es werden Zeiger erzeugt, die auf Klasseninstanzen verweisen. Zunächst meint man, daß sich im Unterschied zu einem Zeiger auf eine Struktur nicht viel ändern sollte. Zu beachten sind jedoch Kon- und Destruktoren.

Betrachten wir wieder einmal die Klasse `Point` aus Programm 2.30. Durch

```
Point *pPoint;
```

wird ein Zeiger auf eine Instanz vom Typ `Point` erzeugt. Auch hier ist natürlich noch kein Speicherplatz für die Instanz selbst, sondern nur für eine Adresse reserviert worden. Die Verbindung zwischen Zeiger und Instanz wird wie inzwischen gewohnt durch

```
pPoint = new Point;
```

hergestellt. Erst durch diesen Aufruf werden die Konstruktoren von `Point` und dessen „Vorfahr" `Location` aufgerufen. Der Speicherplatz bleibt solange reserviert, bis entweder das Programm beendet ist, oder man ihn durch `delete` zurückgibt. Im obigen Fall würde man jedoch bei der Übersetzung eine Fehlermeldung erhalten, wenn man die Klasse `Point` aus dem **EXAMPLES**-Verzeichnis von *Borland C++* nimmt. Dort erwartet der Konstruktor die Angabe von Koordinaten. Diese müssen wie bei einer „normalen" Definition einer `Point`-Instanz mit angegeben werden, also etwa:

```
pPoint = new Point(0,0);
```

Beim Aufruf von `delete` werden die zugehörigen Destruktoren aufgerufen. Die einzelnen Komponenten der dynamisch erzeugten Instanz können wieder über `->` erreicht werden. Ein

```
    iX = pPoint->L.GetX();
```

ruft also die Member-Funktion `GetX()` der Member-Klasse `L` vom Typ `Location` auf.

Mit Zeigern lassen sich jedoch weitere Dinge unternehmen. So kann ein Zeiger auf eine `Point`-Instanz auch auf eine `Location`-Instanz verweisen. Man kann demnach durch

```
    Locatation loc(0,0);
    Point *pPoint;
```

eine Instanz vom Typ `Location` und einen Zeiger auf `Point` definieren. Innerhalb des Programms ist dann eine Zuweisung der Form

```
    pPoint = (Point *)&loc;
```

zulässig. `pPoint` zeigt damit auf ein `Location`-Objekt.

Was auf den ersten Blick allenfalls wie eine C++-typische Spielerei wirkt, eröffnet bei näherem Hinsehen ganz neue Möglichkeiten. In unserer Adressverwaltung aus 2.38 bestand die ganze Liste aus Einträgen der gleichen Form. In einer Firma ist es jedoch sehr wahrscheinlich, daß die Personalbögen verschiedener Mitarbeiter unterschiedliche Einträge enthalten. Man könnte alle möglichen Einträge vereinigen und im konkreten Fall nur die notwendigen Ausfüllen. Sinnvoller und Speicherplatz sparender ist es jedoch, für unterschiedliche Mitarbeiterklassen unterschiedliche Einträge zu modellieren. Angenommen, es gibt eine (eventuell virtuelle) Basisklasse `Mitarbeiter`. Von diesem wird `Angestellter`, und von diesem wiederum `Abteilungsleiter` abgeleitet. Die Basisklasse `Mitarbeiter` enthalte einen öffentlichen Zeiger auf einen weiteren `Mitarbeiter`, also:

```
    Mitarbeiter *pNext;
```

An diese Komponente können dann nach Bedarf Zeiger auf `Angestellte`, `Abteilungsleiter` oder andere zugewiesen werden. Man erhält eine Liste aus Einträgen unterschiedlichen Typs.

Der Kopf der Liste stehe in `pTopListe`. Es ist nun von außen nirgendwo abzulesen, welchen Typ die einzelnen Listenelemente besitzen. Dies wirft beispielsweise dann Probleme auf, wenn die Liste ausgegeben werden soll.

Genau an diesem Punkt kommen virtuelle Funktionen ins Spiel.

2.6.6   Virtuelle Funktionen

Die Ausgabe der Liste aller Mitarbeiter könnte sehr knapp in einer Schleife
der Form

```
pTemp = pTopListe;
while(pTemp != NULL){
      Ausgabe(pTemp);
      ptemp = pTemp->pNext;
}
```

stattfinden.

Innerhalb von `Ausgabe()` muß unterschieden werden, welchen konkreten
Typ die als Argument übergebene Instanz `pTemp` besitzt. Anderenfalls gibt
es Schwierigkeiten, wenn versucht wird, eine Komponente anzusprechen,
die die aktuelle Instanz gar nicht besitzt. So wird eine `Abteilungsleiter`-
Instanz wahrscheinlich eine Komponente `AnzGruppen` besitzen, in der steht,
wieviel Gruppen die Abteilung enthält. Würde versucht, diese Komponente
bei einer `Angestellter`-Instanz anzusprechen, stürzt das Programm ab.

Man kann sich durch eine Fallunterscheidung helfen. Dann aber müßte
die Basisklasse `Mitarbeiter` eine Komponente enthalten, in der diese
zusätzliche Information abgelegt ist, zum Beispiel als:

```
unsigned short xArt;
```

Eine 1 würde dann vielleicht für Direktoren, eine 2 für Abteilungsleiter
usw. eingetragen. Diese Methode ist reichlich umständlich. Das Programm
müßte doch „nur" zur Laufzeit überprüfen können, auf welchen Typ eine
Zeigervariable gerade verweist. In Abhängigkeit davon wird eine bestimmte
Ausgabefunktion aufgerufen. C++ bietet diese Möglichkeit unter dem
Stichwort **späte** oder **dynamische Bindung** (engl. *late* bzw. *dynamic
linking*). Dies ist wiederum eine entscheidende Neuerung von C++. Der
lauffähige Programmtext steht also vor dem Start noch nicht vollständig
fest. Es wird während des Ablaufes „entschieden", welche Funktion
aufgerufen wird.

Realisisiert wird das Ganze dadurch, daß die Basisklasse eine **virtuelle
Funktion** zum Beispiel mit Namen `Ausgabe()` enthält. Sie wird im Rumpf
der Klassendeklaration durch das Schlüsselwort `virtual` eingeleitet.

```
virtual void Ausgabe();
```

Jedes abgeleitete Objekt enthält nun automatisch die Methode `Ausgabe()`.
Durch

```
ang.Ausgabe();
```

wird die virtuelle Funktion aus **Mitarbeiter** aufgerufen, sofern **ang** vom
Typ **Angestellter** ist und **Ausgabe()** dort nicht redefiniert wurde, das
heißt **Angestellter** seinerseits eine Methode **Ausgabe()** enthält.

Letzter Fall tritt in der Praxis häufig auf, weil virtuelle Funktionen ja gerade
dazu verwendet werden, den Compiler entscheiden zu lassen, welche Version
der Funktion aufgerufen wird.

In unserem Beispiel könnte sie für einen **Abteilungsleiter** folgendes
Aussehen haben:

```
Abteilungsleiter :: Ausgabe(void)
{
        Angestellter :: Ausgabe();
        cout << "Anzahl Gruppen: " << gruppen << endl;
}
```

☞ Wird eine in einer übergeordeneten Klasse als **virtual** deklarierte Funktion
redefiniert, muß sie sich in mehr als ihrem Rückgabewert vom Original
unterscheiden.

Im Rumpf von **Abteilungsleiter** dürfte es also nicht

```
int Ausgabe(void);
```

heißen.

Man kann die Deklartion einer virtuellen Funtktion allerdings wiederholen:

```
void Ausgabe(void)
```

wäre also in **Angestellter** zulässig. Auch das Schlüsselwort **virtual** kann
wiederholt werden.

Es wird davon ausgegangen, daß ein **Angestellter** alle Komponenten von **Abteilungsleiter** enthält. Dies ergibt sich, da **Abteilungsleiter** von **Angestellter** abgeleitet ist. Zunächst werden also die gemeinsamen Daten ausgegeben. Danach wird zusätzlich die Anzahl der Gruppen, die zu einer Abteilung gehören, ausgegeben. Die Ausgabe der gesamten Liste von Seite 257 vereinfacht sich somit zu:

```
pTemp = pTopListe;
while(pTemp != NULL){
     pTemp->Ausgabe();
     ptemp = pTemp->pNext;
}
```

Man benötigt keine zusätzliche Hilfsfunktion, in der eine Fallunterscheidung stattfindet. Diese übernimmt der Compiler.

☞ Eine als **virtual** deklarierte Funktion in einer Basisklasse enthält in der Regel keine eigene Definition. In diesem Fall kann man sie kennzeichnen, indem ihr der Wert 0 zugewiesen wird.

Durch

```
virtual void Ausgabe() = 0;
```

im Rumpf der Deklaration von **Mitarbeiter** wird signalisiert, daß es keinen Programmtext zu **Mitarbeiter::Ausgabe()** gibt.

Eine solche Funktion wird als **pure, virtuelle Funktion** bezeichnet.

2.6.7   Der this-Zeiger

Jede Klasseninstanz enthält einen ganz speziellen Zeiger, der nirgends deklariert werden muß. Er trägt den Namen **this** und zeigt immer auf die aktuelle Klasseninstanz. Angenommen, es gibt eine beliebige Klasse **Something**, die die Methoden **Init()**, **Sort()** und **Output()** enthält. Nach einer Definition der Form

```
Something H;
```

erfolgen die Aufrufe:

```
H.Init();
H.Sort();
H.Output();
```

Benutzen alle drei Funktionen den `this`-Zeiger, indem an ihrem Ende jeweils

```
return *this;
```

steht, kann man die obigen drei Zeilen zu

```
H.Init().Sort().Output();
```

zusammenfassen. Das Ergebnis von `H.Init()` ist genau wie das der anderen die Instanz H, weil `this` auf eben diése Instanz zeigt. `H.Init()` ist also die Instanz H nach Anwendung der Methode `Init()`. Nichts anderes ist H in obigem Aufruf `H.Sort()`.

Doch nicht nur für solche abkürzenden Schreibweisen kann man ihn verwenden. Es ist sicher nützlich, in jeder Member-Funktion direkt auf das gerade zu bearbeitende Objekt zugreifen zu können, ohne sich um Argumente kümmern zu müssen.

Vielleicht fragen Sie sich gerade, wozu dies alles nur gut sein soll. Die kurzen Beispiele konnten lediglich einen ganz kleinen Einblick in die Möglichkeiten von C++ verschaffen. Nahezu alles wird im nächsten und übernächsten Abschnitt vertieft. Falls Sie schon sehnsüchtig darauf warten, erste Programme für *Windows* zu schreiben, können Sie jetzt direkt zum übernächsten Abschnitt verzweigen. Falls Sie jedoch noch nie mit C++ oder einer anderen Programmiersprache zu tun hatten, sei ihnen der nächste Abschnitt ans Herz gelegt. Bisher wurde hauptsächlich die Syntax von C++ vorgestellt. Die eigentliche Kunst des Programmierens besteht jedoch im Entwerfen möglichst einfacher und dabei doch effizienter Algorithmen. Daher beschäftigt sich der folgende Abschnitt mit so wichtigen Dingen wie Suchen, Sortieren und ähnlichem. Der weitaus größte Teil aller Programme verbringt einen Großteil mit solchen Operationen.

Abschnitt 3:
Algorithmen in C++

Nach der Pflicht folgt auch in diesem Buch die Kür. Die Pflicht bestand in der syntaktischen Beschreibung von C++. In der Kür werden interessante Konstruktionen vorgestellt, die ein Programm erst richtig leistungsfähig machen. Wann immer es geht, werden die benutzten Sprachelemente so allgemein wie möglich gehalten, damit sie auch auf anderen Compilern verwendet werden können.

Als Neuling auf dem hier vorgestellten Gebiet kann man sich natürlich fragen, weshalb soviel Wert auf effiziente Algorithmen zum Suchen, Sortieren und ähnlichen gelegt wird. Moderne Computer sind in der Lage, mehrere Millionen Anweisungen pro Sekunde zu bearbeiten. Es sollte also keine Schwierigkeiten geben, nahezu alles zu berechnen. Theoretisch stimmt diese Aussage. In der Praxis tauchen jedoch nicht selten Probleme auf, die sich mit einem gegebenen Algorithmus innerhalb von 100, 1000 oder gar 1 Millionen Jahren berechnen lassen. Ein anderer Algorithmus löst das Problem vielleicht in zehn Minuten, so daß man die Suche nach besseren Algorithmen durchaus begründen kann. Dennoch sind viele Probleme, für die es nachweislich eine Lösung gibt, in der Praxis nicht lösbar. Man spricht von der **Komplexität** eines Algorithmus.

Dieser Begriff zieht ein wenig Mathematik nach sich, die bei Bedarf erläutert wird. Vorab sollte man sich nur merken, daß im folgenden häufig eine bestimmte Anzahl von Elementen bearbeitet wird. Als fiktive Anzahl wird immer ein N angenommen. Dabei handelt es sich um eine beliebig große natürliche Zahl.

☞ Alle in diesem Abschnitt vorkommenden Divisionen werden ganzzahlig durchgeführt. Die Angabe 5/2 liefert also immer eine 2.

Ferner wird nicht mehr auf die Details der bearbeiteten Elemente eingegangen. Im vorigen Abschnitt wurde beispielsweise eine Liste aus Adressen aufgebaut. Jetzt würde nur noch ein charakteristischer Eintrag explizit aufgeführt. Man kann sich hier vorstellen, daß jeder Adresse eine eindeutige Nummer zugeordnet wird. Es genügt dann, sich beim Suchen, Sortieren oder ähnlichem nur auf diese Nummer, den sogenannten **Schlüsselwert** zu konzentrieren.

Jeder der im folgenden vorgestellten Algorithmen wird in der Praxis durch zusätzliche Informationen innerhalb der einzelnen Elemente ergänzt. Zum Verständnis des Ablaufs genügt jedoch ein Schlüsselwert. Auf diese Art muß man sich hier nicht mehr um so bekannte Dinge wie das Einlesen und Ausgeben der gesamten Einträge kümmern.

Das erste Kapitel stellt eine ganze Klasse von Algorithmen vor, die es erlauben, komplizierte Probleme sehr einfach zu modellieren und damit zu lösen.

3.1   Rekursion

Wer hat nicht schon einmal erlebt, daß ein gegebenes Problem zu kompliziert ist, um es auf einmal zu lösen? In einem solchen Fall teilt man das gegebene in mehrere kleinere Probleme auf.

Ganz ähnlich kann man beim Erstellen eines Algorithmus vorgehen. Ist eine Lösung für eine bestimmte Anzahl von Objekten zu kompliziert, versucht man die Anzahl der Objekte solange zu reduzieren, bis einfache (Teil-) Probleme entstehen. Genau dieses Vorgehen wird bei einer Rekursion angewendet.

Auch wenn die Beispiele des folgenden Kapitels eher spielerischer Natur sind, hat sie auch in der Praxis einen hohen Stellenwert. Vor allem das Prinzip des Backtracking, auf das in 3.1.3 eingegangen wird, kann in vielen Fällen angewendet werden. Es ist immer dann sinnvoll, wenn man ein Problem analytisch nicht lösen kann.

3.1.1   Das Prinzip

In gewisser Weise wurde Rekursion bereits im vorigen Abschnitt benutzt. Der dort konstruierte Datentyp `eintrag` enthielt als letzte Komponente einen Zeiger auf `eintrag`. Die Datenstruktur wurde dadurch rekursiv.

In diesem Kapitel werden rekursive Funktionen behandelt. Man nennt eine Funktion rekursiv, wenn die Ausführung ihres Rumpfes wiederum zum Aufruf der Funktion führt. Man unterscheidet zwischen **direkter** und **indirekter Rekursion**. Im ersten Fall ruft eine Funktion sich selbst im Rumpf wieder auf. Im zweiten Fall findet der rekursive Aufruf an einer anderen Stelle statt. Ein Funktion A ruft also zunächst eine Funktion B auf. Diese startet in ihrem Rumpf wiederum die Funktion A.

Abbildung 3.1: Rekursion im täglichen Leben

Einfacher ist die direkte Rekursion, weil man nicht so schnell den Überblick verliert. Als erstes Beispiel soll die Fakultät einer ganzen Zahl berechnet werden. Sie wird in der Mathematik durch ein Ausrufezeichen (!) abgekürzt. Berechnet wird sie, indem man alle ganzen Zahlen zwischen 1 und dem Argument der Fakultät multipliziert. Die Fakultät von 6 ergibt sich also durch:

$$6! = 6 * 5 * 4 * 3 * 2 * 1 = 720$$

Allgemein wird die Fakultät folgendermaßen formuliert:

$$N\,! = \prod_{n=1}^{N} n$$

☞ Das Zeichen $\prod$ zeigt an, daß das Produkt aller Zahlen von 1 bis N gebildet wird.

Man kann die Fakultät jedoch auch anders (rekursiv) definieren:

$$N\,! = N * (N-1)\,! \qquad \text{für } N \geq 1 \quad \text{mit } 0\,! = 1$$

Bevor Sie jetzt weiterlesen, sollten Sie selbst einmal überlegen, wie Sie eine Funktion aufbauen würden, die die Fakultät berechnet.

```
              ( ... )

15 unsigned long fak(short xN)
16 {
17     if(xN < 1)
18         return(1);
19     else
20         return((unsigned long)xN * fak(xN-1));
21 }    // Ende von fak()
```

Programm 3.1: Die rekursive Funktion `fak()` zur Berechnung der Fakultät

Vor den Details des Programms sollen die benutzten Datentypen begründet werden. An obigem Beispiel mit der Zahl 6 erkennt man bereits, daß die Fakultät sehr schnell sehr große Werte liefert. Das Programm 3.1 läßt nur Werte bis maximal 32 zu, weil darüber hinaus der Zahlenbereich einer **unsigned long**-Variablen verlassen wird. Eingaben über 32 führen zur Ausgabe von 0.

Um den Algorithmus verstehen zu können, soll angenommen werden, daß die Funktion `fak()` mit dem Wert 3 als Argument aufgerufen wird. Die Abfrage in Zeile 19 trifft nicht zu, weil **xN** zu Beginn den Wert 3 enthält, also nicht kleiner als 1 ist. Es wird in den **else**-Zweig gegangen. Dort findet in Zeile 20 der erste rekursive Aufruf von `fak()` statt.

```
    return(xN * fak(xN-1));
```

Löst man diesen Aufruf auf, so steht dort:

```
    return(3 * fak(2));     (*)
```

Das neue Argument von `fak()` lautet also 2. Jetzt kommt der entscheidende Punkt der Rekursion. Die Funktion ruft sich selbst auf. Dadurch wird wegen des „call by value"-Aufrufes neuer Speicherplatz für den Parameter `xN` reserviert. Der alte aus dem ersten Aufruf von `fak()` bleibt erhalten. Es existiert demnach zweimal Speicherplatz für einen Parameter `xN`. In der Informatik wird der Begriff **Umgebung** verwendet. Jeder Funktionsaufruf erzeugt eine neue Umgebung, in der Wertparameter und lokale Variablen völlig unabhängig von anderen Programmteilen arbeiten. Das Betriebssystem kontrolliert die verschiedenen Umgebungen.

Nach dem Aufruf in (*) hat der Parameter `xN` in der neuen Umgebung den Wert 2. Wieder trifft der Vergleich in Zeile 19 nicht zu, so daß erneut in den `else`-Zweig gesprungen wird. Dort erfolgt der nächste rekursive Aufruf. Dieses Mal lautet er in aufgelöster Form:

```
    return(2 * fak(1));     (**)
```

Es wird eine dritte Umgebung mit einem neuen Parameter `xN` erzeugt. Dieser ist immer noch nicht kleiner als 1, so daß der dritte rekursive Aufruf

```
    return(1 * fak(0));     (***)
```

durchgeführt wird.

In der dadurch erzeugten vierten Umgebung ist der Parameter `xN` endlich kleiner als 1, so daß der `if`-Zweig durchlaufen wird. Dort wird in Zeile 20 der Wert 1 zurückgegeben. Dadurch bricht die Rekursion ab. Eine solche **Abbruchbedingung** gehört mit zum wichtigsten jeder Rekursion. Anderenfalls entstehen genau wie bei gewöhnlichen Schleifen Programmteile, die niemals enden. Der Compiler kann fehlende Abbruchbedingungen genau wie bei Schleifen nicht erkennen, so daß das Programm in der Regel mit einem Laufzeitfehler abbricht oder der Rechner über die sogenannte „Affenkralle" $\boxed{\text{Strg}}$ + $\boxed{\text{Alt}}$ + $\boxed{\text{Entf}}$ ganz neu gestartet werden muß.

Nach dem Abbruch befindet man sich hinter dem dritten rekursiven Aufruf, also in (***). Der Aufruf `fak(0)` hat den Wert 1 geliefert, so daß in (***) durch

```
    return(1 * 1);
```

der Wert 1 an den Aufruf (**) zurückgegeben wird. In (**) ergibt sich dadurch:

```
    return(2 * 1);
```

Dieser Wert wird in (*) verarbeitet. Dort wird über

```
    return(3 * 2);
```

der Wert 6 an das Hauptprogramm zurückgegeben.

Sollten Ihnen die rekursiven Aufrufe noch nicht ganz klar sein, hilft es vielleicht, wenn Sie in die Funktion `fak()` eine Ausgabe einbauen, die den aktuellen Wert des Parameters ausgibt.

Es gibt sehr viele Probleme, die sich sehr leicht und meistens auch sehr elegant rekursiv lösen lassen. Leider hat Rekursion zuweilen einen gewaltigen Nachteil, sie ist ineffizient. In der Fakultätsberechnung fällt es nicht weiter auf, weil als maximaler Wert 32 zugelassen ist. In einer weiteren mathematischen Konstruktion wird sie jedoch ganz besonders deutlich.

Die sogenannte **Fibonacci**-Folge ist allgemein folgendermaßen definiert:

$$\text{fib}(N) = \text{fib}(N-1) + \text{fib}(N-2) \qquad \text{mit fib}(1) = 1,\ \text{fib}(0) = 0$$

☞ In der Literatur wird `fib(0)` oft auch mit 1 angegeben.

Hier erkennt man sofort den rekursiven Aufbau. Ohne die beiden Vorgängerwerte kann kein neuer Wert berechnet werden. Völlig analog sieht die entsprechende C++-Funktion aus.

Problematisch ist hier, daß **ein** Aufruf der Funktion `fib()` zu **zwei** nachfolgenden rekursiven Aufrufen führt. Startet man beispielsweise mit einem Argument 6, so lautet der Aufruf in Zeile 22:

```
    return(fib(5) + fib(4);
```

```
            ( ... )

15 unsigned long fib(short xN)
16 {
17       if(xN == 0)
18            return(0);
19       else if(xN == 1)
20            return(1);
21       else
22            return(fib(xN-1) + fib(xN-2));
23 }     // Ende von fib()
```

Programm 3.2: Die Funktion `fib()` zur Berechnung der Fibonacci-Zahlen

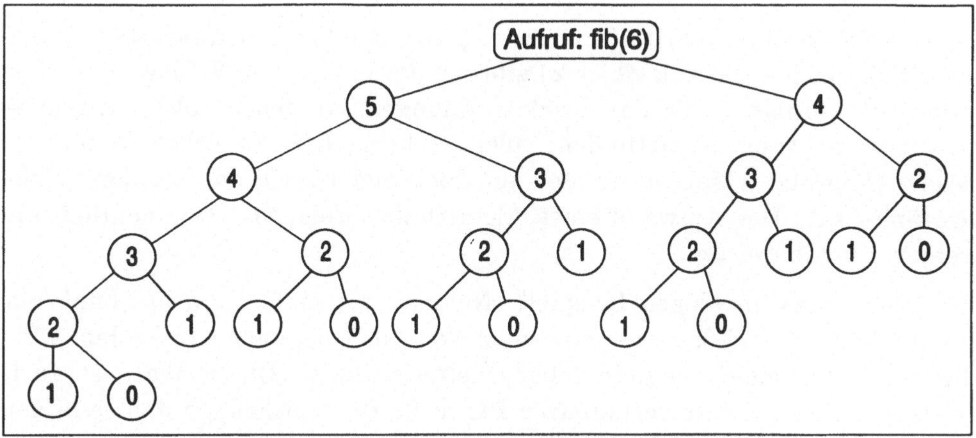

Abbildung 3.2: Schematische Aufrufhirarchie von `fib(6)`

Am einfachsten ist die Aufrufhierarchie an einer grafischen Darstellung wie in Abbildung 3.2 zu erkennen.

Insgesamt finden 31 Aufrufe statt. Als Ergebnis erhält man:

$$\begin{aligned}
\texttt{fib(6)} &= \texttt{fib(5)} + \texttt{fib(4)} \\
\texttt{fib(5)} &= \texttt{fib(4)} + \texttt{fib(3)} \\
\texttt{fib(4)} &= \texttt{fib(3)} + \texttt{fib(2)} \\
\texttt{fib(3)} &= \texttt{fib(2)} + \texttt{fib(1)} \\
\texttt{fib(2)} &= \texttt{fib(1)} + \texttt{fib(0)}
\end{aligned}$$

Daraus folgt:

$$
\begin{aligned}
\text{fib}(2) &= 1 + 0 = 1 \\
\text{fib}(3) &= 1 + 1 = 2 \\
\text{fib}(4) &= 2 + 1 = 3 \\
\text{fib}(5) &= 3 + 2 = 5 \\
\text{fib}(6) &= 3 + 5 = 8
\end{aligned}
$$

Allgemein wird die Funktion `fib()` bei Eingabe einer beliebigen positiven, ganzen Zahl N genau $2^N - 1$ mal aufgerufen. Man sagt auch, der Algorithmus verhält sich proportional zu 2^N, oder seine **Komplexität** beträgt 2^N. Die 1 wird vernachlässigt, da sie bei großen Werten von N praktisch keinen Beitrag liefert.

Allgemein ist ein Algorithmus von **exponentieller Komplexität**, wenn es eine beliebige Basis M (hier 2) gibt, zu der er sich bei N Eingabewerten wie M^N verhält. Für die Größenordnungen, in denen solche Komplexitätsbetrachtungen stattfinden, spielt es keine Rolle, welchen konkreten Wert M besitzt. Man verwendet nur noch den Begriff der exponentiellen Komplexität. Der Aufwand eines Algorithmus steigt also exponentiell mit seinen Eingabewerten.

Was heißt das im obigen Beispiel? Nehmen wir einmal an, die Funktion `fib()` könnte vom Rechner innerhalb von 10^{-9} Sekunden (also dem Milliardsten Teil einer Sekunde) abgearbeitet werden. Dieser Wert ist auch vom schnellsten heute verfügbaren PC nicht zu erreichen, so daß es in der Praxis noch ein ganzes Stück länger dauern wird.

Bei der Eingabe von 6 finden wie erwähnt 15 Aufrufe statt, so daß es fiktive $15 * 10^{-9} = 1{,}5 * 10^{-8}$ Sekunden dauern wird, bis das Ergebnis vorliegt. Hierbei wird die Ausgabe des Ergebnisses noch zusätzlich eine wesentlich längere Zeit beanspruchen. Insgesamt kann man jedoch kaum mit der Wimper zucken, bevor das Ergebnis vorliegt.

Von der zu Beginn angesprochenen Ineffizienz der Rekursion ist (noch) nichts zu merken. Dies ändert sich, wenn `fib()` etwa mit dem Argument 30 aufgerufen wird. Dies zieht $2^{30} - 1 = 1.073.741.823$ rekursive Aufrufe nach sich. Das wiederum bedeutet eine fiktive Laufzeit von circa 1.1 Sekunden.

☞ Beim Test auf einem 80486er Rechner mit einer Taktfrequenz 25 MHz ergab sich eine tatsächliche Laufzeit bei `fib(30)` von circa 20 Sekunden.

Auch die gute Sekunde bereitet noch keine Probleme. Erhöht man das Argument jedoch auf den Wert 100, erhält man etwas mehr als eine 1 mit 30 Nullen als Anzahl für die rekursiven Aufrufe. Dies bedeutet $1,27*10^{21}$ Sekunden Laufzeit, was $2,11*10^{19}$ Minuten oder auch $4,02*10^{13}$ Jahren (!) entspricht. Zum Vergleich: Eine Milliarde entspricht 10^9 Jahren.

Obwohl es also theoretisch möglich ist, kann man die Fibbonacci-Zahl zum Argument 100 nicht rekursiv ausrechnen.

Das Problem liegt darin, daß ein Aufruf von `fib()` zwei weitere nach sich zieht. Gelöst wird es dadurch, daß die Rekursion entfernt wird. Man erhält einen **iterativen Algorithmus**, der die Berechnung in einer Schleife realisiert.

```
                    ( ... )

15 unsigned long fib(short xN)
16 {
17         unsigned long lX, lFather, lGrandfather;
18
19         if(xN == 0)
20             return(0);
21
22         lFather = 1; lGrandfather = 0;
23
24         for(short xI = 1; xI < xN; xI++)
25         {
26             lX = lFather + lGrandfather;
27             lGrandfather = lFather;
28             lFather = lX;
29         }
30         return(lX);
31 }     // Ende von fib()
```

Programm 3.3: Die iterative Version der Funktion `fib()`

Innerhalb der Funktion werden drei Hilfsvariablen definiert. `lX` enthält immer die aktuelle Fibonacci-Zahl, `lFather` enthält den Vorgänger, also fib($N-1$) und `lGrandfather` den Vorvorgänger fib($N-2$). Innerhalb der Schleife ab Zeile 24 werden alle drei Werte solange aktualisiert, bis die Obergrenze `xN` erreicht ist.

Da zur Berechnung nur eine Schleife nötig ist, die N-mal durchlaufen wird, ist die Komplexität des iterativen Algorithmus **linear**. Er verhält sich direkt proportional zum Wert des Argumentes.

Nimmt man wieder für einen Schleifendurchlauf 10^{-9} Sekunden an, benötigt selbst die Berechnung der Fibonacci-Zahl von 1000 weit weniger als eine Sekunde.

Übung 3.1: Wandeln Sie den rekursiven Algorithmus zur Berechnung der Fakultät aus Programm 3.1 in einen iterativen um.

3.1.2   Die Türme von Hanoi

Die soeben gezeigte Umwandlung einer Rekursion in eine Iteration ist kein Zufall. Man kann zeigen, daß sich jeder rekursive Algorithmus in einen iterativen umwandeln läßt. Da die Iteration in den meisten Fällen wesentlich effizienter ist als die Rekursion, mag man sich fragen, weshalb man sie überhaupt verwendet.

Zum einen gibt es, wie wir später noch sehen werden, bestimmte Algorithmen, die schneller arbeiten als ein vergleichbarer iterativer. Zum anderen, und das ist der Hauptgrund, lassen sich viele Probleme durch Rekursion geradezu verblüffend einfach lösen.

Als Beispiel soll ein klassischer Fall für Rekursion vorgestellt werden. Es geht um die „Türme von Hanoi". Dabei steht weniger der praktischen Nutzen des Programms im Vordergrund, als vielmehr das Verständnis der Rekursion. Der entscheidende Schritt besteht darin, ein kompliziertes Problem so zu vereinfachen, daß es leicht lösbar ist. Das gelöste, vereinfachte Problem trägt zur Lösung eines etwas komplizierteren Problems bei. So geht es weiter, bis das ursprüngliche Problem gelöst ist.

Bei den „Türmen von Hanoi" hat man drei Stangen vor sich. Auf einer – in der Regel auf der linken – befinden sich Scheiben unterschiedlicher Größe. Die größte liegt zuunters, die zweitgrößte darüber usw. Es liegt also immer eine kleine über einer größeren Scheibe. In Abbildung 3.3 ist die Ausgangssituation dargestellt.

Ziel des Spieles ist es, alle Scheiben vom linken auf den rechten Turm zu bewegen. Dabei darf immer nur eine Scheibe „angefaßt" werden und niemals eine größere über eine kleinere gelegt werden.

Beim ersten Hinsehen scheint es sehr langwierig, das Problem zu lösen. Versuchen Sie es zu Beginn mit zwei, dann mit drei, vier usw. Scheiben. Auf genau diese Art arbeitet auch der rekursive Algorithmus.

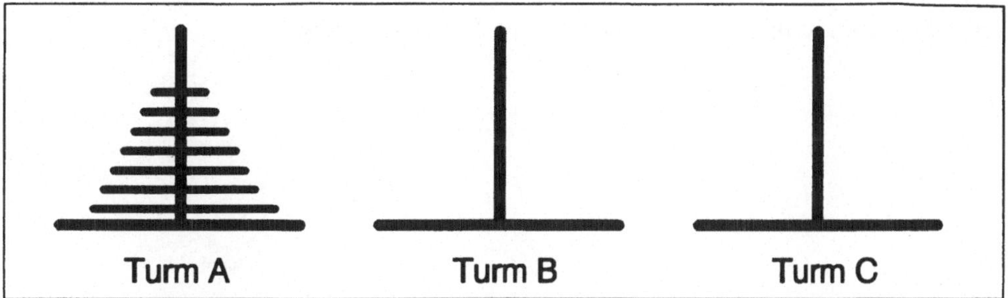

Abbildung 3.3: Ausgangssituation der „Türme von Hanoi"

Sei N die Anzahl der umzuschichtenden Scheiben. Der Algorithmus bewegt diese N Scheiben von Turm A nach Turm B gemäß folgendem (rekursiven) Schema:

- Bewege $N - 1$ Scheiben zum Nicht-Ziel-Turm (Hilfs-Turm).

- Bewege die verbleibende (größte) Scheibe vom Ausgangs- zum Ziel-Turm.

- Bewege die $N - 1$ Scheiben vom Hilfs-Turm zum Ziel-Turm.

Für das Beispiel aus Abbildung 3.3 bedeutet dies, daß zunächst 6 der sieben Scheiben von Turm A nach Turm B (dem Hilfs-Turm) bewegt werden. Dann nimmt man die größte, siebte Scheibe und bewegt sie von Turm A nach Turm C. Dieser Schritt ist offensichtlich trivial. Schließlich bewegt man die sechs Scheiben auf dem Turm B auf den Turm C.

Die Sache hat nur zwei Haken. Es bereitet sicher keine Probleme, die siebte Scheibe von Turm A nach Turm C zu bewegen, doch wie gelangen die übrigen sechs von Turm A nach Turm B und schließlich von Turm B nach Turm C? Die Antwort ist der Trick der Rekursion. So wie man sieben Scheiben von Turm A nach Turm C bewegt, werden sechs Scheiben von Turm A nach Turm B bewegt. Der Hilfs-Turm ist in diesem Fall C.

Zunächst bewegt man also fünf Scheiben von Turm A auf den Hilfs-Turm C. Dann nimmt man die sechste (zweitgrößte) Scheibe und setzt sie von Turm A um auf Turm B. Schließlich bewegt man die fünf Scheiben von Turm C auf Turm A. Wieder hat man ein triviales Problem zu lösen, nämlich die sechste Scheibe von Turm A nach Turm B zu bewegen. Es verbleiben jedoch abermals fünf Scheiben, von denen man noch nicht weiß, wie sie von Turm A nach Turm C und von dort nach Turm B bewegt werden müssen. Auch hier setzt die Rekursion wieder ein. Es werden erst vier Scheiben von Turm A nach Turm B bewegt usw.

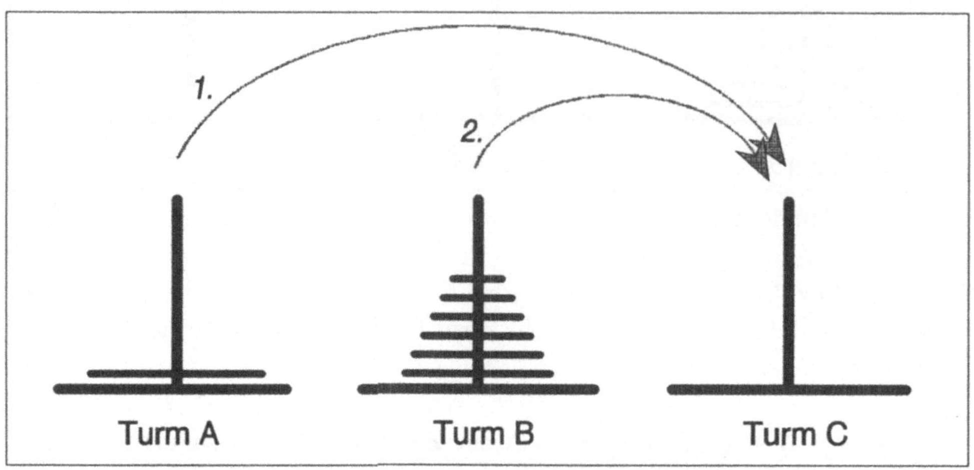

Abbildung 3.4: $N - 1$ Scheiben wurden auf den Hilfs-Turm bewegt

Es ist am einfachsten, wenn man den geschilderten Algorithmus mit drei Scheiben nachvollzieht. Dort werden erst zwei Scheiben von Turm A nach Turm B, dann die unterste von Turm A nach Turm C und schließlich die beiden auf Turm B nach Turm C bewegt. Um die beiden Scheiben von Turm A nach Turm B zu bewegen, nimmt man zuerst eine und bewegt sie nach Turm C. Dann setzt man die zweite von Turm A auf Turm B.

In jedem Schritt wird also ein um eine Scheibe kleinerer Stapel bewegt. Die Rekursion bricht offensichtlich ab, wenn es keine Scheibe mehr zu bewegen gibt.

Der zugehörige Algorithmus wird in Programm 3.4 vorgeführt. Ein Großteil des Hauptprogramms wurde weggelassen, weil dort nur die Anzahl der zu bewegenden Scheiben eingelesen wird.

Das „Spielfeld" wurde in den privaten Teil der Klasse `class hanoi` gesteckt, weil darauf nur über die Methode `BewegeTurm()` zugegriffen werden soll. Es ist zwar kaum davon auszugehen, daß diese Klasse an eine andere vererbt wird, doch sollte man speziell als Anfänger, wo immer es möglich ist, Klassen benutzen, weil so zahlreiche Fehlerquellen von vorneherein ausgeschlossen werden.

Innerhalb von `BewegeTurm()` läuft der Algorithmus genau so ab, wie er oben beschrieben wurde. In `byK` steht die Anzahl der umzuschichtenden

```
                ( ... )

16 #include <iostream.h>
17
18 const short xMAXSCHEIBEN = 16;      // Mehr dauert ewig.
19 typedef char BYTE;
20 enum turm {A, B, C};
21
22 class hanoi{
23          private:
24              static char Feld[];
25          public:
26              void BewegeTurm(BYTE, turm, turm, turm);
27              };
28
29 char hanoi :: Feld[] = {'A', 'B', 'C'};
30
31 //  ------------------- member-functions --------------------
32
33 void hanoi :: BewegeTurm(BYTE byK, turm von, turm ueber, turm nach)
34 {
35      if(byK > 0)
36      {
37          BewegeTurm(byK-1, von, nach, ueber);
38
39        cout << "\n\t\tBewege Scheibe von Turm " << \
40              Feld[von] << " nach Turm " << \
41              Feld[nach];
42
43          BewegeTurm(byK-1, ueber, von, nach);
44      }
45 }
46
47 //  --------------------- main-program -------------------------
48
49 void main()
50 {

                ( ... )

63      turm.BewegeTurm((BYTE)xAnzahl, A, B, C);  // Rekursionsanfang
64
65      cout << "\n\n\t\t\t\t\tCopyrighst by Axel Kotulla/1991" << endl;
66 }      // Ende von main()
```

Programm 3.4: Der rekursive Algorithmus zu den „Türmen von Hanoi" in C++

Scheiben. Um **byK** Scheiben vom Turm **von** auf den Turm **auf** zu
bewegen, müssen zunächst **byK − 1** Scheiben vom Turm **von** auf den Turm
ueber bewegt werden. Die Argumente **von**, **ueber** und **nach** sind vom
Aufzählungstyp **enum turm**. Dahinter verbergen sich die Bezeichnungen **A**,
B oder **C**. Beim ersten Aufruf in Zeile 63 enthält **von** ein **A**, **ueber** ein **B**

und **nach** ein C. Der erste Aufruf soll also alle Scheiben von Turm A nach Turm C bewegen, wobei Turm B zu Hilfe genommen wird.

Der erste rekursive Aufruf bewegt dann eine Scheibe weniger von Turm A nach Turm B, wobei C der Hilfs-Turm ist. Wie immer bei einer Rekursion, wird eine neue Umgebung erzeugt. In dieser enthält **von** ein A, **ueber** ein C und **nach** ein B. Falls immer noch Scheiben bewegt werden müssen, erfolgt ein weiterer rekursiver Aufruf. Dies geschieht solange, bis keine Scheiben mehr da sind. Dann endet die Rekursion und es findet jeweils in den Zeilen 39 bis 41 eine Ausgabe statt, die angibt, von welchem Stapel **eine** Scheibe auf einen anderen zu bewegen ist. Dies ist jeweils der triviale Schritt, bevor die übrigen $N-1$ Scheiben auf den Ziel-Turm bewegt werden.

Nach der Ausgabe folgt durch den zweiten, rekursiven Aufruf in Zeile 43 die Umschichtung der verbleibenden $N-1$ bzw. im Programm `byK` -1 Scheiben.

Falls Sie das komplette Programm auf der beiliegenden Diskette starten, werden Sie feststellen, daß die Bearbeitung von mehr als zehn Scheiben einige Zeit in Anspruch nimmt. Leider ist auch die Komplexität dieses Algorithmus exponentiell (genauer 2^N). Genau wie bei der Berechnung der Fibonacci-Zahlen zieht ein Aufruf von `BewegeTurm()` zwei weitere nach sich.

Hier jedoch ist es nicht so einfach, aus dem rekursiven einen iterativen Algorithmus zu machen. Wer es dennoch versuchen möchte, dem sei [Wir83] empfohlen. Dort findet man eine Lösung in Pascal bzw. Modula-2.

Das Problem der „Türme von Hanoi" gehört zu einer ganzen Klasse Algorithmen, die mit „Divide and conquer" (zu deutsch „Teile und siege") beschrieben werden. Beim Thema Sortieren wird das Thema wieder aufgenommen. Einer der effizientesten Sortier-Algorithmen arbeitet nach genau diesem Prinzip.

 **Übung 3.2:** Formulieren Sie einen Algorithmus, der eine lineare Liste, wie etwa in 2.6.3, rekursiv durchläuft und die einzelnen Elemente ausgibt.

3.1.3 Backtracking

Es gibt unzählige von Problemen, die sich analytisch, das heißt mit mathematischen Mitteln, nicht lösen lassen. Hier hilft nur das Prinzip des Versuchens und Überprüfens (engl. *trial and error*). Betrachten wir auch hier ein klassisches Beispiel, das zum ersten Mal bereits im vorigen Jahrhundert aufgeworfen wurde. Es geht darum, acht Damen so auf einem Schachbrett zu postieren, daß keine Dame eine andere bedroht.

☞ Wer sich mit Schach nicht auskennt, dem sei gesagt, daß sich eine Dame in allen Richtungen, also horizontal, vertikal und diagonal über beliebig viele Felder bewegen darf. Sie schlägt eine Figur, im Beispiel also eine andere Dame, wenn sie auf direktem Weg erreicht werden kann.

Eine Dame bedroht also alle anderen, die sich in derselben Zeile, Spalte oder Diagonalen befinden.

Damit Sie erkennen, wie kompliziert das Problem ist, sollten Sie es wieder zunächst „von Hand" auf einem Schachbrett versuchen. Es gibt insgesamt 92 Lösungen, wobei jedoch nur zwölf tatsächlich verschieden sind. Die übrigen entstehen durch Permutationen der Zeilen. Das heißt, die Dame in der ersten Spalte wird in dieselbe Zeile der zweiten Spalte, die Dame in der zweiten in dieselbe Zeile der dritten Spalte gesetzt usw., bis schließlich die Dame der achten Spalte in dieselbe Zeile der ersten Spalte gesetzt wird.

```
                     ( ... )

10 #include <iostream.h>
11
12 enum BOOL{FALSE, TRUE};
13
14 class damen{
15         private:
16               unsigned short xPos[8];
17               BOOL bZeile[8];
18               BOOL bDiag1[15];
19               BOOL bDiag2[15];
20
21         public:
22               damen(void);    // Konstruktor
23               void Versuche(int);
24               friend ostream& operator <<(ostream &, damen &);
25               };
```

Programm 3.5: Die Klasse `class damen` für das „8 Damen Problems"

Der Algorithmus in der Methode `Versuche` in Programm 3.6 findet alle 92 Lösungen und gibt sie durch den überladenen `<<`-Operator auf der

Standardausgabe aus. Dabei stehen die Zahlen von links nach rechts für die Position der Dame in der entsprechenden Spalte. Eine 3 als erste Zahl bedeutet also, daß in der ersten Spalte die Dame in die dritte Zeile zu setzen ist.

```
27 //        ----------------- member-functions ----------------------
28
29 damen :: damen(void)
30 {
31      int iI;
32      // Im Konstruktor werden die einzelnen Felder initialisiert.
33      for(iI = 0; iI < 8; iI++)
34          bZeile[iI] = TRUE;
35      for(iI = 0; iI < 15; iI++)
36          bDiag1[iI] = bDiag2[iI] = TRUE;
37 }
38
39 void damen :: Versuche(int iK)
40 {
41      for(int iJ = 0; iJ < 8; iJ++)
42      {
43          if(bZeile[iJ] && bDiag1[iK+iJ] && bDiag2[7+iJ-iK])
44          {
45              // Position ist möglich, also wird Dame gesetzt:
46              xPos[iJ] = iK;
47              // Dadurch werden alle oben überprüften Zeilen und
48              // Diagonalen bedroht:
49              bZeile[iJ] = bDiag1[iK+iJ] = bDiag2[7+iJ-iK] = FALSE;
50
51              // Falls noch nicht alle Damen gesetzt wurden,
52              // erfolgt ein weiterer, rekursiver Aufruf, der die
53              // nächste Spalte überprüft:
54              if(iK < 8)
55                  Versuche(iK+1);
56              else        // Sonst wurde mögliche Lösung gefunden
57                  cout << (*this);
58
59              // Nun muß der Versuch noch zurückgenommen werden,
60              // da er am nach verlassen dieser Spalte wieder
61              // möglich wird:
62              bZeile[iJ] = bDiag1[iK+iJ] = bDiag2[7+iJ-iK] = TRUE;
63          }    // Ende von if( ...
64      }    // Ende von for( ...
65 }    // Ende von Versuche()
```

Programm 3.6: Die Member-Funktionen zu `class damen`

Wie zuvor wird das Spielfeld in einer Klasse verkapselt. Man kann das Schachbrett als zweidimensionales Feld kodieren und dort die Zeilen, Spalten und Diagonalen überprüfen. Einfacher ist jedoch die hier gewählte Möglichkeit.

Da acht Damen zu postieren sind, kann in jeder Spalte nur genau eine Dame
stehen. Diese acht Spalten werden innerhalb der Funktion `Versuche()`
durchgegangen. Interessant ist nur noch, in welche Zeile die Dame gestellt
wird. Dies gibt das Feld `xPos` an. Ein `xPos[2]` = 5 bedeutet, daß in der
dritten Spalte (Index 2 meint dritte Spalte, da ab 0 indiziert wird!) die
Dame in der fünften Zeile steht.

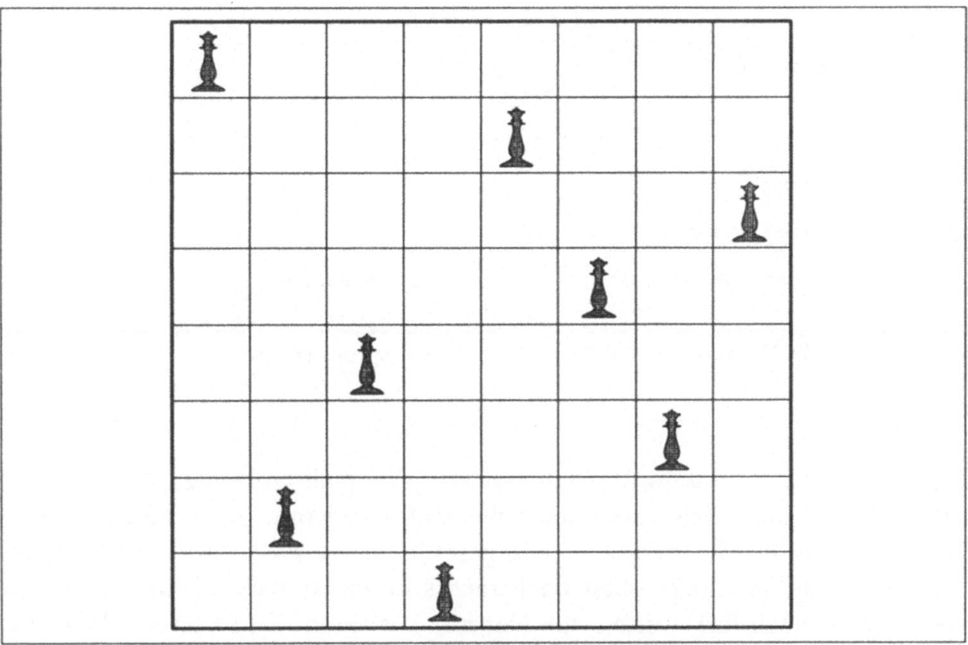

Abbildung 3.5: Eine Lösung des „8 Damen Problems"

Die drei übrigen Felder `bZeile`, `bDiag1` und `bDiag2` geben an, ob die
zugehörige Zeile bzw. die zugehörigen Diagonalen noch möglich sind, das
heißt noch nicht von anderen Damen bedroht werden.

Zugegriffen wird auf die verschiedenen Felder durch den Konstruktor
`damen()` und die Methode `Versuche()`. Der Konstruktor initialisiert die
drei Felder vom Typ `BOOL`. Sie werden zu Beginn alle auf `TRUE` gesetzt, weil
zunächst alle Zeilen und Diagonalen möglich, das heißt unbedroht, sind.

Daraufhin wird im Programm 3.7 im Hauptprogramm in Zeile 83 die Rekursion mit der Strategie des Backtrackings in Gang gesetzt. Als Argument
erhält `Versuche()` die Spalte, für die eine zulässige Zeilenposition gefunden

werden soll. Es wird bei 1 begonnen und innerhalb der rekursiven Aufrufe in Zeile 55 jeweils um 1 erhöht, bis die achte Spalte erreicht ist.

```
67 //     ------------------- non-member-functions ---------------------
68
69 ostream& operator<<(ostream &s, damen &d)
70 {
71     s << "\n\t";
72     for(short xI = 0; xI < 8; xI++)
73         s << d.xPos[xI] << "    ";
74     return(s);
75 }
76
77 //     ---------------------- main-program ----------------------
78
79 void main()
80 {
81     damen queens;
82
83     queens.Versuche(1);        // Rekursionsanfang
84 }   // Ende von main()
```

Programm 3.7: Nicht-Member-Funkt. und Hauptprogramm zu den „8 Damen"

Innerhalb von **Versuche()** ist zunächst jede Zeile zulässig, weil bei der ersten Dame natürlich noch nichts bedroht sein kann. Also wird die erste Dame in Spalte 1 in die erste Zeile gesetzt. Dadurch wird die erste Zeile, die Diagonale von links oben nach rechts unten und die „Diagonale" von rechts oben nach links unten, die hier nur aus einem Feld besteht, bedroht. Auf alle diese Felder darf also in einem Folgeschritt keine Dame mehr gesetzt werden. Die entsprechenden Feldelemente **bZeile[0]**, **bDiag[0]** und **bDiag[7]** werden auf **FALSE** gesetzt.

☞ Die beiden Diagonalen-Felder **bDiag1** und **bDiag2** sind gemäß dem Schema in Abbildung 3.6 numeriert.

Danach wird **Versuche()** rekursiv aufgerufen, da noch nicht alle Felder belegt sind. Im nächsten Versuch wird eine gültige Position in der zweiten Spalte gesucht. Dies kann nicht die zweite Zeile sein, weil sie diagonal von der ersten Dame bedroht wird. Die dritte Zeile wäre noch zulässig. Daher wird dort eine Dame positioniert und weiter rekursiv aufgerufen. Dies geschieht solange, bis sich kein gültiger Zug mehr finden läßt.

Dann endet **Versuche()** ohne einen weiteren rekursiven Aufruf. Man befindet sich eine Stufe (Spalte) zurück hinter dem dort durchgeführen

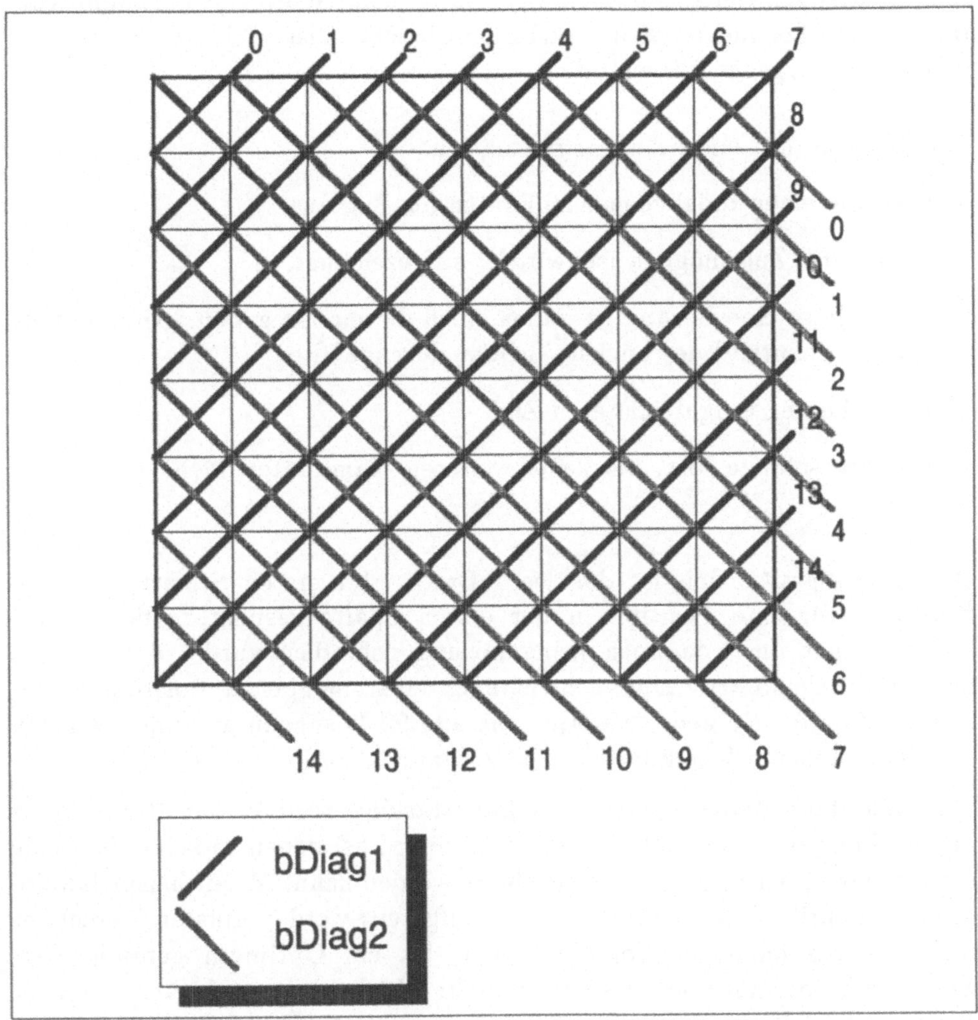

Abbildung 3.6: Numerierung der Diagonalen im „8 Damen Problem"

Aufruf von `Versuche()` in Zeile 62. Hier wird der ausprobierte, aber fehlgeschlagene Versuch rückgängig gemacht, weil er für den nächsten Schleifendurchgang wieder zulässig ist.

Nach einer gewissen Zeit konnten acht Rekursionen durchgeführt werden, und es hat sich eine Lösung gefunden. Diese wird in Zeile 57 durch den überladenen Operator `<<` ausgegeben. Sie steht im Feld `xPos`, weil dort die Zeilenpositionen der Spalten eins bis acht festgehalten wurden. Genau dieses Feld wird in den Zeilen 72 und 73 auf die Standardausgabe geschrieben.

Es ist relativ schwierig und auch nicht nötig, den Algorithmus bis zum Auffinden einer Lösung im Kopf nachzuvollziehen. Viel wichtiger ist es, das allgemeine Vorgehen zu verstehen.

- Beginne mit einer Ausgangssituation.

- Wähle einen möglichen Kandidaten als Zug aus.

- Falls der Zug möglich ist, wird er aufgezeichnet.

- Wurde so eine Lösung gefunden, wird diese ausgegeben. Anderenfalls wird (rekursiv) der nächste Schritt durchgeführt.

- Lösche den aufgezeichneten Zug.

- Fahre solange fort, bis keine weiteren Kandidaten mehr vorhanden sind.

Die Ausgangssituation ist das leere Brett. Im ersten Schritt wird ein Kandidat für eine Position in der ersten Spalte gesucht. Dieser wird aufgezeichnet und, da noch keine Lösung gefunden wurde, der nächste Schritt durchgeführt. Dieser sucht nach einer möglichen Position in der zweiten Spalte. So geht es weiter, bis alle 92 Lösungen gefunden wurden und danach keine Kandidaten mehr vorhanden sind.

Das hier dargestellte Prinzip des Backtracking wird in der Praxis ganz allgemein dazu verwendet, Probleme zu lösen, bei denen es keine Strategie gibt, sondern bei denen nur ausprobiert werden kann. Wenn beispielsweise in einer Fabrik Maschinenkapazitäten aufgeteilt werden müssen, berechnet man solange mögliche Kombinationen, bis ein Optimum gefunden ist. Leider gibt es meistens wesentlich mehr Möglichkeiten als bei den acht Damen, so daß ein Optimum nicht in akzeptabler Zeit ermittelt werden kann. In diesem Fall werden sogenannte **Heuristiken** verwendet, die zumindest ein relativ gutes Ergebnis erzielen.

Backtracking hat im Gegensatz zu einem einfachen Ausprobieren aller Möglichkeiten den Vorteil, daß die Lösungssuche in gewissem Maße zielgerichtet ist. Sobald ein Lösungsweg als nicht akzeptabel erkannt wurde, werden alle ab diesem Punkt erreichbaren Möglichkeiten verworfen, also gar nicht erst ausprobiert. So gibt es bei den acht Damen sehr viele Versuche, die gar nicht durchgeführt werden müssen, weil schon die ersten beiden Positionen nicht möglich sind. Backtracking kommt in gewisser Weise dem menschlichen Vorgehen nahe.

Übung 3.3: Wieviele Lösungen gibt es für ein „3", „4" und „5 Damen Problem"? Bei drei Damen ist das Spielfeld natürlich 3×3, bei vier Damen 4×4 und bei fünf Damen 5×5 Felder groß.

Übung 3.4: Während das „8 Damen Problem" die Schachfigur Dame benutzt, geht es beim „Weg des Springers" um den Springer, der von vielen auch Pferd genannt wird. Gesucht ist ein Weg über ein Schachbrett der Größe $N \times N$ (zum Beispiel mit $N = 8$), der den Springer jedes Feld **genau einmal** berühren läßt. Es darf also kein Feld mehr als einmal betreten werden. Die möglichen Züge eines Springers sind in Abbildung 3.7 dargestellt.

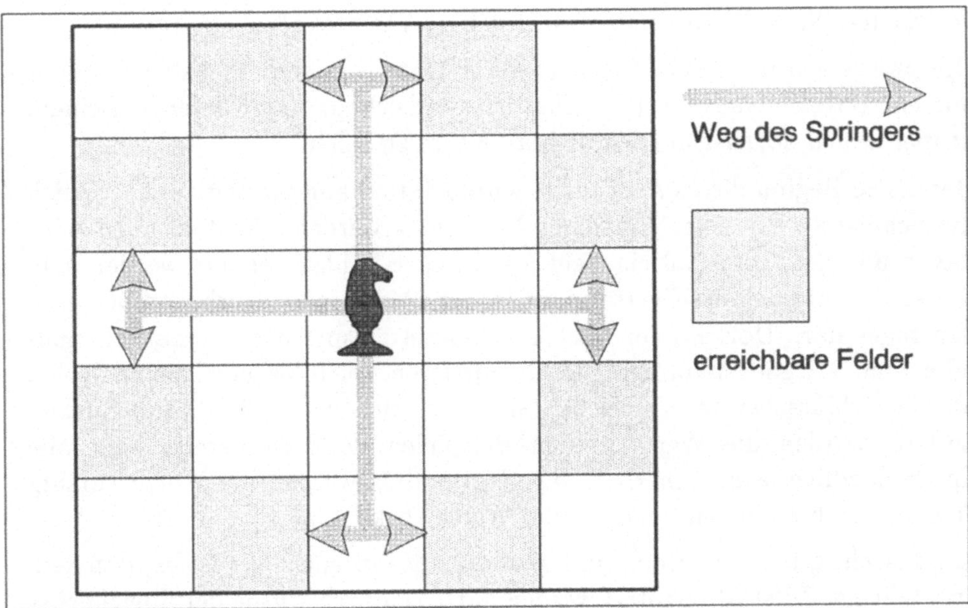

Abbildung 3.7: Mögliche Wege des Springers auf einem Schachbrett

3.2 Sortieren

Das Problem des Sortierens wurde bereits mehrfach angesprochen. So wurde zum einen in der Klasse `IntArray` in 2.5.1 eine Sortierfunktion

`Sort()` deklariert, ohne sie jedoch näher auszuführen. Ferner wurde in Programm 2.44 die Bibliotheksfunktion `qsort()` dazu benutzt, Argumente eines Programms alphabetisch zu ordnen. Diese Bibliotheksfunktion ist in den meisten Fällen ausreichend. Es ist jedoch sicher nützlich, wenn man nachvollziehen kann, wie sie bei der Sortierung der Elemente vorgeht.

Beinahe jedes etwas umfangreichere Programm enthält an irgendeiner Stelle eine Sortierfunktion. Sei es, daß Einträge einer Liste, Zahlenkolonnen oder ähnliches bearbeitet werden. Es liegt in der menschlichen Natur, in alles Ordnung zu bringen.

Grundsätzlich muß man zwei Formen des Sortierens unterscheiden. Zum einen das Sortieren im Speicher. Bei dieser Methode können alle zu ordnenden Einträge komplett im Speicher gehalten werden. Wirth vergleicht dies in [Wir83] mit dem Sortieren von Karten, die alle auf einem Tisch ausgebreitet und damit sichtbar sind. Diese Methode wird von `qsort()` verwendet. Sie soll auch hier zunächst betrachtet werden.

Die zweite Form sortiert Einträge einer Datei. In diesem Fall ist immer nur ein Dateieintrag sichtbar. Dies ist vergleichbar mit Karten auf einem Stapel. Auch dort ist nur die oberste Karte zu sehen.

Bereits zu Beginn dieses Abschnitts wurde darauf hingewiesen, daß lediglich die Schlüsselwerte eines Eintrages betrachtet werden. Im folgenden wird davon ausgegangen, daß ein Feld aus Integer-Zahlen sortiert werden soll. Sie stellen die Schlüsselwerte eines in der Praxis wesentlich komplexeren Eintrages dar. Dort ist ein solcher Schlüssel beispielsweise eine Personal- oder eine Mitgliedsnummer. Beim Sortieren spielt es noch keine Rolle, ob alle Schlüsselwerte verschieden sind. Da sich dies später beim Suchen ändert, werden die Werte in den Beispielen dennoch bereits jetzt alle unterschiedlich sein. Innerhalb des Testmoduls werden die Werte zufällig erzeugt. Dabei können auch gleiche Werte vorkommen.

Ganz wichtig beim Sortieren innerhalb des Hauptspeichers ist es, daß kein zusätzliches Hilfsfeld benötigt werden darf. Dadurch würde der Speicherbedarf unnötig vergrößert. Alle hier vorgestellten Sortieralgorithmen arbeiten deshalb „in place", das heißt in ein und demselben Feld. Es wird lediglich zum Vertauschen der Elemente eine Hilfsvariable benötigt.

3.2.1 Bubble Sort

Angenommen, Sie haben folgende neun Zahlen vor sich und sollen diese durch einen Algorithmus sortieren. Wie würden Sie vollkommen unvoreingenommen an die Sache herangehen?

10   7   12   1   8   3   4   6   5

Ein erster Ansatz ist oft der folgende. Man nimmt das vorderste Element, im Beispiel die 10 und vergleicht sie mit dem nachfolgenden, der 7. Da die 7 kleiner als die 10 ist, werden beide Werte vertauscht. Damit hat das Feld die Form:

7   10   12   1   8   3   4   6   5

Im nächsten Schritt wird das vorderste Element, jetzt also die 7, mit dem dritten, der 12 verglichen. Die 12 ist jedoch größer als die 7. Daher wird nicht vertauscht, und das Feld bleibt unverändert. Jetzt wird die 1 mit der 7 verglichen und, weil sie kleiner ist, vertauscht.

1   10   12   7   8   3   4   6   5

So geht es weiter, bis alle Elemente einmal mit dem vordersten verglichen wurden. Das Feld ändert seine Gestalt nicht mehr, weil die 1 kleiner ist als alle übrigen Elemente.

Man kann bereits festhalten, daß nach einem Durchgang dieser Art immer das kleinste von allen Elementen an der vordersten Stelle steht. Probieren Sie es ruhig mit anderen Zahlen aus. Die vorderste Position muß demnach im weiteren Verlauf nicht mehr verändert werden.

Deshalb wird im nächsten Schritt das zweite Element, die 10, betrachtet. Sie wird wieder mit allen nachfolgenden verglichen. Bei der 12 passiert nichts, weil sie größer ist. Die 7 ist jedoch kleiner als die 10, weshalb die Werte vertauscht werden.

1   7   12   10   8   3   4   6   5

Die acht ist wieder größer, aber die 3 kleiner. Alle übrigen Elemente sind größer als die 3, so daß unser Feld nach dem zweiten Durchlauf so aussieht:

1   3   12   10   8   7   4   6   5

Jetzt befinden sich bereits die beiden kleinsten Elemente an ihrer endgültigen Position und müssen deshalb im weiteren Verlauf nicht mehr betrachtet werden.

Nun wird das dritte Element betrachtet und mit allen nachfolgenden verglichen. Dieser Durchlauf ergibt:

    1   3   4   12   10   8   7   6   5

So geht es weiter über die Stationen:

    1   3   4   5   12   10   8   7   6

    1   3   4   5   6   12   10   8   7

    1   3   4   5   6   7   12   10   8

    1   3   4   5   6   7   8   12   10

    1   3   4   5   6   7   8   10   12

Bei etwas phantasievoller Betrachtungsweise „steigen" die einzelnen Werte
wie Blasen an ihre endgültige Position. Daher hat der soeben beschriebene Algorithmus seinen Namen **Bubble Sort** (engl. *Bubble* zu deutsch
„Blase").

Man erkennt bereits am Beispiel, daß einige unnötige Vertauschungen
stattfinden. So wird die 10 mehrfach hinter die 12 gesetzt, obwohl sie
offensichtlich kleiner ist. Diese Eigenschaft nennt man bei einem Sortieralgorithmus **Instabilität**. Umgekehrt ist ein Algorithmus **stabil**, wenn
kleinere Elemente während des Sortierens nie hinter größeren positioniert
werden.

```
              ( ... )

55 void BubbleSort(int iA[], int iN)
56 {
57       for(int iI = 0; iI < iN; iI++)
58       {
59            for(int iJ = iI+1; iJ < iN; iJ++)
60            {
61                 if(iA[iI] > iA[iJ])
62                     Swap(iA[iI], iA[iJ]);
63            }
64       }
65 }     // Ende von BubbleSort()
```

Programm 3.8: Der Sortieralgorithmus „Bubble Sort"

In Programm 3.8 wurde lediglich die eigentliche Sortierfunktion angegeben.
Auf der beiliegenden Diskette befindet sich ein vollständiges Programm,

in dem zunächst das zu sortierende Feld mit zufälligen Werten initialisiert wird. So wird dem Benutzer das Eingeben langer Zahlenkolonnen erspart. Dann wird die Funktion `BubbleSort()` aufgerufen. Das Feld wird sortiert und vor dem Programmende auf dem Bildschirm ausgegeben.

Innerhalb von `BubbleSort()` wird eine Funktion `Swap()` aufgerufen. Sie vertauscht lediglich die beiden als Referenzparameter übergebenen Argumente.

Auch alle nachfolgend vorgestellten Sortierfunktionen benutzen dasselbe Hauptprogramm und dieselben Hilfsfunktionen. Wir können uns so auf den eigentlichen Sortiervorgang beschränken.

In `BubbleSort()` läuft er genau wie oben beschrieben ab. Es sind zwei Schleifen ineinander verschachtelt. Die äußere ab Zeile 57 betrachtet zunächst das vorderste Element und vergleicht es mit allen nachfolgenden. Ist eines der nachfolgenden kleiner, wird es durch `Swap()` vertauscht. Nach dem ersten, inneren Schleifendurchlauf befindet sich das kleinste Element an der vordersten Position.

 Es ist hilfreich, zwischen Zeile 63 und 64 einen Aufruf von `PrintFeld()` zur Ausgabe des aktuellen Feldes zu setzen. So erkennt man, wie nach und nach die kleinen Elemente „nach oben steigen".

Wenn Sie das Programm mit 1000 oder mehr Elementen testen, werden Sie feststellen, daß es bereits eine gehörig lange Zeit dauert, bis das sortierte Feld vorliegt. Der maximal mögliche Wert ist 10000. Um so viele Zahlen zu sortieren, benötigt der Rechner eine längere Kaffeepause.

Wie bei den rekursiven Algorithmen liegt der Grund hierfür in der Komplexität des Algorithmus. Er ist zwar nicht exponentiell, aber immerhin noch proportional zu N^2, wobei N die Anzahl der zu sortierenden Elemente ist. Der Aufwand steigt demnach quadratisch mit der Zahl der zu sortierenden Elemente. Dies hängt damit zusammen, daß die beiden ineinander geschachtelten Schleifen beide von 1 bis N laufen. Bei ganz genauer Betrachtung findet der Vergleich in Zeile 61 $\frac{N^2-N}{2}$ mal statt. Für größere Anzahlen an Elementen ist der Faktor N^2 ausschlaggebend, so daß dem Algorithmus die Größenordnung N^2 zugeordnet wird.

 Wem diese Abschätzungen suspekt sind, der möge bedenken, daß bei 1000 Elemente N^2 bereits eine Million ergibt. Daß davon wegen $-N$ 1000 abgezogen werden, kann sicherlich vernachlässigt werden. Auch die Halbierung wegen der Division durch 2 spielt für die Größenordnung der Komplexität keine Rolle. Eine Verdoppelung der Zahl der Feldelemente führt zu einer Vervierfachung der Zahl der Vergleiche, also zum quadratischen Anstieg.

Die Zahl der Vergleiche spielt bei Sortieralgorithmen in der Regel nur eine untergeordnete Rolle. Man kann sich vorstellen, daß es wesentlich aufwendiger ist, ganze Einträge auszutauschen. Dann nämlich müssen in der Funktion `Swap()` nicht nur Schlüsselwerte, sondern beispielsweise alle Komponenten einer Struktur oder Klasse einzeln umkopiert werden. Benötigt ein Algorithmus viele solcher Operationen, ist er sehr langsam. Genau das trifft für Bubble Sort zu.

Man kann nicht allgemein sagen, wieviel Vertauschungen stattfinden. Dies hängt vom Aufbau des zu sortierenden Feldes ab. Sind bereits alle Elemente sortiert, wird kein einziges Mal getauscht. Ist die Reihenfolge dagegen genau falsch herum, findet bei jedem Vergleich in Zeile 61 ein Aufruf von `Swap()` statt. Dort findet man drei Zuweisungen:

```
iTemp = iX;   iX = iY;   iY = iTemp;
```

Bei der Sortierung komplexer Einträge steht hinter jeder dieser Zuweisungen eine ganze Reihe von Einzeloperationen. Grundsätzlich sind es jedoch immer diese drei Schritte, weil auf die Hilfsvariable `iTemp` nicht verzichtet werden kann.

Wenn also bei jedem Vergleich ausgetauscht wird, finden insgesamt

$$3 * \left(\frac{N^2 - N}{2} \right) = \frac{3}{2} * (N^2 - N)$$

Vertauschungen statt. Auch hier also eine Komplexität, die sich im wesentlichen proportional zu N^2 verhält.

Ein vollkommen falsch sortiertes Feld ist jedoch ein eher pathologischer Fall. Für Bubble Sort stellt er den sogenannten *Worst case*, also den schlechtesten Fall dar. Bei einer durchschnittlichen Verteilung der Werte wird nur jedes zweite Mal ausgetauscht. Der oben angegebene Wert reduziert sich dadurch auf:

$$3 * \left(\frac{N^2 - N}{4} \right) = \frac{3}{4} * (N^2 - N)$$

In der Praxis wird Bubble Sort kaum angewendet, da er bereits für Felder mittlerer Größe unzumutbare Laufzeiten mit sich bringt. Er wurde dennoch hier vorgestellt, weil er zum einen ein „Gefühl" für das Sortieren von Feldern gibt und zum anderen motiviert, weshalb man bessere Methoden finden muß.

 **Übung 3.5:** Eine Verbesserung der Laufzeit bei durchschnittlich angeordneten Feldern läßt sich erreichen, indem man innerhalb der inneren Schleife statt von vorne nach hinten von hinten nach vorne durch das Feld läuft. Dabei wird eine Marke mitgeführt, die darüber Auskunft gibt, ob innerhalb eines inneren Schleifendurchlaufs eine Vertauschung stattfand. War dem nicht so, ist das Feld bereits komplett sortiert und man kann die Funktion abbrechen.

Erweitern Sie die Funktion `BubbleSort()` um diese Marke und vergleichen Sie die Laufzeiten für Felder mit mehr als 1000 Elementen.

3.2.2 Insertion Sort

Eine Verbesserung gegenüber Bubble Sort stellt das sogenannte „Sortieren durch direktes Einfügen" (Insertion Sort) dar. Die gesamte Komplexität beträgt zwar auch hier N^2, jedoch ist vor allem die Zahl der Vertauschungen in einem durchschnittlich verteilten Feld geringer.

Der Algorithmus läuft in einer äußeren Schleife einmal von vorne nach hinten über alle Feldelemente. In jedem Durchgang tauscht er das aktuelle Element so weit nach vorne bis kein größeres mehr vor ihm steht. Auf genau diese Weise geht man vor, wenn man ein Kartenspiel sortiert. Man nimmt die oberste Karte und fügt sie so ein, daß keine größere mehr vor ihr liegt.

Betrachten wir als Beispiel das bereits bekannte Feld:

    10   7 12   1   8   3   4   6   5

Es wird nicht mit dem vordersten, sondern mit dem zweiten, der 7, begonnen. Dies wird mit dem davor liegenden verglichen. Die 7 ist kleiner als die 10, also wird getauscht:

    7 10 12   1   8   3   4   6   5

Damit ist der erste Schleifendurchgang beendet. Als nächstes wird die 12 betrachtet. Sie wird nicht nach vorne „durchgereicht, weil sie größer als die 7 und die 10 ist. Im nächsten Schritt wird die 1 bis an die vorderste Position geschoben. Alle davor liegenden Elemente „rutschen" eine Position nach rechts.

1	7	10	12	8	3	4	6	5

So geht es weiter über folgende Stationen:

1	3	7	8	10	12	4	6	5
1	3	4	7	8	10	12	6	5
1	3	4	6	7	8	10	12	5
1	3	4	5	7	8	6	10	12

Zwei Dinge lassen sich feststellen:

- Insertion Sort ist **stabil**, da während der Sortierung niemals ein kleineres Element hinter ein größeres gelangt.

- Die Vertauschung findet immer zwischen benachbarten Einträgen statt.

Die zugehörige C++-Funktion wird in Programm 3.9 angegeben.

```
                   ( ... )

48 void InsertionSort(int iA[], int iN)
49 {
50      int iKey, iJ;
51
52      for(int iI = 1; iI < iN; iI++)
53      {
54          iKey = iA[iI]; iJ = iI-1;
55          while((iKey < iA[iJ]) && (iJ >= 0))
56          {
57              iA[iJ+1] = iA[iJ];
58              iJ--;
59          }
60          iA[iJ+1] = iKey;
61      }
62 }    // Ende von InsertionSort()
```

Programm 3.9: Der Sortieralgorithmus „Insertion Sort"

Durch die Hilfsvariable `iKey` erspart man sich die Vertauschung in drei Schritten und damit die gesamte Funktion `Swap()`. Nachdem alle Elemente, die größer als `iKey` sind, durch die `while()`-Schleife ab Zeile 55 um eine Position nach rechts geschoben wurden, wird in Zeile 60 `iKey` an seiner Position eingefügt. Dies ist nicht unbedingt die endgültige Position, weil in nachfolgenden Schritten ein noch kleineres Element, das bis jetzt noch gar nicht betrachtet wurde, an eine weiter vorne liegende Position geschoben werden kann.

☞ Im zweifachen Vergleich in Zeile 55 kann der zweite Teil `iJ >= 0` entfallen, wenn das Feld an seiner vordersten Position `iA[0]` einen Vergleichswert enthält, der auf jeden Fall kleiner als alle übrigen Elemente ist.

Man kann dies erreichen, indem nur die Elemente ab dem Index 1 belegt werden und das vorderste immer `-MAXINT` erhält.

Der günstigste Fall ist auch für Insertion Sort ein bereits vollständig sortiertes Feld. Die innere `while()`-Schleife wird dann überhaupt nicht durchlaufen, weil der Vergleich in ihrem Kopf direkt fehlschlägt.

Die Anzahl der Vergleiche beträgt $N - 1$. Es finden formal durch

```
while((iKey < iA[iJ]) && (iJ > 0))
```

zwar $N - 1$ mal zwei Vergleiche statt, doch arbeitet *Borland C++* nach dem **Kurzschlußverfahren**. Wenn bei einer *Oder*-Verknüpfung ein Teilausdruck bereits wahr ist, wird die Bewertung abgebrochen. Genauso ist es bei einer *Und*-Verknüpfung. Diese ist bereits dann falsch, wenn der erste Teilausdruck falsch ist.

☞ Dies kann unter Umständen zu Problemen führen, beispielsweise dann, wenn die Ausdrücke Funktionsaufrufe sind. Es wird dann eventuell nur der vordere Aufruf durchgeführt.

Da der Rumpf der `while()`-Schleife nicht durchlaufen wird, werden nur die äußeren Zuweisungen durchgeführt. Dies sind in den Zeilen 54 und 60 insgesamt drei Stück, so daß man $3 * (N - 1)$ Zuweisungen erhält. Hier ist Insertion Sort schlechter als Bubble Sort, der im günstigsten Fall keine Zuweisung erforderte.

Im Normalfall sind die Elemente jedoch zufällig verteilt. Dann ist Insertion Sort sowohl bei der Anzahl der Vergleiche als auch bei den Zuweisungen um einiges günstiger. Ohne näher auf die Details einzugehen, benötigt Insertion Sort durchschnittlich

$$\frac{N^2 + N - 2}{4}$$

Vergleiche und

$$\frac{N^2 + 9 * N - 10}{3}$$

Zuweisungen. Die Größenordnung beträgt damit in beiden Fällen wieder N^2. In der Praxis ist Insertion Sort jedoch bedeutend schneller als Bubble Sort. Versuchen Sie es, indem sie von beiden Algorithmen 10.000 Werte sortieren lassen.

3.2.3   Quick Sort

Es existieren zahlreiche andere Sortieralgorithmen. Der im Durchschnitt effizienteste ist **Quick Sort**. So gehört zum Lieferumfang von *Borland C++* in der Bibliothek `stdlib.h` eine Funktion `qsort()`, die beliebige Elemente nach genau diesem Algorithmus sortiert. In 2.6.4 wurde ein Beispiel vorgeführt.

Jetzt soll es darum gehen, Quick Sort selbst zu implementieren. Die Idee ist folgende: Man wählt ein sogenanntes **Pivotelement** aus und tauscht alle Elemente, die kleiner oder gleich dem Pivotelement sind, in den vorderen, alle, die größer sind, in den hinteren Teil des Feldes. Dann ruft man die Quick Sort-Funktion zweimal rekursiv auf. Einmal wird das vordere und einmal das hintere Feld übergeben. Der Vorgang wiederholt sich, bis Teilfelder der Länge eins entstehen, die nicht weiter aufgeteilt werden können.

Für unser Beispiel

```
10   7  12   1   8   3   4   6   5
```

ergibt sich im ersten Schritt folgendes. Es hat sich als sinnvoll erwiesen, das mittlere Element als Pivot zu wählen. Hier ist es also die 8. Alle Elemente, die kleiner oder gleich 8 sind, werden nach vorne getauscht, alle, die größer sind nach hinten:

```
 5   7   6   1   4   3   8  12  10
```

Jetzt wird die Funktion rekursiv aufgerufen. Das Pivotelement kann zum linken oder zum rechten Teilfeld hinzugenommen werden. Der hier vorgestellte Algorithmus schlägt es dem rechten Teilfeld zu. Es wird also zunächst das Teilfeld

    5   7   6   1   4   3

betrachtet. Wieder wird als Pivotelement das mittlere genommen. Dies ist die 6. Alle Elemente, die kleiner sind, kommen nach links, die größeren nach rechts:

    5   3   4   1   6   7

Das nächste Teilfeld lautet

    5   3   4   1   ,

weil das Pivotelement wieder zum rechten Teil gehört. Mit diesen vier Werten wird erneut rekursiv aufgerufen. Jetzt sind es vier Zahlen, so daß es kein eindeutig mittleres Element gibt. Der Algorithmus wählt in einem solchen Fall das links von der Mitte liegende, also die 3. Es entstehen die Teilfelder:

    1   3   4   5

Jetzt neigt sich die erste Rekursion dem Ende, weil es in

    1   3

nichts mehr zu sortieren gibt. Es wird eine Rekursionsstufe nach oben gesprungen und das Teilfeld

    4   5

betrachtet. Hier ist die Rekursion ebenfalls am Ende. Man kommt zur Stufe mit dem rechten Teilfeld:

    6   7

Auch hier gibt es nichts mehr zu tun, so daß weiter nach oben zurückgesprungen werden kann. Dort muß noch das Teilfeld

        8   **12**   10

behandelt werden. Die Elemente sind bereits korrekt sortiert, dennoch werden wieder zwei Teilfelder gebildet. Das linke lautet:

        8   10

Es ist richtig sortiert. Auf der rechten Seite steht nur die 12, die nicht weiter bearbeitet werden muß.

Damit wird aus der letzten Rekursion herausgesprungen. Setzt man alle Teilfelder in ihrer endgültigen Form zusammen, erhält man:

        1   3   4   5   6   7   8   10   12

Es läßt sich wieder festhalten:

- Quick Sort ist nicht stabil.

- Der Austauch von Elementen erfolgt in den meisten Fällen über größere Distanzen. Dies sorgt bei durchschnittlich verteilten Schlüsselwerten dafür, daß relativ schnell eine grobe Ordnung erreicht wird und in nachfolgenden Schritten weniger vertauscht werden muß.

- Die Wahl des Pivotelementes ist für den Algorithmus beliebig. Man hätte auch immer das hinterste oder immer das vorderste Element nehmen können. Würde man beispielsweise immer das hinterste auswählen, wären die pathologischen Fälle, also ein bereits sortiertes bzw. ein vollkommen falsch herum sortiertes Feld die ungünstigsten Fälle, weil in jedem Durchgang Teilfelder der Länge eins entstünden.

- Quick Sort arbeitet am besten, wenn die Teilfelder möglichst gleich groß sind.

Die zugehörige C++-Funktion ist in Programm 3.10 angegeben.

Die äußere `do-while`()-Schleife „bewegt" die beiden Indizes `iL` und `iR` aufeinander zu. In den beiden `while`()-Schleifen in den Zeilen 62 und 63 werden alle Elemente übersprungen, die kleiner bzw. größer als das Pivotelement `iPivot` sind. Falls `iA[iL]` ein Element enthält, das grösser

```
                    ( ... )
55 void QuickSort(int iA[], int iN)
56 {
57        int iL, iR;
58        iL = 0; iR = iN-1;
59        int iPivot = iA[iR/2];
60        //  1. Ermitteln der Teilfelder:
61        do{
62            while(iA[iL] < iPivot)    iL++;
63            while(iA[iR] > iPivot)    iR--;
64
65            if(iL <= iR)
66            {
67                Swap(iA[iL], iA[iR]);
68                iL++; iR--;
69            }
70        }while(iL <= iR);
71
72        //  2. Rekursive Aufrufe:
73        if(iR > 0)
74            QuickSort(&(iA[0]), iR+1);    // linkes Teilfeld
75        if(iL < (iN-1))
76            QuickSort(&(iA[iL]), iN-iL);  // rechtes Teilfeld
77 }      // Ende von QuickSort()
```

Programm 3.10: Der Sortieralgorithmus „Quick Sort"

als `iPivot` ist, und `iA[iR]` ein kleineres Element, werden diese beiden in Zeile 67 vertauscht.

Nachdem das gesamte Feld so durchlaufen wurde, befindet sich das Pivotelement an der Indexposition `iL+1`. Die beiden rekursiven Aufrufe in den Zeilen 74 und 76 sortieren die entstandenen Teilfelder. Dabei muß darauf geachtet werden, daß es überhaupt noch etwas zu sortieren gibt. Dies wird durch die beiden Bedingungen in den Zeilen 73 bzw. 75 sichergestellt.

Auf eine genaue Betrachtung der Komplexität von Quick Sort wird an dieser Stelle verzichtet, weil sehr stark Begriffe aus der Wahrscheinlichkeitsrechnung hineinspielen. So muß beispielsweise eine Aussage darüber gemacht werden, wie groß die entstehenden Teilfelder im Durchschnitt sind. Davon hängt die Zahl der Vergleiche und Vertauschungen ab. Eine relativ ausführliche Betrachtung findet man in [Sed90]. Dort werden jedoch einige mathematische Kenntnisse vorausgesetzt.

Obwohl Quick Sort genau wie die Algorithmen zur Berechnung der Fibonacci-Zahlen aus 3.1.1 und des „8 Damen Problems" bei jedem Aufruf zwei weitere Rekursionen nach sich zieht, ist seine Komplexität im Durchschnitt proportional zu $N * \ln N$. Dieser Wert kommt durch die notwendigen Vergleiche zustande. An Austauschoperationen werden im Mittel bei hinreichend großem N nur $N/6$ benötigt. Dieser Wert ist kleiner als $N * \ln N$, weshalb letzterer die Gesamtkomplexität bestimmt.

 Der Logarithmus einer Zahl ist diejenige Zahl, mit der man die Basis potenzieren muß, um das Argument zu erhalten. Als Basis des sogenannten **natürlichen Logarithmus** (abgekürzt ln) wird die **Euler'sche Zahl** e genommen. Ihr Wert beträgt $2, 718 \ldots$.

Der Logarithmus von 10 beträgt beispielsweise

$$\ln 10 \approx 2,303 \quad , \qquad \text{weil} \quad e^{2,303} \approx 10$$

Zu welcher Basis der Logarithmus genommen wird, spielt bei der Betrachtung von Komplexitäten keine Rolle, da die Identität

$$\log_a x = log_a b \cdot \log_b x = \frac{1}{log_b a} \cdot \log_b x$$

gilt. Somit ist der Aufwand für die Umrechnung eines Logarithmus ein konstanter Wert und fließt deshalb nicht in die Betrachtung der Komplexität mit ein.

Bei der Betrachtung von Komplexitäten spielen konstante Faktoren grundsätzlich keine Rolle.

Diese Werte gelten jedoch nur für durchschnittlich verteilte Elemente, von denen eine ganze Menge sortiert werden müssen. In den ungünstigsten Fällen, bei denen immer Teilfelder der Länge eins entstehen, ist auch der Aufwand von Quick Sort proportional zu N^2. Ferner ist Quick Sort für kleine Felder relativ schlecht. Man erreicht eine Verbesserung, wenn man kleine Teilfelder unterhalb einer bestimmten Größe durch einen nicht-rekursiven Algorithmus sortiert.

Übung 3.6: Nehmen Sie die soeben erwähnte Erweiterung des Quick Sort-Algorithmus vor, indem Sie Teilfelder unterhalb einer bestimmten Länge etwa durch Insertion Sort ordnen.

Ermitteln Sie selber einen günstigen Wert für die Länge der Teilfelder.

Rufen Sie neben Ihrer eigenen Funktion `QuickSort()` auch die Bibliotheksfunktion `qsort()` auf und vergleichen Sie die Laufzeiten der beiden.

Bringen Register-Variablen innerhalb der Sortierfunktion Vorteile?

3.2.4 Sortieren auf Dateien

Die bisher vorgestellten Algorithmen arbeiteten innerhalb des Hauptspeichers. In der Praxis kommt es jedoch sehr häufig vor, daß die Einträge bei weitem nicht alle in den Hauptspeicher passen. Denken Sie nur an eine Datenbank, bei der Einträge immer wieder nach unterschiedlichen Schlüsseln geordnet werden müssen.

In diesem Fall können immer nur einzelne Elemente in den Hauptspeicher geladen werden. Nach einem Vergleich werden sie sofort wieder in eine Datei geschrieben.

Relativ gute Ergebnisse bringt beispielsweise das **Sortieren durch Mischen**, auch **Merge Sort** genannt. Es kann sich allerdings in gar keiner Weise mit der Geschwindigkeit eines internen Sortieralgorithmus messen. Die Dateizugriffe gehen um ein Vielfaches langsamer vor sich als die Zugriffe innerhalb des Hauptspeichers. Außerdem muß auf dem externen Speicher mindestens noch soviel Platz sein, daß die Datei ein zweites Mal abgelegt werden kann. Eine „in place"-Sortierung wie innerhalb des Hauptspeichers gibt es beim Sortieren auf Dateien nicht.

☞ In der Praxis ist sogar der doppelte Speicherplatz nötig, weil die Sortierung nicht auf dem Original stattfinden sollte, sondern zunächst eine Kopie der ungeordneten Daten angelegt wird.

Falls dann der Sortiervorgang nicht ordnungsgemäß endet, liegen zumindest noch die ungeordneten Originaldaten vor.

Das hier beschriebene Verfahren wird **natürliches Mischen** genannt. Man benötigt zwei Hilfsdateien, die im folgenden **Bänder** genannt werden. Auf diese werden die ursprünglichen Daten verteilt.

Dabei werden sogenannte **Runs** (engl. *Run* zu deutsch „Lauf") gebildet. Ein solcher Run ist eine bereits geordnete Abfolge innerhalb einer Datei.

In der Zahlenfolge

       3   5   8   9   2   8   9

bildet die Folge

       3   5   8   9

den längsten Run, weil erst die 2 die aufsteigende Abfolge unterbricht.

Wurde ein Run auf das erste Band geschrieben, wird gewechselt und der nächste, längste Run wird auf Band zwei abgelegt. Nach dessen Ende ist wieder das erste Band an der Reihe.

Es entstehen zwei Dateien unterscheidlicher Größe. Dabei sollte man beachten, daß die Anzahl der entstehenden Runs kleiner sein kann als die in den ursprünglichen Dateien. Dies passiert immer dann, wenn das letzte Element eines Runs kleiner als das erste des übernächsten ist.

$$3 \quad 4 \mid 2 \quad 3 \quad 6 \mid 5 \quad 8 \mid 4$$

enthält vier Runs, die jeweils durch ein | markiert wurden. Auf dem ersten Band werden die Zahlen

$$3 \quad 4 \quad 5 \quad 8 \, ,$$

auf dem zweiten

$$2 \quad 3 \quad 6 \quad 4$$

abgelegt. Dies sind insgesamt nur drei Runs, weil die beiden auf dem ersten Band zu einem zusammen fallen.

Nach der Aufteilung werden die Bänder gemischt. Man nimmt den ersten Run des ersten und des zweiten Bandes. Ist ein Element des einen kleiner als das auf dem anderen Band, wird es auf die Originaldatei geschrieben und das nächste Element betrachtet. Wieder wird verglichen, und das kleinere in die Ausgangsdatei kopiert. So geht es weiter, bis ein Run komplett geschrieben wurde. Der Rest des Runs auf dem anderen Band wird ohne weitere Vergleiche auf das Originalband geschrieben.

Erst dann werden die beiden nächsten Runs betrachtet. Als Beispiel wird wieder die Zahlenfolge

$$10 \quad 7 \quad 12 \quad 1 \quad 8 \quad 3 \quad 4 \quad 6 \quad 5$$

betrachtet.

Im ersten Durchgang werden

$$10 \mid 1 \quad 8 \mid 5$$

auf das erste und

$$7 \quad 12 \quad | \quad 3 \quad 4 \quad 6$$

auf das zweite Band geschrieben. Beim anschließenden Mischen wird als
erstes die 10 mit der 7 verglichen. Da die 7 kleiner ist, wird sie in die
Ausgangsdatei kopiert. Danach wird die 10 mit der 12 verglichen. Die 10
ist kleiner und wird kopiert. Damit ist der erste Run des ersten Bandes
abgearbeitet, so daß der Rest des ersten Runs vom zweiten Band ohne
weitere Vergleiche in die Originaldatei kopiert wird. Nachdem die beiden
weiteren Runs gemischt wurden, bleibt auf dem ersten Band nur noch
der „Mini-Run" 5 übrig. Dieser wird ebenfalls ohne Vergleiche auf die
Ausgangsdatei geschrieben. Es entsteht die Folge:

$$7 \quad 10 \quad 12 \quad | \quad 1 \quad 3 \quad 4 \quad 6 \quad 8 \quad | \quad 5$$

Man erkennt bereits ein wesentliches Merkmal. Die Länge der Runs
vergrößert sich mit jedem Mischen. Dadurch ist sichergestellt, daß der
Algorithmus immer zu einem Ende kommt.

Nachdem die Ausgangsdatei wieder alle Werte enthält, beginnt der Aufteilungsvorgang erneut.

$$7 \quad 10 \quad 12 \quad 5$$

kommt auf das erste und

$$1 \quad 3 \quad 4 \quad 6 \quad 8$$

auf das zweite Band. Letzteres enthält nur noch einen Run, so daß nach
dem Mischen

$$1 \quad 3 \quad 4 \quad 6 \quad 7 \quad 8 \quad 10 \quad 12 \quad | \quad 5$$

entsteht. Der gesamte Vorgang wiederholt sich ein letztes Mal, wobei das
zweite Band nur noch die 5 erhält. Diese wird an die endgültige Stelle
gemischt. Dadurch ist das Feld korrekt sortiert.

$$1 \quad 3 \quad 4 \quad 5 \quad 6 \quad 7 \quad 8 \quad 10 \quad 12$$

Der Algorithmus in C++ ist um einiges aufwendiger als die bisher vorgestellten. Innerhalb der eigentlichen Sortierroutine `MergeSort()` wird `CopyRuns()` zum Verteilen der Runs auf die beiden Bänder und `MergeRuns()` zum Mischen der Runs von den Bändern in die Ausgangsdatei aufgerufen. Der Rest von `MergeSort()` beschäftigt sich nur mit dem Öffnen und Schließen der einzelnen Dateien. Da ständig hin und her kopiert wird, müssen die Dateien pausenlos zum Lesen bzw. Schreiben geöffnet werden.

```
                      ( ... )

53 BOOL CopyRuns(fstream *in, fstream *out1, fstream *out2)
54 {
55      // Kopiert Runs maximaler Länge in die Streams out1 und out2.
56      int iElem, iVor = -MAXINT;
57                  // Der Referenzwert -MAXINT wird benötigt, um das
58                  // Abbruchkriterium möglichs einfach zu halten.
59      BOOL bChange = FALSE;
60      fstream *out = out1;
61      for(;;)
62      {
63          if(!(*in >> iElem)) break;
64          if(iElem < iVor)
65          {   // Es gibt mehr als einen Run in der Ausgangsdatei
66              out = (out == out1 ? out2 : out1);
67              bChange = TRUE;
68          }
69          *out << iElem << '\n';
70          iVor = iElem;
71      }
72      *out1 << flush;
73      *out2 << flush;
74      return(bChange);    // Der Wert bChange wird zurückgegeben,
75                          // weil der Algorithmus abbrechen kann,
76                          // wenn die Ausgangsdatei nur einen Run
77                          // enthält.
78 }   // Ende von CopyRuns();
79
80 void MergeRuns(fstream *sort, fstream *run1, fstream *run2)
81 {
82      // Hier werden die Runs zusammengemischt.
83      int iIn1, iIn2, iVor1, iVor2;
84      iVor1 = iVor2 = -MAXINT;
85      *run1 >> iIn1;
86      *run2 >> iIn2;
87      do{
88          if(iIn1 < iVor1)
89          {   // Rest des Runs aus run2 kopieren
90              while((iIn2 >= iVor2) && (!((*run2).eof())))
91                  (*sort << iIn2 << '\n', iVor2 = iIn2, *run2 >> iIn2);
92          }
93          if(iIn2 < iVor2)
94          {   // Dasselbe für den ersten Run
95              while((iIn1 >= iVor1) && (!((*run1).eof())))
96                  (*sort << iIn1 << '\n', iVor1 = iIn1, *run1 >> iIn1);
97          }
```

```cpp
 98             if(iIn1 <= iIn2)
 99                 (*sort << iIn1 << '\n', iVor1 = iIn1, *run1 >> iIn1);
100             else
101                 (*sort << iIn2 << '\n', iVor2 = iIn2, *run2 >> iIn2);
102        }while((!(*run1).eof()) && (!(*run2).eof()));
103
104        // Nun müssen 1. die bereits gelesen Werte ...
105        if((*run1).eof() && (!(*run2).eof()))
106            *sort << iIn2 << '\n';
107        if((*run2).eof() && (!(*run1).eof()))
108            *sort << iIn1 << '\n';
109
110        // ... und 2. die noch auf einem Band verbliebenen Werte kopiert
111        // werden
112        while(*run2 >> iIn2)
113            *sort << iIn2 << '\n';
114        while(*run1 >> iIn1)
115            *sort << iIn1 << '\n';
116
117 }    // Ende von MergeRuns()
118
119 // -------------------- Sortierfunktion ------------------------
120
121 void MergeSort(const char *szName)
122 {
123        fstream sort, band1, band2;
124        BOOL bEnde, CopyRuns(fstream *, fstream *, fstream *);
125        void MergeRunfs(fstream *, fstream *, fstream *);
126
127        do{
128            sort.open(szName, ios::in);
129            band1.open(szBAND1, ios::out);
130            band2.open(szBAND2, ios::out);
131            if(sort.fail() || band1.fail() || band2.fail())
132            {
133                cerr << "\n\tFehler beim Dateiöffnen!\n";
134                exit(-2);
135            }
136
137            bEnde = CopyRuns(&sort, &band1, &band2);
138
139            sort.close(); band1.close(); band2.close();
140
141            if(bEnde)
142            {
143                sort.open(szName, ios::out);
144                band1.open(szBAND1, ios::in);
145                band2.open(szBAND2, ios::in);
146                if(sort.fail() || band1.fail() || band2.fail())
147                {
148                    cerr << "\n\tFehler beim Dateiöffnen!\n";
149                    exit(-3);
150                }
151                MergeRuns(&sort, &band1, &band2);
152                sort.close(); band1.close(); band2.close();
153            }
154        }while(bEnde);
155        remove(szBAND1); remove(szBAND2);  // Löschen der Hilfsdateien!
156 }    // Ende von MergeSort()
```

Programm 3.11: Sortieren auf Dateien mit „Merge Sort"

Vor allem innerhalb der Funktion `MergeRuns()` sind einige Sonderbehandlungen nötig. Es müssen ab den Zeilen 88 bzw. 93 die „Reste" eines Runs ohne Vergleich kopiert werden. Ferner kann es passieren, daß die Anzahl der Runs nicht auf beiden Bändern gleich ist. Dann müssen nach dem Schleifenende in Zeile 102 die überzähligen Elemente in die Ausgangsdatei kopiert werden.

An neuen Funktionen taucht lediglich `remove()` aus der Bibliothek `stdio.h` auf. Sie löscht genau wie das *DOS*-Kommando `DEL` bzw. `ERASE` die als Argument übergebene Datei. Allerdings sind bei der Angabe des Dateinamens zwar komplette Pfade wie `D:\TEMP` erlaubt, nicht jedoch Metazeichen wie `?` oder `*`.

 Noch nicht geschlossene Dateien können durch `remove()` nicht gelöscht werden.

`int remove(const char *Datei)`	
Bibliothek:	`stdio.h`
Aufgabe:	Löscht die als Argument übergebene Datei. Es wird 0 zurückgeliefert, wenn alles klappte. Sonst lautet das Ergebnis −1 und die globale Variable `errno` wird gesetzt.

Wie bereits erwähnt, ist das Sortieren auf externen Speichermedien um ein Vielfaches langsamer als innerhalb des Hauptspeichers. Der ungünstigste Fall ist eine vollkommen falsch herum angeordnete Datei, weil dann im ersten Durchlauf nur Runs der Länge eins entstehen. Ein Großteil der Geschwindigkeit hängt vom Zugriff auf das externe Speichermedium – in der Regel eine Festplatte – ab. Auf einer Festplatte mit einer mittleren Zugriffszeit von 15 Millisekunden und vier Megabyte Cache ergab sich für 100 Elemente eine Zeit von 18, für 1000 Elemente jedoch bereits 438 Sekunden, also mehr als sieben Minuten.

In der Praxis werden Datenbestände deshalb nicht ständig sortiert gehalten. Eine Ordnung findet meistens zu fest vorgegebenen Zeiten statt, wenn das System nicht mit anderen Aufgaben beschäftigt ist.

Hinzu kommt, daß man das natürliche Mischen weiter verbessern kann. Jedes zusätzliche Band steigert die Geschwindigkeit.

 **Übung 3.7:** (Für Spezialisten)

Erweitern Sie das natürliche Mischen so, daß statt zwei Bändern ein Feld von Bändern, also ein Feld aus Streams von Typ `fstream` verwendet wird. Von jedem Band muß genau ein Eintrag im Hauptspeicher gehalten werden können. Verteilen Sie die Runs der Ausgangsdatei möglichst gleichmäßig auf den Bändern und mischen diese zusammen.

Auf diese Art reduziert sich die Anzahl der Läufe durch die Originaldatei gewaltig. Viele Dateien sind bereits nach dem ersten Mischen komplett sortiert, wenn nämlich jedes Band genau einen Run enthält.

3.3 Suchen

In den meisten Fällen werden sortierte Listen nur für kleine Auswahlen benötigt. Speziell in Datenbanken ist es sehr viel wichtiger, möglichst schnell auf einen bestimmten Datensatz zugreifen zu können. Auch hier unterscheidet man wieder zwischen Zugriffen, die ausschließlich im Hauptspeicher stattfinden und solchen, die einen Eintrag in einer unter Umständen mehrere Megabyte großen Datei suchen. Als erstes wird wie zuvor der Hauptspeicher betrachtet.

3.3.1 Sequentielle Suche

Um die Suche etwas umfangreicher werden zu lassen, wird das Feld aus dem vorigen Kapitel in seiner Größe verdoppelt.

> 10 7 12 1 8 3 4 6 5 20 9 13 17 2 11 0 14 15

Bei der Suche ist es entscheidend, daß jeder Schlüssel nur genau einmal vorkommt, weil sonst keine eindeutige Identifizierung möglich ist.

Versuchen Sie sich zunächst wieder zu überlegen, wie Sie unvoreingenommen darangehen würden, beispielsweise den Eintrag mit dem Schlüssel 9 aus dem Feld herauszusuchen.

Ganz simpel kann man vorgehen, indem man vorne im Feld anfängt und jedes Element mit dem gesuchten Schlüssel vergleicht. Nach elf Vergleichen

```
                       ( ... )

41 void InitFeld(int iA[], int iN)
42 {      // Zufällige Belegung der Feldelemente
43         BOOL SequentialSearch(int [], int, int);
44         int iKand;
45         randomize();
46         for(int iI = 0; iI < iN; iI++)
47         {    // Es muß sichergestellt werden, daß jeder Schlüssel
48              // nur einmal vorkommt.
49              do{
50                   iKand = random(MAXINT);
51              }while(SequentialSearch(iA, iI-1, iKand));
52              iA[iI] = iKand;
53         }
54 }      // Ende von InitFeld()
55
56 //     ------------------- Suchfunktion -------------------------
57
58 BOOL SequentialSearch(int iA[], int iN, int iKey)
59 {
60         for(int iI = 0; iI < iN; iI++)
61              if(iA[iI] == iKey)  // Schlüssel gefunden!
62                   return(TRUE);
63
64         return(FALSE);
65 }      // Ende von SequentialSearch()
```

Programm 3.12: Sequentielle Suche in einem Feld

hätte man im vorliegenden Fall die 9 gefunden. Genauso wurde im vorigen Abschnitt nach Namen in der Adressenliste gesucht.

Das Hauptprogramm wurde nicht abgedruckt. Es befindet sich wieder auf der beiliegenden Diskette. Dort wird erfragt, wieviele Elemente vom Feld belegt werden sollen.

Abgedruckt wurde dagegen dieses Mal die Funktion `InitFeld()`. Hier wird jetzt sichergestellt, daß jeder Wert nur einmal in das Feld eingetragen wird. Dazu wird bereits in Zeile 51 die Suchfunktion `SequentialSearch()` benutzt. Sie prüft, ob der aktuelle Kandidat `iKand` in den übrigen `iI` Einträgen schon vorhanden ist. Möchte man in mehr als 5000 Elementen suchen, dauert diese Form der Initialisierung eine ganze Weile.

In `SequentialSearch()` wird dann, wie oben angegeben, von links nach rechts nach dem übergebenen Schlüssel gesucht.

Die Analyse der Laufzeit ist relativ leicht. Ist das gesuchte Element nicht im Feld vorhanden, sind bei N Elementen genau N Vergleiche nötig. Ist der

Schlüssel dagegen im Feld vorhanden, benötigt man bei durchschnittlicher Verteilung der Werte im Mittel $N/2$ Vergleiche bis zum Auffinden.

 **Übung 3.8:** Es ist unschön, daß zu Programmbeginn feststehen muß, wie groß das Feld mit den Einträgen maximal werden kann. Verändern Sie das Programm 3.12 so, daß die Einträge in einer linearen Liste abgelegt werden.

3.3.2 Binäre Suche in Feldern

In ungeordneten Feldern oder Listen hilft nichts anderes als sequentielle Suche. Eine deutliche Verbesserung läßt sich jedoch erreichen, wenn man die Elemente bereits beim Eintragen ordnet. Dabei nimmt man allerdings den Nachteil in Kauf, daß speziell bei großen Feldern für einen Eintrag unter Umständen alle anderen Elemente verschoben werden müssen. Dieser Nachteil wird im nächsten Unterkapitel beseitigt.

Zunächst soll davon ausgegangen werden, daß das Feld aufsteigend sortiert vorliegt. Man kann die Sortierung natürlich auch durch einen Sortieralgorithmus des vorigen Kapitels erreichen. Hier soll das Feld jedoch bereits sortiert aufgebaut werden.

Nehmen wir die bekannten Werte, allerdings in sortierter Form.

```
0  1  2  3  4  5  6  7  8  9 10 11 12 13 14 15 17 20
```

Auch hier kann man natürlich sequentiell suchen. Effizienter ist es jedoch, wenn man die gegebene Ordnung ausnutzt. Wird beispielsweise wieder die 9 gesucht, geht man bei der **binären Suche** so vor, daß das mittlere Element, bzw. bei gerader Elementanzahl das links von der Mitte liegende mit dem gesuchten Schlüssel verglichen wird. Die 8 ist kleiner als die 9, also liegt der gesuchte Wert in der oberen Hälfte des Feldes. In dieser wird das mittlere Element, die 13, ausgewählt. Sie ist größer als die 9, so daß die obere Hälfte wegfällt. Nach zwei weiteren Teilungen ist die 9 gefunden.

```
0  1  2  3  4  5  6  7  8  9 10 11 12 13 14 15 17 20
9 10 11 12 13 14 15 17 20
9 10 11 12
9 10
```

Man hat insgesamt nur vier Vergleiche benötigt, obwohl das gesuchte Element an der denkbar ungünstigsten Stelle lag.

Um die Komplexität der binären Suche im ungünstigsten Fall zu errechnen, muß man überlegen, wie oft ein Feld aus N Elemente halbiert werden kann, bis man genau einen Eintrag ermittelt hat. Angenommen, N ist eine ungerade Zahl, und der gesuchte Wert liegt nach der ersten Teilung in der unteren Hälfte, so enthält diese $N/2+1$ Elemente. Nachdem dieses Feld geteilt wurde, kann das entstehende Teilfeld mit dem gesuchten Schlüssel maximal $\frac{N/2+1}{2} + 1 = N/4 + 3/2$ Elemente enthalten. Die so entstehende Folge erreicht sehr schnell den Wert 1. Man sagt auch, sie **konvergiert** exponentiell gegen 1. Beträgt die Anzahl der Elemente N beispielsweise 2^k, wobei k eine beliebige positive, ganze Zahl ist, hat man den gesuchten Schlüssel in maximal $k+1$ Schritten gefunden. Das bedeutet zum Beispiel, daß man bei 1.048576 $(= 2^{20})$ einen bestimmten Eintrag in maximal 21 Schritten gefunden hat. Zum Vergleich: Eine sequentielle Suche benötigt schon im durchschnittlichen Fall über eine halbe Millionen Schritte.

Die Zahl k aus obigem Beispiel ist der Wert des sogenannten **dualen Logarithmus** (abgeküzt ld) von N. Im Unterschied zum natürlichen Logarithmus beträgt hier die Basis 2.

Allgemein benötigt eine binäre Suche in N Schlüsselelementen nicht mehr als ld N Vergleiche. Hinzu kommt allerdings noch der Aufwand zum sortierten Aufbau des Feldes. Dieser verhält sich proportional zur Anzahl der Feldelemente.

 Wer einige mathematische Kenntnisse mitbringt, kann den exakten Aufwand für den Aufbau eines Feldes aus N Elementen noch genauer ausrechnen.

Der Aufwand für die Suche nach einem Element ist zu vernachlässigen im Verhältnis zu den nötigen Verschiebeoperationen. Enthält ein Feld bereits k Elemente, wobei k ein beliebiger Wert zwischen 1 und N ist, wird im Mittel an der Position $k/2$ ein neuer Wert eingefügt. Damit ergeben sich für den Aufbau des gesamten Feldes

$$\sum_{k=1}^{N} \frac{k}{2} = \frac{N * (N+1)}{4}$$

Verschiebungen.   Um beispielsweise ein Feld aus 1000 Elementen aufzubauen, sind 250250 Schiebeoperationen nötig.

```
                     ( ... )
40 void InitFeld(int iA[], int iN)
41 {     // Zufällige Belegung der Feldelemente
42       int BinarySearch(int [], int, int);
43       register int iIndex, iKand;
44       randomize();
45       for(register int iI = 0; iI < iN; iI++)
46       {     // Es muß sichergestellt werden, daß jeder Schlüssel
47             // nur einmal vorkommt.
48             do{
49                   iKand = random(MAXINT);
50                   iIndex = BinarySearch(iA, iI-1, iKand);
51             }while(iA[iIndex] == iKand);
52             // In iIndex steht der Index, HINTER dem der neue
53             // Schlüssel eingefügt werden muß.
54             for(register int iJ = iN; iJ > iIndex; iJ--)
55                   iA[iJ] = iA[iJ-1];
56             iA[iIndex] = iKand;
57       }
58 }     // Ende von InitFeld()
59
60 // ---------------------- Suchfunktion ------------------------
61
62 int BinarySearch(int iA[], int iN, int iKey)
63 {
64       // Liefert im Erfolgsfall den Index des gesuchten Schlüssels und
65       // sonst den des Elementes HINTER dem gesuchten Schlüssel.
66       register int iL, iR, iIndex;
67       iL = 0; iR = iN-1;
68       if(iN <= 0)
69             return(0);
70       while(iL <= iR)
71       {
72             iIndex = (iL + iR) / 2;
73             if(iKey == iA[iIndex])
74                   return(iIndex);
75             if(iKey < iA[iIndex])
76                   iR = iIndex - 1;
77             else
78                   iL = iIndex + 1;
79       }
80       // Wenn die Schleife hier verlassen wird, wurde der
81       // Schlüssel NICHT gefunden.
82       if(iKey < iA[iIndex])
83             return(iIndex);
84       else
85             return(iIndex+1);
86 }     // Ende von BinarySearch()
```

Programm 3.13: Binäre Suche in einem Feld

In der Praxis wird jedoch meistens wesentlich häufiger nach einem Eintrag gesucht als ein neuer Eintrag eingefügt. Man denke nur an eine Firma, die ihr Lager per Computer organisiert. Neue Artikel, also neue Einträge mit neuen Schlüsselwerten, werden relativ selten ergänzt. Viel häufiger müssen die Daten zu vorhandenen Schlüsseln geändert werden. Dazu muß nach dem Schlüssel gesucht werden.

Auch in Programm 3.13 wird bereits beim Aufbau des sortierten Feldes die Suchfunktion `BinarySearch()` benutzt. Dabei wird ausgenutzt, daß sie entweder den Feldindex des gesuchten Elementes oder den Index des am wenigsten größeren Schlüssels liefert. Wird beispielsweise in

0   1   3   5   7   10 11 13 14 17 20

nach 9 gesucht, liefert `BinarySearch()` den Index 5, weil an dieser Position der Schlüssel 10 zu finden ist. Soll die 9 eingefügt werden, müßte dies demnach vor der 10 geschehen. Genau das passiert ab Zeile 54. Dort werden alle Elemente hinter der Stelle, an der eingefügt werden muß, um eine Position verschoben. Dies ist die zeitaufwendigste Stelle im gesamten Algorithmus. Das neue Element wird dann in Zeile 56 an der freigewordenen Position eingefügt.

Der eigentliche Suchalgorithmus arbeitet genau wie oben beschrieben. Zunächst werden eine linke `iL` und eine rechte Grenze `iR` eingeführt. Diese enthalten zu Beginn die Indizes des vordersten und des hintersten Elementes. Dabei beachte man, daß `iR` in Zeile 67 den Wert `iN-1` erhält, da in `iN` Elementen gesucht wird, und so der größte Index `iN-1` lautet.

Zwischen linker und rechter Grenze wird in Zeile 72 der mittlere Index berechnet. Ist der Schlüsselwert an dieser Position kleiner, muß nur noch die linke Hälfte, ist er größer, die rechte Hälfte betrachtet werden. Es kann natürlich auch sein, daß der Schlüsselwert mit dem gesuchten übereinstimmt. Dann trifft die Abfrage in Zeile 73 zu und die Funktion wird verlassen.

Die Schleife bricht also entweder ab, wenn der gesuchte Wert gefunden wurde oder die Abbruchbedingung (`iL <= iR`) nicht mehr erfüllt ist. Dann wurden alle Kandidaten getestet, und es muß der Index zurückgeliefert werden, dessen Element am wenigsten größer ist als das gesuchte.

 **Übung 3.9:** Ebenso wie bei Quick Sort gibt es auch zum binären Suchen eine mitgelieferte Bibliotheksfunktion namens `bsearch()`.

Schreiben Sie ein Programm, das maximal 20000 zufällige Werte sortiert in ein Feld einfügt und den Benutzer anschließend auffordert, einen Schlüsselwert einzugeben. Nach diesem soll gesucht werden.

Im wesentlichen müssen Sie nur das Beispielprogramm zur binären Suche auf der beiliegenden Diskette so modifizieren, daß anstelle der Funktion `BinarySearch()` die Bibliotheksfunktion `bsearch()` aufgerufen wird. Sie benötigen allerdings zusätzlich eine Vergleichsfunktion, wie sie auch `qsort()` in 2.6.4 benötigt.

<table>
<tr><td colspan="2">

```
void *bsearch(const void *pKey, const void *pFront,
size_t anz, size_t bytes,
int (*fcompare)(const void *elem1, const void *elem2)
```

</td></tr>
<tr><td>

Bibliothek:
Aufgabe:

</td><td>

`stdlib.h`

Im Feld `pFront`, welches aus `anz` Elementen der Größe `bytes` besteht, wird nach dem Schlüssel (`*pKey`) gesucht. Wird er gefunden, liefert `bsearch()` die Adresse des ersten Eintrages zurück. Anderenfalls lautet das Ergebnis 0. Das Feld muß aufsteigend sortiert sein. Es ist sinnvoll, aber nicht zwingend, daß jeder Schlüsselwert nur einmal vorkommt.
Wie die Schlüssel verglichen werden, bestimmt die Funktion `cmp()`, auf die ein Zeiger übergeben wird. Sie erwartet zwei Zeiger auf ein beliebiges Element als Argument und muß folgende Werte zurückliefern:

0 , wenn `*elem1` $==$ `*elem2`;

$<$ 0 , wenn `*elem1` $<$ `*elem2`;

$>$ 0 , wenn `*elem1` $>$ `*elem2`.

Der Typ `size_t` ist ein `typedef` für `unsigned int`.

</td></tr>
</table>

3.3.3 Binäre Suche in Bäumen

Die Bibliotheksfunktion `bsearch()` liefert in sortierten Feldern sehr gute Ergebnisse. Sie hat jedoch drei Nachteile, die sie in der Praxis zuweilen unbrauchbar machen.

- Die Größe des Feldes muß zu Programmbeginn feststehen. Dies bedeutet häufig die Vergeudung von Speicherplatz, weil viele Einträge leer bleiben. Außerdem muß ein Programm völlig neu erstellt werden, wenn sich herausstellt, daß das Feld zu klein bemessen war.

- Werden häufig Veränderungen am Feld vorgenommen, dauern die Einfüge- und die damit verbundenen Verschiebeoperationen zu lange.

- Riesige Datenmengen sind oft nicht im Hauptspeicher zu halten. Sie müssen auf externen Speichern durchsucht werden.

Der dritte Punkt bleibt auch in diesem Unterkapitel noch ungelöst. Die ersten beiden lassen sich jedoch durch eine neue Datenstruktur lösen. Gemeint sind sogenannte **Bäume**, die folgendermaßen definiert werden:

Ein Baum ist entweder eine leere Datenstruktur oder ein sogenannter **Knoten**, der auf endlich viele (Teil-) Bäume zeigt.

Diese Definition ist ohne Frage genau wie die einer Liste rekursiv. Man kann sich Einträge vorstellen, die nicht nur einen, sonderen mehrere Zeiger auf weitere Einträge enthalten. Dabei ist es jedoch nicht zugelassen, daß ein Teilbaum auf einen übergeordneten Knoten zeigt. Diese Einschränkung hat zur Folge, daß in einem Baum keine Zyklen entstehen können.

Die einzelnen Knoten des Baumes in Abbildung 3.8 enthalten unterschiedlich viele Zeiger auf Nachfolger. Es gibt Knoten ohne, mit einem, zwei oder noch mehr Nachfolgern. Diese Datenstruktur ist für unsere Zwecke zu allgemein. Da die Anzahl der möglichen Nachfolger nicht beschränkt ist, müßte man mit Listen arbeiten, die auf die Folgeknoten zeigen.

Zum Suchen benötigt man jedoch im einfachsten Fall nur einen Baum, dessen Knoten auf maximal zwei Folgeknoten zeigen. Dadurch entsteht ein **binärer Baum**. Um möglichst effizient in ihm suchen zu können, werden die Schlüsselelemente nach folgendem Algorithmus verteilt:

Ist der Schlüssel eines neu einzufügenden Elementes größer als der Vergleichsschlüssel, wird im Baum nach rechts verzweigt. Ist er kleiner oder gleich wird nach links verzweigt.

☞ In den hier vorgestellten Beispielen wurde immer darauf geachtet, daß keine gleichen Schlüsselwerte vorkommen. Diese Einschränkung ist jedoch nicht notwendig.

Der in Abbildung 3.9 dargestellte Baum erfüllt diese Bedingung. Bei einer Verzweigung nach rechts trifft man immer nur auf größere, bei einer Verzweigung nach links immer nur auf kleinere Elemente.

Eingefügt wurden die Elemente aus dem bekannten Feld.

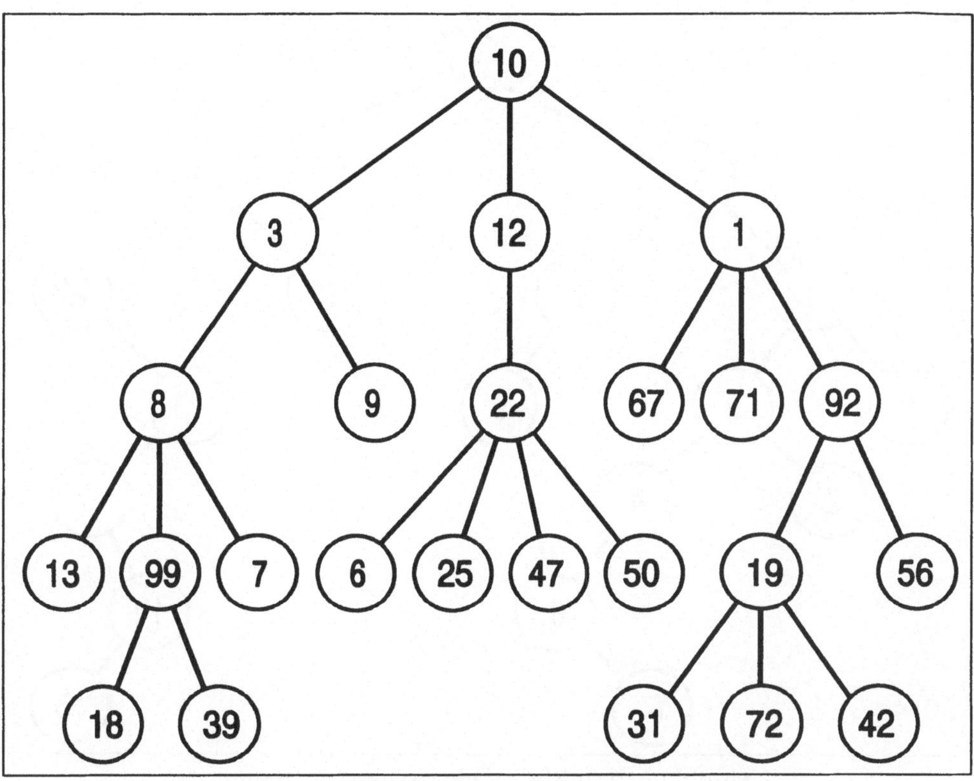

Abbildung 3.8: Ein Baum mit einigen Schlüsselelementen

10 7 12 1 8 3 4 6 5 20 9 13 17 2 11 0 14 15

Das erste Element ist also die 10. Da es kein Vergleichselement gibt, wird
es als erstes Element in den Baum eingefügt. Dieser erste **Knoten** trägt
den besonderen Namen **Wurzel** oder auch **Wurzelknoten**. Genau wie
echte Bäume, haben auch unsere genau eine Wurzel. Im Unterschied zu
natürlichen wachsen Bäume in der Informatik von oben nach unten.

Um einen Knoten als Datenstruktur darstellen zu können, wird oft folgende
Struktur verwendet:

```
struct bintree{
    Keytype key;
    Infotype info;
    bintree *pLeft, *pRight;
    };
```

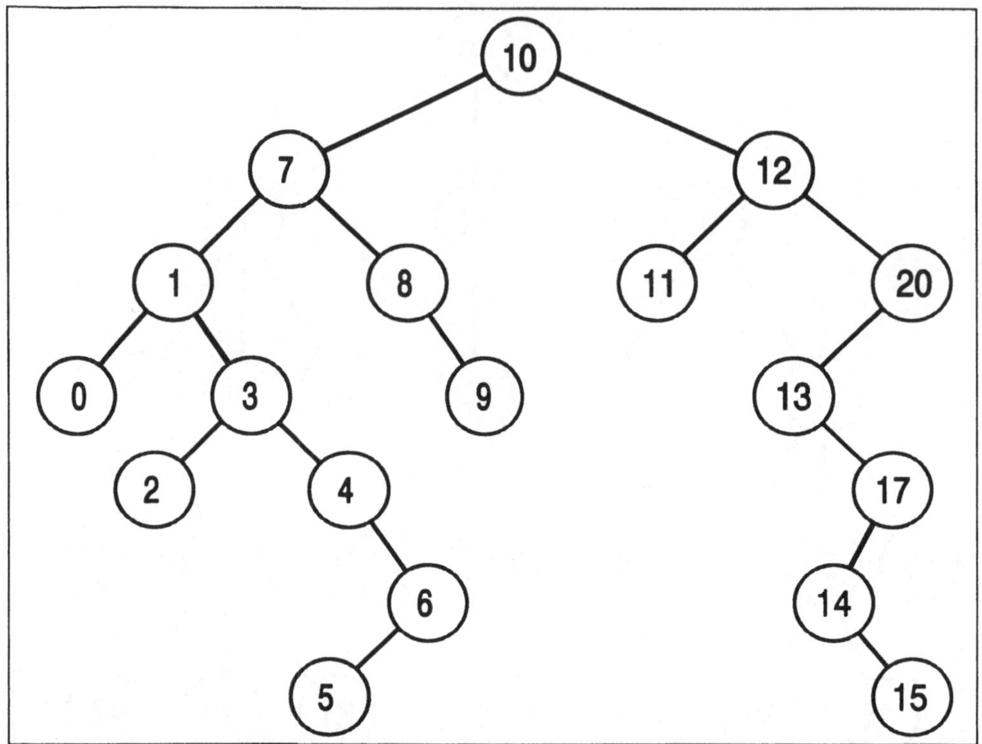

Abbildung 3.9: Ein geordneter binärer Baum

Mit `Keytype` ist ein beliebiger Typ gemeint, der zum Vergleich benutzt wird. In Abbildung 3.9 sind es beispielsweise ganze Zahlen, also vom Typ `short`, `int` oder `long`. Man kann hier jedoch auch ganze Strukturen oder Zeichenketten angeben, nach denen dann die Ordnung im Baum hergestellt wird.

An Information liegt im Beispiel noch überhaupt nichts vor. In der Praxis werden hier die zu speichernden Daten eingetragen, also beispielsweise persönliche Daten von Mitarbeitern, Kunden oder ähnliches. Als Schlüssel bietet sich in einem solchen Fall eine Personal- oder Kundennummer an.

Wie bisher soll die Information jedoch nicht weiter interessieren. Das wichtige für den Baum sind die Schlüsselwerte und die Zeiger auf die Nachfolger. Momentan besteht der Baum nur aus einem Knoten. Dieser hat also keine Nachfolger. Damit die Zeigervariablen `*pLeft` und `*pRight` nicht irgendwohin zeigen, erhalten sie, wie schon bei Listen, den symbolischen Wert `NULL`. In Abbildung 3.10 wird die momentane Situation dargestellt.

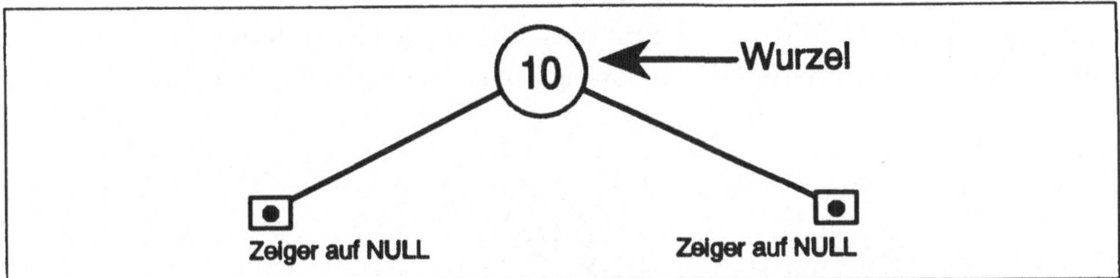

Abbildung 3.10: Der erste Knoten (die Wurzel) im binären Baum

Als nächstes Element wird die 7 eingefügt. Sie ist kleiner als die 10, wird also zu ihrem linken Nachfolger. Der rechte Nachfolger der 10 bleibt weiterhin unbesetzt. Die 7 selbst hat keine Nachfolger. Einen solchen Knoten ohne Nachfolger nennt man **Blatt**. Alle Nicht-Blatt-Knoten heißen **innere Knoten**. Es entsteht die in Abbildung 3.11 dargestellte Situation.

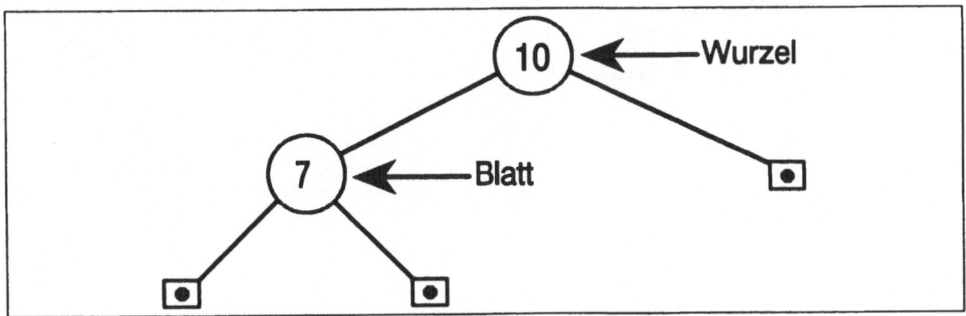

Abbildung 3.11: Nach dem Einfügen des zweiten Knotens

 **Übung 3.10:** Fügen Sie die übrigen Elemente

12 1 8 3 4 6 5 20 9 13 17 2 11 0 14 15

nacheinander in den Baum ein. Wenn Sie keinen Fehler begehen, sollte zum Schluss Abbildung 3.9 entstehen. Dort wurden die Zeiger auf **NULL** der Übersicht halber weggelassen.

Um in einem wie zuvor aufgebauten, binären Baum ein Element zu suchen, geht man völlig analog vor. Man beginnt bei der Wurzel und vergleicht deren Schlüsselelement mit dem gesuchten. Stimmen beide überein, ist man fertig. Ist der gesuchte Schlüssel größer, wird nach rechts verzweigt,

ist er kleiner, geht man nach links. Dadurch erhält man das nächste
Vergleichselement. Wieder ist man bei übereinstimmenden Schlüsseln mit
der Suche fertig, anderenfalls verzweigt man nach rechts bzw. links.

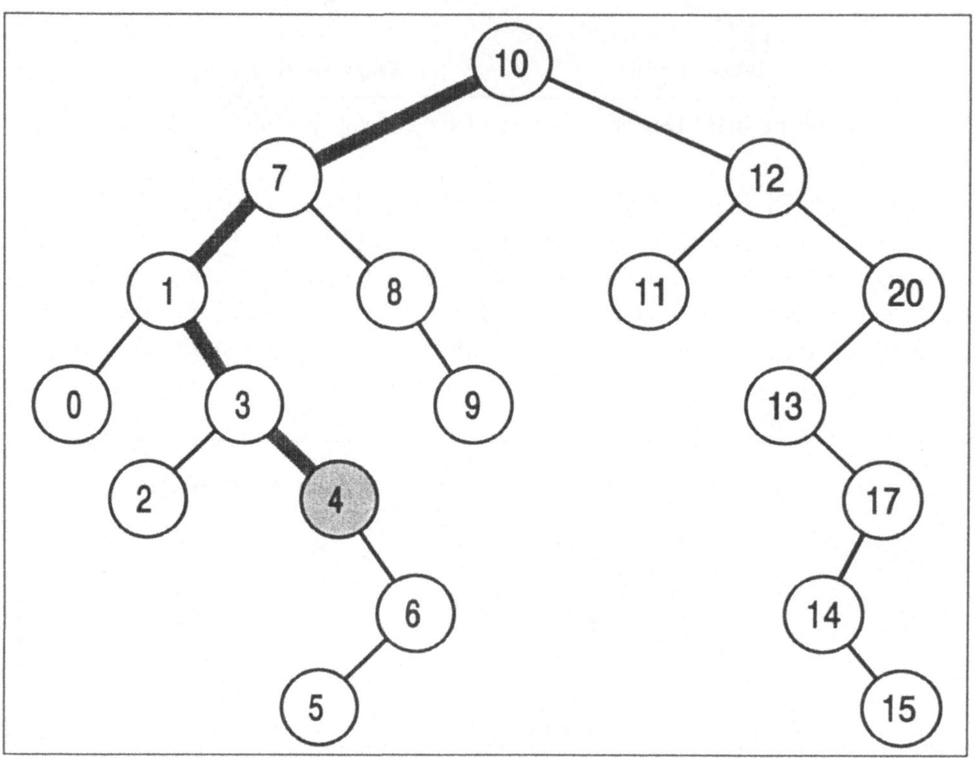

Abbildung 3.12: Suche nach dem Schlüsselwert 4

In Abbildung 3.12 wird beispielsweise nach dem Schlüsselwert 4 gesucht.
Der Schlüssel an der Wurzel, die 10, ist größer als 4, also wird nach links
verzweigt. Dort trifft man auf die 7. Der gesuchte Schlüssel ist kleiner, also
wird nochmals nach links verzweigt. Jetzt kommt die 1, weshalb nach rechts
verzweigt wird. Das gleiche passiert anschließend beim Schlüsselelement 3.
Im nächsten Schritt ist das gesuchte Element gefunden.

☞ Für binäre Bäume gelten folgende Aussagen, die relativ leicht einzusehen
sind, deren formale Beweise jedoch relativ aufwendig sind.

- Die Suche bzw. das Einfügen eines Elementes in einem binären
  Baum aus N Elementen benötigt im Durchschnitt $2 \cdot \mathrm{ld}\, N$
  Vergleiche.

- Im ungünstigsten Fall benötigt man für die Suche eines Elementes N Vergleiche.

- Ein binärer Baum mit K inneren Knoten hat $K+1$ Blattknoten.

Welches ist der ungünstigste Fall für einen binären Baum? Es gibt mehrere. Zum einen liegt er vor, wenn die einzufügenden Elemente auf- oder absteigend geordnet sind. Sollen beispielsweise die Elemente

$$1 \quad 3 \quad 4 \quad 6 \quad 8$$

eingefügt werden, degeneriert der entstehende Baum zu einer linearen Liste. Zum anderen tritt er auf, wenn die Elemente mit den Schlüsseln

$$8 \quad 4 \quad 7 \quad 5 \quad 6$$

eingefügt werden sollen. Abbildung 3.13 a) und b) zeigt beide Fälle.

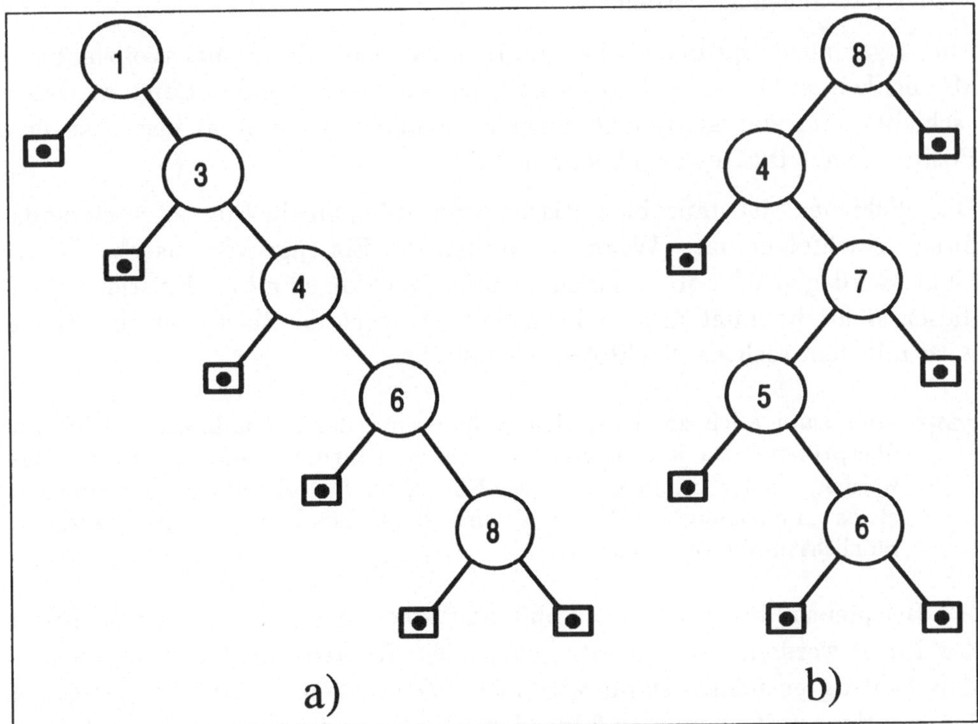

Abbildung 3.13: Zwei entartete Bäume mit ungünstigen Schlüsselwerten

In der Praxis sind die Elemente meistens relativ gut verteilt, was bedeutet, daß der Weg von der Wurzel bis zu allen Blättern ungefähr gleich lang ist. Möchte man einen Baum möglichst optimal gewichten, hilft es, die Anzahl der Schlüsselwerte an den einzelnen Knoten zu vergrößern. Allerdings werden die notwendigen Algorithmen um ein Vielfaches aufwendiger.

Bisher können die Operationen „Einfügen" und „Suchen" nach dem gleichen Schema relativ leicht programmiert werden. Probleme bereitet jedoch das Löschen eines Elementes. Es ist unproblematisch, ein Blatt zu entfernen. Sobald man jedoch einen inneren Knoten entfernen will, muß man darauf achten, die geordnete Struktur nicht zu zerstören.

Die einfachste Lösung besteht darin, an jeden Knoten eine Marke zu hängen, die angibt, ob der Knoten noch gültig ist oder bereits gelöscht wurde. Wird in einem Baum jedoch sehr viel gelöscht, verschwendet man Speicherplatz, da die Einträge nicht wirklich entfernt werden.

Eine weitere Möglichkeit besteht darin, alle Elemente unterhalb des zu löschenden Eintrages in einer Liste abzulegen und diese erneut in den Baum einzufügen. Dann müssen allerdings die Einträge zunächst gelöscht und wieder neu angelegt werden.

Eine zwar nicht optimale, aber dafür noch relativ leicht nachvollziehbare Möglichkeit ist folgende. Man sucht nach dem zu löschenden Eintrag. Dann „schiebt" man das gefundene Element solange nach unten, bis es an der Position eines Blattes angekommen ist.

Das „Schieben" ist unproblematisch. Man prüft, ob ein Eintrag noch einen linken Nachfolger hat. Wenn ja, werden die Einträge vertauscht. Wenn nicht, wird geprüft, ob es einen rechten Nachfolger gibt. Existiert auch dieser nicht, befindet man sich an der gewünschten Blattposition. Sonst wird mit dem rechten Nachfolger vertauscht.

☞ Man kann auch zunächst den rechten und dann den linken Nachfolger überprüfen. Da jedoch gleiche Schlüsselelemente immer links eingefügt werden, ist der Baum in der Regel bei doppelt vorkommenden Schlüsseln etwas „linkslastig". Deshalb wird beim Löschen zunächst versucht, möglichst links zu entfernen.

Als Beispiel soll im Baum aus Abbildung 3.9 der Eintrag mit dem Schlüssel 4 gelöscht werden. Dabei wird zunächst der Knoten mit dem entsprechenden Eintrag gesucht. Dann wird die 4 (einschließlich einer zugehörigen Information) mit dem nachfolgenden Knoten vertauscht. Da es keinen linken Nachfolger gibt, wird der rechte genommen. Abbildung 3.14 zeigt

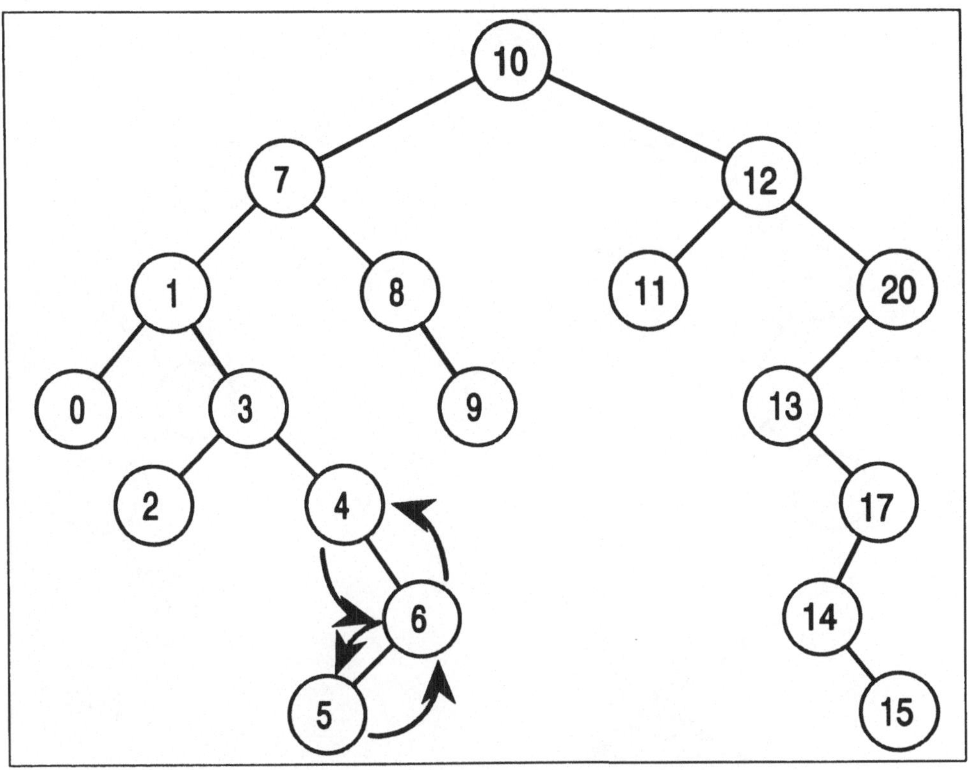

Abbildung 3.14: „Verschieben" des Knotens mit dem Schlüssel 4

den weiteren Verlauf, bis die 4 in der Blattposition angelangt ist. Dort kann der Knoten dann gelöscht werden.

Damit wurden zumindest theoretisch alle notwendigen Operationen auf einem binären Baum erläutert. Keine Sorge, das zugehörige C++-Programm wird nicht als Übungsaufgabe verlangt. Es soll jedoch noch etwas über das bisher gezeigte hinausgehen.

In den bisherigen Kapiteln dieses Abschnitts kam der Gedanke der objektorientierten Progammierung etwas kurz, weil hauptsächlich die benutzten Algorithmen im Vordergrund standen. Es wurden Felder aus ganzen Zahlen sortiert oder darin gesucht. Der binäre Baum soll jetzt dazu verwendet werden, Einträge mit beliebigen Schlüsseln und beliebigen Informationen aufzubauen. Es wird ein ganz allgemeiner Datentyp „binärer Baum" programmiert, der in einer konkreten Anwendung zum Beispiel als Schlüssel Integer-Zahlen, und als Information eine Struktur mit persönlichen Daten enthält. Die Operationen auf dem binären Baum sind völlig unabhängig vom konkreten Inhalt der Knotenelemente.

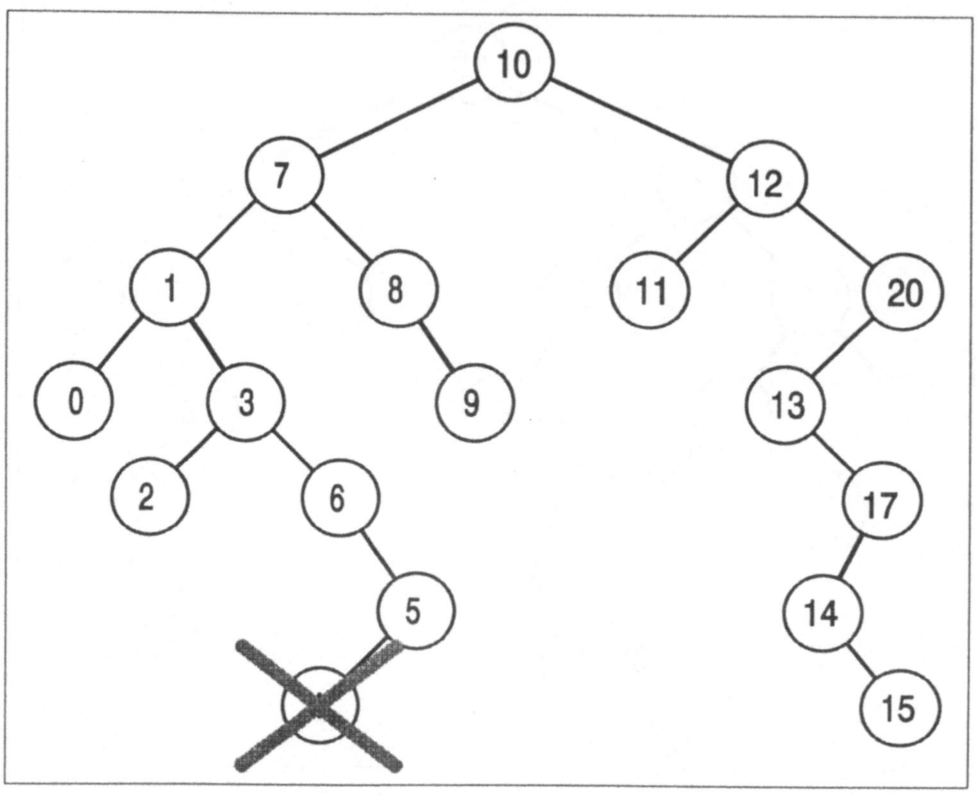

Abbildung 3.15: Nach dem Löschen des Knotens mit dem Schlüssel 4

In gewisser Weise wird dadurch ein **generischer Datentyp** realisiert. Dazu sind, wie noch gezeigt wird, einige „Tricks" und Umwege nötig. Zu einer Version 3.0 von C++ soll **Generizität** als Sprachmerkmal hinzugehören. Bereits jetzt wurde hierfür das Schlüsselwort `template` reserviert. In *Borland C++ 3.0* ist es sogar schon implementiert. In 3.3.6 wird gezeigt, wie der binäre Baum sich durch diesen Mechanismus vereinfacht.

Um den binären Baum problemlos in eigenen Anwendungen benutzen zu können, wird seine Realisierung in eine eigene Objekt- und Headerdatei verlagert. Am Beispiel eines kurzen Testprogramms wird anschließend gezeigt, wie man die Teile miteinander verknüpfen muß.

Zunächst werden in der Headerdatei `BINTREE.H` in Programm 3.14 die notwendigen Datenstrukturen deklariert. Wie erwähnt, wird hier noch keine Aussage über die Typen innerhalb der Knoten gemacht. Es wird ganz allgemein mit Zeigern auf einen beliebigen Datentyp gearbeitet, der in C++ durch `void *` dargestellt wird.

```
                ( ... )
21 /* Der "Schalter" BINTREE_H wird definiert, um ihn an anderer Stelle
22     abzufragen. So kann sichergstellt werden, daß BINTREE.H nicht
23     mehrfach eingebunden wird.                                      */
24
25 #ifndef BINTREE_H
26 #define BINTREE_H
27 #endif
28
29 #ifndef BOOL
30 enum BOOL {FALSE, TRUE};
31 #endif
32
33
34 /* Der Datentyp Entry wird nur intern innerhalb von BTree ver-
35     wendet. Er verkapselt die eigentliche Baumstruktur. In BTree
36     ist ein Zeiger auf eine Instanz vom Typ Entry enthalten.
37     Dieser Eintrag stellt die Wurzel des Baumes dar, von dem aus
38     weitere Einträge über die Zeiger pLeft bzw. pRight erreichbar
39     sind.                                                           */
40
41 static class Entry{
42         public:
43                 void *pKey;     // Zeiger auf beliebigen Schlüssel
44                 void *pInfo;    // Zeiger auf Informationsanteil
45                 Entry *pLeft;   // Zeiger auf linken Nachfolger
46                 Entry *pRight;  // Zeiger auf rechten Nachfolger
47                 Entry(void);
48                 };
49
50 class BTree{
51         private:
52                 Entry *pRoot;   // Zeiger auf den ersten Eintrag
53                                 // des Baumes
54                 int iKeysize;   // Länge des Schlüssels in Bytes
55                 int iInfosize;  // Länge der Information in Bytes
56                 int (*Compare)(const void *, const void *);
57                                 //   Zeiger auf Vergleichsfunktion
58         public:
59                 BTree(int, int, int(*)(const void *, const void *));
60                                                 // Konstruktor
61                 BOOL InsertEntry(void *, void *);  // Einfügen
62                 void *FindEntry(void *);           // Suchen
63                 BOOL DeleteEntry(void *);          // Löschen
64                 };
```

Programm 3.14: Headerdatei zur Verkapselung eines binären Baumes

Der eigentliche Baum ist vom Typ **BTree**. Er enthält als Daten einen Zeiger
auf die Wurzel des Baumes, Angaben über die Größe der Schlüsselwerte
und des Informationsanteils in Bytes und einen Zeiger auf eine Funktion,
die zwei Schlüssel miteinander vergleicht. Dies sind im wesentlichen
die gleichen Angaben, die auch die Bibliotheksfunktionen `qsort()` und

bsearch() benötigen. Die Angabe der Schlüssel- bzw. Informationsgröße in Bytes ist erforderlich, um später dynamisch neue Einträge erzeugen zu können. Der Zeiger auf die Vergleichsfunktion macht es möglich, daß als Schlüssel beliebige Datentypen zugelassen sind. Der Programmierer muß sich bei Benutzung von **BTree** Gedanken nur darüber machen, wie er die Vergleichsfunktion implementiert. Sie muß einen Wert vom Typ **int** zurückliefern, der folgende Bedeutung hat: Ist er kleiner als 0, war der erste Schlüssel kleiner als der zweite, ist er größer als 0, so ist der zweite Schlüssel der kleinere. Genau 0 wird zurückgeliefert, wenn beide Schlüssel gleich sind.

Im öffentlichen Teil der Klasse werden die Zugriffsfunktionen deklariert. Man kann Elemente einfügen, suchen und löschen. Außerdem verlangt der Konstruktor in Zeile 59 Angaben über die Größe der Schlüssel und der Informationen sowie die Adresse, also einen Zeiger der Vergleichsfunktion. Mit diesen Werten werden die privaten Daten gefüllt.

Der zuvor deklarierte Typ **Entry** wird nur intern benutzt. Er stellt den Typ der einzelnen Knoten dar, also den Schlüsselwert, den Informationsanteil und die beiden Zeiger auf die Nachfolger. Es wird kein konkreter Datentyp für den Schlüssel verwendet, wie dies noch auf Seite 308 geschah. Stattdessen zeigt **pKey** auf eine Instanz eines beliebigen Datentyps.

Wie diese noch völlig unbestimmten Einträge verarbeitet werden, ist in der Datei **BINTREE.CPP** definiert.

Zunächst wird in Zeile 17 die Headerdatei **BINTREE.H** eingebunden, da in **BINTREE.CPP** die Typen **ENTRY** und **BTREE** unbekannt sind. Hier erfolgt die Definition der Methoden.

Der Konstruktor von **Entry** tut nicht viel. Er setzt die Zeigerkomponente auf die Nachfolger auf **NULL**. Wann immer also ein neuer Eintrag erzeugt wird, müssen diese Zeiger nicht gesondert initialisiert werden.

```
                  ( ... )

17 #include "BINTREE.H"      // Einbinden der Headerdatei mit der
18                           // Deklaration des Datentyps BTree
19
20 // ------------------- member-functions ----------------------
21
22 Entry :: Entry()
23 {
24      pLeft = pRight = NULL;
25 }
26
27 BTree :: BTree(int iKey, int iInfo,
```

```
28                      int (*Comp)(const void *, const void *))
29 {
30      iKeysize = iKey;
31      iInfosize = iInfo;
32      Compare = Comp;
33      pRoot = NULL;
34 }
35
36 BOOL BTree :: InsertEntry(void *pKey, void *pInfo)
37 {
38      Entry *pEntry, *pWalk, *pWalkPrev;
39      register int iI;
40
41      pWalk = pWalkPrev = pRoot;
42
43      pEntry = new Entry;
44      pEntry->pKey = malloc(iKeysize);
45      pEntry->pInfo = malloc(iInfosize);
46
47      if((pEntry == NULL) ||
48         (pEntry->pKey == NULL) || (pEntry->pInfo == NULL))
49          return(FALSE);
50
51      /* Man beachte, daß nicht einfach die Adressen der Argumente
52         eingetragen werden dürfen, da nicht sicher ist, daß im weiteren
53         Verlauf dort andere Werte abgelegt werden.
54         Auch ein schlichtes Umkopieren in der Form
55         *(pEntry->pKey) = *pKey ist NICHT MÖGLICH, da es sich sowohl
56         beim Schlüssel als auch bei der zugehörigen Information um
57         ganze Strukturen oder ähnliches handeln kann, auf denen Zu-
58         weisungen nicht zugelassen sind.                           */
59
60      for(iI = 0; iI < iKeysize; iI++)
61          *((char *)(pEntry->pKey)+iI) = *((char *)pKey+iI);
62      for(iI = 0; iI < iKeysize; iI++)
63          *((char *)(pEntry->pInfo)+iI) = *((char *)pInfo+iI);
64
65      // Jetzt wird die Einfügestelle für den neuen Eintrag
66      // ermittelt:
67      while(pWalk != NULL)
68      {
69          pWalkPrev = pWalk;
70          if((*Compare)(pKey, pWalk->pKey) > 0)
71              pWalk = pWalk->pRight;
72          else
73              pWalk = pWalk->pLeft;
74      }
75      // Der "leere Baum" muß als Spezialfall behandelt werden:
76      if(pRoot == NULL)
77          pRoot = pEntry;
78      else if((*Compare)(pKey,pWalkPrev->pKey) > 0)
79          pWalkPrev->pRight = pEntry;
80      else
81          pWalkPrev->pLeft = pEntry;
82      return(TRUE);
83 }    // InsertEntry()
84
85 void *BTree :: FindEntry(void *pKey)
86 {
87      Entry *pWalk = pRoot;
```

```
 88         int comp;
 89
 90         // Der Baum wird solange durchsucht, bis ein Eintrag mit
 91         // passendem Schlüssel gefunden wurde:
 92         while(pWalk != NULL)
 93         {
 94             comp = (*Compare)(pKey, pWalk->pKey);
 95             if(comp == 0)
 96                 return(pWalk->pInfo);
 97             else if(comp > 0)
 98                 pWalk = pWalk->pRight;
 99             else
100                 pWalk = pWalk->pLeft;
101         }
102         return(NULL);
103 }       // Ende von FindEntry()
104
105 BOOL BTree :: DeleteEntry(void *pKey)
106 {
107         /* Das Löschen ist wie so oft die komplizierteste Operation.
108            Zunächst wird der zu löschende Eintrag gesucht. Ausgehend
109            von diesem werden alle tiefer liegenden Einträge "nach oben"
110            getauscht. Dadurch gelangt der zu löschende Eintrag an
111            die Position eines Blattes und kann dort problemlos ge-
112            löscht werden.                                             */
113         Entry Temp, *pPrev, *pWalk = pRoot;
114         register int comp;
115
116         while(pWalk != NULL)
117         {
118             comp = (*Compare)(pKey, pWalk->pKey);
119             if(comp == 0)
120             {   // Zu löschenden Eintrag gefunden!
121                 Entry *pDel = pWalk;
122                 for(;;)
123                 {
124                     pPrev = pDel;
125                     if(pDel->pLeft != NULL)
126                         pDel = pDel->pLeft;
127                     else
128                         pDel = pDel->pRight;
129                     // Nun werden Schlüssel und Inhalte vertauscht:
130                     if(pDel == NULL)
131                         break;
132                     Temp.pKey = pDel->pKey;
133                     Temp.pInfo = pDel->pInfo;
134                     pDel->pKey = pPrev->pKey;
135                     pDel->pInfo = pPrev->pInfo;
136                     pPrev->pKey = Temp.pKey;
137                     pPrev->pInfo = Temp.pInfo;
138                 }
139                 // Jetzt steht das zu löschende Element als Blatt im
140                 // Baum und kann problemlos gelöscht werden.
141                 delete pDel;
142                 return(TRUE);
143             }
144             else if(comp > 0)
145                 pWalk = pWalk->pRight;
146             else
147                 pWalk = pWalk->pLeft;
```

```
148        }
149        // Falls kein übereinstimmendes Element gefunden wurde ...
150        return(FALSE);
151 }      // Ende von DeleteEntry()
```

Programm 3.15: Definition der Member-Funktionen von `btree`

Interessanter ist der Konstruktor von **BTree**. Dort werden ab Zeile 30 die privaten Daten `iKeysize`, `iInfosize` und `Compare` mit Werten versorgt. Wenn später in `InsertEntry()` neue Knoten eingefügt werden, muß klar sein, wie groß der Schlüssel und der Informationsanteil sind. Daher muß jeder Baum bei seiner Definition die entsprechenden Werte erhalten. Dies gilt auch für die Vergleichsfunktion. Mit ihr wird ermittelt, wie auf dem Weg durch den Baum verzweigt werden soll. Der Programmierer kann dadurch eine Ordnung nach seinem Belieben aufstellen.

In der nachfolgenden Methode `InsertEntry()` wird zunächst Speicherplatz für einen neuen Eintrag reserviert. Hierbei ist zu beachten, daß nicht einfach durch

```
        Entry New;
```

oder ähnliches eine neue Instanz erzeugt werden darf. Dabei würde es sich um eine lokale Variable handeln, deren Speicherplatz nach dem Verlassen von `InsertEntry()` nicht mehr reserviert wäre. Deshalb wird mit *pEntry ein Zeiger definiert, an dessen Komponenten *pKey und *pInfo in den Zeilen 44 und 45 dynamisch Speicherplatz zugewiesen wird.

Dabei taucht zum ersten Mal die allen C-Programmierern bekannte Funktion `malloc()` auf. Sie ist notwendig, weil im Unterschied zu pEntry bei seinen Komponenten nicht klar ist, wie groß sie sind. pEntry ist vom Typ **Entry** und enthält vier Zeigervariablen, braucht also 16 Bytes Speicherplatz. Würde man **new** auch auf die Komponenten anwenden und dabei als Typ **void** angeben, würde dies vom Compiler nicht zugelassen. Die Angabe **void** meint irgendeinen Typen, von dem man natürlich nicht sagen kann, wie groß er ist.

Die gesuchte Information über die Größe des zu `pKey` bzw. `pInfo` gehörigen Wertes wurde jedoch bei der Inkarnation einer **BTree**-Instanz als Argument übergeben. Die Funktion `malloc()` reserviert soviele Bytes, wie es ihr Argument angibt. Ein Schlüsselwert benötigt `iKeysize` Bytes, also werden diese durch

```
pEntry->pKey = malloc(iKeysize);
```

reserviert. Gleichzeitig erhält **pEntry** die Anfangsadresse des reservierten Bereichs. Die Funktion **malloc()** verhält sich wie **new**, mit dem Unterschied, daß sie die Größe des zugehörigen Zeigers nicht selbständig berechnet.

---

void *malloc(size_t bytes)
Bibliothek: **stdlib.h** bzw. **alloc.h**
Aufgabe: Es werden **bytes** Bytes reserviert. Die Anfangsadresse wird als Ergebnis zurückgegeben. Wurde kein freier Speicherplatz gefunden, wird **NULL** zurückgeliefert. Der Typ **size_t** ist ein Synonym für **unsigned int**.

Falls bei einer der drei Speicherzuweisungen ein Fehler auftrat, wird **InsertEntry()** mit dem Fehlercode **FALSE** verlassen.

Falls alles reibungslos verlief, folgt der schwierigste Teil der Funktion. Die übergebenen Argumente **pKey** und **pInfo**, genauer die Inhalte der Adressen, müssen an den zuvor erzeugten Eintrag zugewiesen werden.

Dabei gilt es folgendes zu beachten: Es dürfen nicht einfach die übergebenen Adressen an **pEntry->pKey** und **pEntry->pInfo** übergeben werden. Dann hätte man sich die Reservierung für die Komponenten durch **malloc()** sparen können. Es garantiert nämlich niemand, daß der Speicherbereich, auf den die Funktionsargumente zeigen, nicht nach dem Funktionsaufruf anderweitig benutzt werden. Es wäre unschön, wenn die Forderung gestellt werden müßte, daß der Speicherplatz nicht wieder benutzt werden darf. Aus diesem Grund müssen die Inhalte der Argumentadressen in den neu erzeugten Eintrag kopiert werden.

Allerdings bringt auch das Probleme mit sich. Man weiß nicht, wie die Inhalte aussehen. Die Argumente der Funktion sind vom Typ **void ***, können also beispielsweise auf komplexe Strukturen zeigen, die einander nicht zugewiesen werden dürfen. Aus diesem Grund müssen die Inhalte, auf die die Zeiger verweisen, **byteweise** kopiert werden.

Dies geschieht in den beiden **for**-Schleifen der Zeilen 60 und 62. Es findet eine explizite Typumwandlung in einen Zeiger auf eine **char**-Variable statt, weil diese genau ein Byte lang ist. Die Schleifen laufen von 0 bis `iKeysize` bzw. `iInfosize` und verarbeiten so jedes benötigte Byte.

Wer sich bereits einmal mit abstrakten Datentypen beschäftigt hat, wird an dieser Stelle ein gewisses Unbehagen empfinden. Das, was hier passiert, ist fast schon Assemblerprogrammierung, weil einzelne Bytes „verschoben" werden. Leider stellt C++ noch keine mächtigeren Konstrukte zur Verfügung, die diese „Handarbeit'" (manche nennen es auch „finsterste Trickserei") unnötig machen. Eingefleischte C-Programmierer mögen die Sprache jedoch gerade wegen solcher Möglichkeiten.

Zurück zum Programm; nach dem Umkopieren wird der neue Eintrag in den Baum eingehangen. Wie an Abbildung 3.10 und Abbildung 3.11 beschrieben, werden jeweils die Schlüsselelemente verglichen und entsprechend verzweigt. An dieser Stelle wird die Vergleichsfunktion zum ersten Mal wichtig. Da man nicht weiß, wie die Schlüsselelemente aussehen, kann man nicht ihre Inhalte vergleichen. Falls es sich beispielsweise um Zeichenketten handelt, müßten die einzelnen Zeichen Schritt für Schritt verglichen werden. Diese Vergleichsfunktion wird daher erst bei der konkreten Inkarnation angegeben.

Zu erwähnen ist noch, daß in der `while()`-Schleife ab Zeile 67 mit `pWalk-Prev` immer ein Zeiger auf den Vorgänger des aktuellen Knotens mitgeführt wird. Dies ist nötig, weil `pWalk` am Ende der Schleife immer auf `NULL` zeigt. Gesucht wird jedoch die Stelle, unter der der neue Eintrag eingehangen werden soll. Diese Position ist `pWalkPrev`.

Die nächste Methode `FindEntry()` ist wesentlich unkomplizierter. Hier wird wieder mit der Vergleichsfunktion nach einem als Argument übergebenen Schlüssel gesucht. Wird er gefunden, gibt die Funktion einen Zeiger auf den zugehörigen Informationsanteil zurück. Ist der Schlüssel nicht im Baum enthalten, wird `NULL` zurückgeliefert.

Die umfangreichste Methode ist `DeleteEntry()` zum Löschen eines Knotens. Da jedoch bereits erläutert wurde, nach welchem Algorithmus vorgegangen wird, sollte sie durchschaubar sein.

Zunächst wird in der `while()`-Schleife ab Zeile 116 nach dem zu löschenden Eintrag gesucht. Ist er vorhanden, liefert also die Vergleichsfunktion eine 0, wird er in der `for()`-Schleife ab Zeile 122 an eine Blattposition „geschoben". Dort wird er in Zeile 141 durch `delete` entfernt, das heißt der reservierte Speicherbereich wird freigegeben.

Zum Abschluß soll ein kleines Testprogramm gezeigt werden, das die allgemeinen Teile benutzt. Konkret soll ein binärer Baum realisiert werden,

dessen Schlüssel ganze Zahlen von Typ **int** sind und dessen Informationsanteil aus Zeichen vom Typ **char** besteht.

```
                ( ... )

12 #include <iostream.h>
13 #include <dos.h>
14 #include <conio.h>
15 #include "BINTREE.H"
16 // --------------------- main-function ------------------------
17
18 typedef int Keytype;
19 typedef char Infotype;
20
21 void main()
22 {
23      int Compare(Keytype *, Keytype *);
24      short xWahl, Menu(void);
25      void Insert(BTree *), Find(BTree *), Delete(BTree *);
26
27      BTree tree(sizeof(Keytype), sizeof(Infotype),    // Inkarnation!
28           (int(*)(const void *, const void *))Compare);
29
30      cout << "\n\n\t\t\tB I N Ä R E R   B A U M";
31      cout << "\n\t\t\t----------------------\n";
32      do{
33          xWahl = Menu();
34          switch(xWahl)
35          {
36              case 1:    Insert(&tree);
37                         break;
38              case 2:    Find(&tree);
39                         break;
40              case 3:    Delete(&tree);
41                         break;
42              case 4:    break;
43          }
44      }while(xWahl != 4);
45
46      cout << "\n\t\t\t\tCopyrights by Axel Kotulla/09.1991\n";
47 }
48
49 // ------------------- supporting-functions --------------------
50
51 int Compare(int *iA, int *iB)
52 {    // Vergleichsfunktion für BTree.
53      if(*iA == *iB)
54          return(0);
55      else if(*iA < *iB)
56          return(-1);
57      else
58          return(1);
59 }    // Ende von Compare()
60
61 void Beep(int iFreq)
62 {
63      sound(iFreq);
64      delay(100);
```

```cpp
 65        nosound();
 66 }      // Ende von Beep()
 67
 68 short Menu(void)
 69 {
 70        int iCh;
 71        cout << "\n\tBitte drücken Sie:";
 72        cout << "\n\t\t1, um ein Element einzufügen,";
 73        cout << "\n\t\t2, um ein Element zu suchen,";
 74        cout << "\n\t\t3, um ein Element zu löschen,";
 75        cout << "\n\t\t4, um das Programm zu beenden.";
 76        cout << "\n\tIhre Wahl: ";
 77        do{
 78             Beep(1000);
 79             iCh = getch() - '0';
 80        }while((iCh < 1) || (iCh > 4));
 81        return(iCh);
 82 }      // Ende von Menu()
 83
 84 void Insert(BTree *tree)
 85 {
 86        Keytype key;
 87        Infotype info;
 88        Beep(880);
 89        cout << "\n\n\tSchlüssel: ";
 90        cin >> key;
 91        Beep(880);
 92        cout << "\tZeichen: ";
 93        cin >> info;
 94        if(tree->InsertEntry((void *)&key, (void *)&info) == FALSE)
 95        {
 96             Beep(440);
 97             cerr << "\n\tEintrag konnte nicht eingefügt werden!\n";
 98        }
 99 }      // Ende von Insert()
100
101 void Find(BTree *tree)
102 {
103        Keytype key;
104        Infotype *info;
105        Beep(880);
106        cout << "\n\n\tSchlüssel: ";
107        cin >> key;
108        if((info = (Infotype *)tree->FindEntry((void *)&key)) == NULL)
109        {
110             Beep(440);
111             cout << "\n\tKeinen Eintrag zu " << key << " gefunden!\n";
112        }
113        else
114             cout << "\n\tEintrag: " << *(char *)info << '\n';
115 }      // Ende von Search()
116
117 void Delete(BTree *tree)
118 {
119        Keytype key;
120        Beep(880);
121        cout << "\n\n\tSchlüssel: ";
122        cin >> key;
123        if(tree->DeleteEntry((void *)&key) == FALSE)
124        {
```

```
125            Beep(440);
126            cerr << "\n\tEintrag konnte nicht gelöscht werden!\n";
127         }
128      else
129            cout << "\n\tEintrag wurde gelöscht!\n";
130 }     // Ende von Insert()
```

Programm 3.16: Das Testprogramm zum allgemeinen binären Baum

Das Hauptprogramm und die Funktionen zum Menüaufbau `Menu()` sowie zum Erzeugen einen Pieptones `Beep()` verhalten sich genau wie im
Programm zur Adressverwaltung aus dem vorigen Abschnitt. Lediglich
die Inkarnation des binären Baumes in den Zeilen 27 und 28 ist neu. Es
müssen drei Argumente übergeben werden. Die Größe des Schlüssels und
des Informationsanteils wird durch `sizeof(Keytype)` bzw. `sizeof(Info-
type)` angegeben, wobei `Keytype` für `int` und `Infotype` für `char` steht.
Aufwendig ist die Übergabe des Zeigers auf die Vergleichsfunktion. Sie
heißt `Compare()`, wird in Zeile 23 deklariert und vergleicht den Inhalt
zweier Zeiger auf Schlüsselwerte. In der Headerdatei `BINTREE.H` wurden
ihre Argumente als Zeiger auf einen beliebigen Typ deklariert. Deshalb ist
hier eine explizite Typumwandlung erforderlich, da `Compare()` zwei Zeiger
auf `int` und nicht auf `void` als Argumente erwartet.

```
(int(*)(const void *, const void *))Compare
```

leistet das gewünschte. Hierdurch wird `Compare()` als Zeiger auf eine
Funktion, die einen Wert vom Typ `int` zurückliefert und zwei Argumente
vom Typ `void *` erwartet, übergeben. Auch diese Konstruktion ist nicht
schön und im Sinne von abstrakten Datentypen. Auf der anderen Seite
ermöglicht sie ein Vorgehen, wie es in anderen Programmiersprachen gar
nicht oder nur unter sehr viel größerem Aufwand zulässig ist.

Nach dem Aufruf des Menüs werden je nach Wahl Elemente eingefügt,
gesucht oder gelöscht. Auch dort ist beim Aufruf der Methoden `Insert-
Entry()`, `FindEntry()` und `DeleteEntry()` eine entsprechende Typum-
wandlung nötig, weil der Schlüssel und der Informationsanteil als `void *`
übergeben werden müssen. Dadurch gibt sie zunächst Informationen preis.
Diese werden innerhalb der Methoden bei Bedarf durch die Daten `iKeysize`
bzw. `iInfosize` zurückgeholt.

Um die drei Teile zu einem ausführbaren Programm zusammenzufügen,
muß zum einen in `BINTREE.CPP` und `INTTREE.CPP` die Headerdatei `BIN-
TREE.H` durch eine `#include`-Anweisung eingebunden werden. Die Datei

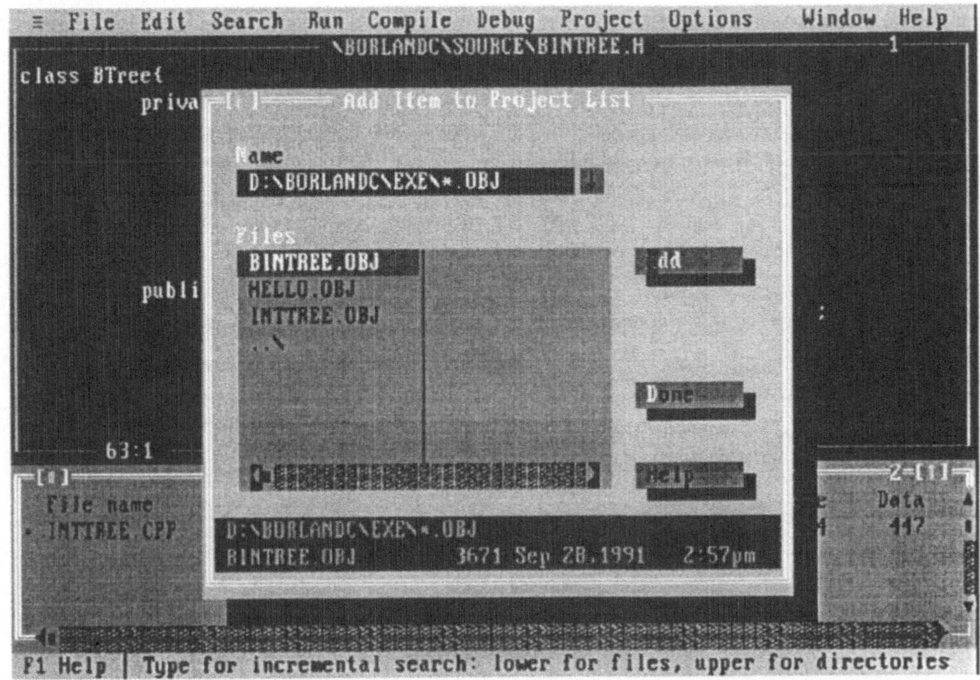

Abbildung 3.16: Anlegen der Projektdatei `BINTREE.PRJ`

`BINTREE.CPP` kann durch den Menüpunkt `Compile/Compile` separat in eine Objektdatei namens `BINTREE.OBJ` übersetzt werden. Der Quelltext wird nicht mehr benötigt.

Nach diesem Prinzip arbeiten auch viele kommerzielle Toolboxen. Auch dort steht der Quelltext – meist aus urheberrechtlichen Gründen – nicht zur Verfügung.

Zum anderen muß eine Projektdatei zum Beispiel unter dem Namen `INTTREE.PRJ` angelegt werden. Über den Menüpunkt `Project/Add item` werden die Dateien `INTTREE.CPP` und `BINTREE.OBJ` zugänglich gemacht. Abbildung 3.16 zeigt das Einfügen von `BINTREE.OBJ`.

Über den Menüpunkt `Run/Run` bzw. die Tastenkombination $\boxed{\text{Strg}}$ + $\boxed{\text{F9}}$ wird das Programm kompiliert und gestartet.

Übung 3.11: Schreiben Sie eine rekursive Funktion, die einen Baum vollständig durchläuft und dabei jeden Schlüsselwert ausgibt.

3.3.4   Suche in Dateien

Zu Beginn des vorigen Unterkapitels wurden drei Nachteile einer Suche in einem Feld fester Größe aufgeführt. Die ersten beiden wurden durch den binären (Such-) Baum beseitigt. Auch er hilft jedoch nicht, wenn die zu durchsuchende Datenmenge so groß ist, daß sie nicht vollständig in den Hauptspeicher paßt.

Hat man auf die zu durchsuchende Datei nur einen rein sequentiellen Zugriff, das heißt, die Elemente können nur einzeln nacheinander eingelesen werden, muß man in der Regel elementweise nach einem Eintrag suchen. Ein Element wird eingelesen und sein Schlüssel mit dem gesuchten verglichen. Angenehm ist die einfache Implementierung der Operationen Einfügen und Suchen. Problematisch ist wieder das Löschen eines Eintrages, weil dann alle weiter hinten befindlichen Einträge verschoben werden müssen.

Oft ist es so, daß in einer großen Datei in gleichbleibenden Teilstücken gesucht wird. Dann bietet es sich an, eine bestimmte Anzahl von Einträgen in einen binären Baum einzulesen und dort zu suchen. Falls ein Eintrag nicht im Baum gefunden wird, muß er mit neuen Werten gefüllt werden, was dann natürlich länger dauert.

Wie erfolgreich dieses Prinzip dennoch ist, zeigt die Tatsache, daß alle Cache-Programme, wie zum Beispiel *Smartdrive*, zur Festplatten-Optimierung nach einem ähnlichen Prinzip arbeiten. Eine bestimmte Anzahl an Daten wird im Speicher gehalten und nur, wenn sich die gesuchten Daten nicht dort befinden, werden neue von der Festplatte nachgeladen. Auf einer durchschnittlich organisierten Festplatte erreicht man mit diesem Verfahren oft Trefferquoten von über 90 Prozent.

Eine andere Methode setzt voraus, daß man innerhalb der Datei gezielt bestimmte Einträge ansteuern kann. Man nennt dies einen **index-sequentiellen** Zugriff. Ganz grob gesagt wird eine Datei so organisiert, daß zu Beginn die Schlüsselelemente angeordnet werden. Zu jedem Schlüsselelement wird die Position angegeben, an dem die zugehörige Information, also der Datenanteil, steht. Oft ist es so, daß alle Schlüssel mit den Positionen in der Datei in den Speicher geladen werden können. Auf diese kann dann mit einem schnellen Zugriffsverfahren, zum Beispiel einem Baum, zugegriffen werden. Hat man die Position des Eintrages in der Datei ermittelt, kann man ihn über den index-sequentiellen Zugriff direkt ansteuern. In *Borland C++* ermöglichen die Member-Funktionen `seekg()` bzw. `seekp()` diese Form des Zugriffs.

Es würde allerdings den Rahmen dieses Buches bei weitem übersteigen, eine konkrete Anwendung zu formulieren. Man ginge damit schon fast daran, eine kleine Datenbank aufzubauen. Möchte man in großem Stile auf Datenbestände zugreifen, ist man meistens mit einer speziellen Datenbanksprache wie etwas *Clipper* oder *SQL* besser bedient.

Bei ihnen gehören alle Formen des Dateizugriffs, einschließlich Sortierung zum unmittelbaren Sprachumfang.

3.3.5 Suchen in Zeichenketten

Die Suche nach Schlüsseln in einem Feld oder einem Baum ist nicht die einzige Form der Informationssuche. Ein weiteres Beispiel findet man direkt in der integrierten Entwicklungsumgebung von *Borland C++*. Angenommen, man möchte in einem Quelltext nach der Zeichenkette `double` suchen, dann wählt man den Menüpunkt `Search/Find`, trägt den zu suchenden Begriff ein und wählt unter Umständen noch einige Optionen aus. Selbst bei umfangreichen Quelltexten wird der gesuchte Begriff sehr schnell gefunden.

Für die Suche innerhalb von Zeichenketten, die sich komplett im Speicher befinden, stellt *Borland C++* – und auch nahezu alle sonstigen C- bzw. C++-Compiler – die Bibliotheksfunktionen `strchr()` bzw. `_fstrchr()` zur Verfügung. Die erste arbeitet mit sogenannten **Near-pointern**, die zweite mit **Far-pointern**. Diese Unterscheidung ist unter *MS-DOS* notwendig, da „normale" Zeigervariablen immer nur in **Segmenten** bis zu maximal 64 Kilobyte Größe arbeiten. Da nicht näher auf diese unangenehme Besonderheit von *MS-DOS* eingegangen werden soll, nur soviel: Bei sehr langen Zeichenketten sollten Far-pointer verwendet werden. Nähere Erläuterungen findet man in der integrierten Hilfsfunktion beim Stichwort `far`. Durch Voranstellen dieses speziellen Schlüsselwortes wird ein Zeiger zum Far-pointer und kann dadurch innerhalb größerer Bereiche adressieren.

☞ Die Bibliotheksfunktionen `strrchr()` bzw. `_fstrrchr()` suchen nach dem letzen Vorkommen eines Zeichens in einer Zeichenkette.

Die Funktionen `strchr()` bzw. `_fstrchr()` suchen immer nur nach einem Zeichen. Will man nach einer ganzen Zeichenkette suchen, muß man sie mit unterschiedlichen Argumenten mehrfach aufrufen. Man kann allerdings den nachfolgend vorgestellten Algorithmus zur Suche nach Zeichenketten in Dateien sehr leicht so abändern, daß er auch für den Hauptspeicher funktioniert.

```
char *strchr(const char *szZeichenkette, int iZeichen)
```

Bibliothek:	string.h
Aufgabe:	Es wird die in der Zeichenkette szZeichenkette nach dem ersten Auftreten des Zeichens iZeichen gesucht. Zurückgeliefert wird ein Zeiger auf das gefundene Zeichen bzw. NULL, falls es nicht vorhanden ist.

Die vorgestellte Funktion heißt FindString(). Sie liefert den Wert TRUE, wenn die Zeichenkette gefunden wurde und FALSE, wenn dies nicht der Fall war. Als Argumente erhält sie einen Zeiger auf den Dateistream, der im Hauptprogramm zum Lesen geöffnet wurde und einen Zeiger auf die zu suchende Zeichenkette.

```
                    ( ... )

31 BOOL FindString(ifstream *f, char *szSt)
32 {
33      register int iI, iLen = strlen(szSt);
34      register char chZ;
35      iI = 0;
36      while(*f >> chZ)     // Lesen bis zum Dateiende (= EOF)
37      {
38          if(chZ == szSt[iI]) // Übereinstimmendes Zeichen
39              iI++;           // gefunden!
40          else
41          {
42              iI = 0;         // Keine Übereinstimmung!
43              if(chZ == szSt[iI]) // Zurücksetzen!
44                  iI++;
45          }
46
47          if(iLen == iI)      // Alle Zeichen stimmen überein!
48              return(TRUE);
49      }
50      return(FALSE);
51 }    // Ende von FindString()
```

Programm 3.17: Die Funktion FindString() zur Suche einer Zeichenkette

Durch die while-Schleife ab Zeile 36 wird die Datei solange durchlaufen, bis die Endemarke gelesen wird. Der Verschiebeoperator << wurde bei Streams so überladen, daß der Stream selbst bei Erreichen des Dateiendes den Wert

`NULL` enthält.

Innerhalb der Schleife wird das gelesene Zeichen mit dem aktuellen Zeichen der übergebenen Zeichenkette verglichen. Welches die aktuelle Position ist, legt die Zählvariable `iI` fest. Sie wird immer dann um eins erhöht, wenn zwei Zeichen übereinstimmten. Angenommen, eine Datei enthält den Text:

```
Heute ist schönes Wetter!
```

Gesucht werden soll nach „ist". Als erstes Zeichen wird das `H` gelesen. Die aktuelle Position ist die vordere, also die mit dem Index 0. Demnach werden `H` und `i` verglichen. Sie stimmen nicht überein. Dadurch bleibt `iI`, wegen der Zuweisung in Zeile 42 auf dem Wert 0 stehen. An dieser Stelle muß man etwas aufpassen. Falls nämlich die Datei die Zeichenkette „iist" enthielte, würde beim ersten `i` eine Übereinstimmung notiert. Das zweite `i` paßt jedoch nicht mehr. Ohne den zusätzlichen Vergleich in Zeile 43 fiele das zweite `i` unter den Tisch. Dadurch würde die Zeichenkette nicht gefunden.

Jetzt wird als nächstes Zeichen das `e` gelesen. Wieder erhält man keine Übereinstimmung. So geht es weiter, bis das `i` gelesen wird. Jetzt passen beide Zeichen. Der Vergleich in Zeile 38 trifft zu, so daß `iI` auf 1 erhöht wird. Auch bei den beiden nächsten Zeichen erhält man eine Übereinstimmung, `iI` enthält somit eine 3. Da dies genau die Länge der gesuchten Zeichenkette ist, wird die `while`-Schleife in Zeile 47 mit dem logischen Wert `TRUE` verlassen.

Der gezeigte Algorithmus scheint auf den ersten Blick relativ simpel und dadurch nicht besonders effizient. Erfahrungsgemäß jedoch wird er auch von sehr viel ausgeklügelteren Algorithmen kaum übertroffen, solange in Zeichenketten der bisherigen Form gesucht wird. Eine deutliche Verbesserung erreicht man beispielsweise mit dem bekannten Algorithmus von Knuth, Morris und Pratt (vergleiche etwa [Sed90]) erst dann, wenn die „Zeichenketten" aus nicht vielen verschiedenen Zeichen bestehen. Ein gutes Beispiel sind etwa Bitfolgen, also Folgen aus Nullen und Einsen. Dann nämlich ist es möglich, Teilfolgen aufzustellen, die dafür sorgen, daß beim Fehlschlagen eines Vergleiches nicht immer ganz von vorne in der zu suchenden Zeichenkette begonnen werden muß.

 **Übung 3.12:** Erweitern Sie die Funktion `FindString()` so, daß die nicht nur das erste Auftreten einer Zeichenkette, sondern auch alle eventuell folgenden findet. Als Ergebnis soll die Anzahl der gefundenen Stellen zurückgeliefert werden.

3.3.6 Generizität

Im Unterkapitel 3.3.3 wurde ein binärer Baum vorgestellt, der es erlaubte, Daten beliebigen Typs einzufügen. Dabei ging es vor allem darum, den Umgang mit Zeigern zu vertiefen und ein allgemeines Verständnis von Information hiding zu erreichen. Wer nicht ausschließlich mit *Borland C++* arbeitet, wird zudem noch eine ganze Weile gezwungen sein, solche und ähnliche Konstruktionen auf die in 3.3.3 gezeigte Weise zu realisieren. Es ist kann zur Zeit noch nicht vorausgesagt werden, wann eine allgemeine C++ Version 3.0 auf verschiedenen Betriebssystem-Plattformen verfügbar sein wird.

In *Borland C++ 3.0* wurde eine Zwischenversion mit der offiziellen Nummer 2.1 implementiert. Sie bietet noch nicht alle Möglichkeiten der kommenden Version 3.0 von C++. Bereits jetzt wurden **generische Datentypen** „eingebaut".

Unter einem generischen Datentyp versteht man einen Typ, der Parameter enthalten kann. Man spricht auch vom **parametrisierten Typ**. Ähnlich wie Funktionen können dadurch auch an Typen Argumente übergeben werden.

Da es sich, wie erwähnt, nur um eine Zwischenversion handelt, soll an dieser Stelle nur ein erster Eindruck verschafft werden. Dazu wird in Programm 3.18 die Headerdatei zur Verkapselung eines binären Baumes aus Programm 3.14 mit Hilfe des neuen Schlüsselwortes `template` dargestellt.

Neben generischen Datentypen können auch Funktionen auf diese Weise programmiert werden. Dadurch gewinnt man noch größere Freiheitsgrade bei der Argumentübergabe als durch das bereits vorgestellte Overloading. Dort mußte für jeden neuen Datentyp eine separate Funktion geschrieben werden, die sich nur in ihren Argumenttypen von anderen unterschied.

Durch

```
template <class T> T Max(T tX, tY)
{
    return(tX > tY) ? tX : tY;
};
```

wird ein Template (zu deutsch „Vorlage") für eine Funktion zur Berechnung des Maximums zweier Zahlen deklariert. Man beachte, daß über den Typen `T` keine Einschränkung gemacht wird. So kann `T` sowohl ein Platzhalter für vordefinierte Datentypen als auch für selbstdefinierte sein. Im ersten Fall würde man zum Beispiel bei `char`-Variablen die Funktion `Max()` durch

```
                  ( ... )

20 #ifndef GENTREE_H
21 #define GENTREE_H
22 #endif
23
24 #ifndef BOOL
25 enum BOOL {FALSE, TRUE};
26 #endif

                  ( ... )

35 template <class Key, class Info>
36 class Entry{
37         public:
38                 Key  genKey;        // Schlüssel
39                 Info genInfo;       // Informationsanteil
40                 Entry *pLeft;       // Zeiger auf linken Nachfolger
41                 Entry *pRight;      // Zeiger auf rechten Nachfolger
42                 Entry(void);
43                 };
44
45 template <class Key, class Info>
46 class BTree{
47         private:
48                 Entry<Key, Info> *pRoot; // Zeiger auf den ersten
49                                          // Eintrag des Baumes
50                 template <class Key>
51                 int Compare(Key, Key);   // Vergleichsfunktion
52         public:
53                 BTree(void);                       // Konstruktor
54                 BOOL InsertEntry(Entry<Key, Info>, Entry<Key, Info>);
55                                                    // Einfügen
56                 Entry<Key, Info> FindEntry(Entry<Key, Info>);
57                                                    // Suchen
58                 BOOL DeleteEntry(Entry<Key, Info>);// Löschen
59                 };
```

Programm 3.18: Die Headerdatei zu einem generischen binären Baum


```
    cM = Max(cX, cY);
```

aufrufen können. Hier sind keine weiteren Angaben nötig, da der Vergleichsoperator > für char-Variablen vordefiniert ist. Anders verhält es sich bei selbstdefinierten Typen:

```
MyClass a, b, c;

        ( ... )

c = Max(a, b);
```

Hier muß der Vergleichsoperator durch eine `operator`-Anweisung bei der Deklaration von `MyClass` oder eines übergeordneten Typs implementiert werden.

Im Unterschied zu Makros findet bei `template`-Funktionen **keine** textuelle Ersetzung statt, so daß der Programmtext nicht „aufgebläht" wird. Dadurch können sie auch sinnvoll für umfangreichere Aufgaben verwendet werden.

☞ Die Verwendung von Templates ist in C++ nur deshalb möglich, weil es sich im Unterscheid zu Standrad-C um eine **streng typisierte** Sprache handelt. Das bedeutet, der Compiler erkennt während der Kompilation den/die Typ(en) einer Funktion und kann so die korrekte Verbindung herstellen.

An dieser Stelle sei der Ausflug in die Welt der Algorithmen beendet. Es ging hauptsächlich darum, Ihnen einen Einstieg zu ermöglichen. Es gibt noch nahezu unzählige Verbesserungsmöglichkeiten und auch neue Aufgabenstellungen. Beispielsweise ist es interessant, große Datenmengen möglichst platzsparend abzulegen. Dies wird durch die Komprimierung von Daten erreicht. Ferner können zwar auf einfache Weise Zeichenketten erkannt werden. Die Entwicklungsumgebung und auch beispielsweise das mitgelieferte Kommando `GREP.EXE` gestatten es darüber hinaus, nach sogenannten **regulären Ausdrücken** zu suchen. Diese enthalten spezielle Zeichen, die etwa für mehrere Zeichen gleichzeitig gelten oder bestimmte Zeichen ausschließen.

Zu diesem und zahlreichen anderen Themen seien Ihnen vor allem die Werke [Wir83], [Sed90] und [Ull87] empfohlen. Das erste und dritte benutzen zwar nicht C++, sondern Pascal bzw. Modula-2, die dargestellten Techniken können jedoch problemlos in C++ umgesetzt werden. Das zweite und dritte Buch ist zur Zeit leider nur in englischer Sprache erhältlich. Zu [Sed90] gibt es inzwischen eine deutsche Übersetzung [Sed91], die allerdings die Algorithmen in Pascal darstellt. Alle Werke beleuchten eingehender den mathematischen Hintergrund der vorgestellten Algorithmen. Das heißt, es wird analysiert, wie sich die Algorithmen in Bezug auf Speicherbedarf und Laufzeit verhalten.

In diesem Zusammenhang darf natürlich nicht unerwähnt bleiben, daß mit *Borland C++* eine **Klassenbibliothek** zum Sortieren und Suchen mitgeliefert wird. Halten Sie das bis hier Gelesene jedoch bitte nicht für überflüssig. Es ist angenehm, wenn mit der Klassenbibliothek nicht alles eigenhändig programmiert werden muß. Ohne ein grundlegendes Verständnis der benutzten Algorithmen nutzen sie jedoch wenig.

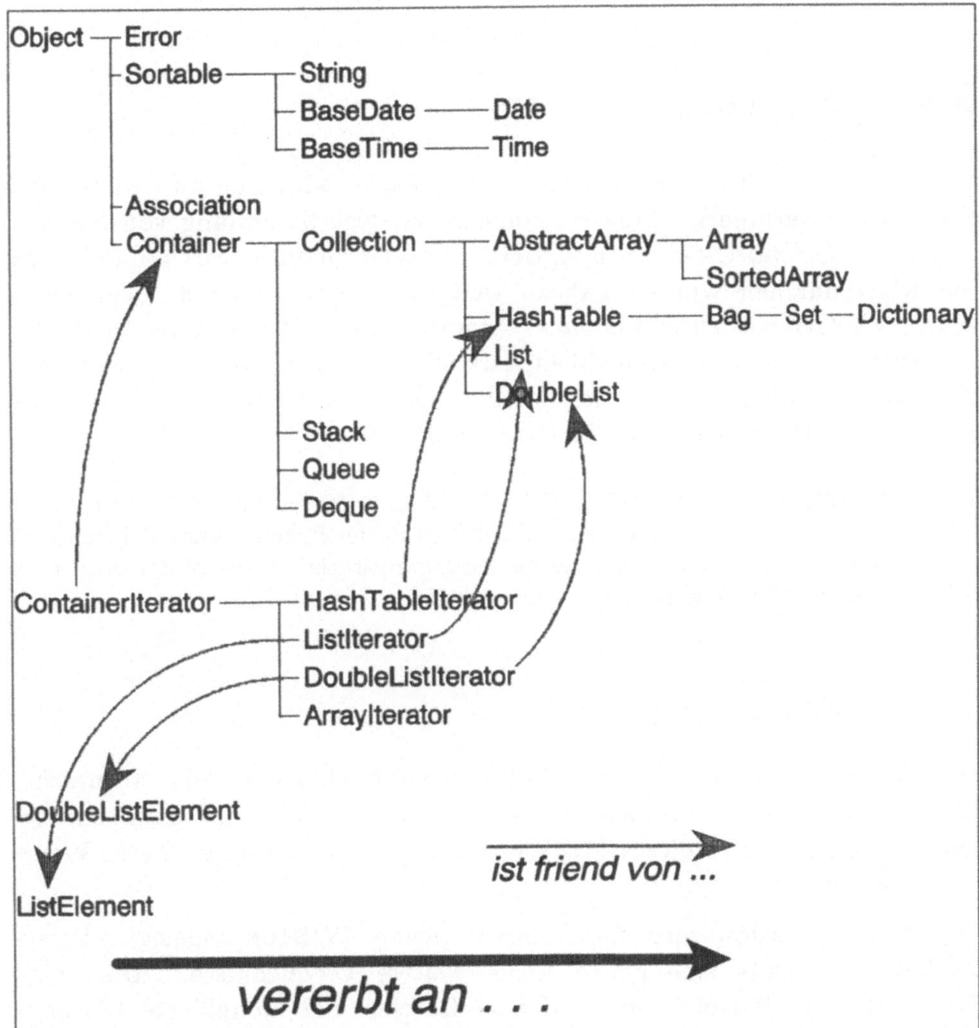

Abbildung 3.17: Die Klassenhierarchie in `CLASSLIB`

In Abbildung 3.17 ist die Vererbungshierarchie dargestellt. Zum eingehenden Studium seien die Quelltexte im `CLASSLIB`-Verzeichnis des *Borland C++*-Directories, also zum Beispiel in `D:\BORLANDC\CLASSLIB`, empfohlen. Dort findet man auch einige Beispielprogramme, die die Benutzung der Klassenbibliothek demonstrieren.

Mit *Borland C++ 3.0* wird noch eine weitere „Klassenbibliothek" mitgeliefert. Der Begriff „Bibliothek" untertreibt jedoch ein wenig. Es handelt sich eher um eine vollständige Toolbox, die es erlaubt, C++-Programme unter *DOS* mit einer komfortablen Fensteroberfläche zu versehen.

3.4   Die Turbo Vision

Wer bereits mit *Turbo Pascal 6.0* zu tun hatte, wird sich an den Namen
Turbo Vision erinnern. Eine vollkommen analoge Sammlung von Klassen
wurde in *Borland C++ 3.0* integriert. Die Vererbungshierarchie und auch
die Klassennamen wurden nahezu weitgehend übernommen. Vergleicht
man die folgenden *Turbo Vision*-Programme etwa mit denen aus [Kot91b],
so wird man eine große Ähnlichkeit feststellen. Wo sich Differenzen ergeben,
hat man in *Borland C++* den Mechanismus der mehrfachen Vererbung
ausgenutzt. Dieser ist in *Turbo Pascal 6.0* nicht implementiert.

 Was die *Turbo Vision* für *DOS* ist, bedeutet das in 4.5 vorgestellte Paket
Object Windows für *Windows*. Der Effekt beider Pakete ist der gleiche: Man
kann auf bereits implementierte Programmstücke zurückgreifen und muß
nicht ständig „das Rad neu erfinden".

3.4.1   Vorbereitung

Wurde *Turbo Vision* von der Installation ausgeschlossen und man möchte
jetzt dennoch mit dem Paket arbeiten, muß man die Installationsproze-
dur wiederholen und dieses Mal alle Punkte **außer** dem zur *Turbo Vision*
ausschließen.

Bei der Installation wird ein Unterverzeichnis `TVISION` angelegt. Dieses
enthält seinerseits eine ganze Reihe weitere Verzeichnisse. Dort sind
Hilfstexte und Beispiele sowie Header-Dateien und kompilierte Libraries
zu finden. In der professionellen Version von *Borland C++ 3.0* werden
sämtliche Quelltexte in einem Verzeichnis `SOURCES` angelegt.

Innerhalb der Entwicklungsumgebung muß in `Options/Directories` unter
den Punkten `Include files` sowie `Libraries` ein zusätzlicher Pfad zu den
Include-Dateien bzw. den Libraries von *Turbo Vision* angegeben werden.
Im Beispiel lauten die Einträge `D:\BORLANDC\TVISION\INCLUDE` sowie `D:\`
`BORLANDC\TVISION\LIB`.

Weiterhin muß man wissen, daß die Klassen von *Turbo Vision* intern mit
sogenannten Far-Zeigern arbeiten. Mit dieser Art von Zeigern kann man
größere Bereiche innerhalb des Codesegments adressieren. Genauer wird

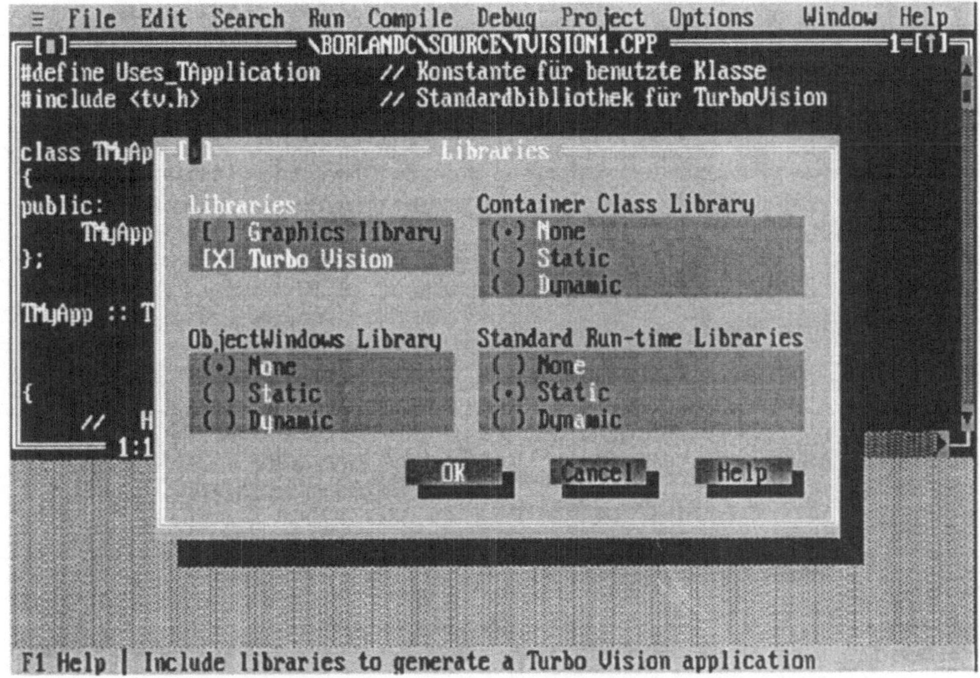

Abbildung 3.18: Einbinden einer speziellen *Turbo Vision*-Library

auf sie im Rahmen der *Windows*-Programmierung eingegangen. Jetzt genügt es, wenn man weiß, daß unter `Options/Compiler/Code genera-tion` im Feld `Models` der Eintrag `Large` markiert werden muß, damit alle Methoden ablaufen können.

Innerhalb des `Options`-Menüs muß auch unter `Linker/Libraries...` ein neuer Eintrag vorgenommen werden. Dort muß man unter Libraries eine spezielle *Turbo Vision*-Bibliothek anwählen, die nach der Anwahl automatisch in alle Programme eingebunden wird. Den Bildschirm mit dem neu markierten Eintrag zeigt Abbildung 3.18.

Damit sind alle Vorbereitungen getroffen und man kann das erste Programm mit der *Turbo Vision* kompilieren.

3.4.2 Ein erstes Beispiel

Bevor näher auf die Hierarchie innerhalb der zahlreichen Klassen eingegangen wird, soll ein erster Eindruck verschafft werden. Sie sollen sehen, mit welch geringem Aufwand man bereits professionelle Ergebnisse erzielen kann.

Abbildung 3.19: Die Ausgabe des ersten *Turbo Vision*-Programms

Das erste *Turbo Vison*-Programm tut nichts weiter, als eine leere Oberfläche zu erzeugen. Diese Oberfläche in Abbildung 3.19 erinnert sehr stark an die *DOS*-Entwicklungsumgebung von *Borland C++*.

Den Programmtext, mit dem die leere Oberfläche erzeugt wurde, findet man in Programm 3.19. Dort findet man direkt in der erste Zeile ein Merkmal eines jeden *Turbo Vision*-Programms. Durch

```
#define Uses_TApplication
```

wird eine symbolische Konstante `Uses_TApplication` erzeugt. Sie erhält keinen bestimmten Wert. Wichtig ist nur, daß sie definiert, also vorhanden ist. Auf diese Weise erfährt der Compiler, welche Teile der zugehörigen Header-Datei `TV.H` er bei der Übersetzung in den Quelltext einbinden muß.

Der Mechanismus hierzu funktioniert folgendermaßen: In der Header-Datei `TV.H` befinden sich zahlreiche Compiler-Direktiven der Form:

```
#if defined( Uses_TApplication )
#define Uses_TProgram
#define __INC_APP_H
#endif
```

```
 1 #define Uses_TApplication      // Konstante für benutzte Klasse
 2 #include <tv.h>                // Standardbibliothek für Turbo Vision
 3
 4 class TMyApp : public TApplication
 5 {
 6 public:
 7         TMyApp();         // Konstruktor
 8 };
 9
10 TMyApp :: TMyApp() : TProgInit(&TMyApp::initStatusLine,
11                                &TMyApp::initMenuBar,
12                                &TMyApp::initDeskTop)
13 {
14         // Hier passiert zunächst gar nichts. Der Konstruktor
15         // dient nur dazu, den Konstruktor der übergeordneten
16         // Klasse TProgInit() mit Werten zu versorgen.
17
18 }       // Ende von TMyApp()
19
20 //  ---------------------- main-function ----------------------
21
22 void main()
23 {
24         TMyApp My1stTVApp;
25
26         My1stTVApp.run();   // Hier wird der Ablauf angestoßen.
27
28 }       // Ende von main()
```

Programm 3.19: Ein erstes Programm unter der *Turbo Vision*

Dadurch wird eine weitere Konstante namens `__INC_APP_H` definiert. Ihr Name deutet bereits an, daß sie etwas mit einer Header-Datei `APP.H` zu tun hat. Genauso ist es. Am Ende von `TV.H` findet man die Zeilen:

```
#if defined( __INC_APP_H )
#include <App.h>
#endif
```

Auf diese Weise wird die Header-Datei `APP.H` nur dann eingebunden, wenn `__INC_APP_H` definiert ist.

Der „Umweg" über die zusätzliche Konstante `__INC_APP_H` wird gewählt, weil `APP.H` von mehreren, abgeleiteten Klassen benötigt wird. So wird verhindert, daß die Datei mehrfach in den Quelltext eingebunden wird, was unnötig viel Speicherplatz kosten würde.

Die Header-Datei `TV.H` wurde bereits erwähnt. Sie gehört zu jedem *Turbo Vision*-Programm hinzu.

Nach den Präprozessoranweisungen wird die Klasse **TMyApp** deklariert. Sie wird von **TApplication** abgeleitet. In ihrem Rumpf enthält sie nur einen Prototyp für ihren Konstruktor. Dieser wird direkt im Anschluß ab Zeile 10 definiert. Erstaunlicherweise ist sein Rumpf jedoch vollkommen leer.

Um dies zu verstehen, muß man wissen, daß **TApplication** eine virtuelle Basisklasse ist, die nicht direkt instanziiert werden darf. Ein Zugriff auf ihren Konstruktor ist nicht möglich.

Der Konstruktor von **TMyApp** hat lediglich die Aufgabe, den Konstruktor von **TProgInit** mit Werten zu versorgen. Die Klasse **TProgInit** befindet sich „oberhalb" von **TApplication**. Für sie gibt es keinen Default-Konstruktor ohne Parameter. Es müssen immer die Adressen für eine Statuszeile am unteren Bildschirmrand (in **initStatusLine**), für eine Menüzeile (in **initMenuLine**) und für die eigentliche Oberfläche (in **initDeskTop**) übergeben werden. Dies gilt sogar dann, wenn wie im vorliegenden Fall weder Statuzeile noch Menü dargestellt werden.

Ab Zeile 22 beginnt dann das Hauptprogramm. An dieser Stelle wird sich auch bei nachfolgenden, umfangreicheren Beispielprogrammen nichts ändern. Es wird lediglich eine Instanz der Oberfläche, also von **TMyApp** erzeugt und deren Methode **run()** gestartet. Dadurch gibt das Hauptprogramm die Kontrolle vollkommen aus der Hand.

Die Member-Funktion **run()** sorgt für die Darstellung der Oberfläche und für die Verarbeitung aller Benutzereingaben. Diese werden in der Sprache der *Turbo Vision* als **Ereignisse** bezeichnet. Dabei wird kein Unterschied zwischen Tastaturanschlägen und Mausaktionen gemacht. Es gibt auch Ereignisse, die von einem Programm selbst ausgelöst werden. In den weiteren Beispielen wird unter anderem gezeigt, wie auf solche Ereignisse reagiert werden kann.

☞ Der Begriff „Ereignis" (engl. *event*) korrespondiert zur „Nachricht" (engl. *message*), die innerhalb der *Windows*-Programmierung eine große Rolle spielt.

Wer bereits in C einmal versucht hat, unter *DOS* die Maus anzusprechen, wird wissen, welche Umstände es macht, erst zahlreiche Interrupts auslesen zu müssen, bevor man weiß, was gerade mit der Maus gemacht wurde. Diese ganze Arbeit übernimmt die *Turbo Vision*. Bei nahezu jeder Aktion innerhalb eines Programms wird ein Ereignis ausgelöst und kann vom Programm verarbeitet werden. In unserem ersten Beispiel wird noch nicht innerhalb des Programms auf Ereignisse reagiert. Dies wird von den

Methoden von `TApplication` übernommen. Sie sorgen dafür, daß entweder nach einem Klick auf den Punkt `Alt-X` in der Statuszeile oder nach der Tastenkombination ⟦Alt⟧ + ⟦X⟧ das Programm verlassen wird.

Bevor ein größeres Programm vorgestellt wird, soll zunächst grob die Abhängigkeit der zahlreichen *Turbo Vision*-Klassen angegeben werden.

3.4.3 Die Klassenhierachie

An oberster Stelle der Hierarchie steht die virtuelle Basisklasse `TObject`. Von ihr wird gewöhnlich keine Instanz erzeugt. Gleiches gilt für `TStreamable`. Beide Klassen „schweben" sozusagen über jedem *Turbo Vision*-Programm und überwachen den Ablauf.

Eine der wohl wichtigsten Klassen, `TView`, erbt von beiden „Übervätern" (bzw. „Müttern"). Sie erzeugt alle Oberflächenelemente. Da die Klasse sehr komplex würde, wenn sie alle benötigten Methoden enthielte, wurde sie in eine eigene Klassenhierarchie aufgeteilt. Der Eintrag `TView` in Abbildung 3.20 steht also nicht für eine einzelne, sondern für eine ganze Reihe von (Unter-) Klassen. Diese sind in Abbildung 3.21 aufgeführt.

Die Namen der einzelnen Klassen deuten auf ihre Funktion hin. So kann man mit `TBackground` den Hintergrund der Oberfläche beeinflussen, mit `TButton` können sogenannte Knöpfe (engl. *buttons*) in einem Fenster erzeugt werden, mit `TMenuItem` werden Menüs, die ihrerseits auch weiter (Unter-) Menüs enthalten können, aufgebaut usw. Die Deklaration von `TMenuItem` ist in Programm 3.20 angegeben. Die Klasse besteht lediglich aus zwei Konstruktoren, die den Aufbau eines Menüs festlegen. Im nächsten Unterkapitel wird ein Beispiel für ihre Benutzung gegeben.

3.4.4 Eine Oberfläche mit Fenstern

Als umfangreicheres Beispiel soll zunächst ein Programm vorgestellt werden, das beliebig viele Fenster auf der aus Abbildung 3.19 bekannten Oberfläche öffnen kann.

An diesem Beispiel erkennt man bereits beim ersten Hinsehen, daß man auch unter der *Turbo Vision* nicht um das Schreiben umfangreicherer Programmtexte herumkommt. Zu Beginn müssen dieses Mal eine Reihe von Konstanten definiert werden, da zum Aufbau eines eigenen Menüs und zur Darstellung von Fenstern zahlreiche Klassen nötig sind.

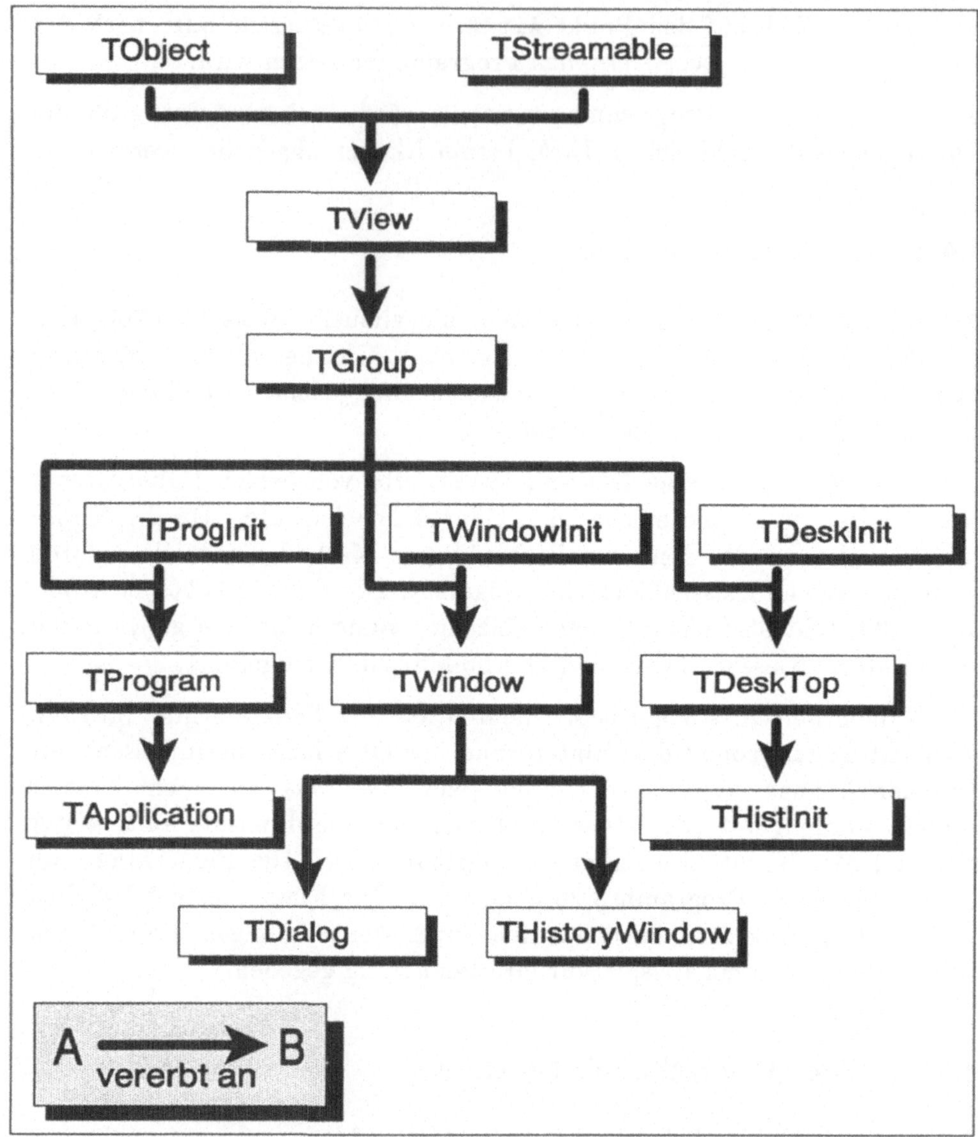

Abbildung 3.20: Die Klassenhierarchie von *Turbo Vision*

Davon ist allerdings in Programm 3.21 nicht viel zu sehen. Genau wie in unserem ersten *Turbo Vision*-Programm wird explizit nur `TApplication` benutzt. Jetzt werden allerdings auch übergeordnete Klassen, vor allem `TView` und davon abhängige Unterklassen angesprochen.

In der Klasse `TMyApp` sind alle Element enthalten. Die Methode `init-`

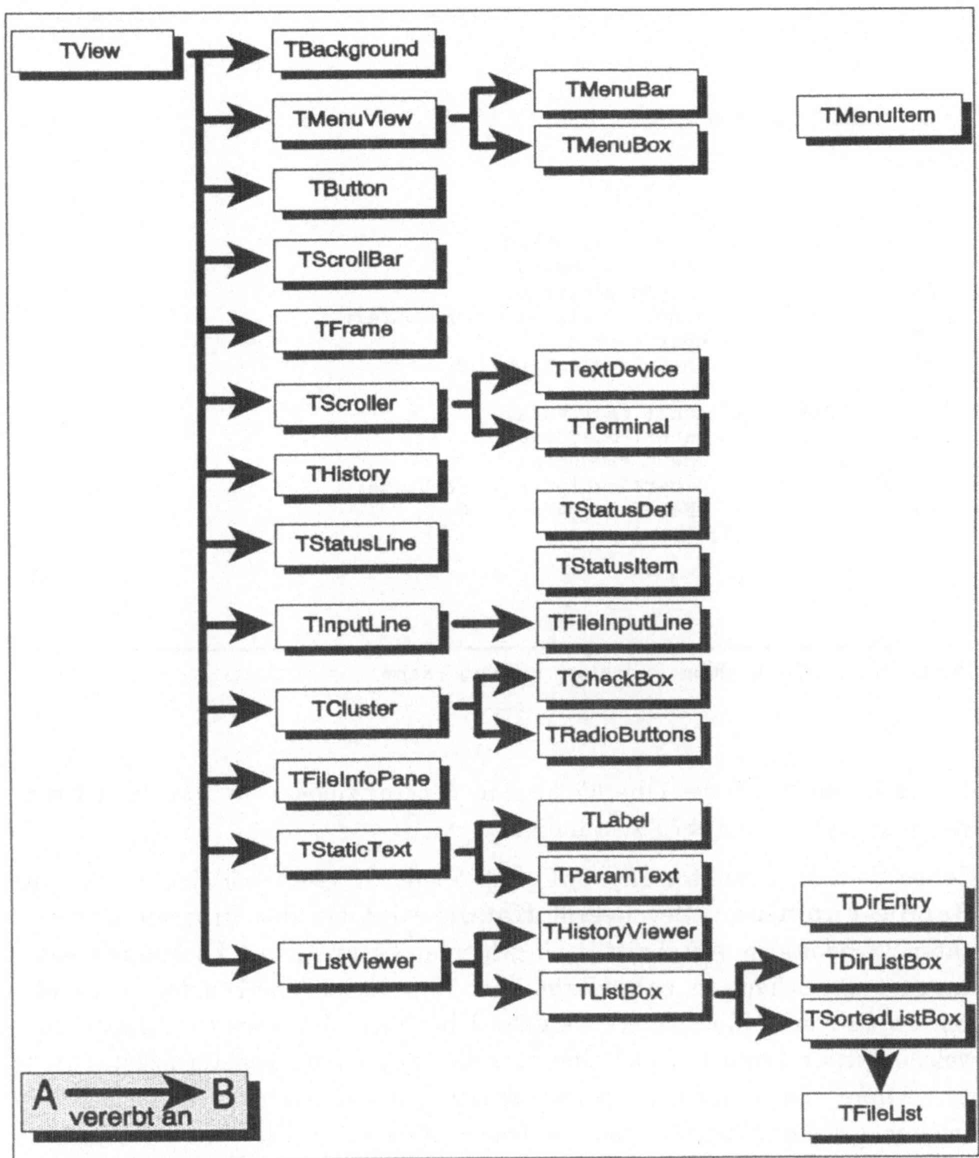

Abbildung 3.21: Die Klassenhierarchie von *Turbo Vision*

`TStatusLine()` stellt die Statuszeile am unteren Bildschirmrand dar. Hier erkennt der Benutzer, welche Tastenkombinationen er gerade drücken kann. Am oberen Bildschirmrand wird durch `initMenuBar()` eine Menüzeile dargestellt. Hier kann der Benutzer entweder mit der Maus oder durch bestimmte Tastenkombinationen zwischen mehreren Punkten wählen. Als

```
                    ( ... )

28 class TMenuItem
29 {
30
31 public:
32
33     TMenuItem( const char *aName,
34               ushort aCommand,
35               ushort aKeyCode,
36               ushort aHelpCtx = hcNoContext,
37               char *p = 0,
38               TMenuItem *aNext = 0
39             );
40     TMenuItem( const char *aName,
41               ushort aKeyCode,
42               TMenu *aSubMenu,
43               ushort aHelpCtx = hcNoContext,
44               TMenuItem *aNext = 0
45             );

                    ( ... )
```

Programm 3.20: Die Klassendeklaration von `TMenu`

drittes Element auf der Oberfläche sind Fenster zugelassen. Hierfür ist die Methode `myNewWindow()` zuständig.

Neben dem Konstruktor `TMyApp()` enthält die Klasse noch eine sogenante **Handle-Funktion**. Der Begriff **Handle** wird bei der Programmierung unter *Windows* in Abschnitt 4 eingehender besprochen. Es handelt sich um eine vorzeichenlose, ganze Zahl, über die verschiedene Fenster innerhalb der *Turbo Vision* identifiziert werden. Über diese Zahl wird ermittelt, für welche Aktion (zum Beispiel eine Mausbewegung) ein Fenster „zuständig" ist. Ohne eine eindeutige Numerierung wäre sonst nicht klar, welches Fenster gerade aktiv ist, aus welchem also etwa Ein- und Ausgaben akzeptiert werden.

Bevor jedoch in der Definition der Methode `myNewWindow()` ein neues Fenster erzeugt wird, sollen zunächst der Aufbau der Status- und der Menüzeile erklärt werden. Die entsprechenden Definitionen sind in Programm 3.22 angegeben.

In diesem Programmausschnitt ist auch der Konstruktor enthalten. Sein Rumpf ist dieses Mal nicht mehr ganz leer. Es wird der Zufallsgenerator

```
                        ( ... )

14 //    Zunächst werden wieder alle benutzten Klassen aufgeführt:
15 #define Uses_TApplication
16 #define Uses_TDeskTop
17 #define Uses_TWindow
18 #define Uses_TEvent
19 #define Uses_TKeys
20 #define Uses_TRect
21 #define Uses_TMenuBar
22 #define Uses_TSubMenu
23 #define Uses_TMenuItem
24 #define Uses_TStatusLine
25 #define Uses_TStatusItem
26 #define Uses_TStatusDef
27
28 #include <tv.h>
29
30 const int cmMyOpen = 100;      // Konstanten für zwei neue
31 const int cmMyNew  = 101;      // Menüpunkte
32
33 class TMyApp : public TApplication
34 {
35     public:
36         TMyApp();
37         static TStatusLine    *initStatusLine(TRect r);
38         static TMenuBar       *initMenuBar(TRect r);
39         virtual void          handleEvent(TEvent& event);
40         void                  myNewWindow();
41 };
42
43 static short xWinNumber = 0;   // Statische Variable für die
44                                // Anzahl der geöffneten Fenster
```

Programm 3.21: Deklarationen für das zweite *Turbo Vision*-Programm

über die Funktion `randomize()` initialisiert. Dies geschieht nur deshalb, weil die Fenster zu Beginn an zufälligen Positionen in einer zufälligen Größe auf der Oberfläche angeordnet werden. Die Hauptaufgabe des Konstruktors besteht auch in diesem Programm wieder darin, den Konstruktor der übergeordneten Klasse `TProgInit()` mit den notwendigen Adressen zu versorgen.

Um eine Statuszeile zu erzeugen, muß zunächst ihre Position auf dem Bildschirm feststehen. Dies geschieht in Zeile 56 durch die Anweisung:

```
r.a.y = r.b.y - 1;
```

```
46 TMyApp :: TMyApp() : TProgInit(&TMyApp::initStatusLine,
47                                 &TMyApp::initMenuBar,
48                                 &TMyApp::initDeskTop)
49 {
50     randomize();   // Initialisieren des Zufallsgenertors
51 }   // Ende von TMyApp()
52
53 TStatusLine *TMyApp :: initStatusLine(TRect r)
54 {
55     // Definition der Statuszeile am unteren Bildschirmrand
56     r.a.y = r.b.y - 1;    // Koordinate des unteren Randes ist
57                           // abhängig vom aktuellen Textbildschirm.
58     return new TStatusLine(r,
59          *new TStatusDef(0, 0xFFFF) +  // Aussehen der Zeile
60          // Jetzt werden die einzelnen Punkte und die zugehörigen
61          // Shortcuts definiert:
62          *new TStatusItem(NULL, kbF10, cmMenu ) +
63          *new TStatusItem("~Alt-F4~ Quit", kbAltF4, cmQuit) +
64          *new TStatusItem("~Ctrl-F4~ Schließen", kbCtrlF4, cmClose)
65          );
66 }   // Ende von initStatusLine()
67
68 TMenuBar *TMyApp :: initMenuBar(TRect r)
69 {
70     // Definition der oberen Menüzeile:
71     r.b.y = r.a.y + 1;    // Wieder sind die Koordinaten vom
72                           // aktuellen Textbildschirm abhängig.
73     return new TMenuBar( r,
74         // Nun die Definition der einzelnen Menüeinträge samt
75         // ihrer Shortcuts.
76         *new TSubMenu("~D~atei", kbAltD)+
77         *new TMenuItem("~Ö~ffnen",cmMyOpen,kbF3,hcNoContext,"F3")+
78         *new TMenuItem("~N~eu",cmMyNew,kbF4,hcNoContext,"F4")+
79         newLine()+  // Trennzeile vor dem letzten Eintrag
80         *new TMenuItem("~Q~uit",cmQuit,cmQuit,hcNoContext,"Alt-F4")+
81         *new TSubMenu("~F~enster", kbAltF)+
82         *new TMenuItem("~N~ächstes",cmNext,kbF6,hcNoContext,"F6")+
83         *new TMenuItem("~Z~oom",cmZoom,kbF5,hcNoContext,"F5"));
84 }   // Ende von initMenuBar()
```

Programm 3.22: Die Definitionen von `initStatusLine()` und `initMenuBar()`

Durch diese Anweisung wird die Komponente `a.y` der Struktur `r` verändert. Es stellt sich die Frage, woher die Strukturvariable `r` überhaupt kommt? Wo wurde der Parameter mit Werten versorgt? Dafür ist die Klasse **TProgInit** zuständig. Sie erhielt in Zeile 46 über ihren Konstruktor die Adresse der Funktion `initStatusLine()`. Wenn der Konstruktor von **TMyApp** und damit auch der von **TProgInit** aufgerufen wird, zieht dies automatisch einen Aufruf von `initStatusLine()` nach sich. Der Programmierer braucht sich darum nicht zu kümmern.

 Falls man keine eigene Statuszeile wünscht, wie dies etwa in Programm 3.19 der Fall war, wird eine vordefinierte Funktion aufgerufen, die lediglich den Eintrag **Alt-X** ausgibt.

Die Strukturvariable **r** ist vom Typ **TRect** . In ihr können vier Koordinaten abgelegt werden. Die Klasse **TRect** ist in **OBJECTS.H** deklariert. Sie enthält als Daten zwei Komponenten **a** und **b** vom Typ **TPoint**. Auch **TPoint** wird in **OBJECTS.H** deklariert. Dort werden in den beiden Komponenten **x** und **y** vom Typ **int** Punkte in einem zweidimensionalen Koordinatensystem verkapselt.

Eine Variable vom Typ **TRect** enthält demnach insgesamt vier Komponenten, einen Punkt für die linke obere und einen für die rechte untere Ecke.

Beim Aufruf von **initStatusLine()** enthält **r** die Ausdehnung der gesamten Oberfläche. Da die Statuszeile nur die unterste Zeile benötigt, wird der Parameter in Zeile 56 entsprechend vermindert. Man verwendet keine absoluten Werte, weil die Ausdehnung des Bildschirmes bei hochauflösenden Grafikkarten erweitert werden kann und dann Teile der Oberfläche frei blieben.

In Zeile 58ff wird durch **new** eine neue Instanz vom Typ **TStatusLine** erzeugt. Diese Klasse benötigt als Argumente zum einen die Koordinaten der Statuszeile aus **r** und zum anderen die gewünschten Einträge.

Letztere werden durch eine Instanz vom Typ **TStatusDef** und mehrere vom Typ **TStatusItem** erzeugt. Man beachte, daß es sich in allen Fällen **nicht** um Funktionsaufrufe handelt, sondern um Inkarnationen neuer Instanzen. Der Operator **new** zeigt an, daß Speicherplatz für diese Instanzen bereitgestellt wird.

In der Klasse **TStatusDef** wird die Statuszeile definiert. Ihre beiden Argumente sind Zeiger auf weitere Definitionen, die hier unbeachtet bleiben, da das Programm nur eine Statuszeile enthält. Die Einträge werden benötigt, wenn sich eine Statuszeile in Abhängigkeit vom Zustand des Programms verändern soll.

Benötigt werden hingegen die nachfolgenden Inkarnationen von **TStatus-Item** in den Zeilen 62 bis 64. Jede Instanz erhält drei Argumente.

Das erste ist eine Zeichenkette, die den Eintrag in der Statuszeile angibt. Möchte man bestimmte Textteile hervorheben, müssen sie innerhalb der Zeichenkette in Tilden (˜) eingefaßt werden. Im Beispiel sind es die korrespondierenden Tastenkombinationen.

Das erste Argument bleibt bei der ersten **TStatusItem**-Instanz frei, weil
dort nur dafür gesorgt wird, daß man mit der Taste $\boxed{\text{F10}}$ die Menüzeile
aktiviert. Darauf wird nicht in der Statuszeile hingewiesen. Anders verhält
es sich bei den nachfolgenen Instanziierungen. So sorgt das Argument

```
    "~Alt-F4~ Quit"
```

dafür, daß in der Statuszeile darauf hingewisen wird, daß man das Programm mit der Tastenkombination $\boxed{\text{Alt}}$ + $\boxed{\text{F4}}$ verlassen kann.

Als zweites Argument erhält jede der **TStatusItem**-Instanzen die korre-
spondierende Tastenkombination. Diese kann natürlich nicht aus der ersten
Zeichenkette berechnet werden. Es ist Sache des Programmierers, dafür zu
sorgen, daß an dieser Stelle tatsächlich die Taste(nkombination) steht, auf
die im ersten Argument verwiesen wurde.

> Man stelle sich nur die Verwirrung vor, wenn man angeblich mit $\boxed{\text{F2}}$ einen
> Text abspeichert, dadurch aber in Wahrheit das Programm unverzüglich
> verläßt.

Benutzt werden keine nichtssagenden Zahlenwerte, sondern Konstanten,
die in **TKEYS.H** definiert werden. Die Abkürzung **kb** steht für *keyboard*
(zu deutsch „Tastatur"). Der Rest des Konstantennamens erklärt die
zugehörige Taste(nkombination). Ein **Ctrl** steht im übrigen für die $\boxed{\text{Strg}}$-
Taste.

> Auch wenn es unter Umständen eine Einschränkung bedeutet, sollten als
> Tastenkombination nur die in **TKEYS.H** angegebenen eingetragen werden,
> weil es anderenfalls zu merkwürdigen Reaktionen eines Programms kommen
> kann.

Das dritte Argument bei **TStatusItem** gibt an, welches Kommando mit
einem Eintrag verbunden sein soll. Auch hier werden Konstanten verwendet. Sie beginnen alle mit **cm** (für *command* zu deutsch „Kommando")
und werden in **VIEWS.H** definiert. Wie die Konstanten verarbeitet werden,
obliegt der Verantwortung des Programmierers. Er kann sie entweder
nach eigenen Wünschen behandeln oder sie an eine Standardfunktion
weiterreichen. Dafür ist die weiter unten erklärte Methode **handleEvent()**
zuständig.

Alle Inkarnationen werden durch einen **+**-Operator verbunden. Man mag
sich fragen, was hier addiert wird? Der Operator **+** wird in **MENUS.H** so

überladen, daß er die einzelnen Einträge in einer linearen Liste zusammenfügt. Die Behandlung dieser Liste, also im wesentlichen der Zugriff auf die Einträge, ist jedoch Aufgabe der *Turbo Vision*. Man muß sich an keiner Stelle Gedanken um die tatsächliche Realisierung machen.

Vollkommen analog verläuft der Aufbau des Menüs in der obersten Bildschirmzeile. Auch diese Methode wird automatisch von `TProgInit()` aufgerufen. Statt `TStatusLine` wird eine Instanz von `TMenuBar` erzeugt. Dieses Menü enthält zwei Einträge, die mit `Datei` und `Fenster` überschrieben sind. Diese Einträge werden in den Zeilen 76 und 81 durch Instanzen von `TSubMenu` erzeugt. Jeder Eintrag enthält zwei Punkte, die durch `TMenuItem` inkarniert werden.

Diese Instanzen verlangen jeweils fünf Argumente. Die ersten drei werden genau wie bei `TStatusItem` gebildet. Das vierte Argument liefert einen sogenannten **Hilfskontext**. Damit wäre es möglich, eine Verbindung zu einem Hilfstext herzustellen. Im Beispiel wurde die Konstante `hcNoContext` gewählt, um anzudeuten, daß keine Hilfe realisiert wurde. Möchte man dies ändern, muß hier eine Handle auf ein Hilfsfenster eingetragen werden.

Das letzte Argument bei `TMenuItem` ist wiederum eine Zeichenkette. Diese wird rechtsbündig neben dem eigentlichen Eintrag angeordnet. In der Regel wird sie benutzt, um anzuzeigen, mit welcher Taste(nkombination) der Menüeintrag direkt aktiviert werden kann.

Nachdem jetzt sowohl die Status- als auch die Menüzeile erstellt wurden, muß man die daraus resultierenden Kommandos verarbeiten. Dies geschieht, wie bereits erwähnt, in der Methode `handleEvent()`. Anstelle von Kommando wird im Rahmen der *Turbo Vision* eher von Ereignis gesprochen. Dadurch will man auch in der Sprechweise deutlich machen, daß ein Programm sich passiv verhält und auf Ereignisse **reagiert**, statt aktiv Eingaben anzufordern.

Als erstes wird in Zeile 91 die Standard-Member-Funktion `handleEvent()` von `TApplication()` aufgerufen. Dadurch wird sichergestellt, daß nicht selbstdefinierte Ereignisse wie gewohnt verarbeitet werden. Der Programmierer muß sich so nicht mit Dingen wie dem Vergrößern oder dem Schließen eines Fensters beschäftigen. Im Beispiel gibt es lediglich zwei selbstdefinierte Ereignisse und zwar `cmMyOpen` und `cmMyNew`.

Diese beiden werden in der `switch()`-Konstruktion ab Zeile 94 behandelt. Genau genommen wird nur `cmMyNew` tatsächlich verarbeitet. Beim Ereignis `cmMyOpen` passiert gar nichts. Er wurde nur aufgenommen, um den ersten Menüeintrag nicht zu leer aussehen zu lassen. An dieser Stelle

```
 86 void TMyApp :: handleEvent(TEvent& event)
 87 {
 88     // In dieser Methode werden die Eingaben des Benutzers (sog.
 89     // Ereignisse, also sowohl Tastenanschläge als auch Maus-
 90     // aktionen registriert und verarbeitet.
 91     TApplication :: handleEvent(event);
 92     if(event.what == evCommand)
 93     {
 94         switch(event.message.command)
 95         {
 96             case cmMyNew:         // Menüpunkt "Neu" gewählt.
 97                 myNewWindow();
 98                 break;
 99             default:              // Standardverarbeitung für
100                 return;           // alle anderen Aktionen.
101         }
102         clearEvent(event);        // Löschen des Ereignisses
103     }
104 }   // Ende von handleEvent()
105
106 void TMyApp :: myNewWindow()
107 {
108     // Hier wird ein "zufälliges" neues Fenster erzeugt.
109     char szNo[3], szTitle[80] = "Demo Fenster ";
110     itoa(xWinNumber+1, szNo, 10);
111     strcat(szTitle, szNo);    // Der Titel des Fenster enthält
112                               // zusätzlich seine Nummer.
113     TRect r(0,0,random(48)+20,random(12)+6); // Zufällige Anfangsgr.
114     r.move(random(53), random(16));          // Zufällige Anfangspos.
115
116     TWindow *window = new TWindow (r, szTitle, ++xWinNumber);
117     deskTop->insert(window);    // Darstellen des Fensters
118 }   // Ende von myNewWindow()
119
120 //   ---------------------- main-function ----------------------
121
122 void main()
123 {
124     TMyApp My2ndTVApp;
125     My2ndTVApp.run();
126 }   // Ende von main()
```

Programm 3.23: Die Funktionen `handleEvent`, `myNewWindow()` und `main()`

können sehr gut erste, eigene Schritte ansetzen, um beispielsweise ein Dateiauswahlfenster aufzurufen.

Zu beachten ist, daß die `switch()`-Konstruktion nur dann aufgerufen wird, wenn die Variable `event.what` den Wert `evCommand` enthält. Sie wird also nicht bei jedem Aufruf von `handleEvent()`, sondern nur dann, wenn wirklich ein Ereignis vorliegt, durchlaufen.

Nach der Bearbeitung eines Ereignisses muß es gelöscht werden. Anderenfalls würde beim nächsten Aufruf von `handleEvent()` dasselbe Ereignis ein weiteres Mal verarbeitet. Daher wird vor dem Ende der Funktion `clearEvent()` aufgerufen. Diese Methode entfernt das zuletzt bearbeitete Ereignis aus einer *Turbo Vision*-internen Warteschlange. In dieser Warteschlange werden alle anfallenden Ereignisse abgelegt und nacheinander an `handleEvent()` weitergeleitet.

Als letztes müssen jetzt „nur" noch die Fenster erzeugt werden. Dies erledigt `myNewWindow()` ab Zeile 106. Zu Beginn wird dort ein Titel für jedes neue Fenster konstruiert. Er besteht aus der Zeile `Demo-Fenster` und der Nummer des Fensters, die in der globalen Variablen `xWinNumber` abgelegt ist. Die Angabe der Fensternummer ist an dieser Stelle eigentlich überflüssig, weil alle Fenster standardmäßig in ihrer rechten, oberen Ecke ihre Nummer enthalten. Sie wird jetzt zweimal ausgegeben. Es soll lediglich vorgeführt werden, wie man Fenstertitel nach Belieben zusammensetzen kann.

In Zeile 113 wird eine `TRect`-Instanz erzeugt. Als Argumente werden die linke, obere und die rechte, untere Ecke angegeben. Da die Größe der Fenster nicht immer gleich sein soll, wurde für die untere Ecke die Funktion `random()` zu Hilfe genommen.

Der Aufbau des Rechtecks findet lediglich im Speicher statt. Auf der Oberfläche ist an dieser Stelle noch überhaupt nichts zu sehen. Dies bleibt auch beim anschließenden Aufruf von `r.move()` noch so. Das Rechteck wird auf einem virtuellen Bildschirm, also lediglich im Speicher, auf eine zufällige Anfangsposition gesetzt.

Daß das Rechteck zu einem Fenster gehört, wird erst durch die in Zeile 116 erzeugte `TWindow`-Instanz klar. Hier werden die Ausmaße und die Position aus `r`, der Fenstertitel in `szTitle` und die Nummer des Fensters als Argumente übergeben.

Durch den Aufruf von `insert()`, einer Member-Funktion der Instanz `desktop`, wird das Fenster endlich auf der Oberfläche angezeigt. Die Instanz `desktop` vom Typ `TDesktop` wird automatisch bei jedem *Turbo Vision*-Programm erzeugt. Sie enthält einen Zeiger auf die gesamte Oberfläche eines Programms.

Im abschließenden Hauptprogramm wird lediglich durch

```
My2ndTVApp.run();
```

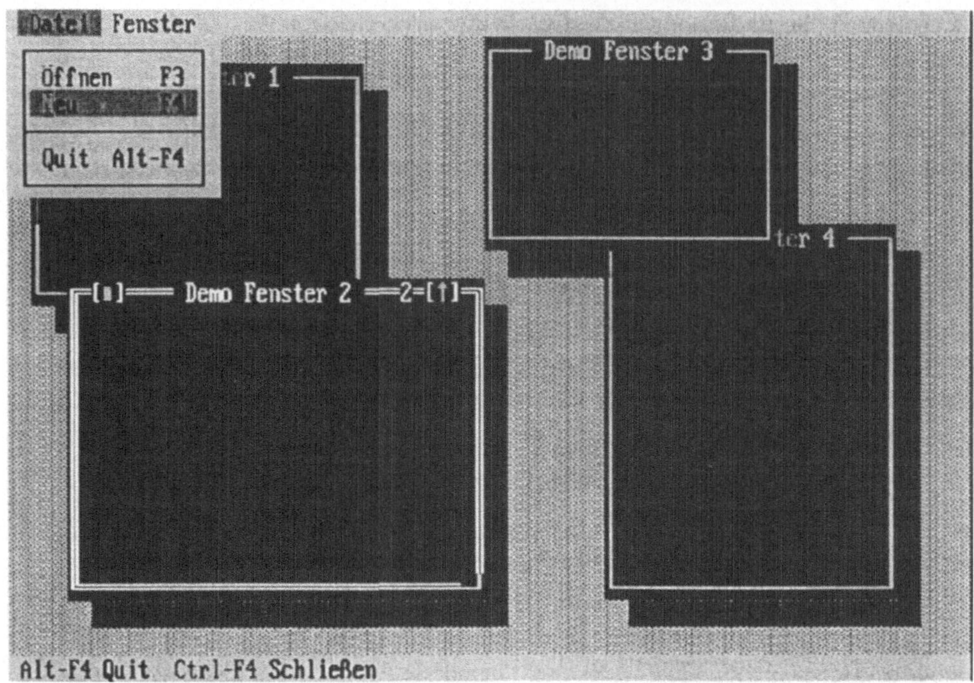

Abbildung 3.22: Die Ausgabe des zweiten *Turbo Vision*-Programms

die Verarbeitung aller Ereignisse „angestoßen". Um den eigentlichen Ablauf muß man sich nicht sorgen. Er wird von der *Turbo Vision* gesteuert.

In der Praxis werden die Programme natürlich nicht so einfach bleiben. Dann wird durch ein Ereignis eine eigene Funktion aufgerufen, die bestimmte Aufgaben erledigt. So kann man beispielsweise Eingabefenster konstruieren, die nach der Wahl eines Menüpunktes geöffnet werden und vom Benutzer bestimmte Werte erfragen. Dazu wird es allerdings notwendig sein, innerhalb eines Fensters Texte auszugeben.

Dies ist eine Operation, die sich in einer fensterorientierten Umgebung um einiges erschwert. Es ist leider nicht, mehr mit Aufrufen von **<<** getan, weil so nicht klar wäre, in welchem Fenster die Ausgabe (gleiches gilt analog für Eingaben) stattfinden soll.

3.4.5 Fenster mit Text

Als Beispiel sollen die Fenster aus Abbildung 3.22 mit einer einfachen Textzeile gefüllt werden. Dazu sind im wesentlichen zwei neue Dinge nötig. Zum einen kann nicht mehr ein Standardfenster vom Typ `TWindow` erzeugt werden und zum anderen muß der Programmierer das Fensterinnere selbst ausgeben.

Das hat zur Folge, daß eine eigene Klasse **TDemoWindow** deklariert wird. Wie man in Programm 3.24 erkennt, enthält diese Klasse nur einen Konstruktor und erbt alles übrige von **TWindow**.

Als weitere Klasse für das Fensterinnere wird **TInterior** deklariert. Sie erbt alle Eigenschaften und Fähigkeiten von **TView**. Lediglich die Methode **draw()** wird neu definiert.

Dort wird zunächst durch einen Aufruf von **getColor()** eine Farbe zur Ausgabe des Textes ermittelt. Der Ausgabetext selbst steht in **szText**. Er wird zusammen mit der Farbe in Zeile 72 durch

```
b.moveStr(0, szText, color);
```

```
                    ( ... )

45 class TDemoWindow : public TWindow
46 {
47     public:
48          TDemoWindow(const TRect& r,const char *szTitle,short xNumber );
49 };
50
51 class TInterior : public TView
52 {
53     public:
54          TInterior(const TRect& bounds);       // Konstruktor
55          virtual void draw();                  // überschreibt TView::draw
56 };
57
58 TInterior :: TInterior(const TRect& bounds) : TView(bounds)
59 {
60     // Definition der Fensterattribute:
61     growMode = gfGrowHiX | gfGrowHiY;
62     options = options | ofFramed;
63 }   // Ende von TInterior()
64
65 void TInterior :: draw()
66 {
67     // "Zeichnen" des Fensterinhaltes:
68     ushort color = getColor(0x0301);
69     char *szText = "Turbo Vision";
70     TDrawBuffer b;
71     TView :: draw();
72     b.moveStr(0, szText, color);
73     writeLine(4, 1, 12, 1, b);       // Textausgabe
74 }   // Ende von draw()

                    ( ... )
```

```
144 TDemoWindow :: TDemoWindow(const TRect& bounds,
145                             const char *szTitle,
146                             short xNumber) :
147                             TWindow(bounds, szTitle, xNumber),
148                             TWindowInit(&TDemoWindow :: initFrame)
149 {
150     TRect r = getClipRect();
151     r.grow(-1, -1);
152     insert(new TInterior(r));    // Einfügen des Inhaltes
153 }


            ( ... )
```

Programm 3.24: Alles Neue zur Textausgabe in einem Fenster

in einen speziellen Puffer **b** vom Typ **TDrawBuffer** geschrieben. Zuvor wurde die Standardfunktion zum Zeichnen des Fensterinhaltes, **TView :: draw()** aufgerufen. Sie sorgt für eine Darstellung des Hintergrundes und korrigiert eventuelle Verschiebungen durch die Maus.

Nachdem der Text im Puffer ist, wird er durch

```
writeLine(4, 1, 12, 1, b)
```

in der fünften Spalte der zweiten Zeile des Fensters ausgegben. Man beachte, daß die Numerierung von Zeilen und Spalten wie üblich mit 0 beginnt. Das dritte Argument gibt an, wie breit der auszugebende Text ist, hier also zwölf Zeichen. Die 1 an der vierten Stelle besagt, daß der Text nur einmal ausgegeben wird. Stünde hier zum Beispiel eine 3, würde der Text dreimal untereinander ausgegeben. Was ausgegeben wird, steht im Puffer **b**.

Aufgerufen wird die Methode **TInterior()** durch den Konstruktor der neuen Klasse **TDemoWindow**. Dort werden ab Zeile 150 durch

```
TRect r = getClipRect();
```

zunächst die Koordinaten des Fensters berechnet. Von diesen wird dann durch

```
r.grow(-1, -1);
```

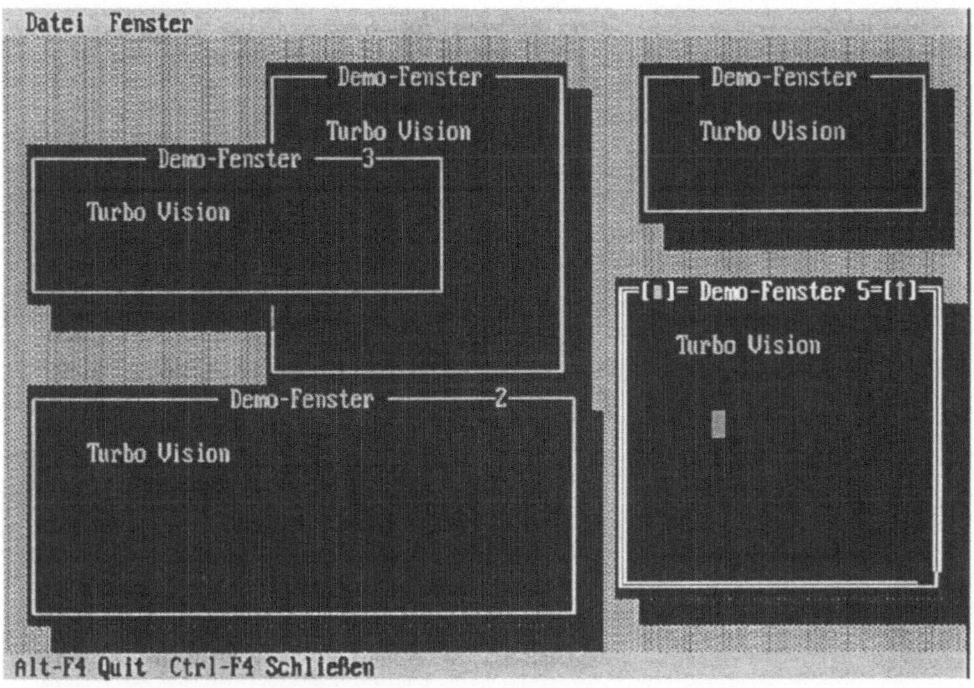

Abbildung 3.23: Textfenster im dritten *Turbo Vision*-Programm

der Rand „abgeschnitten", damit zur anschließenden Textausgabe nur das Fensterinnere und nicht auch noch der Rand zur Verfügung steht. Um den Text in das Fenster zu schreiben, wird die Methode **insert()** mit dem oben erklärten Konstruktor von **TInterior** aufgerufen.

Eine mögliche Ausgabe des gesamten Programms zeigt Abbildung 3.23. Dort wurden die Fenster der Übersicht halber mit der Maus vergrößert bzw. verkleinert und auf der Oberfläche hin- und hergeschoben.

 **Übung 3.13:** Erweitern Sie das Programm Programm 3.24 so, daß nicht immer derselbe Text ausgeben wird. Definieren Sie dazu ein Feld aus Zeichenketten, aus denen bei jedem neuen Fenster eine zur Ausgabe zufällig ausgewählt wird.

Für weitere Übungen zu *Turbo Vision* sei auf das bei der Installation angelegte **DEMOS**-Verzeichnis verwiesen. Durch die zahlreichen dort enthaltenen Beispiele bekommt man die nötigen Tips, um mit der Materie richtig vertraut zu werden.

Abschnitt 4:
Windows-Programmierung

In diesem Abschnitt verlassen wir die Welt der reinen *DOS*-Programme. Es wird gezeigt, wie man mit *Borland C++* Programme erstellt, die unter der grafischen Oberfläche *Windows* laufen.

Die Programme dieses Abschnittes können im Unterschied zu denen der vorangegangenen Abschnitte nicht mit *Turbo C++* übersetzt werden. Es sollte jedoch möglich sein, sie ohne größere Schwierigkeiten an *Microsoft C* bzw. *Quick C für Windows* in Verbindung mit dem ebenfalls von Microsoft stammenden *Software Development Kit (SDK)* anzupassen. Die entscheidende Header-Datei wurde von Borland in Lizenz übernommen.

Zu Beginn wird kurz auf das Prinzip einer grafischen Oberfläche eingegangen. Anschließend erfährt man, wie bei der Kompilation einer *Windows*-Anwendung vorzugehen ist. Den Hauptteil bildet eine Einführung in die Programmierung unter *Windows*. Es werden exemplarisch einige interessante Aufgabenstellungen betrachtet. Dazu gehört vor allem die Darstellung von Fenstern sowie der Umgang mit Maus und Tastatur. Leider ändert sich vor allem bei der Darstellung einiges im Vergleich zu reinen *DOS*-Programmen. Es ist auch unvermeidlich, daß der Umfang der Programme um einiges zunimmt.

All dies sollte Sie jedoch nicht von der *Windows*-Programmierung abhalten. Es gibt auf dem Markt inzwischen eine Reihe von Hilfsmitteln, welche das Erstellen von *Windows*-Programmen auf leichtere Art erlauben. Dabei nimmt man jedoch in Kauf, nicht alle Möglichkeiten von *Windows* ausnutzen zu können. Dies gelingt nur mit einer maschinennahen Sprache wie C++.

Im Unterschied zu fast allen auf dem Markt erhältlichen Werken zur *Windows*-Programmierung werden hier die objektorientierten Möglichkeiten konsequent ausgenutzt. Das hat zur Folge, daß einmal erstellte Klassen für Fenster, Boxen etc. in späteren Programmen wiederverwendet werden können. Schrecken Sie deshalb nicht vor dem zusätzlichen Aufwand zur Deklaration der Klassen zurück. Er lohnt sich!

☞ Die nachfolgend verwendete Schreibweise *Windows 3.x* soll anzeigen, daß die Beschreibung für alle *Windows*-Versionen **ab** der Nummer 3.0 gelten.

4.1 Grundlegende Begriffe

4.1.1 Einige Worte zur Geschichte

Das Betriebssystem *MS-DOS* ist von Natur aus textorientiert. Jeder PC unterstützt den sogenannten **Textmodus**, in dem 25 Zeilen mit jeweils bis zu 80 Zeichen dargestellt werden können. Die Darstellung der Zeichen wird beim Start des Rechners geladen. Dadurch ist es nicht nötig, jedes Zeichen aus einzelnen Bildpunkten zusammenzusetzen, die entsprechende Information liegt bereits für alle Zeichen des ASCII-Codes vor. Dies hat zur Folge, daß Zeichen mit einer hohen Geschwindigkeit dargestellt werden können.

Der entscheidende Nachteil besteht darin, daß die Zeichen immer in der gleichen Form auf dem Bildschirm erscheinen. Man kann nicht unterscheiden, in welcher Größe und in welcher Gestalt sie später tatsächlich gedruckt werden.

Diese Nachteile treten vor allem bei Textverarbeitungsprogrammen auf. Dort kommt man um Probeausdrucke nicht herum. Die bekanntesten Vertreter dieser Programmgattung sind beispielsweise *Wordstar*, *MS-Word* oder auch *WordPerfect*.

Anders verhält es sich bei einer grafischen Oberfläche. Dort wird das Prinzip des **WYSIWYG** (Abkürzung für **W**hat **Y**ou **S**ee **I**s **W**hat **Y**ou **G**et zu deutsch „Was Du siehst ist das, was du bekommst") verwirklicht. Jedes Zeichen erscheint nahezu so auf dem Bildschirm wie es später ausgedruckt wird. Leider ergeben sich zwei Nachteile:

- Die Darstellung der Zeichen ist langsam, da sie einzeln aus Bildpunkten (Pixeln) berechnet werden müssen.

- Es gibt keinen einheitlichen Grafikstandard für *MS-* bzw. *PC-DOS* Rechner.

Vor allem aus dem ersten Grund, konnten sich bis 1990 grafische Oberflächen auf PC's nicht durchsetzen. Zwar veröffentlichte die Firma Microsoft bereits 1986 die erste Version von *Windows*, doch ließ sich damit in der Praxis kaum arbeiten.

Man kann auch ohne *Windows* grafisch orientierte Programme schreiben, allerdings hat man sich dann um die Problematik verschiedener Grafikkarten selbst zu kümmern.

Auf anderen Rechnern wie beispielswiese dem *Macintosh* von Apple, dem *Atari ST* oder auch dem *Amiga* von Commodore gehören grafische Oberflächen zur Standardausrüstung der Betriebssysteme.

Seit 1988 versuchen sowohl Microsoft als auch IBM mit *OS/2* einen Nachfolger für *DOS* durchzusetzen. Dessen *Presentation Manager* ähnelt der Oberfläche von *Windows 3.x*. Inzwischen hat sich Microsoft aus diesem Projekt zurückgezogen und es darf bezweifelt werden, ob *OS/2* in Zukunft größere Marktanteile gewinnen kann.

☞ Mit der Version 2.0 von *OS/2* wird es möglich, alle *Windows 3.x*-Programme ohne Umweg innerhalb des *Presentation Managers* ablaufen zu lassen.

4.1.2 Das Prinzip

Erst mit dem Erscheinen von *Windows 3.0* scheint der Standard für grafische Oberflächen gefunden worden zu sein. Sie hat im wesentlichen folgende Vorteile:

- Das Prizip des WYSIWYG wird konsequent verfolgt.

- Der Programmierer braucht sich kaum um technische Details wie Grafikkarten oder spezielle Drucker zu kümmern.

- Alle Programme verhalten sich in ähnlicher Weise, das heißt der Benutzer kann ihre Bedienung leicht erlernen.

- Auf einem Rechner mit einer 80386- bzw. 80486-CPU wird **Multitasking** möglich, das heißt der Benutzer kann mehrere Programme gleichzeitig starten. Diese werden scheinbar gleichzeitig abgearbeitet. Langwierige Berechnungen, wie beispielsweise das Neuformatieren eines Textes, lassen sich so in den Hintergrund verbannen. Im Vordergrund können weitere Aufgaben erledigt werden.

 Fachleute werden einwenden, daß *Windows* kein echtes, sogenanntes **Preemptive Multitasking** beherrscht. Dies ist tatsächlichen Multitasking-Betriebssystemen wie etwa OS/2 oder UNIX vorbehalten. Dort kontrolliert das Betriebssystem alle aktiven Prozesse und unterbricht sie nach eigenem „Ermessen". Das heißt, jeder Prozeß erhält eine **Zeitscheibe**, in der er im Prozessor arbeiten kann. Nach Ablauf dieser Zeit, speichert das Betriebssystem den aktuellen Zustand und lädt einen weiteren Prozeß zur Bearbeitung. Da dieser ständige Wechsel sehr schnell vor sich geht, gewinnt der Benutzer den Eindruck, mehrere Programme liefen gleichzeitig.

Unter *Windows* ist im 386er Modus nur ein sogenanntes **Non-Preemptive Multitasking** möglich. Dabei gibt nicht das Betriebssystem den Prozessor für weitere Programme frei, sondern das aktive Programm gibt von sich aus an bestimmten Stellen die Kontrolle an *Windows* zurück, so daß weitere Programme arbeiten können. Es kann also durchaus sein, daß ein Programm vollkommen exklusiv abläuft.

Was sich hier so angenehm anhört, erfordert in der Praxis einigen Aufwand und ein gewisses Umdenken. War es unter *DOS* so, daß ein Programm aktiv Anweisungen ausführte, so verhält es sich unter *Windows* eher passiv. Einer der wichtigsten Begriffe ist die **Meldung** (engl. *Message*). Ein Programm erhält Meldungen und reagiert auf sie. Wenn beispielsweise der Benutzer einen bestimmten Punkt auf dem Bildschirm mit der Maus anklickt, wird dieses **Ereignis** von *Windows* in einer sogenannten **Meldungswarteschlange** (engl. *Message-queue*) abgelegt. Das aktive Programm entscheidet, wie die Meldung verarbeitet wird. Welches Programm gerade aktiv ist, kann sowohl vom Benutzer als auch von *Windows* selbst beeinflußt werden. Dabei hat sich weder der Programmierer noch der Benutzer um die Verwaltung der Betriebsmittel, also im wesentlichen des Speicherplatzes zu kümmern. Paßt ein Programm nicht mehr in den Speicher, lagert *Windows* Teile des Programms auf eine Festplatte aus und lädt sie bei Bedarf nach.

Häufig wird *Windows* wie ein eigenes Betriebssystem beschrieben. Tatsächlich handelt es sich jedoch um einen „Aufsatz" auf *MS-/PC-DOS*. Ein normales *DOS*-Programm greift theoretisch über die *DOS*-**Gerätetreiber** auf das **ROM-BIOS** zu. Dieses steuert seinerseits die Hardware des Rechners, also Festplatten und Diskettenlaufwerke, Drucker, Tastatur, Maus usw.

,.

Unter einem *DOS*-Gerätetreiber versteht man eine Datei, die bestimmte Steuerkommandos an ein bestimmtes Gerät anpaßt. So erhält ein Druckertreiber einen speziellen Code, wenn der angeschlossene Drucker fett oder kursiv drucken soll. Da viele Drucker unterschiedliche Steuerzeichen verwenden, muß der Befehl von einem Treiber „übersetzt" werden.

☞ Treiberdateien erkennt man zumeist an der Dateiendung `.DRV` für *Driver* zu deutsch „Treiber".

Im ROM-Bios eines Rechners sind bestimmte physikalische Eigenschaften der angeschlossenen Geräte dauerhaft gespeichert. ROM steht für **R**ead **O**nly **M**emory, meint also einen Speicherbereich, der nur gelesen werden kann. BIOS ist die Abkürzung für **B**asic **I**nput **O**utput **S**ystem, also elementares Ein- und Ausgabesystem.

In der Praxis werden meistens nur Zugriffe auf Disketten- und Festplattenlaufwerke über den oben geschilderten Weg abgewickelt. Die mit *DOS* gelieferten Treiber bieten wenig Komfort und der Weg über das ROM-BIOS verlangsamt den Programmablauf. Die meisten Programme umgehen daher bei Zugriffen auf den Bildschirm und serielle Schnittstellen sowohl die Treiber als auch das BIOS. Bei Operationen mit der Tastatur werden nur die Treiber umgangen und man greift direkt auf das BIOS zu.

Unter *Windows* wird die Sache noch komplizierter. Hier wird über das *DOS* die *Windows*-Oberfläche gelegt. Deren Ablauf wird im wesentlichen über die drei Programme `GDI.EXE`, `USER.EXE` und `KERNEL.EXE` gesteuert. Da ein großer Vorteil der Programmierung unter *Windows* die Geräteunabhängigkeit ist, wird dort keinerlei Gerät direkt angesteuert. Da die *DOS*-Gerätetreiber wie erwähnt unkomfortabel sind, enthält *Windows* eigene Treiber. Wie sich der interne Ablauf bei den meisten *Windows*-Programmen darstellt, zeigt Abbildung 4.1.

4.1.3 Die Ausstattung

Auch wenn die Preise für hochwertige PC's gewaltig nach unten gefallen sind, muß man dennoch einiges investieren, um sinnvoll unter *Windows 3.x* arbeiten zu können.

Theoretisch kann man *Windows 3.x* auf einem Rechner mit 8086 bzw. 8088 Prozessor installieren. Damit die Arbeit flott von der Hand geht, sollte es jedoch mindestens ein 80386SX Prozessor sein. Er sollte über mindestens vier Megabyte Hauptspeicher verfügen und eine Festplatte besitzen, die auf ihre Daten in weniger als 30 (besser noch weniger als 20) Millisekunden zugreifen kann.

Was die Kapazität angeht, so gehen *Windows*-Programme – auch die mit *Borland C++* erstellten – nicht gerade sparsam mit Speicherplatz um. Eine 80 Megabyte Platte sollte es nach Möglichkeit schon sein.

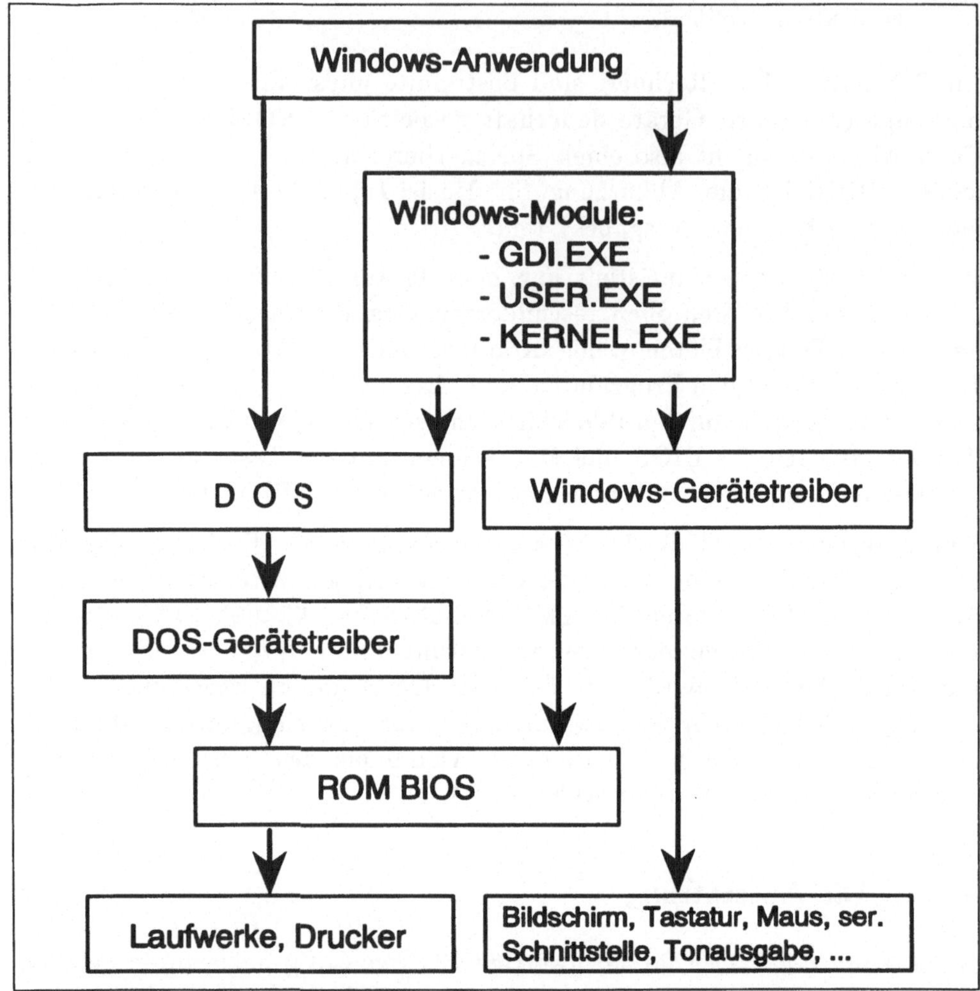

Abbildung 4.1: Interner Zusammenhang zwischen Anwendung und Hardware

Sehr wichtig für eine grafische Oberfläche ist auch die verwendete Grafikkarte. Da VGA-Karten zu Preisen erhältlich sind, für die man vor einiger
Zeit kaum eine monochrome Karte erhielt, sollte man sich diesen Luxus
gönnen. Viele sogenannte Super-VGA Karten gehen über die Standard-
Auflösung von 640×480 Bildpunkten hinaus. Als ideal erweist sich häufig
eine Auflösung von 800×600 Punkten.

Achten Sie beim Kauf einer Grafikkarte und des Monitors darauf, das
beide zusammenarbeiten, also insbesondere der Monitor die Fähigkeiten
der Karte unterstützt. Er sollte in der Lage sein, alle Auflösungen der

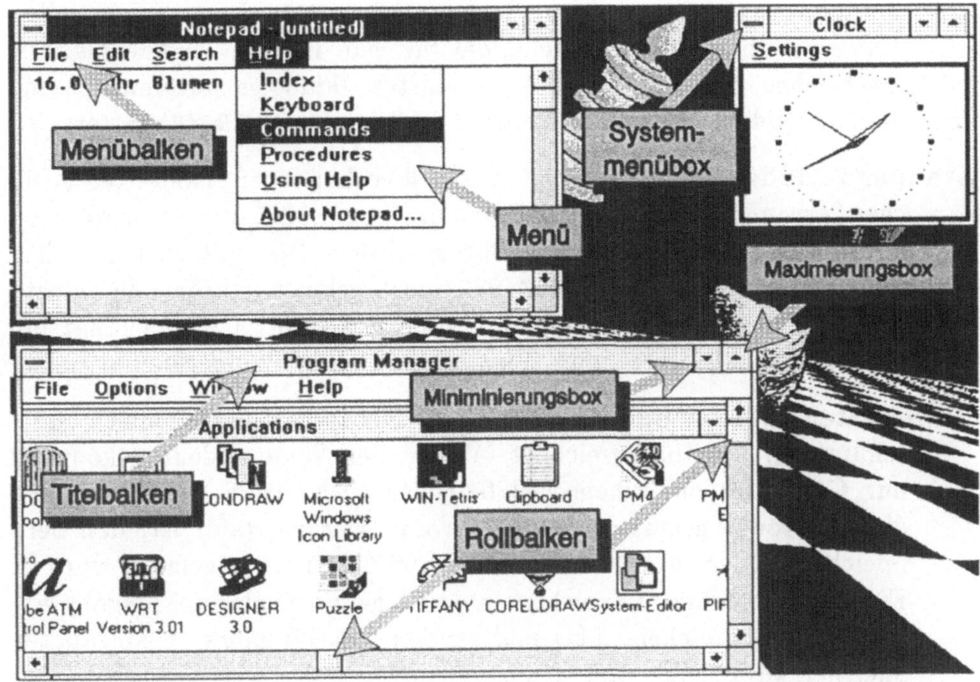

Abbildung 4.2: Ein typischer *Windows*-Bildschirm

Karte non-interlaced (das heißt ohne Zeilensprungverfahren) darzustellen.
Anderenfalls flimmert ihr Bild unangenehm. Außerdem sollte bei einer
Grafikkarte ein entsprechender Treiber für *Windows* beiliegen. Von sich
aus unterstützt es nur den VGA- (und ab der Version 3.1 auch den TIGA-)
Standard.

4.1.4 Die wichtigsten Begriffe

Im Zusammenhang mit *Windows* haben sich eine Reihe von Begriffen
gebildet, die bevor wir in die Materie einsteigen, kurz erklärt werden
sollen.

Anwendung Ein unter *Windows* gestartetes Programm erzeugt eine Anwendung. Man unterscheidet die beiden Begriffe, weil ein Programm
mehrfach aufgerufen werden kann und dabei mehrere Anwendungen
erzeugt.

Real-Modus *Windows 3.x* unterstützt nur die ersten 640 Kilobyte des
Hauptspeichers. XT-Computer müssen in diesem Modus gestartet

werden, ebenso alle anderen Rechner, wenn man Programme unter *Windows* ablaufen lassen will, die für eine frühere Version als 3.0 geschrieben wurden. Auf XT's startet *Windows* automatisch in diesem Modus, auf andern Rechner muß man mit `WIN /R` starten.

Standard-Modus *Windows* nutzt eventuell vorhandenen erweiterten Speicher (*expanded memory*). Rechner mit einem 80286-Prozessor werden automatisch in diesem Modus hochgefahren. Dies gilt auch für alle anderen Rechner, falls `HIMEM.SYS` nicht geladen wurde oder nicht genügend Speicher zur Verfügung steht. Möchte man unbedingt in diesem Modus starten, muß *Windows* mit `WIN /S` aufgerufen werden.

Erweiterter 386er-Modus wird auch als **Protected-** (zu deutsch „geschützter") **Modus** bezeichnet. Wie es der Name andeutet, können nur Computer mit einem 80386- (oder auch 80486-) Prozessor in diesem Modus gestartet werden. Voraussetzung dafür ist, daß der Speichermanager `HIMEM.SYS` in der Datei `CONFIG.SYS` geladen wurde. Ferner muß genügend Speicher (in der Regel mehr als zwei Megabyte) zur Verfügung stehen. Maximal werden von *Windows* 16 Megabyte Speicher adressiert. Der explizite Aufruf `WIN /3` ist eigentlich nie nötig, da immer dieser Modus gewählt wird, wenn er möglich ist. Nur in diesem Modus ist echtes Multitasking möglich.

Multitasking bezeichnet die Fähigkeit eines Rechners, mehrere Programme gleichzeitig abzuarbeiten. Dies ist nur im Protected-Modus möglich. In allen anderen Modi kann zwar auch zwischen verschiedenen Anwendungen über die Tastenkombinationen $\boxed{\text{Alt}}$ + $\boxed{\text{Esc}}$ bzw. $\boxed{\text{Alt}}$ + $\boxed{\text{Tab}}$ hin und her geschaltet werden. Allerdings stoppt eine Anwendung, sobald eine andere aktiviert wurde. Bei echtem Multitasking wird auch zwischen den Anwendungen geschaltet. Dies wird von *Windows* selbst übernommen und nicht mehr nur vom Benutzer. Es geschieht so schnell, daß man den Eindruck erhält, mehrere Programme liefen gleichzeitig.

Ganz exakt verhält es sich so, daß ein Programm die Kontrolle an *Windows* zurückgibt. Daraufhin wird zu einem anderen Programm geschaltet. Es kann jedoch der Fall eintreten, daß ein „egoistisches" Programm die Kontrolle überhaupt nicht mehr hergibt und es so nicht zu einem Multitasking kommt. Bei Benutzung der Standardfunktionen tritt dieser Fall nicht auf.

Task Jede Anwendung erzeugt einen oder mehrere Tasks (Prozesse). Ein Task kann aktiv, also gerade ablaufend, oder passiv, das heißt untätig, sein.

DOS-Anwendung Auch normale *DOS*-Programme können unter *Windows* ein- oder mehrmals gestartet werden. Falls sie nicht von sich aus im Grafikmodus arbeiten, können sie sogar in einem separaten Fenster ablaufen.

Fenster Die Ausgabe einer Anwendung erfolgt in einem separaten Fenster, also einem Ausschnitt des Bildschirms. So wird es möglich, mehrere Anwendungen gleichzeitig im Auge zu behalten.

Handle Jedes *Windows*-Objekt wird eindeutig über seine Handle, eine vorzeichenlose Integerzahl, indentifiziert.

Icon Soll ein Programm nur durch einen doppelten Mausklick gestartet werden, muß in einem Programm-Gruppen-Fenster ein Icon, ein kleines Bildchen, vorhanden sein. Klickt man auf dieses, wird automatisch das zugehörige Programm gestartet. Das Fenster mit dem Titel `Applications` in Abbildung 4.2 enthält mehrere Icons.

Programm-Gruppe Der Übersicht halber werden Programme, die in irgendeiner Form einander ähneln zu Gruppen zusammengefaßt. Häufig unterscheidet man beispielsweise die Gruppe der *DOS*-Programme von übrigen *Windows*-Programmen.

(Eingabe-) Fokus Während einer Sitzung können sich Eingaben des Benutzers immer nur auf ein Fenster beziehen. Dieses Fenster hat dann den Fokus, das heißt, alle Eingaben werden an seine Handle geleitet.

SDK Das Software Development Kit von Microsoft erlaubt die Erstellung von *Windows*-Programmen mit den Microsoft-Compilern *Quick C* bzw. *Microsoft C*.

Nachricht Ein *Windows*-Programm verarbeitet pausenlos Nachrichten. Sie werden in der Nachrichten-Warteschlange (engl. *Message-queue*) abgelegt und fortlaufend verarbeitet.

Client-Bereich meint den inneren Teil eines Fensters. Nicht dazu gehören beispielsweise der Titel- oder auch Rollbalken.

MDI steht für **M**ulti **D**ocument **I**nterface und meint eine **Multidokumentschnittstelle**. Sie stellt Anwendungen eine Standardschnittstelle zur Anzeige von mehreren Dokumenten innerhalb der selben Instanz einer Anwendung zur Verfügung. Eine MDI-Anwendung erzeugt

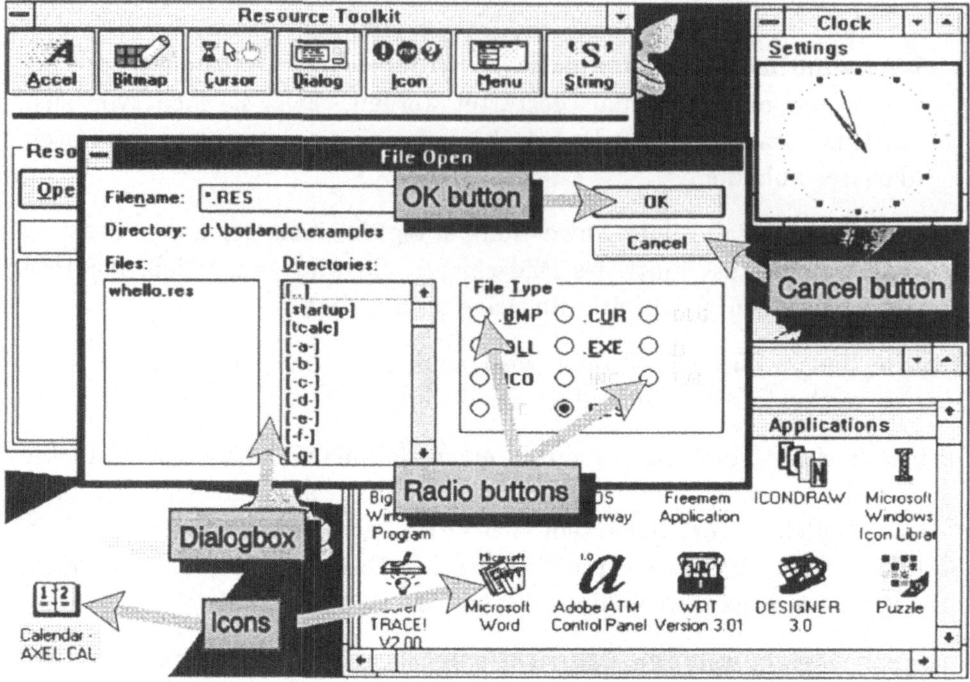

Abbildung 4.3: Noch ein typischer *Windows*-Bildschirm

ein Rahmenfenster, welches ein Client-Fenster anstelle eines Client-Bereichs enthält. Welche Nachrichten ein MDI-Fenster verarbeiten kann, ist im Anhang aufgeführt.

Weitere Bezeichnungen sind Abbildung 4.2 und Abbildung 4.3 zu entnehmen.

☞ Der Begriff „Nachricht" korrespondiert zum „Ereignis", wie es in 3.4.2 im Zusammenhang mit der *Turbo Vision* vorgestellt wurde.

4.2   Übersetzen einer Windows - Anwendung

Ähnlich wie am Anfang des ersten Abschnitts wird jetzt zunächst vorgeführt, wie man ein *Windows*-Programm kompiliert. Die eigentliche Programmierung ist das Thema des nächsten Kapitels.

4.2.1 Die verschiedenen Teile

Während ein gewöhnliches *DOS*-Programm häufig aus einem einzigen Quelltext erstellt wird, gehören zu jedem *Windows*-Programm in der Regel zwei, meistens sogar drei Teile. Der eigentliche Quelltext ist in einer Datei mit der Endung `.C` bzw `.CPP` abgelegt, je nachdem ob es sich um ein C- oder ein C++-Programm handelt. Zusätzlich benötigt man eine **Moduldefinitionsdatei** mit der Endung `.DEF` und eine **Ressourcen-Datei** mit der Endung `.RC`.

Die Moduldefinitionsdatei liefert dem Linker zusätzliche Informationen zum Erstellen des ausführbaren Programms. Als Beispiel wird nachfolgend die Moduldefinitionsdatei zum Beispielprogramm `WHELLO.CPP` angegeben. Alle notwendigen Dateien befinden sich, sofern sie bei der Erstinstallation angegeben wurden, im Verzeichnis `EXAMPLES` des *Borland C++*-Verzeichnisses.

```
1 NAME            WHELLO
2 DESCRIPTION     'C++ Windows Hello World'
3 EXETYPE         WINDOWS
4 CODE            PRELOAD MOVEABLE
5 DATA            PRELOAD MOVEABLE MULTIPLE
6 HEAPSIZE        1024
7 STACKSIZE       5120
```

Programm 4.1: Die Moduldefinitionsdatei zu `WHELLO.CPP`

Die einzelnen Zeilen in Programm 4.1 haben folgende Bedeutung:

`NAME` gibt den Namen des zu erstellenden Programms an. Die Endung `.EXE` muß nicht angegeben werden.

`DESCRIPTION` eröffnet die Möglichkeit, in den ausführbaren Code eine Textzeile einzubauen. Dies ist hilfreich, um beispielsweise einen Copyright-Vermerk in die `.EXE`-Datei zu integrieren.

`EXETYPE` Hier wird in der Regel immer `WINDOWS` eingetragen. Da jedoch auch OS/2-Programme eine Moduldefinitionsdatei benötigen, lautet dort der Eintrag `OS2`.

`CODE` Der Eintrag `MOVABLE` gibt an, daß der Programmcode im Speicher verschoben werden kann. Dies ist beispielsweise dann nötig, wenn *Windows* einen großen zusammenhängenden Speicherbereich benötigt. Falls man die üblichen *Windows*-Konventionen einhält, sollten alle Programme `MOVABLE` sein. Der entgegengesetzte Eintrag lautet `NONMOVABLE`.

Die Angabe `PRELOAD` bedeuted, daß der gesamte Code unmittelbar in den Speicher geladen wird.

`DATA` Die Einträge `PRELOAD` und `MOVABLE` verhalten sich analog zum Eintrag `CODE`. Hier ist allerdings das Daten- und nicht das Codesegment angesprochen. Zur Erinnerung: Im Codesegment ist der Programmcode abgelegt, während im Datensegment die vom Programm bearbeiteten Daten abgespeichert werden.

Der Eintrag `MULTIPLE` sagt aus, daß für jede Anwendung, also bei mehrfachem Programmstart, ein separates Datensegment bereitgestellt wird. Dies ist sinnvoll, weil in der Regel jede Anwendung eigene Daten verwalten möchte. Beim Programmcode ist es üblich, daß mehrere Anwendungen auf denselben Text zugreifen können, weil an ihm keine Veränderungen vorgenommen werden.

`HEAPSIZE` legt die Größe des individuellen Datensegments fest. Der Eintrag `1024` ist für das Programm `WHELLO.CPP` zu hoch, da überhaupt kein lokaler Speicher benötigt wird.

Falls sich der hier eingetragene Wert bei der Programmausführung als zu klein herausstellt, kann *Windows* ihn eigenständig erweitern.

`STACKSIZE` gibt die Größe des lokalen Stacks an. Der Stack wird für Funktionsaufrufe benötigt, weil auf ihm alle Rücksprungadressen abgelegt werden. Vor allem Programme mit rekursiven Funktionen benötigen hier einen höheren Wert. Der Eintrag `5120` stellt eine von Borland vorgeschlagene Untergrenze dar.

Zusätzlich kann ein Eintrag `STUB` ergänzt werden. Nach diesem wird in einfachen Hochkommas (`'...'`) ein ausführbares Programm angegeben, das aufgerufen wird, wenn das erstellte Programm nicht aus *Windows* heraus gestartet wird.

Standardmäßig wird das Programm `WINSTUB.EXE` aus dem `BIN`-Verzeichnis von *Borland C++* genommen. Es schreibt die Meldung

```
This Programm must be run under Microsoft Windows
```

auf die Standardausgabe, wenn man das erstellte Programm aus der *DOS-*Ebene aufruft. Eine Änderung ist beispielsweise dann sinnvoll, wenn man die Meldung eindeutschen möchte oder auch, wenn automatisch die *DOS-*Version eines Programms gestartet werden soll.

☞ Wer den Compiler *Microsoft C* in Verbindung mit dem *SDK* benutzt, muß den Eintrag **STUB** immer verwenden. Dort wird kein Programm automatisch eingefügt.

Für die meisten Programme kann bis auf die Einträge nach **NAME** und **DESCRIPTION** die angegebene Moduldefinitionsdatei übernommen werden. Bei Problemen müssen in der Regel die Größe des Heaps und des Stacks erhöht werden.

Der dritte Teil, die Ressourcen-Datei ist nicht unbedingt erforderlich, sollte jedoch sinnvollerweise mit jedem *Windows*-Programm erstellt werden. Durch den mitgelieferten *Ressource Workshop* bzw. den *Whitewater Ressourcen-Editor* wird die Erstellung von **Ressourcen** enorm vereinfacht.

Allgemein enthalten Ressourcen alle Informationen zum äußeren Erscheinen eines Programms. Ein zum Programm gehörendes Icon stellt beispielsweise eine Ressource dar. Im Beispielprogramm enthält die Datei **WHELLO.RC** nur einen Eintrag für das Icon. Er lautet:

```
whello ICON whello.ico
```

Der erste Eintrag ist wieder der Name des zu erstellenden Programms. Die beiden übrigen sagen aus, daß zum Programm das Icon aus der Datei **WHELLO.ICO** gehört. Auch zum Erstellen eines Icons wird der *Ressource Workshop* bzw. der *Whitewater Ressourcen-Editor* benutzt. Er hat die angenehme Eigenschaft, daß er direkt eine kompilierte Ressourcen-Datei mit der Endung **.RES** erstellt. Im vorliegenen Fall, also bei **WHELLO** muß die Datei **WHELLO.RC** vom **Ressourcen-Compiler RC.EXE** kompiliert werden. Dabei entsteht die Datei **WHELLO.RES**.

☞ Statt *Ressource Workshop* bzw. *Whitewater Ressourcen-Editor* wird im nachfolgenden Text immer die Bezeichnung **Ressourcen-Editor** verwendet. Beide Werkzeuge bieten alle benötigten Hilfsmittel. Die Ergebnisse des *Ressource Workshops* sind noch etwas eindrucksvoller.

Die kompilierte Ressourcen-Datei wird an das ausführbare Programm, also
die Datei mit der Endung .EXE angefügt. Als Ressourcen kommen folgende
Quellen in Frage.

Tastenabkürzungen (auch **Shortcuts** oder **Accelerators**) werden zur
schnellen Wahl von Menüpunkten oder in Dialogboxen verwendet.
Bekannte Beispiele sind [Shift] + [Einfg] zum Einfügen des Inhalts der
Zwischenablage oder [Alt] + [F4] zum Verlassen einer Anwendung.
Sie werden als Header-Datei abgespeichert. Im wesentlichen werden
die Verbindung zu den analogen Menüpunkten aufgelistet. Man sollte
darauf achten, sich an die üblichen *Windows*-Konventionen zu halten.

Bitmaps sind Grafiken beliebiger Größe. Sie werden im Format .BMP
abgespeichert und auch bei den beiden folgenden Punkten benutzt.

Cursordarstellungen verändern das Aussehen des Cursors. Sie sind spezielle Bitmaps. Einer der Bildpunkte (Pixeln) ist der sogenannte **Hot
spot**, der zum Auslösen von Aktionen dient. Befindet sich der hot
spot beispielsweise auf einem OK-Button und man betätigt die linke
Maus-Taste, wird eine Auswahl bestätigt. Neben dem eigentlichen
Aussehen enthält die Cursor-Ressource zusätzliche Informationen,
über das Verhalten des Hintergrund, wenn sich der Cursor über die
Oberfläche bewegt. So kann er zum Beispiel transparent werden oder
den Hintergrund auf andere Art beeinflussen. Bei Verwendung einer
VGA-Grafikkarte sind Icons 32×32 Pixel groß.

Icons sind ebenfalls spezielle Bitmaps. Auch ihr Aussehen kann sich bei
Bewegung über den Hintergrund ändern.

Dialogboxen sind allgemeine Auswahlfenster. Innerhalb einer solchen
Box können unterschiedliche Auswahlen zum Beispiel über grafische
Elemente, Radio buttons oder ähnliches getroffen werden.

Menüs zeigen die wählbaren Programmoptionen. Sie enthalten diverse
Menüpunkte. Die zugehörige Ressource definiert, wie sich das Programm bei Auswahl eines Menüpunktes verhalten soll.

Strings sind Texte, die innerhalb von Menüs, Dialogboxen oder anderen
Teilen des Programms verwendet werden. Die Verwaltung als Ressource hat den Vorteil, daß Programme leicht an verschiedene Spra-
chen angepaßt werden können, ohne das Programm selbst verändern
zu müssen.

 Die in obiger Aufzählung allgemeine Konvention bezüglich der Tastenkombinationen und auch von bestimmten Fenster-Elementen ist im sogenannten **SAA-Standard** von IBM definiert. Es ist unter anderem bei Microsoft unter dem Titel *System Application Architecture, Common User Access and Advanced Interface Design Guide* erhältlich.

Diese Schrift gehört zum Lieferumfang des *SDK* von Microsoft.

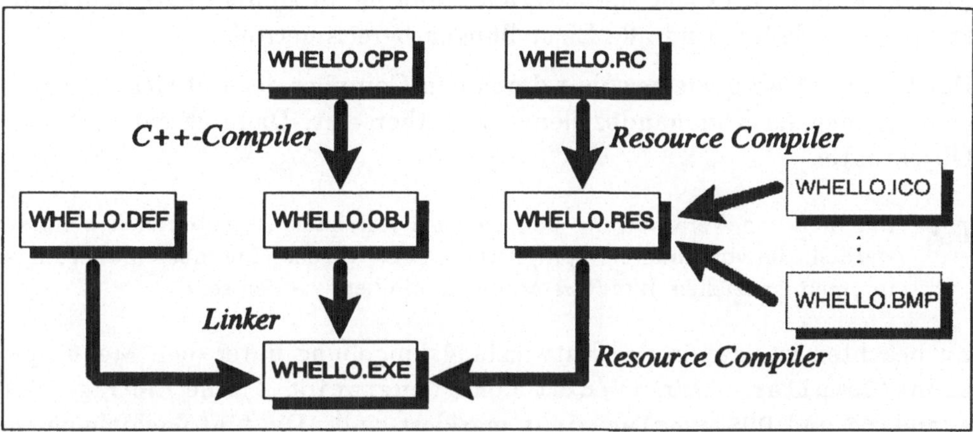

Abbildung 4.4: Die Übersetzung eines *Windows*-Programms

Die Verwendung separater Ressourcen hat vor allem den Vorteil, daß sie nachher, ohne den eigentlichen Quelltext ändern zu müssen, modifiziert werden können. Da auch Menüs und Dialogboxen zu den Ressourcen zählen, ist es somit möglich, das Erscheinungsbild eines Programms vollkommen zu verändern, ohne das Programm vollkommen neu kompilieren zu müssen.

Man kann ein ausführbares *Windows*-Programm in den Ressourcen-Editor laden und dort die Ressourcen nach belieben ändern. Man sollte sich jedoch davor hüten, Ressourcen zu entfernen. Man stelle sich vor, daß das Programm nach einer bestimmten Aktion eine Dialogbox darstellen möchte und diese nachträglich entfernt wurde. Ein Absturz des Programms ist die wahrscheinlichste Konsequenz.

4.2.2 Die Übersetzung unter DOS

Falls Sie mit der Version 2.0 von *Borland C++* arbeiten, müssen Sie auch *Windows*-Programme in der bekannten *DOS*-Entwicklungsumgebung kompilieren. In diesem Unterkapitel wird jedoch auch eine Alternative gezeigt, die darin besteht, unter *Windows* mit der Kommandozeilenversion des Compilers zu arbeiten.

Nachdem alle drei ASCII-Dateien erstellt wurden, kann die Übersetzung beginnen. Wie bereits erwähnt sollten Sie für einen ersten Test die Dateien `WHELLO.CPP`, `WHELLO.DEF` und `WHELLO.RC` aus dem `EXAMPLES`-Verzeichnis von *Borland C++* verwenden. Dort befindet sich ebenfalls eine Projektdatei mit Namen `WHELLO.PRJ`. Wenn Sie diese über `Project/Open Project...` laden, sind alle Einstellungen bereits getroffen.

Der Quelltext wird wie gewohnt durch den Compiler der Entwicklungsumgebung oder die Kommandozeilenversion übersetzt. Dadurch entsteht eine Objektdatei.

☞ Zur weiteren Verarbeitung können auch durchaus Objektdateien benutzt werden, die von anderen Compilern erzeugt wurden. Sie müssen allerdings in einem speziellen *Windows*-Modus kompiliert worden sein.

Zu beachten ist, daß in der Entwicklungsumgebung unter dem Menü `Options/Compiler.../Entry/Exit Code Generation...` die Einträge `DOS standard` und `DOS overlay` **nicht** markiert sind. Die fünf nachfolgenden Einträge dienen allesamt der Kompilation von *Windows*-Programmen. Am häuigsten wird der auch in `WHELLO.PRJ` gewählte Eintrag `Windows all functions exportable` markiert. Dadurch wird erreicht, daß alle innerhalb eines Programms definierten Funktionen von externen *Windows*-Funktionen aufgerufen werden können. Allerdings verlieren Programme dadurch etwas an Geschwindigkeit, weil für jede Funktion zusätzlicher Code erzeugt wird.

Weitere Optionen müssen für den Compiler in der Entwicklungsumgebung nicht gesetzt werden. Benutzen Sie die Kommandozeilenversion `BCC.EXE` bzw. `BCCX.EXE` (nur Version 2.0), muß für *Windows*-Programme die Option `-W` gesetzt werden.

Zur erzeugten Objektdatei wird die Moduldefinition in der nachfolgenden Bindephase durch den Linker hinzugefügt. Es entsteht ein erstes, bereits ausführbares Programm. Allerdings enthält es noch keinerlei Ressourcen.

Beim Linken in der Entwicklungsumgebung ist darauf zu achten, daß in der Dialogbox nach dem Menüpunkt `Options/Linker...` im Feld `Output` einer der beiden unteren Zeilen markiert ist. Zunächst ist dies fast immer – so auch im Beispiel – die Zeile `Windows EXE`. Der Eintrag `Windows DLL` wird benötigt, wenn eine sogenannte **Dynamic link library**

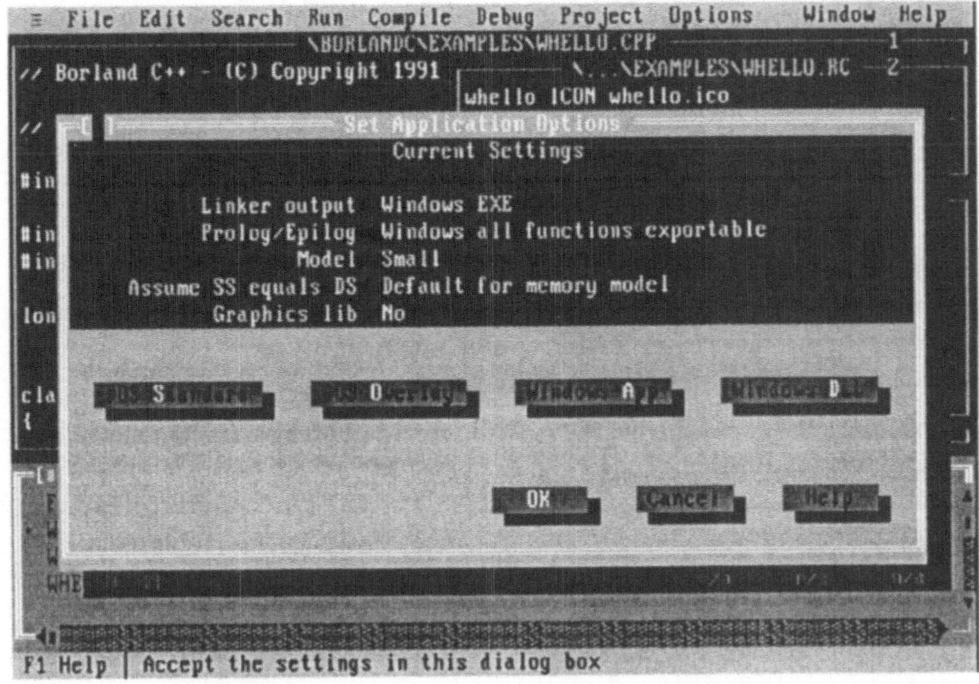

Abbildung 4.5: Die Einstellungen für `WHELLO.CPP`

erzeugt werden soll. Dadurch werden *Windows* zusätzliche Funktionen, ähnlich den Bibliotheksfunktionen, zur Verfügung gestellt. *Windows* ist in der Lage, diese separat kompilierten Funktionen zur Laufzeit in ein Programm einzubinden. Der Speicherbedarf von Programmen läßt sich dadurch gewaltig verringern.

Ferner sollten die Punkte `Graphics library` und `Warn duplicate symbols` in der Dialogbox nach dem Menü `Options/Linker...` abgeschaltet sein, weil die Grafik-Bibliothek unter *Windows* überflüssig ist und es Warnungen hagelt, da in `WINDOWS.H` sehr viele Bezeichner, also Symbole, neu deklariert werden.

Eine Zusammenfassung aller aktuellen Einstellungen zeigt der Menüpunkt `Options/Application...` an.

Die Ressourcen werden durch den Ressource Compiler bearbeitet. Er ist insofern etwas besonderes, als er zweimal aufgerufen werden kann. Einmal erzeugt er aus der `.RC`-Datei die Datei mit der Endung `.RES`. Dieser Schritt ist dann überflüssig, wenn Ressourcen mit dem Whitewater-Ressource-Editor erstellt werden. Dieser erzeugt von sich aus die `.RES`-Datei. Denoch wird der Ressourcen Compiler benötigt und zwar im zweiten Schritt. Dort werden das zuvor erzeugte Programm und eben die Ressourcen miteinander verknüpft. Die Ressourcen werden an das Programm angehängt und bei Bedarf geladen.

 Genau wie die Header-Datei `WINDOWS.H` wurde auch der Ressource-Compiler von Borland in Lizenz von Microsoft übernommen. Es handelt sich um das gleiche Programm wie im *SDK*.

Wird ein Programm mehrfach gestartet und erzeugt dadurch mehrere Anwendungen, greift jede Anwendung auf dieselben, nur einmal vorhandenen Ressourcen zu. Sie liegen demnach auch nicht im normalen Codesegment des ausführbaren Programms.

Durch die Verwendung einer Projektdatei muß man im Prinzip nur den Punkt `Compile/Make EXE file` anklicken, um sein erstes *Windows*-Programm zu übersetzten. Es kann allerdings sein, daß durch die Projektdatei die Angaben unter `Option/Directories` ungültig gemacht wurden. In diesem Fall, müssen Sie die für ihre Rechner-Konfiguration zutreffende Einstellung vornehmen.

Dann sollte allerdings alles wie von Geisterhand ablaufen. Da zum Projekt `WHELLO.PRJ` nicht nur der C++-Quelltext sondern auch die Dateien `WHELLO.DEF` und `WHELLO.RC` gehören, sollte ein lauffähiges Programm erzeugt werden. Der Compiler erkennt automatisch, wie er die einzelnen ASCII-Dateien behandeln muß. So ruft er beispielsweise ohne weiteres Zutun den Ressourcen-Compiler auf. Man stelle sich vor, wie mühsam es wäre, bei jeder Kompilation alle Vorgänge in der richtigen Reihenfolge „von Hand" zu starten.

Ein ähnliches Problem stellt sich, wenn man die Kommandozeilenversionen benutzt. Zwar kann über `BCC.EXE` bzw. `BCCX.EXE` zum Kompilieren des C++-Quelltextes, über `RC.EXE` zum Erstellen der Ressource Datei und mit `TLINK.EXE` zum Binden des ausführbaren Programms jeder Vorgang separat durchgeführt werden, doch wird man daran spätestens beim dritten Übersetzungslauf den Spaß verlieren.

Hilfreich ist in diesen Fällen eine **Make-Datei**. Sie automatisiert die Übersetzung. Dabei geht sie analog zum Menüpunkt `Compile/Make EXE file` aus der Entwicklungsumgebung vor, das heißt, es werden nur die Teile tatsächlich übersetzt, die sich verändert haben. Für `WHELLO` ist sie im `EXAMPLES`-Verzeichnis abgelegt und hat folgendes Aussehen, wobei die Pfadangaben von `C:\BORLANDC` in `D:\BORLANDC` geändert wurden.

Eine Make-Datei, nachfolgend auch Makefile genannt, ist gemäß folgendem Schema aufgebaut: Jeder Eintrag enthält eine Titelzeile. Dort steht an

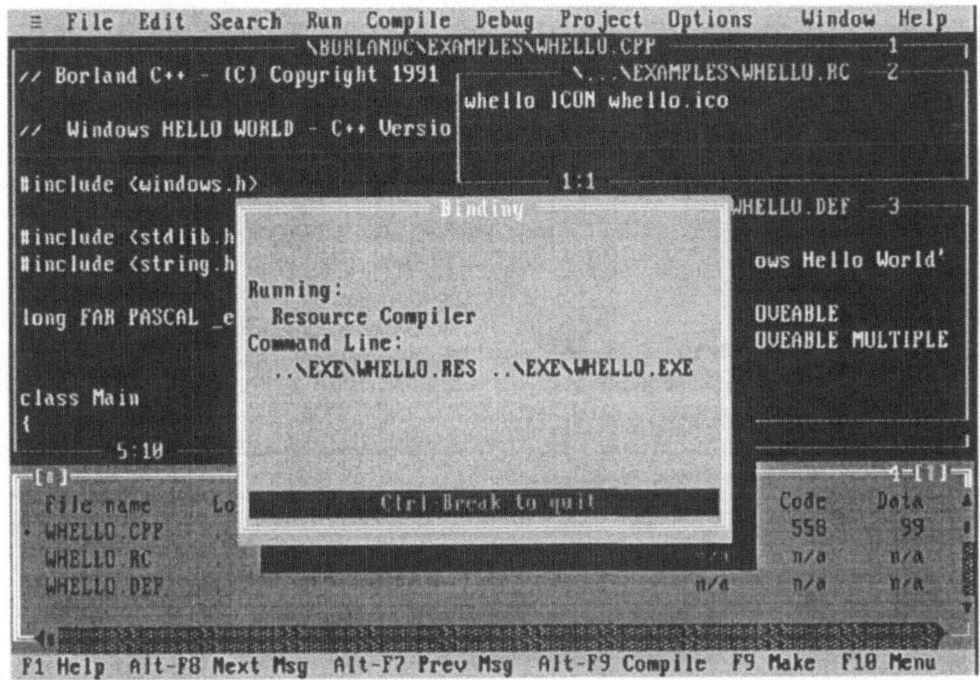

Abbildung 4.6: Aufruf des Ressource Compilers in der Entwicklungsumgebung

vorderster Stelle die Zieldatei, also die Datei, die erzeugt werdem soll. Im
Beispiel ist dies das Programm `WHELLO.EXE`. Durch einen Doppelpunkt
abgetrennt sind die abhängigen Dateien, aus denen `WHELLO.EXE` erzeugt
wird. Hier sind es `WHELLO.OBJ`, `WHELLO.DEF` und `WHELLO.RES`. Wann immer
man eine der erzeugenden Dateien verändert, erkennt das Kommando
`MAKE.EXE` durch einen Vergleich der zu jeder Datei gehörenden Zeit des
letzten Zugriffs, daß das Programm `WHELLO.EXE` neu erzeugt werden muß.

Wie dies zu geschehen hat, teilen die folgenden Zeile mit. Es werden
die Kommandos `TLINK` in Zeile 5ff und `RC` in Zeile 10 aufgerufen. Dabei
wird der Aufruf von `TLINK` syntaktisch wie eine Zeile behandelt, da die
vorhandenen Zeilenenden immer durch den Backslash (\) abgeschlossen
werden.

Der Aufruf von `TLINK` wird verständlich, wenn man das Kommando einmal
ohne Zusätze startet und sich die Auflistung der möglichen Optionen
ansieht. Sie verhalten sich analog zu den Einträgen der Entwicklungsumgebung.

Die Abhängigkeiten gehen noch eine Stufe weiter. Zum Erzeugen von
`WHELLO.EXE` waren die Dateien `WHELLO.OBJ` und `WHELLO.RES` notwendig.

```
 1 # Borland C++ - (C) Copyright 1991 by Borland International
 2 # Makefile for WHELLO program
 3
 4 whello.exe: whello.obj whello.def whello.res
 5     tlink /Tw /v /n /c D:\BORLANDC\LIB\c0ws whello,\
 6         whello,\
 7         ,\
 8         D:\BORLANDC\LIB\cwins D:\BORLANDC\LIB\cs \
 9         D:\BORLANDC\LIB\import, whello
10     rc whello.res
11
12 .cpp.obj :
13     BCC -c -ms -v -W $<
14
15 .rc.res :
16     rc -r -iD:\BORLANDC\INCLUDE $<
```

Programm 4.2: Make-Datei zu `WHELLO`

Diese sind Zieldateien der tieferen Stufe und werden aus den Dateien `WHELLO.CPP` sowie `WHELLO.RC` erzeugt. Hier wird sowohl in Zeile 12 als auch in Zeile 15 eine abkürzende Schreibweise benutzt. Die Angabe

```
.cpp.obj :
```

teilt `MAKE` beispielsweise mit, daß die Objektdatei den selben Dateistamm wie die Quelldatei, also `WHELLO`, erhalten soll. Ausführlich hätte man auch

```
whello.obj: whello.cpp
```

als obere Zeile notieren können. Falls demnach an der Quelltextdatei `WHELLO.CPP` eine Änderung vorgenommen wird, wird zunächst `WHELLO.OBJ` durch den Aufruf von `BCC` in Zeile 13 erzeugt. Das Datum des letzten (schreibenden) Zugriffs auf `whello.obj` wird dadurch neuer als das von `whello.exe`, falls diese Datei überhaupt schon existiert. Deshalb wird der Bindevorgang durch `TLINK` angestoßen. Es war nicht notwendig, den Aufruf von `RC` in Zeile 16 auszuführen, da die Datei `WHELLO.RC` nicht verändert wurde.

Gestartet wird die Make-Datei durch das Kommando `MAKE.EXE`. Man muß kein Argument übergeben, wenn die Make-Datei, den Namen `MAKEFILE` trägt. Ist dies wie im Beispiel nicht der Fall, muß die Option `-f` und ein Dateiname angegeben werden. Diese Datei ist die Make-Datei. Für `WHELLO` heißt sie `WHELLO.MAK`. Sie wird folgendermaßen aufgerufen:

```
MAKE -fWHELLO.MAK
```

Man mag sich die Frage stellen, warum an dieser Stelle so ausführlich auf die Kommandozeilenversion des Compilers eingegangen wird. Dies hängt damit zusammen, daß in der Version 2.0 von *Borland C++* keine Entwicklungsumgebung mitgeliefert wird, die unter *Windows* läuft. Man kann die Entwicklungsumgebung allenfalls als *DOS*-Anwendung starten. Bleibt man völlig auf der *DOS*-Ebene ist es sehr umständlich, Programme für *Windows* zu testen. Nach jedem Übersetzungslauf müßte *Windows* geladen werden. Man versucht das erstellte Programm zu starten und stellt meistens zu Beginn fest, daß es noch nicht wie gewünscht läuft. Also muß man *Windows* verlassen und erneut die Entwicklungsumgebung laden.

Einfacher ist es dann natürlich, die Entwicklungsumgebung als *DOS*-Anwendung in einem Fenster laufen zu lassen und das kompilierte Programm in einem anderen zu testen.

Leider ist die Benutzung der Entwicklungsumgebung unter *Windows* keine sonderlich sichere Sache. Bei vielen Systemen sind unvorhergesehene Abstürze an der Tagesordnung.

Sicherer ist es, wenn man den Quelltext mit einem *Windows*-Editor, wie beispielswiese dem bei *Windows* mitgelieferten Notizblock `NOTEPAD.EXE` bearbeitet. Die Übersetzung findet mit einer Make-Datei in einem separaten *DOS*-Fenster statt. Die Ausführung des einen Kommandos ist unter *Windows* weitaus unproblematischer als das Starten der Entwicklungsumgebung. In Abbildung 4.7 wird ein Beispiel für eine solche Umgebung gezeigt.

Nachdem das Programm fertiggestellt ist, möchte man es natürlich in Aktion bewundern. Man wählt dazu entweder im Programm-Manager den Menüpunkt `Run...` bzw. `Ausführen...` und trägt den Namen (mit komplettem Pfad) des Programms ein, also etwa:

```
D:\BORLANDC\EXAMPLES\WHELLO
```

Eine andere Möglichkeit besteht darin, daß Icon des Programms in einem Fenster abzulegen. Dazu wählt man im Programm-Manager den Menüpunkt `Neu...` bzw. `New...` und trägt wieder den vollständigen Programmpfad ein. Dadurch wird das Icon in das aktuelle Fenster des Programm-Managers eingetragen. Anschließend kann es durch einen doppelten Klick auf das Icon gestartet werden.

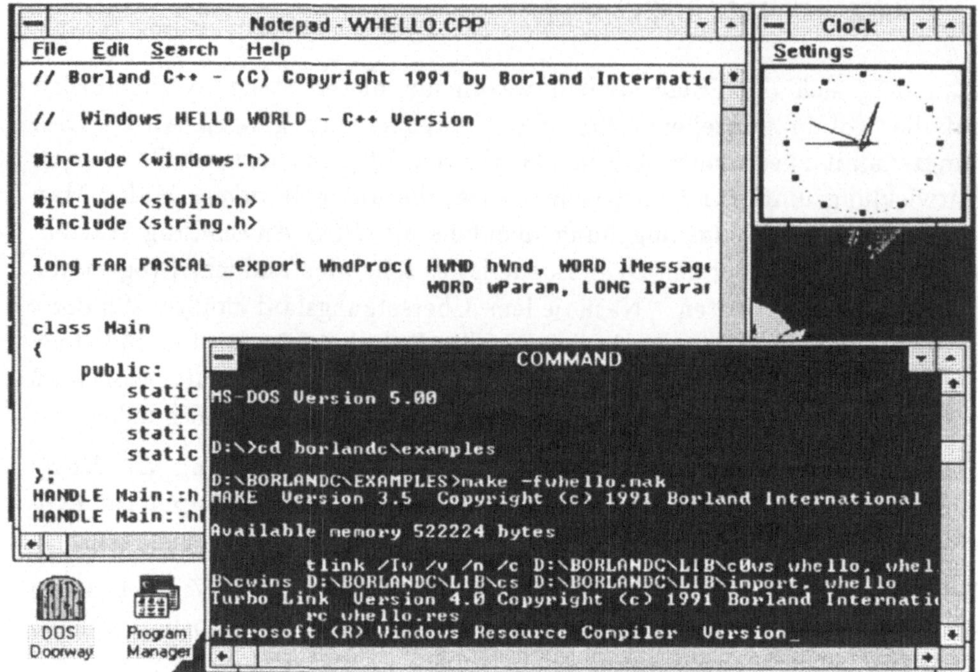

Abbildung 4.7: Ablauf der Make-Datei `WHELLO.MAK` unter *Windows*

In Abbildung 4.8 erkennt man, daß ein selbst kompiliertes Programm durchaus mehrfach gestartet werden kann. Ebenso ist im unteren Bildteil das Icon zu `WHELLO` sichtbar.

4.2.3   Die Übersetzung unter Windows

Mit der Version 3.0 enthält *Borland C++* eine eigene Entwicklungsumgebung unter *Windows*. Die meisten Menüpunkte werden vollkommen analog zur *DOS*-Version benutzt. Falls Sie also Informationen zu einem Punkt suchen, auf den in diesem Unterkapitel nicht eingegangen wird, sollten sie in 1.2 ab Seite 8 nachschlagen. Dort wird die *DOS*-Entwicklungsumgebung detailliert vorgestellt.

☞ Die Entwicklungsumgebung unter *Windows* wird von Borland auch als eigenständiges Produkt unter dem Namen *Turbo C++ für Windows* vertrieben.

Nach dem ersten Start der Entwicklungsumgebung erscheint der in Abbildung 4.9 dargestellte Bildschirm. Bei allen weiteren Aufrufen erhalten

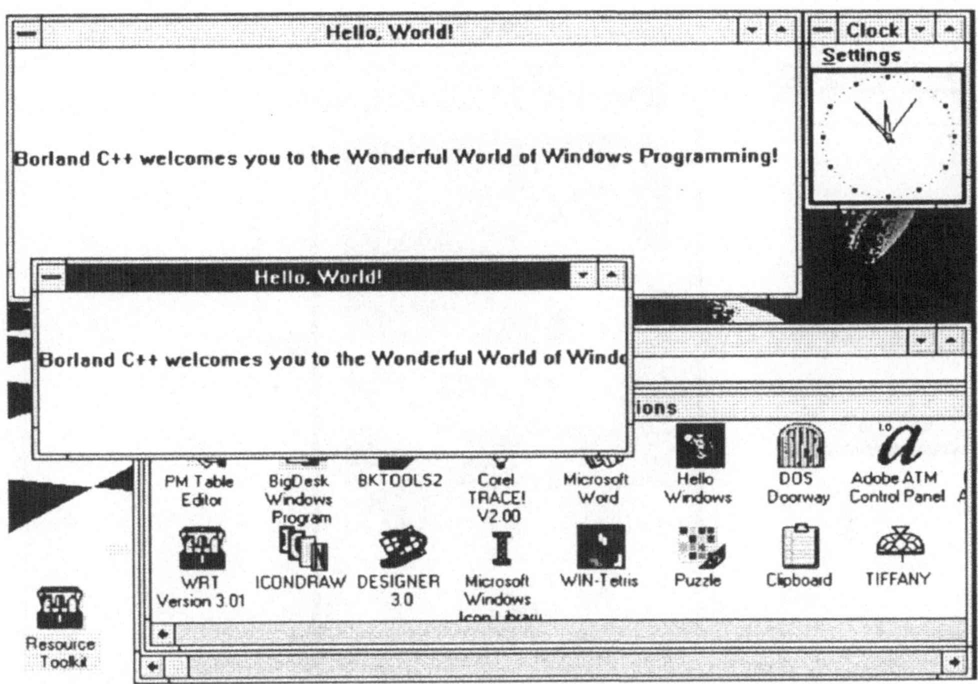

Abbildung 4.8: Das Programm `WHELLO.EXE` wurde zweimal gestartet

Sie nach dem Start exakt den Fensteraufbau, der bei Ihrer letzten Sitzung vorhanden war.

Bevor man jetzt an die Bearbeitung von Programmen geht, sollte man sich vergewissern, daß die wichtigsten Einstellungen aus der *DOS*-Entwicklungsumgebung auch in die *Windows*-Entwicklungsumgebung übernommen wurden. Dazu klickt man zum Beispiel auf `Options/Directories....` Es sollten die bereits aus Abschnitt 1 bekannten Verzeichnisse erscheinen. Da unter *Windows* der Hauptspeicher grundsätzlich immer zu klein ist, wurde, wie man in Abbildung 4.10 erkennt, auf eine Ramdisk zur Ablage der Include-Dateien verzichtet.

Um einen ersten Eindruck zu erlangen, soll wie im Abschnitt 1 zunächst ein Beispielprogramm geladen und kompiliert werden, ohne daß näher auf die speziellen Programmteile eingegangen wird. Wie im vorangegangenen Unterkapitel wird das mitgelieferte Beispiel `WHELLO.CPP` gewählt.

Auch unter *Windows* enthält die Entwicklungsumgebung einen Menüpunkt `Project`, über den `WHELLO.PRJ` geladen wird. Dies ist wie bereits erwähnt nötig, weil *Windows*-Programme in der Regel mehrere spezielle Definitionsdateien enthalten, die die Übersetzung steuern.

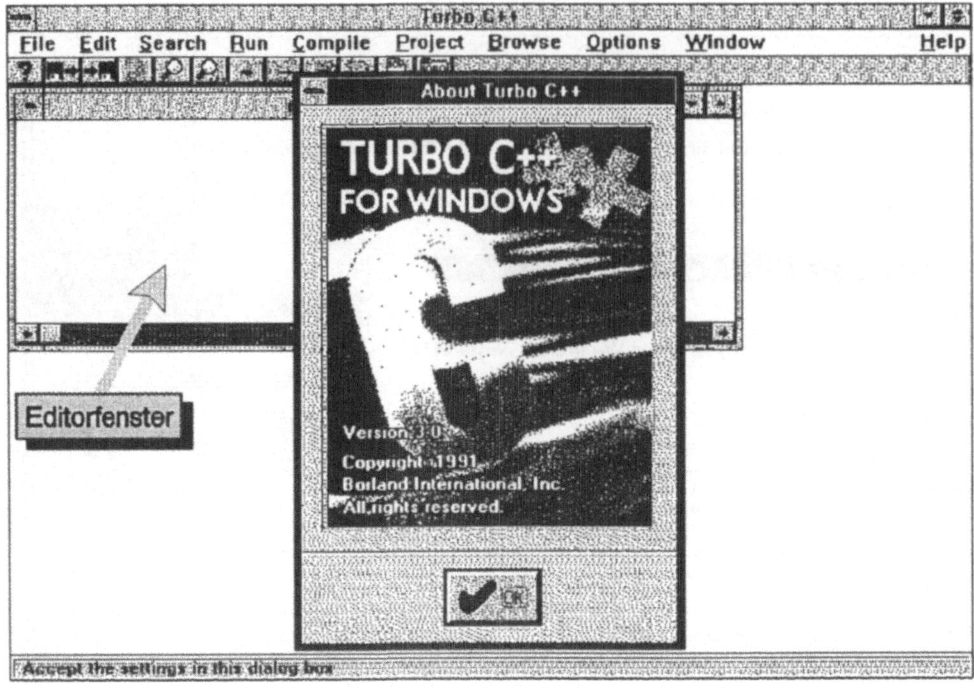

Abbildung 4.9: Der erste Start von *Turbo C++ für Windows*

Genau wie unter *DOS*, wird das Projekt durch `Compile/Make` übersetzt.
Ihr Bildschirm sollte wie in Abbildung 4.11 aussehen. Am Ende der
Übersetzung sollte keinerlei Warnung oder Fehler aufgetreten sein.

Möchte man sich anschließend die Ausgabe des Programms ansehen, kann
man es entweder wie jedes andere Programm über den Programm Manager
oder über den Menüpunt `Run/Run` in der Entwicklungsumgebung starten.
Letztere Wahl sollte zu einem Bildschirm wie in Abbildung 4.12 führen.

Damit haben Sie bereits die wesentlichen Vorgänge kennengelernt. Man
kann nun genau wie unter *DOS*, mehrere Fenster mit Quelltexten öffnen,
nach Texten suchen oder auch spezielle Optionen einstellen. Es gibt
lediglich einen zusätzlichen Menüpunkt mit der Bezeichnung `Browse`.

Unter „Browsing" (engl. *to browse* zu deutsch „schmökern") vesteht man
im Zusammenhang mit Compilern, das Durchsuchen nach bestimmten
Programmteilen, also etwa Funktionen, Datentypen oder ähnlichem. Man
erhält in diesem Menü Zusammenfassungen aller in einem Programm
verwendeten Klassen, Variablen und Funktionen. In Abbildung 4.13 wurde
beispielsweise in einem Quelltext durch `Browse/Classes` eine Übersicht
aller Klassen angefordert. In der daraufhin angezeigten Box, dem sogenann-

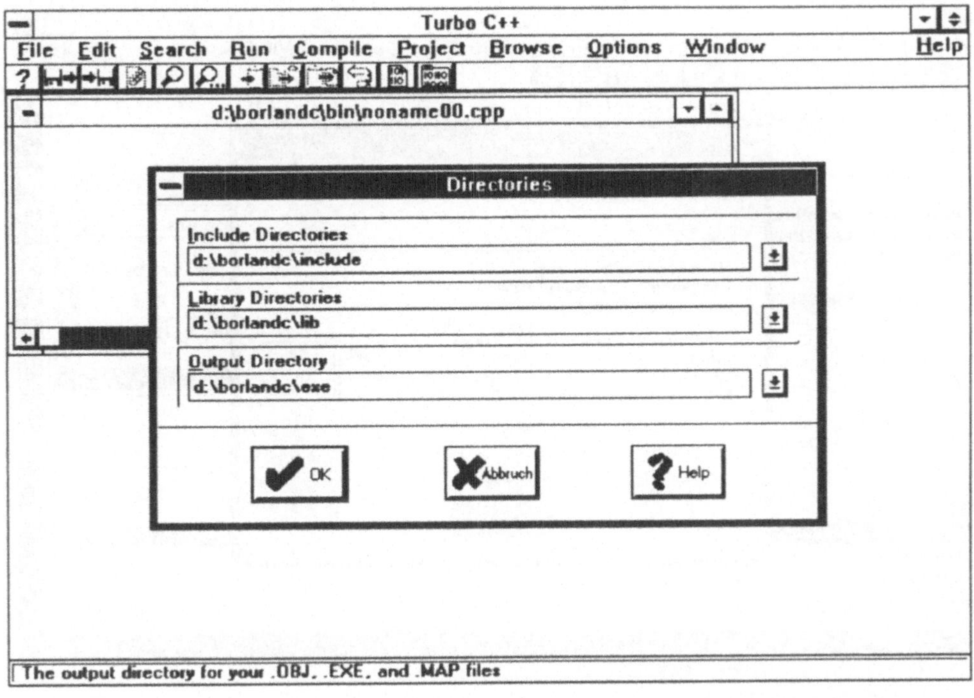

Abbildung 4.10: Verzeichnisauswahl in der *Windows*-Entwicklungsumgebung

ten **Object Browser** kann eine bestimmte Klasse ausgewählt und zu ihr gesprungen werden. Wer bereits größere Programme geschrieben hat, wird dieses zusätzliche Hilfsmittel sehr zu schätzen wissen. Wie leicht verliert man schon in mittleren Programmen den Überblick über alle definierten Bezeichner.

Im einzelnen haben die Menüpunkte folgende Aufgaben:

`Classes` zeigt eine Übersicht aller in einem Programm deklarierten Klassen.

`Function` wie `Classes` nur für Funktionen.

`Variables` wie `Classes` nur für Variablen.

`Symbol at cursor` versucht die Eigenschaften des Bezeichners unter dem Cursor anzuzeigen.

`Rewind` wiederholt das als vorletztes angezeigte Browse-Fenster.

`Overview` wird benutzt, wenn man nach einem der ersten vier Menüpunkte tiefer in eine bestimmte Struktur hinabgestiegen ist. Es wird eine Übersicht aller Objekte mit gleicher Eigenschaft angezeigt.

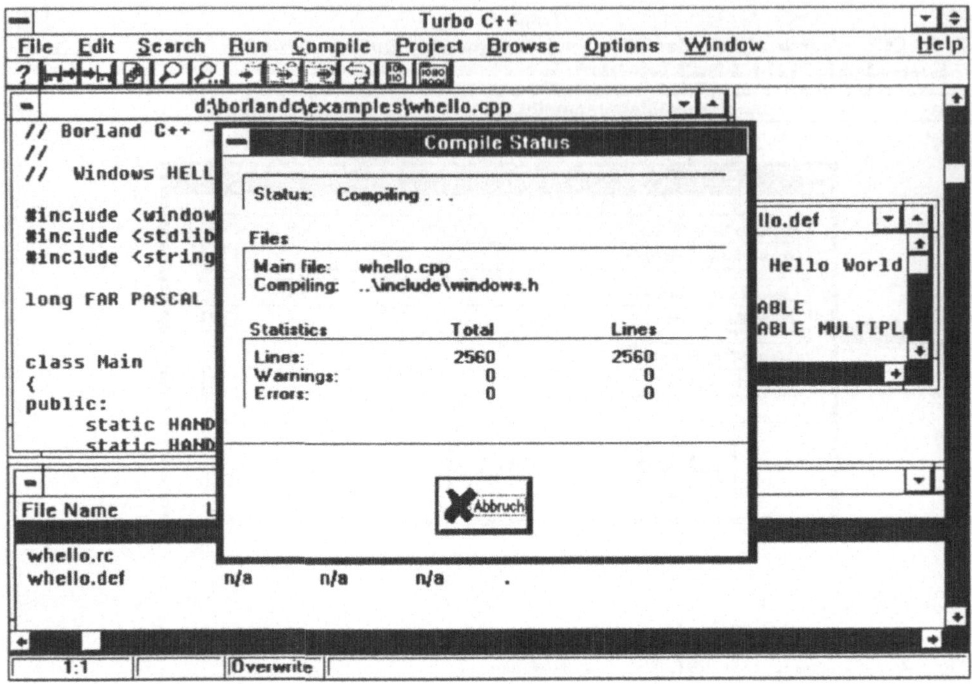

Abbildung 4.11: Kompilation von **WHELLO.CPP** unter *Windows*

Inspect steigt in eine im Object-Browser markierte Struktur, also Klasse,
    Funktion oder Variable, hinab.

Goto springt zum Quelltext des im Object Browser markierten Bezeichners.

Vor allem der letzte Menüeintarg **Goto** ist praktisch, wenn man gezielt
eine bestimmte Programmstelle auffinden möchte. Man gelangt so häufig
schneller an die gewünschte Stelle als über das **Search**-Menü. Falls nämlich
ein Bezeichner nicht im aktuellen Quelltext deklariert wurde, kommt man
mit **Search** nicht weiter. Der Object Browser „kennt" dagegen die interne
Programmstruktur und kann somit auch zu anderen Quelltexten springen.

Die meisten Menüpunkte können auch durch Anwahl eines Symbols innerhalb des Object-Browsers angewählt werden. So entspricht die Lupe etwa
dem Menüpunkt **Inspect**. Die Hilfe zu den einzelnen Menüpunkten listet
genau auf, welches Symbol zu welchem Menüpunkt korrespondiert.

Man kann **Browse** nur verwenden, wenn bereits ein ausführbares Programm
erzeugt wurde, weil ohne Kompilation die benötigten Informationen nicht
vorliegen.

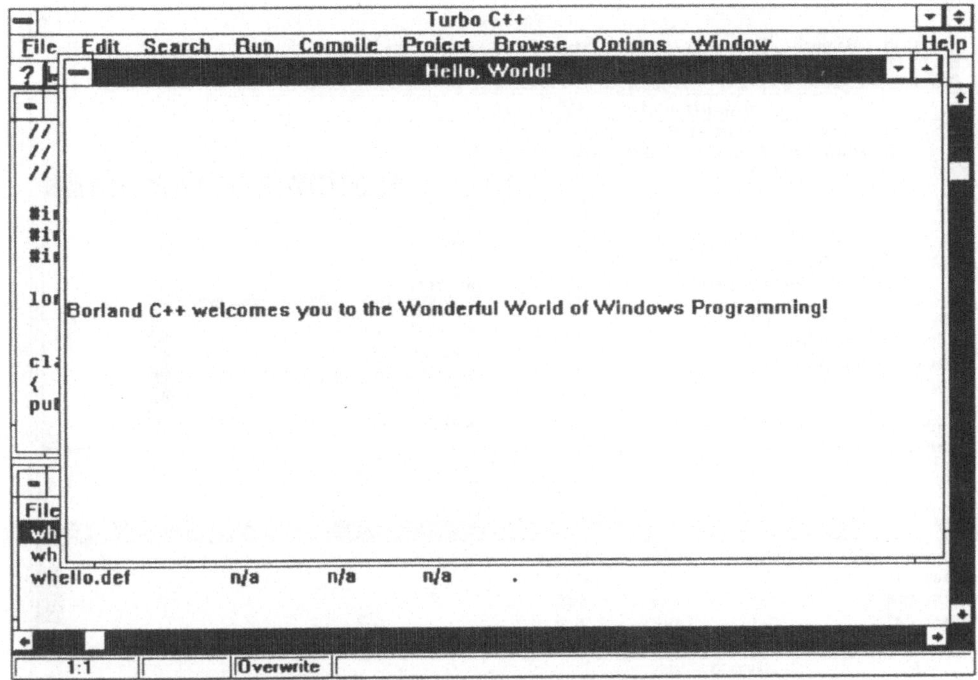

Abbildung 4.12: Nach der Wahl des Menüpunktes Run/Run

4.2.4 DOS-Programme als Windows-Anwendung

Mit der Version 3.0 von *Borland C++* wird ein Traum vieler *Windows*-Umsteiger wahr. Man kann C++-Programme für *DOS* **ohne eine einzige Zeile abzuändern** so kompilieren, daß sie als *Windows*-Anwendung in einem eigenen Fenster ablaufen. Sowohl in der Entwicklungsumgebung unter *DOS* als auch unter *Windows*, muß unter dem Menüpunkt Options/ Linker/Settings... unter Output anstelle von *DOS* EXE der Eintrag Windows EXE markiert werden. Anschließend wird das Programm genau wie bisher kompiliert. Einzige Bedingung an den Quelltext ist es, daß in ihm nicht die Datei DOS.H eingebunden werden darf. Dadurch fallen etwa die Funktionen sound() und nosound() zum Erzeugen von Geräuschen weg. Alle anderen Bibliotheken können mit eingebunden werden. Dazu gehören auch IOSTREAM.H und STDIO.H. Die dort deklarierten Ein- und Ausgabefunktionen bzw. Streams werden durch entsprechende *Windows*-Gegenstücke automatisch korrekt ersetzt.

In den Abbildungen 4.14 und 4.15 wird die Übersetzung sowohl unter der *DOS*- als auch unter der *Windows*-Entwicklungsumgebung gezeigt. Als Beispiel wird das Programm PRIM1.CPP genommen, das bereits in 2.3.4 in

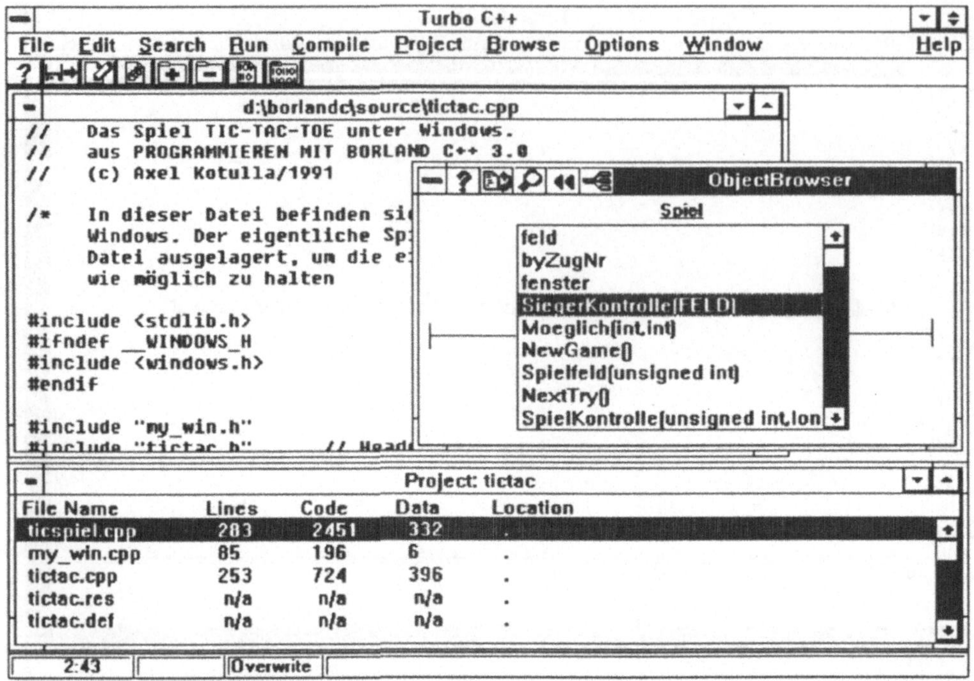

Abbildung 4.13: Der Object-Browser in der *Windows*-Entwicklungsumgebung

Programm 2.6 vorgestellt wurde.

In beiden Entwicklungsumgebungen werden zwei Warnungen angezeigt, die jedoch ingnoriert werden können. Sie besagen lediglich, daß `main()` keinen Wert zurückliefert, was sich durch Voranstellen eines `void` beheben ließe, und daß keine Moduldefinitionsdatei zu `PRIM1.CPP` existiert und deshalb die Standardwerte eingesetzt werden. Dies kann bei kleinen Programmen problemlos immer so gemacht werden. Bei umfangreicheren Quelltexten, die eventuell auch rekursive Funktionsaufrufe enthalten, muß die Stackgröße erhöht werden. Werden im Programm auch große Felder verarbeitet, gilt dies ebenfalls für die Größe des Heap. Eine allgemeine Regel für die Einträge `STACKSIZE` und `HEAPSIZE` in der Moduldefinitionsdatei kann leider nicht angegeben werden.

Versucht man in der *DOS*-Entwicklungsumgebung durch `Run/Run` das kompilierte und gebundene Programm zu starten, erhält man die Meldung, daß dies nur unter *Windows* möglich ist. Auch hier wird automatisch das Programm `WINSTUB.EXE` gestartet, falls das Programm nicht aus *Windows* heraus aufgerufen wird.

Lädt man *Windows*, kann man das Programm entweder direkt aus der

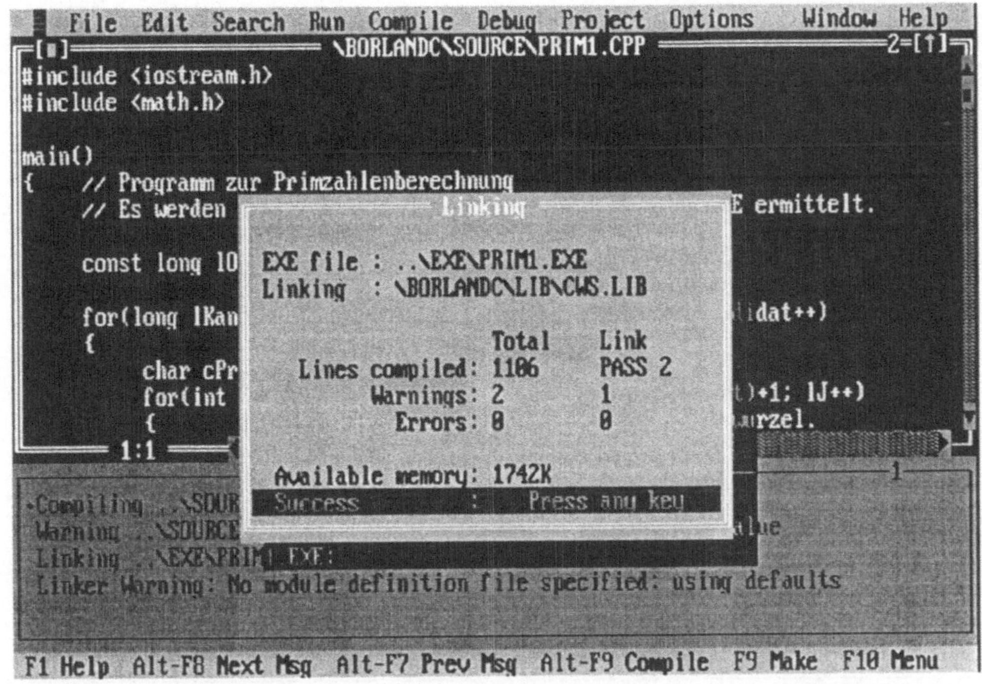

Abbildung 4.14: Übersetzung von `PRIM1.CPP` unter *DOS*

Windows-Entwicklungsumgebung durch `Run/Run` starten, oder man trägt es in die Dialogbox nach dem Menüpunkt `Datei/Ausführen...` (bzw. `File/Execute...` in der englischen *Windows*-Version) ein. In beiden Fällen sollte das in Abbildung 4.16 dargestellte Fenster erscheinen.

Dieses sicher nützliche Hilfsmittel befreit nicht von der Aufgabe, sich mit dem Erstellen spezieller *Windows*-Programe zu befassen. Es ist bei der Konvertierung von *DOS* zu *Windows* (bisher) nicht möglich, verschiedene Fenster zu gestalten. Gerade das macht jedoch eine „echte" *Windows*-Anwendung aus. Dort kann man Ein- und Ausgaben in verschiede Fenster und Boxen verlagern und seine Programme so benutzerfreundlicher gestalten.

4.3 Eigene Windows-Programme

Bereits zu Beginn dieses Abschnittes wurde angedeutet, daß die Programmierung unter *Windows* eine gewisse Umstellung erfordert. Die Hauptaufgabe eines *Windows*-Programms besteht darin, auf Meldungen zu

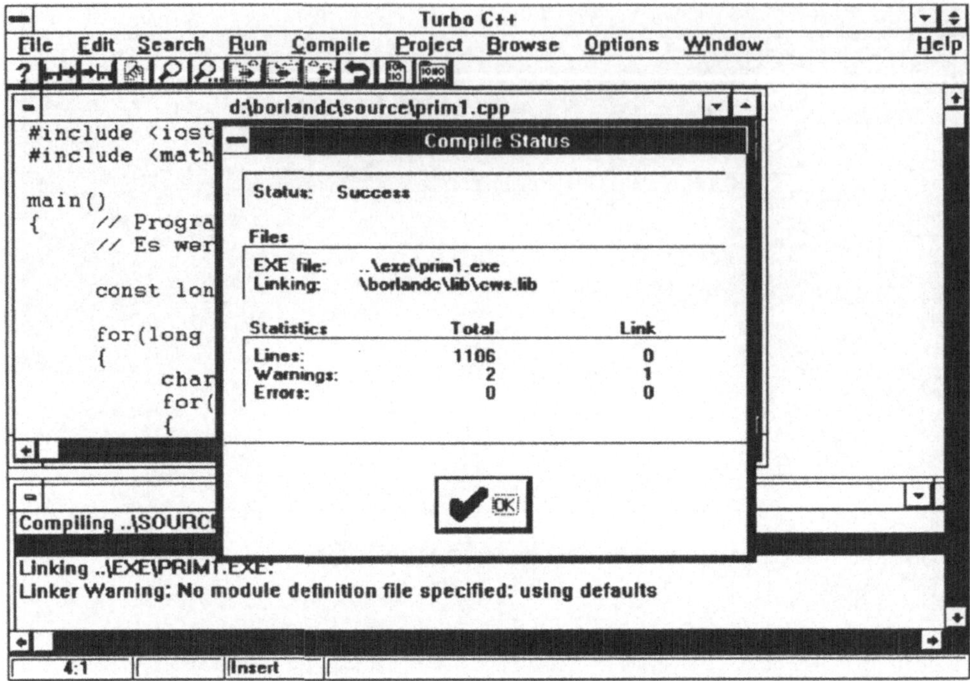

Abbildung 4.15: Übersetzung von `PRIM1.CPP` unter *Windows*

reagieren. Meldungen gehen fast pausenlos ein, sei es daß der Benutzer eine Taste drückt, die Maus bewegt oder ähnliches. Es kann auch geschehen, daß mehrere Meldungen quasi gleichzeitig eingehen. Da diese nicht alle unmittelbar verarbeitet werden können, müssen sie in die Meldungswarteschlange eingereiht werden. Das Abarbeiten dieser Liste ist der wesentlichste Teil eines *Windows*-Programms.

Die Meldungen werden intern durch ganze Zahlen dargestellt. Damit der Programmierer nicht ständig in irgendwelchen Listen die passende Zahl heraussuchen muß, erhalten sie in der Header-Datei `WINDOWS.H` symbolische Namen.

4.3.1 Die Datei WINDOWS.H

Ein Nachteil der *Windows*-Programmierung unter *Borland C++* besteht darin, daß der objektorientierte Programmierstil nicht unterstützt wird. Es sind standardmäßig keine Klassen vorhanden, die beispielsweise ein Fenster oder eine Dialogbox darstellen. All diese Dinge müssen vom Programmierer selbst erstellt werden.

```
┌─────────────────────────────────────────────────────┐
│ ─  │Inactive D:\BORLANDC\EXE\PRIM1.EXE│        ▼ ▲ │
│ ┌─────────────────────────────────────────────┬─┐ ↑ │
│ │   19 ist eine Primzahl.                      │ │   │
│ │   23 ist eine Primzahl.                      │ │   │
│ │   29 ist eine Primzahl.                      │ │   │
│ │   31 ist eine Primzahl.                      │ │   │
│ │   37 ist eine Primzahl.                      │ │   │
│ │   41 ist eine Primzahl.                      │ │   │
│ │   43 ist eine Primzahl.                      │ │   │
│ │   47 ist eine Primzahl.                      │ │   │
│ │   53 ist eine Primzahl.                      │ │   │
│ │   59 ist eine Primzahl.                      │ │   │
│ │   61 ist eine Primzahl.                      │ │   │
│ │   67 ist eine Primzahl.                      │ │   │
│ │   71 ist eine Primzahl.                      │ │   │
│ │   73 ist eine Primzahl.                      │ │   │
│ │   79 ist eine Primzahl.                      │ │   │
│ │   83 ist eine Primzahl.                      │ │   │
│ │   89 ist eine Primzahl.                      │ │   │
│ │   97 ist eine Primzahl.                      │ │ ↓ │
│ ◄ │                                             │ │ ► │
└─────────────────────────────────────────────────────┘
```

Abbildung 4.16: Das Programm `PRIM1.CPP` als *Windows*-Anwendung

Dies ist für einen Neuling lehrreich, aber auch mühsam. Abhilfe schafft das
von Borland angebotene Paket *Object Windows*, in dem eine Klassenhierarchie für *Windows*-Objekte aufgebaut wird. Das Kapitel 4.5 beschreibt die
dort zur Verfügung gestellten Hilfsmittel.

☞ In der professionellen Version von *Borland C++* ist *Object Windows* bereits
enthalten und muß nicht separat erworben werden.

Die zu *Borland C++* gehörende Header-Datei `WINDOWS.H` wurde in Lizenz
von Microsoft übernommen. Nahezu die gleiche Datei gehört auch zum
SDK von Microsoft. Sie wurde lediglich zu Beginn und am Ende um drei
Zeilen ergänzt.

```
#if defined( __cplusplus )
extern "C"{
#endif /* __cplusplus */

        ( ... )

#if defined( __cplusplus )
}
#endif /* __cplusplus */
```

So wird erreicht, daß WINDOWS.H auch in C++-Programmen verwendet werden kann. Es ist nämlich so, daß Aufrufe von Funktionen in C und C++ unterschiedlich behandelt werden können. Möchte man sicherstellen, daß eine externe C-Funktion in einem C++-Programm „verstanden wird", muß sie mit einem **extern** "C" deklariert werden. "C" ist ein spezieller Schalter, der dem C++-Compiler mitteilt, daß alles im nachfolgenden Block nach C-Konvention aufgerufen wird.

In den meisten Fällen wird solch eine Deklaration nur für eine Funktion angewendet, also etwa in der Form:

```
extern "C" int Power()
```

Dadurch wird dem Compiler mitgeteilt, daß die Funktion Power() eine reine C-Funktion ist, bei der die Typen eventueller Aufrufargumente nicht angegeben werden müssen.

In WINDOWS.H wird der Inhalt der gesamten Datei als C-Programmtext gekennzeichnet.

Der Rest der Datei deklariert Typen, symbolische Konstanten und knapp 600 (!) Funktionen. An der enormen Anzahl von Funktionen erkennt man zum einen die vielfältigen Möglichkeiten. Zum anderen erkennt man jedoch auch das Problem, alles „von Hand" programmieren zu müssen und daß man bei Bedarf gezwungen ist, die benötigte Funktion herauszusuchen.

Beim Gebrauch der Funktionen unterstützt Sie natürlich die integrierte Hilfsfunktion. Sie hilft jedoch nicht, wenn man den Namen einer Funktion nicht kennt.

```
 1 #if !defined( _WINDOWS_H )
 2 #define _WINDOWS_H
 3
 4 /**********************************************************************/
 5 /*                                                                  */
 6 /*   WINDOWS.H -                                                     */
 7 /*                                                                  */
 8 /*        Include file for Windows 3.0 applications                 */
 9 /*                                                                  */
10 /**********************************************************************/

          ( ... )

83 /*----------------------------------------------------------------*/
84 /* General Purpose Defines                                        */
85 /*----------------------------------------------------------------*/
86
87 #ifndef NULL
88 #if defined(_TINY_) || defined(_SMALL_) || defined(_MEDIUM_)
```

```
 89 #define NULL  0
 90 #else
 91 #define NULL  0L
 92 #endif
 93 #endif
 94
 95 #define FALSE               0
 96 #define TRUE                1
 97
 98 #define FAR                 far
 99 #define NEAR                near
100 #define LONG                long
101 #define VOID                void
102 #define PASCAL              pascal
103
104 #if !defined( NOMINMAX ) && !defined( __cplusplus )
105
106 #ifndef max
107 #define max(a,b)            (((a) > (b)) ? (a) : (b))
108 #endif
109

            ( ... )

122 typedef int                 BOOL;
123 typedef unsigned char       BYTE;
124 typedef unsigned int        WORD;
125 typedef unsigned long       DWORD;
126 typedef char near           *PSTR;
127 typedef char near           *NPSTR;
128 typedef char far            *LPSTR;
129 typedef BYTE near           *PBYTE;
130 typedef BYTE far            *LPBYTE;
131 typedef int near            *PINT;
132 typedef int far             *LPINT;
133 typedef WORD near           *PWORD;
134 typedef WORD far            *LPWORD;
135 typedef long near           *PLONG;
136 typedef long far            *LPLONG;
137 typedef DWORD near          *PDWORD;
138 typedef DWORD far           *LPDWORD;
139 typedef void far            *LPVOID;
140
141 #ifndef WIN_INTERNAL
142 typedef WORD                HANDLE;
143 typedef HANDLE              HWND;
144 #endif

            ( ... )

168 #ifndef WIN_INTERNAL
169 typedef struct tagRECT
170   {
171    int        left;
172    int        top;
173    int        right;
174    int        bottom;
175   } RECT;
176 #endif

            ( ... )
```

```
182 typedef struct tagPOINT
183     {
184     int         x;
185     int         y;
186     } POINT;

            ( ... )

192 /*-------------------------------------------------------------*/
193 /*  KERNEL Section                                             */
194 /*-------------------------------------------------------------*/
195
196 #ifndef NOKERNEL
197
198 /* Loader Routines */
199 WORD    FAR PASCAL GetVersion(void);
200 WORD    FAR PASCAL GetNumTasks(void);
201 HANDLE  FAR PASCAL GetCodeHandle(FARPROC);

            ( ... )

565 /*-------------------------------------------------------------*/
566 /*  GDI Section                                                */
567 /*-------------------------------------------------------------*/
568
569 #ifndef NOGDI
570
571 #ifndef NORASTEROPS
572
573 /* Binary raster ops */
574 #define R2_BLACK            1   /* 0      */
575 #define R2_NOTMERGEPEN      2   /* DPon   */
576 #define R2_MASKNOTPEN       3   /* DPna   */

            ( ... )

3471 int PASCAL WinMain( HANDLE, HANDLE, LPSTR, int );
3472 int FAR PASCAL LibMain( HANDLE, WORD, WORD, LPSTR );
3473
3474 #if defined( __cplusplus )
3475 }
3476 #endif  /* __cplusplus */
3477
3478 #ifndef RC_INVOKED
3479 #pragma option -a.
3480 #endif
3481
3482 #endif  /* __WINDOWS_H */
```

Programm 4.3: Ein Ausschnitt aus der Header-Datei `WINDOWS.H`

Zu Beginn der Header-Datei werden in den Zeilen 95 und 96 zwei altbekannte Definitionen der logischen Werte **FALSE** und **TRUE** vorgenommen. Warum sie nicht als Aufzählungstyp deklariert werden, kann nur damit erklärt werden, daß diese nicht zum Sprachumfang des Original Kernighan & Ritchie-C gehören.

Die anschließenden Definitionen erscheinen auf den ersten Blick etwas sonderbar. Warum muß durch

```
#define FAR far
```

eine zusätzliche Bezeichnung für `far`-pointer, also Zeiger auf Adressen außerhalb des aktuellen Datensegments, eingeführt werden? Der Grund liegt darin, daß `far` zwar auch in anderen Compilern wie etwa *Microsoft C*, *Quick C* oder auch *Zortech C++* ein Schlüsselwort ist, dies jedoch nicht durch den Sprachstandard vorgeschrieben wird. Falls man eines Tages in die Verlegenheit kommt, einen anderen Compiler benutzen zu müssen, etwa weil ein *Windows*-Programm auf einer anderen Rechnerfamilie übersetzt werden soll, und dieser Compiler kein `far` kennt, muß lediglich in der Header-Datei eine Änderung vorgenommen werden.

Ab Zeile 122 findet man dann aus Tabelle 2.4 bekannte Datentypen. Sie werden erweitert um die entsprechenden Zeigertypen, die alle sowohl als `near` -Zeiger innerhalb als auch als `far`-Zeiger außerhalb des aktuellen Datensegments verwendet werden können. Das Präfix LP bzw. bei Variablennamen `lp` steht für `far`-pointer und P bzw. p für gewöhnliche `near`-Zeiger, wie sie bisher fast ausschließlich benutzt wurden.

Man sollte sich schon jetzt als Faustregel merken, daß alle *Windows*-Funktionen, die einen Zeiger zurückliefern, dieses in Form eines `far`-pointers tun.

Ab Zeile 192 werden die knapp 600 *Windows*-Funktionen deklariert. Bereits direkt am Anfang erkennt man, daß bei fast jeder Funktion das Schlüsselwort `PASCAL` auftaucht. Wer sich an 2.4.2 zurückerinnert wird wissen, daß dadurch die Argumente einer Funktion nicht wie üblich von rechts nach links sondern umgekehrt, also von links nach rechts auf den Stack gelegt werden. Vom Stack werden die Argumente innerhalb der aufgerufenen Funktion heruntergeholt. Der erzeugte Code ist dadurch etwas kürzer und damit schneller. Der Nachteil, daß nämlich keine variable Argumentanzahl möglich ist, spielt keine Rolle, da bei allen *Windows*-Funktionen die Anzahl feststeht.

Man könnte auf das Schlüsselwort `pascal` bzw. besser `PASCAL` verzichten, wenn in der Entwicklungsumgebung unter `Options/Compiler/Entry/Exit Code` als Aufrufkonvention dauerhaft `Pascal` eingestellt wird. Allerdings sind die Programme dann nicht ohne weiteres mit anderen Compilern zu übersetzen.

4.3.2 Das erste Windows-Programm

Während das allererste C++-Programm wenigstens eine Zeichenkette aus-
gab, tut das allererste *Windows*-Programm überhaupt nichts. Es wird
gestartet und sofort wieder beendet. Dennoch kann man an ihm einige
grundlegende Dinge erklären.

```
 1 //   Das allererste Windows-Programm
 2
 3 #include <windows.h>
 4 #pragma argsused
 5
 6 int PASCAL WinMain(HANDLE hInstance, HANDLE hPrevInstance,
 7                    LPSTR lpszCmdLine, int iCmdShow)
 8 {
 9      return(FALSE);
10 }    // Ende von WinMain()
```

Programm 4.4: Das allererste *Windows*-Programm tut gar nichts

Die `#include`-Anweisung in Zeile 3 muß jedes *Windows*-Programm enthalten. Wie im vorigen Unterkapitel erläutert, enthält `WINDOWS.H` alle
notwendigen Deklrationen.

Zusätzlich wurde in Zeile 4 das Pragma `argsused` gesetzt. Dadurch werden
Warnungen bezüglich unbenutzter Parameter unterdrückt. Ohne dieses
Pragma würde man bei jeder Übersetzung darauf hingewiesen, daß mit
den vier Parameter nichts unternommen wird. Da das Programm insgesamt
nichts tut, kann die Warnung unterdrückt werden.

Auffallend ist anschließend, daß das Programm keine Funktion `main()`
enthält. Stattdessen trifft man auf `WinMain()`. Diese Funktion ersetzt
`main()`. Genauer gesagt, wird immer eine Standardfunktion `main()`
verwendet, welche überprüft, ob das Programm unter *Windows* gestartet
wurde. War dies nicht der Fall, wird standardmäßig das Programm
`WINSTUB.EXE` oder ein vom Programmierer in der Moduldefinitionsdatei
eingetragenes ausgeführt. Wurde das Programm unter *Windows* gestartet,
wird als erste Funktion `WinMain()` aufgerufen.

Diese Funktion wird wie alle *Windows*-Funktionen mit `PASCAL` markiert.
Sie liefert einen Wert vom Typ `int` zurück, was dem Exit-Status in einem
normalen Programm entspricht. Wie gewohnt signalisiert eine Null auch
hier ein erfolgreiches Programmende.

Der wichtigste Teil am Programm sind die Parameter von `WinMain()`. Sie müssen bei jedem Programm angegeben werden, da bei einer als `PASCAL` deklarierten Funktion kein Parameter fehlen darf.

☞ Die Namen der Parameter haben sich als Quasi-Standard eingebürgert. Deshalb wird hier auf eine mögliche deutsche Übersetzung verzichtet.

`hInstance` ist vom Typ `HANDLE`, was soviel bedeutet wie `unsigned int`. Unter einer **Handle** versteht man allgemein die Nummer eines Datenobjekts. Durch diese Nummer kann das Datenobjekt von *Windows* eindeutig identifiziert werden. Dabei kann es durchaus sein, daß das Objekt physikalisch im Speicher verschoben wird. Die Handle bleibt immer gleich. Im vorliegenden Fall kennzeichnet `hInstance` die durch `WinMain()` gestartete Anwendung. Wie Sie sich errinnern, kann man ein Programm mehrfach starten und dadurch mehrere Anwendungen erzeugen. *Windows* vergibt nach jedem Programmaufruf an `hInstance` eine eindeutige Nummer, die eine Unterscheidung der Anwendungen erlaubt.

Der zweite Parameter, `hPrevInstance`, ist ebenfalls vom Typ `HANDLE`. Auch er kennzeichnet eine Instanz, allerdings nicht die soeben gestartete, sondern die der vorhergehenden Anwendung. Falls ein Programm zum ersten Mal gestartet wird, enthält `hPrevInstance` den Wert `NULL`. Auf diese Art kann man sehr einfach abfragen, ob ein Programm mehrfach gestartet wurde, also mehrere Anwendungen aktiv sind.

☞ Welche konkreten Werte `hInstance` und `hPrevInstance` enthalten, ist für den Programmierer uninteressant.

Der dritte Parameter, `lpszCmdLine`, ist schon durch das Präfix `lpsz` als `far`-Zeiger auf eine Zeichenkette gekennzeichnet. Diese Zeichenkette enthält die beim Programmstart übergebenen Argumente. Dazu ist es erforderlich, das Programm über den Menüpunkt `Ausführen...` bzw. `Run...` im Programm-Manager zu starten. Dort hat man die Möglichkeit, ein Programm mit Argumenten auszuführen. `lpszCmdLine` verhält sich ähnlich wie `argv`. Beim Start über ein Icon zeigt `lpszCmdLine` auf `NULL`.

Der letzte Parameter, `iCmdShow`, gibt an, in welchem Darstellungsmodus das Programm gestartet wurde. Hierfür kommen in `WINDOWS.H` die Konstanten `SW_SHOWNORMAL` oder `SW_SHOWMINNOACTIVE` in Frage. Die erste ist der Normalfall, wenn nämlich das Programm aus dem Programm-Manager als Icon oder über `Run...` bzw. `Ausführen...` gestartet wurde. Dies gilt auch, wenn das Programm in der Datei `WIN.INI` im Anschluß an `run=`

eingetragen wurde. Dadurch wird das Programm bei jedem Start von
Windows automatisch aufgerufen.

 Anstelle des Eintrags in `WIN.INI` kann man beim Start von *Windows* auch
den Programmnamen explizit angeben. So wird durch

```
WIN D:\BORALNDC\EXE\WINNIX
```

nach dem Start von *Windows* automatisch das Programm `WINNIX.EXE`
aufgerufen.

Anders verhält es sich, wenn das Programm hinter `load=` steht. Dann
enthält `iCmdShow` den Wert `SW_SHOWMINNOACTIVE`, weil das Programm beim
Start von *Windows* zwar geladen aber nicht aktiviert wird. Es wird als Icon
auf der *Windows*-Oberfläche dargestellt.

Der Vorteil besteht darin, daß ein bereits geladenes Programm schneller
gestartet werden kann, als wenn es über den Programm-Manager aufgerufen
werden muß.

Um Programm 4.4 zu kompilieren, sollte man zunächst wieder eine Projekt-
Datei erstellen. Am einfachsten ist es, wenn Sie auf der *DOS*-Ebene
die Datei `WHELLO.PRJ` aus dem `EXAMPLES`-Verzeichnis von *Borland C++*
kopieren und unter `WINNIX.PRJ` ablegen. Nach dem Öffnen dieser Projekt-
Datei müssen lediglich die Einträge über `Project/Delete item...` bzw.
`Project/Add item...` korrigiert werden. Ähnlich verfährt man mit der
Moduldefinitionsdatei `WHELLO.DEF`. Dort müssen lediglich alle Einträge, die
mit dem Programmnamen zusammenhängen, verändert werden. Die beiliegende Diskette enthält bereits die korrigierten Fassungen unter den Namen
`WINNIX.PRJ` und `WINNIX.DEF`. Hinzugefügt wurde auch eine Make-Datei
namens `WINNIX.MAK`. Auf eine Ressourcen-Datei wurde hier ausnahmsweise
verzichtet, weil an der Ausführung des Programms nichts zu erkennen ist
und man deshalb durchaus darauf verzichten kann.

Nach dem Start wird es sofort wieder beendet, ohne daß ein Fenster
geöffnet oder auch nur irgendwo ein Text ausgegeben wurde. Es wird der
logische Wert `FALSE` zurückgegeben, um anzudeuten, daß das Programm
ohne Aktion endete.

4.3.3 Fenster als Objekte

Auch wenn die Header-Datei `WINDOWS.H` von sich aus noch keine objektorientierten Werkzeuge, also spezielle *Windows*-Klassen, zur Verfügung

stellt, kann man sie dennoch dazu benutzen, eigene Programme objektorientiert zu realisieren. Man kann sich so nach und nach eine eigene Bibliothek zusammenstellen, die bei neuen Programmen weiterverwendet werden kann.

Ein wesentliches, äußeres Merkmal eines jeden *Windows*-Programms sind natürlich die Windows, also die Fenster. So wie in 2.5.2 aus einem allgemeinen spezielle Fahrzeuge abgeleitet wurden, können jetzt aus einem allgemeinen spezielle Fenster wie zum Beispiel Dialogboxen, Fenster mit Rollbalken und ähnliches abgeleitet werden.

Das Programm `WINDOWS1.CPP` erlaubt das Öffnen beliebig vieler Fenster. Sie können verschoben, auf Icon-Größe verkleinert und auf Maximal-Größe erweitert werden. Im Titelbalken erscheint jeweils der Text `Hallo Windows!`.

Zu Beginn werden zunächst zwei Basisklassen `Main` und `Window` deklariert. Erstere steuert den gesamten Programmablauf über die statische Member-Funktion `MessageLoop()`. Nach dem Erzeugen des Fensters tut das Programm nichts anderes, als auf Meldungen zu warten.

Auch die übrigen Member sind statisch. Dies ist deshalb sinnvoll, weil jede Anwendung nur ein `Main`-Objekt benötigt. Man kann deshalb völlig auf eine Instanziierung verzichten, da für statische Member bereits bei der Deklaration Speicherplatz erzeugt wird. Die zugehörigen Werte werden im hinteren Teil des Programms initialisiert. Sie verhalten sich genau wie die gleichnamigen Variablen aus dem vorigen Programm 4.4.

Die Basisklasse `Window` dient zum Aufbau eines Fensters. Sie enthält zunächst die Fenster-Handle, also die Identifikationsnummer des Fensters. Sie wird als `protected` deklariert, damit alle Methoden Zugriff auf das Datum haben, es aber von außen nicht angesprochen (und fälschlicherweise verändert) werden kann.

Im öffentlichen Teil werden vier Methoden deklariert und die ersten drei – da es sich dort um Inline-Funktionen handelt – auch definiert. Die vierte Methode, `WndProc()` muß nicht gesondert definiert werden, da sie virtuell ist und somit von jeder abgeleiteten Klasse umdefiniert werden kann und dies auch sollte, da hier die Nachrichten verarbeitet werden. Dies ist ein wesentliches Unterscheidungsmerkmal von Fenstern. Kaum zwei Fenster unterschiedlichen Typs reagieren auf Nachrichten vollkommen gleich.

Im einzelnen liefert `GetHandle()` die Nummer der aktuellen Handle. Da `hWnd` als `protected` deklariert ist, kann man nur über diesen „Umweg" auf das Datum zugreifen.

```
                    ( ... )

11 class Main
12 {     // Das gesamte Programm wird als Main-Objekt verkapselt.
13     public:
14         static HANDLE hInstance;
15         static HANDLE hPrevInstance;
16         static int iCmdShow;
17         static int MessageLoop(void); // In dieser Funktion
18                                       // werden messages
19     };                                // verarbeitet.
20
21 class Window
22 {     // Basisklasse für Fenster
23     protected:
24         HWND hWnd;       // Handle des Fensters, durch die es
25                          // identifiziert wird.
26     public:
27         HWND GetHandle(void)
28         {     // Inline-Funktion, die die Handle liefert.
29             return(hWnd);
30         }
31         BOOL Show(int iCmdShow)
32         {     // Zeigt das Fenster mit der Handle hWnd in der
33               // durch iCmdShow angegebenen Form.
34             return(ShowWindow(hWnd, iCmdShow));
35         }
36         void Update(void)
37         {     // Aktualisiert das Fenster, falls dies nötig ist.
38             UpdateWindow(hWnd);
39         }
40         virtual long WndProc(WORD wMessage, WORD wParam,
41                         LONG lParam) = 0;
42         // Durch die virtuelle Funktion wird Window zur
43         // abstrakten Basisklasse. Jede abgeleitet Klasse
44         // kann (!) eine eigene Methode WndProc() dekla-
45         // rieren.
46     };
```

Programm 4.5: Die Basisklassen `Main` und `Window` aus `WINDOWS1.CPP`

`Show()` erlaubt das Verändern der Darstellungsform des Programms. Die
beiden Konstanten `SW_SHOWNORMAL` und `SW_SHOWMINNOACTIVE` zur Darstellung als normales Fenster bzw. als Icon sind auch hier möglich. Daneben
können einige weitere an `ShowWindow()` übergeben werden, die im Anhang
aufgeführt sind.

☞ Die Funktion `ShowWindow()` darf aus `WinMain()` nur einmal mit dem
Parameter `iCmdShow` aufgerufen werden. Nähere Informationen liefert die
Hilfsfunktion.

```
BOOL ShowWindow(HWND hWnd, int iCmdShow)
```

Bibliothek:	windows.h
Aufgabe:	Diese Funktion zeigt oder entfernt das durch hWnd gegebene Fenster in der durch iCmdShow festgelegten Form. Der Typ HWND ist ein Handle für Fenster. Es wird TRUE zurückgegeben, falls das Fenster vor der Operation sichtbar war. Anderenfalls wird FALSE zurückgegeben.

In der Methode Update() wird der Inhalt des Fensters, der sogenannte **Client-Bereich**, bei Bedarf aktualisiert. Da das Fenster im vorliegenden Programm leer bleibt, könnte man hier noch auf den Aufruf von Update-Window() in Zeile 38 verzichten. Da die Klasse Window auch später noch verwendet wird, wurde die Methode bereits jetzt eingefügt.

```
void UpdateWindow(HWND hWnd)
```

Bibliothek:	windows.h
Aufgabe:	Diese Funktion aktualisiert den Client-Bereich des gegebenen Fensters, das heißt es wird versucht, den Inhalt neu zu zeichnen.

Die zunächst am schwierigsten zu verstehende Methode ist wohl WndProc(). Sie wird im hinteren Teil des Programms von einer weiteren, allerdings Nicht-Member-Funktion namens WndProc() aufgerufen. Sie übernimmt die eigentliche Reaktion auf *Windows*-Messages, die durch MessageLoop() aus Main() angeliefert werden.

```
48 class MainWindow : public Window
49 {    // Das Hauptfenster des Programms wird von Window abgeleitet.
50     private:
51         static char szClassName[256];
52             // Statisches Member, da der Name in jeder
53             // Anwendung gleich bleibt.
54     public:
55         static void Register(void)
56         {
57             WNDCLASS wndclass;  // In WINDOWS.H deklarierte
58                                 // Struktur, um ein Fenster zu
59                                 // registrieren.
```

```
60              /* Jetzt erhält das Fenster seine charkteristischen
61                 Eigenschaften. Die gesamte Funktion wurde als
62                 static deklariert, weil die Regstrierung nur
63                 einmal und zwar beim Start der ersten Anwendung
64                 durchgeführt werden muß.                            */
65              wndclass.style          = CS_HREDRAW | CS_VREDRAW;
66
67              // Die Adresse von WndProc wird an die Komponente
68              // lpfnWndProc zugewiesen:
69              wndclass.lpfnWndProc  = ::WndProc;
70
71              wndclass.cbClsExtra    = 0;
72              wndclass.cbWndExtra    = sizeof(MainWindow *);
73              wndclass.hInstance     = Main :: hInstance;
74
75              // Definition der Resourcen (Icon und Cursor):
76              wndclass.hIcon         = LoadIcon(Main :: hInstance,
77                                              IDI_APPLICATION);
78              wndclass.hCursor       = LoadCursor(Main :: hInstance,
79                                              IDC_ARROW);
80              wndclass.hbrBackground= GetStockObject(WHITE_BRUSH);
81              wndclass.lpszMenuName = NULL;
82              wndclass.lpszClassName= szClassName;
83
84              // Mit obigen Werten wird nun versucht,
85              // zu regsitrieren:
86              if(! RegisterClass(&wndclass))
87                  exit(FALSE);
88      }       // Ende von Register()
89
90      // Erzeugen des Fensters:
91      MainWindow(void)
92      {       // Konstruktor zum Erzeugen eines Fensters:
93              hWnd = CreateWindow(szClassName,
94                                  szClassName,
95                                  WS_OVERLAPPEDWINDOW,
96                                  CW_USEDEFAULT,
97                                  0,
98                                  CW_USEDEFAULT,
99                                  0,
100                                 NULL,
101                                 NULL,
102                                 Main :: hInstance,
103                                 (LPSTR) this);
104             if(! hWnd)
105                 exit(FALSE);
106
107             Show(Main :: iCmdShow);
108             Update();
109     }
110     long WndProc(WORD wMessage, WORD wParam, LONG lParam);
111 };
```

Programm 4.6: Die Klasse **MainWindow** zur Darstellung eines konkreten Fensters

Damit ist der ganz allgemeine Teil bis auf die Definition von `MessageLoop()` und die Initialisierung der statischen Member bereits abgeschlossen. Bevor diese erfolgt, soll noch eine Unterklasse von `Window` deklariert werden. Sie enthält speziellere Angaben zum Fenster des Programms.

Das private Datum `szClassName` enthält den Namen des Fensters, also den darzustellenden Titel. Die übrigen Member sind öffentlich. In `Register()` wird das Fenster registriert. Es handelt sich wieder um eine statische Funktion, weil nur die erste Anwendung den Speicherplatz reservieren muß. Alle späteren Anwendungen können auf dieselbe Information zugreifen. Dies ist einsichtig, weil jedes *Windows*-Programm beim Start gleich aussehen soll.

Um ein Fenster zu registrieren, ist eine **Fensterstruktur** vom Typ `WND-CLASS` notwendig. Lassen Sie sich nicht verwirren. Auch wenn der Typname vermuten läßt, es handele sich bei `WNDCLASS` um eine C++-Klasse, so ist es in Wahrheit eine gewöhnliche C-Struktur.

In die einzelnen Komponenten werden anschließend ab Zeile 65 die charakteristischen Merkmale des Fensters eingetragen. Dazu gehören Informationen, wie sich das Fenster bei Überlappung durch ein anderes zu verhalten hat, wie der Cursor dargestellt werden soll, wenn er sich im Client-Bereich befindet, zu welchem Icon es verkleinert wird, welche Farbe der Fensterhintergrund erhalten soll und andere Dinge. Im einzelnen haben die Komponenten von `WNDCLASS` folgende Funktionen:

`WORD style` bestimmt den Klassenstil. Das heißt hier wird festgelegt, wie sich ein Fenster bei bestimmten Messages verhält. Welche Konstanten im einzelnen möglich sind, erläutert die Hilfsfunktion. In der Regel werden mehrere Konstanten durch ein logisches *Oder* verknüpft. Im Beispiel wird festgelegt, daß das Fenster bei Änderung seiner horizontalen oder vertikalen Größe neu gezeichnet wird.

`long (FAR PASCAL *lpfnWndProc)()` ist ein Zeiger auf die verantwortliche Fensterfunktion (in der Regel mit dem Namen `WndProc()`. Diese wird intern von *Windows* aufgerufen.

`int cbClsExtra` bestimmt eine Anzahl zusätzlicher Bytes, die der Struktur folgen. Sie werden benutzt, um zusätzliche Informationen zu speichern.

`int cbWndExtra` wird in gewöhnlichen C-Programmen meistens auf 0 gesetzt. In C++-Programmen wird hier der `this`-Zeiger des Objekts abgelegt, damit über die Handle auf das Objekt zugegriffen werden kann.

`HANDLE hInstance` muß immer die Instanznummer des zugehörigen Programms enthalten.

`HICON hIcon` ist eine Handle auf ein Icon. Hier wird in der Regel das Ergebnis eines `LoadIcon()`-Aufrufes abgelegt. Diese Funktion lädt ein als Ressource definiertes Icon, zu dem das Fenster bei einem Klick auf die Minimierungsbox verkleinert wird.

`HCURSOR hCursor` verhält sich analog zu `hIcon` für die Cursorgestalt, wenn dieser sich im Client-Bereich des Fensters befindet.

`HBRUSH hbrBackground` bestimmt die Farbe des Fenster-Hintergrundes. Es kann entweder direkt ein Farbwert oder die Nummer einer Handle eines Pinsels, mit dem der Hintergrund gezeichnet werden soll, eingetragen werden. Eine solche Handle liefert die Funktion `GetStockObject()`.

`LPSTR lpszMenuName` ist ein Zeiger auf eine Zeichenkette, die den Ressourcen-Namen eventueller Menüs enthält. Wird hier `NULL` eingetragen, benutzt das Fenster kein Menü.

`LPSTR lpszClassName` ist ein Zeiger auf eine Zeichenkette mit dem Namen des Fensters, der gewöhnlich im Titelbalken angezeigt wird.

Auf die Gestaltung eines eigenen Icons und Cursors wird im nächsten Kapitel detailliert eingegangen. Hier werden über `LoadIcon()` das Standardsymbol `IDI_APPLICATION` und über `LoadCursor()` der Standardmauszeiger `IDC_ARROW` geladen.

`HICON LoadIcon(HANDLE hInstance, LPSTR lpIconName)`

Bibliothek:	`windows.h`
Aufgabe:	Diese Funktion lädt das durch den Parameter `lpIconName` bezeichnete Icon. `hInstance` bezeichnet die Handle des Programms aus dem das Icon geladen wird. Man kann also durchaus auf „fremde" Ressourcen zugreifen. Die Funktion lädt das Icon nur, wenn es nicht schon vorher geladen wurde. Anderenfalls vergibt sie eine Handle zur geladenen Ressource. Zurückgeliefert wird die Handle der Ressource im Erfolgs- bzw. `NULL` im Fehlerfall.

```
HCURSOR LoadCursor(HANDLE hInstance, LPSTR lpCursorName)
```

Bibliothek:	`windows.h`
Aufgabe:	Diese Funktion lädt den Parameter `lpCursorName`. Sie verhält sich analog zu `LoadIcon()`.

Auf den ersten Blick kompliziert erscheint die Gestaltung des Hintergrundes. In Zeile 80 wird nicht direkt eine Farbe eingetragen, sondern eine Handle auf einen **Pinsel** geladen. Im Beispiel ist es ein weißer Pinsel, der den Hintergrund ausfüllt. Die Hilfe zu `GetStockObject()` zeigt und erklärt alle möglichen Einträge.

```
HANDLE GetStockObject(int iIndex)
```

Bibliothek:	`windows.h`
Aufgabe:	Liefert eine Handle zu einem der vordefinierten Stifte, Pinsel oder Schriften bzw. `NULL`, wenn `iIndex` nicht identifiziert werden konnte.

Die zusätzlichen Bytes für die Struktur in `cbClsExtra` bleiben frei. Dies gilt jedoch nicht für die zusätzlichen Bytes einer jeden Instanz in `cbWndExtra`. Beim Registrieren einer Instanz vom Typ **MainWindow** werden diese zusätzlichen Bytes reserviert, ohne das *Windows* selbst damit etwas anzufangen wüßte. Sie werden benutzt, um einen Zusammenhang zwischen der Fenster-Handle und der Klasseninstanz herzustellen. Dazu muß man wissen, daß intern, also von *Windows* selbst, ein Fenster nur über seine Handle identifiziert werden kann. Da das Fenster jedoch als Klasse realisiert wurde, ist es sinnvoll, es über Member-Funktionen zu steuern. In den zusätzlichen Bytes wird ein Zeiger auf die Instanz abgelegt. Diese Adresse steht immer im **this**-Zeiger, der automatisch zu jeder Klasseninstanz angelegt wird. Über ihn können dann, wenn *Windows* auf die Handle des Fensters zugreift, die Member-Funktionen adressiert werden. Der exakte Zugriff wird weiter hinten genauer betrachtet. Jetzt sollte man sich nur merken, daß die Adresse nötig ist, um eine Verbindung zwischen Handle und Klasseninstanz herstellen zu können.

Nachdem schließlich das Fenster mit `szClassName` einen Namen erhalten hat, wird in Zeile 86 versucht, die Registrierung vorzunehmen. Die Funktion `RegisterClass()` benötigt als Argument die Adresse der zuvor gefüllten Instanz `wndclass`. Falls die Registrierung fehlschlug, wird das Programm in Zeile 87 sofort verlassen.

☞ Man beachte bereits hier, daß die Funktion `Register()` und damit `RegisterClass()` nur von der ersten Anwendung aufgerufen wird.

Damit wird das Fenster zwar von *Windows* verwaltet, auf dem Bildschirm ist es jedoch noch nicht zu sehen. Dies übernimmt der Konstruktor von `MainWindow()` in Zeile 91.

☞ Da die Methode `Register()` statisch ist, kann sie im Programmablauf **vor** der Inkarnation eines `MainWindow`-Objektes aufgerufen werden. Dies ist sogar zwingend erforderlich, da anderenfalls versucht würde, ein nicht registriertes Fenster zu öffnen.

In weiteren Programmen wird deshalb `Register()` nicht wie im vorliegenden Fall aus dem Hauptprogramm sondern aus dem Konstruktor heraus aufgerufen. Hier sollte allerdings noch einmal besonders auf den Gebrauch statischer Funktionen ohne Instanz hingewiesen werden.

Tatsächlich erzeugt wird das Fenster durch den Aufruf von `Create-Window()`. An Argumenten erhält sie zweimal den Namen aus `szClass-Name`. Er dient einmal zur internen Identifikation des Fensters und einmal zur Darstellung im Titelbalken. Beim ersten Argument sollte man darauf achten, daß er mit dem Inhalt der Komponenten `lpszClassName` übereinstimmt. Es sind auch vordefinierte Konstanten zulässig.

Die Konstante `WS_OVERLAPPEDWINDOW` erzeugt ein Fenster mit einer Mini- und einer Maximierungsbox, einer Überschrift, einem Systemmenü und einem dicken Rahmen. Welche anderen Konstanten hier erlaubt sind, erfährt man unter dem Stichwort „Fenster-Stile" in der Entwicklungsumgebung.

Die vier folgenden Argumente legen die Größe des Fensters fest. Die Konstante `CW_USEDEFAULT` sorgt in den Zeilen 96 und 98 dafür, daß *Windows* die X-Koordinate und die X-Ausdehnung des Fensters vergibt. Dadurch werden bei mehrfachem Programmstart die Fenster etwas gegeneinander abgesetzt. Die Y-Position ist immer die vorderste Spalte.

In Zeile 99 befindet sich die Angabe über die Höhe des Fensters. Weil das vorhergehende Argument `CW_USEDEFAULT` ist, wird die Höhe 0 so interpretiert, daß *Windows* sie automatisch bestimmen muß.

Die Angaben **NULL** in den Zeilen 100 und 101 zeigen an, daß das Fenster
kein „Eltern-Fenster" (engl. *parent window*), also kein übergeordnetes
Fenster ist und kein Menü besitzt. Ein typisches Beispiel für ein Fenster
mit einem übergeordneten ist eine Dialogbox, die typischerweise im Client-
Bereich des übergeordneten Fensters dargestellt wird.

Man unterscheidet hierbei weiter nach Child- und Popup-Fenstern. Erstere
können nicht aus dem Bereich des übergeordneten Fensters hinausbe-
wegt werden. Popup-Fenster hingegen können beliebig auf der *Windows*-
Oberfläche bewegt werden. In 4.5.3 wird im Zusammenhang mit *Object Windows* ein Beispiel für die verschiedenen Fenstertypen gezeigt.

In Zeile 102 wird die Verbindung zum Programm hergestellt, dem das
Fenster zugeordnet wird.

Das letzte Argument ist nötig, wenn die Message **WM_CREATE** zum Erzeugen
eines Fensters eingeht. Hier werden die Startparameter des Fenster festgelegt. Das Fenster enthält somit eine Information über das zugeordnete
Objekt. Nur so kann über die Handle die Verbindung zur Instanz hergestellt
werden.

```
HWND CreateWindow(LPSTR lpClassName, LPSTR lpWindowName,
DWORD dwStyle, int iX, int iY, int iWidth, int iHeight,
HWND hWndParent, HMENU hMenu, HANDLE hInstance,
LPSTR lpParam)
```

Bibliothek:	windows.h
Aufgabe:	Es wird ein überlappendes, ein Pop-up-, oder ein untergeordne-tes Fenster erzeugt. Als Argumente werden die Fensterklasse, der Fenstertitel, der Fensterstil und (optional) die anfängliche Position und Größe des Fensters erwartet. Es wird eine Handle auf das erzeugte Fenster bzw. **NULL** im Fehlerfall zurückgeliefert.

Durch den Aufruf von **CreateWindow()** wurde das Fenster im Speicher
angelegt. Trat dabei ein Fehler auf, wird in Zeile 105 das Programm
beendet. Ging alles klar, kann es jetzt endlich durch die Funktion **Show()**
aus der Klasse **Main** dargestellt werden.

Durch den Aufruf von `Show()` und damit von `ShowWindow()` in Zeile 31 wird der Client-Bereich des Fenster vollständig durch den Hintergrundpinsel gelöscht. Da das vorliegende Fenster keinen Inhalt enthält, könnte man auf den nachfolgenden Aufruf von `Update()` in Zeile 108 und damit von `UpdateWindow()` in Zeile 38 verzichten. Da inhaltslose Fenster in der Praxis nie vorkommen, wird hier der Normalfall gezeigt, in dem nämlich nach `ShowWindow()` sofort `UpdateWindow()` aufgerufen und somit der Client-Bereich aktualisiert wird.

☞ Wie später noch genauer erläutert wird, setzt `UpdateWindow()` eine `WM_PAINT`-Message ab und sorgt so für eine Neuzeichnung.

In Zeile 110 wird eine Member-Funktion `WndProc()` deklariert. Im späteren Verlauf des Programms wird eine gewöhnliche Funktion mit dem gleichen Namen hinzukommen. Beide sind für das Verarbeiten von Messages zuständig. Den wesentlichen Teil übernimmt die Member-Funktion. Sie kann nicht alles machen, da `WndProc()` intern von *Windows* aufgerufen wird. Die normale Funktion `WndProc()` kann man sich als Schnittstelle zur Member-Funktion `WndProc()` vorstellen.

Der Programmtext zu allen Member-Funktionen folgt im Anschluß an die Klassendeklarationen. Zuvor werden noch die statischen Member-Daten aus `Main` und `MainWindow` initialisiert.

Sie erhalten in den Zeilen 115 bis 117 die symbolischen Werte 0, damit ihr Inhalt nicht undefiniert ist. Als Name für Programm und Fenster wird `Hallo Windows!` in `szClassName` eingetragen.

```
113 // ------------ initialization and member-functions -------------
114
115 HANDLE Main :: hInstance      = 0;
116 HANDLE Main :: hPrevInstance  = 0;
117 int Main    :: iCmdShow        = 0;
118
119 char MainWindow :: szClassName[] = "Hallo Windows!";
120
121 int Main :: MessageLoop(void)
122 {
123       MSG msg;
124       while(GetMessage(&msg, NULL, 0, 0))
125       {
126             TranslateMessage(&msg);
127             DispatchMessage(&msg);
128       }
129       return(msg.wParam);
130 } // Ende von MessageLoop()
131
```

```
132 long MainWindow :: WndProc(WORD wMessage, WORD wParam, LONG lParam)
133 {
134     switch (wMessage)
135     {
136         case WM_CREATE:
137             break;
138         case WM_DESTROY:
139             PostQuitMessage(0);
140             break;
141         default:
142             return DefWindowProc(hWnd, wMessage, wParam, lParam);
143     }
144 }   // Ende von WndProc()

                ( ... )

158 // Bei Übersetzung im small- oder medium-Modell sind die
159 // Zeiger zwei Bytes (= 1 word) lang:
160 #if defined(_SMALL_) || defined(_MEDIUM_)
161 inline Window *GetPointer(HWND hWnd)
162 {
163     return (Window *)GetWindowWord(hWnd, 0);
164 }
165 inline void SetPointer(HWND hWnd, Window *pWindow)
166 {
167     SetWindowWord(hWnd, 0, (WORD)pWindow);
168 }
169
170 // Im large- oder compact-Modell sind es vier Bytes:
171 #elif defined(_LARGE_) || defined(_COMPACT_)
172 inline Window *GetPointer(HWND hWnd)
173 {
174     return (Window *)GetWindowLong(hWnd, 0);
175 }
176 inline void SetPointer(HWND hWnd, Window *pWindow)
177 {
178     SetWindowLong(hWnd, 0, (LONG)pWindow);
179 }
180 #else      // Das Speichermodell huge ist nicht zugelassen!
181     #error Bitte ein anderes Speichermodell wählen!
182 #endif
```

Programm 4.7: Initialisierung und Definition der Member in `WINDOWS1.CPP`

Eine sehr wichtige Funktion ist neben `WndProc()` auch `GetMessage()`, die in der Methode `MessageLoop()` von `Main` in Zeile 124 aufgerufen wird. Hier sind in der Regel nur die ersten beiden Argumente von Bedeutung. Das erste, hier `&msg`, ist ein Zeiger auf eine Struktur vom Typ `MSG`. Diese „Nachrichten"-Struktur enthält die bereits mehrfach angesprochenen **Messages**. Es wurde bereits erläutert, daß nahezu jede Aktion innerhalb eines *Windows*-Programms eine Message auslöst. Diese werden in der Message-queue abgelegt, weil nicht alle Nachrichten sofort verarbeitet werden können. In `WINDOWS.H` wird `MSG` folgendermaßen deklariert:

```
typedef struct tagMSG {
    HWND     hwnd;
    WORD     message;
    WORD     wParam;
    LONG     lParam;
    DWORD    time;
    POINT    pt;
    } MSG;
```

Dabei enthält **hwnd** die Handle, also die Identifikationsnummer des Fensters, in dem die Nachricht abgesetzt wurde oder, um in der *Windows*-Sprache zu bleiben, das Fenster, welches die Nachricht erhält. Die Nachricht selbst steht in **message**. Für die zulässigen Zahlenwerte sind in **WINDOWS.H** zahlreiche Konstanten definiert. Einige Nachrichten benötigen zusätzliche Informationen, die in **wParam** festgehalten werden. Falls **wParam** nicht ausreicht, steht zusätzlich **lParam** zur Verfügung.

In **time** steht die Uhrzeit, zu der die Nachricht abgesetzt wurde. Die Zeit wird in Sekunden seit dem ersten Januar 1980 codiert. Schließlich enthält **pt** die Cursorposition zum Zeitpunkt der Nachricht. Dabei ist **POINT** eine Struktur mit den Komponenten **x** und **y** vom Typ **int**. Nach dem Aufruf von **GetMessage()** steht demnach die X-Koordinate des Cursors in **msg.pt.x**.

Das zweite Argument von **GetMessage()** ist im vorliegenden Fall **NULL**. Daraus schließt *Windows*, daß alle Nachrichten für alle Fenster der aktuellen Anwendung verarbeitet werden sollen. Wird anstelle von **NULL** eine Fenster-Handle angegeben, kann man die Nachrichten-Auswertung auf ein spezielles Fenster beschränken.

Mit den beiden letzten Argumenten können Nachrichten gefiltern werden. Stünden hier beispielsweise die Konstanten **WM_KEYFIRST** und **WM_KEYLAST** oder **WM_MOUSEFIRST** und **WM_MOUSELAST** würden nur Nachrichen verarbeitet, die sich auf Tastatureingaben bzw. Mausaktionen beziehen. Der erste Wert gibt also immer die niedrigste zu verarbeitende und der zweite den höchsten zu verarbeitenden Wert an. Enthalten beide Argumente eine 0, wird nicht gefiltert, und **GetMessage()** gibt alle verfügbaren Nachrichten zurück.

☞ Eine Übersicht aller *Windows*-Nachrichten ist im Anhang aufgelistet. Man erkennt die Konstante einer Nachricht am Präfix **WM** für **W***indows* **M***essage*.

```
BOOL GetMessage(LPMSG lpMsg, HWND hWnd,
WORD wMsgFilterMin, WORD wMsgFilterMax)
```

Bibliothek: `windows.h`

Aufgabe: Es wird die oberste Nachricht der Message-queue geliefert und in einer Datenstruktur abgelegt, auf die das Funktionsergebnis zeigt. Wenn keine Nachricht vorliegt, wird die Steuerung an andere Anwendungen übergeben, bis eine Nachricht verfügbar wird.

`GetMessage()` ruft nur Nachrichten ab, die dem Fenster `hwnd` zugeordnet sind und die innerhalb des Bereichs von Botschaftswerten liegen, den `wMsgFilterMin` und `wMsgFilterMax` vorgeben. Wenn `hWnd` `NULL` enthält, ruft `GetMessage()` Nachrichten für jedes Fenster ab, das zur aufrufenden Anwendung gehört.

Als Ergebnis wird nur dann `FALSE` geliefert, wenn die Nachricht `WM_QUIT`, die das Ende einer Anwendung anzeigt, empfangen wurde.

Nachdem eine Nachricht empfangen wurde, muß sie verarbeitet werden. Dies leisten die Aufrufe von `TranslateMessage()` und `DispatchMessage()` in den Zeilen 126 und 127. Um `TranslateMessage()` verstehen zu können, muß man wissen, daß durch Mausaktionen oder Tastenanschläge sogenannte **virtuelle Nachrichten** erzeugt werden. Diese müssen, bevor sie beispielsweise von `DispatchMessage()` verarbeitet werden können, in **Zeichennachrichten** „übersetzt" werden (engl. *translate* zu deutsch „übersetzen"). Ohne diesen Aufruf ist keinerlei Aktion innerhalb des Programms möglich.

Die eigentliche Verarbeitung der Messages übernimmt `DispatchMessage()`. Sie leitet die empfangenen und übersetzten Nachrichten an eine spezielle **Fensterfunktion** weiter. Daran erkennt man, daß jedem Fenster eine eigene Funktion zugeordnet werden kann und so jedes Fenster auf gleiche Aktionen unterschiedlich reagieren kann.

☞ Um ein Programm möglichst benutzerfreundlich zu gestalten, sollten alle Fenster nach ein und demselben Schema zu bedienen sein.

Im Beispiel heißt die spezielle Fensterfunktion `WndProc()`. Damit ist zunächst **nicht** die Member-Funktion sondern die separate Funktion gleichen Namens gemeint. Da diese jedoch die Member-Funktion `Main::`

<table>
<tr><td colspan="2">

`BOOL TranslateMessage(LPMSG lpMsg)`

</td></tr>
<tr><td>

Bibliothek:

</td><td>

`windows.h`

</td></tr>
<tr><td>

Aufgabe:

</td><td>

Durch Mausaktionen oder Tastenanschläge erzeugte virtuelle Nachrichten werden in Zeichennachrichten übersetzt. Die Messages `WM_KEYDOWN` bzw. `WM_KEYUP` produzieren die Nachricht `WM_CHAR` bzw. `WM_DEADCHAR`. Die Messages `WM_SYSKEYDOWN` bzw. `WM_SYSKEYUP` erzeugen die Nachricht `WM_SYSCHAR` bzw. `WM_SYSDEADCHAR`.

</td></tr>
</table>

`WndProc()` aufruft, findet die eigentliche Verarbeitung der Messages dann doch in `Main :: WndProc()` statt. Beachten Sie bitte, daß `WndProc()` in `MessageLoop()` an keiner Stelle explizit aufgerufen wird. Auch an keiner anderen Stelle im Programm findet ein solcher Aufruf statt. Dies wird *Windows*-intern übernommen. Es wird immer die Funktion aufgerufen, auf die in `wndclass.lpfnWndProc` ein Zeiger gesetzt wurde. Dies fand im Beispiel in Zeile 69 statt.

<table>
<tr><td colspan="2">

`LONG DispatchMessage(LPMSG lpMsg)`

</td></tr>
<tr><td>

Bibliothek:

</td><td>

`windows.h`

</td></tr>
<tr><td>

Aufgabe:

</td><td>

Die Nachricht in `lpMsg` wird an die zugehörige Fensterfunktion übergeben. Die Nachricht wird aus der Message-queue entnommen. Falls `lpMsg` auf eine Nachricht `WM_TIMER` zeigt und die Komponente `lParam` dieser Nachricht nicht `NULL` ist, dann enthält diese Komponente die Adresse einer Funktion, die anstelle der Fensterfunktion aufgerufen wird.

</td></tr>
</table>

Die nächste Member-Funktion ist endlich `WndProc()`. Auch wenn sie nicht direkt, sondern über eine weitere Funktion gleichen Namens aufgerufen wird, findet dennoch hier ein Großteil der Verarbeitung statt. Die zusätzliche, später erklärte, Funktion `WndProc()` ruft im wesentlichen nur die Member-Funktion ab Zeile 132 auf.

Von den übergebenen vier Parametern wird in `WndProc()` nur einer und zwar `wMessage` verarbeitet. Der erste, nämlich `hWnd`, ist die Handle zum Fenster, das die Funktion aktivierte. Die Parameter `wParam` und `lParam` erlauben die Übergabe zusätzlicher Informationen zur Nachricht in `wMessage`.

In `wMessage` befindet sich immer eine der *Windows*-Nachrichten, die in `WINDOWS.H` durch Konstanten festgelegt werden. In der `switch()`-Anweisung ab Zeile 134 wird nur auf zwei Nachrichten reagiert. Dies ist zum einen `WM_CREATE` und zum anderen `WM_DESTROY`. Alle übrigen Nachrichten werden von der *Windows*-Funktion `DefWindowProc()` verarbeitet. Diese Funktion sorgt beispielsweise dafür, daß das Fenster zum Icon verkleinert wird, wenn man die Minimierungsbox anklickt. Ferner erlaubt sie das Verschieben des Fensters auf der *Windows*-Oberfläche. Man kann sagen, daß `DefWindowProc()` die Standardfunktion zum Verarbeiten von Nachrichten ist. Sie wird in der Regel für alle Nachrichten aufgerufen, die der Programmierer nicht selbst verarbeiten will.

<table>
<tr><td colspan="2"><code>LONG DefWindowProc(HWND hWnd, WORD wMsg, WORD wParam,</code>
<code>LONG lParam)</code></td></tr>
<tr><td>Bibliothek:</td><td><code>windows.h</code></td></tr>
<tr><td>Aufgabe:</td><td>Standardfunktion für *Windows*-Nachrichten, die von der aktuellen Anwendung nicht bearbeitet werden. Als Ergebnis wird das Resultat der verarbeiteten Message geliefert. Die Parameter <code>wParam</code> und <code>lParam</code> erlauben die Übergabe zusätzlicher Informationen zur Nachricht <code>wMsg</code> an das Fenster <code>hWnd</code>.</td></tr>
</table>

Etwas merkwürdig ist die Reaktion auf `WM_CREATE` in der `switch()`-Anweisung. Diese Nachricht wird versendet, wenn ein Fenster neu erzeugt wird. Es stellt sich die Frage, weshalb diese Nachricht nicht auch von der Standardfunktion `DefWindowProc()` verarbeitet werden kann. In reinen C-Programmen wurde dieser Weg gegangen. Es wurde jedoch schon mehrfach angedeutet, daß in C++ ein Fenster durch eine Klasse repräsentiert wird. Zwischen dieser Klasse besteht jedoch ohne zusätzlichen Aufwand kein Zusammenhang zur Fenster-Handle. Dieser wird in der Nicht-Member-Funktion `WndProc()` hergestellt. Daher wird die Nachricht `WM_CREATE` in Zeile 136f ohne Reaktion „durchgelassen" und führt so zum erneuten Aufruf der Nicht-Member-Funktion `WndProc()`.

Beim Erhalt der Nachricht `WM_DESTROY` wird die Funktion `PostQuit-Message()` aufgerufen. Sie „informiert" *Windows* darüber, daß die Anwendung beendet werden möchte. Dies geschieht dadurch, daß in `Post-QuitMessage()` eine `WM_QUIT`-Nachricht generiert wird. Dies wiederum führt dazu, daß die Standardfunktion `DefWindowProc()` beim nächsten Aufruf die Anwendung beendet und alle notwendigen „Aufräumarbeiten" durchführt.

Man kann in der `switch()`-Anweisung nicht direkt auf `WM_QUIT` reagieren, weil durch einen Klick auf das Schließsymbol eines Fensters oder durch die Tastenkombination [Alt] + [F3] die Nachricht `WM_DESTROY` und nicht `WM_QUIT` erzeugt wird.

`void PostQuitMessage(int iExitCode)`
Bibliothek: `windows.h` **Aufgabe:**   *Windows* wird darüber informiert, daß die Anwendung beendet werden möchte. Dies geschieht durch das Aussenden einer `WM_QUIT`-Nachricht, die üblicherweise von `DefWindowProc()` weiterverarbeitet wird. In der Regel wird `PostQuitMessage()` nach einer `WM_DESTROY`-Message aufgerufen.

Bevor die Nicht-Member-Funktion `WndProc()` vorgestellt wird, sind ab Zeile 160 einige „Verrenkungen" nötig, um einen Zeiger auf ein `MainWindow`-Objekt berechnen zu können. Man benötigt im Prinzip nur zwei Funktionen. Die eine soll aus einer als Argument übergebenen Fenster-Handle den Zeiger auf das Fenster liefern. Dies übernimmt `GetPointer()`. Die andere Funktion soll das Gegenteil tun, also zu einer Handle den zugehörigen Zeiger auf das Objekt eintragen.

Leider ist an dieser Stelle für beide Funktionen eine Fallunterscheidung notwendig, da die Größe des Zeigers auf das `MainWindow`-Objekt abhängig vom gewählten Speichermodell variiert. Im Small- und Medium Modell ist der Zeiger auf eine Instanz vom Typ `MainWindow` zwei Bytes (= 1 Speicherwort) lang. Daher werden durch die Funktionen `GetWindowWord()` und `SetWindowWord()` nur zwei Byte adressiert, also geholt oder geschrieben.

Falls man bei der Übersetzung das Compact- oder Large-Modell gewählt hat, sind die entsprechenden Zeiger vier Bytes lang, weshalb dort die Funktionen `GetWindowsLong()` bzw. `SetWindowsLong()` verwendet werden.

 Eine Übersetzung im Speichermodell Huge ist nicht vorgesehen und führt daher bei der Übersetzung über die `#error`-Direktive zu einer Fehlermeldung.

WORD GetWindowWord(HWND hWnd, int iIndex)

Bibliothek:	`windows.h`
Aufgabe:	Diese Funktion wird in der Regel dazu benutzt, zusätzliche Fenster zur Handle `hWnd` zu erhalten. Der Parameter `iIndex` gibt den Byte-Offset des abzurufenden Wertes an. In C++-Programmen wird oft ein Offset von 0 benutzt, um die zusätzlich reservierten Bytes in der `WNDCLASS`-Struktur zu ermitteln. Beim Aufruf von `CreateWindow()` enthält das letzte Argument den Inhalt, der an den zusätzlich bereitgestellten Bytes abgelegt werden soll. Dies ist oft die Adresse des korrespondierenden C++-Objektes, das so referenziert werden kann.

Bei einem negativen Offset werden die Inhalte der `WNDCLASS`-Struktur angesprochen.

Zurückgeliefert wird der Inhalt des Wortes an der durch `iIndex` bezeichneten Stelle.

LONG GetWindowLong(HWND hWnd, int iIndex)

Bibliothek:	`windows.h`
Aufgabe:	Analog zu `GetWindowWord` wird hier der Inhalt der vier Bytes ab der durch `iIndex` angegebenen Position zurückgeliefert.

 Beachten Sie bitte, daß `GetWindowWord()` einen Zeiger auf ein `Window`-Objekt zurückliefert, obwohl das eigentliche Fenster vom Typ `MainWindow` ist. Zur Manipulation des Fensters werden jedoch nur die Methoden aus `Window` benötigt. Ferner handelt es sich bei `Window` um eine abstrakte Basisklasse, bei der es Sache des Compilers ist, zur Laufzeit die richtige Methode eines eventuell abgeleiteten Objekts zu ermitteln.

```
184 long FAR PASCAL _export WndProc(HWND hWnd,WORD wMessage,
185                                     WORD wParam, LONG lParam )
186 {    // Dieses WndProc() wird intern von Windows aufgerufen.
187
188     Window *pWindow = GetPointer(hWnd);
189     if(pWindow == 0)
190     {
191         // Zunächst muß anhand der Handle der Zeiger auf das
192         // Objekt ermittelt werden:
193         if (wMessage == WM_CREATE)     // WM_CREATE wurde noch nicht
194         {                             // verarbeitet!
195             LPCREATESTRUCT lpcs = (LPCREATESTRUCT)lParam;
196
197             pWindow = (Window *)lpcs->lpCreateParams;
198             SetPointer(hWnd, pWindow);
199             return(pWindow->WndProc(wMessage, wParam, lParam));
200         }
201         else
202         {
203             return DefWindowProc(hWnd,wMessage,wParam,lParam);
204                 // Erst jetzt ist die Meldung WM_CREATE aus der
205         }       // Warteschlange entfernt worden.
206     }
207     else        // Falls das Fenster schon aufgebaut wurde, kann die
208                 // member-Funktion WndProc() aufgerufen werden:
209         return pWindow->WndProc(wMessage, wParam, lParam);
210 }    // Ende von WndProc()
211
212 //    ------------------ Windows-main-function --------------------
213
214 // Abschalten diverser Warnungen:
215 #pragma argsused          // Nicht benutzte Argumente
216 #pragma option -w-aus     // Nicht benutzte Instanzen
217
218 int PASCAL WinMain(HANDLE hInstance, HANDLE hPrevInstance,
219                 LPSTR lpszCmdLine, int iCmdShow)
220 {
221     Main :: hInstance     = hInstance;
222     Main :: hPrevInstance = hPrevInstance;
223     Main :: iCmdShow      = iCmdShow;
224
225     if(! Main :: hPrevInstance)
226     {   // Registrierung ist nur bei erster Anwendung nötig!
227         MainWindow :: Register();
228     }
229
230     MainWindow MainWnd;              // Erzeugen der Fensterinstanz
231     return(Main :: MessageLoop());   // Warten auf Meldungen
232 }    // Ende von WinMain()
```

Programm 4.8: `WndProc()` und `WinMain()` aus `WINDOWS1.CPP`

```
WORD SetWindowWord(HWND hWnd, int iIndex, WORD wNewWord)
```

Bibliothek:	`windows.h`
Aufgabe:	Das Fensterattribut von `hWnd` an der durch `iIndex` bestimmten Position wird mit dem Wert `wNewWord` überschrieben. Bei einem positiven Offset werden die zusätzlich durch die Komponente `cbWndExtra` reservierten Bytes adressiert, mit einem negativen Wert ist es der übrige Inhalt der `WNDCLASS`-Struktur.
	Zurückgeliefert wird der vorherige Wert, der durch `wNewWord` ersetzt wurde.

```
LONG SetWindowLong(HWND hWnd, int iIndex,
DWORD dwNewLong)
```

Bibliothek:	`windows.h`
Aufgabe:	Die Funktion verhält sich vollkommen analog zu `SetWindowWord()`, nur daß hier ein Wert vom Typ `LONG` ausgetauscht wird.

Die bereits mehrfach erwähnte Nicht-Member-Funktion `WndProc()` wird ab Zeile 183 definiert. Sie trägt häufig den Namen **Callback-Funktion**. Da sie aus *Windows* heraus aufgerufen wird, muß sie als `PASCAL` deklariert werden. Als Rückgabewert wird von *Windows* ein `FAR`-Zeiger auf einen `long`-Wert verlangt. Das Schlüsselwort `_export` sorgt dafür, daß die Funktion exportiert wird. Dadurch wird erreicht, daß sie von *Windows* selbst aufgerufen werden kann. Dies ist immer dann erforderlich, wenn eine Funktion Nachrichten aus der Message-queue verarbeiten soll. Außerdem wird durch dieses Schlüsselwort die Kompatiblität zu OS/2 sichergestellt. Dort werden Funktionen nach dem gleichen Schema deklariert.

Die Argumente verhalten sich völlig analog zu denen der Methode `Wnd-Proc()` in Zeile 132, mit dem Unterschied, daß hier zusätzlich die Fenster-Handle übergeben werden muß.

Die wesentliche Aufgabe der Funktion besteht in einem C++-Programm unter *Windows* darin, aus der Handle den Bezug zum Fensterobjekt herzustellen. Dies geschieht immer dann, wenn noch kein Fenster existiert.

Ob eines existiert, erkennt man daran, daß der Aufruf von `GetPointer()` in Zeile 188 eine 0 liefert, wenn `hWnd` noch nicht zugeordnet wurde. In diesem Fall wird unterschieden, ob eine `WM_CREATE`-Nachricht zum Erzeugen eines neuen Fensters empfangen wurde oder nicht. Wenn nicht, wird die Standardfunktion `DefWindowProc()` in Zeile 203 aufgerufen. Der Normalfall ist jedoch der, daß bei noch nicht existierendem Fenster ein `WM_CREATE` anliegt. Der Parameter `lParam` enthält in diesem Fall einen Zeiger auf eine Struktur vom Typ `CREATESTRUCT`. Deren letzte Komponenente mit dem Namen `lpCreateParams` wird mit dem letzten Argument des Funktionsaufrufs `CreateWindow()` aus Zeile 103 gefüllt. Dadurch ist der Zusammenhang bereits hergestellt. Er muß im nächsten Schritt nur noch in die Handle gebunden werden. Das erledigt `SetPointer()`. Dadurch erhalten die zusätzlich reservierten Bytes die Adresse des Fensterobjektes.

Bei allen weiteren Aufrufen von `WndProc()` wird fortan in Zeile 188 nicht 0, sondern die Adresse des Fensterobjektes geliefert. Dies führt zum Aufruf der `Window()`-Methode `WndProc()` in Zeile 210.

Nachdem also einmal die komplizierte Adressberechnung vorgenommen wurde, werden alle weiteren Aufrufe der Callback-Funktion auf direktem Weg an die Member-Funktion ab Zeile 132 weitergeleitet.

Im „Hauptprogramm", `WinMain()`, passiert nicht sehr viel. Die statischen Member `hInstance`, `hPrevInstance` und `iCmdShow` erhalten die Werte der Aufrufparameter. Da es sich um statische Member handelt, kann die Zuweisung vor der Inkarnation eines `Main`-Objektes erfolgen.

Falls `hPrevInstance` den Wert 0 enthält, also noch keine weitere Anwendung zuvor gestartet wurde, muß die Fensterklasse registriert werden. Auch dies geschieht in Zeile 228 bevor eine Instanz des Typs `MainWindow` definiert wurde, da `Register()` eine statische Funktion ist. Der Speicherplatz wird also nur einmal bereitgestellt. Dies ist sehr sinnvoll, weil ein Fenster wie erwähnt nur einmal registriert werden muß. Alle weiteren Anwendungen greifen auf die bereits registrierten Informationen zurück.

Danach wird in Zeile 231 eine `MainWindow`-Instanz erzeugt. Anschließend wird die Member-Funktion `MessageLoop()` gestartet. Sie läuft solange, bis durch die Nachricht `WM_QUIT` das Fenster geschlossen wird und die Kontrolle von *Windows* an das „Hauptprogramm" zurückgegeben wird.

Weil die Zusammenhänge zwischen Fenster-Handle und C++-Objekt zum einen für den Neuling reichlich verwirrend sind und sie zum anderen den wesentlichen Zusatz im Vergleich zu gewöhnlichen C-Programmen darstellen, werden sie nachfolgend noch einmal zusammengefaßt.

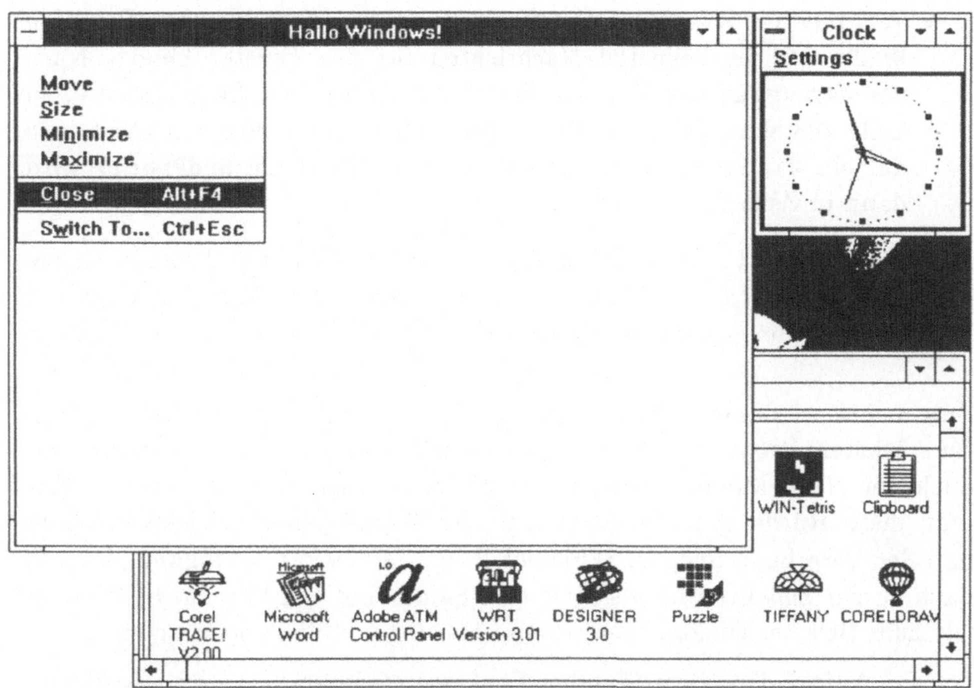

Abbildung 4.17: Das fertige Programm `WINDOWS1.EXE` läuft tatsächlich

- In der Komponente `cbWndExtra` wird zusätzlicher Speicherplatz für
  einen Zeiger auf das `Main-Window`-Objekt reserviert. Die Größe hängt
  vom verwendeten Speichermodell ab. Im Small- und Medium-Modell
  ist eine Adresse zwei, im Compact- und Large-Modell jedoch vier
  Bytes lang. Die Angabe `sizeof(MainWindow *)` in Zeile 72 reserviert
  also je nach Speichermodel zwei oder vier Bytes.

- Gefüllt werden die zusätzlich reservierten Bytes mit der Adresse des
  Objektes, also dem `this`-Zeiger beim Aufruf von `CreateWindow()`
  in Zeile 93. Dies geschieht immer nach der Registrierung, so daß
  der Speicherplatz sicher bereitsteht. Das letzte Argument übergibt
  zusätzliche Parameter für das zu erzeugende Fenster. Im vorliegenden
  Fall ist dies die Adresse des korrespondierenden `MainWindow`-Objekts.

- Um diese Adresse an die Handle des Fensters zu binden, wird die
  Adresse der neuen Fensterklasse an der Stelle abgelegt, die die zusätzlichen Parameter enthält. Dies geschieht in Zeile 197. Der zusätzliche
  Parameter ist die Anfangsadresse des Fensters. Zu `hWnd` gehört
  damit als zusätzlicher Parameter ein Zeiger auf eine Instanz vom Typ
  `Window`.

- Während die Anwendung läuft, empfängt die Nicht-Member-Funktion `WndProc()` in Zeile 184 Nachrichten für das Fenster `hWnd`. Nach der Erzeugung des Fensters liefert der Aufruf von `GetPointer()` in Zeile 188 einen Zeiger auf die zusätzlichen Parameter von `hWnd`, also auf ein `Window`-Objekt. Dessen virtuelle Methode `WndProc()` wird dann in Zeile 209 aufgerufen.

- Da `WndProc()` virtuell ist, können alle abgeleiteten Klassen eigene Definitionen dieser Funktion durchführen. Der Compiler sorgt zur Laufzeit für den korrekten Aufruf.

Zum Glück ist dieser relativ große, zusätzliche Aufwand nur einmal nötig. Im nächsten Programm können die Definitionen von `Main`, `Window` und auch der Nicht-Member-Funktion `WndProc()` übernommen werden. Hat man diese Hürde genommen, stehen alle Vorteile einer Objektkapselung und der Vererbung auch in *Windows*-Programmen zur Verfügung. Bereits nach kurzer Zeit kann man sich so eine Sammlung von Standard-Objekten wie zum Beispiel Dialogboxen, Popup-Fenster und ähnlichem anlegen.

Da ein Aufruf der Nicht-Member-Funktion `WndProc()` automatisch zum Aufruf der Member-Funktion von `MainWindow` führt, wird im folgenden nur noch die Bezeichnung `WndProc()` verwendet. Gemeint ist dann immer die Member-Funktion.

Ein Beispiel für die Wiederverwendung von Programmcode wird im über-nächsten Unterkapitel aufgezeigt. Zuvor soll jedoch vorgeführt werden, wie man mit dem Ressourcen-Editor die Ressourcen eines Programms verändern kann, ohne den Quelltext anfassen zu müssen.

 **Übung 4.1:**   Um ein „Gefühl" für die Kompilation von *Windows*-Programmen und den Aufbau eines Fensters zu bekommen, sollten Sie ein wenig mit den Definitionen innerhalb von `MainWindow` experimentieren. Durch Änderungen der Argumente beim Aufruf von `CreateWindow()` in Zeile 93 lassen sich Fenster verschiedenster Art erzeugen. Die Hilfe zur Funktion gibt zahlreiche Hinweise.

4.3.4 Der Ressourcen-Editor

Nochmals der Hinweis, daß der in der Version 2.0 enthaltene *Whitewater Ressourcen-Editor* in der Version 3.0 durch den *Ressource Workshop* ersetzt wurde. Da hier nur die grundlegenden Möglichkeiten aufgezeigt werden sollen, sind beide Werkzeuge vollkommen anlog zu verwenden. Bei detaillierterer Betrachtung bietet der *Ressource Workshop* zahlreiche zusätzliche Gestaltungsmöglichkeiten.

Im *SDK* von Microsoft heißt das Werkzeug mit nahezu identischen Möglichkeiten *SDKPAINT*.

Der Begriff **Ressource** tauchte bereits mehrfach auf. Auf Seite 370 wurden die verschiedenen Arten im einzelnen aufgezählt. Hier soll nun exemplarisch am Programm `WINDOWS1` gezeigt werden, wie man dort Ressourcen verändert.

Der Ressourcen-Editor wird unter *Windows* wie jede andere Anwendung durch einen Doppelklick auf sein Icon oder über das Menü `File/Run` bzw. `Datei/Ausführen` gestartet. Daraufhin erscheint das Hauptfenster des Programms, der sogenannte **Ressourcen-Manager**. Hier werden die unterschiedlichen Arten von Ressourcen verwaltet.

☞ Der Ressourcen-Editor kann auch im Zusammenhang mit anderen Programmiersprachen benutzt werden, die Ressourcen im gleichen Format benutzen.

Der Ressourcen-Manager enthält auf der linken und rechten Seite zwei Fenster. Man benutzt sie, um von einer bereits erstellten Ressource, Teile in eine neue zu kopieren. Man öffnet beispielsweise auf der linken Seite über `Open` eine bereits existierende und kopiert sie nach rechts. Im vorliegenden Fall sollen jedoch keine existierenden Ressourcen übernommen, sondern völlig neue erstellt werden. Aus dem Ressourcen-Manager werden dann nur die einzelnen Editoren aufgerufen.

☞ Innerhalb des Ressourcen-Managers können nicht nur Ressourcen-Dateien mit der Endung `.RES` geöffnet werden. Man kann auch einzelne Ressourcen öffnen und kopieren.

Zunächst soll ein Icon für das Programm `WINDOWS1.CPP` angelegt werden. Klicken Sie dazu bitte auf den Knopf `Icon`. Es sollte sich ein Unterfenster mit dem **Icon-Editor** öffnen. Auch hier wird als erstes der Punkt `Neu...` bzw. `New...` angewählt. Daraufhin erscheint ein Auswahlfenster, in dem eine Auflösung, also eine Größenangabe, für das Icon bestimmt werden muß. Standardmäßig benutzt man hier am besten den vorgeschlagenen Wert, auf einem Rechner mit VGA-Karte also etwa 32 × 32 Pixel bei 16 Farben.

 Wenn bei Ihnen das Auswahlfenster leer bleibt, haben Sie wahrscheinlich eine Datei namens `WRT.DAT` versehentlich gelöscht bzw. sie wird nicht gefunden. Diese Datei sollte sich im selben Verzeichnis wie der *Whitewater Ressourcen-Editor*, also im Normalfall im `BIN`-Verzeichnis von *Borland C++*, befinden. Sie enthält Einträge der Form:

```
4-Plane,16,32,32,32,32 3-Plane,8,32,32,32,32
Monochrome,2,32,32,32,32 CGA,2,32,32,32,16
```

Die Werte in den Zeilen haben folgende Bedeutung:

- Frei wählbarer Name für den verwendeten Bildschirm. Die Angaben `4-Plane` bzw. `3-Plane` weisen auf eine EGA- bzw. VGA-Ausrüstung hin.
- Die Anzahl der gleichzeitig darstellbaren Farben.
- Die Breite des Cursors in Pixeln.
- Die Höhe des Cursors in Pixeln.
- Die Breite eines Icons in Pixeln.
- Die Höhe eines Icons in Pixeln.

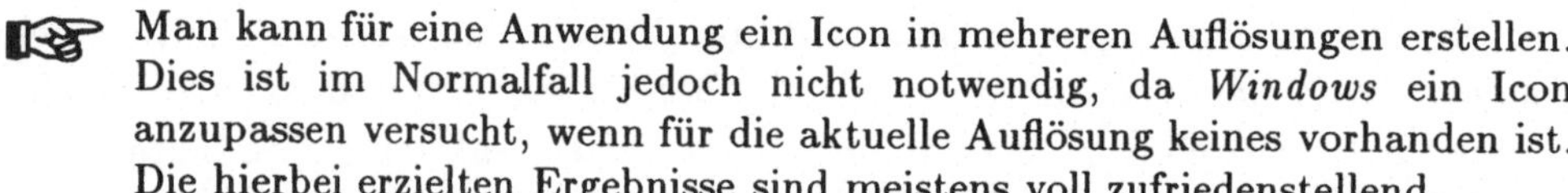 Man kann für eine Anwendung ein Icon in mehreren Auflösungen erstellen. Dies ist im Normalfall jedoch nicht notwendig, da *Windows* ein Icon anzupassen versucht, wenn für die aktuelle Auflösung keines vorhanden ist. Die hierbei erzielten Ergebnisse sind meistens voll zufriedenstellend.

Nachdem eine Auswahl getroffen und ein Name für das neue Icon gefunden wurde, kann man mit den Grafik-Werkzeugen des Editors ein Icon zeichnen. In Abbildung 4.18 sind die einzelnen Knöpfe beschrieben. Sie werden nicht nur im Icon-, sondern auch im Bitmap- und Cursor-Editor verwendet.

Man sollte sich auch hier bei der Namenswahl am zugehörigen Programm, also `WINDOWS1.CPP` orientieren. Als Dateiendung sollte das vorgeschlagene `.ICO` übernommen werden.

Der Knopf `Hot-Spot` ist nur im Cursor-Editor verfügbar. Mit ihm wird die Stelle innerhalb eines Cursors markiert, der letztlich eine Auswahl trifft. Dies ist immer nur genau ein einziges Pixel. Wo er am sinnvollsten plaziert wird, kann man allgemein nicht sagen. Hat der erstellt Cursor eine Pfeilform, sollte der Hot-Spot an der Pfeilspitze liegen. Bei einer Darstellung zum Beispiel als Fadenkreuz, ist er dagegen sinnvoller in der Mitte angebracht.

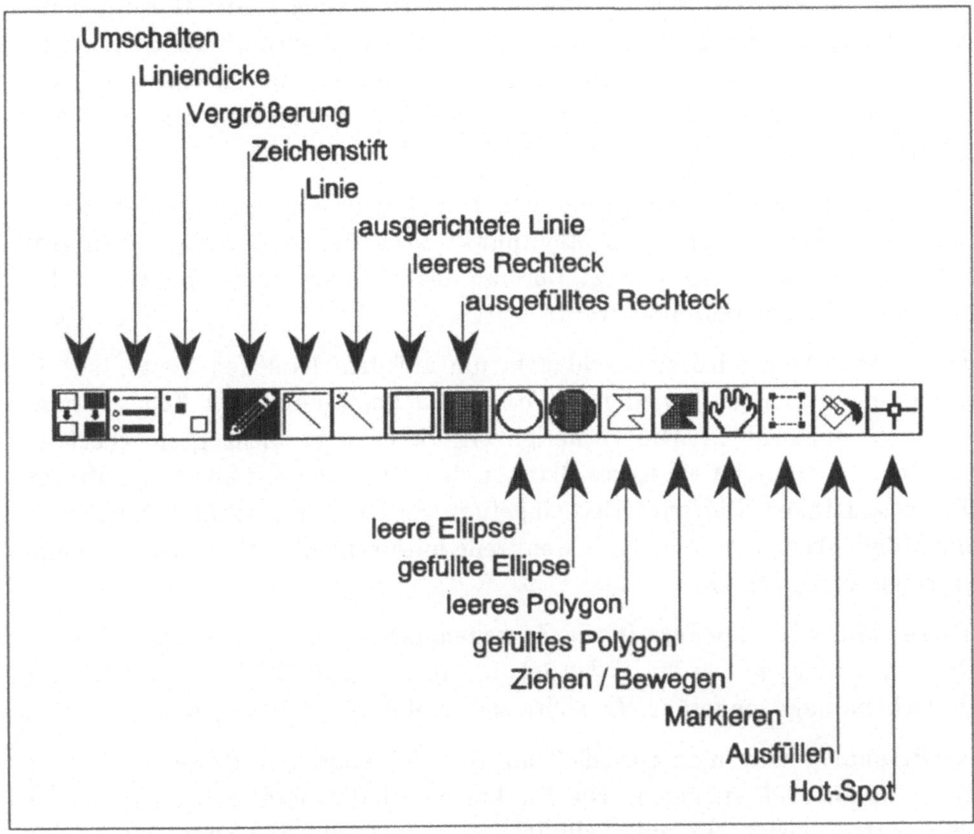

Abbildung 4.18: Die verschiedenen Grafik-Werkzeuge

☞ Innerhalb des Cursor-Editors sind für die eigentliche Cursor-Darstellung nur zwei Farben zugelassen.

In vielen Fällen ist der nachfolgend beschriebene Weg zum Malen eines Icons, Cursors usw. einfacher. Da fast jeder Computer-Besitzer und erst recht jeder *Windows*-Nutzer zumindest einige Dateien im Bitmap- (Endung `.BMP`) oder PCX- (Endung `.PCX`) Format besitzt, sollte man eher auf diese bestehenden Grafiken zurückgreifen als mühsam neue zu entwerfen.

Im Beispiel wurde das zu *Windows* mitgelieferte „Bild" `PYRAMID.BMP` in das Grafikprogramm *Paintbrush* geladen. Normalerweise wird `PYRAMID.BMP` als Hintergrundbild benutzt. Nichts spricht jedoch dagegen, es Zweck zu entfremden.

Falls Sie noch nie mit *Paintbrush* gearbeitet haben, sollten Sie sich zunächst ein wenig mit der Benutzung vertraut machen. Die entscheidenden Werkzeuge befinden sich am linken Bildrand. Ganz oben rechts ist ein Punkt, mit dem ein rechteckiger Bildausschnitt markiert werden kann. Hiermit sollte nahezu das gesamte „Bild" markiert werden. Dann wird im **Edit**-Menü der Punkt **Cut** bzw. **Copy** angeklickt. Die Wirkung ist die gleiche wie in der Entwicklungsumgebung von *Borland C++*. Der markierte Ausschnitt wird in die Zwischenablage kopiert.

Anschließend wählt man wieder den Icon-Editor an und fügt das ausgeschnittene Element über den Menüpunkt **Edit/Paste** ein. Falls es zu groß oder zu klein war, wird erfragt, ob man das Element anpassen oder an den Rändern abschneiden möchte.

Der gleiche Weg wird eingeschlagen, um auf dem Icon den Text „1st" zu plazieren. Dazu wird wieder in *Paintbrush* der Menüpunkt **Neu...** bzw. **New...** angewählt. Die vorherige Grafik braucht nicht gespeichert zu werden. Es erscheint ein leeres Blatt, in dem über den mit **abc** beschrifteten Punkt am linken Bildrand, Text eingefügt werden kann. Zusätzlich hat man die Möglichkeit, über die obere Menüzeile unterschiedliche Zeichensätze und -formen auszuwählen.

Dieses Mal wird der Text in die Zwischenablage kopiert. *Paintbrush* kann danach verlassen werden. Zurück im Icon-Editor wird der Inhalt der Zwischenablage eingefügt. Es sollte sich Abbildung 4.19 ergeben.

Völlig analog kann man anschließend über den Cursor-Editor einen Cursor für **WINDOWS.CPP** erzeugen. Die Punkte innerhalb dieses Editors sind fast vollkommen gleich. Es muß lediglich der sogenannte Hot-Spot, das ist das für eine Cursorauswahl entscheidende Pixel, bestimmt werden.

☞ Auch wenn auf der beiliegenden Diskette die beiden angegebenen Ressourcen unter den Namen **WINDOWS1.ICO** und **WINDOWS1.CUR** abgelegt sind, sollten Sie versuchen, sie selbst zu zeichnen.

Nachdem die Objekte erzeugt wurden, müssen sie natürlich in das Programm eingefügt werden. Man mag fürchten, daß dies sehr umständlich wird, dem ist jedoch nicht so. Sie müssen einzig und allein im Programm 4.6 die Zeilen 75 bis 79 in

```
wndclass.hIcon   = LoadIcon(Main :: hInstance,
                      "windows1");
wndclass.hCursor = LoadCursor(Main :: hInstance,
                      "windows1");
```

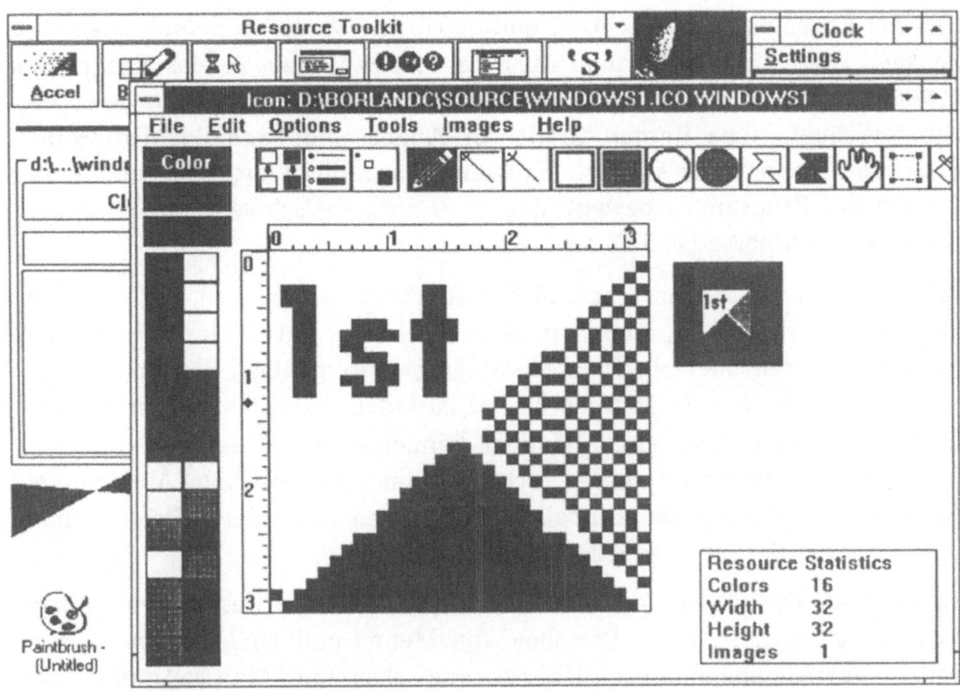

Abbildung 4.19: Erzeugen eines eigenen Icons für `WINDOWS1.CPP`

ändern und einen Quelltext für die Ressourcen-Datei erstellen. Dieser Quelltext enthält die Informationen, woher die Ressourcen genommen werden sollen. Sie heißt im Beispiel `WINDOWS1.RC` und hat folgendes Aussehen:

```
windows1 ICON    windows1.ico
windows1 CURSOR windows1.cur
```

Die Namen der Ressourcen müssen keinesfalls mit dem Namen des zugehörigen Programms übereinstimmen. Der Übersicht wegen, sollte man sie im Normalfall übernehmen.

Jetzt bleibt nur noch eines zu tun. Der Quelltext zu den Ressourcen muß in das Projekt `WINDOWS1.PRJ` aufgenommen werden. Also wird zunächst das Projekt über **Open project...** geladen und dann über **Add item...** die Datei `WINDOWS1.RC` eingefügt.

Das gesamte Projekt kann dann über **Maxe EXE file** bzw. **Build all** übersetzt und gelinkt werden. Ebenso ist natürlich wieder der Weg über ein Makefile möglich.

Um das Ergebnis zu betrachten, muß natürlich wieder *Windows* gestartet werden. Dieses Mal sollte man über `Neu...` bzw. `New...` das Programm `WINDOWS1.EXE` in den Programm-Manager aufnehmen. So hat man das selbst erzeugte Icon immer direkt vor Augen und kann das Programm mit einem Doppelklick starten. Falls man dann den Cursor in den Client-Bereich des Programms bewegt, ändert er automatisch sein Aussehen und nimmt die definierte Gestalt an.

Falls man nun den Wunsch hat, die Ressourcen, also das Icon und die Cursorgestalt zu verändern, muß dazu nicht wieder die Entwicklungsumgebung gestartet werden oder ein Makefile ablaufen. Es genügt, die ausführbare (`.EXE`) Datei in den Ressourcen-Editor zu laden. Automatisch erscheinen die zugehörigen Ressourcen. Mit ihnen können entweder der Icon- oder der Cursor-Editor gestartet werden. Darin kann man beliebige Änderungen durchführen. Genauso ist es möglich, Ressourcen aus anderen Programmen an die Stellen der zuvor erzeugten zu setzen.

Im weiteren Verlauf werden auch die übrigen Teile des Ressourcen-Editors vorgeführt. Speziell beim Erstellen von Menüs und Dialogboxen werden weitere Vorteile der separaten Übersetzung erkennbar. Man kann praktisch das Aussehen eines Programms vollkommen verändern, ohne den eigentlichen Programmtext anfassen zu müssen. Man spricht auch davon, daß man die **Benutzerschnittstelle** ändert, ohne die **Funktionalität des Programms** zu beeinflussen.

Zusammengefaßt sind folgende Einzel-Editoren enthalten:

Accelerator-Editor erstellt sogenannte **Tastaturbeschleuniger**, mit denen es möglich wird, bestimmte Menüpunkte auch über spezielle Tastenkombinationen zu aktivieren. Ein typisches Beispiel ist in fast jedem *Windows*-Programm enthalten. Über `Alt` + `F4` wird die Anwendung beendet.

Bitmap-Editor erzeugt sogenannte **Bitmaps**, das sind Grafikdateien, in einem speziellen *Windows*-Format. Sie werden hauptsächlich als Fensterhintergrund verwendet.

Cursor-Editor erlaubt das Erstellen eines eigenen Cursors innerhalb einer Anwendung. Man kann auch in einem Programm auf mehrere Cursor zugreifen und so interessante Effekte erzielen. Arbeitet ein Programm beispielsweise eine gewisse Zeit, ohne daß der Benutzer etwas eingeben kann, so ist die Sanduhr ein oft benutzter Cursor.

Icon-Editor wird ähnlich wie die beiden vorigen verwendet. Ein *Windows*-Programm benutzt ein Icon sowohl zur Darstellung in einer Programmgruppe, aus der heraus es gestartet werden kann, als auch nach einer Verkleinerung durch Anklicken der Minimierungsbox bzw. des Menüpunktes `Verkleinern` (im Engl. `Minimize`).

Dialogbox-Editor erstellt Dialogboxen, in denen Benutzereingaben verarbeitet werden. Diese Eingaben werden in der Regel mit symbolischen Konstanten verknüpft. Diese werden innerhalb der Anwendung verarbeitet. Dadurch muß das Programm gar nichts vom Aussehen der Dialogbox wissen. Es kommuniziert lediglich über die Konstanten. Solange alle geforderten Konstanten vorhanden sind, kann das Aussehen der Dialogbox nach Belieben verändert werden.

Menü-Editor erzeugt Menüs, die wiederum mit symbolischen Konstanten verbunden sind. Wird innerhalb einer Anwendung ein Menüpunkt ausgewählt, löst es die zugehörige Konstante als Nachricht aus. Diese sollte von der Anwendung verarbeitet werden.

String-Editor legt Texte für Dialogboxen und auch andere Programmteile fest. Dadurch, daß die Zeichenketten als Ressource definiert werden, können sie im fertigen Programm sehr leicht verändert werden, ohne daß neu kompiliert werden muß. Man kann so recht schnell, ein Programm auf eine neue Sprache umstellen. Innerhalb des Programms werden die Texte durch symbolische Zahlenwerte repräsentiert.

Header-Editor schafft die Verbindung von Dialogboxen, Menüs und Strings. Hier werden die symbolischen Konstanten definiert. Es können durchaus doppelte Zahlenwerte auftauchen. Die Anwendung erkennt automatisch, welcher Typ von Ressource mit welcher Konstanten in Verbindung steht.

4.4 Eine größere Anwendung

Nach dem ersten Eindruck von einem *Windows*-Programm, soll nun eine etwas größere Anwendung programmiert werden. Es geht um das Spiel Tic-Tac-Toe, das bereits auf Seite 166 in Kapitel 24 als Übungsaufgabe vorgestellt wurde. Hier steht nicht der Algorithmus zur Berechnung der Computer-Strategie im Vordergrund sondern das Ein- und Ausgabeverhalten des Programms. Bevor wir in das Programm einsteigen, soll deutlich werden, welche Klippen umschifft werden müssen.

Die Größe des Spielfeldes ist nicht konstant, da es immer der jeweiligen
Größe des Fensters angepaßt werden soll. Man könnte zwar eine feste,
unveränderliche Fenstergröße vorgeben, doch müßte man auch dann berücksichtigen, daß das Programm in verschiedenen Auflösungen arbeiten können
muß. Es soll also sowohl mit einer Super-VGA-Karte in einer Auflösung
von beispielsweise 1024 × 768 als auch in einer einfachen CGA-Auflösung
von 320 × 200 Bildpunkten laufen. Daher kommt eine feste Vorgabe der
Spielfeldkoordinaten nicht in Frage.

Weiterhin muß man beachten, daß das Spielfeld neu gezeichnet werden muß,
wenn das Programmfenster vergrößert bzw. verkleinert wird oder man es
auf der Oberfläche hin und her bewegt.

4.4.1 Die einzelnen Programmteile

Bevor man mit der eigentlichen Programmierung beginnt, sollte man sich
auch schon bei einem Programm dieser Größe eine sinnvolle Aufteilung der
einzelnen Programmstücke überlegen. Zum einen sollen soviele Teile wie
möglich in späteren Programmen wiederverwendbar sein. Desweiteren ist
es äußerst hilfreich, möglichst weite Teile unabhängig von der gewählten
Rechner-Architektur, das heißt im wesentlichen vom Betriebssystem, zu
machen. Um nicht zuviele Moduln vorstellen zu müssen, wird dieses
Vorhaben im folgenden nicht bis ins letzte Detail durchgeführt.

Insgesamt besteht das fertige Programm aus den in Abbildung 4.20 skiz-
zierten Teilen. Dort wurden bereits die Abhängigkeiten der verschiedenen
Moduln eingezeichnet. Der Pfeil von `TICTAC.H` nach `TICTAC.CPP` deutet
beispielsweise an, daß das Modul `TICTAC.CPP` die Deklarationen aus `TIC-
TAC.H` benötigt.

Um aus den verschiedenen Teilen ein ablauffähiges Programm zu erzeugen,
wird am besten wieder eine Projektdatei oder ein Makefile erzeugt. Für das
Beispiel heißen die entsprechenden Dateien auf der beiliegenden Diskette
`TICTAC.PRJ` bzw. `TICTAC.MAK`.

Im einzelnen haben die verschiedenen Moduln folgende Aufgaben:

`TICTAC.H` enthält die symbolischen Konstanten, die später von den Ressourcen benutzt werden. Innerhalb des Programms wird nur mit
diesen Konstanten gearbeitet, ohne daß man sich um die Darstellung
als Menü, Dialogbox oder ähnlichem kümmern muß.

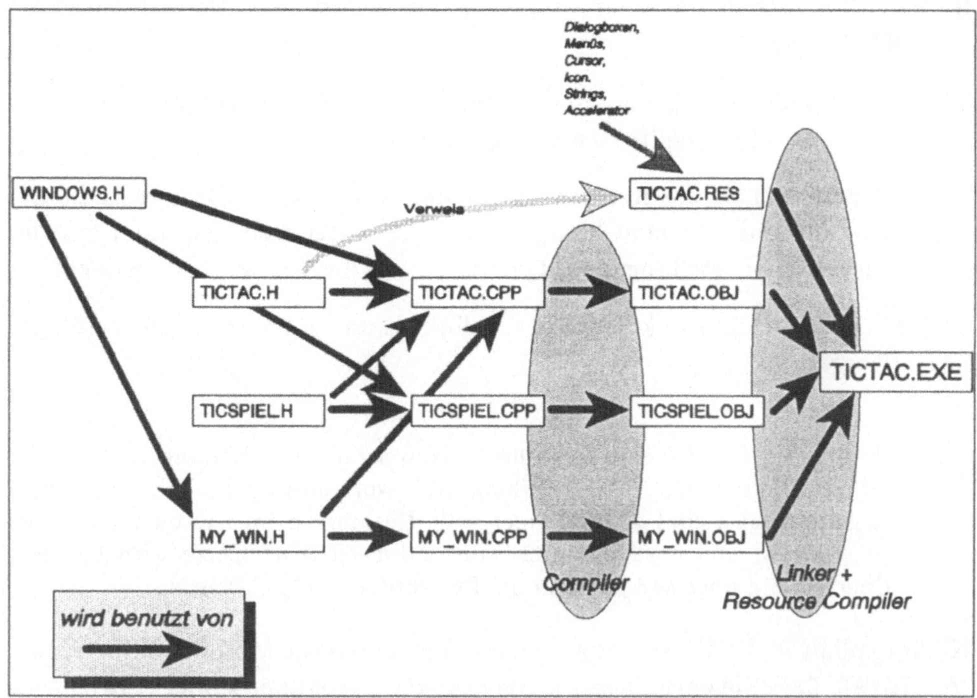

Abbildung 4.20: Die Zusammensetzung des Programms `TICTAC.EXE`

`TICSPIEL.H` enthält die Deklaration des Spielfeldes. Dabei handelt es sich um eine Klasse, die alle Funktionen zur Steuerung des Spiels als Member enthält.

`MY_WIN.H` enthält eine allgemeine Deklarationen für ein *Windows*-Hauptprogramm und ein Fenster. Es handelt sich um die aus Programm 4.5 auf Seite 396 bekannten Klassen `Main` und `Window`, von denen letztere ein wenig erweitert worden ist.

`TICTAC.CPP` enthält die Definitionen zu `TICTAC.H`. Hier befindet sich das Hauptprogramm `WinMain()`. Deshalb werden auch Deklarationen aus `TICSPIEL.H` und `MY_WIN.H` benötigt.

`TICSPIEL.CPP` enthält die Programmtexte zu den Member-Funktionen aus `TICSPIEL.H`. An dieser Stelle wurde der Übersicht halber auf eine weitere Aufspaltung verzichtet. Wollte man das Programm noch weitergehend portabel halten, dürfte sich hier kein Bezug zu `WINDOWS.H` befinden, weil die Steuerung des Spiels von der benutzten Oberfläche unabhängig sein soll. Hier wird `WINDOWS.H` benötigt, weil die Eingabe der Spielzüge direkt über eine Fenster-Handle erfolgt.

MY_WIN.CPP enthält die Definitionen zu den allgemeinen Basisklassen aus **MY_WIN.H**.

TICTAC.OBJ, **TICSPIEL.OBJ** und **MY_WIN.OBJ** sind die aus den entsprechenden **.CPP**-Quelltexten erzeugten Objektdateien.

TICTAC.RES enthält die Ressourcen für den Spielablauf. Da der Ressourcen-Editor direkt eine kompilierte **.RES**-Datei erzeugen kann wurde hier auf die Erstellung einer Quelldatei mit der Endung **.RC** verzichtet.

TICTAC.EXE enthält das kompilierte, gelinkte und (hoffentlich) ablauffähige Programm.

☞ Enthält ein Projekt eine kompilierte Ressourcendatei (Endung **.RES**), darf kein Ressourcen-Quelltext (Endung **.RC**) vorhanden sein. Es ist in der Regel einfacher und zeitsparender, alle Ressourcen im Ressourcen-Editor zu erzeugen und dort als **.RES**-Datei abzuspeichern. Diese wird bei der Übersetzung über **Add Item** in die Projektdatei aufgenommen.

Nicht explizit in die Übersicht aufgenommen wurde die Moduldefinitionsdatei **TICTAC.DEF**. Sie enthält kaum Neuerungen gegenüber **WINNIX.DEF** bzw. **WINDOWS1.DEF** aus den vorangegangenen Kapiteln. Lediglich die Heap- und die Stackgröße wurden etwas erweitert, da hier einige Unterprogramme aufgerufen werden und zum Teil zahlreiche lokale Variablen in den Funktionen auftauchen.

4.4.2 Schnittstelle zu Windows

Das Programm **TICTAC.EXE** verwendet die Dateien **MY_WIN.H** und **MY_WIN.CPP**. Wie bereits erwähnt, ist dort die Klasse **Window** um einige Details erweitert worden. Dies ist sinnvoll, weil ein Fenster in der Regel nicht so „nackt" wie in unseren bisherigen Programmen sein soll. Ein Fenster in *Windows* enthält fast immer ein Menü, über das bestimmte Auswahlen getroffen werden können. Zu diesem Zweck wurde die Komponente **hMenu** ergänzt. Sie enthält eine Handle, also eine Identifikationsnummer zu einem Menü.

Ähnlich verhält es sich mit **hAccel**. Hierbei handelt es sich um einen sogenannten **Accelerator** (engl. *to accelerate* auf deutsch „beschleunigen"). Häufig werden Accelerators auch als **Tastenkürzel** bezeichnet. Mit ihnen ist es möglich, Menüpunkte statt mit der Maus über eine bestimmte Tastenkombination zu aktivieren. Im Beispiel wird ein Accelerator benutzt,

```
                    ( ... )
21 class Window
22 {    // Basisklasse für Fenster
23      protected:
24           HWND hWnd;        // Handle des Fensters, durch die es
25                             // identifiziert wird.
26           HMENU hMenu;      // Handle für die Menüs im Fenster
27           HANDLE hAccel;    // Handle für Tastaturbeschleuniger
28      public:
29           HWND GetHandle(void){ return(hWnd); }
30           HANDLE GetAccel(void){ return(hAccel); }
31           int WindowLoop(void)
32           {
33                return(Main :: MessageLoop(hWnd, hAccel));
34           }
35
36           BOOL Show(int iCmdShow)
37           {    // Zeigt das Fenster mit der Handle hWnd in der
38                // durch iCmdShow angegebenen Form.
39                return(ShowWindow(hWnd, iCmdShow));
40           }
41           void Update(void)
42           {    // Aktualisiert das Fenster, falls dies nötig ist.
43                UpdateWindow(hWnd);
44           }
45           virtual long WndProc(WORD wMessage, WORD wParam,
46                             LONG lParam) = 0;
47                // Durch die virtuelle Funktion wird Window zur
48                // abstrakten Basisklasse. Jede abgeleitet Klasse
49                // kann (!) eine eigene Methode WndProc() dekla-
50                // rieren.
51      };
52
53
54 //   Die (Nicht-Member) Callback-Funktion WndProc() ist für alle
55 //   Windows-Programme gleich.
56
57 long FAR PASCAL _export WndProc( HWND hWnd, WORD wMessage,
58                             WORD wParam, LONG lParam );
```

Programm 4.9: Ausschnitt aus der Header-Datei `MY_WIN.H`

um das Spiel neu starten zu können. Dazu wird die Tastenkombination
`Strg` + `N` verwendet.

Neben den beiden Klassen enthält `MY_WIN.H` die Deklaration der Callback-Funktion `WndProc()`, die von *Windows* intern aufgerufen wird und für die Verarbeitung von Nachrichten an ein Fenster zuständig ist.

Bis auf die Inline-Funktionen werden alle übrigen Member in `MY_WIN.CPP` definiert. Dort hat sich bis auf die Funktion `MessageLoop()` nichts

geändert. Zur Erinnerung: Diese Funktion ruft in einer `while()`-Schleife
die Funktion `GetMessage()` auf und wird so erst beendet, wenn die
Nachricht `WM_QUIT` eintrifft.

```
                    ( ... )
13 //      ------------ initialization and member-functions  -------------
14
15 HANDLE Main :: hInstance     = 0;
16 HANDLE Main :: hPrevInstance = 0;
17 int Main     :: iCmdShow      = 0;
18
19 int Main :: MessageLoop(HWND hWnd, HANDLE hAccel)
20 {
21     MSG msg;
22     while(GetMessage(&msg, NULL, 0,0))
23     {
24         if(!TranslateAccelerator(hWnd, hAccel, &msg))
25         {
26             TranslateMessage(&msg);
27             DispatchMessage(&msg);
28         }
29     }
30     return(msg.wParam);
31 }     // Ende von MessageLoop()

            ( ... )
```

Programm 4.10: Die Member-Funktion `MessageLoop()` aus `MY_WIN.CPP`

Im Inneren der Schleife ist eine neue Funktion namens `TranslateAccele-`
`rator()` hinzugekommen. Sie verarbeitet die oben erwähnten Tastenkürzel
und übersetzt sie in `WM_COMMAND`- bzw. `WM_SYSCOMMAND`-Messages.

Gewöhnlich wird `WM_COMMAND` bzw. `WM_SYSCOMMAND` gesendet, wenn in einem
benutzerdefinierten bzw. einem System-Menü ein Menüpunkt ausgewählt
wird. Welcher Punkt es war, steht in den zusätzlichen Variablen `wParam`
bzw. `lParam`, die von *Windows* automatisch gesetzt werden. Wird ein
vordefiniertes Tastenkürzel gedrückt, so nimmt `TranslateAccelerator()`
eine entsprechende „Übersetzung" vor. Wie diese Übersetzung aussieht,
bestimmt eine sogenante **Accelerator-Tabelle**, die in der Regel mit
dem Ressourcen-Editor erstellt wird. Wie dies genau geht, wird in 4.4.4
erläutert.

<table>
<tr><td colspan="2">

`int TranslateAccelerator(HWND hWnd, HANDLE hAccTable,`
`LPMSG lpMsg)`

</td></tr>
<tr><td>**Bibliothek:**</td><td>`windows.h`</td></tr>
<tr><td>**Aufgabe:**</td><td>Es werden `WM_KEYUP` und `WM_KEYDOWN`-Nachrichten in `WM_-COMMAND` oder auch `WM_SYSCOMMAND`-Nachrichten übersetzt. Der Parameter `hAccTable` bezeichnet eine Handle auf eine Accelerator-Tabelle, die zuvor durch `LoadAccelerators()` geladen worden sein muß.</td></tr>
</table>

☞ Nachrichten, die `TranslateAccelerator()` verarbeitet, werden nicht in die Message-queue geschrieben, sondern sofort vom Fenster, auf das die Fensterhandle zeigt, verarbeitet.

Nach der eventuellen Übersetzung eines Tastenkürzels verhält sich alles wie in Programm 4.7. Die Funktionen `TranslateMessage()` und `DispatchMessage()` übergeben die decodierte Nachricht an die zugehörige Fensterfunktion, also an `WndProc()`. Auch in diesem Programm gibt es natürlich zwei Funktionen mit diesem Namen. Die Nicht-Member-Funktion ruft, nachdem die Verbindung zur Handle hergestellt wurde, die Member-Funktion von `Window` auf.

Das eigentliche Spielfeld nebst dem zugehörigen Menü und mehreren Dialogboxen wird in TICTAC.H bzw. TICTAC.CPP konstruiert. Die Headerdatei enthält lediglich einige symbolische Konstanten, die den Bezug zu den Ressourcen des Programms herstellen. Man kann eine solche Headerdatei wie gewohnt mit einem beliebigen Editor erstellen oder dazu den Ressourcen-Editor bzw. den *Ressource Workshop* verwenden. Dieser erzeugt als erste Zeile eine Information darüber, wann die Datei zuletzt verändert wurde und auf welchem Suchpfad sie angesprochen wird.

Man sieht, daß durchaus Konstanten mit gleichen Werten definiert werden können, wie zum Beispiel `TIC_INFO_TEXT` und `TIC_CANCEL`. Der richtige Zusammenhang wird automatisch erkannt.

Das Kernstück des gesamten Beispielprogramms bildet TICTAC.CPP. Dort ist die von `Window` abgeleitete Klasse `MainWindow` deklariert und definiert. Die Deklaration wurde nicht in eine eigene Headerdatei ausgelagert, weil die Klasse so speziell ist, daß man sie wohl kaum zu anderen Zwecken gebrauchen kann.

```
 1 /* D:\BORLANDC\SOURCE\TICTAC.H 11/7/1991 23:48*/
 2 #define  TIC_NEU_SPIEL    100
 3 #define  TIC_HILFE_ALLG   210
 4 #define  TIC_HILFE_REGELN     220
 5 #define  TIC_INFO   300
 6 #define  TIC_ANFANGEN_JA 101
 7 #define  TIC_ANFANGEN_NEIN    102
 8 #define  TIC_INFO_TEXT    0
 9 #define  TIC_HELPTEXT_1   11
10 #define  TIC_HELPTEXT_2   12
11 #define  TIC_OK       1000
12 #define  TIC_CANCEL 0
```

Programm 4.11: Die Headerdatei `TICTAC.H` mit symbolischen Konstanten

```
                     ( ... )

22 class MainWindow : public Window
23 {   // Das Hauptfenster des Programms wird von Window abgeleitet.
24     private:
25         static char szClassName[256];
26             // Statisches Member, da der Name in jeder
27             // Anwendung gleich bleibt.
28
29     /* An dieser Stelle taucht die wesentlichste Neuerung innerhalb
30        des Hauptfensters auf. Es werden zwei Zeiger auf Funktionen
31        eingefügt. Diese bestimmen die Reaktion auf Dialogboxen
32        innerhalb des Programms.
33        Die erste Art von Dialogboxen fragt zu Spielbeginn, wer an-
34        fangen soll. Die zweite Art steuert die Hilfestellung inner-
35        halb des Programms.                                       */
36         static FARPROC lpfnStartDialogProc;
37         static FARPROC lpfnHelpDialogProc;
38     public:
39         static void Register(void)
40         {
41             WNDCLASS wndclass;
42             wndclass.style       = CS_HREDRAW | CS_VREDRAW;
43             wndclass.lpfnWndProc = ::WndProc;
44             wndclass.cbClsExtra  = 0;
45             wndclass.cbWndExtra  = sizeof(MainWindow *);
46             wndclass.hInstance   = Main :: hInstance;
47             wndclass.hIcon       = LoadIcon(Main :: hInstance,
48                                       "TICTAC");
49             wndclass.hCursor     = LoadCursor(Main :: hInstance,
50                                       "TICTAC");
51             wndclass.hbrBackground= GetStockObject(WHITE_BRUSH);
52             wndclass.lpszMenuName = szClassName;
53             wndclass.lpszClassName= szClassName;
54
55             // Mit obigen Werten wird versucht,
56             // zu regsitrieren:
57             if(! RegisterClass(&wndclass))
58                 exit(FALSE);
59         }   // Ende von Register()
```

```
 60
 61                // Erzeugen des Fensters:
 62                MainWindow(void)
 63                {   // Konstruktor zum Erzeugen eines Fensters:
 64                    hMenu = LoadMenu(Main :: hInstance, "TIC_MENU");
 65                    // Handle auf das Menü setzen:
 66                    hWnd   = CreateWindow(szClassName,
 67                                          szClassName,
 68                                          WS_OVERLAPPEDWINDOW,
 69                                          CW_USEDEFAULT, 0,
 70                                          CW_USEDEFAULT, 0,
 71                                          NULL, hMenu, Main :: hInstance,
 72                                          (LPSTR) this);
 73                    if(! hWnd)
 74                        exit(FALSE);
 75                    Show(Main :: iCmdShow);
 76                    Update();
 77                    // Tastenkürzeltabelle laden:
 78                    hAccel = LoadAccelerators(Main :: hInstance,
 79                                      "TIC_ACCELERATOR");
 80                }
 81                void Info(HWND hWnd)
 82                {   // Kurzinformation nach dem Menüpunkt "Info":
 83                    char szInfoText[256];
 84
 85                    /* Zunächst wird der auszugebende String aus der
 86                       Resourcendatei geladen. Dieser Weg ist umständ-
 87                       licher, als direkt eine Dialogbox als Resource
 88                       zu erzeugen, wird hier deshalb nur der Voll-
 89                       ständigkeit halber vorgeführt.                  */
 90                    LoadString(Main :: hInstance, TIC_INFO_TEXT,
 91                               szInfoText, sizeof(szInfoText));
 92                    MessageBox(hWnd, szInfoText,
 93                            "Information",
 94                            MB_OK | MB_ICONINFORMATION);
 95                }
 96                long WndProc(WORD wMessage, WORD wParam, LONG lParam);
 97        };
 98
 99 #pragma argsused
100 BOOL FAR PASCAL _export StartDialogProc(HWND hDlg, unsigned iMessage,
101                                         WORD wParam, LONG lParam)
102 {   /* Es wird auf Eingaben innerhalb der Dialogbox reagiert:
103        Die Box enthält einen "Ja"- und einen "Nein"-Knopf.
104        Diese lösen die Konstanten TIC_ANFANGEN_JA bzw.
105        TIC_ANFANGEN_NEIN aus.                                  */
106     switch(iMessage)
107     {
108         case WM_INITDIALOG:
109             break;
110         case WM_COMMAND:
111             switch(wParam)
112             {
113                 case TIC_ANFANGEN_JA:
114                     EndDialog(hDlg, TRUE);
115                     break;
116                 case TIC_ANFANGEN_NEIN:
117                     EndDialog(hDlg, FALSE);
118                     break;
```

```
119                         default:
120                             return(FALSE);
121                     }
122                     break;
123                 default:
124                     return(FALSE);
125         }
126         return(TRUE);
127 }       // Ende von StartDialogProc()
128
129 #pragma argsused
130 BOOL FAR PASCAL _export HelpDialogProc(HWND hDlg, unsigned iMessage,
131                                        WORD wParam, LONG lParam)
132 {   // Diese Funktion bearbeitet die Dialogboxen zur Hilfestellung.
133     // Dort gibt es nur einen "OK"-Knopf.
134     switch(iMessage)
135     {
136         case WM_INITDIALOG:
137             break;
138         case WM_COMMAND:
139             switch(wParam)
140             {
141                 case TIC_OK:
142                     EndDialog(hDlg, TRUE);
143                     break;
144                 default:
145                     return(FALSE);
146             }
147             break;
148         default:
149             return(FALSE);
150     }
151     return(TRUE);
152 }   // Ende von HelpDialogProc()
153
154 char MainWindow :: szClassName[] = "TIC-TAC-TOE";
155 FARPROC MainWindow :: lpfnStartDialogProc =
156                 MakeProcInstance((FARPROC) StartDialogProc,
157                                     Main :: hInstance);
158 FARPROC MainWindow :: lpfnHelpDialogProc =
159                 MakeProcInstance((FARPROC) HelpDialogProc,
160                                     Main :: hInstance);
161
162 long MainWindow :: WndProc(WORD wMessage, WORD wParam, LONG lParam)
163 {   // Wie immer ist die Callback-Funktion WndProc das Herzstück
164     // des gesamten Programms. Hier werden die ankommenden Messages
165     // verarbeitet.
166     switch (wMessage)
167     {
168         case WM_CREATE:
169             // Zu Beginn muß alles initialsiert werden:
170             static Spiel Tic_Tac_Toe;
171             if(!DialogBox(Main :: hInstance, "TIC_DIALOG",
172                         NULL, lpfnStartDialogProc))
173             {
174                 Tic_Tac_Toe.ComputerZug(hWnd);
175                 Tic_Tac_Toe.NextTry();
176                 Tic_Tac_Toe.Spielfeld(hWnd);
```

```
177                             InvalidateRect(hWnd, NULL, FALSE);
178                     }
179                     break;
180
181             case WM_COMMAND:
182                     // Abfragen der Menüauswahlen:
183                     switch(wParam)
184                     {
185                             case TIC_NEU_SPIEL:
186                                     Tic_Tac_Toe.NewGame();
187                                     Tic_Tac_Toe.Spielfeld(hWnd);
188                                     InvalidateRect(hWnd, NULL, TRUE);
189                                     if(!DialogBox(Main :: hInstance,
190                                                     "TIC_DIALOG",
191                                                     hWnd, lpfnStartDialogProc))
192                                     {
193                                             Tic_Tac_Toe.ComputerZug(hWnd);
194                                             Tic_Tac_Toe.NextTry();
195                                             Tic_Tac_Toe.Spielfeld(hWnd);
196                                             InvalidateRect(hWnd, NULL, FALSE);
197                                     }
198                                     break;
199                             case TIC_HILFE_ALLG:
200                                     DialogBox(Main :: hInstance,
201                                                     "TIC_HILFSTEXT2",
202                                                     hWnd, lpfnStartDialogProc);
203                                     break;
204                             case TIC_HILFE_REGELN:
205                                     DialogBox(Main :: hInstance,
206                                                     "TIC_HILFSTEXT1",
207                                                     hWnd, lpfnHelpDialogProc);
208                                     break;
209                             case TIC_INFO:
210                                     Info(hWnd);
211                                     break;
212                     }
213                     break;
214
215             case WM_LBUTTONDOWN:
216                     // Linke Maustaste im Spielfeld gedrückt!
217                     if(Tic_Tac_Toe.SpielKontrolle(hWnd, lParam))
218                             SendMessage(hWnd, WM_COMMAND, TIC_NEU_SPIEL, 0);
219                     break;
220
221             case WM_PAINT:
222                     // Spielfeld neu zeichnen!
223                     InvalidateRect(hWnd, NULL, TRUE);
224                     Tic_Tac_Toe.Spielfeld(hWnd);
225                     break;
226
227             case WM_DESTROY:
228                     // Endgültiges Spielende!
229                     PostQuitMessage(0);
230                     break;
231             default:
232                     return DefWindowProc(hWnd, wMessage, wParam, lParam);
233     }
234 }     // Ende von WndProc()
235
```

```
236 //   ------------------ Windows-main-function --------------------
237
238 #pragma argsused
239 int PASCAL WinMain(HANDLE hInstance, HANDLE hPrevInstance,
240                    LPSTR lpszCmdLine, int iCmdShow)
241 {
242     Main :: hInstance      = hInstance;
243     Main :: hPrevInstance = hPrevInstance;
244     Main :: iCmdShow       = iCmdShow;
245
246     if(! Main :: hPrevInstance)
247     {   // Registrierung ist nur bei erster Anwendung nötig!
248         MainWindow :: Register();
249     }
250     MainWindow MainWnd;                  // Erzeugen der Fensterinstanz.
251     return(MainWnd.WindowLoop());        // Warten auf Meldungen.
252 }   // Ende von WinMain()
```

Programm 4.12: Das Kernstück `TICTAC.CPP` zum Spiel Tic-Tac-Toe

Die ersten neuen Klassenmitglieder findet man in den Zeilen 36 und 37. Dort werden durch

```
static FARPROC lpfnStartDialogProc;
static FARPROC lpfnHelpDialogProc;
```

zwei private Memberdaten deklariert. Sie erhalten in den Zeilen 155 bzw. 158 durch

```
FARPROC MainWindow :: lpfnStartDialogProc =
    MakeProcInstance((FARPROC) StartDialogProc,
                    Main :: hInstance);

FARPROC MainWindow :: lpfnHelpDialogProc =
    MakeProcInstance((FARPROC) HelpDialogProc,
                    Main :: hInstance);
```

ihre statischen Werte. Diese beiden Zeilen gehören zu den wohl kompliziertesten Neuerungen des gesamten Programms. Durch die *Windows*-Funktion `MakeProcInstance()` wird der geforderte Zeiger auf eine Funktion geliefert. Das Ergebnis von `MakeProcInstance()` ist genau wie das erste Aufrufargument vom Typ `FARPROC`. Dieser Typ ist in `WINDOWS.H` als Zeiger auf einen `long`-Wert deklariert.

In „normalen" C- und C++-Programmen kann man die Adresse einer Funktion direkt zuweisen. Man erinnere sich beispielsweise an die Bibliotheksfunktion `qsort()` aus 2.6.4, die als Argument einen Zeiger, also die

Adresse, auf eine Vergleichsfunktion benötigte. Unter *Windows* kann nicht auf die gleiche Art vorgegangen werden. Dies hängt damit zusammen, daß fast alle Funktionen als *movable* (engl. *to move*, auf deutsch „bewegen"), also im Speicher verschiebbar, behandelt werden. Das hat zur Folge, daß sich die Adresse, an der eine *Windows*-Funktion beginnt, während des Programmablaufs ändern kann.

Daher wird durch `MakeProcInstance()` kein direkter Zeiger auf die Funktion zugewiesen, sondern ein Zeiger auf eine logische Adresse. An dieser logischen Adresse befindet sich ein sogenannter **Prologcode**, welcher den Verweis auf die aktuelle Speicherposition der Funktion enthält. In Abbildung 4.21 wird versucht, den Zusammenhang grafisch darzustellen.

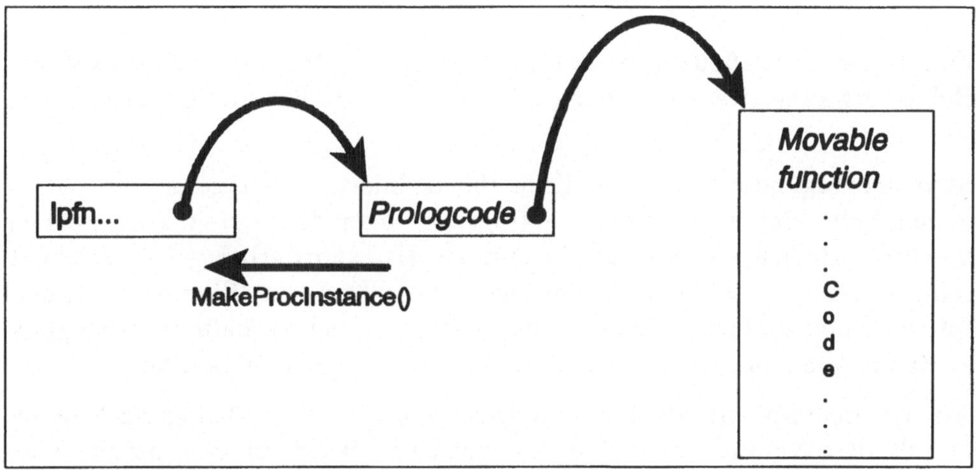

Abbildung 4.21: Zeigerverweis durch logische Adresse und Prologcode

Auf welche Funktion tatsächlich verwiesen wird, steht im ersten Argument von `MakeProcInstance()`. Als zweites Argument wird die Handle des Programms `Main::hInstance` übergeben. Dies ist nötig, weil die Funktion, auf die der logische Verweis gesetzt ist, unter Umständen in einem anderen Segment abgelegt ist, als die Daten, die zum Programm und damit zur `MainWindow`-Instanz gehören. Durch das zweite Argument, sorgt *Windows* dafür, daß die Daten auch dann richtig adressiert werden, wenn sie in einem anderen Segment liegen. Neben der laufend aktualisierten Adresse der Funktion enthält der Prologcode die notwendigen Operationen, um die Adressierung durchzuführen.

Mit welchen Funktionen wird dieser Aufwand getrieben? Nun, man erkennt am ersten Argument in den Zeilen 155 bzw. 158, daß die Adressen der

```
FARPROC MakeProcInstance(FARPROC lpProc,
HANDLE hInstance)
```

Bibliothek:	windows.h
Aufgabe:	Liefert als Ergebnis die Adresse einer Prozedurinstanz. Eine Prozedurinstanzadresse zeigt auf den Prologcode, der vor der Ausführung der Funktion ausgeführt wird. Der Prolog verknüpft das Datensegment der Instanz, die durch den Parameter hInstance bezeichnet wird, mit der Funktion, auf die der Parameter lpProc zeigt. Dadurch hat sie Zugriff auf Variablen und Daten im Datensegment der Instanz.

Funktionen `StartDialogProc()` und `HelpDialogProc()` ermittelt werden. Beide verwalten zwei Dialogboxen, die im Laufe des Programms ausgegeben werden.

`StartDialogProc()` wird ab Zeile 100 definiert. Sie erzeugt bei jedem neuen Spiel eine Dialogbox, die fragt, ob man den ersten Zug machen möchte. Ähnlich wie `WndProc()` muß sie als exportierbar gekennzeichnet sein, weil die Nachrichten aus der Dialogbox intern von *Windows* verarbeitet werden bzw. Nachrichten, die durch eine Aktion innerhalb der Dialogbox zustande kommen, an `StartDialogProc()` weitergeleitet werden müssen.

An Parametern enthält die Funktion zunächst eine Dialogbox-Handle. Durch diese Nummer wird eine Dialogbox von *Windows* identifiziert. Man beachte, daß an keiner Stelle ein Wert für diese Handle eingetragen wird. Er wird folgendermaßen berechnet: Beim Erzeugen einer Dialogbox wird eine Handle auf die momentan ausgeführte Anwendung übergeben. Zusätzlich wird eine Dialogbox mit einem Namen, der als Ressource zum Programm gehört und einer Handle zum aktuellen Fenster aufgerufen. Dies geschieht für die Dialogbox beim Programmstart in den Zeilen 171 und 189 durch:

```
DialogBox(Main :: hInstance, "TIC_DIALOG",
          NULL, lpfnStartDialogProc)
```

bzw.

```
DialogBox(Main :: hInstance, "TIC_DIALOG",
          hWnd, lpfnStartDialogProc)
```

Der Name "TIC_DIALOG" wird beim Erzeugen einer Dialogbox als Ressource angegeben. Der Ressource Compiler baut ihn in das ausführbare Programm ein. Durch den Aufruf von `DialogBox()`, bei dem auch die Adresse der zugehörigen Dialogbox-Funktion, hier also `lpfnStartDialogBox`, übergeben wird, kann der Zusammenhang hergestellt werden. Es gibt keine einfachere Möglichkeit, die Dialogbox-Handle zu übergeben. Da nicht feststeht, wie die Dialogbox-Funktion aussieht und sie deshalb indirekt über ihre Adresse aufgerufen wird, kann ihr kein festes Argument mitgegeben werden.

<table>
<tr><td colspan="2">

```
int DialogBox(HANDLE hInstance, LPSTR lpTemplateName,
HWND hWndParent, FARPROC lpDialogFunc)
```

</td></tr>
<tr><td>Bibliothek:</td><td><code>windows.h</code></td></tr>
<tr><td>Aufgabe:</td><td>Es wird eine Dialogbox, deren Aussehen durch <code>lpTemplateName</code>, den Verweis auf eine Ressource, festgelegt ist. Die Ressource ist im Programm, zu dem <code>hInstance</code> gehört definiert. Verwaltet wird die Dialogbox vom durch <code>hWndParent</code> bezeichneten Fenster. Beim Aufruf der Dialogbox wird diese durch die Callback-Funktion, auf die <code>lpDialogProc</code> zeigt, kontrolliert.
Diese Kontrolle wird erst dann beendet, wenn die Callback-Funktion die Windows-Funktion <code>EndDialog()</code> aufruft.</td></tr>
</table>

Man beachte, daß sich die beiden Aufrufe in den Zeilen 171 und 179 im dritten Argument unterscheiden. Da der erste Aufruf beim Start einer Anwendung – zu erkennen an der Nachricht `TIC_NEU_SPIEL` – noch ohne Fenster stattfindet, existiert kein kontrollierendes Fenster. Das ändert sich, wenn ein Spiel beendet und ein neues gestartet wird. Dann hat das Fenster, in dem das Spielfeld dargestellt wird, die Kontrolle.

Damit sind wir bereits im Inneren der Callback-Funktion `StartDialog-Proc()` ab Zeile 100. Auf den soeben geschilderten, etwas verschlungenen Pfaden wird sie aufgerufen, wenn in `WndProc()` in den Zeilen 171 bzw. 189 `DialogBox()` gestartet wird. Sie übernimmt die komplette Kontrolle über alle eintreffenden Nachrichten.

Die Nachricht `WM_INITDIALOG` wird unmittelbar vor der Darstellung der Dialogbox gesendet. Sie ermöglicht es, bestimmte Initialisierungen vorzunehmen. Im vorliegenden Fall wird von dieser Möglichkeit kein Gebrauch gemacht.

Reagiert wird nur auf die Nachricht `WM_COMMAND` und dazugehörende Parameter in `wParam`. Die Dialogbox fragt den Benutzer, ob er das Spiel beginnen möchte. Sie ist in Abbildung 4.22 dargestellt. Wie man sie konstruiert wird in 4.4.4 erläutert. Im Moment interessiert nur, daß *Windows* bei einem Klick auf den „Ja"-Knopf die Nachricht `TIC_ANFANGEN_JA` und bei „Nein" `TIC_ANFANGEN_NEIN` absetzt. Definiert sind diese symbolischen Konstanten in `TICTAC.H`. Wie sie konkret in die Callback-Funktion gelangen, muß den Programmierer überhaupt nicht interessieren. Er muß auch nicht beachten, was passiert, wenn der Benutzer außerhalb der Dialogbox oder neben einen der Knöpfe klickt.

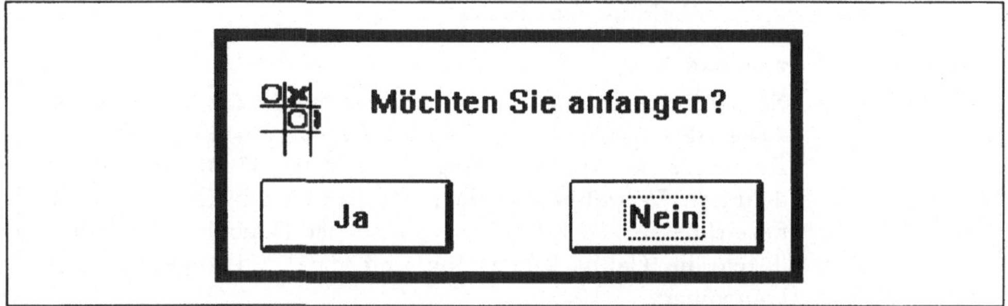

Abbildung 4.22: Die Dialogbox zu Beginn eines neuen Tic-Tac-Toe Spiels

Gleichgültig, ob der Benutzer anfangen möchte oder nicht, wird in jedem Fall die *Windows*-Funktion `EndDialog()` aufgerufen. Sie schließt die Dialogbox und gibt die Kontrolle an die übergeordnete Callback-Funktion, also an `WndProc()` zurück. Das erste Argument von `EndDialog()` ist die Dialogbox-Handle. Als zweites wird ein Integer-Wert an `DialogBox()` zurückgegeben. Dieser Wert ist gleichzeitig das Ergebnis von `DialogBox()`. Er ist es, der in den Zeilen 171 bzw. 189 durch die `if`-Abfrage überprüft wird.

Es wird ein `TRUE`, also 1, zurückgegeben, wenn der Benutzer mit dem Spiel beginnen möchte. Der Test

```
if(!DialogBox(...
```

trifft also nicht zu. Das hat zur Folge, daß die Anweisungsfolge ab Zeile 174 bzw. 193 nicht durchlaufen wird. Dies passiert nur dann, wenn `FALSE` zurückgegeben wurde. Durch die Verneinung wird die Bedingung erfüllt, und es werden die Member-Funktionen `ComputerZug()`, `NextTry()` und

`Spielfeld()` aufgerufen. Dadurch zieht der Computer einmal, es wird der Zähler für die Anzahl der Spielzüge heraufgesetzt und es wird das Spielfeld mit dem ersten Stein gezeichnet. Auf diese und die an dieser Stelle folgenden Funktionen wird noch genauer eingegangen.

`void EndDialog(HWND hDlg, int iResult)`

Bibliothek:	`windows.h`
Aufgabe:	Die Callback-Funktion für eine Dialogbox wird beendet und die zugehörige Box wird geschlossen. Aufrufe außerhalb einer solchen Callback-Funktion sind nicht zulässig. Der Wert von `iResult()` ist das Ergebnis der aufrufenden Funktion `DialogBox()`.

Zunächst sollten Sie sich davon überzeugen, daß auch die zweite Dialogbox-Funktion `HelpDialogProc()` ab Zeile 130 vollkommen analog aufgebaut ist. Sie wird aufgerufen, wenn der Benutzer den Menüpunkt `Hilfe/-Allgemein` bzw. `Hilfe/Regeln` aufruft. Man sollte allerdings beachten, daß in den Zeilen 200 und 205 zwar dieselbe Dialogboxfunktion aufgerufen wird, die zugehörigen Dialogboxen jedoch verschieden sind. Beim Aufruf in Zeile 200 wird ein Verweis auf die Ressource `TIC_HILFSTEXT2`, in Zeile 205 jedoch auf `TIC_HILFSTEXT1` übergeben. Eine Dialogbox-Funktion kann also mehrere Dialogboxen verwalten. Einzige Voraussetzung dafür ist, daß die Dialogboxen die gleichen Messages absetzen. Die Dialogbox-Funktion muß die eintreffenden Nachrichten verarbeiten können.

Nach diesem längeren „Ausflug" in den Aufbau von Dialogboxen kommen wir zurück zum Beginn des Programms und damit zur Klassendeklaration von `MainWindow`. Die Member-Funktion `Register()` unterscheidet sich nicht von der in Programm 4.7. Das Fenster erhält die gleichen Attribute.

Ein wenig Neues passiert im Konstruktor zu `MainWindow` ab Zeile 62. Das Erzeugen des Fensters und die Aufrufe von `Show()` und `Update()` sind unverändert. Neu dagegen sind die Aufrufe von `LoadMenu()` in Zeile 64 und `LoadAccelerators()` in Zeile 78. An diesen Stellen wird die Verbindung zwischen Fenster und zugehörigen Ressourcen hergestellt. Die Ressourcen-Datei enthält beispielsweise ein Menü unter dem Namen `TIC_MENU`. Auf dieses wird durch den Aufruf von `LoadMenu()` eine Handle gesetzt. Gleichzeitig wird das Menü geladen und in das Fenster integriert.

Wenn eine Anwendung ihre Arbeit aufgenommen hat, werden fortan auch Nachrichten aus dem geladenenen Menü in die Message-queue eingebracht.

Ähnlich verhält es sich in Zeile 78. Dort wird die Handle zur Tastenkürzel-Tabelle mit dem Namen `TIC_ACCELERATOR` geladen. In dieser Tabelle befinden sich die Informationen, welcher Menüpunkt aktiviert werden soll, wenn eine bestimmte Tastenkombination gedrückt wird.

Vollkommen neu ist die Member-Funktion `Info` ab Zeile 81. Auch dort wird eine Box, dieses Mal jedoch eine **Message-Box**, erzeugt. Dies ist eine spezielle Form von Dialogbox. Während Dialogboxen in der Regel noch sehr viel umfangreicher als die im Beispiel benutzten sind, enthalten Message-Boxen meist nur einen oder zwei Knöpfe.

Erzeugt werden Sie durch einen Aufruf von `MessageBox()`. Bevor dies in Zeile 92 geschieht, wird in Zeile 90 durch `LoadString()` ein String, also eine Zeichenkette, als Ressource geladen. Man mag sich fragen, weshalb der String nicht direkt innerhalb von `Info` definiert wurde. Der „Umweg" über eine Ressource hat den Vorteil, daß die Zeichenkette wie alle Ressourcen nachträglich verändert werden kann, ohne daß das Programm neu kompiliert werden muß.

Wie bereits gewohnt, wird die Ressource über eine symbolische Konstante, hier `TIC_INFO_TEXT`, angesprochen. Wo sie zu finden ist, gibt das erste Argument an, welches auf die zugehörige Programm-Handle zeigt. Der gefundene String wird in das dritte Argument `szInfoText` geschrieben. Man sollte darauf achten, daß genügend Speicherplatz vorhanden ist, weil nur soviele Zeichen übernommen werden, wie es das vierte Argument zuläßt. Hätte im Beispiel nicht 256, sondern 10 gestanden, wären nur die ersten neun Zeichen geladen worden. Es sind nicht zehn Zeichen, weil das letzte Feldelement immer für eine abschließende Stringende-Markierung reserviert ist.

Nach dem Laden wird die Messagebox dargestellt. Dafür ist der Aufruf

```
MessageBox(hWnd, szInfoText, "Information",
        MB_OK | MB_ICONINFORMATION);
```

in Zeile 92 zuständig. Die benutzten Argumente sind relativ einfach zu verstehen. Wie üblich, bezeichnet `hWnd` die Handle des übergeordneten Fensters, also des Fensters, welches die Messagebox kontrolliert.

Anschließend folgt die soeben gefüllte Zeichenkette `szInfoText`, also der Text, der in der Meldungsbox ausgegeben wird. Anschließend wird eine

```
int LoadString(HANDLE hInstance, WORD wID,
LPSTR lpBuffer, int iBufferMax)
```

Bibliothek:	`windows.h`
Aufgabe:	Es wird die durch `wID` in `hInstance` angegebene String-Ressource geladen und in `lpBuffer` abgelegt. Sollte die Ressource mehr als `iBufferMax` Bytes enthalten, wird die Zeichenkette abgeschnitten.
	Zurückgeliefert wird die tatsächliche Anzahl geladener Bytes.
	Falls die String-Ressource nicht gefunden wird, lautet das Ergebnis `NULL`.

weitere Zeichenkette übergeben. Auch hier hätte man den Weg über ein vorhergehendes `LoadString()` gehen können. Der Text ist die Überschrift des Meldungsfensters. Da der Titel „Information" in nahezu jeder Sprache beibehalten werden kann, wurde er hier direkt in den Quelltext eingefügt. Wird statt einer Zeichenkette die Konstante `NULL` übergeben, erscheint in einer deutschen *Windows*-Version als Überschrift „Fehler", in einer englischen Version „Error".

Am interessantesten ist das letzte Argument. Es handelt sich um die bitweise Verknüpfung zweier in `WINDOWS.H` definierter Konstanten. Sie verleihen dem Meldungsfenster gewisse Attribute. So bekommt die Box im Beispiel einen OK-Knopf und ein Icon, das nochmals darauf hinweist, daß es sich um ein Informationsfenster handelt.

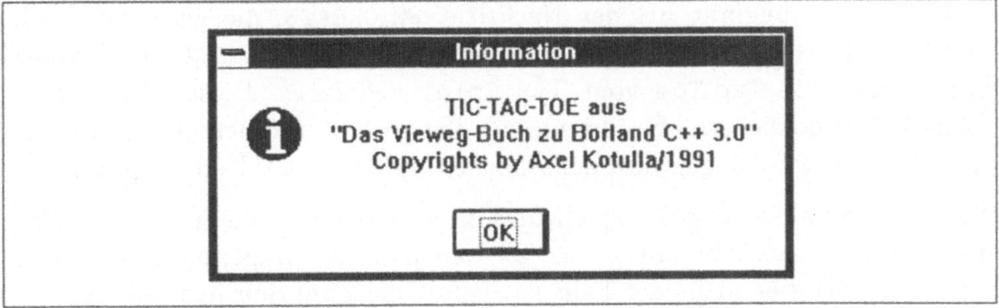

Abbildung 4.23: Informationsbox innerhalb des Tic-Tac-Toe Spiels

Welche weiteren Attribute an dieser Stelle möglich sind, ist dem Anhang

zu entnehmen. Dort befindet sich eine Tabelle mit allen Typen der
Meldungsfenster.

<table>
<tr><td colspan="2">

```
int MessageBox(HWND hWndParent, LPSTR lpText,
LPSTR lpCaption, WORD wType)
```

</td></tr>
<tr><td>**Bibliothek:**</td><td>`windows.h`</td></tr>
<tr><td>**Aufgabe:**</td><td>Es wird eine Meldungsbox mit dem Titel `lpCaption` und dem inhaltlichen Text `lpText` erzeugt. Das Fenster kann eine Reihe von Atrributen erhalten, die im letzten Argument durch ein logisches *Oder* verknüpft werden.
Wenn die Box nicht dargestellt werden konnte, wird `NULL` zurückgeliefert. Anderenfalls bestimmen die Schalter innerhalb des Fensters den Rückgabewert. So wird bei einem Klick auf einen „Cancel"-Knopf die Konstante `IDCANCEL` geliefert.</td></tr>
</table>

Nach der Methode `Info()` wird die Klassendeklaration von `MainWindow`
durch die Methode `WndProc()` abgeschlossen. Wie bereits in `WINDOWS1.CPP`
laufen in dieser obersten Callback-Funktion alle Pfade des Programms
zusammen. Hier wird auf alle eintreffenden Nachrichten reagiert.

Die Definition von `WndProc()` beginnt ab Zeile 162. An den Parametern
hat sich nichts geändert. Es wird immer noch eine symbolische Nachricht
`wMessage` mit eventuell zwei zusätzlichen Parametern `wParam` und `lParam`
von *Windows* übergeben.

Geändert hat sich dagegen der Aufbau der `switch()`-Konstruktion ab
Zeile 166. Es beginnt bei der Nachricht `WM_CREATE`, die gesendet wird,
bevor das Fenster erzeugt wird. In diesem Fall wird zunächst eine Instanz
mit Namen `Tic_Tac_Toe` vom Typ `Spiel` definiert. Dieser Typ ist in
`TICSPIEL.H` deklariert. Er übernimmt den gesamten Spielablauf, also die
Koordination von Zügen des menschlichen Spielers und des Computers.

Nach der Initialisierung des Spielfeldes im Konstruktor von `Spiel` erscheint
die Dialogbox aus Abbildung 4.22, die den Benutzer fragt, ob er anfangen
möchte. Falls dies nicht der Falls ist, liefert die Funktion `DialogBox()` in
Zeile 171 eine 0, die wegen der Verneinung zur 1 (also wahr) wird.

Wenn der Benutzer nicht anfangen möchte, muß der Computer einen Zug
vorlegen. Dies geschieht mit den Aufrufen der Methoden `ComputerZug()`,
`NextTry()` und `Spielfeld()`. Im nächsten Unterkapitel wird dazu genauer

auf den eigentlichen Spielablauf innerhalb der Instanz `Tic_Tac_Toe` eingegangen.

Für die Ausgabe unter *Windows* ist vor allem der Aufruf

```
InvalidateRect(hWnd, NULL, FALSE);
```

in Zeile 177 wichtig. Diese Funktion sorgt dafür, daß der als Argument
angegegbene Client-Bereich ungültig wird. Das wiederum hat zur Folge,
daß er automatisch beim Erhalt der nächsten `WM_PAINT`-Nachricht neu
gezeichnet wird. Die `NULL` an zweiter Stelle besagt, daß der gesamte Client-
Bereich betroffen sein soll. Man kann an dieser Stelle auch eine Struktur
vom Typ `Rect` übergeben, die dann die Koordinaten des ungültigen
Bereichs enthalten muß. Die Struktur `RECT` ist in `WINDOWS.H` als

```
typedef struct tagRECT {
        int left;
        int top;
        int right;
        int bottom;
        } RECT;
```

deklariert. Die Koordinaten müssen immer relativ zum aktuellen Fenster
und keinesfalls absolut zur *Windows*-Oberfläche angegeben werden. Nur so
ist es möglich, daß ein Fenster nach Belieben verschoben werden kann und
die Koordinaten immer noch „passen".

Das letzte Argument in `InvalidateRect()` gibt an, ob der Hintergrund
des angegebenen Client-Bereichs ebenfalls neu gezeichnet werden soll. Die
Konstante `FALSE` sorgt im Beispiel dafür, daß dies nicht der Fall ist und
daher nur das eigentliche Spielfeld neu gezeichnet werden muß. Man muß
beachten, daß ein `TRUE` an dieser Stelle einen längeren Zeichenvorgang
zur Folge hat. Dies ist in der Regel nur dann erforderlich, wenn die
Anwendung selbst das Fenster mit anderen Dingen überlagert hat. Bei
einer Überlagerung durch eine „fremde" Anwendung zeichnet *Windows*
automatisch den Hintergrund neu.

Die Nachricht `WM_PAINT` muß in aller Regel nicht vom Programm selber
erzeugt werden. Sie wird intern von *Windows* immer dann verschickt,
wenn Fenster verschoben, verkleinert, vergrößert, verdeckt oder ähnliches
wurden.

☞ Man kann einen ungültig gemachten Bereich durch einen Aufruf der
Funktion `ValidateRgn()` wieder gültig machen.

```
void InvalidateRect(HWND hWnd, LPRECT lpRect,
BOOL bErase)
```

Bibliothek:	`windows.h`
Aufgabe:	Der rechteckige Ausschnitt `lpRect` (ein Zeiger auf eine RECT-Struktur) des Client-Bereichs von `hWnd` wird ungültig gemacht. Somit wird er beim Eintreffen der nächsten `WM_PAINT`-Nachricht automatisch neu gezeichnet. Der letzte Parameter gibt an, ob auch der Hintergrund neu gezeichnet werden soll.

Der eigentliche Spielablauf findet nach Erhalt einer `WM_COMMAND`-Nachricht ab Zeile 181 statt. Dort wird auf Menüauswahlen reagiert.

Bei einer solchen Menüauswahl wird zunächst `WM_COMMAND` gesendet. Zusätzlich wird in `wParam` die Konstante an `WndProc()` übergeben, die mit dem Menüpunkt verbunden ist. In 4.4.4 wird genau gezeigt, wie man eine solche Verbindung herstellt. Jetzt genügt die Information, daß beispielsweise die Konstante `TIC_NEU_SPIEL` in `wParam` enthalten ist, wenn der Benutzer den Menüpunkt **Neues Spiel** angeklickt hat.

☞ Der gleiche Effekt ergibt sich im Beispiel auch dann, wenn man Strg + N drückt, da diese Tastenkombination über einen Accelerator mit dem Menüpunkt verbunden ist.

Über `wParam` wird in Zeile 183 eine zweite `switch()`-Konstruktion aufgebaut. Falls dort zur Alternative `TIC_NEU_SPIEL` gesprungen wird, läuft die gleiche Kommandofolge wie nach einer `WM_CREATE`-Message ab Zeile 168 ab. Der Benutzer wird also wieder gefragt, ob er anfangen möchte usw.

Die weiteren Konstanten verarbeiten andere Menüpunkte. So wird beispielsweise eine allgemeine Hilfe in Form einer Dialogbox gegeben, wenn der Benutzter den Punkt **Allgemein** auswählt. Beachten Sie bitte, daß in Zeile 199 und auch an keiner anderen Stelle im Programm darauf geachtet werden muß, daß es sich hierbei um einen Untermenüpunkt zu **Hilfe** handelt. Der Aufbau des Menüs erfolgt vollständig im **Ressourcen-Editor**. Dort kann man Menüs auch nach der Fertigstellung eines Programms beliebig umstellen, ohne etwas am Quelltext verändern zu müssen.

Nach der inneren `switch()`-Konstruktion geht die äußere noch ein Stück weiter. Bei der Marke `WM_LBUTTONDOWN` befindet sich die Spielzugeingabe des menschlichen Spielers. Sobald die linke Maustaste im Client-Bereich des aktuellen Fensters gedrückt wird, sendet *Windows* diese Nachricht. Dadurch wird in Zeile 217 die Methode `SpielKontrolle()` aufgerufen. In ihr werden die Koordinaten der aktuellen Cursorposition verarbeitet und in einen Spielzug umgesetzt.

Die Methode liefert den Wert `TRUE`, wenn das Spiel durch den gemachten Zug beendet wurde. Dies ist dann der Fall, wenn der menschliche Spieler durch seinen Zug gewonnen hat, oder der Rechner durch seinen Antwortzug gewinnt. Es ist auch beendet, wenn innerhalb von `SpielKontrolle()` der neunte Zug gemacht wird, so daß alle Felder belegt sind. In diesem Fall endet das Spiel unentschieden.

Nach dem Spielende sendet die Anwendung erstmalig selbst explizit eine Nachricht. Durch den Aufruf

```
SendMessage(hWnd, WM_COMMAND, TIC_NEU_SPIEL, 0);
```

wird die Message `WM_COMMAND` direkt an die Callback-Funktion (hier `Wnd-Proc()`) der aktuellen Anwendung gesendet. Sie errinnern sich, daß dies gewöhnlich nur dann geschah, wenn der Benutzer einen selbstdefinierten Menüpunkt auswählte. Durch `SendMesage()` wird eine solche Auswahl simuliert. Es wird der Menüpunkt `TIC_NEU_SPIEL` ausgewählt. Beim nächsten Aufruf von `WndProc()` wird somit erst zur Zeile 181 und dann zu 185 gesprungen.

<table>
<tr><td colspan="2"><code>DWORD SendMessage(HWND hWnd, WORD wMsg, WORD wParam,
LONG lParam)</code></td></tr>
<tr><td>Bibliothek:</td><td><code>windows.h</code></td></tr>
<tr><td valign="top">Aufgabe:</td><td>Es wird direkt die Nachricht <code>wMsg</code> an die oberste Callback-Funktion des Fensters <code>hWnd</code> gesendet. Liegen vor dem Aufruf noch weitere Nachrichten an, werden diese erst dann bearbeitet, wenn die aufgerufene Callback-Funktion beendet wurde.

Die Parameter <code>wParam</code> und <code>lParam</code> enthalten zusätzliche Informationen zur gesendeten Nachricht.</td></tr>
</table>

Beim Erhalt einer `WM_PAINT`-Nachricht wird wieder der gesamte Client-Bereich des Fensters für ungültig erklärt und das Spielfeld neu gezeichnet. Dieses Mal wird auch der Hintergrund berücksichtigt, weil es sonst

Probleme gibt, falls **WM_PAINT** nach einer Dialog- oder Meldungsbox der
eigenen Anwendung aufgerufen wird.

Die letzte Meldung auch dieses Programms lautet **WM_DESTROY**. Nach ihr
wird die Anwendung beendet und damit auch das Fenster mit dem Spielfeld
geschlossen. Die "Aufräumarbeiten" werden vollständig von *Windows*
übernommen.

Den Abschluß von **TICTAC.CPP** bildet wieder das *Windows*-Hauptprogramm
WinMain(). Man findet lediglich in Zeile 251 einen neuen Aufruf:

```
MainWnd.WindowLoop()
```

Bisher wurde an dieser Stelle die Member-Funktion **MessageLoop()** von
Main aufgerufen. Dies ist hier nicht ohne weiteres möglich, weil **Message-
Loop()** etwas erweitert wurde. Die Funktion benötigt jetzt zwei Ar-
gumente, und zwar die Fenster-Handle und die Accelerator-Handle des
Hauptfensters. Man könnte diese Werte explizit als Argument in Zeile 251
übergeben. Dies widerspricht jedoch dem Prinzip des Information hiding,
da soviel wie irgendwie möglich vom Aufbau der Klasse **Main** verbor-
gen bleiben soll. Deshalb wird die Member-Funktion **WindowLoop()** von
MainWindow() aufgerufen. Diese übergibt die notwendigen Argumente an
Main::MessageLoop(), ohne daß in **WinMain()** davon etwas bemerkt wird.

Mit diesem Schritt sollte das Verhalten nach außen klar geworden sein. Wie
das Spiel intern abläuft, wird kurz im nächsten Unterkapitel erklärt.

4.4.3 Die Steuerung des Programms

Der Algorithmus hinter Auswahl der Computerzüge ist denkbar einfach.
Es werden alle sinnvollen Möglichkeiten ausprobiert. Das hat zur Folge,
daß man nicht gegen den Rechner gewinnen kann. Die Auswahl der
verschiedenen Möglichkeiten findet in der Member-Funktion **Moeglich()**
innerhalb der Klasse **Spiel** statt. Auf diesen Teil des Programms soll hier
jedoch nicht weiter eingegangen werden, weil er nichts mit *Windows* zu tun
hat.

Der Spielablauf findet innerhalb der Klasse **Spiel** statt. Dort wird zunächst
ein 3 × 3 Elemente großes Feld durch

```
FELD feld[3][3];
```

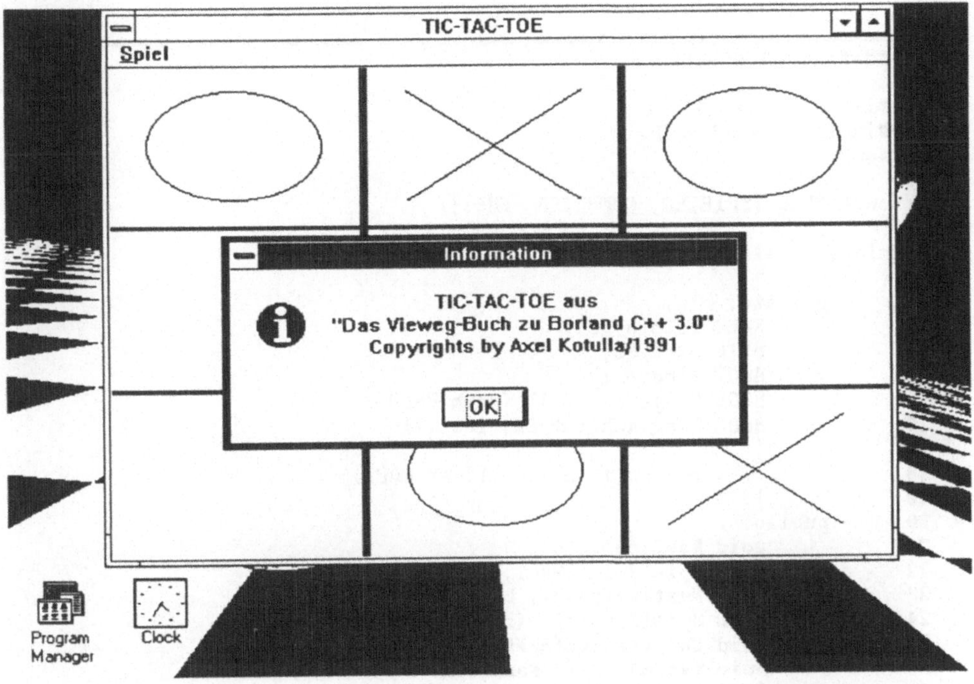

Abbildung 4.24: Das fertige Programm Tic-Tac-Toe unter *Windows*

deklariert. Der Datentyp `FELD` ist ein Aufzählungstyp mit den drei Werten
`SPIELER`, `COMPUTER` und `FREI`.

Von den Methoden sollen hier nur `Spielfeld()` und `SpielKontrolle()`
interessieren. Nur diese haben direkt mit *Windows* zu tun.

In `Spielfeld()` wird das Spielfeld gezeichnet. Im Unterschied zur Grafik-
ausgabe unter *MS-DOS* ist hier einiges mehr an Vorarbeiten nötig. Dafür
muß man sich allerdings nicht um Dinge wie unterschiedliche Grafiktreiber
und ähnliches kümmern.

Bevor man in einem *Windows*-Fenster mit Grafikoperationen beginnt, muß
immer die Funktion `BeginPaint()` aufgerufen werden. Sie bereitet das
Fenster für grafische Ausgaben vor. Hier heißt es in Zeile 37:

```
hDC = BeginPaint(hWnd, &ps);
```

Dadurch wird die Variable `ps` vom Typ `PAINTSTRUCT` mit den notwendigen Informationen gefüllt. Die Struktur `PAINTSTRUCT` ist in `WINDOWS.H`
folgendermaßen deklariert:

```
 1 #define __TICSPIEL_H
 2
 3 #ifndef __WINDOWS_H
 4 #include <windows.h>
 5 #endif
 6
 7 enum FELD {SPIELER, COMPUTER, FREI};
 8
 9 class Spiel
10 {
11     private:
12         FELD feld[3][3];
13         BYTE byZugNr;
14         RECT fenster;
15         BOOL SiegerKontrolle(enum FELD);
16         BOOL Moeglich(int iX, int iY)
17         {
18             return(feld[iX][iY] == FREI);
19         }
20     public:
21         void NewGame(void);
22         void Spielfeld(HWND);
23         void NextTry(void){ byZugNr++; }
24         BOOL SpielKontrolle(HWND, long);
25         void ComputerZug(HWND);
26         Spiel(void)      // Konstruktor
27         {
28             NewGame();
29         }
30     };
```

Programm 4.13: Die Headerdatei `TICSPIEL.H` zur Steuerung von Tic-Tac-Toe

```
typedef struct tagPAINTSTRUCT {
    HDC hdc;
    BOOL fErase;
    RECT rcPaint;
    BOOL fRestore;
    BOOL fIncUpdate;
    BYTE rgbReserved[16];
    } PAINTSTRUCT;
```

Die erste Komponente ist gleichzeitig das Ergebnis von `BeginPaint()`.
Es ist eine Handle zum Bereich, in dem gezeichnet werden soll. In
der *Windows*-Terminologie spricht man auch vom **Gerätekontext**. Die
Komponente `fErase` enthält den Wert TRUE, wenn der Hintergrund von
`hdc` neu gezeichnet wurde. `rcPaint` gibt die Koordinaten des Bereichs
an, in dem gezeichnet wird. Es handelt sich um eine Komponente vom

Typ **RECT**, der bereits auf Seite 443 eingeführt wurde. Die in `rcPaint`
gespeicherten Werten ermöglichen einen Spielfeldaufbau, der unabhängig
von der tatsächlichen Größe des Fensters ist.

```
                        ( ... )
30 void Spiel :: Spielfeld(HWND hWnd)
31 {    // Hier wird das Spielfeld gezeichnet.
32      HDC hDC;
33      PAINTSTRUCT ps;         // Struktur für Operationen innerhalb
34                              // eines Client-Bereichs.
35      RECT line;
36      HANDLE hBrush;          // Handle für die Zeichenfarbe
37      hDC = BeginPaint(hWnd, &ps);
38              // Das Fenster wird zum Zeichnen vorbereitet.
39      fenster.bottom = ps.rcPaint.bottom;
40      fenster.right  = ps.rcPaint.right;
41      hBrush = GetStockObject(BLACK_BRUSH);
42              // Berechnet die Handle zum schwarzen Pinsel.
43
44      for(register int iI = 0; iI < 2; iI++)
45      {    // Hier werden die Umrisse des Spielfeldes gemalt:
46           line.left       = 1;
47           line.top        = (iI+1)*((fenster.bottom)/3);
48           line.right      = fenster.right-1;
49           line.bottom     = (iI+1)*((fenster.bottom)/3)-
50                                   ((fenster.bottom)/100);
51           FillRect(hDC, &line, hBrush);
52           line.left       = (iI+1)*((fenster.right)/3);
53           line.top        = 1;
54           line.right      = (iI+1)*((fenster.right)/3)-
55                                   ((fenster.right)/100);
56           line.bottom     = fenster.bottom-1;
57           FillRect(hDC, &line, hBrush);
58      }
59
60      for(iI = 0; iI < 3; iI++)
61           for(register int iJ = 0; iJ < 3; iJ++)
62                switch(feld[iI][iJ])
63                { // Jetzt werden die Spielsteine gezeichnet:
64                  case COMPUTER: // Kreuze für den Computer
65                       MoveTo(hDC, iI*((fenster.right)/3)+
66                                        (fenster.right)*.05,
67                                   iJ*((fenster.bottom)/3)+
68                                        (fenster.bottom)*.05);
69                       LineTo(hDC, iI*((fenster.right)/3)+
70                                        (fenster.right)*.275,
71                                   iJ*((fenster.bottom)/3)+
72                                        (fenster.bottom)*.275);
73                       MoveTo(hDC, iI*((fenster.right)/3)+
74                                        (fenster.right)*.275,
75                                   iJ*((fenster.bottom)/3)+
76                                        (fenster.bottom)*.05);
77                       LineTo(hDC, iI*((fenster.right)/3)+
78                                        (fenster.right)*.05,
79                                   iJ*((fenster.bottom)/3)+
80                                        (fenster.bottom)*.275);
81                       break;
```

```
 82
 83                              case SPIELER:   // und Kreise für den Menschen
 84                                 Ellipse(hDC, iI*((fenster.right)/3)+
 85                                              (fenster.right)*.05,
 86                                              iJ*((fenster.bottom)/3)+
 87                                              (fenster.bottom)*.05,
 88                                              iI*((fenster.right)/3)+
 89                                              (fenster.right)*.275,
 90                                              iJ*((fenster.bottom)/3)+
 91                                              (fenster.bottom)*.275);
 92                        }
 93          EndPaint(hWnd, &ps);        // Zeichnen beendet!
 94  }        // Ende von Spielfeld()
 95
 96  BOOL Spiel :: SpielKontrolle(HWND hWnd, long lParam)
 97  {
 98          // Die Funktion liefert TRUE, wenn das Spiel beendet wurde.
 99
100          // Zunächst wird aus der aktuellen Cursorposition das
101          // betroffene Feld berechnet:
102          int iXcord = (3*LOWORD(lParam)) / fenster.right;
103          int iYcord = (3*HIWORD(lParam)) / fenster.bottom;
104
105          if((iXcord < 3) && (iYcord < 3))
106          {
107                  if(feld[iXcord][iYcord] != FREI)
108                  {
109                          MessageBeep(0);
110                          MessageBox(hWnd,
111                                    "Dieses Feld ist bereits besetzt!",
112                                    "F E H L E R",
113                                    MB_OK | MB_ICONEXCLAMATION);
114                                    InvalidateRect(hWnd, 0, TRUE);
115                                    Spielfeld(hWnd);
116                          return(FALSE);
117                  }
118                  feld[iXcord][iYcord] = SPIELER;
119                  NextTry();
120                  InvalidateRect(hWnd, 0, FALSE);
121                  Spielfeld(hWnd);
122                  }
123          if(SiegerKontrolle(SPIELER))
124          {
125                  MessageBox(hWnd,
126                            "Sie haben gewonnen!",
127                            "G R A T U L A T I O N !",
128                            MB_OK | MB_ICONEXCLAMATION);
129                  return(TRUE);
130          }
131          if(byZugNr >= 9)
132          {
133                  MessageBox(hWnd,
134                            "Dieses Spiel endete noch unentschieden!",
135                            "S P I E L E N D E",
136                            MB_OK | MB_ICONEXCLAMATION);
137                  return(TRUE);
138          }
139          ComputerZug(hWnd);
140          NextTry();
141          InvalidateRect(hWnd, NULL, FALSE);
```

```
142         Spielfeld(hWnd);
143         if(SiegerKontrolle(COMPUTER))
144         {
145             MessageBox(hWnd,
146                        "ich habe gewonnen!",
147                        "S C H A D E  . . .",
148                        MB_OK | MB_ICONEXCLAMATION);
149             return(TRUE);
150         }
151
152         if(byZugNr>=9)
153         {
154             MessageBox(hWnd,
155                        "Da sind Sie ja gerade noch mal davon gekommen.",
156                        "U N E N T S C H I E D E N !",
157                        MB_OK | MB_ICONEXCLAMATION);
158             return(TRUE);
159         }
160         return(FALSE); // Noch kein Spielende
161 }       // Ende von SpielKontrolle()

              ( ... )
```

Programm 4.14: Die Member-Funktionen `Spielfeld()` und `SpielKontrolle()`

Die übrigen Komponenten werden intern von *Windows* benutzt. Sie spielen
bei der Programmierung keine Rolle.

Die Struktur `ps` erhält immer dann neue Werte, wenn zuvor `Invalidate-`
`Rect()` oder auch `InvalidateRgn()` aufgerufen wurde. Man sollte darauf
achten, `BeginPaint()` nur **nach** einer `WM_PAINT`-Message aufzurufen, da
es anderenfalls zu Inkonsistenzen in der Message-queue kommen kann.
Weiterhin muß jedem Aufruf von `BeginPaint()` ein `EndPaint()` folgen.
Dies geschieht im Beispiel in Zeile 91 nachdem das Spielfeld neu gezeichnet
wurde.

HDC BeginPaint(HWND hWnd, LPPAINTSTRUCT lpPaint)	
Bibliothek:	`windows.h`
Aufgabe:	Das Fenster mit der Handle `hWnd` wird zum Zeichnen vorbereitet, in dem die durch `lpPaint` angegebene `PAINTSTRUCT`-Struktur mit Werten gefüllt wird.
	Zurückgegeben wird eine Handle auf den zu bearbeitenden Bereich.

Nachdem in **ps** die notwendigen Informationen abgelegt wurden, werden die zum Zeichnen notwendigen Daten in die Variable **fenster** kopiert. Hierbei handelt es sich um eine **RECT**-Struktur. Ferner wird durch

```
hBrush = GetStockObject(BLACK_BRUSH);
```

der vordefinierte Pinsel **BLACK_BRUSH** als aktuelles Zeichenwerkzeug ausgewählt. Alle nachfolgenden Zeichenoperationen finden in schwarz statt.

☞ Neben Pinseln können durch **GetStockObject()** auch Zeichensätze und Stifte geladen werden. Schwarz ist in der Regel die Voreinstellung, weshalb hier kein spezieller Stift geladen wird.

<table>
<tr><td colspan="2">HANDLE GetStockObject(int iIndex)</td></tr>
<tr><td>Bibliothek:</td><td>windows.h</td></tr>
<tr><td>Aufgabe:</td><td>Es wird eine Handle zu einem vordefinierten Pinsel, Stift oder Zeichensatz geladen. Dieser kann von nachfolgenden Zeichenfunktionen benutzt werden.
Zurückgegeben wird eine Handle auf das geladenen Objekt bzw. NULL wenn ein Fehler auftrat.</td></tr>
</table>

☞ Mit den Funktionen **CreateHatchBrush()**, **CreatePatternBrush()** und **CreateSolidBrush()** können auch eigene Pinsel erzeugt werden.

In der **for()**-Schleife ab Zeile 44 wird das Spielfeld mit seinen insgesamt vier Balken gezeichnet. Dabei werden von Zeile 46 bis 51 die horizontalen und von 52 bis 57 die vertialen Balken gezeichnet. In beiden Richtungen wird nach demselben Schema vorgegangen.

Das Fenster, dessen Koordinaten in **fenster** stehen, wird gedrittelt und nach dem ersten und zweiten Drittel wird ein Balken gezeichnet. Die Dicke des Balkens wurde auf **fenster.bottom/100** gesetzt. Auch an dieser Stelle variiert der Wert also in Abhängigkeit von der aktuellen Fenstergröße.

Zum Zeichnen des Balkens wird die Funktion **FillRect()** benutzt. Neben der Angabe des Gerätekontextes und der zuvor berechneten Koordinaten erwartet die Funktion als drittes Argument eine Farbe in Form eines Pinsels, mit dem der Bereich gefüllt wird.

<table>
<tr><td colspan="2"><code>int FillRect(HDC hDC, LPRECT lpRect, HBRUSH hBrush)</code></td></tr>
<tr><td>Bibliothek:</td><td><code>windows.h</code></td></tr>
<tr><td>Aufgabe:</td><td>Es wird das Rechteck <code>lpRect</code> des Gerätekontextes <code>hDC</code> mit der Farbe aus <code>hBrush</code> gefüllt.
Der linke und obere Rand des Rechtecks wird gefüllt, nicht jedoch der rechte und untere Rand.
Der Rückgabewert vom Typ <code>int</code> hat keine Bedeutung und sollte deshalb nicht benutzt werden.</td></tr>
</table>

Auf ganze ähnliche Weise wie die Balken werden ab Zeile 60 die Spielzüge gezeichnet. Für die Kreuze des Computers werden die Funktionen `Move-To()` und `LineTo()`, für die Kreise des menschlichen Spielers `Ellipse()` verwendet.

Die Funktionsnamen sind weitestgehend selbsterklärend. `MoveTo()` macht den als Argument angegebenen Punkt zur aktuellen Position des Zeichenstiftes. Durch `LineTo()` wird von der aktuellen Position des Zeichenstiftes eine Linie zu den als Argument angegebenen Zielkoordinaten gezogen. Die einzelnen Konstanten entstanden durch mehrfaches Ausprobieren mit verschiedenen Werten. Falls Sie sich mit den Funktionen vertraut machen möchten, sollten Sie ein wenig mit diesen Werten experimentieren, um zu sehen, welche Variationen möglich sind.

Die Funktion `Ellipse()` zeichnet an der durch das zweite und dritte Argument angegebenen Position eine Ellipse. Deren Ausmaße wird durch das vierte und fünfte Argument angegeben. Auch hier wurde durch Ausprobieren ermittelt, wie aus der Ellipse ein einigermaßen runder Kreis wird. Dies gilt allerdings nur dann, wenn das Fenster weitestgehend quadratisch ist. Dehnt oder staucht man es, werden aus den Kreisen mehr oder weniger platte „Eier".

Nachdem das Spielfeld ausgegeben wurde, muß man sich zu guter letzt noch darum kümmern, wie ein Mausklick innerhalb des Spielfeldes umgesetzt wird. Dazu wird in der Member-Funktion `SpielKontrolle()` der Parameter `lParam` verwendet. Sie erinnern sich, `SpielKontrolle()` wird in `WndProc()` nach der Nachricht `WM_LBUTTONDOWN` aufgerufen. Bei dieser Nachricht stehen in `lParam` die Koordinaten, an denen der linke Mausknopf gedrückt wurde. Dieser Wert wird neben der Fenster-Handle an `SpielKontrolle()` übergeben. Da es sich um einen `long`-Wert handelt,

```
DWORD MoveTo(HDC hDC, int iX, int iY)
```

Bibliothek: windows.h
Aufgabe: Der Zeichenstift wird im Gerätekontext hDC an die Position (iX,iY) gesetzt.
Zurückgeliefert wird die alte Position des Zeichenstiftes, wobei die Y-Koordinate im oberen und die X-Koordinate im unteren Byte des Speicherwortes liegt.

```
BOOL LineTo(HDC hDC, int iX, int iY)
```

Bibliothek: windows.h
Aufgabe: Es wird eine Linie mit dem aktuellen Stift von der aktuellen Position zu den Koordinaten (iX,iY) gezogen. Gleichzeitig wird (iX,iY) zur neuen Stiftposition.
Die Linie wird ausschließlich der Zielkoordinaten gezeichnet. Falls die Linie nicht gezeichnet werden konnte, beträgt der Rückgabewert FALSE.

können problemlos zwei Koordinaten übergeben werden. Im unteren Wort der vier Byte befindet sich die X-, im oberen Wort die Y-Koordinate.

Diese beiden Werte werden in den Zeilen 102 und 103 in die Variablen iXcord und iYcord geschrieben. Bei LOWORD() und HIWORD() handelt es sich um zwei Makros, die aus einer (32 Bit) long-Variablen das untere bzw.

```
BOOL Ellipse(HDC hDC, int iX, int iY, int iRx, int iRy)
```

Bibliothek: windows.h
Aufgabe: Im Gerätekontext hDC wird an der Position (iX,iY) eine Ellipse mit den Radien iRx und iRy gezeichnet. Als Farbe wird die des aktuellen Stiftes benutzt.
Der Rückgabewert beträgt FALSE, falls keine Ellipse gezeichnet werden konnte. Die Position des Zeichenstiftes wird durch die Funktion nicht verändert.

obere Wort (je 16 Bit) herausholen.

Die so ermittelten Koordinaten geben die Position des Cursors in Bezug zum aktuellen Fenster an. Um daraus eine Angabe zu machen, in welchem Spielkästchen sich der Cursor befindet, wird er verdreifacht und durch die maximale Ausdehnung des Fensters in X- bzw. Y-Richtung dividiert. Dadurch erhält man einen Wert zwischen null und einschließlich zwei. Da alle Zahlen von ganzzahligen Typen sind, gilt dies auch für das Ergebnis. In Zeile 105 wird überprüft, ob sich die Koordinaten tatsächlich im gültigen Bereich befinden. Diese Abfrage sollte im Normalfall immer erfüllt sein.

Anschließend wird in Zeile 107 durch

```
if(feld[iXcord][iYcord] != FREI)
```

überprüft, ob das angewählte Kästchen noch frei ist. Falls dies nicht der Fall ist, der Spieler also ein bereits besetztes Feld angeklickt hat, erscheint eine Meldungsbox, die auf den Fehler aufmerksam macht.

Für diese Meldungsbox wird wieder die Funktion **MessageBox()** verwendet. An diese Stelle wurde auf eine separate Ressource verzichtet, was natürlich eine Übersetzung des Programms erschwert, weil eine direkt angegebene Zeichenkette nicht ohne Neuübersetzung des Programms verändert werden kann.

Falls der Spieler auf ein freies Spielfeld geklickt hat, wird durch

```
feld[iXcord][iYcord] = SPIELER;
```

das zugehörige Element entsprechend gesetzt. Anschließend wird durch **NextTry()** die Anzahl der Spielzüge erhöht und das gesamte Spielfeld neu gezeichnet.

Daran schließt sich eine Kontrolle an, die überprüft, ob der Zug des Spielers zum Sieg führte. Falls bei den umfangreichen Tests kein Fall übersehen wurde, sollte das Programm die Meldungsbox in Zeile 125 niemals zeigen.

Eine weitere Möglichkeit für ein Spielende ist ein Unentschieden, das sich ergibt, wenn **byZugNr** den Wert neun erreicht hat.

Im letzten Teil von **SpielKontrolle()** macht der Computer dann seinen Zug. Dies geschieht innerhalb von **ComputerZug()**. Die oben beschriebenen Kontrollen und der Aufbau des Spielfeldes wiederholen sich. Allerdings kann es hier durchaus sein, daß dem Computer ein Sieg gelingt.

Damit ist die Beschreibung des Programmablaufs vollständig. Falls Sie ein wenig experimentieren möchten, sollten Sie dies vor allem mit den zahlreichen Konstanten innerhalb der *Windows*-Funktionen tun. Sowohl im Anhang als auch in der integrierten Hilfe findet man zusätzliche Möglichkeiten, die Sie an den Umgang mit der *Windows*-Programmierung gewöhnen.

4.4.4 Ressourcen

An mehreren Stellen des vorigen Unterkapitels wurden eigene Ressourcen verwendet. Neben dem schon bekannten Cursor- und Icon-Editor können mit einem Ressourcen-Editor auch Dialogboxen, Accelerators, Strings und Headerdateien erzeugt werden.

Als erstes taucht beim Start von Tic-Tac-Toe eine Dialogbox auf, die den Benutzer fragt, ob er mit dem Spiel anfangen möchte. Diese Box wird innerhalb des Programms in der Datei `TICTAC.CPP` in den Zeilen 171 bzw. 189 geladen. Die beiden Verweise beim Aufruf lauten `Main::hInstance` und `"TIC_DIALOG"`. Dadurch wird erklärt, daß die Dialogbox zur Handle des ausführbaren Programms von `Main::hInstance` gehört. Man erkennt daran, daß ein *Windows*-Programm durchaus Ressourcen aus anderen Programmen laden kann. Im Beispiel wird die Ressource mit Namen `"TIC_DIALOG"` geladen. Diese wird mit dem Dialogbox-Editor des Ressourcen-Editors erzeugt und unter dem Namen `TIC_DIALOG` in die Ressourcen-Datei `TICTAC.RES` geschrieben. Zu diesem Zweck enthält der Dialogbox-Editor wie alle anderen Editoren auch unter dem Menü `File` den Punkt `Save into...`, mit dem eine Ressource entweder in eine Ressourcendatei (Endung `.RES`) oder sogar eine ausführbare Datei (Endung `.EXE`) geschrieben werden kann. Die letzte Möglichkeit erlaubt es also, die Ressourcen eines Programms zu verändern, nachdem es bereits fertig kompiliert ist. Da es der Dialogbox- und auch alle anderen Editoren erlauben, Ressourcen aus ausführbaren Programmen zu laden, steht einer nachträglichen Änderung nichts im Wege. Man sollte sich jedoch davor hüten, Punkte einzelner Ressourcen vollkommen zu entfernen, weil das Programm eventuell bei der Ausführung abstürzt, wenn ein Detail einer Ressource nicht mehr vorhanden ist.

Wie genau eine Dialogbox erzeugt wird, lernt man am besten durch das Ausprobieren der verschiedenen Werkzeuge. Eine Übersicht ist in Abbildung 4.25 dargestellt. Man kann auch die Dialogbox `TIC_DIAL` aus `TICTAC.RES` laden und dort die einzelnen Elemente anklicken. Man erhält

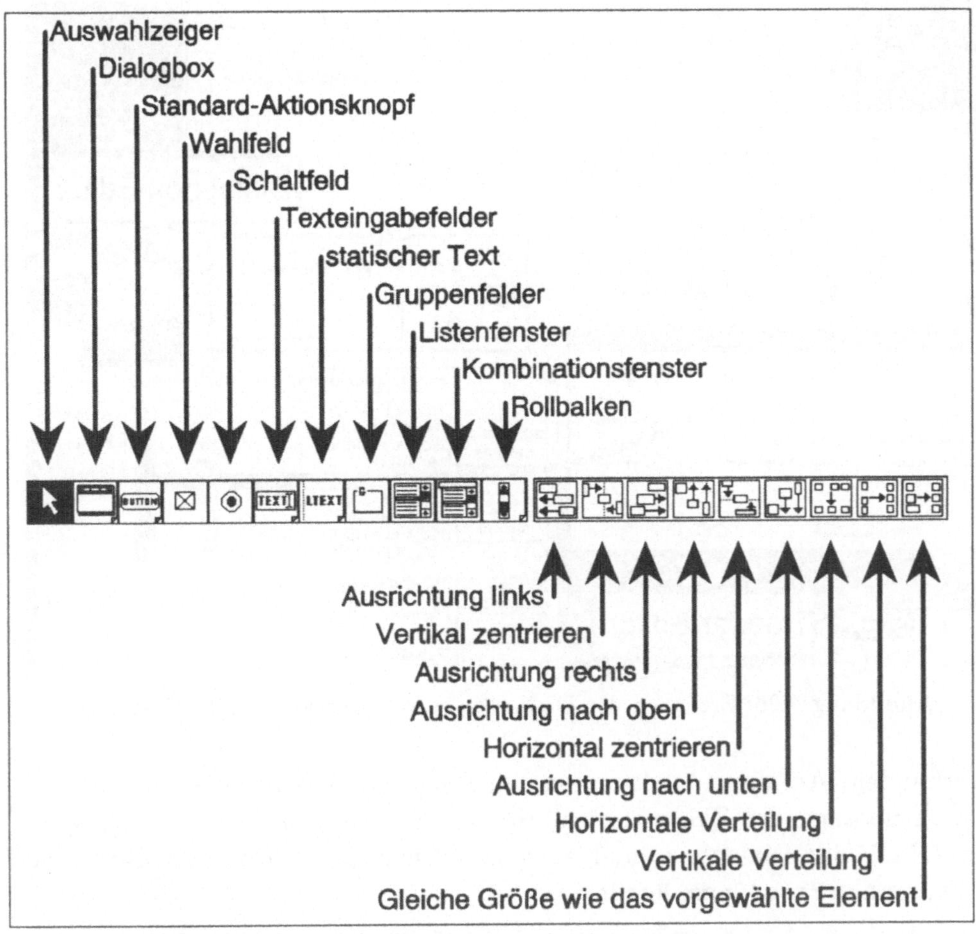

Abbildung 4.25: Die zahlreichen Elemente des Dialogbox-Editors

dadurch genaue Informationen über ihre Eigenschaften. Hinter einigen Punkten verbergen sich eine Reihe von Unterpunkten. Alle Symbole können auch über Menüs angewählt werden.

Die sich bietenden Möglichkeiten sind umfangreich. So kann man anstelle der im Beispiel verwendeten Pushbuttons (Druckknöpfe) auch sogenannte Checkboxen, Radio Buttons und andere verwenden. Man ändert lediglich in der Dialogbox **Button Styles** den entsprechenden Eintrag.

Ein Beispiel für eine Editorsitzung zeigt Abbildung 4.26. Dort erkennt man, daß eine Dialogbox in enger Verbindung zu einer Headerdatei stehen kann. So sind die Knöpfe „Ja" und „Nein" in der Dialogbox mit den symbolischen Konstanten **TIC_ANFANGE_JA** bzw. **TIC_ANFANGEN_NEIN** in der Headerdatei

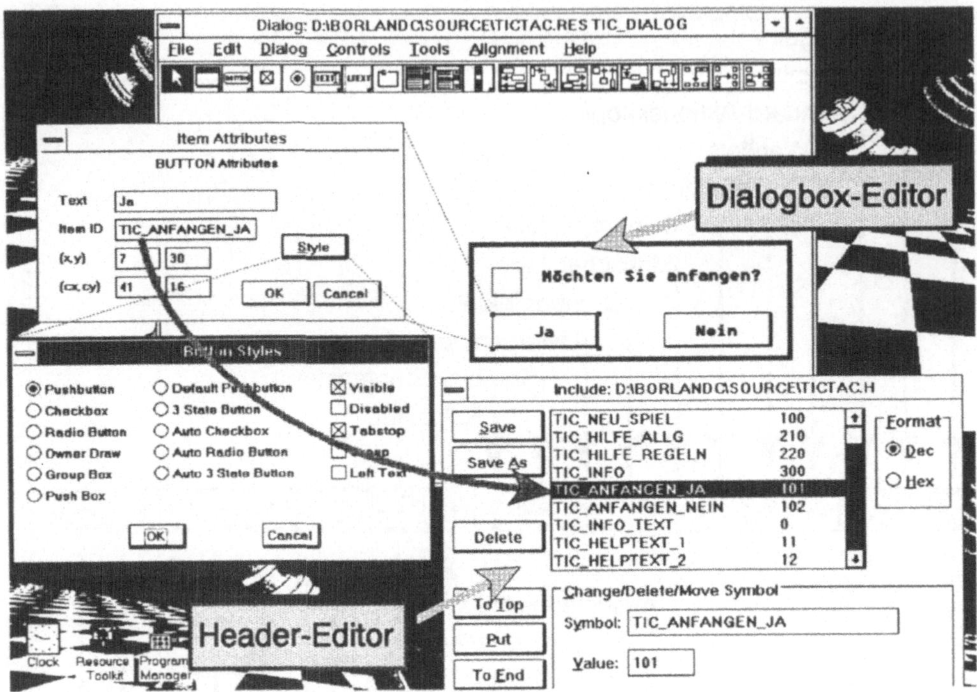

Abbildung 4.26: Erzeugen der Dialogbox zum Spielstart von Tic-Tac-Toe

verbunden. Auf diese Art kann man im Programm mit Konstanten anstelle von nichtssagenden Zahlenwerten arbeiten. Geöffnet wird eine Headerdatei innerhalb des Dialogbox- und auch in allen anderen Editoren über den Menüpunkt `File/Open Header...`.

Innerhalb des Header-Editors hat man die Möglichkeit, die Zahlenwerte dezimal oder hexadezimal einzugeben. Im Beispiel wird durchgängig eine dezimale Notation verwendet.

Neben Dialogboxen sind Menüs wohl die am häufigsten benutzten Ressourcen. Sie werden mit dem Menü-Editor innerhalb des Ressourcen-Editors erzeugt. Wie alle übrigen Ressourcen auch, können sie separat (quasi als Quelltext) abgelegt werden. Während für Dialogboxen, Cursor oder auch Icons spezielle Dateien mit den Endungen `.DLG`, `.CUR` bzw. `.ICO` erstellt werden, können Menüs nur als Ressourcen-Quelltext, also mit der Dateiendung `.RC` gespeichert werden. Da `.RC`-Dateien **nicht gemeinsam** mit `.RES`-Dateien für ein Programm benutzt werden können, sollte man sie direkt über den Menüpunkt `File/Save into...` in eine `.RES` kompilieren und speichern.

Innerhalb des Menü-Editors stehen folgende Elemente zur Verfügung:

Menütabelle dient zur Definition des Menütextes und den zugehörigen Werten. Sie enthält zwei Spalten mit den Überschriften `Item Text` sowie `Value`. Unter `Item Text` wird der Text eines Menüpunktes so eingetragen, wie er später erscheinen soll. Welcher Wert beim Klick auf den Menüpunkt gesendet wird, bestimmt der Eintrag unter `Value`.

Bewegungsschalter am oberen Rand der Menütabelle bestimmen die Position eines Menüpunktes innerhalb des Menüs. Die hierarchische Anordnung ergibt sich aus der horizontalen Position eines Eintrages. Befindet er sich bündig zur Tabelle am linken Rand, so erscheint der Eintrag direkt in der Menüzeile. Wird über den Bewegungsschalter mit dem nach links weisenden Pfeil ein Eintrag um eine Stufe nach links verschoben, bedeutet dies, daß er ein Unterpunkt zum vorherigen Eintrag ist. In Abbildung 4.27 befindet sich nur der Eintrag `Spiel` auf der obersten Stufe. Darunter wurden `Neues Spiel`, `Hilfe` und `Info` eingeordnet. Zu `Hilfe` gibt es wiederum zwei Unterpunkte und zwar `Allgemein` und `Regeln`.

Mit den nach oben bzw. unten zeigenden Pfeilen kann ein Eintrag innerhalb seiner Hirarchiestufe umgruppiert werden. Beim Einrücken muß man beachten, daß dies nur möglich ist, wenn ein direkt übergeordneter Menüpunkt vorhanden ist.

Attributfelder unter der Menütabelle ordnen den Menüpunkten spezielle Eigenschaften zu. So kann man mit ...

> `Seperator` wie in Abbildung 4.27 vor `Info` eine Trennline erzeugen. Dies geschieht entweder dadurch, daß man in einer leeren Zeile unter `Text Item` den Punkt `Seperator` auf YES setzt oder die Tastenkombination `Strg` + `←` drückt.

> `Check` Häkchen für den Status einer Menüoption anzeigen lassen. Dies ist dann sinnvoll, wenn ein Menüpunkt eine Programmoption darstellt, die an bzw. abgeschaltet werden kann. Ein typisches Beispiel ist die Markierung des aktuellen Zeichensatzes in einem Grafikprogramm.

> `Style` Stile für Menüeinträge definieren. Dies ist dann nötig, wenn ein Menüpunkt nicht aktiv (engl. *Active*) ist. Er kann dann entweder als `Inactive` oder `Gray` markiert werden. `Inactive` bedeutet, daß der Eintrag keinen Wert zurückliefert, wenn man auf ihn klickt. Allerdings wird er in normaler Schrift dargestellt. Diese Einstellung wird meist nur dann benutzt, wenn der Programmteil zu einem Menüpunkt noch nicht fertig ist. Soll ein

Eintrag innerhalb des Programms nicht wählbar sein, wird er als `Gray` markiert. Dadurch erscheint er im Menü in deutlich abgeschwächter Schrift.

`Break` Menüoptionen in Spalten ausrichten. Dies wird meist dann getan, wenn ein Menü einen längeren Eintrag enthält oder wenn mehrere Optionen innerhalb eines Menüs miteinander verglichen werden sollen.

`Help` einen Eintrag der obersten Hirarchiestufe explizit als Hilfe markieren, in dem unter `Help` ein `YES` eingetragen wird. Dadurch wird der zugehörige Menüpunkt rechts ausgerichtet. Man sollte immer nur den letzten Punkt eines Menüs auf diese Weise auszeichnen, weil sonst auch alle nachfolgenden rechtsbündig angeordnet werden.

Testfenster in Abbildung 4.27 am oberen Bildschirmrand zeigen das Menü in seiner aktuellen Form. Um nach einer Änderung das neue Aussehen betrachten zu können, klickt man einfach mitten in das Testfenster. Automatisch wird das Menü in seiner neuen Form dargestellt.

Auch bei der Arbeit mit dem Menü-Editor kann über `File/Open Header...` eine Headerdatei geöffnet und mit den Menüpunkten verbunden werden. Wie man an Abbildung 4.27 erkennt, können dann in der `Value`-Spalte der Menütabelle auch symbolische Konstanten eingetragen werden.

Dort sieht man auch, daß innerhalb der Menüpunkte bestimmte Buchstaben durch einen Unterstrich hervorgehoben sind. Dies sollte man bereits von anderen *Windows*-Programmen kennen. Über diese Buchstaben ist es möglich, die entsprechenden Punkte auch über die Tastatur auszuwählen. Man markiert einen Buchstaben innerhalb eines Menüpunktes, in dem man ihm ein Kaufmanns-Und (&) voranstellt.

Neben der Hervorhebung hat man die Möglichkeit, in einen Menütext Tabulatoren einzubauen. Dies ist im Beispiel hinter `Neues Spiel` der Fall. Dort ist die Zeichenkombination `^N` durch einen Tabulator getrennt. Sie wird automatisch rechtsbündig angeordnet. Sie soll darauf hinweisen, daß sich der Menüpunkt auch über die Tastenkombination $\boxed{\text{Strg}} + \boxed{\text{N}}$ aktivieren läßt. Dazu ist ein entsprechender Eintrag innerhalb des Accelerator-Editors nötig.

Mit diesem werden die bereits mehrfach erwähnten Tastenkürzel definiert. Nach dem Öffnen des Editors zeigt sich eine achtspaltige Tabelle mit

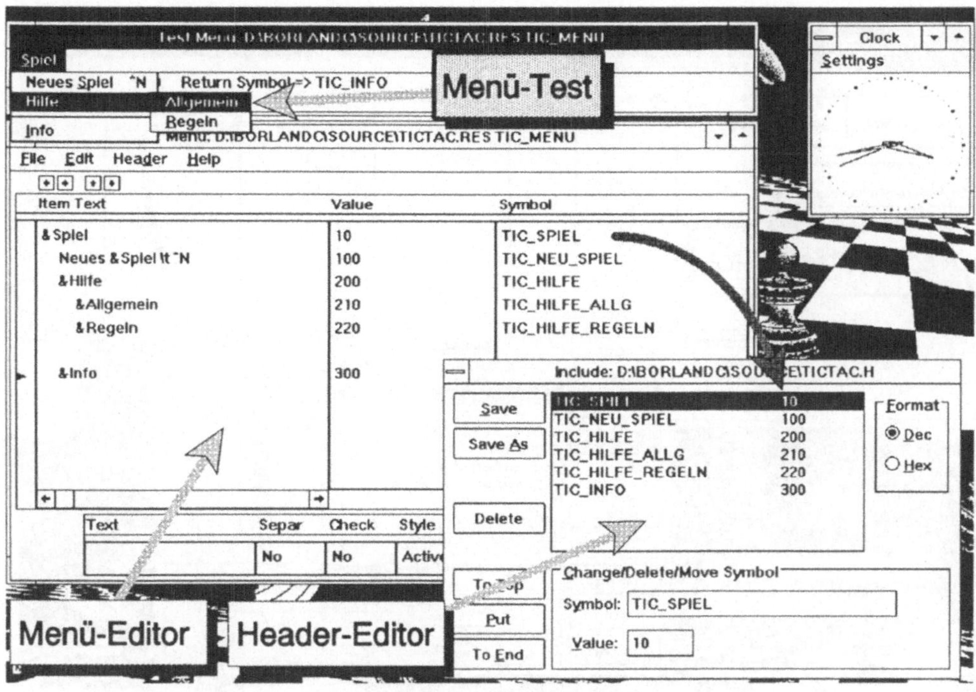

Abbildung 4.27: Erzeugen des Menüs für Tic-Tac-Toe

folgenden Überschriften, von denen alle nach `Key` bis auf `Value` automatisch gefüllt werden:

`Type` gestattet die Einträge `Virtkey` oder `ASCII`. Dadurch wird festgelegt, ob das Tastenkürzel gemäß dem ASCII-Code oder gemäß den virtuellen Tastaturcodes von *Windows* dargestellt wird. Da es nicht für alle Tastenkombinationen eine Darstellung im ASCII-Code gibt, wird hier meistens `Virtkey` benutzt.

`Key` zeigt die gewünschte Tastenombination. Drückt der Benutzer beispielsweise ein $\boxed{\text{Strg}}$ + $\boxed{\text{N}}$ und hat zuvor unter `Type Virtkey` eingetragen, erscheint lediglich ein `N`. Damit ist jedoch die Tastenkombination $\boxed{\text{Strg}}$ + $\boxed{\text{N}}$ gemeint.

`Code` zeigt den expliziten Code des Tastenkürzels an. Er variiert im Virtey- bzw. ASCII-Code. Es ist **nicht** der Wert des zugehörigen Menüpunktes gemeint.

`Shift` gibt an, ob beim Tastenkürzel die $\boxed{\text{Shift}}$ -Taste gedrückt werden muß.

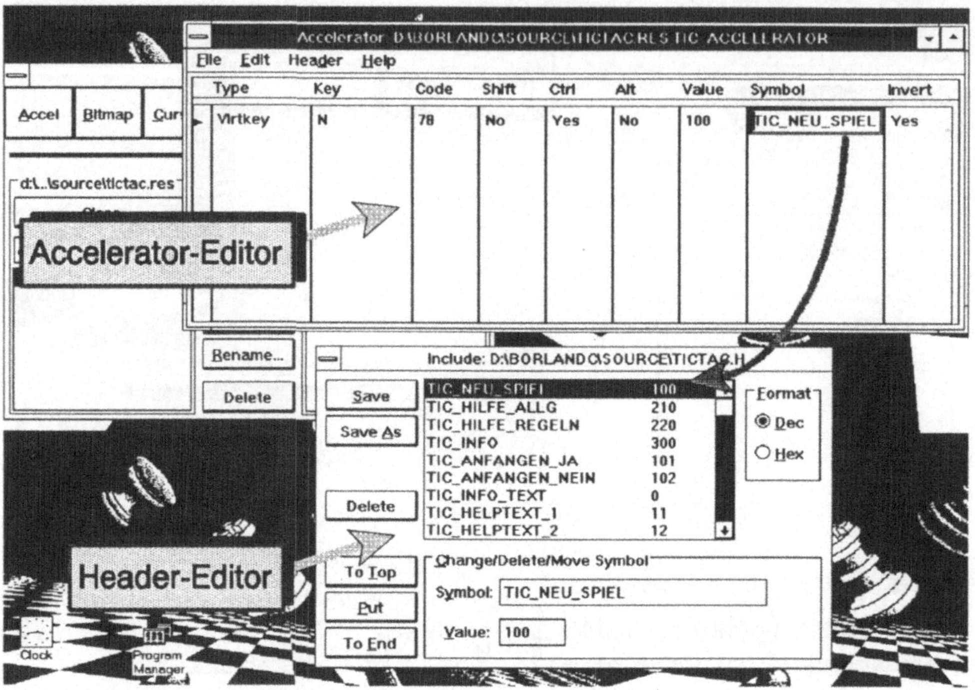

Abbildung 4.28: Definition des Tastenkürzels für Tic-Tac-Toe

Ctrl wie **Shift**, nur für die Taste $\boxed{\text{Strg}}$ (die auf englischen/amerikanischen Tastaturen mit $\boxed{\text{Ctrl}}$ beschriftet ist).

Value erwartet vom Benutzter die Angabe einer Identifikationsnummer, die das Tastenkürzel verschicken soll. Meist wird dies ein Wert sein, der auch zu einem Menüpunkt gehört. Man kann jedoch auch Tastenkürzel für andere Zwecke definieren. Die Spalte kann freibleiben, wenn unter **Symbol** eine symbolische Konstante eingetragen wird. Es wird dann automatisch der zugehörige Wert eingetragen.

Invert zeigt an, ob ein zugehöriger Menüpunkt beim Drücken des Tastenkürzels hervorgehoben werden soll. Mögliche Einträge sind **Yes** oder **No**.

Symbol erwartet eine symbolische Konstante, die mit dem Tastenkürzel verbunden wird. Der entsprechende Wert wird beim Drücken der Tastenkombination an die Anwendung geschickt.

☞ Man sollte bei der Definition von Tastenkürzeln auf keinen Fall von allgemeinen *Windows*-Konventionen abweichen und etwa $\boxed{\text{Alt}} + \boxed{\text{F4}}$

umdefinieren. Nur so kann die Bedienung aller *Windows*-Programme so weit wie möglich einheitlich bleiben.

Es bleibt zum Schluß der String-Editor. Seine Bedienung läuft genauso wie die des Accelerator-Editors. Allerdings enthält seine Tabelle nur drei Spalten mit den Überschriften:

`Value` nummeriert die Strings fortlaufend. Diese Nummer kann als Referenz zum String innerhalb des Programms verwendet werden. Auch wenn keine Zeile der Tabelle gelöscht werden kann, sollte man jedoch wie bisher immer vorgeschlagen, auch bei Strings symbolische Konstanten verwenden, um auf sie Bezug zu nehmen.

`Symbol` enthält wieder die symbolische Konstante, mit welcher der String verbunden ist. Diese Spalte wird nur dann angezeigt, wenn unter `File/Open Header...` eine Headerdatei geöffnet wurde.

`String Text` enthält die benutzerdefinierte Zeichenkette. Als einzige Steuerzeichen sind ein `\t` für einen Tabulatorvorschub und ein `\012` für einen Zeilenumbruch zugelassen. Ein String darf maximal 255 Zeichen lang sein.

Man sollte sich noch einmal den enormen Vorteil einer separaten Stringdefinition deutlich machen. Hat man sein Programm fertig kompiliert und ein Auftraggeber möchte es nachträglich auch in einer anderen Sprache erwerben, müssen lediglich die String-Ressourcen übersetzt werden.

Auch am Ende dieses Unterkapitels sollten Sie ein wenig mit den neu gelernten Möglichkeiten experimentieren. Anschließend können Sie sich an folgende, relativ umfangreiche Übung machen:

 **Übung 4.2:** In 2.4.5 auf Seite 146 wurde eine Übungsaufgabe zum Spiel „Leben" gestellt. Schreiben Sie dieses Programm nun so um, daß es unter *Windows* läuft. Orientieren Sie sich bei der Ausgabe des Spielfeldes und der Spielsteine an Programm 4.14.

Versuchen Sie, soviel Programmtext wie möglich in separaten Moduln unterzubringen.

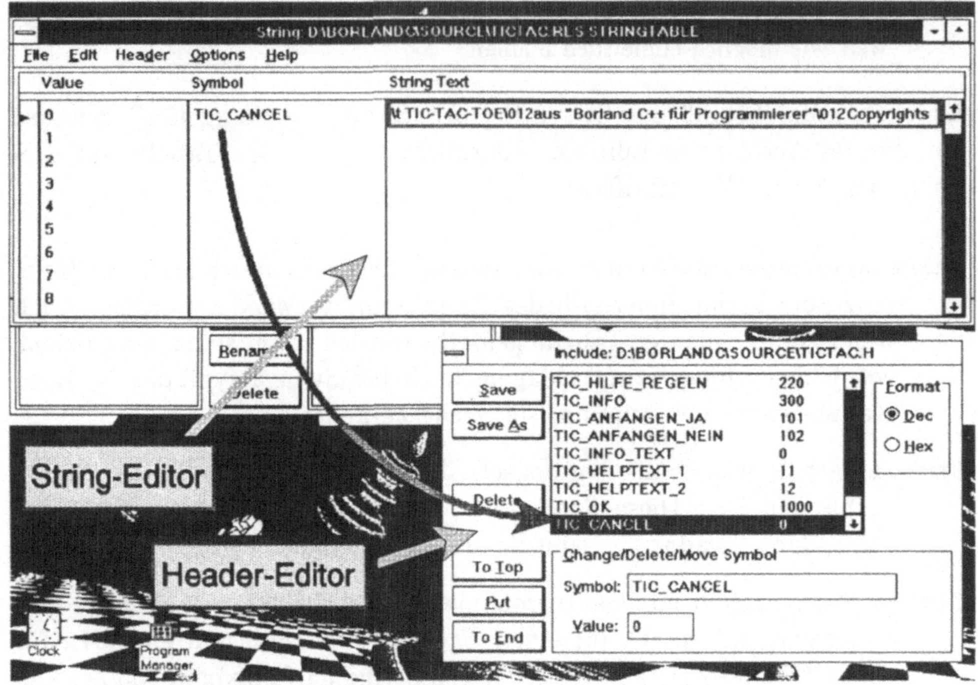

Abbildung 4.29: Der Stringeditor für Texte innerhalb von Tic-Tac-Toe

4.5   ObjectWindows

Im vorigen Kapitel wurde in die objektorientierte Programmierung unter *Windows* eingeführt. Es wurden einige Klassen erzeugt, auf denen neue Programme aufbauen können. Auch wenn man dadurch sehr viel Programmcode wiederverwenden kann, ist es oft mühselig, jedes Detail ausfüllen zu müssen. Es gibt sicher viele Objekte, die so allgemein programmiert werden können, daß man sie in eigenen Programmen sinnvoll einsetzen kann. Eine solche Sammlung allgemeiner Objekte bzw. Klassen wird **Klassenbibliothek** genannt. Es gibt auf dem Markt inzwischen eine ganze Reihe solcher Bibliotheken, die bei der Programmierung unter *Windows* helfen. So hat man vorgefertigte Klassen für Dialogboxen, Popup-Menüs und vieles andere.

Hier soll nur ein Vetreter exemplarisch vorgestellt werden. Die Firma Borland hat speziell für ihr *Borland C++* das Paket *ObjectWindows* entwickelt. Es enthält eine umfangreiche Klassenbibliothek.

☞   *ObjectWindows* ist das Gegenstück zur *Turbo Vision* unter *DOS*, die in 3.4 beschrieben wurde. Beide Klassenbibliotheken werden sehr ähnlich verwendet. Zahlreiche Klassennamen wurden sogar übernommen.

Es ist zur Zeit leider (noch) nicht möglich, beide Pakete untereinander auszutauschen und so Programme zu schreiben, die sowohl unter *DOS* als auch unter *Windows* vollkommen analog ablaufen.

Man mag sich fragen, weshalb in den vorangegangen Kapiteln derart elementar in die *Windows*-Programmierung eingeführt wurde, wenn doch das meiste vorgefertigt eingebunden werden kann. Sicher wäre es beeindruckender gewesen, direkt mit der Klassenbibliothek zu beginnen und ein umfangreiches Programm zu schreiben. Leider läßt sich mit einer Klassenbibliothek nicht alles erledigen. Fast jeder Programmierer kommt irgendwann zu einem Punkt, wo er eben doch eine eigene Klasse oder Funktion implementieren möchte. Dies kann jedoch nur derjenige, der den mühseligen Weg der elementaren *Windows*-Programmierung beherrscht.

Doch damit genug der Vorrede; in den meisten Fällen kann man auf *ObjectWindows* zurückgreifen. Bevor man diese Klassenansammlung benutzen kann, muß man sie installieren.

 Genau wie es die *Turbo Vision* unter *DOS* auch in *Turbo Pascal 6.0* gibt, so wird mit *Turbo Pascal für Windows* das Paket *ObjectWindows* mitgeliefert. Ein Wechsel der Programmiersprachen wird somit enorm vereinfacht.

Wo sich die C++ und Pascal-Bibliotheken unterscheiden, wurde in C++ der Mechanismus der mehrfachen Vererbung ausgenutzt. Dieser ist in *Turbo Pascal* (noch) nicht möglich.

4.5.1 Installation

Falls Sie die professionelle Version von *Borland C++ 3.0* besitzen, müssen Sie *ObjectWindows* nicht gesondert installieren. Es wurde dann bereits während der Installation des gesamten Paketes auf Ihre Festplatte kopiert, sofern Sie die entsprechende Option nicht abgeschaltet hatten.

Neben den Header-Dateien und den Libraries enthält *ObjectWindows* zahlreiche Beispielprogramme. Das gesamte Paket beansprucht nur eine 5,25 bzw. eine 3,5 Zoll High-Density Diskette. Wie immer bei Produkten aus dem Hause Borland sind die enthaltenen Dateien gepackt. Möchte man alle installieren, benötigt man knapp drei Megabyte auf seiner Festplatte.

Die gesamte Installation verläuft genau wie die von *Borland C++*. Man muß lediglich die Diskette einlegen und durch Eingabe von

```
A:       bzw.     B:
```

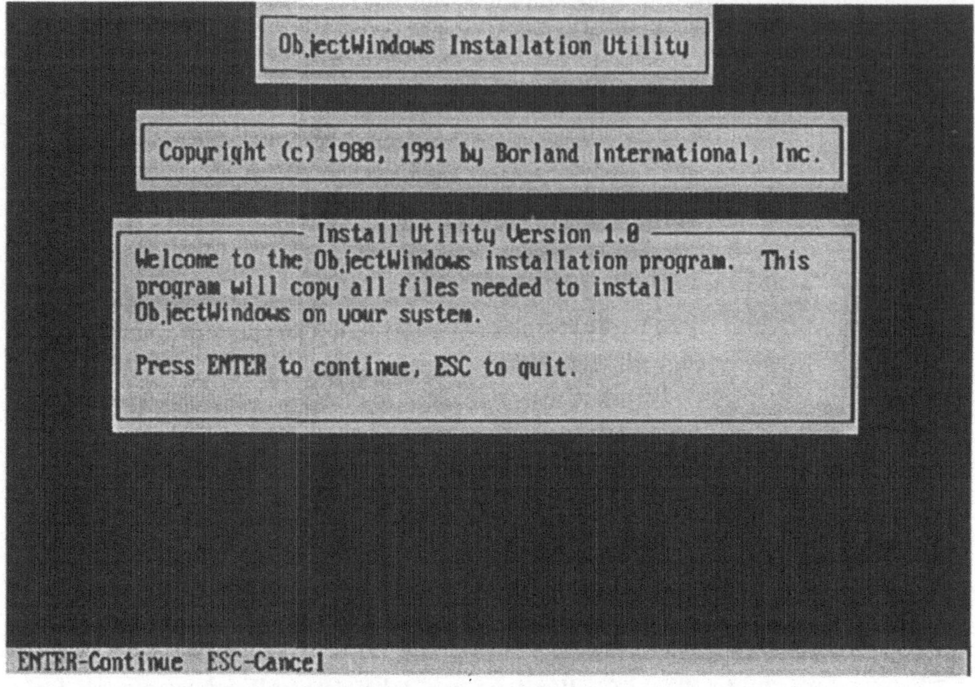

Abbildung 4.30: Start der Installation von *Object Windows*

das zugehörige Laufwerk als aktuell erklären. Anschließend startet man die
Installation durch:

    INSTALL

Es erscheint der in Abbildung 4.30 dargestellte Bildschirm.

Als erstes wird man gefragt, von welchem Laufwerk man die Installation
fortsetzen möchte. Im Normalfall ist dies immer das Laufwerk, von dem
aus die Installation begonnen wurde, so daß man am vorgegebenen Wert
nichts ändern muß.

Als nächstes muß man eingeben, in welchem Verzeichnis *Object Windows* installiert werden soll. Voreingestellt ist hier `C:\OWL`. Wie man
in Abbildung 4.31 erkennt, wurde dies im Beispiel in `D:\BORLANDC\OWL`
abgeändert. Durch diese Wahl ändern sich automatisch die Namen der
übrigen Verzeichnisse. Falls man ausschließlich mit *Borland C++* arbeitet,
spricht nichts dagegen, *Object Windows* im gleichen Verzeichnis wie den
Compiler zu installieren.

☞ Die in der Installation häufig verwendete Abkürzung `OWL` steht für *Object
Windows Library*.

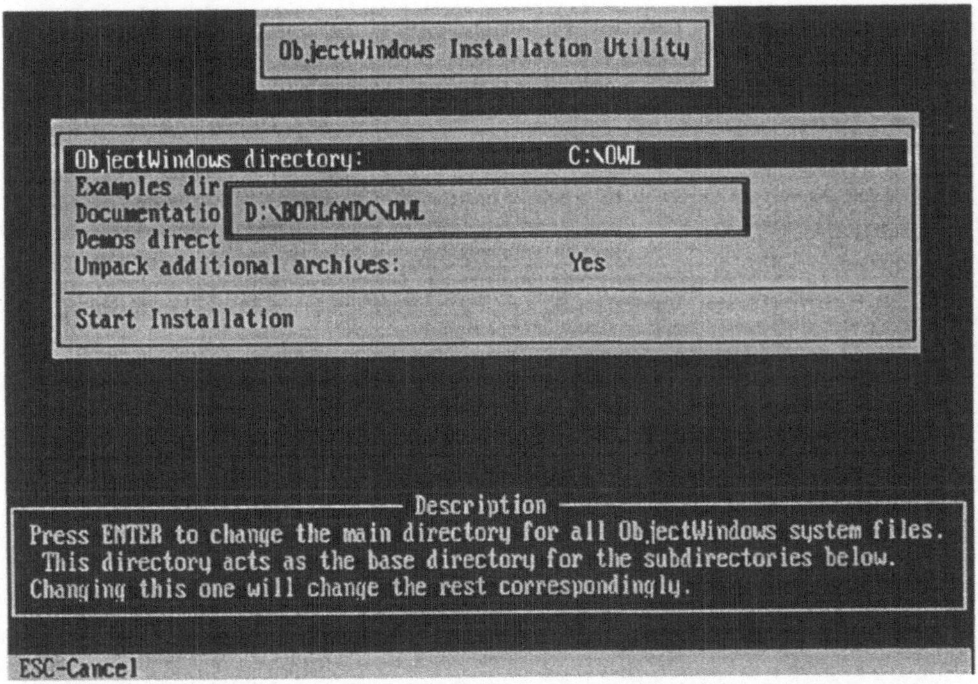

Abbildung 4.31: Verzeichnisauswahl in der Installation von *Object Windows*

Nach der Wahl von `Installation starten` dauert es ein bis zwei Minuten
bis die Installation mit der in Abbildung 4.32 angezeigten Meldung abgeschlossen wird. Es sind keine Einträge in den Dateien `CONFIG.SYS` oder
`AUTOEXEC.BAT` notwendig. Man kann sofort mit *Object Windows* arbeiten,
muß jedoch in der Entwicklungsumgebung unter `Options/Directories...`
die Verzeichnisse mit den Header- und Library-Dateien ergänzen. Im
Beispiel lauten die Einträge:

```
D:\BORLANDC\OWL\INCLUDE
```

und

```
D:\BORLANDC\OWL\LIB
```

Bevor man nun daran geht, mit den neuen Klassen und deren Methoden zu
experimentieren, sollte man sich zunächst einen Überblick über die gesamte
Hierarchie verschaffen.

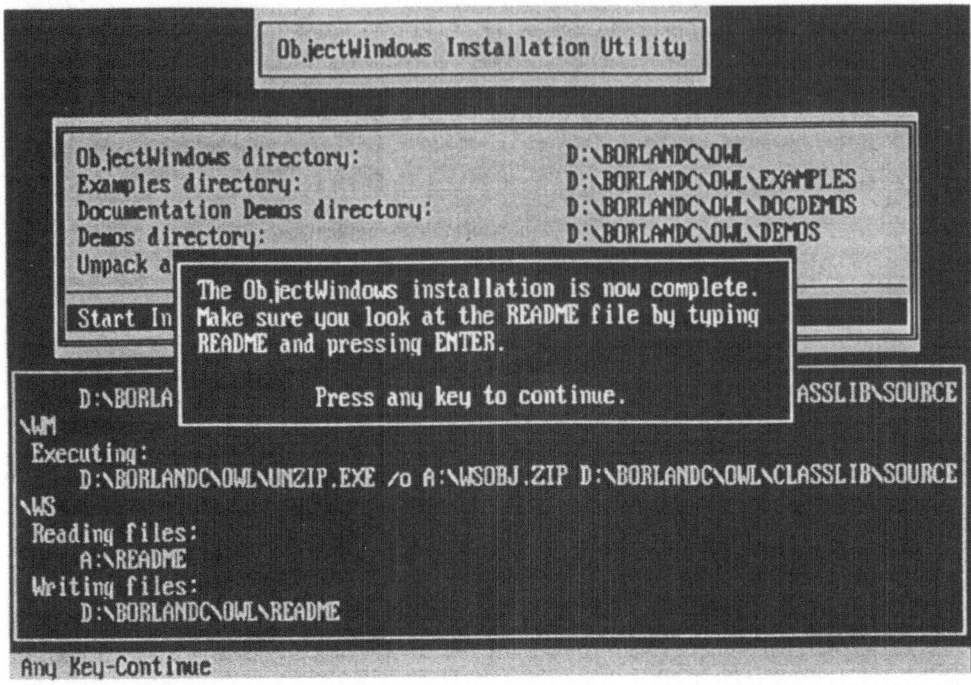

Abbildung 4.32: Abschlußmeldung der *Object Windows*-Installation

4.5.2 Die Klassenhierarchie

An oberster Stelle von *Object Windows* steht die abstrakte Basisklasse `Object`. Von ihr leiten sich alle untergeordneten Objekte ab. In Abbildung 4.33 ist die Hierarchie grafisch dargestellt.

`Object` selbst enthält zwei Konstruktoren, einen virtuellen Destruktor, einen Zeiger auf eine Fehlerbehandlung sowie mehrere Funktionen zur Speicherbereinigung und anderen allgemeinen Verwaltungsaufgaben. Bis auf `allocateSafetyPool()` sind alle anderen Methoden als `virtual` deklariert. Sie werden in abgeleiteten Klassen definiert. Es kommt so gut wie nie vor, daß Instanzen direkt von `Object` erzeugt werden.

☞ Einen genauen Überblick über die verschiedenen Klassendeklarationen verschafft man sich am leichtesten, indem man sich die Headerdatei `OWL.H` anssieht.

Nach `Object` spaltet sich die Hirarchie folgendermaßen auf:

`TApplication` definiert das Verhalten aller *Object Windows*-Anwendungen. Hier werden das Hauptfenster initialisiert und andere elementare Startoperationen wie Registrierung und ähnliches durchgeführt.

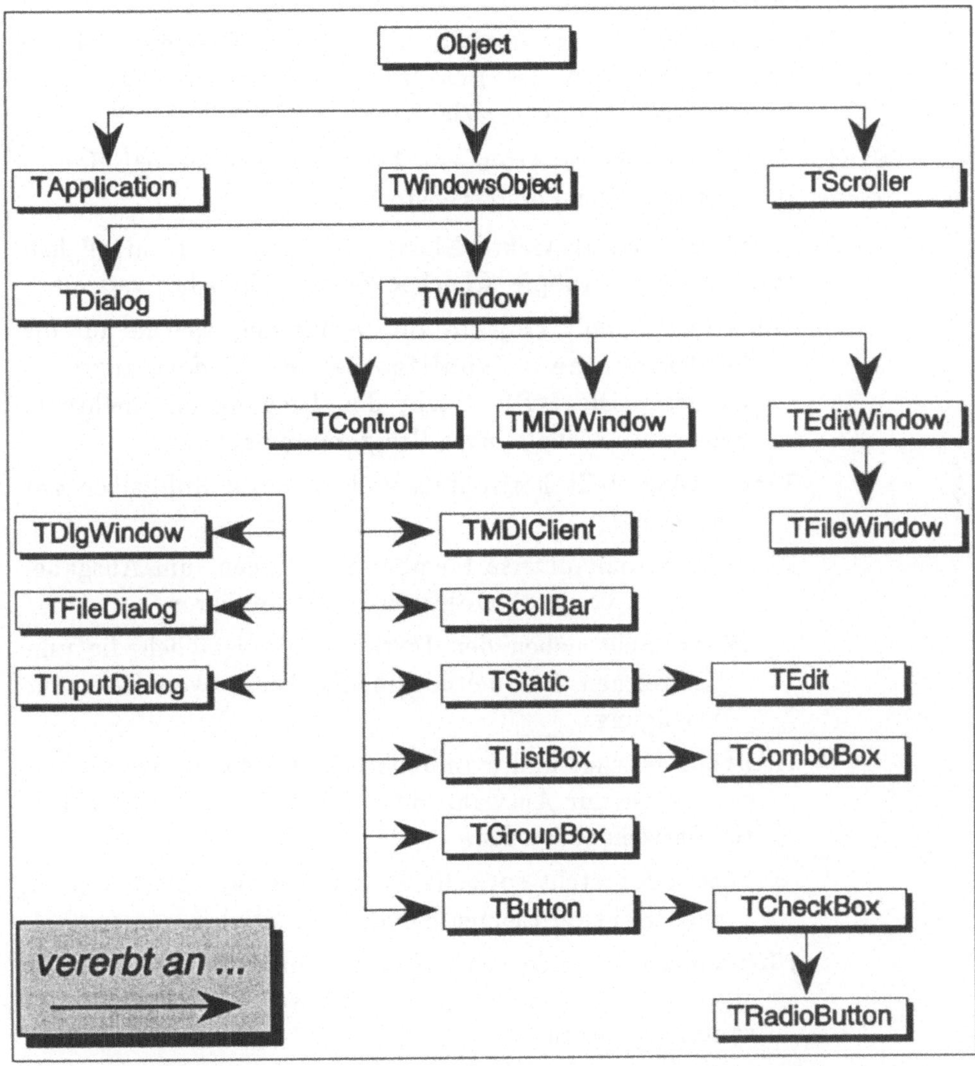

Abbildung 4.33: Die Klassenhirarchie von *Object Windows*

TWindowsObject ist die Basisklasse für die drei grundlegenden *Object Windows*-Objekte: Fenster, Dialogboxen und Kontrollen.

TDialog ist die Basisklasse für alle möglichen Arten von Dialogboxen.

TDlgWindow stellt die Verbindung zwischen Ressource und konkretem Objekt her.

TFileDialog erzeugt eine spezielle Dialogbox, mit der Dateioperationen ausgeführt werden können, wie etwa das Laden einer bestimmten Datei.

`TInputDialog` erzeugt ebenfalls eine spezielle Dialogbox. Diese erlaubt Eingaben des Benutzers, um beispielsweise einen bestimmten Text zu verarbeiten.

`TWindow` verwaltet diverse Arten von Fenstern, also sowohl Haupt- als auch Neben- oder Popup-Fenster.

`TControl` ist eine abstrakte Klasse, die spezielle Kontroll„fenster" wie etwa Knöpfe, Checkboxen und ähnliches verwaltet.

`TMDIClient` stellt Objekte zur Verfügung, welche auf die **Multidokument-Schnittstelle** von *Windows* zugreifen können. Die MDI erlaubt den Umgang mit mehreren Fenstern innerhalb einer Programmumgebung.

`TScrollBar` stellt horizontale und vertikale Rollbalken zur Verfügung.

`TStatic` enthält diverse Member-Funktionen, um Ausgabe-Texte von `Control`-Objekten zu manipulieren.

`TEdit` stellt neben der Textausgabe zusätzlich die umfangreichen Bearbeitungsmöglichkeiten von Text zur Verfügung.

`TListBox` erzeugt und manipuliert **List-Boxen**, wie sie beispielsweise zur Auswahl unter verschiedenen Möglichkeiten verwendet werden.

`TComboBox` stellt spezielle List-Boxen dar. Dort können auch Kontroll-Elemente eingebaut werden.

`TGroupBox` erzeugt sogenannte **Gruppen-Boxen** wie sie beispielsweise verwendet werden, um verschiedene Icon zusammenzufassen.

`TButton` erzeugt die aus den Dialogboxen bekannten Knöpfe.

`TCheckBox` steuert **Check-Boxen**, in denen gewählte Einträge mit Häkchen markiert werden können.

`TRadioButton` erzeugt **Radio-buttons**, also Knöpfe, die, wenn sie angewählt sind, im Inneren einen Punkt enthalten.

`TMDIWindow` kontrolliert das Verhalten eines Hauptfensters, welches die MDI benutzt.

`TEditWindow` deklariert eine allgemeine Klasse zur Textverarbeitung.

> `TFileWindow` erzeugt eine Klasse, mit der Textdateien gela-
> den, verändert und abgespeichert werden können.

`TScroller` erlaubt den komfortablen Zugriff auf horizontale und vertikale
Rollbalken innerhalb eines Fensters. Selbst wenn der Benutzter die
Maus, während des Scrollens vom Rollbalken wegbewegt, arbeitet eine
Instanz dieser Klasse weiter.

4.5.3 Popup-Fenster mit ObjectWindows

Da an dieser Stelle keine vollständige Einführung in *Object Windows* stattfinden soll, wird als Beispiel auf das Programm `POPUP.CPP` zurückgegriffen.
Es gehört zum Lieferumfang von *Object Windows* und befindet sich nach
der Installation im `DEMOS`-Unterverzeichnis.

Um dieses Programm in der Entwicklungsumgebung von *Borland C++*
kompilieren zu können, muß die zugehörige Projekt-Datei `POPUP.PRJ`
geladen werden. Dort müssen die Pfade zu den Include- und den Lib-
Dateien abgeändert werden, falls *Object Windows* nicht in `C:\OWL` sondern
wie etwa im Beispiel in `D:\BORLANDC\OWL` installiert wurde. Nur dann
werden die Header-Dateien und Libraries an den richtigen Stellen gesucht
und gefunden.

Im Programm `POPUP.CPP` werden neben einem Child-Fenster (engl. *child*
zu deutsch „Kind") beide Möglichkeiten für ein Popup-Fenster vorgeführt.
Zum einen gibt es Popup-Fenster ohne und zum anderen mit übergeordne-
tem Fenster (sogenannte *parent windows*).

Ein Popup-Fenster ohne Parent-Fenster ist weitestgehend unabhängig, es
kann hinter das übergeordnete Fenster gestellt werden. Dies geschieht
beispielsweise dann, wenn man in das übergeordnete hineinklickt oder es auf
eine andere Weise den Fokus erhält. Bei einem Popup-Fenster mit Parent-
Fenster ist dies anders. Auch wenn das übergeordnete Fenster den Fokus
erhält, bleibt es im Vordergrund, kann also nicht hinter sein „Elternteil"
gestellt werden.

Ein Child-Fenster kann im Gegensatz zu Popup-Fenstern nicht aus dem
Rahmen des übergeordneten Fensters hinaus bewegt werden. In Abbildung 4.34 sind alle drei untergeordneten Fenster dargestellt. Es ist
die Ausgabe des Programms `POPUP`. Im Inneren der Fenster werden ihre
Eigenschaften in Englisch beschrieben.

```
 1 #include <owl.h>

              ( ... )

 8 enum TSubWinType { SW_CHILD, SW_POPPARENT, SW_POPNOPARENT };
 9
10 class TSubWindow : public TWindow
11 {
12 private:
13     TSubWinType SubWinType;
14 public:
15     TSubWindow( PWindowsObject AParent, TSubWinType ASubWinType );
16     virtual ~TSubWindow( void );
17     virtual void Paint( HDC PaintDC, PAINTSTRUCT& PaintStruct );
18 };
19
20 typedef TSubWindow* PSubWindow;
21
22 class TMainWindow : public TWindow
23 {
24 public:
25     TMainWindow( LPSTR ATitle );
26     void ShowSubWindow( PWindowsObject AParent,
                           TSubWinType ASubWinType );
27     virtual void WMInitMenu( TMessage& Msg ) =
                     [ WM_FIRST + WM_INITMENU ];
28     virtual void CMChild( TMessage& Msg ) =
                     [ CM_FIRST + CM_WINDOW + SW_CHILD ];
29     virtual void CMPopParent( TMessage& Msg ) =
                     [ CM_FIRST + CM_WINDOW + SW_POPPARENT ];
30     virtual void CMPopNoParent( TMessage& Msg ) =
                     [ CM_FIRST + CM_WINDOW + SW_POPNOPARENT ];
31 };
32
33 typedef TMainWindow* PMainWindow;
34
35 class TPopupApp : public TApplication
36 {
37 public:
38     TPopupApp( LPSTR name ): TApplication( name ) {};
39     virtual void InitMainWindow( void );
40 };
41
42 PSubWindow SubWinPtr[] = { NULL, NULL, NULL };
43
44 LPSTR SubWinTitle[] = { "Child Window", "Popup with Parent",
45                         "Popup without Parent" };
46
47 long SubWinStyle[] = {
48     WS_CHILD | WS_OVERLAPPEDWINDOW | WS_VISIBLE,
49     WS_POPUP | WS_OVERLAPPEDWINDOW | WS_VISIBLE,
50     WS_POPUP | WS_OVERLAPPEDWINDOW | WS_VISIBLE };
51
52 POINT SubWinPos[] = { { 10, 10 }, { 34, 72 }, { 54, 92 } };
53
```

```
 54 LPSTR SubWinText[] = {
 55    "Child windows cannot be moved outside their parent window.  When " \
 56    "minimized, a child window's icon resides within the parent " \

                 ( ... )

 65    "minimized, popup icons reside on the desktop." };
 66
 67 TSubWindow::TSubWindow( PWindowsObject AParent, TSubWinType
 68      ASubWinType ) : TWindow( AParent, SubWinTitle[ ASubWinType ] )
 69 {
 70      Attr.Style = SubWinStyle[ ASubWinType ];
 71      Attr.X = SubWinPos[ ASubWinType ].x;
 72      Attr.Y = SubWinPos[ ASubWinType ].y;
 73      Attr.W = 300;
 74      Attr.H = 150;
 75      SubWinType = ASubWinType;
 76 }
 77
 78 TSubWindow::~TSubWindow( void )
 79 {
 80      SubWinPtr[ SubWinType ] = NULL;
 81 }
 82
 83 void TSubWindow::Paint( HDC PaintDC, PAINTSTRUCT& )
 84 {
 85      LPSTR s;
 86      RECT rect;
 87
 88      GetClientRect( HWindow, &rect );
 89      InflateRect( &rect, -2, 0 );
 90      s = SubWinText[ SubWinType ];
 91      DrawText( PaintDC, s, _fstrlen( s ), &rect, DT_WORDBREAK );
 92 }
 93
 94 TMainWindow::TMainWindow( LPSTR ATitle ) : TWindow( NULL, ATitle )
 95 {
 96      Attr.X = 0;
 97      Attr.Y = 0;
 98      Attr.W = 400;
 99      Attr.H = 215;
100      Attr.Menu = LoadMenu( Application->hInstance, "Menu" );
101 }
102
103 void TMainWindow::ShowSubWindow( PWindowsObject AParent,
104      TSubWinType ASubWinType )
105 {
106      if ( SubWinPtr[ ASubWinType ] == NULL )
107          SubWinPtr[ ASubWinType ] = PSubWindow(
108              Application->MakeWindow(
109                  new TSubWindow( AParent, ASubWinType) ) );
110      else
111          SetFocus( SubWinPtr[ ASubWinType ]->HWindow );
112 }
113
114 void TMainWindow::WMInitMenu( TMessage& )
115 {
116      WORD MenuState;
117
```

```
118         for ( TSubWinType i = SW_CHILD; i <= SW_POPNOPARENT; i++ )
119         {
120             if ( SubWinPtr[i] == NULL )
121                 MenuState = MF_UNCHECKED;
122             else
123                 MenuState = MF_CHECKED;
124             CheckMenuItem( Attr.Menu, CM_WINDOW + i, MenuState );
125         }
126 }
127
128 void TMainWindow::CMChild( TMessage& )
129 {
130     ShowSubWindow( this, SW_CHILD );
131 }
132
133 void TMainWindow::CMPopParent( TMessage& )
134 {
135     ShowSubWindow( this, SW_POPPARENT );
136 }
137
138 void TMainWindow::CMPopNoParent( TMessage& )
139 {
140     ShowSubWindow( NULL, SW_POPNOPARENT );
141 }
142
143 void TPopupApp::InitMainWindow( void )
144 {
145     MainWindow = new TMainWindow( "Parent Window" );
146 }
147
148 int PASCAL WinMain( HANDLE, HANDLE, LPSTR, int )
149 {
150     TPopupApp PopupApp( "Popup" );
151     PopupApp.Run();
152     return ( PopupApp.Status );
153 }
```

Programm 4.15: Das Beispielprogramm `POPUP.CPP` zu *Object Windows*

Als erstes fällt das sehr kurze „Hauptprogramm" `WinMain()` ab Zeile 148
auf. Es wird eine Instanz der Klasse `TPopupApp` erzeugt. Durch deren
Methode `Run()` werden alle notwendigen Vorgänge, wie Registrierung,
Fenster öffnen usw.
„ angestoßen. Der Benutzer muß sich um keinerlei Details, wie Umgang
mit Handles, Verknüpfung von Handle und Klassenobjekt und ähnliches
kümmern. Speziell diese Verknüpfung bereitet dem Anfänger in der
objektorientierten Programmierung unter *Windows* enorme Probleme. Im
gesamten Programm taucht keine einzige Handle auf. Es wird nur mit
Klassenobjekten gearbeitet.

Auch sollte bei etwas genauerem Hinsehen auffallen, daß nichts von Nach-
richten-Verarbeitung zu sehen ist. Sie errinnern sich sicher noch an die

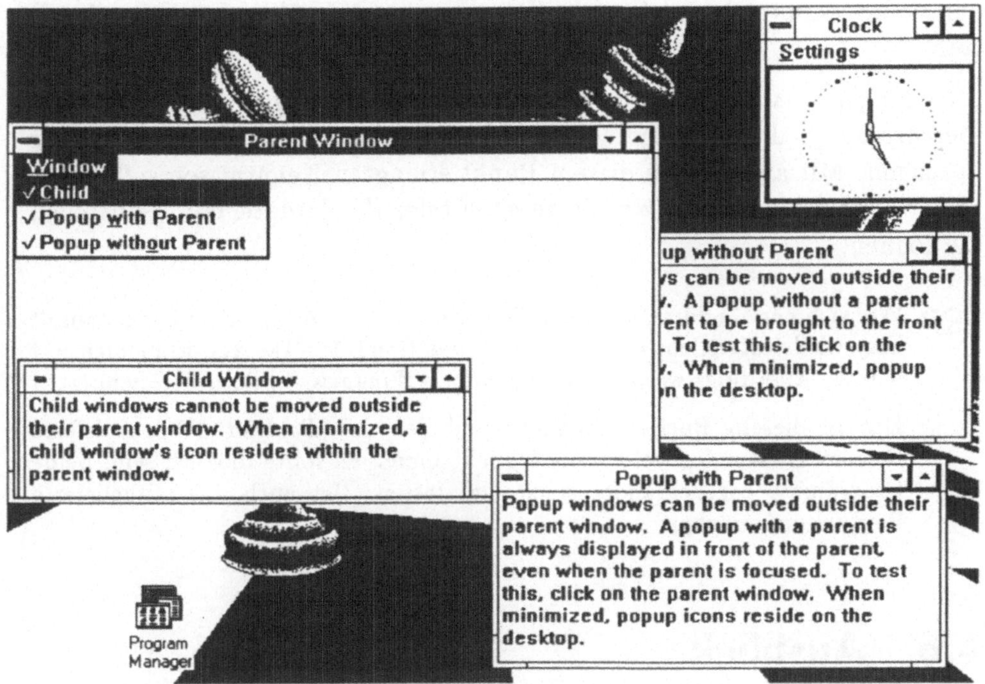

Abbildung 4.34: Das Programm POPUP mit drei Unterfenstern

geschachtelten `switch()`-Konstruktionen aus Programm 4.12. Dort wurden zahlreiche Nachrichten abgearbeitet.

In Programm 4.15 ist davon nichts zu sehen. Den Hauptteil beanspruchen die Definitionen der Member-Funktionen von `TSubWindow`. Dabei handelt es sich um einen Zeiger auf eine von `TWindow` abgeleitete Klasse. Die Methoden bestimmen das Aussehen der im Programm benutzten Fenster. Sie initialisieren die einzelnen Member-Daten. So wird in `TSubWindow()` ab Zeile 67 die Größe und der Typ eines untergeordneten Fensters festgelegt. In `Paint()` ab Zeile 83 wird der zwischen den Zeilen 54 und 65 abgelegte Text in Abhängigkeit vom Typ des darzustellenden Fensters angezeigt.

Man fragt sich nun natürlich, wo die Nachrichten verarbeitet werden und woher das Programm weiß, wie es sich bei Anwahl eines Menüpunktes verhalten soll? Dies vollzieht sich im wesentlichen ab Zeile 22. Dort wird `TMainWindow` als Erbe von `TWindow` deklariert. Die vier dort als `virtual` deklarierten Funktionen verarbeiten die für sie bestimmten Nachrichten und stellen die gewünschten Fenster dar.

Die Darstellung der verschiedenen Fenstertypen geschieht durch die drei Methoden `CMChild()`, `CMPopParent()` und `CMNoPopParent()`. Wenn eine für sie bestimmte Nachricht eintrifft, rufen sie die Funktion `ShowWindow()` auf.

Dies mag als erster Überblick zu *Object Windows* genügen. Eine detailierte Beschreibung aller Klassen würde den Rahmen dieses Buches mehr als sprengen. Mit allen bis zu diesem Punkt erlangten Kenntnissen sollten Sie in der Lage sein, eigene „Experimente" mit der Headerdatei `OWL.H` anstellen zu können.

 Wer sich bereits durch alle mitgelieferten Beispiele der Version 3.0 gekämpft hat, wird feststellen, daß auch dort das Spiel Tic-Tac-Toe implementiert wurde. Allerdings werden dort die *Object Windows*-Bibliotheken benutzt.

Das in diesem Buch verwendete und das mit *Borland C++* gelieferte Beispiel entstanden vollkommen unabhängig. Es sollte möglich sein, beide Programme gegeneinander spielen zu lassen. Ist auch das mitgelieferte Beispiel unbesiegbar?

4.6   Ausblick

Die Programmierung von *Windows*-Applikationen befindet sich momentan enorm im Aufschwung. Es werden immer mehr mächtige Werkzeuge zur Verfügung gestellt. Mit *Object Vision* von Borland ist es bereits möglich, ohne Kenntnisse einer Programmiersprache eigene *Windows*-Programme zu schreiben. Auch mit der Programmiersprache BASIC lassen sich ganze Programmteile schon mit der Maus konstruieren. Für C++ werden Hilfen dieser Art ebenfalls nicht mehr lange auf sich warten lassen. Man darf jedoch nie vergessen, daß C++ eine maschinennahe Sprache ist und eben gerade dazu konzipiert wurde, sehr tief in die Interna des Rechners „hinabzusteigen". Nur so lassen sich die im Vergleich zu anderen Programmiersprachen bemerkbaren Zeitvorteile eines C++-Programms erreichen.

Man sollte auch ein wenig über den (*DOS-*)„Tellerrand" hinausblicken. Der Trend geht immer mehr zu Programmen, die sich leicht auf andere Rechner-Plattformen übertragen lassen. Der engste Verwandte in dieser Hinsicht ist *OS/2*, dessen *Presentation Manager* der Oberfläche von *Windows* sehr ähnelt. In Zukunft werden Programme ohne Änderung unter *Windows* und dem *Presentation Manager* ablaufen.

Es gibt bereits Projekte, die noch weiter gehen. Unter dem Betriebssystem UNIX haben sich die grafische Oberflächen *X-Windows* und *Open Windows* etabliert. Es ist möglich, Programme zu erstellen, die ohne Änderung sowohl unter diesen beiden UNIX-Oberflächen als auch unter *Windows* laufen. Der zugehörige Compiler erkennt automatisch, welchen Programmcode er erzeugen muß.

Anhang A: Entwicklungsumgebung

A.1 Startoptionen

Beim Start der integrierten Entwicklungsumgebung können zahlreiche Optionen, häufig auch Schalter genannt, angegeben werden. Sie werden alle durch einen Slash (/) eingeleitet. Mehrere Optionen können hintereinander gestellt werden, zum Beispiel:

```
BCX /X/SF:\
```

Hierbei sind **/X** und **/S** die Optionen. Letzere benötigt zusätzlich die Angabe eines Verzeichnisses, hier also **F:**.

Option	Erklärung
/b	Es werden alle Dateien aus dem aktuellen Projekt erneut kompiliert und gelinkt.
/d	Sofern Sie über zwei passende Monitore verfügen, kann Borland C++ über diese Option im Dual-Monitor-Modus gestartet werden. Dadurch kann auf dem einen Monitor der Quelltext und auf dem anderen die Ausgabe des Programms beobachtet werden.
/e	Zum Auslagern von temporären Dateien wird das sogenannte Expanded- Memory verwendet.
/h	Bei dieser Option wird die Entwicklungsumgebung nicht gestartet, sondern eine Liste mit allen verfügbaren Optionen ausgegeben.
	Fortsetzung auf der nächsten Seite ...

Option	Erklärung
... Fortsetzung von der vorhergehenden Seite	
/l	Wird *Borland C++* auf einem Computer mit LCD-Bildschirm verwendet (zum Beispiel auf einem Laptop), kann man die Anzahl der Farben einschränken.
/m	Wie bei der Option **/b** wird das aktuelle Projekt überarbeitet. Hier werden aber nicht alle sondern nur die nicht mehr aktuellen Dateien kompiliert und gelinkt.
/p	Falls Sie eine EGA-Grafikkarte verwenden und es während der Arbeit zu Problemen kommt, sollten Sie diese Option setzen.
/r<*Laufw.*>	Normalerweise verwendet die Entwicklungsumgebung eine RAM-Disk zum Auslagern (falls vorhanden). Über diese Option kann ein anderes Laufwerk zur Ablage temporärer Dateien angegeben werden, zum Beispiel **/rD:**.
/x	Zum Auslagern von temporären Dateien wird das sogenannte Extended- Memory verwendet.

A.2 Editorkommandos

Hier werden die wichtigsten Kommandos zur Texteingabe innerhalb der Entwicklungsumgebung zusammengefaßt. Der Editor kennt nahezu alle Tastenkürzel (Shortcuts) des Textverabeitungsklassikers *Wordstar*.

Einige Anweisungen sind auch oder ausschließlich über Menüpunkte erreichbar. Wo dies der Fall ist, werden sie zusätzlich angegeben. Eine Schreibweise wie **File/Save** ist dabei folgendermaßen zu verstehen:

1. Wähle das Menü **File**.

2. Wähle dort das Untermenü **Save**.

Die Schreibweise `Strg` + `K` , `B` meint, daß die Tasten `Strg` und `K` **gleichzeitig** sowie **anschließend** die Taste `B` gedrückt werden muß.

Funktion	Shortcut bzw. Menü
Zeichen nach links, rechts, oben oder unten	`←` , `→` , `↑` oder `↓`
Wort nach links bzw. rechts	`Strg` + `←` bzw. `Strg` + `→`
Seite nach oben bzw. unten	`Bild↑` bzw. `Bild↓`
Zeilenanfang bzw. Zeilenende	`Pos 1` bzw. `Ende`
Fensterober- bzw. -untergrenze	`Strg` + `Pos 1` bzw. `Strg` + `Ende`
Dateianfang bzw. -ende	`Strg` + `Bild↑` bzw. `Strg` + `Bild↓`
Blockanfang bzw. -ende	`Strg` + `Q` , `B` bzw. `Strg` + `Q` , `K`
letzte Cursorposition	`Strg` + `Q` , `P`

Einfügemodus ein/aus	`Einfg`
	 `Options/Environment/Editor/`
	 `Insert mode`

Zeichen links vom Cursor löschen	`←` (Backspace)
Zeichen unter dem Cursor löschen	`Entf`
Ganze Zeile löschen	`Strg` + `Y`
Eine Zeile ab Cursorposition löschen	`Strg` + `Q` , `Y`
Blockanfang markieren	`Strg` + `K` , `B`
Blockende markieren	`Strg` + `K` , `K`
Block markieren	`Shift` + `←` , `Shift` + `→` , `Shift` + `↑` oder `Shift` + `↓`
Block in die Zwischenablage kopieren	`Strg` + `Einfg` `Edit/Copy`

Fortsetzung auf der nächsten Seite ...

... Fortsetzung von der vorhergehenden Seite

Funktion	Shortcut bzw. Menü
Block vom Text in die Zwischen-ablage „verschieben"	`Shift` + `Entf` `Edit/Cut`
Block aus der Zwischenablage an aktuelle Cursorposition kopieren	`Shift` + `Einfg` `Edit/Paste`
Block löschen	`Strg` + `Entf` `Edit/Clear`
Block einlesen	`Strg` + `K` , `R`
Block speichern	`Strg` + `K` , `W`
Blockmarkierung ein/aus	`Strg` + `K` , `H`
Block ausdrucken	`Strg` + `K` , `H` `File/Print`
Block einrücken	`Strg` + `K` , `I`
Block ausrücken	`Strg` + `K` , `U`
Kontrollzeichen eingeben	`Strg` + `P` , *<Zeichen>*
Marke 0, 1 ... 9 usw. suchen	`Strg` + `Q` , `0` oder `1` ... `9`
Hauptmenü wählen	`F10`
Allgemeine Hilfe anfordern	`F1`
Menüpunkt direkt anwählen	`Alt` +*<Anfangsbuchstabe>*
Neue Datei anlegen	`File/New`
Datei speichern	`File/Save`
Datei unter neuem Namen spei-chern	`File/Save as...`

Fortsetzung auf der nächsten Seite ...

... *Fortsetzung von der vorhergehenden Seite*	
Funktion	**Shortcut bzw. Menü**
aktuelle Datei speichern	`File/Save`
aktuelle Datei unter neuem Namen speichern	`File/Save as...`
vom Menü zurück in den Editor	`Esc`
Entwicklungsumgebung verlassen	`Alt` + `F4` `File/Exit`
Suchen (und Ersetzen)	`Strg` + `Q` , `F` `Find/Search bzw. Find/Replace`
letzte Suche wiederholen	`F3` `Search/Search again`
Änderung zurücknehmen	`Alt` + `←` `Edit/Undo`

Anhang B:
ASCII Tabelle

An einigen Stellen war die Rede vom ASCII- (= *American Standard Code for Information Interchange*(sprich „äskih")) Code die Rede. Er kodiert alle Zeichen, die ein Rechner produzieren kann. Neben dem ASCII-Code wird auf (Groß-) Rechnern zuweilen noch der EBCDIC- (*Extended Binary Coded Decimal Information Code* sprich „ebbsidick")) Code angewendet.

Folgende Tabelle soll einen Überblick verschaffen. Es wurde auf die Zeichen 0 bis 31 verzichtet, weil sie fast alle nicht darstellbar sind. Wissen sollte man, daß der Code Nr. 9 für den Tabulator, Nr. 10 für den Zeilenvorschub, Nr. 27 für das Escape-Zeichen und Nr. 7 für ein kurzes Piepen des Lautsprechers steht.

Standardisiert ist der übrige Code lediglich bis 127. Danach wird unter *Borland C++* ein IBM-spezifischer Code weitergeführt.

Alle Zeichen, die auf Ihrer Tastatur nicht enthalten sind, lassen sich darstellen, indem Sie die ⌷Alt⌷-Taste gedrückt halten und auf dem numerischen Tastaturblock den entsprechenden ASCII-Code eingeben.

32 ␣	33 !	34 "	35 #	36 $	37 %	38 &	39 '
40 (	41)	42 *	43 +	44 ,	45 -	46 .	47 /
48 0	49 1	50 2	51 3	52 4	53 5	54 6	55 7
56 8	57 9	58 :	59 ;	60 <	61 =	62 >	63 ?
64 @	65 A	66 B	67 C	68 D	69 E	70 F	71 G
72 H	73 I	74 J	75 K	76 L	77 M	78 N	79 O
80 P	81 Q	82 R	83 S	84 T	85 U	86 V	87 W
88 X	89 Y	90 Z	91 [	92 \	93]	94 ^	95 _
96 `	97 a	98 b	99 c	100 d	101 e	102 f	103 g
104 h	105 i	106 j	107 k	108 l	109 m	110 n	111 o
112 p	113 q	114 r	115 s	116 t	117 u	118 v	119 w
120 x	121 y	122 z	123 {	124		125 }	126 ~	127 ¨

Anhang C: Reguläre Ausdrücke

Im Zusammenhang mit dem Menüpunkt **Find...** im **Search**-Menü wurde erwähnt, daß innerhalb der integrierten Entwicklungsumgebung mit Spezialzeichen (Jokern) nach Mustern gesucht werden kann. Im einzelnen sind folgende Spezialzeichen zugelassen:

`^`	paßt auf den Zeilenanfang.
`$`	paßt auf das Zeilenende.
`.`	steht für ein beliebiges Zeichen.
`*`	steht für eine beliebig häufig (auch nullmalige) Wiederholung des vorangegangenen Zeichens (`c*` steht also für kein oder beliebig viele `c`.).
`+`	wie `*`, nur daß das Zeichen mindestens einmal vorkommen muß.
`[ ]`	Zeichen innerhalb der eckigen Klammern werden als Alternativen betrachtet.
`[ - ]`	Zeichen zwischen einem Bindestrich geben einen Bereich an, also etwa `[a-e]`.
`[^ ]`	Die Zeichen innerhalb der eckigen Klammern dürfen **nicht** vorhanden sein.
`\`	entwertet alle Spezialzeichen.

Beispiele:

- `^Müller`, sucht nach *Müller* am Anfang einer Zeile

- `a[^0-9].*\.c`, paßt auf alle Zeichenketten, die mit einem *a* beginnen, danach keine Ziffer enthalten, mit einer beliebigen Zeichenkette fortfahren und auf *.c* enden, zum Beispiel: `a4_2.c` oder `a.c`.

- `x[0-9]+`, paßt auf alle Zeichenketten, die mit *x* beginnen und mit einer beliebigen Folge von Ziffern (mindestens jedoch einer) fortfahren, zum Beispiel `x12`.

☞ Mit *Borland C++* wird das Utility-Programm `GREP.EXE` mitgeliefert. Damit ist es möglich, auch außerhalb der Entwicklungsumgebung nach regulären Ausdrücken zu suchen.

Anhang D: Schlüsselworte

Nachfolgende Übersicht enthält alle reservierten Worte von *Borland C++*. Diese dürfen nicht als Namen für Variablen, Konstanten, Typen oder Funktionen verwendet werden. Worte mit einem[†] sind spezielle Erweiterungen in *Borland C++*. Sie gehören nicht zum Sprachstandard der C++ Version 2.0. Alle Programme, die ohne diese Schlüsselworte auskommen, lassen sich von jedem anderen C++-Compiler übersetzen, sofern die benutzten Funktionen zur Verfügung stehen.

asm	auto	break	case	catch
_cdecl[†]	cdecl[†]	char	class	const
continue	_cs[†]	default	delete	do
double	_ds[†]	else	enum	_es[†]
_export[†]	extern	_far[†]	far[†]	float
for	friend	goto	huge[†]	if
inline	int	interrupt[†]	_loadds[†]	long
_near[†]	near[†]	new	operator	_pascal[†]
pascal[†]	private	protected	public	register
return	_saveregs[†]	_seg[†]	short	signed
sizeof	_ss[†]	static	struct	switch
template	this	typedef	union	unsigned
virtual	void	volatile	while	

Anhang E: Windows-Übersichten

An zahlreichen Stellen des vierten Abschnittes wurden spezielle Konstanten und Funktionen vorgestellt. Zwar findet man diese alle innerhalb der integrierten Entwicklungsumgebung, jedoch ist dazu oft längeres Suchen notwendig. Daher werden nachfolgend die wichtigsten tabellarisch aufgeführt.

E.1 Messages

Beim Erstellen von *Windows*-Anwendungen fiel sehr oft der Begriff **Nachricht** oder **Message**. Diese werden in `WINDOWS.H` durch weit mehr als einhundert symbolische Konstanten dargestellt. Da es für den Anfänger oft problematisch ist, eine benötigte Nachricht ausfindig zu machen, soll dieser Mangel durch nachfolgende Tabelle behoben werden. Sie dient lediglich der ersten Orientierung. Falls man eine Nachricht gefunden zu haben glaubt, sollte man die vollständige Beschreibung in der integrierten Hilfsfunktion abrufen.

`WM_NULL (0x0000)`: Leere Nachricht.

`WM_CREATE (0x0001)`: Beim Erzeugen eines Fensters.

`WM_DESTROY (0x0002)`: Beim Entfernen eines Fensters.

`WM_MOVE (0x0003)`: Beim Verschieben eines Fensters.

`WM_SIZE (0x0005)`: Beim Ändern der Fenstergröße.

`WM_ACTIVATE (0x0006)`: Um ein Fenster zu aktivieren.

`WM_SETFOCUS (0x0007)`: Wenn ein Fenster den Fokus erhält.

WM_KILLFOCUS (0x0008): Vor dem Verlieren des Fokus.

WM_ENABLE (0x000A): Beim Aktivieren oder Deaktivieren eines Fensters.

WM_SETREDRAW (0x000B): Als Erlaubnis oder Verbot von Änderungen in einem Fenster.

WM_SETTEXT (0x000C): Beim Setzen von Text.

WM_GETTEXT (0x000D): Beim Kopieren von Text.

WM_GETTEXTLENGTH (0x000E): Um die Textlänge (in Bytes) zu ermitteln.

WM_PAINT (0x000F): Zum Aktualisieren eines Fensterinhaltes.

WM_CLOSE (0x0010): Zum Schließen eines Fensters.

WM_QUERYENDSESSION (0x0011): Als Anfrage auf ein Programmende.

WM_QUIT (0x0012): Als Aufforderung zum Programmende.

WM_QUERYOPEN (0x0013): Als Signal an ein Icon.

WM_ERASEBKGND (0x0014): Als Aufforderung zum Neuzeichnen des Hintergrundes.

WM_SYSCOLORCHANGE (0x0015): Beim Ändern einer oder mehrerer Systemfarben.

WM_ENDSESSION (0x0016): Am Ende einer Anwendung.

WM_SHOWWINDOW (0x0018): Um ein Fenster zu zeigen oder zu verbergen.

WM_CTLCOLOR (0x0019): Beim Zeichnen eines untergeordneten Fensters.

WM_WININICHANGE (0x001A): Beim Ändern der Datei `WIN.INI`.

WM_DEVMODECHANGE (0x001B): Beim Ändern eines Gerätemodus.

WM_ACTIVATEAPP (0x001C): Beim Aktivieren einer Anwendung.

WM_FONTCHANGE (0x001D): Beim Ändern der Schrift-Resourcen.

WM_TIMECHANGE (0x001E): Falls eine Anwendung die Systemzeit ändert.

WM_CANCELMODE (0x001F): Falls Systemmodi ignoriert werden sollen.

WM_SETCURSOR (0x0020): Als Reaktion auf eine Mausbewegung, wenn Mauseingaben nicht verarbeitet werden.

WM_MOUSEACTIVATE (0x0021): Beim, Drücken einer Maustaste in einem nicht-aktiven Fenster.

WM_CHILDACTIVATE (0x0022): Beim Verschieben eines untergeordneten Fensters.

WM_QUEUESYNC (0x0023): (undokumentiert)

WM_GETMINMAXINFO (0x0024): Als Anforderung einer bestimmten Fenstergröße.

WM_PAINTICON (0x0026): Beim Zeichnen eines Icons.

WM_ICONERASEBKGND (0x0027): Beim Erstellen eines Icons, falls dessen Hintergrund neu gezeichnet werden muß.

WM_NEXTDLGCTL (0x0028): Beim Verändern des Steuerelementfokus in einer Dialogbox.

WM_SPOOLERSTATUS (0x002A): Beim Einfügen oder Löschen eines Eintrages in die oder aus der Drucker-Queue.

WM_DRAWITEM (0x002B): Wenn der sichtbare Teil eines Steuerelementes verändert wurde.

WM_MEASUREITEM (0x002C): Beim Erzeugen eines Schalters, Kombinationseintrages, Menüeintrages oder einer Liste.

WM_DELETEITEM (0x002D): Beim Entfernen eines Listeneintrages.

WM_VKEYTOITEM (0x002E): Als Reaktion auf eine **WM_KEYDOWN**-Nachricht.

WM_CHARTOITEM (0x002F): Als Reaktion auf eine **WM_CHAR**-Nachricht.

WM_SETFONT (0x0030): Beim Bestimmen der Textdarstellung.

WM_GETFONT (0x0031): Um die Textdarstellung eines Steuerelementes zu ermitteln.

WM_QUERYDRAGICON (0x0037): Beim Verschieben eines Icons, falls kein Klassensymbol vorhanden ist.

WM_COMPAREITEM (0x0039): Beim Darstellen eines Kombinationsfensters.

WM_COMPACTING (0x0041): Beim Überlauf des Systemspeichers.

WM_NCCREATE (0x0081): Beim Erzeugen eines Fensters (noch vor **WM_CREATE**).

WM_NCDESTROY (0x0082): Zum Löschen eines Fensters (noch nach **WM_-DESTROY**), um Speicher zu räumen.

WM_NCCALCSIZE (0x0083): Um die Größe eines Client-Bereiches zu berechnen.

WM_NCHITTEST (0x0084): Beim Bewegen der Maus.

WM_NCPAINT (0x0085): Wenn der Fensterrahmen gemalt werden muß.

WM_NCACTIVATE (0x0086): Wenn der Nicht-Client-Bereich eines Fensters verändert werden muß.

WM_GETDLGCODE (0x0087): An die Eingabefunktion eines Steuerelementes.

WM_NCMOUSEMOVE (0x00A0): Wenn der Cursor im Nicht-Client-Bereich bewegt wird.

WM_NCLBUTTONDOWN (0x00A1): Wenn die linke Maustaste im Nicht-Client-Bereich gedrückt wird.

WM_NCLBUTTONUP (0x00A2): Wenn die linke Maustaste im Nicht-Client-Bereich losgelassen wird.

WM_NCLBUTTONDBLCLK (0x00A3): Wenn mit der linken Taste im Nicht-Client-Bereich doppelt geklickt wird.

WM_NCRBUTTONDOWN (0x00A4): Wenn die rechte Maustaste im Nicht-Client-Bereich gedrückt wird.

WM_NCRBUTTONUP (0x00A5): Wenn die rechte Maustaste im Nicht-Client-Bereich losgelassen wird.

WM_NCRBUTTONDBLCLK (0x00A6): Wenn mit der rechten Taste im Nicht-Client-Bereich doppelt geklickt wird.

WM_NCMBUTTONDOWN (0x00A7): Wenn die rechte Maustaste im Nicht-Client-Bereich gedrückt wird.

WM_NCMBUTTONUP (0x00A8): Wenn die mittlere Maustaste im Nicht-Client-Bereich losgelassen wird.

WM_NCMBUTTONDBLCLK (0x00A9): Wenn mit der rechten Taste im Nicht-Client-Bereich doppelt geklickt wird.

WM_KEYFIRST (0x0100): (undokumentiert)

WM_KEYDOWN (0x0100): Beim Drücken einer Standardtaste, das heißt jeder Nicht- Alt -Taste.

WM_KEYUP (0x0101): Beim Loslassen einer Standardtaste, das heißt jeder Nicht- Alt -Taste.

WM_CHAR (0x0102): Als „Übersetzung" in den gedrückten Wert einer **WM_KEYDOWN** bzw. **WM_KEYUP**-Nachricht.

WM_DEADCHAR (0x0103): Als „Übersetzung" einer **WM_KEYDOWN** bzw. **WM_-KEYUP**-Nachricht, falls eine spezielle Taste, z.B. ein Umlaut, gedrückt wurde.

WM_SYSKEYDOWN (0x0104): Wenn die Alt - zusammen mit einer anderen Taste gedrückt wird.

WM_SYSKEYUP (0x0105): Wenn die Taste, die gleichzeitig mit Alt gedrückt wurde, losgelassen wird.

WM_SYSCHAR (0x0106): Bestimmt den virtuellen Tastencode der System-menü-Taste (Alt)

WM_SYSDEADCHAR (0x0107): Falls Alt mit einer speziellen Taste gedrückt und „übersetzt" wurde.

WM_KEYLAST (0x0108): (undokumentiert)

WM_INITDIALOG (0x0110): Unmittelbar vor der Darstellung einer Dialog-box.

WM_COMMAND (0x0111): Bei der Anwahl von Aktionen, z.B. in einem Menü.

WM_SYSCOMMAND (0x0112): Bei der Wahl eines Befehls aus dem System-menü oder der Maxi- bzw. Mininimierungsbox.

WM_TIMER (0x0113): Bei Überschreitung des benutzerdefinierten Timers.

WM_HSCROLL (0x0114): Beim Klicken in den horizontalen Rollbalken.

WM_VSCROLL (0x0115): Beim Klicken in den vertikalen Rollbalken.

WM_INITMENU (0x0116): Anwählen einer Menüleiste oder Betätigen der Menütaste (F10)

WM_INITMENUPOPUP (0x0117): Unmittelbar vor einem Popup-Fenster.

WM_MENUSELECT (0x011F): Nach der Anwahl eines Menüpunktes.

WM_MENUCHAR (0x0120): Beim Drücken einer nicht-vordefinierten Tastenkombination

WM_ENTERIDLE (0x0121): Falls für ein Menü oder eine Dialogbox keine
Nachrichten mehr vorhanden sind.

WM_MOUSEFIRST (0x0200): (undokumentiert)

WM_MOUSEMOVE (0x0200): Beim Bewegen der Maus.

WM_LBUTTONDOWN (0x0201): Beim Drücken der linken Maustaste.

WM_LBUTTONUP (0x0202): Beim Loslassen der linken Maustaste.

WM_LBUTTONDBLCLK (0x0203): Bei einem doppelten Klicken mit der linken
Maustaste.

WM_RBUTTONDOWN (0x0204): Beim Drücken der rechten Maustaste.

WM_RBUTTONUP (0x0205): Beim Loslassen der rechten Maustaste.

WM_RBUTTONDBLCLK (0x0206): Bei einem doppelten Klicken mit der rechten
Maustaste.

WM_MBUTTONDOWN (0x0207): Beim Drücken der mittleren Maustaste.

WM_MBUTTONUP (0x0208): Beim Loslassen der mittleren Maustaste.

WM_MBUTTONDBLCLK (0x0209): Bei einem doppelten Klicken mit der mittleren Maustaste.

WM_MOUSELAST (0x0209): (undokumentiert)

WM_PARENTNOTIFY (0x0210): Wenn ein untergeordnetes Fenster erstellt
bzw. zerstört wird oder eine Maustaste in einem untergeordneten
Fenster gedrückt wurde.

WM_MDICREATE (0x0220): Um eine Multidokument-Schnittstelle (MDI für
Multi **D**ocument **I**interface) Zum Erzeugen eines Fensters zu
veranlassen.

WM_MDIDESTROY (0x0221): Damit eine MDI ein untergeordnetes Fenster
schließen kann.

WM_MDIACTIVATE (0x0222): Um eine MDI zu veranlassen, ein untergeordnetes Fenster zu aktivieren.

WM_MDIRESTORE (0x0223): Um ein MDI-Fenster wieder herzustellen.

WM_MDINEXT (0x0224): Um das unmittelbar unter dem aktiven liegende MDI-Fenster zu aktivieren.

WM_MDIMAXIMIZE (0x0225): Um eine MDI zu veranalssen, ein untergeordnetes Fenster zu vergrößern.

WM_MDITILE (0x0226): Um eine MDI zu veranlassen, alle untergeordneten Fenster nebeneinander darzustellen.

WM_MDICASCADE (0x0227): Um eine MDI zu veranlassen, alle untergeordneten Fenster überlappend anzuordnen.

WM_MDIICONARRANGE (0x0228): Um eine MDI zu veranlassen, alle untergeordneten Icons übersichtlich anzuordnen.

WM_MDIGETACTIVE (0x0229): Um das aktive untergeordnete MDI-Fenster zu ermitteln.

WM_MDISETMENU (0x0230): Zum Austausch von Menüs in einem MDI-Rahmenfenster.

WM_CUT (0x0300): Um die aktuelle Auswahl für die Zwischenablage zu ermitteln.

WM_COPY (0x0301): Um den aktuell markierten Bereich in die Zwischenablage zu kopieren.

WM_PASTE (0x0302): Um den Inhalt der Zwischenablage an der aktuellen Cursorposition einzufügen.

WM_CLEAR (0x0303): Um die aktuelle Auswahl zu löschen.

WM_UNDO (0x0304): Um die unmittelbar vorhergehende Aktion rückgängig zu machen.

WM_RENDERFORMAT (0x0305): Als Auffordrung, die Daten der Zwischenablage zu formatieren.

WM_RENDERALLFORMATS (0x0306): Falls eine Anwendung, die gerade zerstört wird, die Zwischenablage besitzt.

WM_DESTROYCLIPBOARD (0x0307): Wenn die Zwischenablage durch `Empty-Clipboard()` geleert wurde.

WM_DRAWCLIPBOARD (0x0308): Falls sich der Inhalt der Zwischenablage verändert.

WM_PAINTCLIPBOARD (0x0309): Um den Client-Bereich der Zwischenablage zu aktualisieren.

WM_VSCROLLCLIPBOARD (0x030A): Wenn eine Nachricht innerhalb des vertikalen Rollbalkens auftritt.

WM_SIZECLIPBOARD (0x030B): Falls die Größe des Fensters der Zwischenablage verändert wurde.

WM_ASKCBFORMATNAME (0x030C): Wenn die Zwischenablage eine Daten-Handle für das Format **CF_OWNERDISPLAY** enthält.

WM_CHANGECBCHAIN (0x030D): Wenn ein Betrachtungsfenster der Zwischenablage entfernt wurde.

WM_HSCROLLCLIPBOARD (0x030E): Wenn eine Nachricht innerhalb des horizontalen Rollbalkens auftritt.

WM_QUERYNEWPALETTE (0x030F): Um einem Fenster mitzuteilen, daß es den Fokus erhält.

WM_PALETTEISCHANGING (0x0310): (undokumentiert)

WM_PALETTECHANGED (0x0311): Falls das Fenster mit dem Fokus die virtuelle Farbpalette verändert hat.

E.2   Cursorformen

Auch wenn man mit dem Resourcen-Editor, also sowohl mit dem *Whitewater Resourcen-Editor* als auch dem *Resource Workshop*, unter *Windows* relativ problemlos eigene Cursor erzeugen kann, wird man in vielen Anwendungen auf die Standardformen, wie Pfeil, Fadenkreuz oder auch die Sanduhr zurückgreifen wollen. All diese Cursor können über die Funktion **LoadCursor()** in Verbindung mit einer der nachfolgenden Konstanten geladen werden. Ein Beispiel hierzu findet man in 4.3.3 auf Seite 400.

Konstante	zugehöriger Cursor
IDC_ARROW	Standardcursor (weißer Pfeil)
	Fortsetzung auf der nächsten Seite ...

... Fortsetzung von der vorhergehenden Seite	
Konstante	**zugehöriger Cursor**
`IDC_CROSS`	Fadenkreuzzeiger, mit Hot-spot in der Mitte
`IDC_IBEAM`	I-Balkenzeiger in Texten (Schreibmarke)
`IDC_ICON`	Leeres Symbol
`IDC_SIZE`	Ein Quadrat mit einem kleineren Quadrat in der rechten unteren Ecke
`IDC_SIZENESW`	Doppelpfeilzeiger. Die Pfeile zeigen nach Nordost und Südwest
`IDC_SIZENS`	Doppelpfeilzeiger. Die Pfeile zeigen nach Norden und Süden
`IDC_SIZENWSE`	Doppelpfeilzeiger. Die Pfeile zeigen nach Nordwest und Südost
`IDC_SIZEWE`	Doppelpfeilzeiger. Die Pfeile zeigen nach Westen und Osten
`IDC_UPARROW`	Vertikaler Pfeilcursor
`IDC_WAIT`	Sanduhr-Cursor

E.3   Darstellungsformen von Fenstern

Im Zusammenhang mit der Funktion `ShowWindow()` wurde im vierten Abschnitt erläutert, daß Fenster in den unterschiedlichsten Arten dargestellt werden können. Nachfolgende Tabelle gibt eine Übersicht.

Konstante	Bedeutung
`SW_HIDE`	Versteckt das Fenster und macht ein anderes zum aktiven.
`SW_MINIMIZE`	Verkleinert das Fenster und aktiviert das Hauptfenster in der Liste des Fenster-Managers.

Fortsetzung auf der nächsten Seite ...

... Fortsetzung von der vorhergehenden Seite	
Konstante	Bedeutung
`SW_RESTORE`	Wie `SW_SHOWNORMAL`.
`SW_SHOW`	Aktiviert ein Fenster und zeigt es in seiner aktuellen Größe und Position.
`SW_SHOWMAXIMIZED`	Aktiviert das Fenster und vergrößert es auf den gesmaten Bildschirm.
`SW_SHOWMINIMIZED`	Aktiviert ein Fenster und zeigt es als Icon.
`SW_SHOWMINNOACTIVE`	Zeigt das Fenster als Icon. Das gegenwärtig aktive Fenster bleibt aktiv.
`SW_SHOWNA`	Zeigt das Fenster in seinem aktuellen Zustand. Das gegenwärtig aktive Fenster bleibt aktiv.
`SW_SHOWNOACTIVATE`	Zeigt ein Fenster in seiner neuesten Größe und Position. Das gegenwärtig aktive Fenster bleibt aktiv.
`SW_SHOWNORMAL`	Aktiviert ein Fenster und zeigt es an. Ist das Fenster verkleinert oder vergrößert, stellt *Windows* es in seiner ursprünglichen Größe und Position wieder her.

E.4   Typen von Meldungsboxen

Beim Erzeugen von Meldungsboxen, also einer speziellen Form von Dialogboxen, über die Funktion `MessageBox()` sind im letzten Argument eine Reihe von Attributen möglich. Diese können über ein logisches *Oder* miteinander verknüpft werden. Ein genaues Beispiel findet man in 4.4.2 ab Seite 440.

Konstante	Typ der Meldungsbox
`MB_ABORTRETRYIGNORE`	Drei Schalter: „Beenden", „Wiederholen", „Ignorieren".
	Fortsetzung auf der nächsten Seite ...

... *Fortsetzung von der vorhergehenden Seite*	
Konstante	**Typ der Meldungsbox**
`MB_APPLMODAL`	Der Benutzer, muß erst auf das Meldungsfenster reagieren, bevor er mit dem übergeordneten weiterarbeiten darf (Default-Wert).
`MB_DEFBUTTON1`	Der erste Schalter ist immer per Voreinstellung gewählt, wird also aktiviert, wenn man einfach die ⏎ - bzw. `Enter` -Taste drückt (Default-Wert).
`MB_DEFBUTTON2`	Statt des ersten ist der zweite Schalter voreingestellt.
`MB_DEFBUTTON3`	Statt des ersten ist der dritte Schalter voreingestellt.
`MB_ICONASTERISK`	Wie `MB_ICONINFORMATION`.
`MB_ICONEXCLAMATION`	Am linken Rand der Box wird ein Ausrufezeichen dargestellt.
`MB_ICONHAND`	Wie `MB_ICONSTOP`
`MB_ICONINFORMATION`	Am linken Rand der Box wird ein kreisförmiges Symbol, das im Inneren ein i enthält, dargestellt.
`MB_ICONQUESTION`	Am linken Rand der Box wird ein Fragezeichen dargestellt.
`MB_ICONSTOP`	Am linken Rand erscheint ein Stopzeichensymbol.
`MB_OK`	Ein Schalter: „OK".
`MB_OKCANCEL`	Zwei Schalter: „OK" und „Abbrechen" (im Engl. „Cancel").
`MB_RETRYCANCEL`	Zwei Schalter: „Widerholen" (engl. „Retry") und „Abbrechen" (engl. „Cancel").
	Fortsetzung auf der nächsten Seite ...

... *Fortsetzung von der vorhergehenden Seite*	
Konstante	**Typ der Meldungsbox**
`MB_SYSTEMMODAL`	Alle lauffenden Anwendungen werden unterbrochen, bis der Benutzer auf die Meldungsbox reagiert.
`MB_TASKMODAL`	Ähnlich wie `MB_APPMODAL`, nur daß **alle** Hauptfenster der aktuelle Anwendung solange unterbrochen werden, bis der Benutzer auf die Box reagiert.
`MB_YESNO`	Zwei Schalter: „Ja" (engl. „Yes") und „Nein" (engl. „No").
`MB_YESNOCANCEL`	Drei Schalter: „Ja" (engl. „Yes"), „Nein" (engl. „No") und „Abbrechen" (engl. „Cancel").

E.5   Pinsel, Stifte und Fonts

Zur Ausgabe in *Windows*-Fenstern, können unterschiedliche Farben, Stifte und Zeichensätze, zum Beispiel bei der Funktion `GetStockObject()` verwendet werden. Folgende Tabelle gibt eine genaue Übersicht der vordefinierten Konstanten.

Konstante	**Beschreibung**
`BLACK_BRUSH`	Schwarzer Pinsel
`DKGRAY_BRUSH`	Dunkelgrauer Pinsel
`GRAY_BRUSH`	Grauer Pinsel
`HOLLOW_BRUSH`	Hohler Pinsel
`Hohler Pinsel`	Hellgrauer Pinsel
`NULL_BRUSH`	Neutraler, leerer Pinsel
	Fortsetzung auf der nächsten Seite ...

... *Fortsetzung von der vorhergehenden Seite*	
Konstante	**Beschreibung**
WHITE_BRUSH	Weißer Pinsel
BLACK_PEN	Schwarzer Stift
NULL_PEN	Null-Stift
WHITE_PEN	Weißer Stift
ANSI_FIXED_FONT	ANSI-festgelegte Systemschrift
ANSI_VAR_FONT	ANSI-variable Systemschrift
DEVICE_DEFAULT_FONT	Geräteabhängige Schrift
OEM_FIXED_FONT	OEM-abhängige festgelegte Schrift
SYSTEM_FONT	Systemschrift (Default-Wert), ab *Windows 3.0* ist dies eine Proportionalschrift.
SYSTEM_FIXED_FONT	Die Systemschrift, die von früheren *Windows*-Versionen benutzt wurde.
DEFAULT_PALETTE	Standardfarbpalette. Diese Farbpalette besteht aus den 20 statischen Farben, die immer in der Systempalette präsent sind, um Farben in der virtuellen Palette von Hintergrundfenstern anzugleichen.

Literaturverzeichnis

[Bur90]   Jürgen Burberg. *Windows 3.0 – Eine umfassende Einführung.* Verlag Vieweg, Braunschweig–Wiesbaden, 1990. Ein überaus nützliches Werk zum Einstieg in *Windows 3.*

[Her89]   Joachim Hertzberg. *Planen – Einführung in die Planungserstellungsmethoden der künstlichen Intelligenz.* Reihe Informatik. BI-Wissenschafts-Verlag, Mannheim–Wien–Zürich, 1989. Wie kommt man von einer Ausgangssituation zu einem bestimmten Ziel?

[Kot91a] Axel Kotulla. *Effektiv Starten mit Turbo C++.* Verlag Vieweg, Braunschweig–Wiesbaden, 1991. Eine Einführung in die Programmiersprache *C* und *C++* für Anfänger ohne Vorkenntnisse.

[Kot91b] Axel Kotulla. *Effektiv Starten mit Turbo Pascal 6.0.* Verlag Vieweg, Braunschweig–Wiesbaden, 1991. Eine Einführung in die neueste Version von *Turbo Pascal*, mit einer leicht verständlichen Vorstellung der *Turbo Vision*. Es werden keine Vorkenntnisse in irgendeiner Programmiersprache benötigt.

[Nag90]   Manfred Nagl. *Softwaretechnik: Methodisches Programmieren im Großen.* Springer–Verlag, Berlin–Heidelberg–New York, 1990. Hilfe, bei der Erstellung großer Software-Systeme; es wird besonderer Wert auf den Begriff der „Datenabstraktion" gelegt.

[Pet91]   Charles Petzold. *Programming WINDOWS.* Microsoft Press, Washington, 1991. Hier findet man alles zur Programmierung unter *Windows 3.* Es wird das SDK von Microsoft bzw. *Borland C++* benötigt.

[Sed90]   Robert Sedgewick. *Algorithms in C.* Addison–Wesley Publishing Company, Massachusetts, 1990. Ein Standardwerk für alle, die sich eingehender mit Algorithmen zur Datensuche, -sortierung, -speicherung befassen wollen. Daneben wird auch der Begriff „Rekursion" eingehend behandelt. Man findet alle Formen von abstrakten Datentypen. Allerdings werden einige mathematische Kenntnisse benötigt. (C-Version).

[Sed91]   Robert Sedgewick. *Algorithmen.* Addison–Wesley (Deutschland) GmbH, Bonn, 1991. Die deutsche bersetzung des Klassikers *Algorithms* für alle, die sich eingehender mit Algorithmen zur Datensuche, -sortierung, -speicherung befassen wollen. Daneben wird auch der Begriff „Rekursion" eingehend behandelt. Man findet alle Formen von abstrakten Datentypen. Allerdings werden einige mathematische Kenntnisse benötigt. (*Pascal*-Version).

[Töl90]   Falko Bause/Wolfgang Tölle. *C++ für Programmierer.* Verlag Vieweg, Braunschweig–Wiesbaden, 1990. Eine umfassende, effiziente Einführung in den $C++$ 2.0-Standard.

[Ull87]   Alfred V. Aho/John E. Hopcroft/Jefrey D. Ullman. *Data Structures and Algorithms.* Addison–Wesley Publishing Company, 1987. Ein Standardwerk zur Analyse von Datenstrukturen und Algorithmen. Man sollte einige mathematische Kenntnisse mitbringen, da die vorgestellten Algorithmen genauestens analysiert werden.

[Wir83]   Niklaus Wirth. *Algorithmen und Datenstrukturen.* Verlag B.G. Teubner, Stuttgart, 1983. Eines der Standardwerke zur Programmierung effizienter Algorithmen. Neben der Pascal- gibt es auch eine Modula-2-Fassung.

Abbildungsverzeichnis

1.1   Startbildschirm des Installationsprogramms 4

1.2   Verzeichnisauswahl innerhalb der Installation der Version 2.0 . . . 5

1.3   Verzeichnisauswahl innerhalb der Installation der Version 3.0 . . . 6

1.4   Diskettenwechsel während der Installation 7

1.5   Abschlußmeldung des Installationsprogramms 8

1.6   Anfang der Datei `README` 9

1.7   Der erste Start der integrierten Entwicklungsumgebung 10

1.8   Verzeichnisauswahl innerhalb der Entwicklungsumgebung 12

1.9   Speichern aller Optionen der Entwicklungsumgebung 13

1.10 Erfolgreiche Übersetzung des ersten Programms 14

1.11 Speichern unter dem Namen `HELLO.CPP` 15

1.12 Vom Quelltext zum lauffähigen Programm 16

1.13 Ein Beispiel für ein Untermenü 18

1.14 Teil 1 der kompletten Menueübersicht (Version 3.0) 19

1.15 Teil 2 der kompletten Menueübersicht (Version 3.0) 19

1.16 Teil 1 der kompletten Menueübersicht (Version 2.0) 20

1.17 Teil 2 der kompletten Menueübersicht (Version 2.0) 20

1.18 Sicherheitsabfrage, die an das Speichern erinnert 21

1.19 Ein Blick in die Zwischenablage 23

1.20 Dialogbox zum Menüpunkt `Search/Replace` 24

1.21 Dialogbox zur Auswahl des verwendeten C-„Dialekts" 27

1.22 Verändern von Editor-Optionen 28

1.23 Zwei Fenster mit derselben Datei `HELLO.CPP` 29

1.24 Include-Dateien werden auf der RAM-Disk gesucht 34

1.25 Informationen zum Speichermodell *Small* 36

1.26 Einstellung von Koprozessor-Optionen 37

1.27 Vorübersetzte Header-Dateien benutzen 38

1.28 Hilfe zum Menüpunkt `Find/Search` 39

1.29 Inhaltsübersicht der umfangreichen Hilfsfunktion 41

1.30 Indexeintrag zum Stichwort `iostream.h` 42

1.31 Hilfe zur Textausgabe mit `cout` 43

1.32 Zuviele offene Fenster, um noch sinnvoll arbeiten zu können 45

1.33 *Borland C++* unter *Windows 3.0* bzw. *3.1* 46

1.34 PIF-Datei im Standard-Modus für *Borland C++* 47

1.35 PIF-Datei im erweiterten 386-Modus für *Borland C++* 48

1.36 Einträge zum Erzeugen eines Icons 49

2.1 Schematische Darstellung eines Hauptspeicherausschnittes 63

2.2 Fehlerhafte Ziffer bei einer oktalen Schreibweise 69

2.3 „Wahrheitstafeln" zur Beschreibung logischer Operatoren 94

2.4 Schematischer Programmablauf in einer `for()`-Schleife 100

2.5 Mögliche Speicherbelegung beim Aufruf von `Power()` 119

2.6 Öffnen bzw. Erzeugen der Projekt-Datei `POWER.PRJ` 134

2.7 Ergänzen eines Moduls in die Projektliste 135

2.8 Das Projektfenster zu `POWER.PRJ` und die zugehörigen Quelltexte . 136

2.9 Ein zweidimensionales Feld 141

2.10 Generationswechsel im Spiel *Leben* 147

2.11 Sieg für den Spieler mit den Punkten 166

2.12 Vor und nach `PreInsertElement()` 178

2.13 Vererbungshierarchie am Beispiel von Fahrzeugen 186

2.14 Schematische Darstellung eines Stacks 187

2.15 Mehrfache Vererbung am Beispiel von Fahrzeugen 201

2.16 Aufrufreihenfolge beim Erzeugen eines „Amphibienfahrzeuges" . . 211

2.17 Aufrufreihenfolge mit einer virtuellen Basisklasse „Fahrzeug" . . . 213

2.18 Schematische Speicherbelegung durch eine Zeigervariable 219

2.19 Adressierung von Feldelementen durch Zeiger 223

2.20 Dialogbox zu `Run/Arguments` 227

2.21 Das erste, dynamisch erzeugte Element 234

2.22 pTop und pElem zeigen auf den reservierten Speicherbereich 235

2.23 Nach der Erzeugung des zweiten Elementes 236

2.24 Eine lineare Liste mit zwei Elementen 236

2.25 Eine lineare Liste mit einigen Elementen 237

2.26 Eine zweifach verkettete Liste mit einigen Elementen 251

3.1 Rekursion im täglichen Leben 263

3.2 Schematische Aufrufhirarchie von fib(6) 267

3.3 Ausgangssituation der „Türme von Hanoi" 271

3.4 $N - 1$ Scheiben wurden auf den Hilfs-Turm bewegt 272

3.5 Eine Lösung des „8 Damen Problems" 277

3.6 Numerierung der Diagonalen im „8 Damen Problem" 279

3.7 Mögliche Wege des Springers auf einem Schachbrett 281

3.8 Ein Baum mit einigen Schlüsselelementen 309

3.9 Ein geordneter binärer Baum 310

3.10 Der erste Knoten (die Wurzel) im binären Baum 311

3.11 Nach dem Einfügen des zweiten Knotens 311

3.12 Suche nach dem Schlüsselwert 4 312

3.13 Zwei entartete Bäume mit ungünstigen Schlüsselwerten 313

3.14 „Verschieben" des Knotens mit dem Schlüssel 4 315

3.15 Nach dem Löschen des Knotens mit dem Schlüssel 4 316

3.16 Anlegen der Projektdatei BINTREE.PRJ 327

3.17 Die Klassenhierarchie in CLASSLIB 335

3.18 Einbinden einer speziellen *Turbo Vision*-Library 337

3.19 Die Ausgabe des ersten *Turbo Vision*-Programms 338

3.20 Die Klassenhierarchie von *Turbo Vision* 342

3.21 Die Klassenhierarchie von *Turbo Vision* 343

3.22 Die Ausgabe des zweiten *Turbo Vision*-Programms 352

3.23 Textfenster im dritten *Turbo Vision*-Programm 355

4.1 Interner Zusammenhang zwischen Anwendung und Hardware . . . 362

4.2 Ein typischer *Windows*-Bildschirm 363

4.3 Noch ein typischer *Windows*-Bildschirm 366

4.4 Die Übersetzung eines *Windows*-Programms 371

4.5 Die Einstellungen für `WHELLO.CPP` 373

4.6 Aufruf des Ressource Compilers in der Entwicklungsumgebung . . 375

4.7 Ablauf der Make-Datei `WHELLO.MAK` unter *Windows* 378

4.8 Das Programm `WHELLO.EXE` wurde zweimal gestartet 379

4.9 Der erste Start von *Turbo C++ für Windows* 380

4.10 Verzeichnisauswahl in der *Windows*-Entwicklungsumgebung 381

4.11 Kompilation von `WHELLO.CPP` unter *Windows* 382

4.12 Nach der Wahl des Menüpunktes `Run/Run` 383

4.13 Der Object-Browser in der *Windows*-Entwicklungsumgebung . . . 384

4.14 Übersetzung von `PRIM1.CPP` unter *DOS* 385

4.15 Übersetzung von `PRIM1.CPP` unter *Windows* 386

4.16 Das Programm `PRIM1.CPP` als *Windows*-Anwendung 387

4.17 Das fertige Programm `WINDOWS1.EXE` läuft tatsächlich 415

4.18 Die verschiedenen Grafik-Werkzeuge 419

4.19 Erzeugen eines eigenen Icons für `WINDOWS1.CPP` 421

4.20 Die Zusammensetzung des Programms `TICTAC.EXE` 425

4.21 Zeigerverweis durch logische Adresse und Prologcode 435

4.22 Die Dialogbox zu Beginn eines neuen Tic-Tac-Toe Spiels 438

4.23 Informationsbox innerhalb des Tic-Tac-Toe Spiels 441

4.24 Das fertige Programm Tic-Tac-Toe unter *Windows* 447

4.25 Die zahlreichen Elemente des Dialogbox-Editors 457

4.26 Erzeugen der Dialogbox zum Spielstart von Tic-Tac-Toe 458

4.27 Erzeugen des Menüs für Tic-Tac-Toe 461

4.28 Definition des Tastenkürzels für Tic-Tac-Toe 462

4.29 Der Stringeditor für Texte innerhalb von Tic-Tac-Toe 464

4.30 Start der Installation von *Object Windows* 466

4.31 Verzeichnisauswahl in der Installation von *Object Windows* 467

4.32 Abschlußmeldung der *Object Windows*-Installation 468

4.33 Die Klassenhirarchie von *Object Windows* 469

4.34 Das Programm POPUP mit drei Unterfenstern 475

Index

8086, 1, 9
8086/8088, 36
8087, 36
8088, 1, 9
80186, 35
80286, 2, 9, 35
80287, 36
80386, 9
80486, 9

Abbruchbedingung, 102, 106, 265
Abhängigkeit, 375
Ableitung, 186
abstrakter Datentyp, 167
Absturz, 377
Accelerator, 370, 422, 426
acht Damen, 275
Add item, 133
Addition, 73
Adresse, 63, 215, 233, 434
Adressoperation, 205
Adressoperator, 216
Aktualparameter, 122
aktuelles Fenster, 28
Algorithmus, 260, 261
Amiga, 359
ANSI-Standard, 26
Anweisung, 51
Anwendung, 363
APP.H, 339
append, 209
argsused, 392
Argument, 55, 119, 122, 193, 225
argv, 253
arithmetic shift, 83
ASCII, 64, 87, 485
ASCII-Code, 358

Assembler, 3, 31, 81
Asterik, 217
AT&T 2.0, 58
Atari ST, 359
Attribut, 500
Aufruf, 388
Aufzahlungstyp, 162
Ausdruck, 98
Ausgabebildschirm, 17, 30
Ausgabedatei, 209
Ausgabeoperator, 64, 198
Auswahlfenster, 370
Auswertung, 73
auto, 128, 136
Auto save, 106
AUTOEXEC.BAT, 5

Backtracking, 277
Backup, 26
Balken, 452
Band, 295
Basisklasse, 189, 210
Batch-Datei, 32, 120
Baum, 308
BC, 10
BC.EXE, 46
BCC.EXE, 11
BCCX.EXE, 11
BCINST.EXE, 34
BCX, 9, 32
Bedingung, 88
BeginPaint, 451
Begrenztheit, 112
Bereich, 453
Betriebsarten, 9
Betriebsmittel, 360
Betriebssystem, 62, 265

Betriebssystemebene, 21
Bezeichner, 60
Bezeichnung, 366
Bibliothek, 54, 112, 337
Bildpunkt, 358
binäre Darstellung, 81
binäre Suche, 303
binärer Baum, 308
binärer Operator, 81
Bindephase, 16
Binder, 16
Bit, 62, 84, 204
Bit-Komplement, 81
Bitfeld, 204
Bitmap, 370, 422
Bitoperation, 84
Blatt, 311
Block, 55, 70, 127
Blockoperationen, 22
BOOL, 162
Boole, 93
Boolescher Operator, 93
Boolsche Algebra, 93
break, 96, 108
Breakpoint, 25
Browse, 380
Bubble Sort, 284
Build all, 25, 134
BYTE, 161
Byte, 62, 84, 204, 216, 322

C, 388
.C, 15
C++, 51, 388, 489
C-Konvention, 388
Cache-Programm, 328
Cache-Programm, 2
call by reference, 51
call by value, 119
Callback-Funktion, 413, 427, 445
Cancel, 442
Cascade, 30
case, 95
Case sensitive, 23
Cast-Operator, 80
Casting, 79, 238

cerr, 95
Change dir..., 20
char, 61, 64
cin, 59
class, 168, 170
Clear, 23
Clear desktop, 30
Client-Bereich, 365, 397, 444, 498
Clipboard, 22
Close, 29
close(), 241
Close project, 26
clrscr(), 114
CODE, 367
Code, 485
Code generation, 35
Codesegment, 35, 62, 120, 336, 368
Compile, 12
Compile to OBJ, 12
Compiler, 26
CONFIG.SYS, 4
const, 183
const, 68, 147
Contents, 40
continue, 109
Copy, 22
Copy example, 22
cout, 56
.CPP, 15
CPU, 62, 84
CreateHatchBrush(), 452
CreatePatternBrush(), 452
CreateSolidBrush(), 452
CreateWindow(), 403
ctype.h, 144
Cursor, 422, 455, 498
Cursor throgh tabs, 27
Cursordarstellung, 370
Cut, 22

Darstellungsmodus, 393
DATA, 368
Datei, 206
Dateideskriptor, 209
Dateiname, 209
Daten, 62, 167

Datenobjekt, 173
Datensegment, 35, 62, 368
Datentyp, 62, 86, 167, 222, 262
Debug, 25
Debugger, 3, 30
`default`, 95
`default`, 95
Default-Argument, 191
Default-Wert, 182
`#define`, 147
Definition, 120
`DefWindowProc()`, 409
Deklaration, 120, 388
`delay()`, 117
`delete`, 255
`DESCRIPTION`, 367
Destruktor, 172, 173, 179, 255
`DialogBox()`, 437
Dialogbox, 11, 370, 423, 436, 456, 500
`difftime()`, 184
`Direction`, 23
direkte Rekursion, 263
Diskettenformat, 1
`DispatchMessage()`, 408
Division, 73, 84
`do-while()`-Schleife, 104
Dokumentation, 53
DOS, 120, 383
`DOS EXE`, 383
`DOS shell`, 21
DOS → Windows, 383
`DOS.H`, 383
`dos.h`, 117
`double`, 64
DR. DOS, 1
drucken, 20
dynamische Speicherverwaltung, 234

EBCDIC, 485
`Edit`, 22
Editor, 422, 480
Editor-Fenster, 10
Eigenschaft, 185
eindimensional, 140
Eingabe-Fokus, 365

`#elif`, 155
Ellipse, 453
`Ellipse()`, 453
`#else`, 155
`else`, 90
`EndDialog()`, 439
`#endif`, 154
`endl`, 210
Entwicklungsumgebung, 377, 480
`enum`, 162
`eof()`, 241
Eratosthenes, 100
Ereignis, 340, 360, 366
`#error`, 159
`ERRORLEVEL`, 120
erweiterter 386er-Modus, 364
erweiterter Speicher, 364
Euler'sche Zahl, 294
`EXETYPE`, 367
`EXIT`, 21
expanded memory, 364
explizite Typumwandlung, 79, 254
exponentiell, 268, 304
exportierbar, 413, 436
`extern`, 137
`extern`, 131
`extern "C"`, 388

Fadenkreuz, 498
Fahigkeit, 185
`fail()`, 209
Fakultät, 263
`FALSE`, 154
`far`, 391
Far-pointer, 329
Farbe, 453, 502
Farben, 34
Feature, 168
Fehlermeldung, 95
Fehlersuche, 25
Fehlerwahrscheinlichkeit, 53
Feld, 137, 219
Feldelemente, 137
Fenster, 44, 341, 365, 383
Fensteroberfläche, 336
Festplatte, 2, 361

Fibonacci, 266
File, 15
File-Menü, 15
Find..., 23
float, 64
Floating Point, 35
flush, 210
Fokus, 365
for()-Schleife, 98
Formalparameter, 122
Formatsteuerzeichen, 59
dq uhe Bindung, 202
free(), 238
friend, 194
_fstrchr(), 329
fstream, 208
fstream.h, 208
fußgesteuert, 104
Funktion, 54, 388, 491
Funktionen, 112
Funktionsaufruf, 368
Funktionsdefinition, 120
Funktionsdeklaration, 120
Funktionskopf, 55

Gültigkeit, 70
Gatterzaun, 55
Generizität, 332
Generizität, 316
gepackte Dateien, 4
Gerätekontext, 451
Get info..., 20
getch(), 116
getche(), 116
getche(), 247
GetMessage(), 407
GetStockObject(), 401, 452
GetWindowLong(), 411
GetWindowWord(), 411
ggT, 110
Gleichheit, 106
Gleitkommazahl, 64
global, 127
globale Variable, 128
Go to line number..., 24
goto, 111

Größe, 53
Grafik, 450
Grafikkarte, 359, 362
Grafikmodus, 365
Grafikstandard, 358
GREP, 31
GREP.EXE, 488
Größenordnung, 268
Grundrechenarten, 71
Gruppe, 365

Handle, 209, 344, 393, 426
Hanoi, 270
Hauptspeicher, 2, 62, 361
Header, 423
Header-Datei, 158, 162
HEAPSIZE, 368
hexadezimal, 68, 217
Hierarchie, 341
Hilfe, 38
HIMEM.SYS, 364
Hintergrundbild, 419
Hochkomma, 54, 56
Hot spot, 370
Huge, 35

Icon, 365, 369, 370, 377, 423
#if, 155
if, 88
if-else, 89
#ifdef, 154
#ifndef, 154
Import Librarian, 31
Importbibliothek, 31
#include, 112
Include-Dateien, 33
Index, 137, 140
Index, 40
index-sequentiell, 328
Indexgrenze, 138
indirekte Rekursion, 263
indiziert, 137
Information hiding, 168
Informationszeile, 30
Initialisieren, 65
initialisiert, 138

Initialisierung, 173, 214
Inkarnation, 169
Inline, 179
innere Knoten, 311
Insertion Sort, 287
Installation, 336, 465
Instanz, 169
int, 61, 63
Interrupt, 340
InvalidateRect(), 443
ios, 209
iostream.h, 198
islower(), 144
Iteration, 269
iterativ, 269

Joker, 487

Kapazität, 361
Keller, 187
Kernighan und Ritchie, 26
kgV, 110
Kilobyte, 62
Klammer, 55
Klasse, 168
Klassenbibliothek, 464
Klassentyp, 170
Klicken, 11
Knoten, 308, 309
Komma, 67
Kommandozeilenversion, 11, 133
Kommentar, 57
Komplement, 81
komplexe Zahl, 199
Komplexität, 268
Konstante, 68, 138, 147, 491
Konstruktor, 172, 179, 209, 255
konvergieren, 304
Koordinate, 454
Koordinaten, 452
Koordinatensystem, 347
kopfgesteuert, 104
Kopieren, 228
Koprozessor, 35
Kurzschlußverfahren, 289

l-value, 72
L-Wert, 72
Label, 111
late linking, 202, 257
Laufzeit, 30, 215
Laufzeitfehler, 265
Libraries, 337
LIFO, 187, 237
linear, 269
lineare Liste, 235
LineTo(), 453
Linie, 453
Link, 25
Link EXE File, 134
Linker, 16, 367
List, 30
Liste, 235, 256
literale Konstante, 68
Lizenz, 357, 387
load=, 394
LoadCursor(), 401
LoadIcon(), 400
LoadString(), 440
Local options, 26
Logarithmus, 294
logical shift, 83
logische Adresse, 435
logischer Operator, 93
lokal, 70
lokale Variable, 265
lokalen Variable, 128

Macintosh, 359
main(), 55, 119, 225, 392
Make, 25
Make EXE file, 134
Make-Datei, 374
MAKE.EXE, 375
Makefile, 374
MakeProcInstance(), 435
Makro, 144, 149
Makrosprache, 21
malloc(), 322
malloc(), 237, 321
Manipulator, 210
Marke, 111

markieren, 22
Maschinensprache, 31
Maus, 2, 386, 496
MDI, 365, 470, 496
Mehrdeutigkeit, 202
mehrfache Vererbung, 200
Meldung, 360, 385
Meldungsbox, 442, 500
Member, 168
Member-Klasse, 192
Menü, 349, 370, 423, 426, 458, 480
Menüauswahl, 444
Merge Sort, 295
Message, 360, 491
Message-Box, 440, 500
Methode, 168
Microsoft, 387
Microsoft C, 365
Minimalkonfiguration, 2
Mischen, 295
Modul, 53, 111
Modularisierung, 112
Moduldefinitionsdatei, 367
Modulo, 73
Modus, 9, 363
Monitor, 362
MOVABLE, 367
MoveTo(), 453
MS-DOS, 1
Multidokument-Schnittstelle, 365, 470
MULTIPLE, 368
Multiplikation, 73, 84
Multitasking, 359, 364
Muster, 113, 487

Nachfolger, 235
Nachkommastelle, 64
Nachricht, 365, 423, 427, 491
NAME, 367
Name, 119, 159
near, 391
Near-pointer, 329
New, 19
new, 233, 321
Next, 28
Next error, 24

nicht, 93
non-interlaced, 363
nosound(), 116, 383

objektorientierte Programmierung, 167
Oberfläche, 341, 357
Object Browser, 381
Object Windows, 464, 465
Objekt, 167
Objektdatei, 372
Objekttyp, 170
oder, 93
Offset, 223
ofstream, 208
OK-Button, 370
oktal, 69
OOP, 167
Open, 17
open(), 209
Open project..., 26
Open Windows, 476
Operator, 56, 81, 91
operator, 196, 334
Operator , 93
Option, 10, 479
Optionen, 26
Options, 26, 35
Origin, 23
OS/2, 359
ostream, 198
Overloading, 143, 195
OWL.H, 468

Paintbrush, 419
PAINTSTRUCT, 451
Palette, 503
Parameter, 122, 392
parent window, 403, 471
Parser, 16
pascal, 391
Paste, 22
PATH=, 5
PC-DOS, 1
Pfadangabe, 5
Pfeil, 498
PIF-Datei, 43

Pinsel, 452
Pivotelement, 290
Pixel, 358, 370
Planung, 53
POINT.H, 192
Pointer, 214
Position, 455
PostQuitMessage(), 410
Präfix, 66, 141
Präprozessor, 16, 54
Präfix, 161
Prafix, 217
Pragma, 158, 392
#pragma, 157
Praprozessor-Anweisung, 159
PRELOAD, 368
Presentation Manager, 476
Presentation Manager, 359
Previous error, 24
Preious topic, 41
Primzahl, 98
Print, 20
printf(), 56
private, 170, 189, 190, 200
.PRJ, 26
Profiler, 3, 30
Programm, 51, 378
Programm-Gruppe, 365
Programm-Manager, 377
Project, 26
Projekt, 26, 111, 133, 426
Projektdatei, 327
Prologcode, 435
Prompt on replace, 24
protected, 172
protected, 190, 200
Protected-Modus, 9, 364
Prototyp, 113
Prozessor, 1, 361
public, 172, 190, 200
Punkt, 347
Punktoperator, 171, 194
Punktrechnung, 73
pure Funktion, 259

qsort(), 251

Quadratwurzel, 100, 112
Quelltext, 367
Quick Sort, 290
Quicksort, 251
Quick C, 365

r-value, 72
R-Wert, 72
Radio button, 370
RAM, 1
RAM-Disk, 33
random(), 115
randomize(), 115
README, 5
Real-Modus, 363
Rechnung, 73
Rechteck, 453
Redo, 22
Referenzoperator, 123
Referenzparameter, 123, 205
Register, 130
register, 131, 137
reguläre Ausdrücke, 31
regulären Ausdrücken, 23
regulärer Ausdruck, 487
Regular expression, 23
Reihenfolge, 73
Rekursion, 262, 368
rekursiv, 263, 264, 290
Remove messages, 26
Repaint display, 30
Replace, 24
reserviert, 233
reserviertes Wort, 489
Resource Compiler, 31
Ressource, 369, 371, 426, 456
Ressource Compiler, 369, 373
Ressource Workshop, 369, 417
Ressourcen-Datei, 367
Ressourcen-Editor, 369, 371, 417
Rest, 71
return(), 120
Rumpf, 55, 263
Run, 295
Run, 16, 25
run=, 393

Run-Menü, 16
Rundung, 64
Rundungsfehler, 64

≡-Menü, 30
SAA-Standard, 371
Sanduhr, 422, 498
Save, 15, 27
Save all, 19
Save as..., 15
scanf(), 59
Scanner, 16
schieben, 83
Schleife, 98, 105
Schleifenabbruch, 108
Schleifenvariable, 98
Schlüsselwert, 262
Schlüsselwort, 59, 489
Schnittstelle, 111
Scope, 23
Scope-Operator, 173
SDK, 357, 365, 387
SDK, 371
SDKPAINT, 417
Search, 23
Search again, 24
16-Bit Rechner, 63
seekg(), 328
seekp(), 328
Segment, 329
Seiteneffekt, 71, 112, 124, 128, 184
Sektor, 50
Semikolon, 57, 104, 161
SendMessage(), 445
separate Übersetzung, 131
sequentiell, 328
sequentielle Suche, 301
SetWindowLong(), 411
SetWindowWord(), 411
shift, 83
short, 63
Shortcut, 370, 480
Show clipboard, 22
ShowWindow(), 396
Sicherheitskopie, 26
Size/Move, 28

Slash, 18
Smartdrive, 2
Sortieren, 281
Sortieren, 251
sound(), 116, 383
Source..., 26
dq ate Bindung, 202
Speicher, 216, 435
Speicherbedarf, 141
Speicherklasse, 136
Speichermanager, 364
Speichermodell, 3, 35
Speichern, 15
Speicherplatz, 120, 233, 265
speicherresident, 21
speicherresidente Programme, 21
Speicherwort, 63
Sprache, 423
Sprachkern, 59
Sprachstandard, 391
Sprung, 111
sqrt(), 100
stabil, 284, 288, 292
Stack, 187
STACKSIZE, 368
Standard-Modus, 9, 364
Standardausgabe, 56
Standardeingabe, 59
Standardfehlerausgabe, 95
Standardfunktion, 348
Standardwert, 121
Start, 225
static, 135
static, 129, 137, 213, 228
statische Member, 213
statische Methoden, 214
Statuszeile, 30
stderr, 95
stdin, 59
stdout, 56
Stelle, 64
Steuerzeichen, 56
Stift, 502
strchr(), 329
strcmp(), 244

strcmpi(), 244
strcpy(), 224
Stream, 56, 59, 206
streng typisiert, 334
Strichrechnung, 73
String, 142, 370, 423, 440, 463
string, 161
string.h, 144
string.h, 224
Stringende, 143
struct, 203
Struktur, 111, 203
STUB, 368
Subtraktion, 73
Suchbereich, 23
Suchen, 23, 301
Suchrichtung, 23
Super-VGA Karte, 362
SW_SHOWMINNOACTIVE, 393
SW_SHOWNORMAL, 393
switch(), 94
symbolische Konstante, 491
Systempalette, 503

Tabulator, 460, 463
TApplication, 342
Task, 364
Tastatur, vii, 59, 485
Tastaturbeschleuniger, 422
Taste, 21, 386
Tastenabkürzung, 370
Tastenbelegungen, 34
Tastenkürzel, 422, 426
Tastenküzel, 480
Tastenkombination, 427
TBackground, 341
TButton, 341
TCDEF.SYM, 158
TDesktop, 351
Teilbaum, 308
Teilproblem, 111
temporäre Datei, 480
Text, 54
Texteingabe, 480
Textmodus, 358
this, 259

Tic-Tac-Toe, 166, 423
TIGA, 363
time(), 183
time.h, 181
TKEYS.H, 348
TMenuItem, 341
TObject, 341
Toolbox, 335
Topic search, 41
TPoint, 347
TProgInit, 340
Trace into, 25
Transfer, 31
Transfer item, 30
TranslateAccelerator(), 428
TranslateMessage(), 407
TRect, 347
Treiber, 363
Trennline, 459
TRUE, 154
TStreamable, 341
t_time, 181
Türme von Hanoi, 270
Turbo Assembler, 31
Turbo C++, vi
Turbo C++ für Windows, vi
Turbo Debugger, 30
Turbo Pascal für Windows, 465
Turbo Profiler, 30
Turbo Vision, 336
Turbo C++ 1.0, 2, 357
TV.H, 338
TView, 341
TWindow, 351
Typ, 62
Typbezeichnung, 159
typedef, 160
typisiert, 334
Typumwandlung, 238
typunabhängig, 149

Überdeckung, 70
uberladen, 195
Übersetzen, 366
übersetzen, 423
Umgebung, 265

umschließende Klasse, 192
und, 93
Undo, 22
Ungleichheit, 106
unionunion, 203
UNIX, 476
UNIX System V, 26
unsigned, 64
Untermenü, 17
Unterprogramm, 118
Unterprogrammen, 112
UpdateWindow(), 397
User screen, 30

ValidateRgn(), 443
Variable, 60, 216
Variablendefinition, 61, 120
Variablendeklaration, 120
Variableninhalt, 60
Variablentyp, 62
Variante, 203
Vektor, 137
Vererbung, 169, 186, 336
Vergleichsoperator, 91
Verknüpfung, 82
Verlassen, 21
verlassen, 120
Verzeichnis, 3, 466
VGA-Karte, 362
VIEWS.H, 348
virtual, 211, 257
virtuelle Basisklasse, 212
virtuelle Funktion, 257
void, 114, 119
Vollbild, 44
Vorübersetzer, 54, 112
Voreinstellungen, 26
Vorspann, 54
Vorzeichenbit, 64

Wahrheitstafel, 93
Warteschlange, 351
Watches, 25
Wertübergabe, 119
Wertparameter, 265
while()-Schleife, 102

Whitewater Ressourcen-Editor, 369
Whitewater Ressourcen-Editor, 369
WIN.INI, 393
Window, 27
Windows, 1, 2, 43, 357, 491
Windows EXE, 383
WINDOWS.H, 387, 491
WinMain(), 392
WINSTUB.EXE, 368, 392
Wordstar, 13, 480
Wort, 63
Wortlange, 205
Wurzel, 309
WYSIWYG, 358

X-Windows, 476
XT-Rechner, 36

Zählschleife, 102
Zahl, 86
Zahlenbereich, 63
Zeichen, 56, 86
Zeichenkette, 56, 142, 329, 423, 440
Zeichensatz, 502
Zeichenstift, 453
Zeiger, 214, 233
Zeigertyp, 391
Zeigervariable, 215, 217
Zeilenumbruch, 463
Zeilenvorschub, 56, 155
Zoom, 29
Zufall, 115
Zugriffsklasse, 190
Zuweisung, 71
zweidimensional, 140
Zweier-Komplement, 83
32-Bit Rechner, 63
Zwischenablage, 22, 497

Effektiv Starten mit Turbo C++

Professionelle Programmierung von Anfang an

von Axel Kotulla

1991. X, 208 Seiten inkl. Diskette. Gebunden.
ISBN 3-528-05131-0

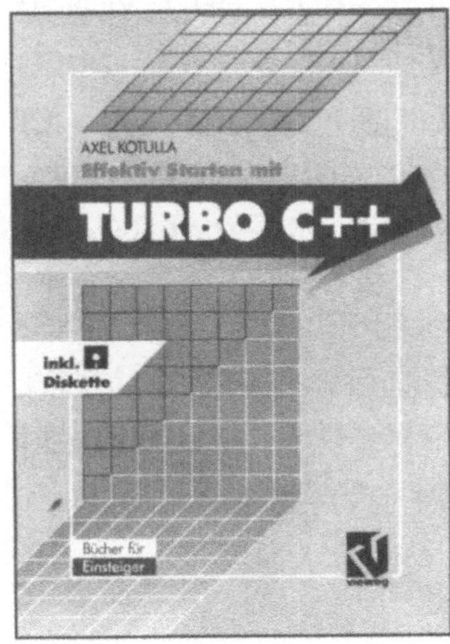

Das Buch ist das Ergebnis mehrsemestriger Lehrtätigkeit des Autors in VHS-Kursen. In wohlabgestimmten Schritten und doch „lockerem Stil", durchsetzt mit vielen Beispielen, Illustrationen und Hinweisen, eignet sich das Buch vor allem für das Selbststudium, aber auch für den Einsatz in Programmierkursen. Dem Buch liegt eine Diskette bei, die alle Programme des Buches und zusätzliches Programmaterial enthält.

Verlag Vieweg · Postfach 58 29 · D-6200 Wiesbaden 1

Arbeiten mit Microsoft Excel Version 3.0

von The Cobb Group

1992. XVIII, 946 Seiten. Gebunden.
ISBN 3-528-14683-4

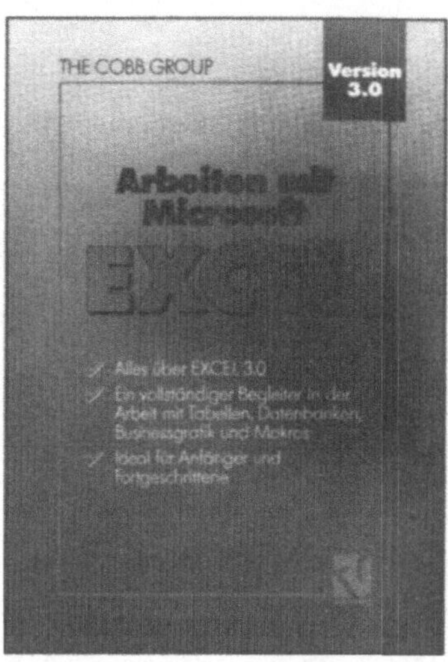

Sorgfalt, Sachverstand und vielfältige Insidertips machen das Buch zu einem wichtigen Begleiter in der alltäglichen aber auch in der professionellen Arbeit mit Excel 3.0.

The Cobb Group ist ein bewährtes und erfolgreiches Autorenteam, dessen profundes Know-how direkt von „der Quelle" stammt.

Verlag Vieweg · Postfach 58 29 · D-6200 Wiesbaden